清华大学电气工程系列教材

电工电子技术与EDA基础（上）（第2版）

Electrical Engineering and EDA Fundamentals (Volume I)

Second Edition

段玉生　王艳丹　编著

Duan Yusheng　Wang Yandan

清华大学出版社

北　京

内 容 简 介

本教材分上、下两册。本册(上册)主要讲授电工技术与相关的EDA知识。包括电路的基本理论和分析方法、EDA基础知识(SPICE)、磁路与变压器、电动机的原理及应用、继电器、接触器控制和可编程控制器(PLC)等内容，附录中还介绍了本书要用到的电路仿真软件AIM-SPICE和SPICE OPUS的使用方法。内容软硬结合，选材新颖；概念叙述准确、精练，通俗易懂，便于读者自学。

书中既包含了传统的电工学基本理论，又介绍了电路仿真软件，是一本将电路基本理论和EDA技术结合起来的颇具特色的教材。本套教材是根据电工电子技术的发展，为高校理工科非电类专业而编写的，也可以作为高校理工科电类专业学生的参考书，或作为EDA初学者的参考教材。

图书在版编目(CIP)数据

电工电子技术与EDA基础. 上/段玉生，王艳丹编著. --2版. --北京：清华大学出版社，2015 (2021.8重印)
清华大学电气工程系列教材
ISBN 978-7-302-38239-3

Ⅰ. ①电… Ⅱ. ①段… ②王… Ⅲ. ①电工技术—高等学校—教材 ②电子技术—高等学校—教材 ③电子电路—计算机辅助设计—高等学校—教材 Ⅳ. ①TM-43 ②TN01

中国版本图书馆CIP数据核字(2014)第235107号

责任编辑：孙　坚
封面设计：傅瑞学
责任校对：赵丽敏
责任印制：朱雨萌

出版发行：清华大学出版社
　　网　　址：http://www.tup.com.cn，http://www.wqbook.com
　　地　　址：北京清华大学学研大厦A座　　**邮　　编**：100084
　　社 总 机：010-62770175　　**邮　　购**：010-62786544
　　投稿与读者服务：010-62776969，c-service@tup.tsinghua.edu.cn
　　质量反馈：010-62772015，zhiliang@tup.tsinghua.edu.cn
印 装 者：北京建宏印刷有限公司
经　　销：全国新华书店
开　　本：185mm×260mm　　**印　　张**：22.75　　**字　　数**：551千字
版　　次：2004年5月第1版　2015年1月第2版　　**印　　次**：2021年8月第4次印刷
定　　价：58.00元

产品编号：060192-02

前 言

“电工学”是高等学校非电类专业本科学生的技术基础课，课程的主要目的是根据学生本专业对电气工程知识的需求，介绍电气工程的基本原理及其相关应用。其主要内容一般包括“电工技术”和“电子技术”两大部分。从20世纪60年代我国高等学校开设电工学课程以来，随着新技术和新器件的出现，以及电气工程在其他工科领域应用的不断深入和扩展，课程内容进行了多次改革。例如20世纪70年代末引入了模拟和数字集成电路，90年代初引入了可编程控制器和电力电子技术等。进入21世纪以来，电子设计自动化EDA(Electronics Design Automation)技术在我国逐渐推广应用。它以计算机为工作平台，以硬件描述语言为电路和器件设计的基础，结合相应的EDA软件工具，使电子系统的设计产生了质的飞跃，系统的功能验证日趋完善，硬件实现的速度大为提高。因此，理解EDA技术的基本原理，熟练掌握和应用EDA技术，对于从事电气工程相关工作的工程技术人员都是非常重要的。

本套教材分为上、下两册：上册的主要内容为电工技术及EDA的基础知识；下册的主要内容包括电子技术、可编程逻辑器件和功率电子技术等。

上册内容包括电路的基本理论和分析方法、EDA基础知识(SPICE)、磁路与变压器、电动机的原理及应用、继电器-接触器控制和可编程控制器(PLC)等内容；下册内容包括模拟电子电路、数字电子电路、电路的设计与仿真、数字可编程逻辑器件、电力电子等内容。另外，各章都对所选用的教学内容进行了深入细致的分析，努力做到概念准确、重点突出、叙述精练、通俗易懂，便于读者自学。配有较多的例题及习题，通过这些练习，读者会加深对课程内容的理解。

根据非电类工科专业本科学的专业需求以及电工学课程的特点，本教材对传统的“电工学”教学内容进行了重新设计。电工学课程的发展趋势必然是软硬结合，据此我们在教学内容中加入了EDA基础知识，并将其放在了较重要的位置。在电工技术和模拟电路中，以电路仿真程序SPICE语言作为重点。教材的上册，在对电路的基本概念和分析方法做了介绍之后，从第2章开始便引入了电路仿真工具SPICE，并在以后各章根据其具体内容，对SPICE的语法结构、语句格式以及电路仿真过程等作了进一步介绍。也就是说，采用“结合使用，循序渐进”的方法，将

EDA内容引入到教材中,这样安排既可以避免冗长烦琐的讲解,又可将其和传统的教学内容有机地结合起来,更便于读者学习。这种内容安排在以往的教学中得到了学生的一致好评。

教材的下册,在模拟电路部分将全面使用基于SPICE的电路仿真软件Multisim进行电路设计和仿真。由于读者在电工技术部分对SPICE的仿真原理、元件模型等有了较深入的了解,因此能够更有效地使用Multisim软件。在数字电路部分,本书将对可编程逻辑器件(PLD)和硬件描述语言VHDL进行介绍。

可编程控制器(PLC)现在已是电工技术教学中不可或缺的内容。根据近几年我国PLC的使用情况,西门子公司生产的可编程控制器占有较大市场,而且其系统性能、网络特性等都比较好。因此,上册在讲授可编程控制器时,采用了西门子的产品为介绍对象。因为不同的PLC产品,在编程语句和使用方法等方面多有类似之处,所以在掌握西门子产品之后,也有利于对其他品牌产品的学习和使用。在PLC教学内容上本书力求避免只介绍指令,而忽视介绍PLC程序设计方法的做法,重点介绍了利用顺序功能图的PLC程序设计方法。读者通过本教材的学习,能够掌握一般PLC程序的设计思路,掌握小型PLC控制系统的设计方法。

本套教材的教学内容,主要适用于多学时类型的电工学课程,也适用于其他类型电工学课程的选用。教师在选用该教材时,可不受学时数的限制,根据学生的专业需求和学时安排,对教学内容进行安排或取舍。

第2版教材是在第1版教材经过多年使用的基础上,对很多章节经过较大的重编而形成的。由于时间仓促,编者的知识水平有限,书中难免存在不妥和错误之处,真诚希望广大读者特别是从事“电工学”教学的同仁批评、指正!

编　者

2014年9月于清华大学

目 录

第 1 章 Chapter 1

电路的基本概念和分析方法

把各种电路元件(element)以某种方式互联而形成的能量或信息的传输通道称为电路(electric circuit),或称为电路网络(electric network)。电路元件的运用与电能的消耗和存储相关。例如,当电流通过电阻时将电能转换成热能,同时电流也会产生磁场。如果电流是变化的,则电路中各元件通过空间的电磁感应相互作用,使电路中的一部分能量会通过电磁波辐射。但是,如果电路元件及电路的尺寸远远小于电路中与电流频率有关的电磁波波长,则可以近似认为能量只驻留于(或者说集总于)各个元件的内部,这种元件称为集总元件(lumped element),由集总元件组成的电路称为集总电路(lumped circuit)。在集总电路中电场与磁场是分隔开的,不存在相互作用,电路不存在电磁辐射。只有在集总电路中电路的各种定律及其分析方法才成立,本书的电路分析以集总电路为基本假设。

在电路中,能产生电能或者电信号的电路元件称为电源(source);能将电能转化为其他形式的能量,或对信号进行处理的电路元件称为负载(load)。在电路中,电源、负载、连接导线和开关构成通路,产生电压和电流。电路中的电压和电流是在电源的作用下产生的,所以电源又称为激励源或激励,电压、电流称为响应。

电路分析建立在电路模型的基础上。电路模型中各电路元件是从实际电路中抽象得到的理想模型,可以用数学表示式精确地描述其特性。在电路模型中,元件之间的连线是没有电阻的理想导线,开关为理想开关,即当开关闭合时其电阻为 0,断开时其电阻为∞。

本章将介绍电路分析所常用的物理量、电路的基本定律、电路元件的电路模型及其端口电压和电流的特性、电路的分析方法。

1.1 电路变量

电路变量用于描述电路特性。电路变量有电流(current)、电压(voltage)、电荷(charge)、磁通量(flux)、功率(power)和能量(energy)

等，其中电压和电流是电路中最容易观察和测量的两个基本变量，电路元件的特性通常以电压和电流的关系来描述(称为伏安特性，volt-ampere characteristic)，电路的基本定律也即电路中电压或电流的关系。这些电路变量在物理学中已给出严格的定义，这里仅简单介绍在电路分析中常用的一些物理量。

1.1.1 电流及其参考方向

电流定义为单位时间内，通过某一导体横截面的电荷量，用符号 i 表示。根据定义，有

$$i(t) \stackrel{\text{def}}{=} \lim_{\Delta t \to 0} \frac{\Delta q}{\Delta t} = \frac{\mathrm{d}q}{\mathrm{d}t} \tag{1.1.1}$$

式中，i 为流过导体的电流；q 为通过横导体截面的电荷量；t 为时间。在国际单位制(SI)中，电流的单位为A(安[培])。实用中还常用到千安(kA)、毫安(mA)和微安(μA)。

如果电流的大小和方向不随时间变化，则称之为直流电流或恒定电流(direct current，DC)，用大写字母 I 表示。如果电流的大小和/或方向随着时间变化，则用小写字母 i 表示。

电流的实际方向规定为正电荷移动的方向。但在分析电路时，若事先并不知道电流的实际方向，则需先假定电流的方向才能列写电路方程。这种人为假设的方向称为参考方向(reference direction)，亦称正方向(positive direction)。电流的参考方向可以在电路图中用箭头表示，如图1.1(a)所示，假定电流 i 沿箭头方向流动；也可以在电流符号中用双下标表示参考方向，如图1.1(b)所示，i_{AB} 表示假设电流从点A流到点B。如果所分析的结果为正，表明实际方向与参考方向一致；否则，实际方向与参考方向相反。若无特别说明，电路中物理量所标示的方向均为其参考方向。

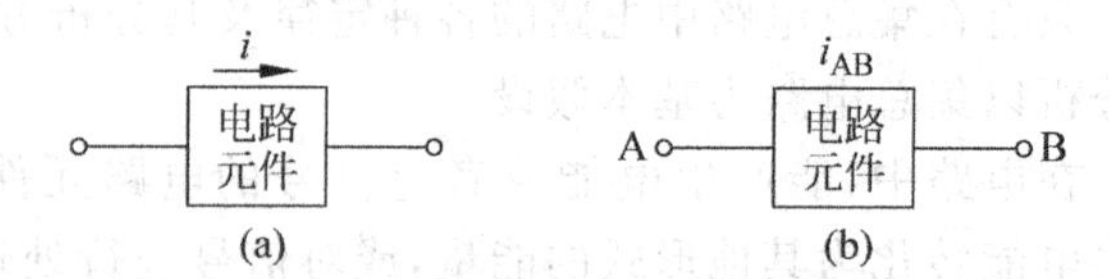

图1.1 电流参考方向的表示法

1.1.2 电压、电压的参考方向和电位

在电场力的作用下，将单位正电荷从点A移到点B所做的功称为点A与点B之间的电压，记作 u_{AB}。根据定义，有

$$u_{AB} \stackrel{\text{def}}{=} \frac{\mathrm{d}w_{AB}}{\mathrm{d}q} \tag{1.1.2}$$

式中，u_{AB} 为点A到点B的电压；q 为电荷量；w_{AB} 为将电荷量为 q 的正电荷从点A移动到点B所做的功。在国际单位制(SI)中，电压的单位为V(伏[特])。实用中还常用到千伏(kV)、毫伏(mV)和微伏(μV)。直流电压用大写字母 U 表示，非直流电压用小写字母 u 表示。

在静电学中，电位即电势(electric potential)定义为：位于电场中某个位置的单位电荷所具有的电势能。在分析电路时，通常在电路中选择某点为"0"电位点，称为参考节点，亦称

接地点。参考节点在电路图中的符号如图 1.2 所示，本书统一使用图 1.2(a)所示的符号。电路中某点与参考节点之间的电压，称为该点的电位，通常记作 V(DC)或 v(非 DC)。

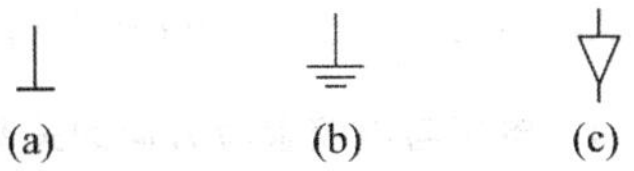

(a) (b) (c)

图 1.2 参考节点的表示法

电压的实际方向规定为从高电位端指向低电位端，即电位降低的方向。电压的参考方向为假定方向，有三种表示方法：正负号、箭头、双下标，分别如图 1.3(a)，(b)，(c)所示。图 1.3(a)中"+"表示高电位端，"−"表示低电位端；图 1.3(b)中箭头从高电位端指向低电位端；图 1.3(c)中，u_{AB}的下标 A 表示高电位端，B 表示低电位端。

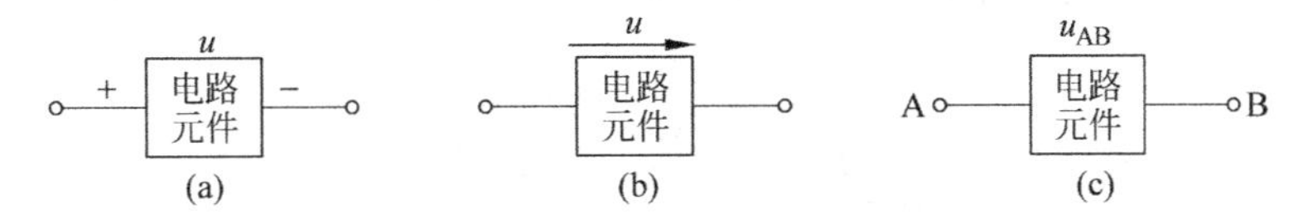

图 1.3 电压参考方向的表示法

电压和电位是两个概念。电路中任何两点的电压等于这两点的电位差。电压为绝对量，不随参考节点的变化而变化；电位是相对量，随参考节点的变化而变化。

1.1.3 电功率和电能

电功率(power)定义为电流在单位时间内所做的功，记作 P 或 p，单位为 W(瓦[特])。根据电功率、电压和电流的定义，有

$$p=\frac{\mathrm{d}w}{\mathrm{d}t}=\frac{\mathrm{d}w}{\mathrm{d}q}\cdot\frac{\mathrm{d}q}{\mathrm{d}t}=ui \tag{1.1.3}$$

功率的方向即能量的流向，规定能量流入(即消耗能量)时功率的值为正，能量流出(即提供能量)时则功率的值为负。当某电路元件电压与电流的实际方向相同时，则表明正电荷从高电位移动到低电位，电场力做功，则该元件消耗电能，功率的值为正；反之，当其电压与电流的实际方向相反时，则该元件提供电能，功率的值为负。

在计算某电路元件的功率时，根据其电压和电流的参考方向选择计算公式：在电压 U 和电流 I 的参考方向一致(称为一致参考方向或关联参考方向)时，如图 1.4(a)，(b)所示，采用公式 $P=UI$ 计算；在电压 U 和电流 I 的参考方向不一致(称为不关联参考方向)时，如图 1.4(c)，(d)所示，采用公式 $P=-UI$ 计算。计算结果 $P>0$，则表示元件的 U、I 实际方向一致，元件消耗电能，是电路中的负载；$P<0$，则表示元件的 U、I 实际方向相反，元件提供电能，是电路中的供电电源。

电能指一段时间内所提供或者消耗的能量。电能通常记作 W。W 和 p 的关系可表示为

$$W=\int_{t_1}^{t_2}p(t)\mathrm{d}t \tag{1.1.4}$$

在物理学中，能量单位是 J(焦[耳])。在电力系统中，电能通常采用的单位是"千瓦时"

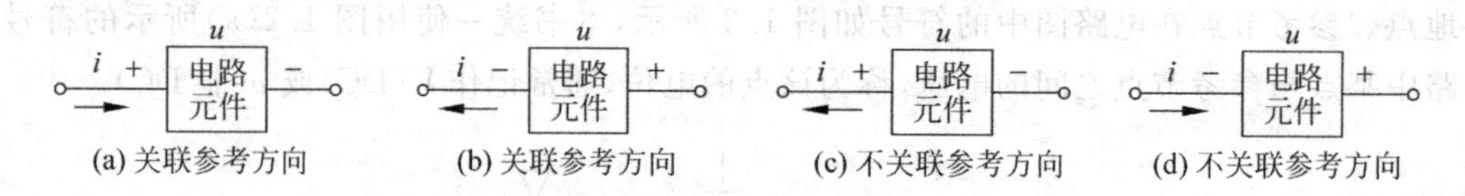

图 1.4 电压与电流参考方向的关联性

(kW·h),1千瓦时即为常说的1"度"电。两种电能单位之间的换算关系为 $1\text{kW}\cdot\text{h}=3.6\times10^6\text{J}$。

例 1.1.1 直流电路如图1.5所示,图中已标出各电路元件电流和电压的参考方向。已知 $I=1\text{A}, U_1=-2\text{V}, U_2=3\text{V}, U_3=-5\text{V}$。问:

(1) 三个元件的功率各是多少?

(2) 哪个元件是供电电源,哪个元件是负载?

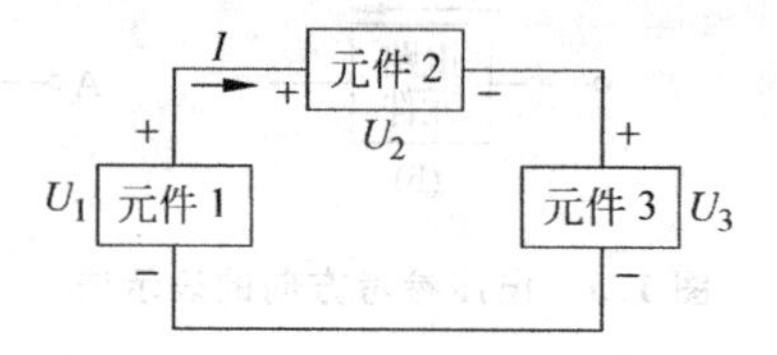

图 1.5 例 1.1.1 电路

解 (1) 三个元件的功率分别为

$$P_1 = -IU_1 = -1\times(-2) = 2(\text{W})$$

$$P_2 = IU_2 = 1\times3 = 3(\text{W})$$

$$P_3 = IU_3 = 1\times(-5) = -5(\text{W})$$

(2) 因为 $P_1>0, P_2>0, P_3<0$,所以元件1和元件2消耗功率,为负载;元件3为电路提供功率,为供电电源。

1.2 基尔霍夫定理

首先了解几个有关电路结构的名词:

支路(branch):电路中的每个分支。电路元件的串联组合为一条支路。

节点(node):三条或三条以上支路的连接点。

回路(loop):电路中的任何一条闭合路径。

网孔(mesh):把电路图画在一个平面上,不含有分支的回路称为网孔,即平面电路的每一个格就是一个网孔。一个网孔是一条回路,而一条回路不一定是网孔。

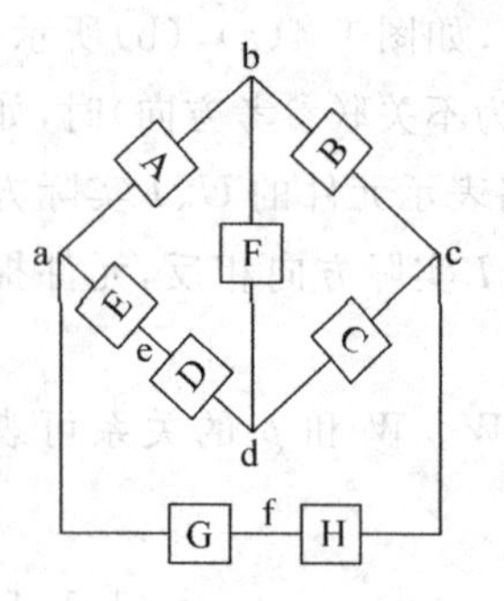

图 1.6 例 1.2.1 图

例 1.2.1 电路中各电路元件的连接如图1.6所示。试分析该电路有几条支路,几个节点,几条回路,几个网孔。

解 该电路共有6条支路:ab,bc,cd,dea,bd,afc。

有4个节点:点a,点b,点c,点d。

有 7 条回路：abdea，bcdb，abcdea，abcfa，aedcfa，abdcfa，aedbcfa。

有 3 个网孔：abdea，bcdb，aedcfa。

基尔霍夫定理(Kirchhoff's law)包含基尔霍夫电流定律(KCL)和基尔霍夫电压定律(KVL)，描述了电路中电流和电压分别遵循的基本规律。

1.2.1 基尔霍夫电流定律

基尔霍夫电流定律描述了电路中各支路电流之间关系，其内容为：在任何时刻，流入某节点的电流之和恒等于流出该节点的电流之和。若规定电流流入节点为正，流出为负，则基尔霍夫电流定律可以表述为：电路中与某节点连接的所有支路的电流的代数和为 0。若有 n 条支路与某节点连接，则

$$\sum_{m=1}^{n} i_m = 0 \tag{1.2.1}$$

电路如图 1.7 所示。按流入节点的电流等于流出节点的电流列节点 a 的电流方程，有

$$I_1 + I_3 = I_2 + I_4$$

按照节点 a 电流的代数和为 0 列方程，有

$$I_1 - I_2 + I_3 - I_4 = 0$$

基尔霍夫电流定律不仅适用于电路中的任何节点上，还可推广到包围电路任何部分的闭合面上：与闭合面相连接的各支路电流的代数和等于零。在电路分析中，这种闭合面称为广义节点。例如，在图 1.8 所示的电路中，可用一个闭合面(图中虚线所示)把右边的电路圈起来作为一个广义节点。对于这个广义节点，根据 KCL，有

$$\sum_{m=1}^{n} i_m = 0$$

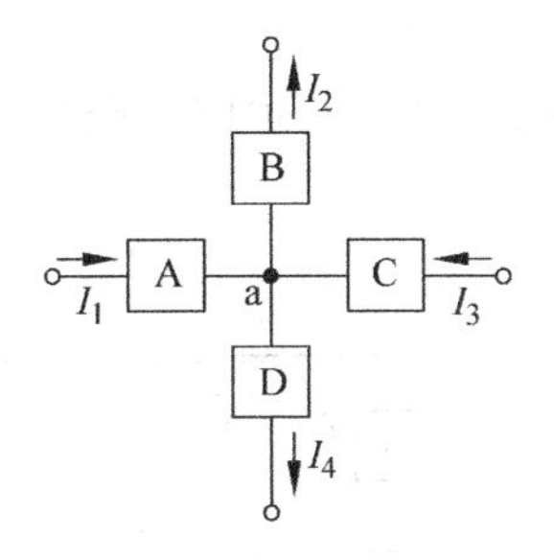

图 1.7 KCL 例图

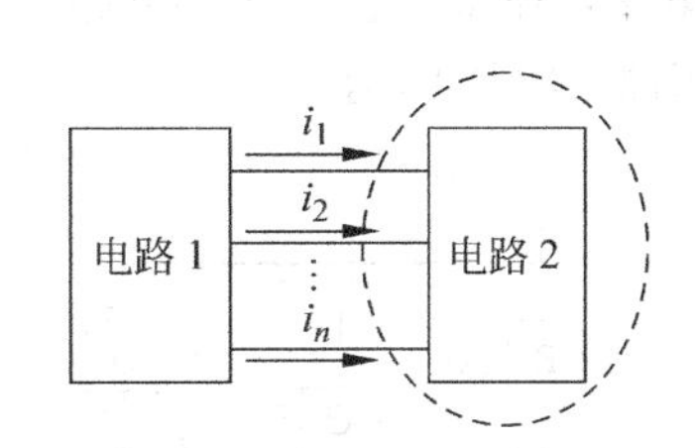

图 1.8 广义节点(虚线框以内)

利用 KCL 可以证明电路中功率守恒。设电路有 n 个节点，b 条支路。第 k 条支路连接在第 p、q 两个节点之间，支路电压和电流 u_k、i_k 参考方向一致，则

$$u_k i_k = u_{pq} i_{pq} = u_{qp} i_{qp}$$

所以有

$$u_k i_k = \frac{1}{2}(u_{pq} i_{pq} + u_{qp} i_{qp})$$

$$\sum_{k=1}^{b} u_k i_k = \sum_{p,q=1}^{n} \frac{1}{2}(u_{pq} i_{pq} + u_{qp} i_{qp})$$

$$=\frac{1}{2}\sum_{p,q=1}^{n}[(v_p-v_q)i_{pq}+(v_q-v_p)i_{qp}]$$

$$=\frac{1}{2}\sum_{p=1}^{n}\sum_{q=1}^{n}(v_p-v_q)i_{pq}$$

$$=\frac{1}{2}\sum_{p=1}^{n}v_p\sum_{q=1}^{n}i_{pq}-\frac{1}{2}\sum_{q=1}^{n}v_q\sum_{p=1}^{n}i_{pq}$$

式中，$\sum_{q=1}^{n}i_{pq}$ 为第 p 个节点电流的代数和，$\sum_{p=1}^{n}i_{pq}$ 为第 q 个节点电流的代数和。所以根据KCL，可得

$$\sum_{k=1}^{b}u_k i_k=0 \tag{1.2.2}$$

式(1.2.2)表明功率的代数和为0，即电路中发出的功率之和与消耗的功率之和相等。

1.2.2 基尔霍夫电压定律

基尔霍夫电压定律描述了电路中电压之间的关系，其内容为：在任何时刻，沿电路中的任一回路巡行一周，则在该回路上电位升之和恒等于电位降之和。若规定沿回路方向电位降低则电压为正，电位升高则电压为负，基尔霍夫电压定律可以表述为：电路中的任何回路中，各支路(或电路元件)电压的代数和为0。若某回路中有 n 个电路元件，则

$$\sum_{m=1}^{n}u_m=0 \tag{1.2.3}$$

例如，在图1.9所示的电路中，沿图中虚线箭头的方向巡行一周，根据KVL，有

$$U_1+U_4=U_2+U_5$$

按照电压的代数和为0列方程，有

$$-U_1+U_2-U_4+U_5=0$$

基尔霍夫电压定律也适合于开口电路。例如，在图1.10所示的电路中，设端口a、b间的电压为 U_{ab}，则根据KVL，有

$$-U_{ab}-U_2+U_1=0$$

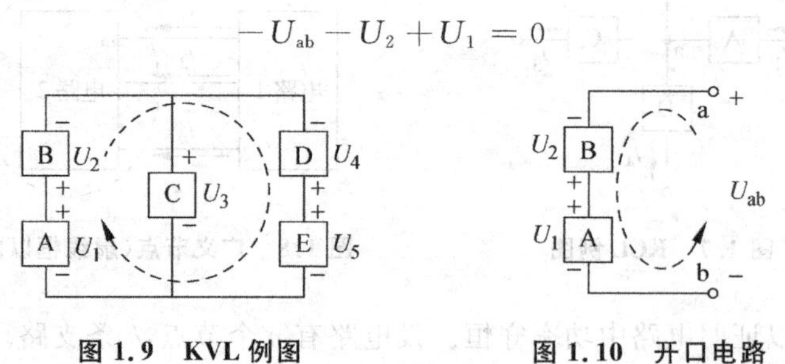

图1.9　KVL例图　　图1.10　开口电路

1.3 电路元件

在分析电路时，需要列写电路方程。尽管KVL揭示了电路中各电压之间的关系，KCL揭示了电路中各电流之间的关系，但仅列写KVL电压方程和KCL电流方程不能分析任何

电路。要完成电路分析，还需要根据电路元件的端口特性，列写其电压与电流的关系式。

实际电路元件的电磁特性比较复杂。根据实际电路元件的各种电磁特性，抽象出只考虑某种单一电磁特性的电路元件，称为理想元件(ideal element)。理想电路元件端口的电压与电流的关系(即伏安特性)可以严格地定义，并能用数学式精确地描述。常用的理想电路元件有电阻(resistor)、电容(capacitor)、电感(inductor)、理想电压源、理想电流源等。实际电路元件的电路模型则通过若干理想电路元件的连接来构成。在集总参数电路中，电路元件为一个广义节点，根据 KCL，其端子电流的代数和为 0。

1.3.1 电阻、电感和电容

1. 电阻

电阻体现了电路元件对电流的阻力。通过电阻的电流与其端电压成正比，与其电阻阻值成反比。电阻的这种端口特性称为欧姆定律。电阻的电路符号如图 1.11 所示，电阻值标记为 $R(r)$，单位为 Ω(欧[姆])，简称欧，实用中还常用到千欧(kΩ)、兆欧(MΩ)等。电阻的阻值越大，表明其对电流的阻碍作用越大。电阻的电压与电流的实际方向一致。如果电阻的电压和电流的参考方向一致，如图 1.11 所示，则根据欧姆定律，有

$$u = iR \tag{1.3.1}$$

但若电压和电流的参考方向不一致，则有

$$u = -iR \tag{1.3.2}$$

电阻可分为线性电阻和非线性电阻。线性电阻的伏安特性曲线为过原点的直线，如图 1.12(a)所示；非线性电阻的伏安特性非直线，例如图 1.12(b)所示为二极管的正向伏安特性曲线。电工技术课程中，假定所分析电路中的电阻为线性电阻。

电阻是耗能元件，其消耗的功率和能量分别为

$$p = ui = \frac{u^2}{R} = i^2 R$$

$$W_R = \int_{t_1}^{t_2} ui\,\mathrm{d}t$$

实际电阻器与电位器均可看作理想电阻。实际电阻的种类、型号、标称阻值、额定功率、允许偏差等标志内容和标志方法参见附录 A。

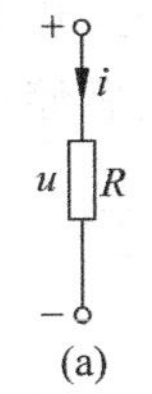

图 1.11 电阻的电路符号

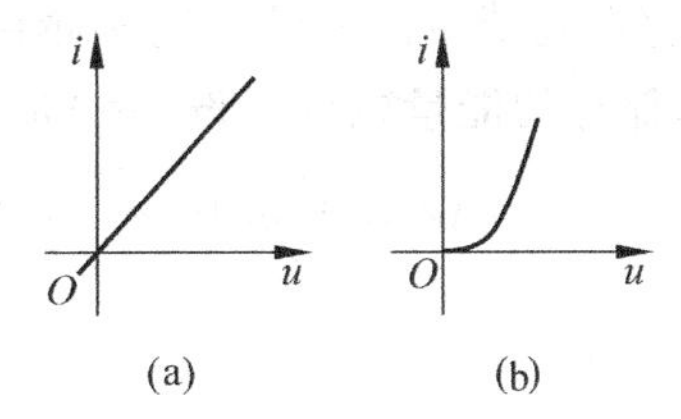

图 1.12 电阻的伏安特性曲线

2. 电感

电感(inductor)可以将电能转换为磁场(magnetic field)能量，其电路符号如图 1.13 所示。在电路中，电感线圈所能感应到的电流的强度称为电感量或电感值，是衡量电感大小的

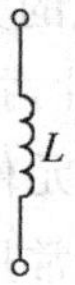

一个物理量，标记为 L。电感值的单位为 H(亨[利])，实用中还常用到毫亨(mH)、微亨(μH)等。电感量的大小取决于线圈的结构及磁心介质材料的性质，其关系为

$$L = \frac{\mu S N^2}{l}$$

图 1.13 电感的电路符号

式中，μ 为介质材料的导磁率(permeability)；S 为线圈面积；N 为线圈匝数；l 为线圈长度。实际电感线圈电感量的计算公式参见附录 B。

根据电感介质材料，电感分为线性电感和非线性电感。如果介质材料的 μ 为常数，则电感为线性电感，例如空心电感；如果 μ 不为常数，电感大小与电压和电流有关，为非线性电感，例如铁心电感。本课程主要讨论含线性电感的电路。

当线性电感线圈中通入电流 i 时，设每匝线圈中产生的磁通为 Φ、线圈总匝数为 N，则

$$L = \frac{N\Phi}{i} \tag{1.3.3}$$

楞次定律(Lenz law)描述了理想电感的电特性：当线圈中的电流随时间变化时，线圈中就会产生感应电动势，感应电动势趋于产生一个电流，该电流的方向趋于阻止产生此感应电动势的磁通的变化。设电感的电流 i 和端电压 u 的参考方向一致，按照电流的参考方向，用右手定则设定磁通 Φ 的参考方向；感应电动势 e 的参考方向由 i 的参考方向决定，i 从 e 的"$-$"流到"$+$"，如图 1.14 所示。

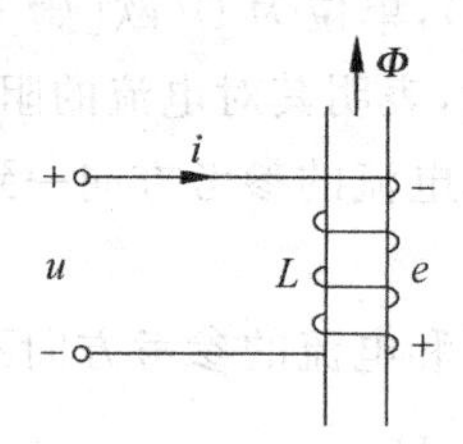

图 1.14 电感元件的电压、电流、磁通和电动势的参考方向

根据楞次定律，有

$$e = -\frac{\mathrm{d}(N\Phi)}{\mathrm{d}t} = -L\frac{\mathrm{d}i}{\mathrm{d}t}$$

根据 KVL，可得电感的电压和电流的关系为

$$u = -e = L\frac{\mathrm{d}i}{\mathrm{d}t} \tag{1.3.4}$$

由式(1.3.4)可知，如果线圈中通入的是直流电流，线圈中将不产生感应电动势，其端电压为 0。所以在直流电路中，电感相当于短路。

电感是储存磁场能量的元件。它所储存的能量随电流变化，电流的值增大时储存的能量增加；反之，储存的能量减少。设 $t=0$ 时电感的储能为 0，电感储存的磁场能量可表示为

$$W = \int_0^t ui\,\mathrm{d}t = \int_0^t L\frac{\mathrm{d}i}{\mathrm{d}t}i\,\mathrm{d}t = \int_0^i Li\,\mathrm{d}i = \frac{1}{2}Li^2 \tag{1.3.5}$$

3. 电容

电容(capacitor)是将电能转换为电场(electric field)能量的元件。电容值为电容器的两极板间的电压增加 1V 所需的电量，是表征电容器容纳电荷能力的物理量，标记为 C。电容值的单位为 F(法[拉])，实用中还常用到微法(μF)、纳法(nF)、皮法(pF)。当电容的两极板间加上电压(u)时，极板上聚集电荷(q)，如图 1.15 所示，电容量与电压和电荷的关系为

$$C = \frac{q}{u} \tag{1.3.6}$$

当 C 为常数时，称为线性电容；C 不为常数时，称为非线性电容。本课程主要讨论含线性电容的电路。

常用的电容按极性可分为有极性电容和无极性电容两种。在使用无极性电容时，两个接线端不分极性，可以任意接入电路中，无极性电容的容量一般较小。有极性电容接入电路时，必须区分两个接线端的极性，标"＋"号的一端，一定接到高电位上。常用的电解电容是有极性电容，其电容量较大。电容的符号如图 1.16 所示，其中图 1.16(a)为无极性电容的电路符号，图 1.16(b)为有极性电容的电路符号。

若电容的电流 i 与端电压 u 的参考方向一致，如图 1.17 所示，根据电流的定义，则有

$$i=\frac{\mathrm{d}q}{\mathrm{d}t}=\frac{\mathrm{d}(uC)}{\mathrm{d}t}=C\frac{\mathrm{d}u}{\mathrm{d}t} \tag{1.3.7}$$

由式(1.3.7)可知，若电容两端的电压不变，则电容电流为零。因此在直流电路中，电容相当于开路。

电容为储能元件。电容储存的电场能量随其端电压 u 的变化而改变。u 的值增大时电容充电，储存的能量增加；反之电容放电，储存的能量减小。设 $t=0$ 时电容的储能为 0，则电容储存的电场能量为

$$W_C=\int_0^t ui\,\mathrm{d}t=\int_0^t uC\frac{\mathrm{d}u}{\mathrm{d}t}\mathrm{d}t=\int_0^u uC\,\mathrm{d}u=\frac{1}{2}Cu^2 \tag{1.3.8}$$

常用电容器的类别、特点、用途及其标称容量参见附录 B。

图 1.15　电容两极板上的电荷分布　　图 1.16　电容的电路符号

以上对电阻、电感、电容三种元件的讨论，都是在理想条件下进行的，突出了它们的主要物理特性，忽略了次要因素。在需要考虑其他次要因素影响的时候，可以利用理想元件对实际元件进行建模。例如电感线圈是用低电阻率的导线绕制而成，除电感参数以外，线圈本身还有导线电阻，各匝线圈间还有分布电容。所以在一个实际的电感线圈中，R、L、C 三参数并存，其电路模型如图 1.18(a)所示。如果在一定的条件下线圈间的电容可以忽略，则实际电感的电路模型如图 1.18(b)所示。

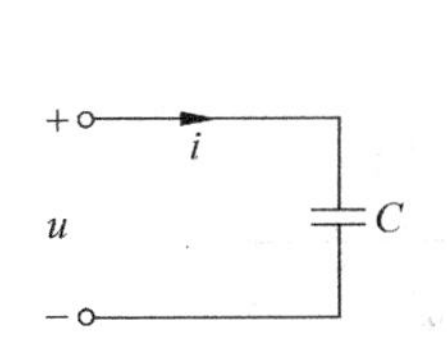

图 1.17　电容电流 i 与端电压 u 的参考方向

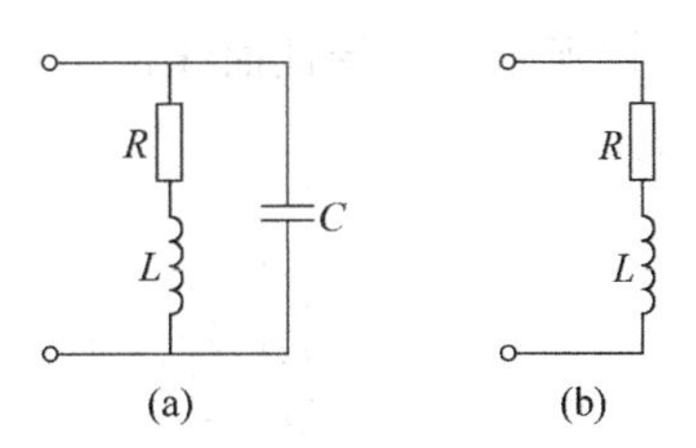

图 1.18　实际电感的电路模型

1.3.2 电源

能将其他能量转换为电能的元件称为电源(power source 或 supply)。电源可独立地为电路提供能量或信号。电动势(electromotive force,简写 emf)是一个表征电源特征的物理量,为非静电力将单位正电荷从电源的负极通过电源内部移送到正极时所做的功,其实际方向规定为电位升的方向,即从低电位端指向高电位端。电动势常用符号 E(或 e)表示,单位是 V。根据上述定义,有

$$e_{BA}=\frac{dw}{dq} \tag{1.3.9}$$

式中,e_{BA}为电源内部从端点 B 到端点 A 的电动势;w 为外力将电荷量为 q 的正电荷从点 B 移动到点 A 所做的功。

电动势的电路符号如图 1.19 所示,其参考方向有三种表示方法:正负号、箭头和双下标,分别如图 1.19(a),(b),(c)所示。在图 1.19(a)中,"+"表示高电位端,"-"表示低电位端;在图 1.19(b)中,箭头从低电位端指向高电位端;在图 1.19(c)中,e_{BA}的下标 A 表示高电位端,B 表示低电位端。也可直接用端电压表示电源的该项参数。

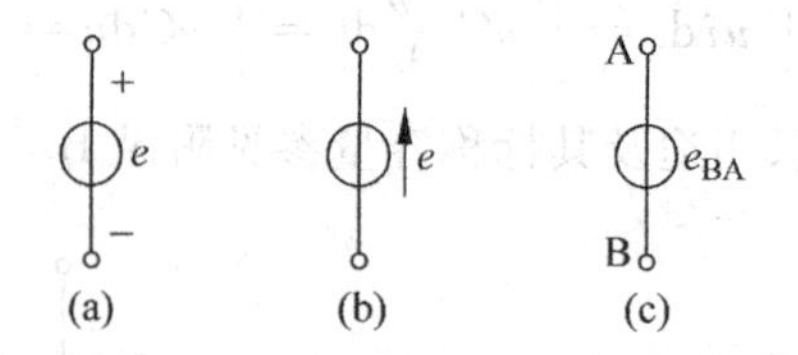

图 1.19 电动势的参考方向的表示法

1. 理想电压源

理想电压源(voltage source)具有以下性质:

(1) 理想电压源的端电压恒等于其电动势,与外电路以及流经它的电流的大小和方向均无关;

(2) 理想电压源电流的大小和方向由其电动势和外电路共同决定;

(3) 理想电压源既可以向外电路提供能量,也可以从外电路接受能量。

理想直流电压源,又称恒压源,其电路模型和伏安特性分别如图 1.20(a),(b)所示。在图 1.20(a)所示的电路中,恒压源的电压与电流的参考方向不关联,功率 $P=-UI$,所以图 1.20(b)所示伏安特性曲线位于第一象限,$P<0$,恒压源供能;位于第二象限,$P>0$,恒压源耗能。

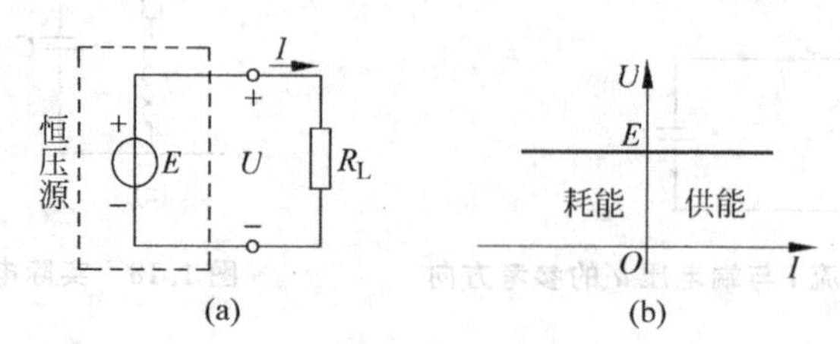

图 1.20 恒压源的电路模型及其伏安特性

2. 理想电流源

理想电流源(current source)具有以下性质：

(1) 理想电流源的电流由其自身决定，与外电路无关；

(2) 理想电流源的端电压的大小和方向由其电流和外电路共同决定；

(3) 理想电流源既可以向外电路提供能量，也可以从外电路接受能量。

理想直流电流源，又称恒流源，其电路模型和伏安特性分别如图 1.21(a)，(b)所示。由于在图 1.21(a)所示的电路中，恒流源的电压与电流的参考方向不关联，功率 $P=-UI$，所以图 1.21(b)所示伏安特性曲线，位于第一象限，$P<0$，恒流源供能；位于第四象限，$P>0$，恒流源耗能。

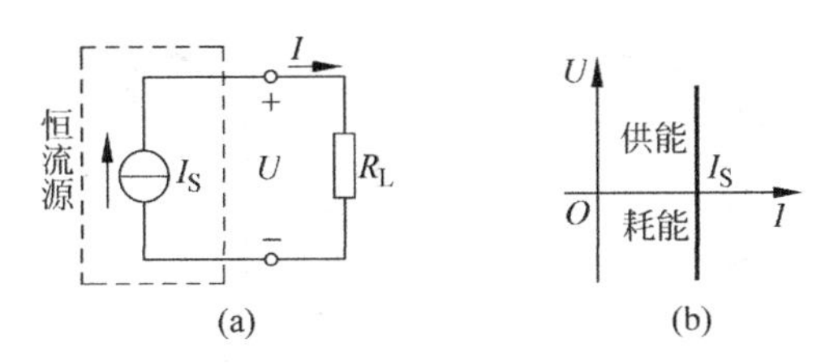

图 1.21 恒流源的电路模型及其伏安特性

例 1.3.1 电路如图 1.22 所示。已知 $I_S=1A$，$E=10V$，$R=5\Omega$，求恒流源的端电压、恒压源中流过的电流以及这两个电源的功率。

解 首先设待求电压和电流的参考方向，如图 1.22 所示。

根据恒流源和恒压源的特点，I_S和 E 恒定不变，所以恒压源中的电流为

$$I = I_S = 1(\text{A})$$

恒流源两端的电压由外电路决定，有

$$U = IR - E = 1\times 5 - 10 = -5(\text{V})$$

根据恒压源和恒流源的端电压与端电流的关联性，有

$$P_E = -IE = -1\times 10 = -10(\text{W})$$

$$P_{IS} = -I_S U = -1\times(-5) = 5(\text{W})$$

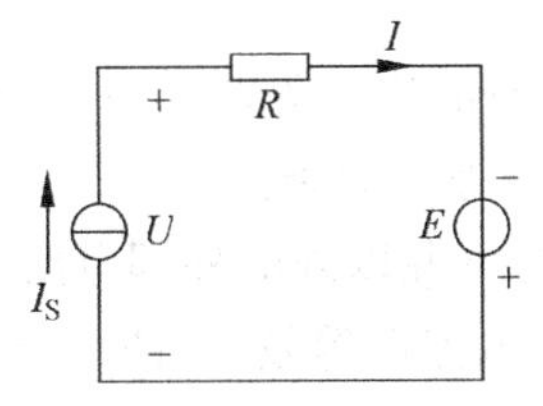

图 1.22 例 1.3.1 图

3. 实际电源的电路模型

用图 1.23 所示的实验电路测量实际电源的伏安特性，电路中电源和 R_1 一定，改变 R_2 的阻值，测得一系列(U,I)，根据所测数据，可绘制该电路中电源的伏安特性曲线，近似为如图 1.24 所示的一条直线。电源的负载电阻越小，线路电流越大，电源的端电压越小。

实际电源的电路模型必须具备与图1.24所示的特性曲线相同的特性。通常采用电压源模型或电流源模型来等效实际电源，这两种模型的电路结构分别如图1.25(a)和(b)所示，其中R_S和R_0分别称为电压源模型和电流源模型的内阻。

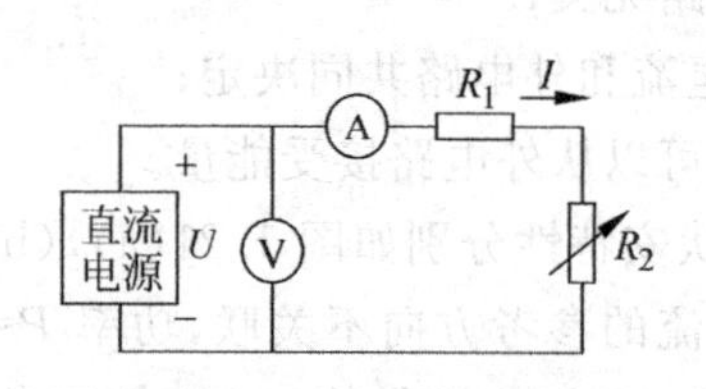

图1.23　实际电源伏安特性的测量电路

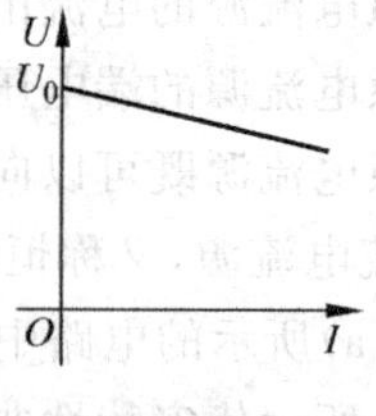

图1.24　实际电源的伏安特性曲线

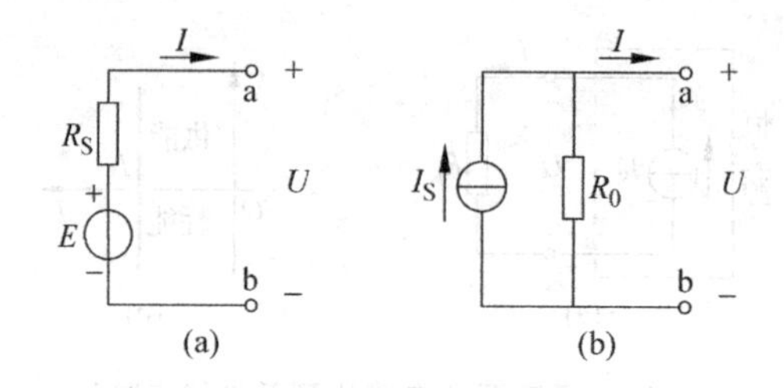

图1.25　电压源模型和电流源模型

图1.25(a)所示电压源模型端口的电压与电流的关系为

$$U = E - IR_S \tag{1.3.10}$$

式(1.3.10)表示一条直线，若E等于如图1.24中的U_0，R_S等于图1.24所示直线斜率的绝对值$|\Delta U/\Delta I|$时，则该直线与1.24所示的直线重合。

图1.25(b)所示电流源模型端口的电压与电流的关系为

$$U = (I_S - I)R_0 = I_S R_0 - IR_0 \tag{1.3.11}$$

由式(1.3.10)和式(1.3.11)可知，当$E=I_S R_0$，$R_S=R_0$时，两式所表示的直线相同。所以电压源模型和电流源模型均可描述实际电源的电特性。

上述分析也说明电压源和电流源可进行等效互换，条件为$E=I_S R_0$，$R_S=R_0$。在进行电源等效互换时需注意：

(1) 理想电压源与理想电流源不能进行等效互换。理想电压源的内阻为0，理想电流源的内阻为∞，不满足电压源和电流源等效的条件。

(2) 两种电源的等效互换，只对电源以外的外部电路等效，对电源内部不等效。

例如，设图1.25所示电压源与电流源等效，且两电源均空载。对电源外部，两者的端口特性均为$U=E$，$I=0$，所以电源对外部电路的作用是等效的。而在电源内部，电压源内阻R_S的电流为0，不消耗功率；而电流源内阻R_0的电流为I_S，消耗的功率为$I_S^2 R_0$，可见两种电源的内部不等效。

(3) 在两种电源进行等效变换时，要注意电动势(E)和电流(I_S)的方向，必须保证转换前后，输出电流和电压的方向不变。因此，在等效变换前后，相对于端口，电压源电动势的方向和电流源电流的方向相同。例如，图1.25所示的电路中电压源电动势的方向由b指向a，等效变换后电流源的电流的方向也由b到a。

(4) 可以用两种电源的等效变换分析电路。在分析电路时，只要理想电压源串电阻、理想电流源并电阻，就可采用电源等效互换的方法简化所分析的电路。

例 1.3.2 电路如图 1.26 所示，求电流 I。

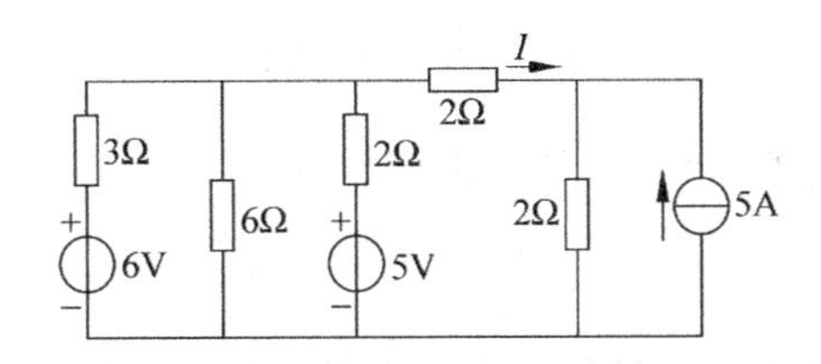

图 1.26 例 1.3.2 电路图 1

解 采用两种电源等效互换的方法。

(1) 首先将图中的两个电压源(6V 电压源—3Ω 电阻，5V 电压源—2Ω 电阻)转换成电流源，将电流源(5A 电流源 ‖ 2Ω 电阻)转换成电压源，变换后的电路如图 1.27(a)所示。

(2) 将图 1.27(a)并联的各支路合并，所得电路如图 1.27(b)所示。

(3) 将图 1.27(b)左边的电流源转换成电压源，得到如图 1.27(c)所示的单回路电路。

(4) 根据图 1.27(c)所示的电路，有

$$I=\frac{4.5-10}{1+2+2}=-1.1(\mathrm{A})$$

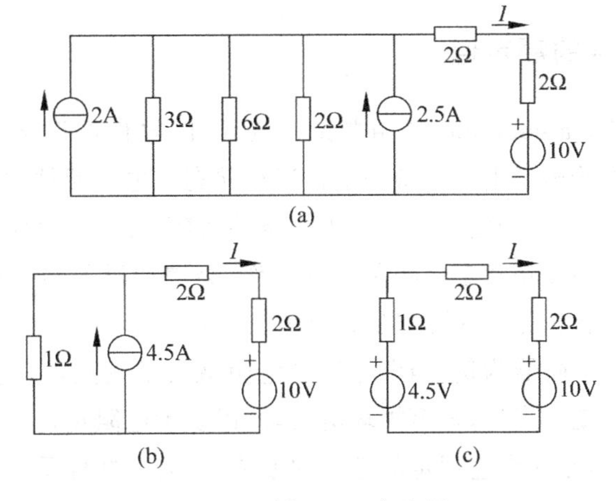

图 1.27 例 1.3.2 电路图 2

思考题 1.3.1 电路如图 1.28 所示。问：图 1.28(a)和(b)中的电阻是否分别为电压源和电流源的内阻？为什么？(提示：分析端口特性。)

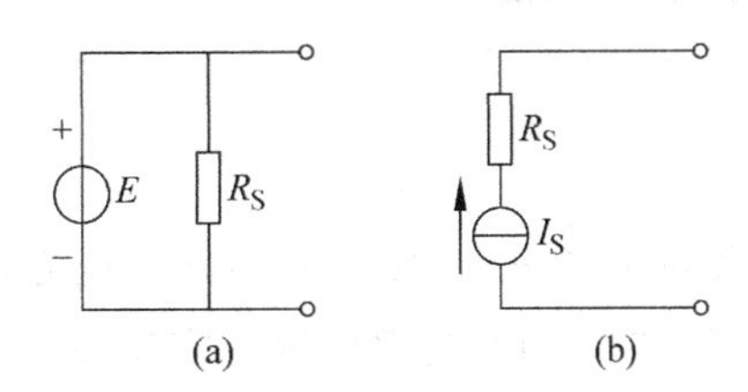

图 1.28 思考题 1.3.1 电路图

思考题 1.3.2 电路如图 1.29 所示，求电流 I。下述三个解答，哪个是正确的？哪个是错误的？错误的原因是什么？（提示：只有 $I=6\text{A}$ 是正确的。）

解 方法 1 根据欧姆定律，有

$$I=\frac{12}{2}=6(\text{A})$$

方法 2 分别考虑两电源的作用，将结果叠加，有

$$I=\frac{12}{2}+2=8(\text{A})$$

方法 3 将电流源和并联的电阻转换成电压源，得到如图 1.30 所示的电路，得

$$I=\frac{12-4}{2}=4(\text{A})$$

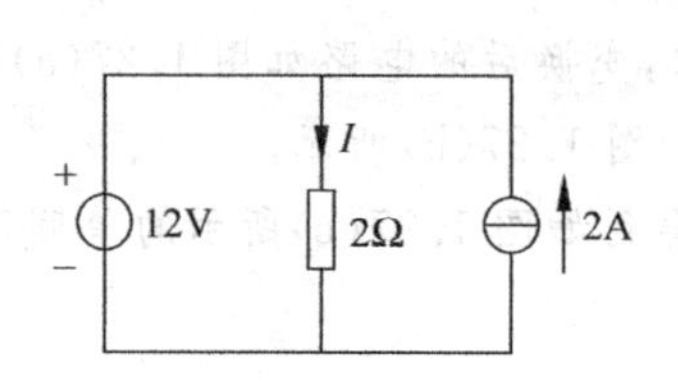

图 1.29 思考题 1.3.2 电路 1

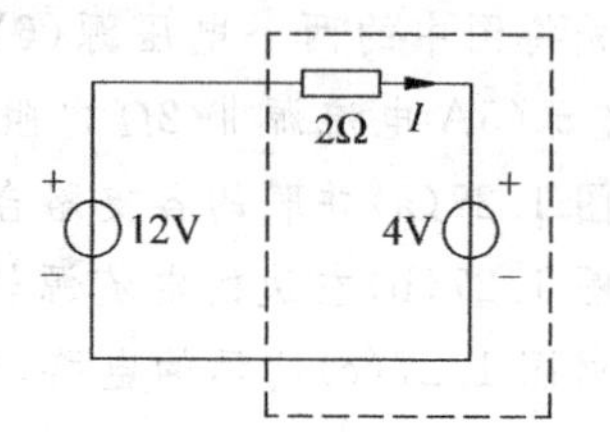

图 1.30 思考题 1.3.2 电路 2

1.3.3 电路元件的额定值

电路元件的额定值(rated value)是由制造厂为元件、器件或设备在特定运行条件下所规定的量值。额定参数给出了电气设备的最佳运行状态。电气元件和电气设备最重要的标称值是额定电压、额定电流和额定功率。当工作条件为额定值时，电路元件可以安全可靠地工作。如果电气设备长期在超额定值的条件下工作，会增加设备的损耗、加速老化，影响电气设备的绝缘性能；如果电气设备长期在低于额定值的条件下工作，也会增加损耗，有些设备甚至会出现故障。以电阻器为例，当电流流过电阻就会散发热量，使电阻的温度升高，当温度过高时电阻的性能就会降低，甚至损坏电阻，所以要为电阻规定一个额定功率。

在使用电路元件时，必须在它规定的范围内使用，以防止器件受到损坏，必要时，需查阅相关手册。

1.4 电路的基本分析方法

1.4.1 电路方程

在分析电路时需要列写节点电流方程(KCL)、回路电压方程(KVL)，并将电路元件的电压和电流的关系式代入到方程中。分析电路时究竟需要多少个方程？如何保证所列写的方程是独立方程？

在列写节点电流方程时，只要该节点具有其他已列方程节点所没有的新支路，则其方程

独立。如果电路只有两个节点，则电路所有支路连接在这两个节点之间，只有一个独立的节点电流方程。此后，每增加一个节点，该节点的电流方程就会增加前面节点方程所没有的支路电流，即增加一个独立方程。所以，若电路的节点数为 n，则存在$(n-1)$个独立的节点电流方程。

在列写回路电压方程时，只要该回路具有其他已列电压方程回路所没有的新支路，则所列方程独立。以平面电路为例，按网孔列写回路的电压方程。当只有一个网孔时，电路只有一个独立的回路电压方程，每增加一个网孔，则该网孔的回路电压方程中就会增加前面方程所没有的支路电压，即增加一个独立的方程。若电路的网孔数为 m，则存在 m 个独立的回路电压方程。

分析电路要求熟练掌握电路的基本概念，能快速正确地列出电路的电压与电流的关系式。

例 1.4.1 电路如图 1.31 所示，图中支路采用不同的参考方向设置，试分别列出各支路的端电压和端电流的关系式。

解 沿着端电压的参考方向，依次将支路上各元件的电压降(按参考方向：降则正，升则负)相加即为端电压。图 1.31 所示电路的各电压与电流的关系依次为

$$(a)\ U = IR + E$$

$$(b)\ U = -E - IR$$

$$(c)\ U = -IR + E$$

$$(d)\ U = -E + IR$$

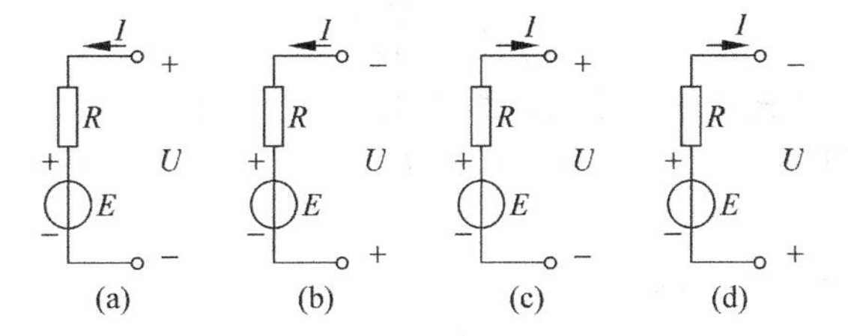

图 1.31 例 1.4.1 图

例 1.4.2 电路如图 1.32 所示，求 A 点的电位 $V_A=$?

解 标记节点并设各支路电流的参考方向，如图 1.33 所示。

列节点 D 的电流方程，可得

$$I_1 = 0$$

列回路 A—D—C—B—A 的电压方程，有

$$-10 + I_2 \times 4 + I_2 \times 2 - 8 + I_2 \times 3 = 0$$

可得

$$I_2 = 2(\text{A})$$

所以，有

$$V_A = -10 + I_2 \times 4 - I_1 \times 5 + 6 = 4(\text{V})$$

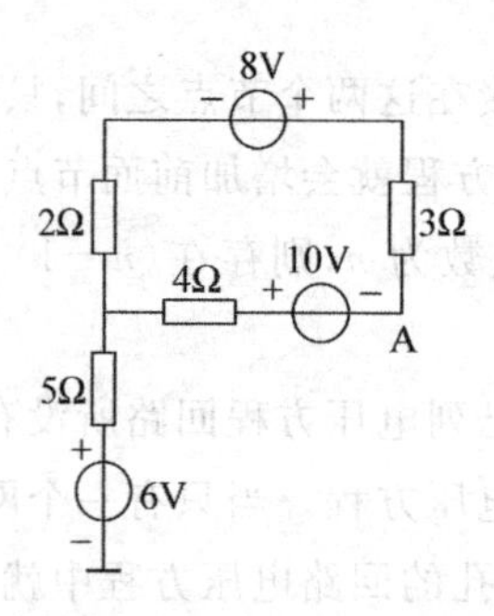

图1.32 例1.4.2图1

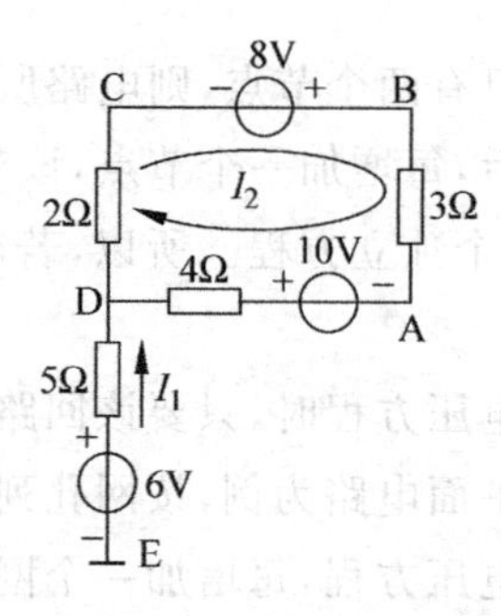

图1.33 例1.4.2图2

1.4.2 电阻的串联、并联和星/三角等效变换

1. 电阻的串联

采用图1.34(a)所示方式将电阻连接起来称为电阻串联。在电阻串联电路中,所有电阻的电流相同,总电压等于各个电阻的端电压之和,即

$$U = U_1 + U_2 + \cdots + U_n = I(R_1 + R_2 + \cdots + R_n)$$

上式表明可以用一个等效电阻 R_{eq} 替代电路中的串联电阻,如图1.34(b)所示。等效电阻为

$$R_{eq} = R_1 + R_2 + \cdots + R_n \tag{1.4.1}$$

电阻串联具有分压作用。在图1.34(a)所示电路中,电阻 R_m 的端电压 $U_m(m=1,2,\cdots,n)$ 与总电压 U 的关系为

$$U_m = \frac{R_m}{R_{eq}}U \tag{1.4.2}$$

例1.4.3 指针式电压表的原理电路如图1.35所示,表头串联分压电阻增大其电压量程。已知表头G的内阻 $R_G=280\Omega$,满偏电流 $I_G=0.6\text{mA}$。今欲使其量程扩大到1V,试求分压电阻 R 的大小。

解 依题意,当 $U=1\text{V}$ 时,有

$$I = I_G = 0.6(\text{mA})$$
$$U_2 = I_G R_G = 0.168(\text{V})$$
$$U_1 = 1 - U_2 = 0.832(\text{V})$$

可得

$$R = \frac{U_1}{I} = \frac{0.832}{0.6} \approx 1.39(\text{k}\Omega)$$

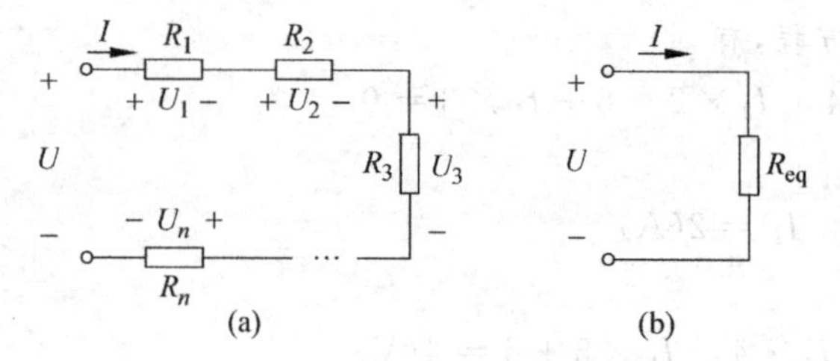

图1.34 电阻串联

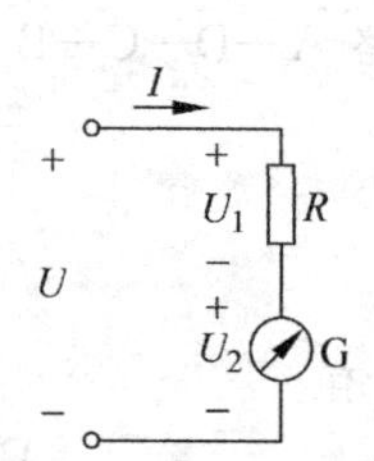

图1.35 电压表的原理电路

2. 电阻并联

采用图 1.36(a)所示方式将电阻连接起来称为电阻并联。在电阻并联电路中，所有电阻的端电压相同，电路的总电流等于各个电阻的电流之和，即

$$I = I_1 + I_2 + \cdots + I_n = U\left(\frac{1}{R_1} + \frac{1}{R_2} + \cdots + \frac{1}{R_n}\right)$$

上式表明，可以用一个等效电阻 R_{eq} 替代电路中的串联电阻，如图 1.36(b)所示。等效电阻为

$$\frac{1}{R_{eq}} = \frac{1}{R_1} + \frac{1}{R_2} + \cdots + \frac{1}{R_n} \tag{1.4.3}$$

电阻并联起分流作用。在图 1.36(a)所示电路中，电阻 R_m 和电流 I_m 与总电流 I 的关系为

$$I_m = \frac{R_{eq}}{R_m} I \tag{1.4.4}$$

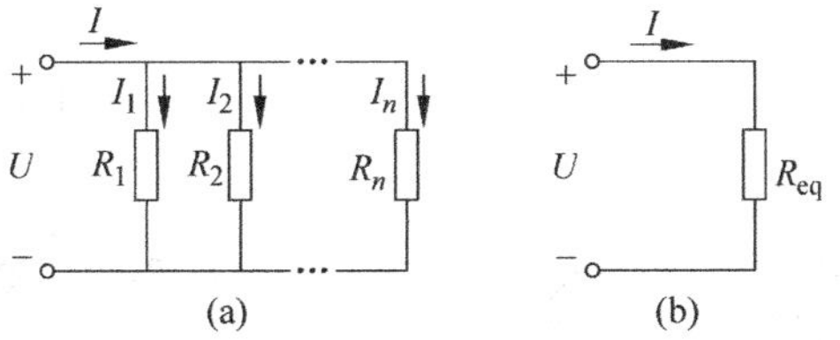

(a)　　(b)

图 1.36　电阻并联

例 1.4.4　指针式电流表的原理电路如图 1.37 所示，表头并联分流电阻增大其电流量程。已知表头 G 的内阻 $R_G = 280\Omega$，满偏电流 $I_G = 0.6\text{mA}$。今欲使其量程扩大到 5mA，试求分流电阻 R 的大小。

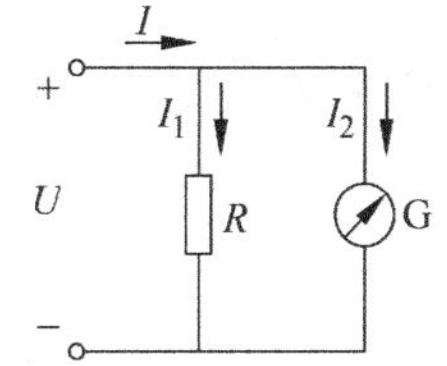

图 1.37　电流表的原理电路

解　依题意，当 $I = 5\text{mA}$ 时，有

$$I_2 = I_G = 0.6(\text{mA})$$
$$U = I_G R_G = 0.168(\text{V})$$
$$I_1 = 5 - 0.6 = 4.4(\text{mA})$$

可得

$$R = \frac{U}{I_1} = \frac{0.168}{4.4 \times 10^{-3}} \approx 38.2(\Omega)$$

3. 电阻的星/三角等效变换

在图 1.38(a)所示的电路中，电阻的连接方式既不是串联，也不是并联，不能通过电阻的串、并联进行简化。但若将图 1.38(a)虚线框内电阻的连接(三角形接法，△接法)等效变换成 1.38(b)方框内所示的连接(星形接法，Y接法)，则变换后的电路可简化为电阻的串、并联电路。

图 1.39(a)所示三角形连接的电阻与图 1.39(b)所示星形连接的电阻之间的等效变换称为电阻的星形连接-三角形连接等效变换，简称电阻的星/三角(Y/△)变换。电阻作Y/△等效变换的原则是：变换前后端口特性不变，即任意两端点间的等效电阻不变，即图 1.39

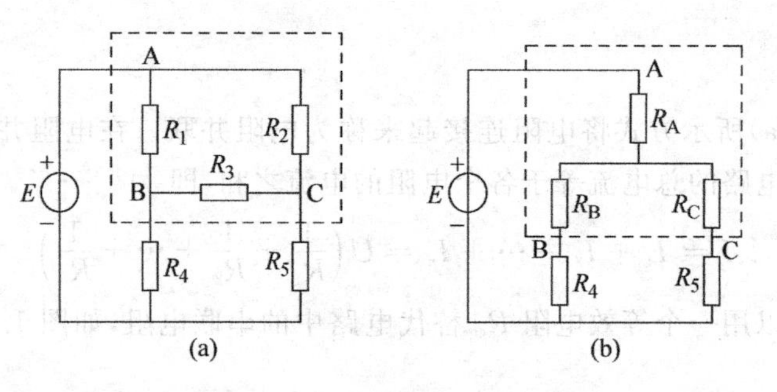

图1.38　电阻复联电路的变换

所示的星形接法和三角形接法两组电阻,必须满足以下关系:

$$R_A + R_B = R_{AB} \parallel (R_{BC} + R_{CA})$$
$$R_B + R_C = R_{BC} \parallel (R_{AB} + R_{CA})$$
$$R_C + R_A = R_{CA} \parallel (R_{AB} + R_{BC})$$

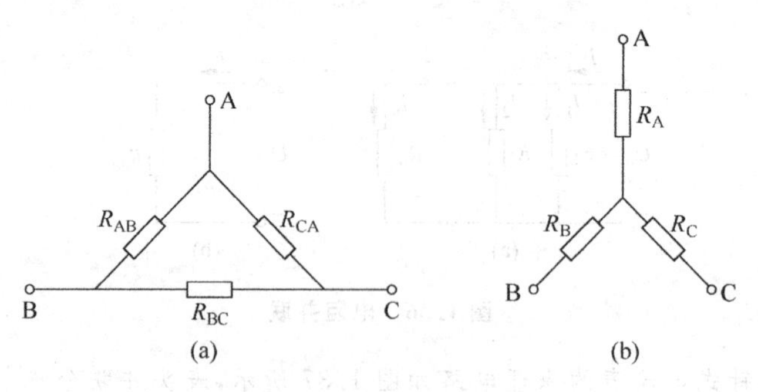

图1.39　三角形和星形连接的电阻

将上述三式联立求解后,便得到各电阻的转换关系。电阻Y/△变换的转换关系为

$$\begin{cases} R_{AB} = \dfrac{R_A R_B + R_B R_C + R_A R_C}{R_C} \\ R_{BC} = \dfrac{R_A R_B + R_B R_C + R_A R_C}{R_A} \\ R_{CA} = \dfrac{R_A R_B + R_B R_C + R_A R_C}{R_B} \end{cases} \tag{1.4.5}$$

电阻△/Y变换的转换关系为

$$\begin{cases} R_A = \dfrac{R_{AB} R_{CA}}{R_{AB} + R_{BC} + R_{CA}} \\ R_B = \dfrac{R_{AB} R_{BC}}{R_{AB} + R_{BC} + R_{CA}} \\ R_C = \dfrac{R_{BC} R_{CA}}{R_{AB} + R_{BC} + R_{CA}} \end{cases} \tag{1.4.6}$$

当三个电阻相等时,若设 $R_A = R_B = R_C = R_Y$,$R_{AB} = R_{BC} = R_{CA} = R_\triangle$,则有

$$R_Y = \frac{1}{3} R_\triangle \tag{1.4.7}$$

简单的电路,可以用电源的等效变换、电阻的串联、并联和Y/△变换来进行分析。但对

于比较复杂的电路,要求解的电路变量多,上述方法远不够用。电路的基本分析方法有支路电流法、节点电位(压)法和回路电流法,本教材主要介绍支路电流法和节点电位(压)法。

1.4.3 支路电流法

支路电流法(branch current method)把支路的电流作为待求未知量,如有 b 条支路,则有 b 个未知量待求。下面结合例题说明支路电流法的解题步骤。

例 1.4.5 电路如图 1.40(a)所示。试用支路电流法分析该电路。

解 第 1 步,设定各支路电流的参考方向,并标记节点。如图 1.40(b)所示。

第 2 步,列节点电流方程。若电路中的节点数为 n,则独立的电流方程个数为 $n-1$。本电路有 3 个节点,可任选 2 个节点(如节点 A 和 B)列电流方程如下:

$$I_1 + I_3 - I_4 = 0 \quad ①$$

$$I_2 - I_3 - I_5 = 0 \quad ②$$

第 3 步,列回路电压方程。若电路中的网孔数为 m,则独立回路电压方程个数为 m 个。本电路有 3 个网孔,所以有 3 个回路电压方程。从左到右 3 个网孔的电压方程如下:

$$I_1R_1 + I_4R_4 - U_{S1} = 0 \quad ③$$

$$-I_3R_3 + U_{S3} + I_5R_5 - I_4R_4 = 0 \quad ④$$

$$-I_2R_2 + U_{S2} - I_5R_5 = 0 \quad ⑤$$

第 4 步,将上述 5 个(等于 $m+n-1$,即为支路数 b)电压方程和电流方程联立求解,得各支路电流。

如有要求,还可进一步求电路中其他的电量。

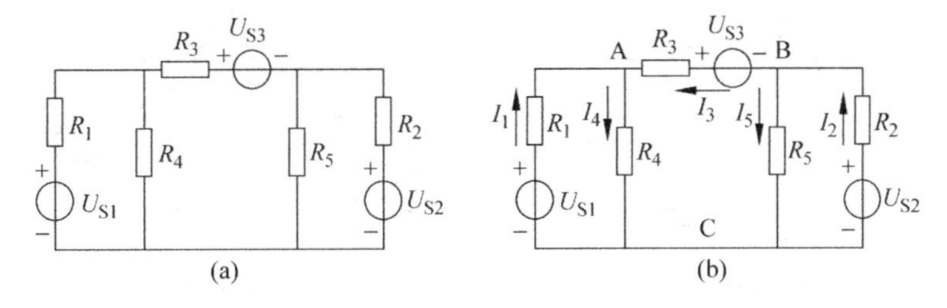

图 1.40 例 1.4.5 电路图

例 1.4.6 将例 1.4.5 电路中的 U_{S3}—R_3 支路改为电流源,如图 1.41(a)所示。试用支路电流法分析该电路。

解 第 1 步,设定各支路电流和电流源电压的参考方向,并标记节点。如图 1.41(b)所示。

第 2 步,列节点 A 和 B 的电流方程,分别为

$$I_1 + I_S - I_4 = 0$$

$$I_2 - I_S - I_5 = 0$$

第 3 步,从左到右,列 3 个网孔的电压方程如下:

$$I_1R_1 + I_4R_4 - U_{S1} = 0$$

$$U_3 + I_5R_5 - I_4R_4 = 0$$

$$-I_2R_2 + U_{S2} - I_5R_5 = 0$$

第 4 步,将上述 5 个电压方程和电流方程联立求解,可得各支路电流。

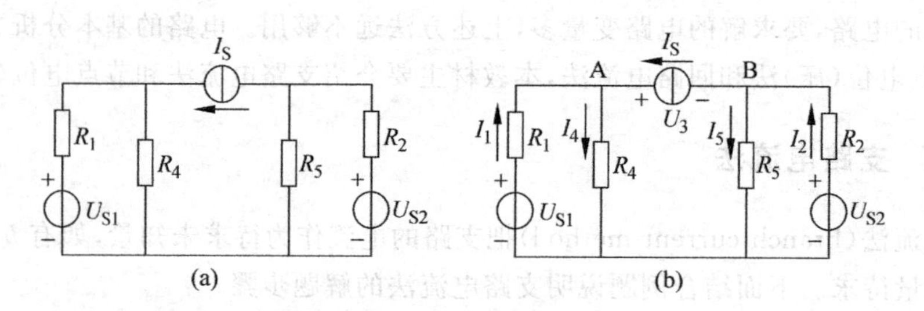

图 1.41 例 1.4.6 电路图

如有要求，还可进一步求电路中其他的电量。

例 1.4.6 的分析过程说明，虽然在该电路中恒流源支路的电流已知，但在列电压方程时，恒流源的端电压为未知量，所以方程中未知数的个数并未减少，仍等于支路的条数。

1.4.4 节点电位法

节点电位法(node voltage method)把节点的电位作为待求未知量，如有 n 个节点，则有$(n-1)$个未知量待求。

1. 节点电位法的解题步骤

下面结合例题说明节点电位法的解题步骤。

例 1.4.7 电路如图 1.42(a)所示。试用节点电位法分析该电路。

解 第 1 步，选参考节点、设定各支路电流的参考方向，并标记节点，如图 1.42(b)所示。

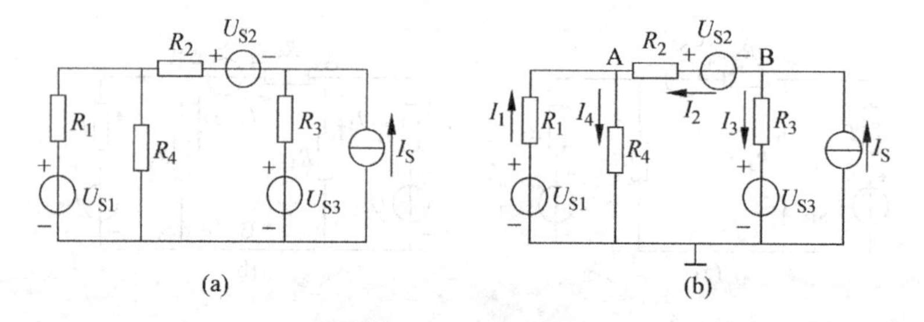

图 1.42 例 1.4.7 电路图

第 2 步，列节点电流方程。若本电路有 3 个节点，可列 2 个节点电流方程。节点 A 和节点 B 的电流方程分别如下：

$$I_1 + I_2 - I_4 = 0$$

$$I_S - I_2 - I_3 = 0$$

第 3 步，将各支路电流用节点电位表示。

$$I_1 = \frac{U_{S1} - V_A}{R_1},\quad I_2 = \frac{V_B + U_{S2} - V_A}{R_2},\quad I_3 = \frac{V_B - U_{S3}}{R_3},\quad I_4 = \frac{V_A}{R_4}$$

第 4 步，将上述各支路电流的电位表示式代入到节点电流方程，得到节点电位方程如下：

$$\left(\frac{1}{R_1} + \frac{1}{R_2} + \frac{1}{R_4}\right)V_A - \frac{1}{R_2}V_B = \frac{U_{S1}}{R_1} + \frac{U_{S2}}{R_2} \qquad ①$$

$$-\frac{1}{R_2}V_A+\left(\frac{1}{R_2}+\frac{1}{R_3}\right)V_B=I_S-\frac{U_{S2}}{R_2}+\frac{U_{S3}}{R_3} \quad ②$$

第 5 步，将方程①，②联立求解，可得各节点电位。

如有要求，还可进一步求电路中其他的电量。

例 1.4.8 将例 1.4.7 电路中的 U_{S2}—R_2 支路改为电压源，如图 1.43(a)所示。试用节点电位法求分析该电路。

解 第 1 步，选参考节点、设定各支路电流的参考方向，并标记节点，如图 1.42(b)所示。

节点 A 与节点 B 的电位关系为

$$V_A-V_B=U_{S2} \quad ①$$

第 2 步，电路有 3 个节点，可列 2 个节点(节点 A 和 B)电流方程如下：

$$I_1+I_2-I_4=0$$

$$I_S-I_2-I_3=0$$

第 3 步，将各支路电流用节点电位表示如下：

$$I_1=\frac{U_{S1}-V_A}{R_1},\quad I_3=\frac{V_B-U_{S3}}{R_3},\quad I_4=\frac{V_A}{R_4}$$

第 4 步，将上述各支路电流的电位表示式代入到节点电流方程，得到节点电位方程。

$$\left(\frac{1}{R_1}+\frac{1}{R_4}\right)V_A-I_2=\frac{U_{S1}}{R_1} \quad ②$$

$$\frac{1}{R_3}V_B+I_2=I_S+\frac{U_{S3}}{R_3} \quad ③$$

第 5 步，将方程①，②，③联立求解，得各节点电位和理想电压源电流的大小。

如有要求，还可进一步求电路中其他的电量。

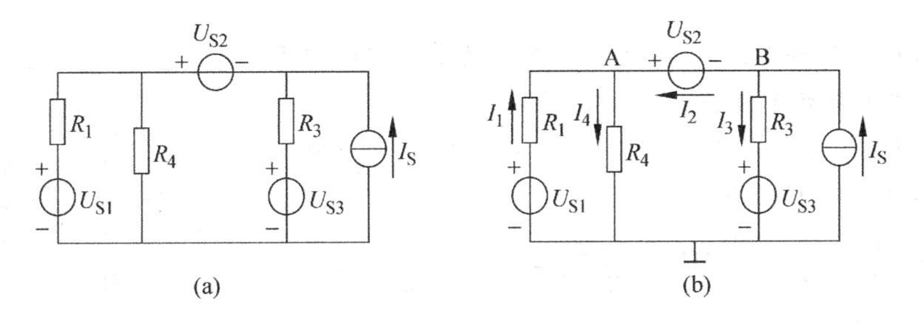

图 1.43 例 1.4.8 电路图

例 1.4.8 的分析过程说明，虽然在该电路中存在一条端电压已知的恒压源支路，节点电位可减少一个待求未知量，但恒压源的电流作为未知量出现在方程中。所以，待求未知数的个数仍等于节点的个数减 1(即 $n-1$)。

例 1.4.9 将例 1.4.7 电路中的理想电流源支路串一个电阻，如图 1.44(a)所示。试用节点电位法分析该电路。

解 在该电路中，I_S—R_5 支路的端口特性等效于理想电流源，所以电路可以简化为图 1.44(b)所示的电路，等效变换后的电路与例 1.4.7 相同，分析过程也完全相同。

2. 节点电位方程的一般规律

自电导(self conductance)和互电导(mutual conductance)：与某节点相连的所有支路

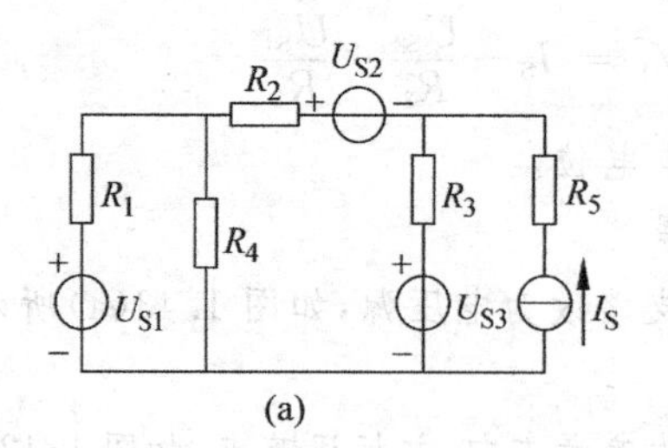

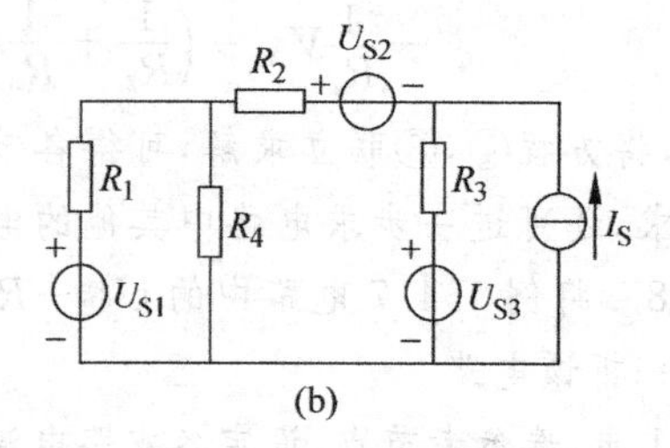

图 1.44　例 1.4.9 电路图

电阻的倒数(即电导)之和称为该节点的自电导；两个节点之间相连的所有支路电阻的倒数之和称为这两个节点之间的互电导。**特别注意，这些支路不包含电阻与理想电流源串联所构成的支路。**

由例 1.4.7～例 1.4.9 的分析结果，可总结出节点电位方程的一般规律如下：

(1) 方程式的左边为该节点的电位乘以自电导，再依次减去与该节点有支路连接的节点的电位乘以互电导。

(2) 方程式的右边和与该节点相连的含源支路有关：与该节点连接的电压源支路中的电动势和电导乘积的代数和，再加上与该节点相连的所有电流源支路电流的代数和。注意，电压源电动势的方向指向该节点时，取正，反之取负；电流源电流的方向指向该节点时，取正，反之取负。

(3) 当电路中存在理想电压源支路时，其电流为未知量，列方程时与电流源支路一样处理。所列方程除节点电位方程外，还多一个理想电压源两端点电位的约束条件。

当电路中只有两个节点时，所列的节点电位方程又称为弥尔曼定理(Millman theorem)。

例 1.4.10　电路如图 1.45 所示。图中电压源的电动势用电位表示。试用节点电位法求电流 I_L。

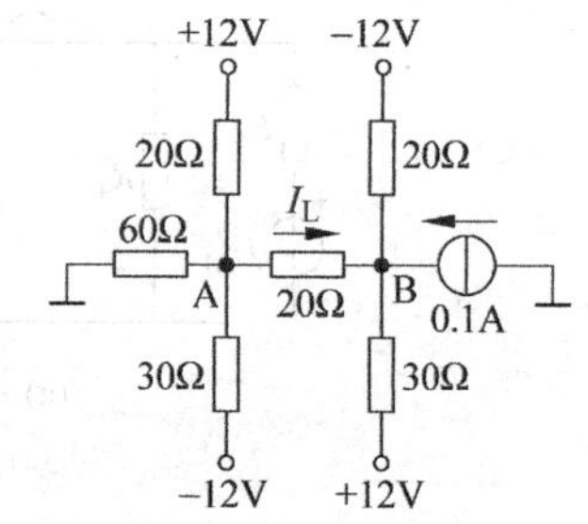

图 1.45　例 1.4.10 图

解　在电路图上标记节点，根据节点电位的规律分别列节点 A 和 B 的电位方程如下：

$$\left(\frac{1}{60}+\frac{1}{20}+\frac{1}{30}+\frac{1}{20}\right)V_A-\frac{1}{20}V_B=\frac{12}{20}+\frac{-12}{30}$$

$$\Rightarrow 3V_A-V_B=4 \qquad ①$$

$$-\frac{1}{20}V_A+\left(\frac{1}{20}+\frac{1}{30}+\frac{1}{20}\right)V_B=\frac{-12}{20}+\frac{12}{30}+0.1$$

$$\Rightarrow -3V_A+8V_B=-6 \qquad ②$$

将方程①、②联立求解，得

$$V_A=\frac{26}{21}(\mathrm{V}),\quad V_B=-\frac{2}{7}(\mathrm{V})$$

所以

$$I_L=\frac{V_A-V_B}{20}=\frac{\frac{32}{21}}{20}(\mathrm{A})\approx 76.2(\mathrm{mA})$$

1.5 线性电路中的重要定理

由线性电路元件构成的电路称为线性电路(linear circuit)。在线性电路中,可用叠加定理、替代定理、等效电源定理、最大功率传输定理、特勒根定理、互易定理、对偶定理等来分析电路,本节主要介绍其中的叠加定理、等效电源定理和最大功率传输定理。

1.5.1 叠加定理

在有多个独立电源共同作用的线性电路中,任意一条支路电流或任意两点的电压,都是各个独立电源单独作用结果的代数和。线性电路的这种叠加性称为叠加定理(superposition theorem),也称为叠加原理。根据叠加定理,当线性电路中只有一个独立电源时,电路中各支路电流和任意两点间的电压,均与电压源的电动势或电流源的电流成正比。

在用叠加定理分析电路时,若只考虑某些电源的作用结果,则将不予考虑的电源置零:电压源的 $E_S=0$,电流源的 $I_S=0$。具体在电路图中,将不予考虑的理想电压源视作短路;将不予考虑的理想电流源视作断(开)路,其他元件则原样保留。

例 1.5.1 电路如图 1.46 所示,求 $I_3=?$

解 分别用叠加定理和节点电位法分析该电路。

方法 1 采用叠加定理。电路中电压源单独作用的分电路如图 1.47(a)所示,电流源单独作用的分电路如图 1.47(b)所示。

由图 1.47(a),可得

$$I'_3=\frac{U_S}{R_1+R_3}$$

由图 1.47(b),可得

$$I''_3=I_S\frac{R_1}{R_1+R_3}$$

将两个电源单独作用结果的叠加,得

$$I_3=I'_3+I''_3=\frac{U_S}{R_1+R_3}+\frac{R_1I_S}{R_1+R_3} \quad ①$$

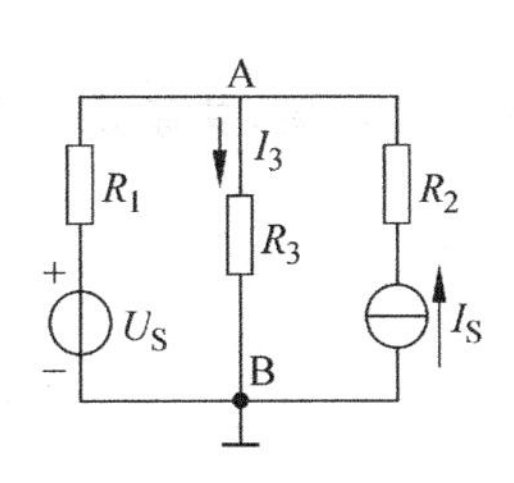

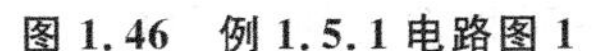
图 1.46 例 1.5.1 电路图 1

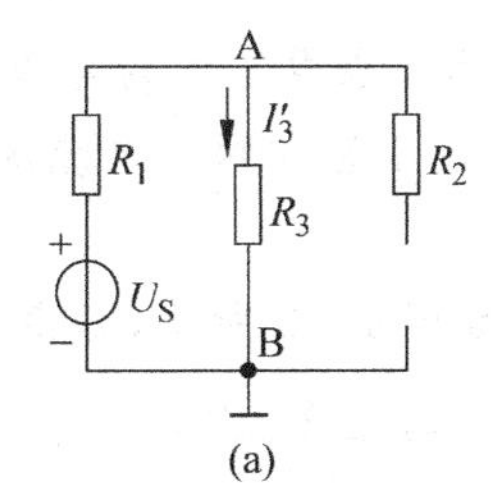

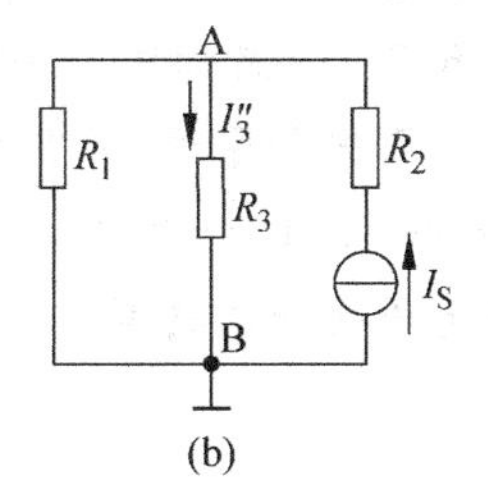

图 1.47 例 1.5.1 电路图 2

方法2　采用节点电位法。在图1.46所示的电路中，设B为参考节点($V_B=0$)，则

$$V_A=\frac{\frac{U_S}{R_1}+I_S}{\frac{1}{R_1}+\frac{1}{R_3}}=\frac{(U_S+R_1I_S)R_3}{R_1+R_3}$$

$$I_3=\frac{V_A}{R_3}=\frac{U_S+R_1I_S}{R_1+R_3}=\frac{U_S}{R_1+R_3}+\frac{R_1I_S}{R_1+R_3} \quad ②$$

比较方程①和方程②，可见方程②中相加的两个量分别等于方程①中的I_3'和I_3''。该例题两种方法的分析结果验证了叠加定理的正确性。

例1.5.2　在图1.48电路中，当$U_S=10V, I_S=1A$时，$U_o=4V$；而当$U_S=1V, I_S=1A$时，$U_o=1V$。求当$U_S=6V$，$I_S=3A$时，$U_o=?$

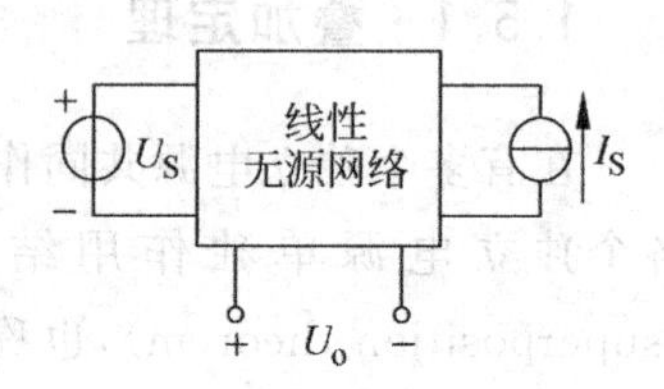

图1.48　例1.5.2电路图

解　采用叠加原理。当电压源U_S单独作用时，可设$U_o'=k_1U_S$；同理当电流源I_S单独作用时，可设$U_o''=k_2I_S$。所以当两个电源一起作用时，有

$$U_o=U_o'+U_o''=k_1U_S+k_2I_S$$

将已知条件代入，可得

$$\begin{cases}10k_1+k_2=4\\k_1+k_2=1\end{cases}$$

解得

$$k_1=\frac{1}{3},\quad k_2=\frac{2}{3}$$

所以，当$U_S=6V, I_S=3A$时，有

$$U_o=\frac{1}{3}U_S+\frac{2}{3}I_S=6\times\frac{1}{3}+3\times\frac{2}{3}=2+2=4(V)$$

采用叠加定理分析电路时需注意如下事项：

(1) 叠加定理只能用于线性电路，并且只能用来计算电压和电流，不能用于计算功率(因为功率与电压或电流是平方关系，而不是线性关系)。

(2) 要特别注意原电路和分解后电路中电压和电流的参考方向。总电压、电流是各分电路中电流、电压的代数和，分电路中的参考方向与原电路一致时，相加；否则，相减。

(3) 当电路中电源个数多的时候，要注意观察电路的特点，可将电源分成几组分别考虑以简化分析过程。

例1.5.3　电路如图1.49所示。求电路中的电流$I=?$

解　采用叠加原理，考虑两个电压源和两个电流源分别作用的结果，其等效电路分别如图1.50和图1.51(a)所示。

两个电压源作用的等效电路如图1.50所示，可得

$$I'=\frac{-8-6}{2+2}=-3.5(A)$$

两个电流源作用的等效电路如图1.51(a)所示，该电路可以改为图1.51(b)所示的电路，可得

$$I'' = \frac{1+2}{2} = 1.5(\text{A})$$

根据叠加原理,有

$$I = I' + I'' = -2(\text{A})$$

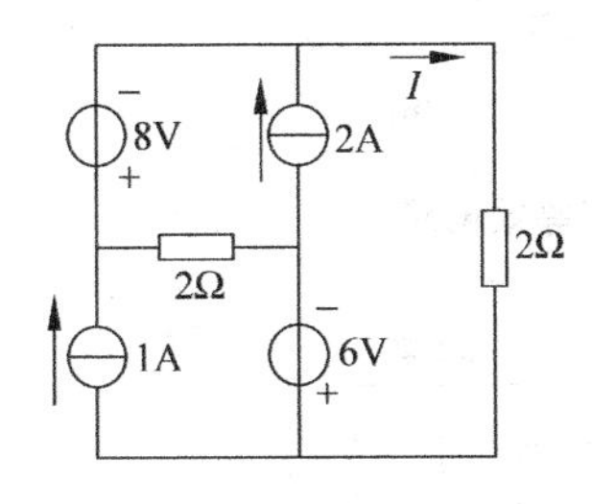

图 1.49 例 1.5.3 图 1

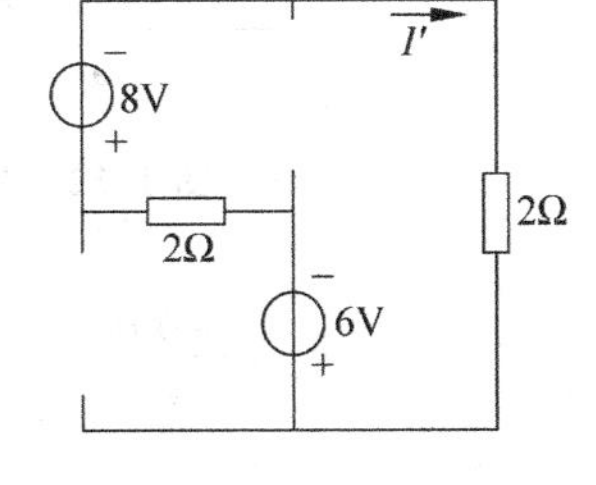

图 1.50 例 1.5.3 图 2

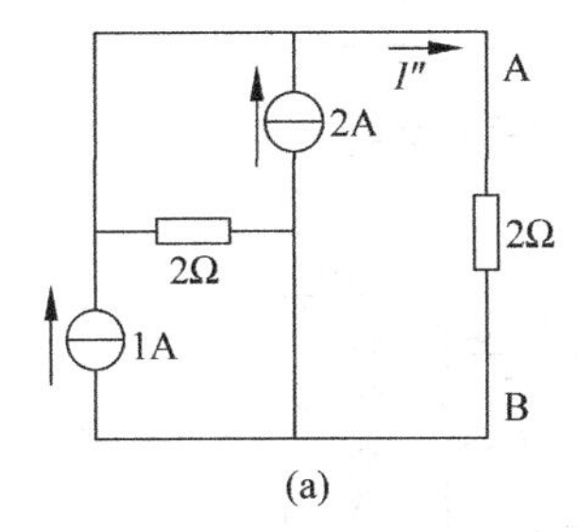

(a)

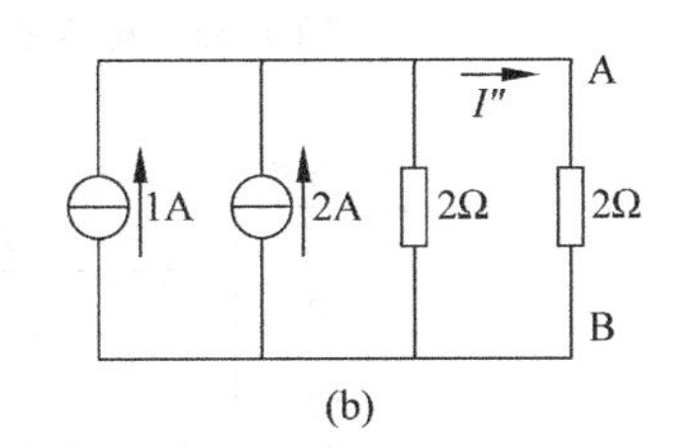

(b)

图 1.51 例 1.5.3 图 3

1.5.2 等效电源定理

当电路只有两个端子(即一个端口)与外电路相连时,称为二端网络。若二端网络内部不含独立电源则称其为无源二端网络;若二端网络内部含独立电源,则称其为有源二端网络。

等效电源定理的内容是:有源二端网络对外部电路的作用可以用电源模型等效替代。这其中包含了两个定理:将有源二端网络用电压源作等效替代,称为戴维宁定理,用电流源作等效替代,称为诺顿定理。下面分别介绍其具体内容。

1. 戴维宁定理

戴维宁定理(Thevenin's theorem):对外电路,有源二端网络可以用电压源作等效替代,其电压源中的电动势(E_S)等于有源二端网络端口的开路电压(U_{OC}),内阻(R_S)为将有源二端网络内所有独立源置 0 所得到的无源二端网络端口的等效电阻。E_S与 U_{OC} 的方向如图 1.52 所示。

可以用叠加定理来证明戴维宁定理。

首先把电路分成如图 1.53 所示的两个有源二端网络,左边的有源二端网络待作等效变换,右边的有源二端网络表示外电路。

在图 1.53 所示电路中添加两个理想电压源,得到图 1.54 所示电路。该电路与图 1.53 所示电路等效。

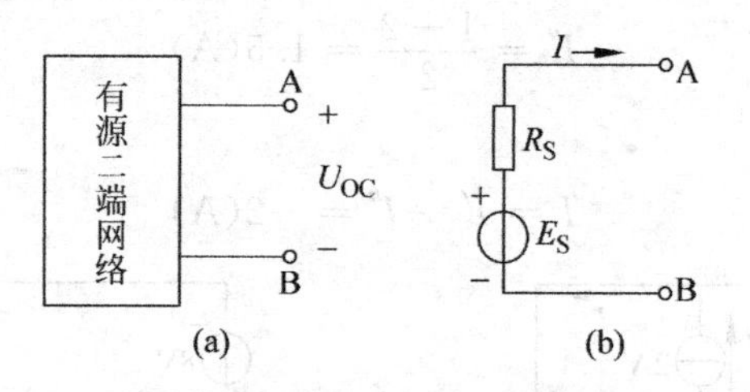

图 1.52　戴维宁定理等效电路

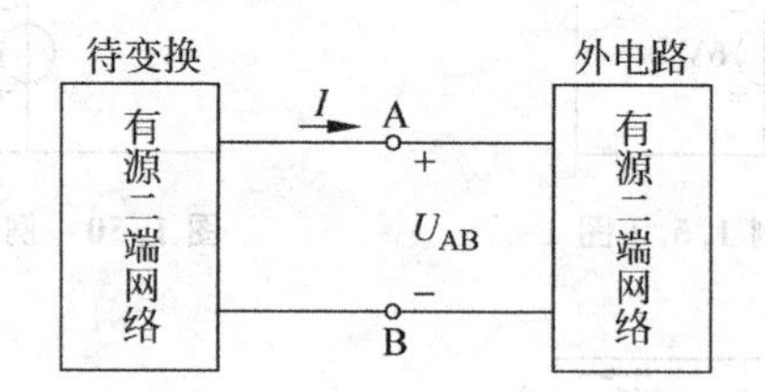

图 1.53　电路的内电路与外电路

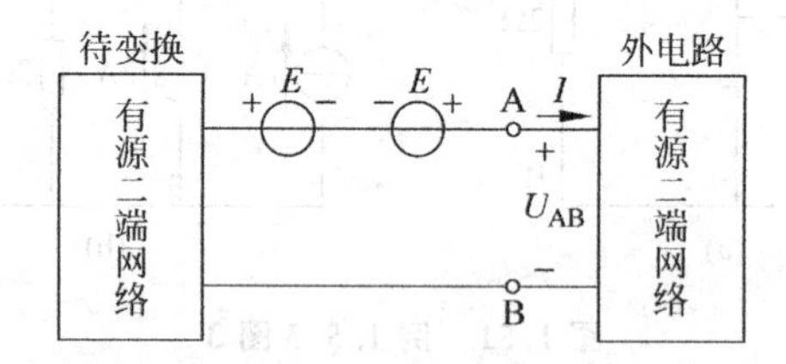

图 1.54　与图 1.53 所示电路的等效电路

根据叠加定理，将图 1.54 所示电路分解为如图 1.55(a)，(b)所示的两个电路。在图 1.55(a)所示电路中，左边的理想电压源 E 和待变换的有源二端网络内部电源共同作用；外电路的电源置 0，等效为一个电阻，设为 R_L。在图 1.55(b)所示电路中，右边的理想电压源 E 和外电路中的电源共同作用。待变换的有源二端网络内部电源置 0，故等效为电阻，设为 R_{eq}。

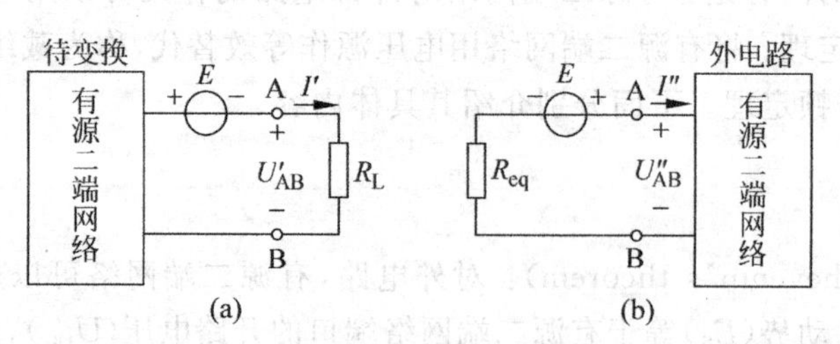

图 1.55　图 1.54 所示电路的两个分电路

令 $E=U_{OC}$，用图 1.55(a)，(b)所示的两个分电路求端口电压 U_{AB} 和电流 I 的关系。在图 1.55(a)所示电路中，由于 E 和 U_{OC} 大小相等、方向相反，所以有

$$I' = 0,\quad U'_{AB} = I'R_L = 0$$

在图 1.55(b)所示电路中，有

$$U''_{AB} = E - I''R_{eq}$$

根据叠加定理，有

$$I = I' + I'' = I''$$

$$U_{AB} = U'_{AB} + U''_{AB} = U''_{AB}$$

有源二端网络的端口电压与电流的关系为

$$U_{AB} = U''_{AB} = E - I''R_{eq} = E - IR_{eq}$$

在图1.52(b)所示电压源电路中，$U_{AB}=E_S-IR_S$。所以，若$E_S=E=U_{OC}$，$R_S=R_{eq}$，则图1.52(a)所示的有源二端网络可等效为图1.52(b)所示的电压源。

1) 有源二端网络端口等效电阻的求解方法

(1) 将有源二端网络内部的电源置零，用电阻的串联、并联、Y/△等效变换等方法求等效电阻。

(2) 开路电压/短路电流法：根据戴维宁定理，有源二端网络可以等效为电压源，所以其端口的短路电流I_{SC}等于等效电压源端口的短路电流，而等效电压源的电动势等于有源二端网络的开路电压(U_{OC})，所以有源二端网络的等效电阻为

$$R_{eq} = \frac{U_{OC}}{I_{SC}}$$

(3) 加压求流法：先将有源二端网络中的独立源置0，成为无源网络，然后在其端口加电压U，分析在此电压作用下的端口电流I，得到U和I的关系式，进一步求出U/I的值，该值即为有源二端网络的等效电阻R_{eq}。

例1.5.4 某电源的开路电压$U_{OC}=2V$，短路电流$I_{SC}=2A$，求该电源电动势的大小及内阻。

解 电源的电动势E_S和内阻R_S分别为

$$E_S = U_{OC} = 2(V)$$

$$R_S = \frac{U_{OC}}{I_{SC}} = \frac{2}{2} = 1(\Omega)$$

例1.5.5 有源二端网络如图1.56所示。分别用电阻的串联和并联、加压求流法和开路电压/短路电流法求其等效电阻。

解 **方法1** 电阻串并联法。将图1.56所示电路中的电压源短路、电流源开路，得到如图1.57所示的无源二端网络。根据图1.57所示的电路，有

$$R_{eq} = (20 \parallel 60 \parallel 30) + (20 \parallel 30) = 22(\Omega)$$

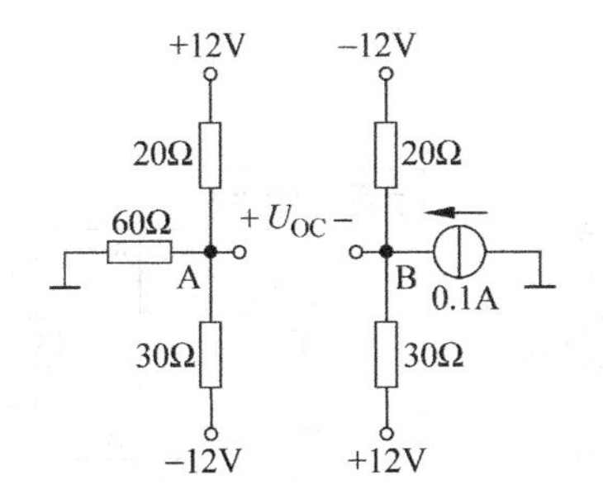

图1.56 例1.5.5图1

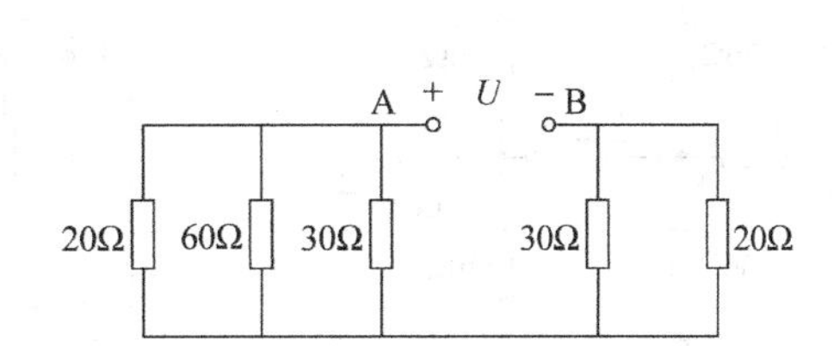

图1.57 例1.5.5图2

方法2 加压求流法。在图1.57所示的无源二端网络的A,B两端加入电压U，则

$$I = \frac{U}{(20 \parallel 60 \parallel 30) + (20 \parallel 30)}$$

所以

$$R_{eq}=U/I=(20\parallel 60\parallel 30)+(20\parallel 30)=22(\Omega)$$

方法3 开路电压/短路电流法。

求开路电压。在图1.56所示电路中，采用节点电位法，得

$$\left(\frac{1}{20}+\frac{1}{60}+\frac{1}{30}\right)V_A=\frac{12}{20}+\frac{-12}{30} \Rightarrow V_A=2(\mathrm{V})$$

$$\left(\frac{1}{20}+\frac{1}{30}\right)V_B=\frac{-12}{20}+\frac{12}{30}+0.1 \Rightarrow V_B=-1.2(\mathrm{V})$$

$$U_{OC}=V_A-V_B=3.2(\mathrm{V})$$

求短路电流。图1.58为求二端网络短路电流的等效电路，图中节点A、B合并为一个节点。采用节点电位法，得

$$\left(\frac{1}{20}+\frac{1}{60}+\frac{1}{30}+\frac{1}{20}+\frac{1}{30}\right)V_A=\frac{12}{20}+\frac{-12}{30}+\frac{12}{30}+\frac{-12}{20}+0.1$$

$$\Rightarrow V_A=\frac{6}{11}\approx 0.545(\mathrm{V})$$

所以

$$I_{SC}=\frac{-V_A}{60}+\frac{12-V_A}{20}+\frac{-12-V_A}{30}\approx 0.1455(\mathrm{V})$$

$$R_{eq}=\frac{U_{OC}}{I_{SC}}=\frac{3.2}{0.1455}\approx 22.0(\Omega)$$

2）用实验方法获取有源二端网络端口的等效电阻

用实验方法求等效电阻的步骤：

(1) 测有源二端网络的开路电压(U_{OC})，等效电路如图1.59(a)所示；

(2) 在有源二端网络的端口连接负载电阻(R_L)，并测出其端电压(U_L)，等效电路如图1.59(b)所示。

根据图1.59(b)所示电路，有

$$U_L=\frac{R_L}{R_S+R_L}E_S=\frac{R_L}{R_S+R_L}U_{OC}$$

$$R_S=R_L\left(\frac{U_{OC}}{U_L}-1\right)$$

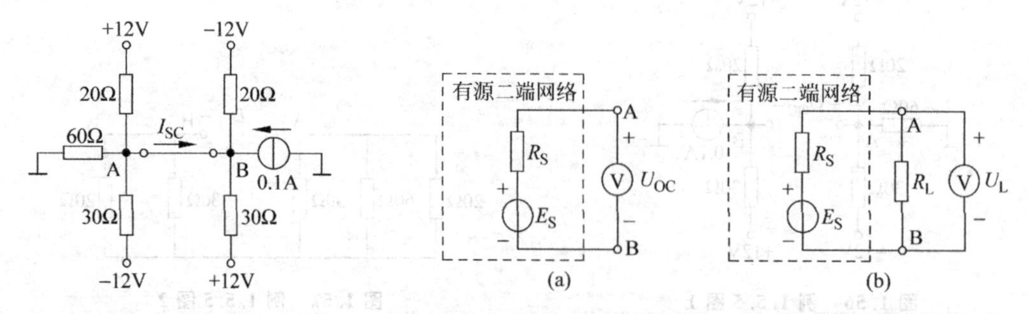

图1.58 例1.5.5图3　　图1.59 等效电阻测量电路的等效电路

例1.5.6 某电源的开路电压 $U_{OC}=10\mathrm{V}$，当外接电阻 $R_L=5\Omega$ 时，电源的端电压 $U_L=5\mathrm{V}$，求该电源电动势及内阻。

解 电源的电动势 E_S 和内阻 R_S 分别为

$$E_S = U_{OC} = 10(\text{V})$$

$$R_S = \left(\frac{U_{OC}}{U} - 1\right) \times R_L = \left(\frac{10}{5} - 1\right) \times 5 = 5(\Omega)$$

2. 诺顿定理

诺顿定理(Norton's theorem)：对外电路，有源二端网络可以用电流源作等效替代，其中电流源的电流(I_S)等于有源二端网络端口的短路电流(I_{SC})；电流源模型中的内阻(R_S)为将有源二端网络中所有电源置 0 所得到的无源二端网络两输出端间的等效电阻。I_S 与 I_{SC} 方向如图 1.60 所示。

戴维宁定理的证明，再加上电压源和电流源的等效互换，就可以证明诺顿定理，这里不再赘述。

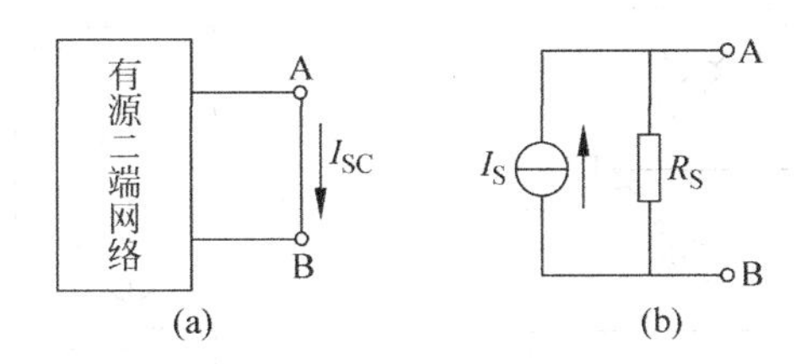

图 1.60 诺顿定理等效电路

3. 应用举例

利用等效电源定理可以把一个复杂的有源二端网络等效为简单的电压源或电流源，是简化复杂电路的常用手段，特别适用于求复杂电路中的某个电流或某个电压。下面举例说明等效电源定理的应用。

例 1.5.7 电路如图 1.61 所示，已知 $E=10\text{V}$，$R_1=20\Omega$，$R_2=30\Omega$，$R_3=30\Omega$，$R_4=20\Omega$。分别用戴维宁定理和诺顿定理分析：当 $R_5=10\Omega$ 时，$I_5=?$

解 将 I_5 所在支路从电路中断开，得到如图 1.62 所示的有源二端网络，在图 1.62 中标记各节点。

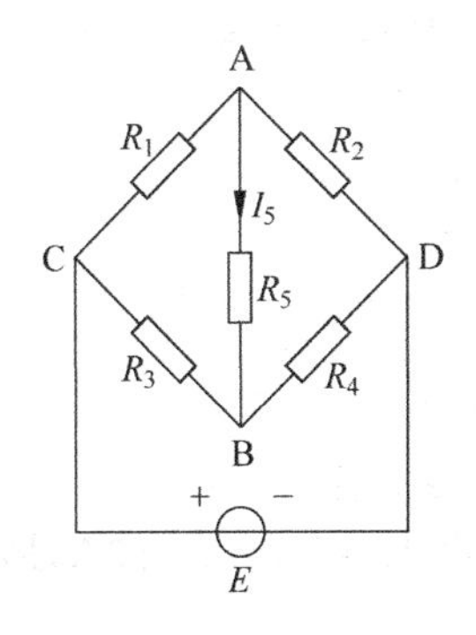

图 1.61 例 1.5.7 图 1

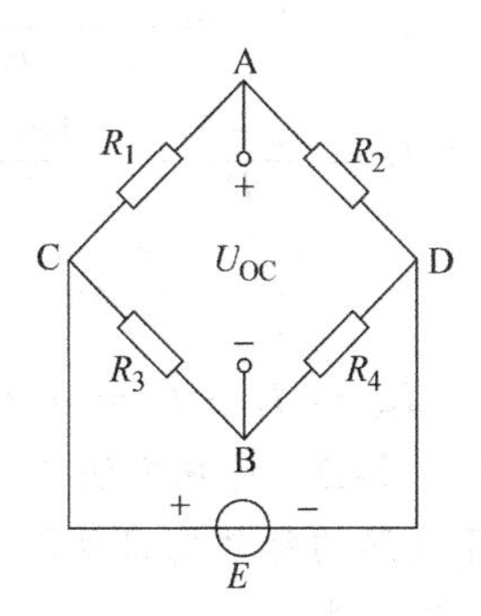

图 1.62 例 1.5.7 图 2

方法 1 采用戴维宁定理。

求图 1.62 所示有源二端网络的开路电压 U_{OC}。选 D 为参考节点，则

$$U_{OC}=V_A-V_B=E\frac{R_2}{R_1+R_2}-E\frac{R_4}{R_3+R_4}$$

$$=\frac{30\times10}{20+30}-\frac{20\times10}{30+20}=2(\text{V})$$

在图 1.62 所示电路中令 $E=0$，得到图 1.63 所示的无源二端网络，其等效电阻为

$$R_{eq}=(R_1\parallel R_2)+(R_3\parallel R_4)=(20\parallel30)+(30\parallel20)=24(\Omega)$$

图 1.61 所示电路的等效电路如图 1.64 所示，其中 $E_S=U_{OC}=2\text{V}$，$R_S=R_{eq}=24\Omega$。可得

$$I_5=\frac{E_S}{R_S+R_5}=\frac{2}{24+10}\approx0.059(\text{A})$$

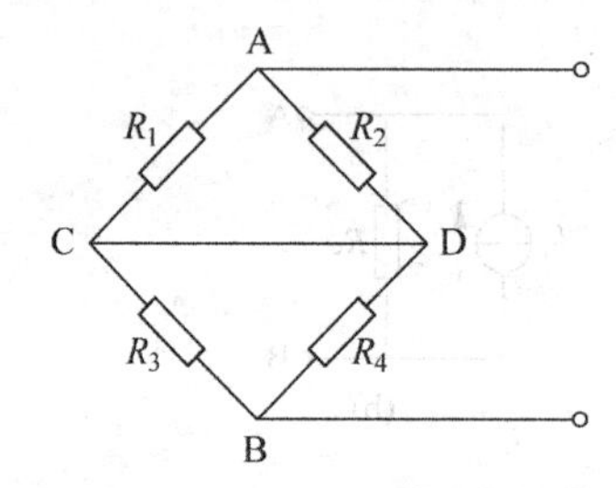

图 1.63 例 1.5.7 图 3

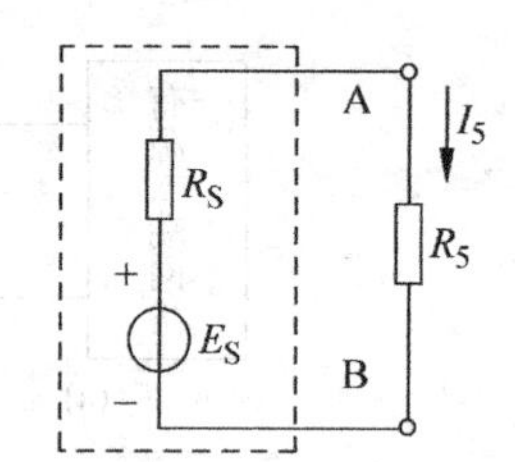

图 1.64 例 1.5.7 图 4

思考题：某人在求图 1.62 所示有源二端网络的开路电压时，分析过程如下：

$$U_{OC}=E\frac{R_1}{R_1+R_2}-E\frac{R_3}{R_3+R_4}$$

$$=\frac{20\times10}{20+30}-\frac{30\times10}{30+20}$$

$$=-2(\text{V})$$

该结果与例 1.5.5 方法 1 的分析结果相比，多了一个负号。你能找出问题所在吗？

方法 2 采用诺顿定理。

求图 1.65 所示有源二端网络端口的短路电流 I_{SC}。选图中 D 为参考节点，有

$$V_A=V_B=\frac{R_2\parallel R_4}{(R_1\parallel R_3)+(R_2\parallel R_4)}E=\frac{1}{2}E=5(\text{V})$$

$$I_1=\frac{E-V_A}{R_1}=\frac{10-5}{20}=0.25(\text{A})$$

$$I_2=\frac{V_A}{R_2}=\frac{5}{30}\approx0.167(\text{A})$$

$$I_{SC}=I_1-I_2=0.25-0.167=0.083(\text{A})$$

等效电阻 $R_{eq}=24\Omega$。计算方法与方法 1 相同，不再重复。

图 1.61 所示电路的等效电路如图 1.66 所示，其中 $I_S=I_{SC}=0.083\text{A}$，$R_S=R_{eq}=24\Omega$。由该等效电路，可得

$$I_5=I_S\frac{R_S}{R_S+R_5}=0.083\times\frac{24}{24+10}\approx0.059(\text{A})$$

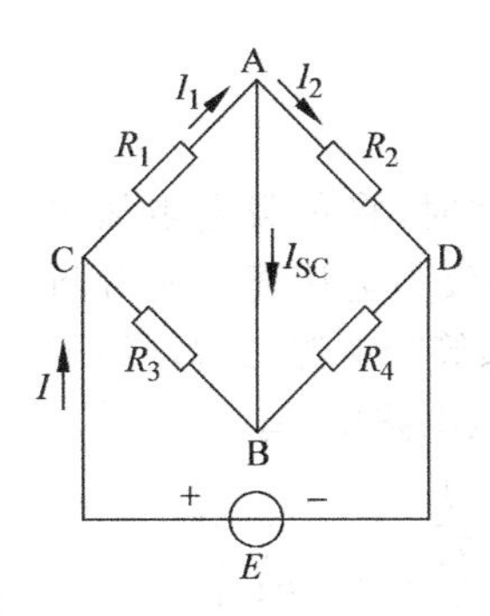

图 1.65 例 1.5.7 图 5

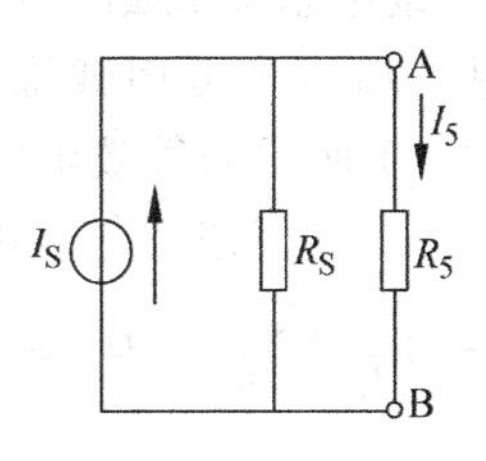

图 1.66 例 1.5.7 图 6

例 1.5.8 电路如图 1.67 所示。求电路中 33Ω 电阻两端的电压 $U=$?

解 将 33Ω 电阻支路从电路中断开,得到如图 1.68 所示的有源二端网络,有

$$U_{OC}=U_{AC}+U_{CD}+U_{DE}+U_{EB}$$

$$=10+0+\frac{4}{4+4}\times 8-5=9(\mathrm{V})$$

将图 1.68 所示有源二端网络内部的所有电源置 0,得到图 1.69 所示的无源二端网络,可得

$$R_{eq}=50+(4\parallel 4)+5=57(\Omega)$$

图 1.67 所示电路的等效电路如图 1.70 所示。可得

$$U=\frac{33}{57+33}\times 9=3.3(\mathrm{V})$$

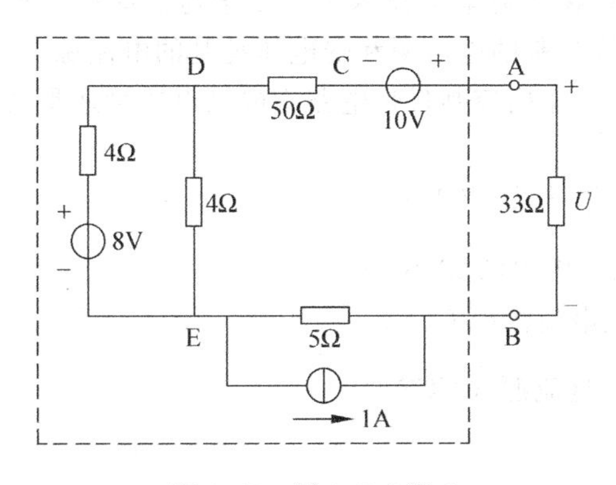

图 1.67 例 1.5.8 图 1

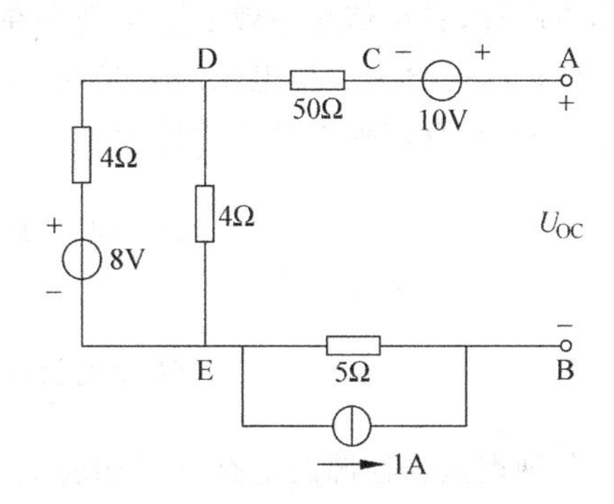

图 1.68 例 1.5.8 图 2

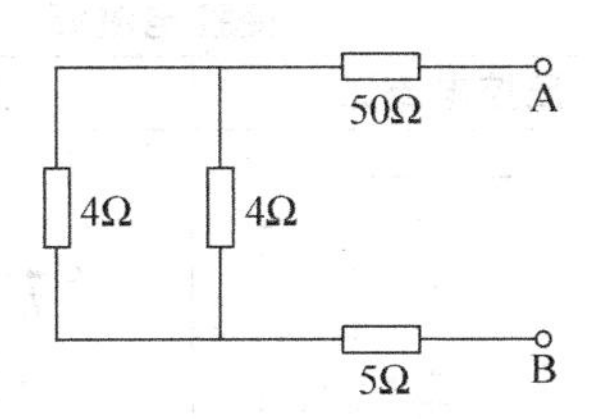

图 1.69 例 1.5.8 图 3

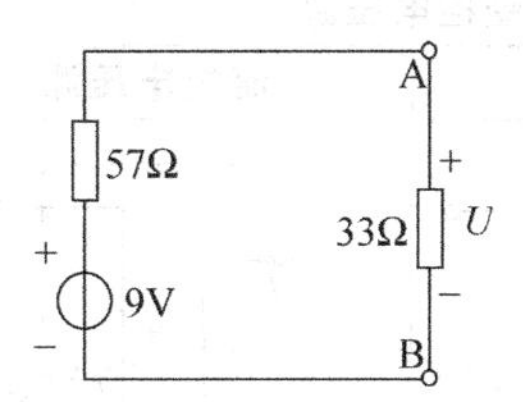

图 1.70 例 1.5.8 图 4

1.5.3　最大功率传输定理

在分析电路中负载电阻获得最大功率的条件时，将负载电阻从电路中断开，得到有源二端网络可用戴维宁定理等效为电压源。所分析的电路可简化为图1.71所示的等效电路，图中E_S等于有源二端网络的开路电压，R_S等于有源二端网络的等效电阻。在该电路中，有

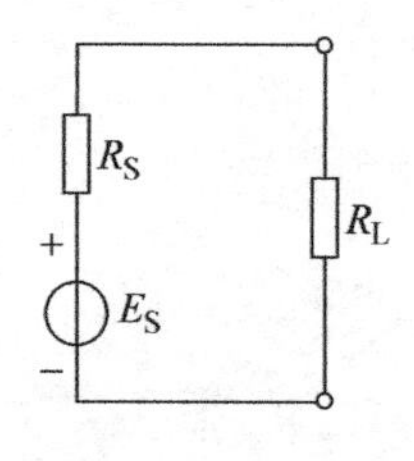

图1.71　电压源—负载电路

$$P_L = I^2 R_L = \left(\frac{E_S}{R_S + R_L}\right)^2 R_L = \frac{E_S^2}{4R_S + \left(\frac{R_S}{\sqrt{R_L}} - \sqrt{R_L}\right)^2}$$

可见，当$R_L = R_S$时，负载能从电源获取最大功率，且最大功率为

$$P_{L(max)} = \frac{E_S^2}{4R_S}$$

1.6　含受控源电路的分析

1.6.1　独立源与受控源

电源可分为独立源(independence source)和受控源(dependence source)。独立源可以将非电能量转换为电能，并且其特性参数(指电压源的电动势或电流源的电流)独立，不受电路中其他电量的控制；而受控源的特性参数则受到电路中某个电压量或电流量的控制。本章前面电路中的电压源和电流源均属于独立源，在下册电子技术中将要学习的晶体三极管和场效应管，其小信号等效电路中则存在受电流控制的电流源和受电压控制的电流源。

受控源可分为受控电压源和受控电流源。再根据控制量是电路中的某电压量还是某电流量来划分，有四种类型的受控源：

受控电压源 { 压控电压源(VCVS)；流控电压源(CCVS) }

受控电流源 { 压控电流源(VCCS)；流控电流源(CCCS) }

各种类型受控源的电路符号如表1.1所示。

表1.1　各类受控源的电路符号

受控电压源		受控电流源	
压控电压源	流控电压源	压控电流源	流控电流源
U_1 (+ −)，$E=\mu U_1$	I_1，$E=\gamma I_1$	U_1 (+ −)，$I_S=gU_1$	I_1，$I_S=\beta I_1$

1.6.2 含受控源电路的分析

分析含受控源电路的一般原则：把受控源和独立源同样作为电源对待，可延用已有的各种电路分析计算方法，只需在列方程时增加一个受控源关系式。但受控源毕竟不同于独立源，在分析含受控源的电路时，还需注意以下几点：

1. 在采用叠加定理时，只分别考虑独立源的作用，受控源保留。

2. 在用电源等效变换法或等效电源定理简化电路时，不能留下受控量，而先把控制量化简掉，否则失去了控制量，受控量无法处理。但若控制量和被控量在同一网络则可一起作等效变换。

3. 用等效电源定理分析电路时，如果二端网络内除了受控源外没有其他独立源，则其端口的开路电压必为0；可用“加压求流法”或“开路电压/短路电流法”求等效电阻。

例 1.6.1 在图 1.72 所示电路中，$E=20\text{V}, I_S=2\text{A}, R_1=R_2=2\Omega, R_3=1\Omega, E_D=0.4U_{AB}$。求 $U_{AB}=?$

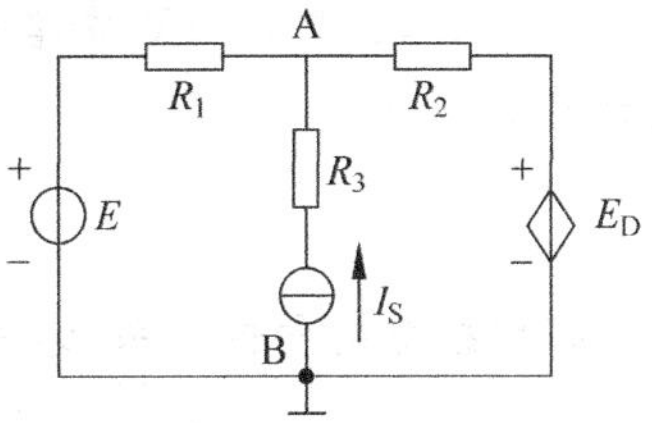

图 1.72 例 1.6.1 图 1

解 分别用以下三种方法分析该电路。

方法 1 采用节点电位法。设 B 为参考节点，采用节点电位法，可得

$$\left(\frac{1}{R_1}+\frac{1}{R_2}\right)V_A=\frac{E}{R_1}+I_S+\frac{E_D}{R_2}$$

将控制关系 $E_D=0.4U_{AB}=0.4V_A$ 和电路参数代入方程，得

$$V_A=\frac{20}{2}+2+\frac{0.4V_A}{2}=12+0.2V_A \Rightarrow V_A=15(\text{V})$$

所以

$$U_{AB}=V_A=15(\text{V})$$

方法 2 采用叠加定理。电压源 E 和电流源 I_S 分别作用的电路如图 1.73(a)和(b)所示。

在图 1.73(a)所示电路中，有

$$U'_{AB}=\frac{E-E'_D}{R_1+R_2}R_2+E'_D$$

将受控源的受控关系 $E'_D=0.4U'_{AB}$ 和电路参数代入，得

$$U'_{AB}=\frac{20-E'_D}{2+2}\times 2+E'_D=10+0.2U'_{AB}$$

$$\Rightarrow U'_{AB}=12.5(\text{V})$$

在图 1.73(b)所示电路中，设 $V_B=0$，采用节点电位法，可得

$$\left(\frac{1}{R_1}+\frac{1}{R_2}\right)V''_A=I_S+\frac{E''_D}{R_2}$$

将受控源的受控关系 $E''_D=0.4U''_{AB}=0.4V''_A$ 和电路参数代入，得

$$V''_A=2+\frac{0.4V''_A}{2}=2+0.2V''_A$$

$$\Rightarrow U''_{AB}=V''_A=2.5(\text{V})$$

将两者叠加，得

$$U_{AB}=U'_{AB}+U''_{AB}=12.5+2.5=15(\mathrm{V})$$

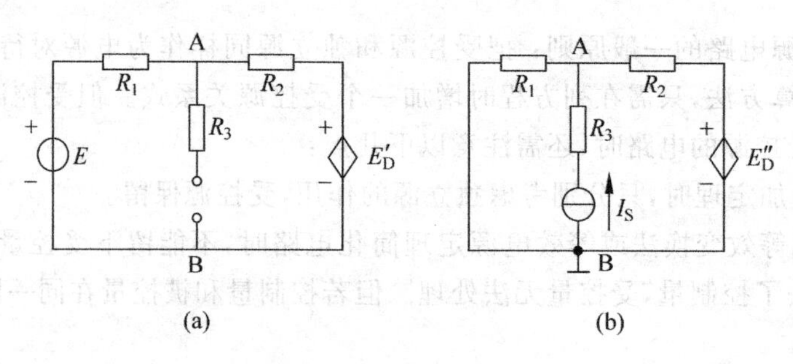

图1.73 例1.6.1图2

方法3 采用戴维宁定理。

将图1.72中I_S—R_3支路从电路中断开，得到如图1.74所示的有源二端网络，其端口的开路电压为

$$U_{OC}=U_{AB}=\frac{E-E_D}{R_1+R_2}\times R_2+E_D$$

将受控源的受控关系$E_D=0.4U_{AB}$和电路参数代入，得

$$U_{AB}=\frac{20-0.4U_{AB}}{2+2}\times 2+0.4U_{AB}=10+0.2U_{AB}$$

$$\Rightarrow U_{OC}=U_{AB}=12.5(\mathrm{V})$$

用加压求流法计算有源二端网络的等效电阻R_{eq}。电路如图1.75所示，可得

$$I=\frac{U}{R_1}+\frac{U-E_D}{R_2}$$

将受控源的受控关系$E_D=0.4U_{AB}=0.4U$和电路参数代入，得

$$I=0.5U+0.3U=0.8U$$

$$R_{eq}=\frac{U}{I}=\frac{1}{0.8}=1.25(\Omega)$$

也可采用开路电压/短路电流来计算等效电阻。在图1.74所示电路中，若端口短路，则得图1.75所示电路。可得短路电流为

$$I_{SC}=\frac{E}{R_1}+\frac{E_D}{R_2}=\frac{20}{2}+\frac{0.4U_{AB}}{2}=10(\mathrm{A})$$

所以，有

$$R_{eq}=\frac{U_{OC}}{I_{SC}}=\frac{12.5}{10}=1.25(\Omega)$$

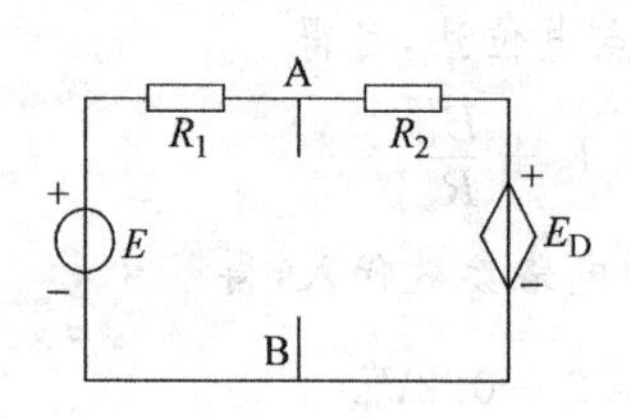

图1.74 例1.6.1图3

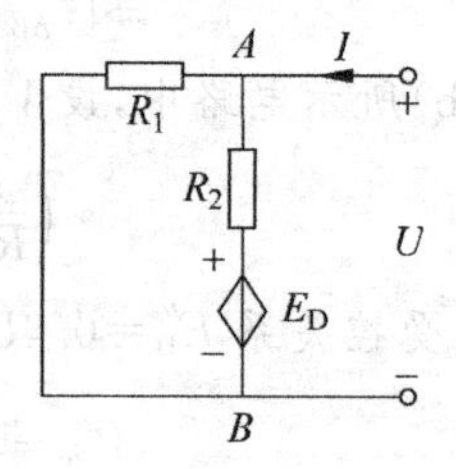

图1.75 例1.6.1图4

图1.72所示电路的等效电路如图1.77所示，图中 $E_S = U_{OC} = 12.5\text{V}$，$R_S = R_{eq} = 1.25\Omega$，所以

$$U_{AB} = E_S + I_S R_S = 12.5 + 2 \times 1.25 = 15(\text{V})$$

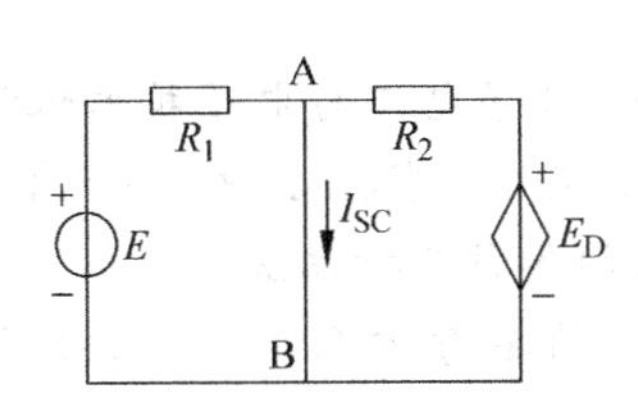

图1.76 例1.6.1图5

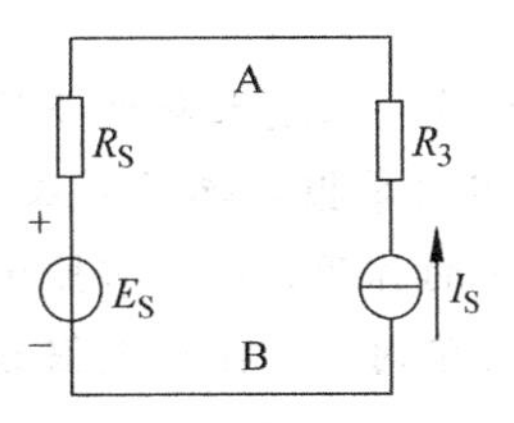

图1.77 例1.6.1图6

例1.6.2 求图1.78所示有源二端网络的等效电压源模型。已知：$E=2\text{V}$，$R_1=1\Omega$，$R_2=R_3=2\Omega$，$I_S=3U_{AB}$。

解 首先求有源二端网络的开路电压 U_{OC}。根据图1.78所示的电路，有

$$U_{OC} = U_{AB} = I_S R_3 + \frac{R_2}{R_1 + R_2} E = 6U_{AB} + \frac{4}{3}$$

$$\Rightarrow U_{OC} = U_{AB} = -\frac{4}{15}(\text{V})$$

采用加压求流法求等效电阻 R_{eq}。电路如图1.79所示，可得

$$U = (I_S + I) \times R_3 + I(R_1 \parallel R_2)$$

将受控源的受控关系 $I_S = 3U_{AB} = 3U$ 和电路参数代入，得

$$U = 6U + 2I + \frac{2}{3}I$$

$$\Rightarrow -5U = \frac{8}{3}I$$

$$\Rightarrow R_{eq} = \frac{U}{I} = -\frac{8}{15}(\Omega)$$

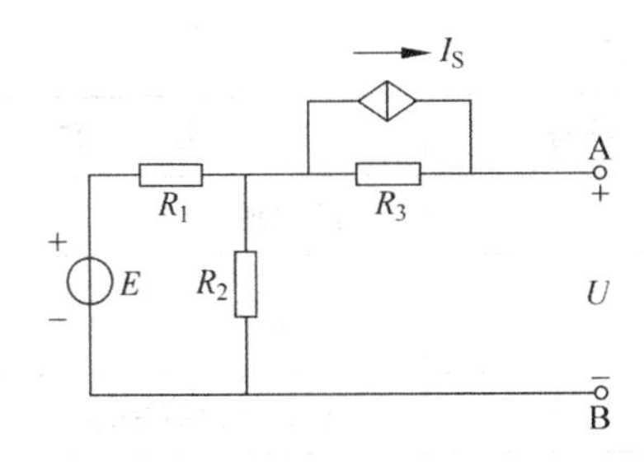

图1.78 例1.6.2图1

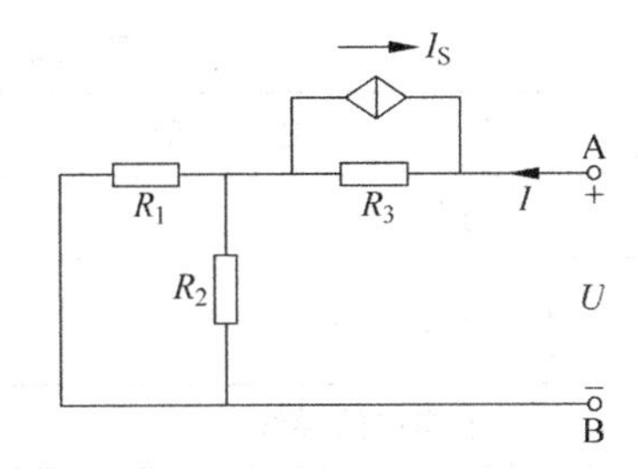

图1.79 例1.6.2图2

该有源二端网络的等效电压源模型如图1.80所示，图中 $E_S = U_{OC} = -\frac{4}{15}\text{V}$，$R_S = R_{eq} = -\frac{8}{15}\Omega$。

例1.6.2的分析结果表明，含受控源二端网络的等效电阻有可能是负的。该负值电阻只是一个电路元件的模型，实际电路元件中不存在负电阻。

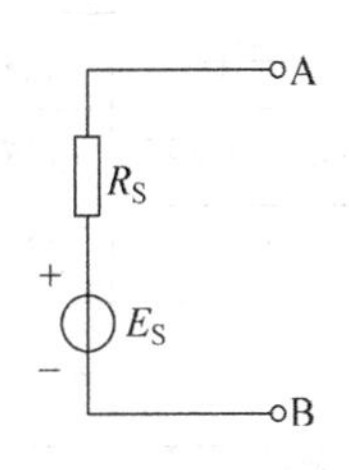

图1.80 例1.6.2图3

本章小结

(1) 本章内容是电工技术和电子技术的基础，贯穿电工与电子技术课程的始终。通过本章的学习要求牢固掌握电路的基本概念和基本定律；掌握各种电路元件的特性，并深刻理解它们在电路中的作用；熟练掌握和运用电路的各种分析方法。

(2) 在分析电路时，必须首先假设各物理量的参考方向，在此前提下电路分析才有意义。

(3) 本章重点介绍了两种电源的等效互换、支路电流法、节点电位法、叠加定理、等效电源定理等五种电路分析方法。要求熟练掌握这五种分析方法，针对具体电路的特点选择合适的解题方案：

- ◇ 当电路较简单，或在某些特殊的情况下（如：例1.5.2），分电路比较容易求解，叠加原理很有效。
- ◇ 在分析电路中某一个电压或电流时，一般采用戴维宁定理或诺顿定理。
- ◇ 原则上支路电流法和节点电位法可以求解任何给定的电路，但是手工分析时必须顾及到解方程的工作量。当电路的支路数少时，支路电流法适用；当电路的节点数少时，节点电位法适用；当电路的支路数、节点数都较多时，一般先采用等效变换的方法，例如电源等效变换和等效电源定理，将复杂电路变换为简单电路，然后再进行分析。
- ◇ 灵活地使用上述分析方法。在分析电路时，可以交叉使用多种分析方法。

(4) 受控源是本章要掌握的新概念，注意它和独立源的异同。在分析含受控源的电路时，受控源与独立源的处理方式不同，特别是利用叠加定理和等效电源定理分析电路时，受控源不能像独立源那样置零。

(5) 熟练掌握和运用表1.2所示的常用电气符号。

表1.2 常用的电气符号

符号	名　称	符号	名　称
——	导线	⏚	接大地
┬ ┬• ┼•	连接的导线	⊥	接机壳
┼	不连接的导线	▽	等电位或数字地
─▭─ ─▭̸─	电阻器与可变电阻器	─▭─	熔断器
─┤├─ ─┤+├─	电容器与极性电容器	─╱─	开关
─⌒⌒⌒─ ─⌒⌒⌒─	电感器与铁心电感器	─▷├─	二极管
─┤├─	电池	─▷├─	稳压管
⊗	灯		NPN型和PNP型三极管
Ⓥ Ⓐ	电压表和电流表	a ◁	传声器与扬声器

(6) 熟练掌握和运用表 1.3 所示的国际单位制单位前缀。

表 1.3 常用的国际单位制单位前缀

前缀	名称	符号	含义	前缀	名称	符号	含义
milli	毫	m	$\times10^{-3}$	kilo	千	k	$\times10^{3}$
micro	微	μ	$\times10^{-6}$	mega	兆	M	$\times10^{6}$
nano	纳	n	$\times10^{-9}$	giga	吉	G	$\times10^{9}$
pico	皮	p	$\times10^{-12}$	tera	太	T	$\times10^{12}$

习题

1.1 图 P1.1 所示为两个直流电路，按图中设定的方向求电流 I。

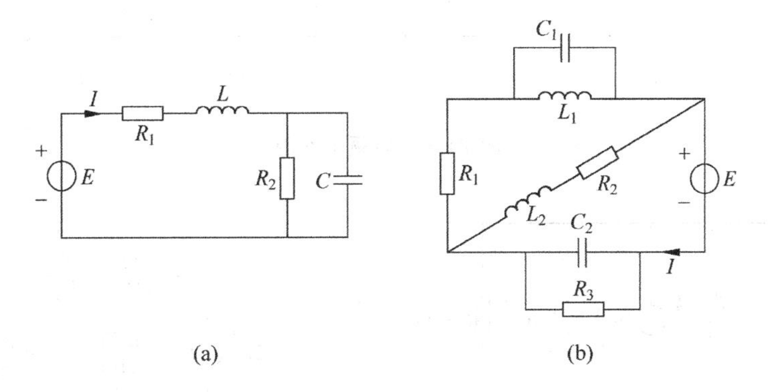

图 P1.1 习题 1.1 图

1.2 电路如图 P1.2 所示。

(1) 计算各元件的功率；

(2) 说明哪些元件消耗功率，哪些元件发出功率。

1.3 电路如图 P1.3 所示。已知 $I_1=8\text{A}$，$I_2=5\text{A}$，$I_4=-1\text{A}$，求电流 I_3、$I_5\sim I_7$。

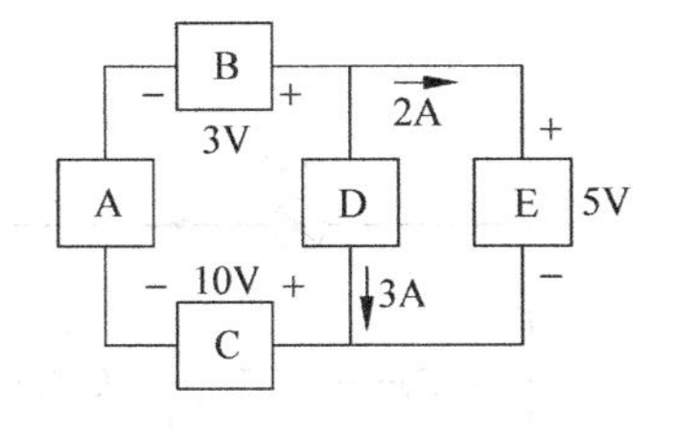

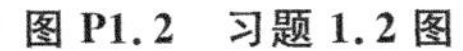

图 P1.2 习题 1.2 图

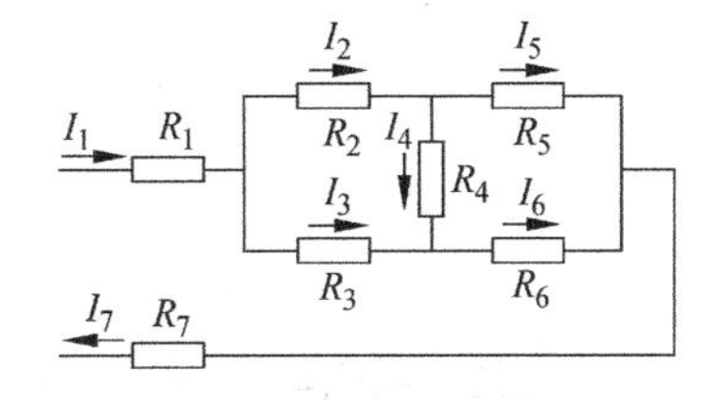

图 P1.3 习题 1.3 图

1.4 电路如图 P1.4 所示，求 I、U_S 和 R。

1.5 试将图 P1.5 所示各电路中的电压源转换成电流源，若不能转换，请说明理由。

1.6 试将图 P1.6 所示电路中的各电流源转换成电压源，若不能转换，请说明理由。

1.7 利用电压源和电流源等效互换的方法，求图 P1.7 电路中的电流 I。

1.8 电路如图 P1.8 所示。采用电源等效变换的方法求 I_{R3}。

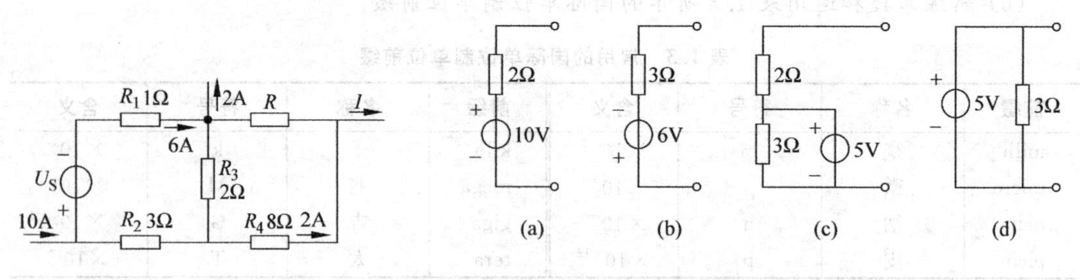

图 P1.4　习题 1.4 图　　　　图 P1.5　习题 1.5 图

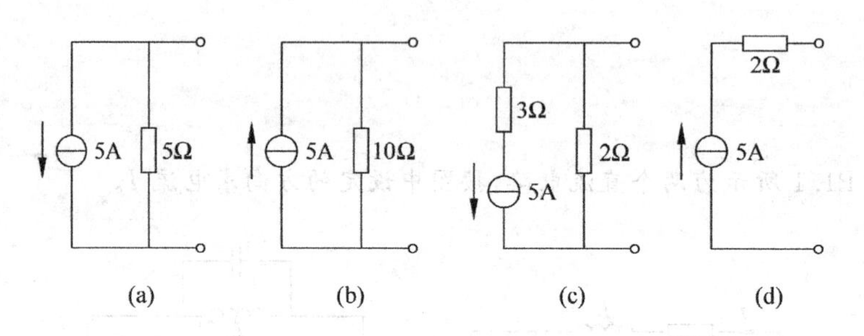

图 P1.6　习题 1.6 图

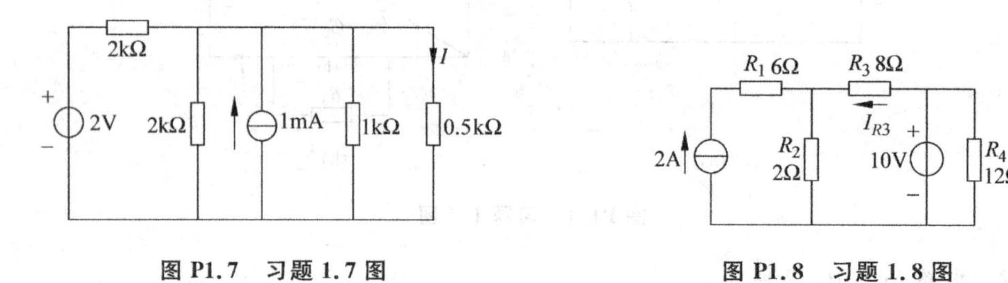

图 P1.7　习题 1.7 图　　　　图 P1.8　习题 1.8 图

1.9　电路如图 P1.9 所示。采用电源等效变换的方法求电压 U。

1.10　图 P1.10 所示为万用表中直流毫安挡的电路，表头 G 的内阻 $R_G=280\Omega$，满偏电流 $I_G=0.6\text{mA}$。今欲使其量程扩大到 1mA，10mA，100mA，试求分流器电阻 R_1、R_2 及 R_3 的大小。

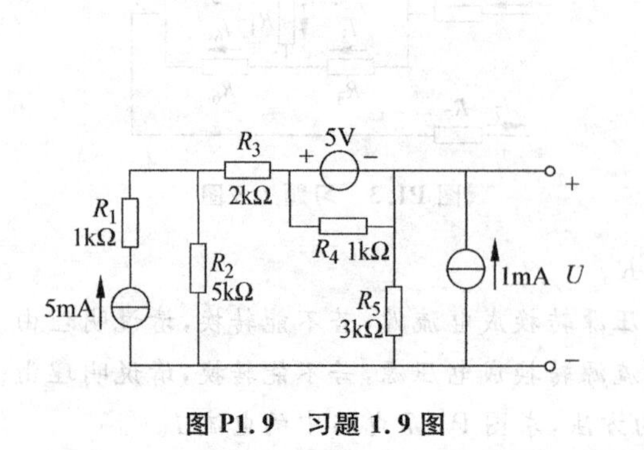

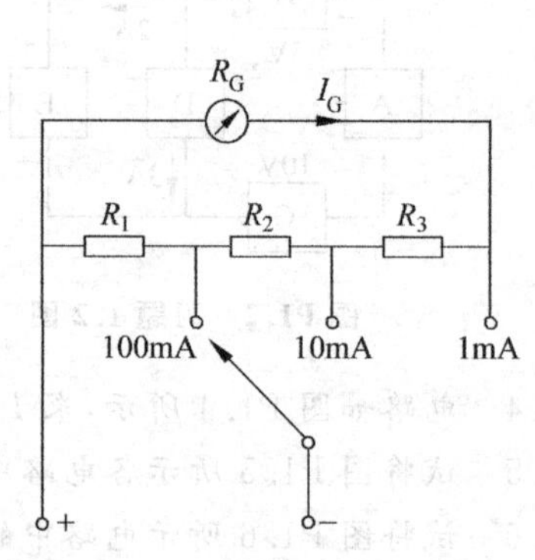

图 P1.9　习题 1.9 图　　　　图 P1.10　习题 1.10 图

1.11　求图 P1.11 所示电路中的电流 I 和电压 U_{AO}、U_{BO}、U_{CO} 的大小。

1.12　求 P1.12 所示电路中各理想电压源的电流 I_{S1}、I_{S2}、I_{S3} 和 I_{S4}。

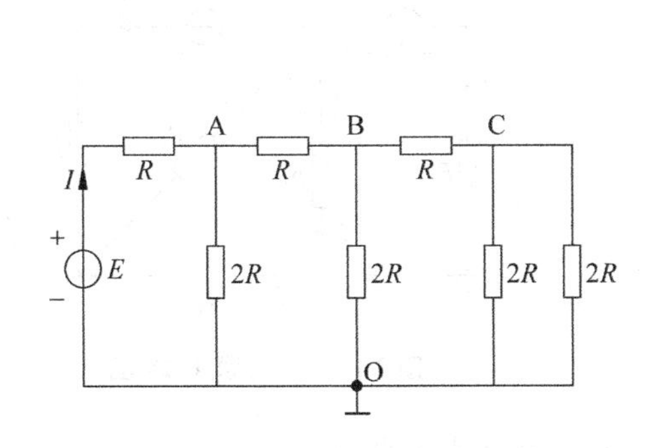

图 P1.11　习题 1.11 图

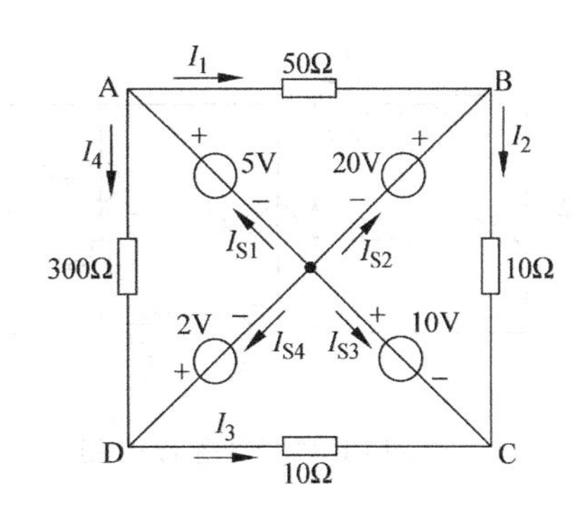

图 P1.12　习题 1.12 图

1.13　求图 P1.13 所示电路中的 I_1、I_2、I_3、U_1 及 U_2 的大小。

1.14　电路如图 P1.14 所示，已知 $I_0=10\text{mA}$，$U_1=18\text{V}$，$R_1=3\text{k}\Omega$，$R_2=1\text{k}\Omega$，$R_3=2\text{k}\Omega$，求电流表 A_4 和 A_5 的读数。

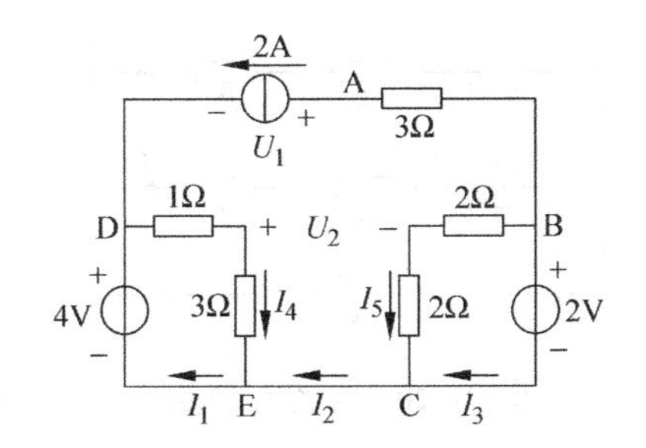

图 P1.13　习题 1.13 图

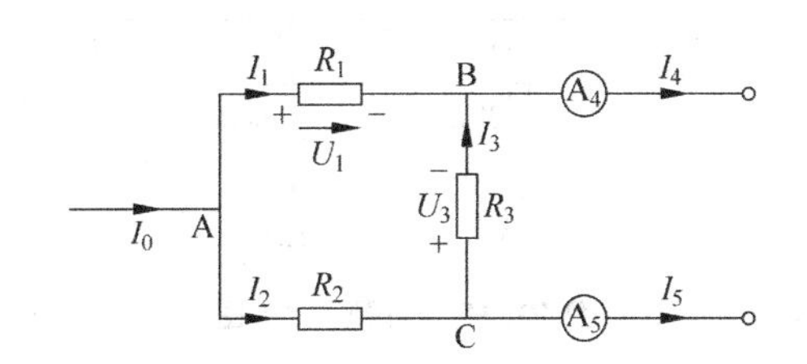

图 P1.14　习题 1.14 图

1.15　已知电路如图 P1.15 所示。

(1) 求 BE 支路的电流 I=? 恒压源 E_S 的功率 P_E=? 恒流源 I_S 的功率 P_{IS}=? 电路中的功率是否守恒?

(2) 若在 DE 之间串一个 8Ω 的电阻，在 BC 之间并一个 8Ω 的电阻，计算 I、P_{ES} 和 P_{IS}。

(3) 比较(1)和(2)两组答案，得出什么结论?

1.16　电路如图 P1.16 所示，已知 $E_S=2\text{V}$，$I_S=2\text{A}$，其他参数见图。求二端网络 N 及理想电压源、理想电流源的功率，并说明它们哪个是供电电源？哪个是负载?

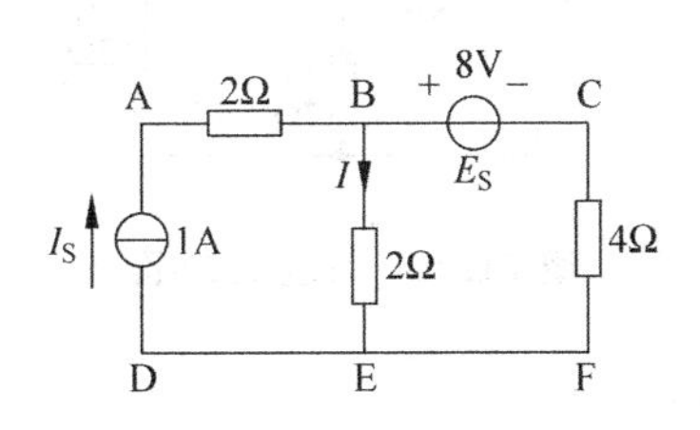

图 P1.15　习题 1.15 图

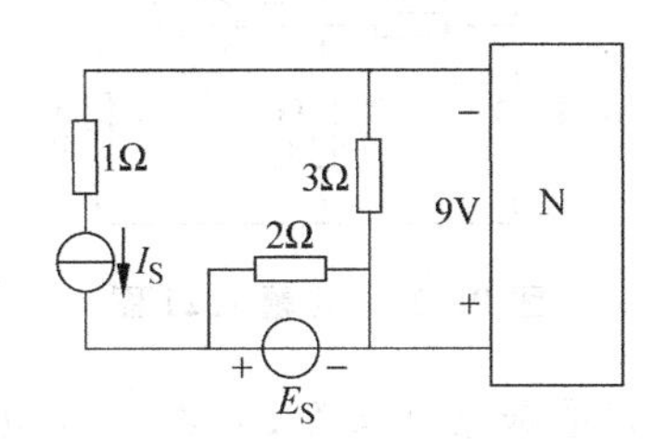

图 P1.16　习题 1.16 图

1.17 电路如图 P1.17 所示，求电流 I_1，I_2。

1.18 电路如图 P1.18 所示，要求用支路电流法求各支路的电流，请列写所需要的方程。

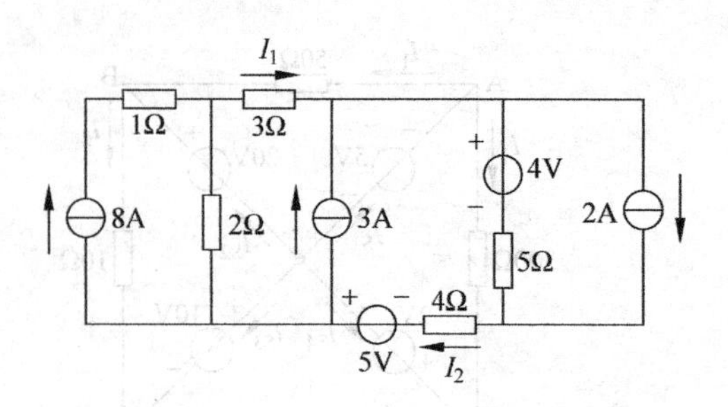

图 P1.17 习题 1.17 图

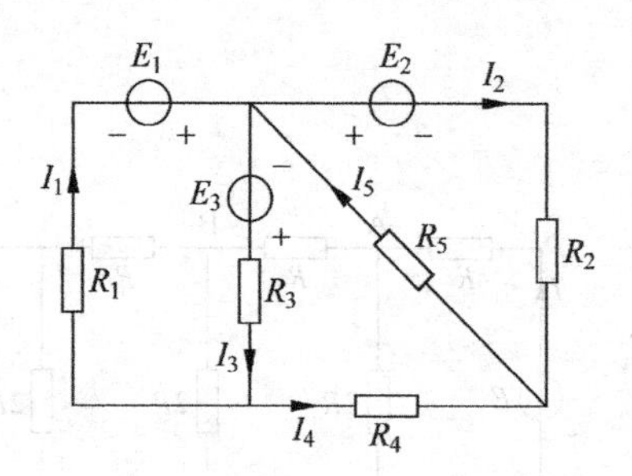

图 P1.18 习题 1.18 图

1.19 电路如图 P1.19 所示，用节点电位法求 A、B 两点的电位。

1.20 在图 P1.20 所示的电路中，已知 $E=110\text{V}$，$R_1=2\Omega$，$R_2=18\Omega$，当开关 K 接通和打开时，I_1、I_2、I_3 各为多少？

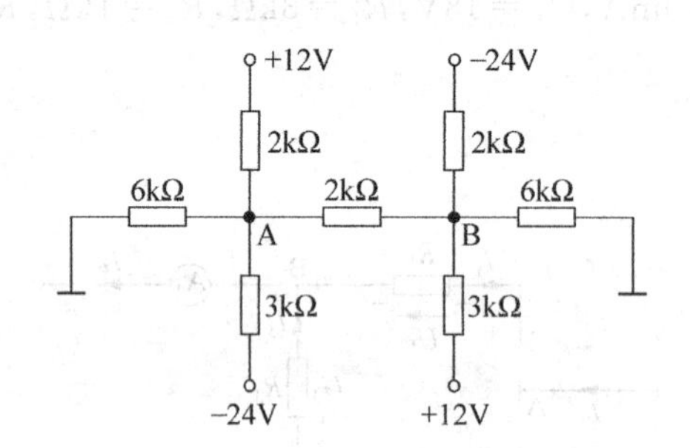

图 P1.19 习题 1.19 图

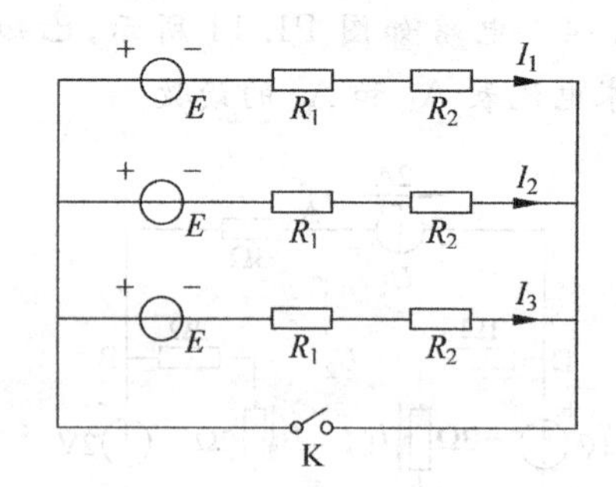

图 P1.20 习题 1.20 图

1.21 采用节点电位法分析图 P1.21 所示的电路，求电流 I。

1.22 电路如图 P1.22 所示，分别采用下述方法求电流 I。

(1) 用叠加原理；

(2) 用支路电流法；

(3) 用节点电位法。

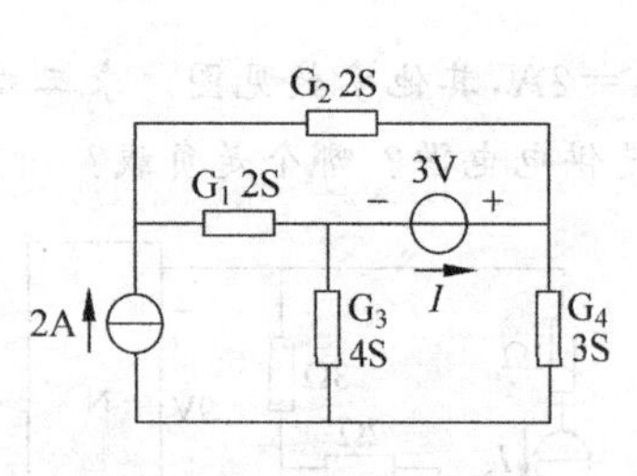

图 P1.21 习题 1.21 图

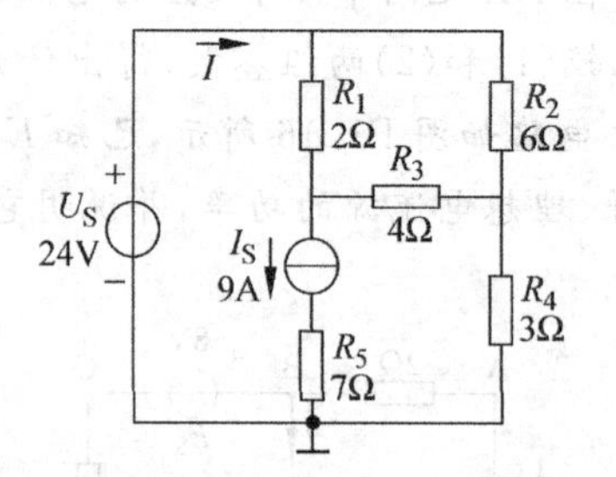

图 P1.22 习题 1.22 图

1.23 用叠加原理求图 P1.23 所示电路中的 I。

1.24 在图 P1.24 所示的电路中，当开关 K 在位置 1 时，毫安表的读数为 40mA；在位置 2 时，毫安表的读数为 −60mA。求 K 在位置 3 时，毫安表的读数为多少？

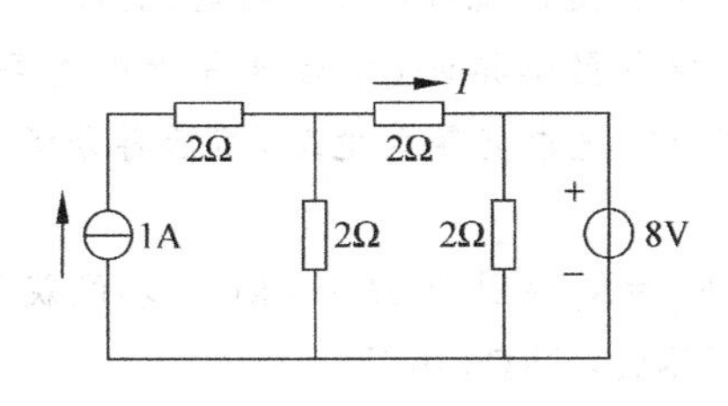

图 P1.23　习题 1.23 图

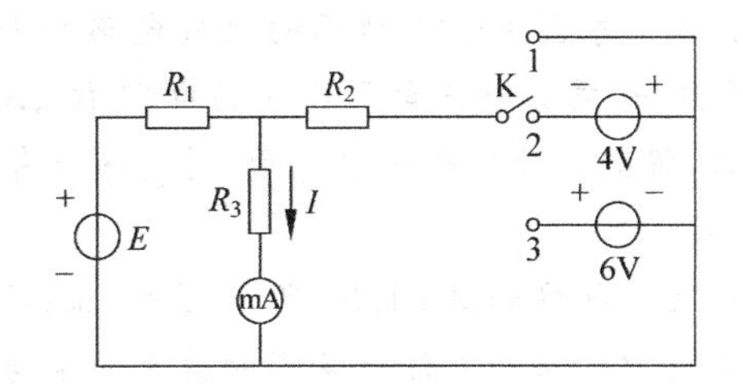

图 P1.24　习题 1.24 图

1.25　用戴维宁定理求图 P1.25 所示电路中的 $U=$?

1.26　用戴维宁定理求图 P1.26 所示电路中的电流 $I=$?

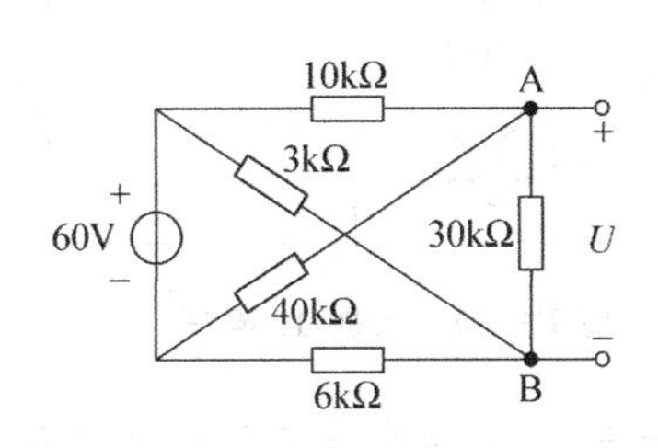

图 P1.25　习题 1.25 图

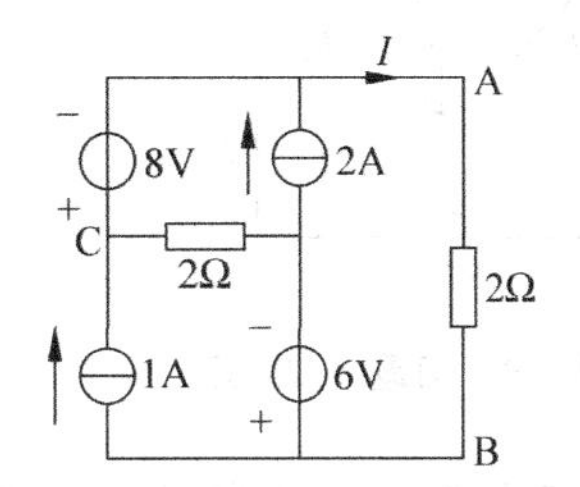

图 P1.26　习题 1.26 图

1.27　在图 P1.27 所示的电路中，各电阻均为 1Ω，各电压源均为 10V，电流源为 10A。求 $U=$?

(1) 用节点电位法；

(2) 戴维宁定理；

(3) 电源等效变换法。

1.28　在图 P1.28 所示的电路中，A 与 B 两节点之间接一个理想二极管(二极管的特性：当 $V_A>V_B$ 时，二极管导通，其压降为零；反之，二极管截止，相当于开路)。问：

(1) 该电路中的二极管能否导通？

(2) 若不能导通，二极管两端承受的电压为多大？

(3) 若能导通，二极管中的电流为多大？

提示：将二极管从电路中断开，则得到有源二端网络，先将其等效为有源二端网络，然后再考虑二极管的通断。

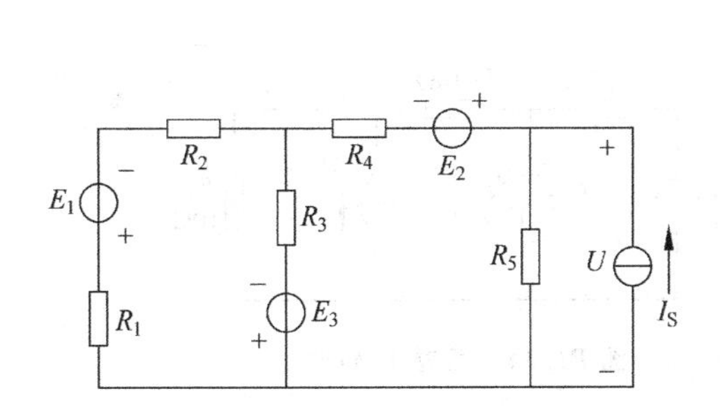

图 P1.27　习题 1.27 图

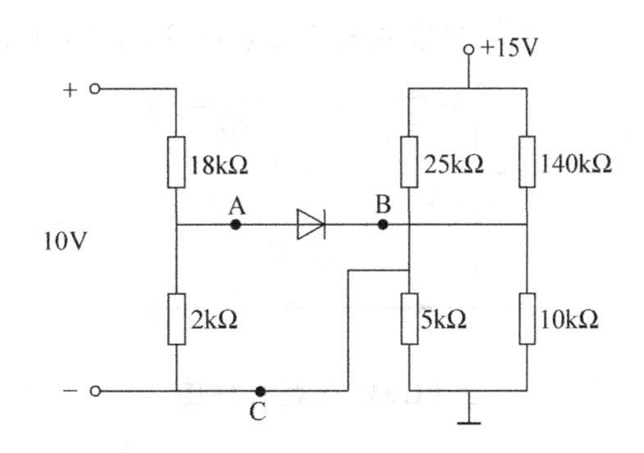

图 P1.28　习题 1.28 图

1.29 求图P1.29所示的电桥电路的平衡条件，即：使检流计(G)中的电流为零。(提示：方法一，首先将三角形接法的电阻R_3、R_5、R_6转换成星形接法，然后再分析平衡条件；方法二，将检流计从电路中断开，则电路为有源二端网络，先求其等效电路，然后再分析平衡条件。)

1.30 电路如图P1.30所示，$I=8\text{mA}$，$U=4\text{V}$，$R_1=R_2=2\text{k}\Omega$，$R_3=4\text{k}\Omega$。求能获得最大功率的R为多少？R上获得的最大功率是多少？(答案：5kΩ，5mW)

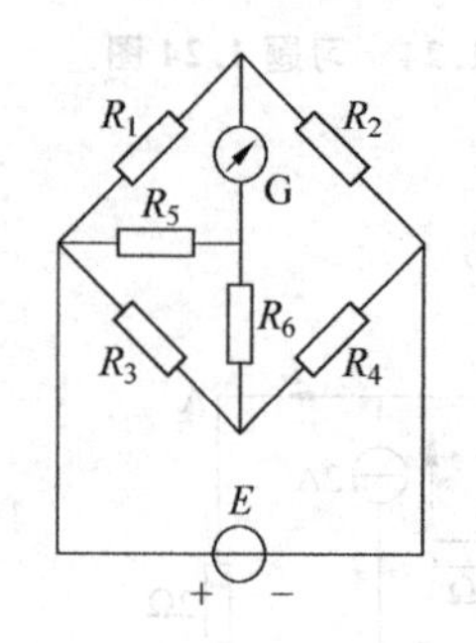

图P1.29 习题1.29图

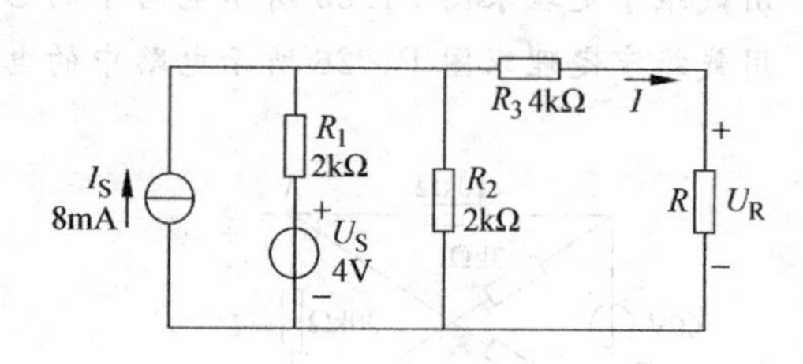

图P1.30 习题1.30图

1.31 电路如图P1.31所示。电路中V_{S2}和R_S为一温度传感器的电路模型，其中$V_{S2}=\text{k}T$，$k=10\text{V}/℃$，$V_{S1}=24\text{V}$，$R_S=R_1=12\text{k}\Omega$，$R_2=3\text{k}\Omega$，$R_3=10\text{k}\Omega$，$R_4=24\text{k}\Omega$，$V_{R3}=-2.524\text{V}$。R_3的端电压已知，该端电压与温度值有关，求温度T。

1.32 在图P1.32所示的电路中，已知$I_S=0.98I$，5Ω电阻两端的电压$U=4.9\text{V}$，其他参数见图。求电源电压$E=$？

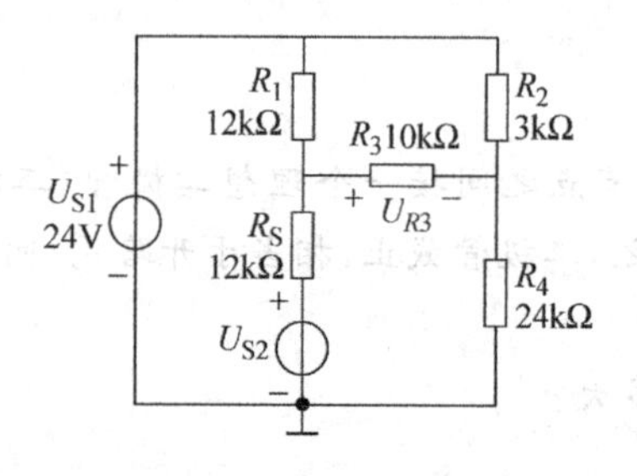

图P1.31 习题1.31图

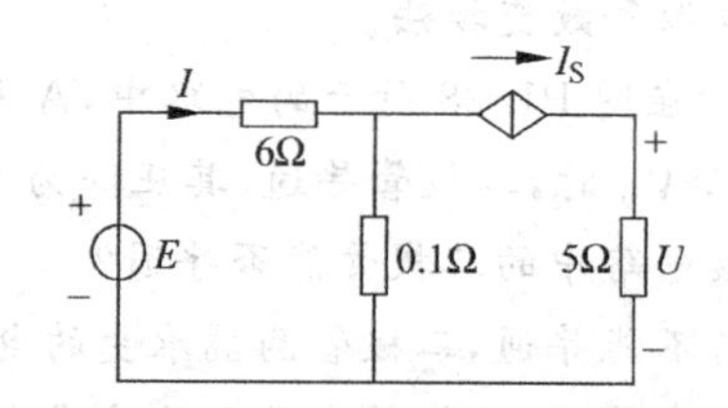

图P1.32 习题1.32图

1.33 用戴维宁定理求图P1.33所示电路中a、b两端的等效电路。

1.34 用节点电位法分析图P1.34所示电路，求电流I。

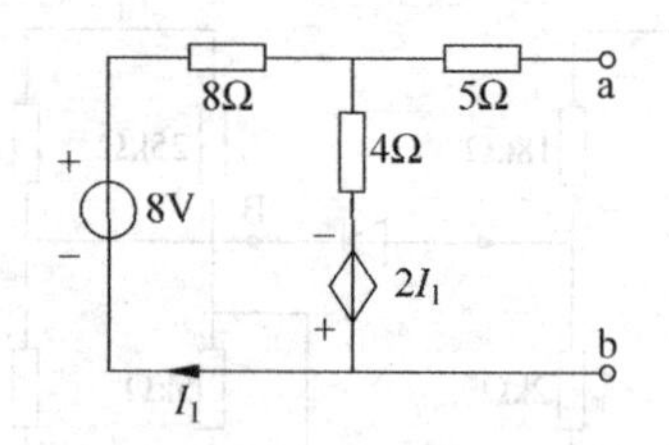

图P1.33 习题1.33图

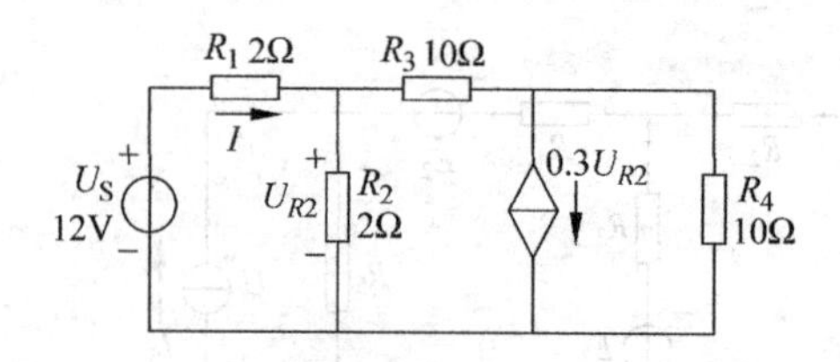

图P1.34 习题1.34图

第2章 Chapter 2

电路仿真程序SPICE入门

2.1 SPICE简介

SPICE是英文 simulation program for integrated circuits emphasis 的缩写，字面的意思是：针对集成电路的电路仿真程序，但是经过不断的扩充，它已经成为一个功能强大的通用电路仿真程序。SPICE将计算机技术、数值分析方法和晶体管建模很好地结合在一起，可以验证电路设计和预测电路的行为，是多年来主要的管级电路仿真程序，是EDA技术的基础，对于电子技术和信息技术的发展功不可没。

SPICE的前身是1968年出现的非线性电路仿真程序CANCER (computer analysis of nonlinear circuits, excluding radiation)，1971年发布了改进的CANCER版本，名称改为SPICE，其研制负责人是伯克力大学的D. Pederson教授。1975年发布了SPICE2，1983年发布了用当时比较流行的FORTRAN语言编写的SPICE2G6，1993年发布了用C语言编写的比较成熟的SPICE3F版本。1997年发布了最新的SPICE3F5版本。由于SPICE在电路仿真方面的作用和重要性，D. Pederson教授获得了1998年IEEE荣誉奖，被称为SPICE之父。目前，几乎所有的电路仿真应用软件都是以SPICE为内核的，或者是在SPICE基础上的扩充，SPICE已经成为事实上的工业标准。因此，SPICE是EDA(electronic design automation，电子设计自动化)的最基本的语言基础。

在我国较早流行的电路仿真软件PSPICE，是由MicroSim公司于1980年将SPICE移植到PC上而得名的，由于当时其他SPICE软件只能运行于UNIX系统，因此，PSPICE很快在教育界流行。1997年MicroSim与OrCad合并，1999年OrCad又被Cadence并购。虽然PSPICE是一种很实用的电路仿真软件，但是PSPICE经过不断扩充，有的语句与标准SPICE有了较大的区别，使用时必须加以注意。

现在,所有的电路仿真软件都可以在 PC 上运行,应用软件趋于多样化。多数电路仿真软件都可以采用电路图编辑器方便快速地输入电路,但是电路图输入的方法并不能取代 SPICE 语言描述电路的方法。元件的建模、电路结构的研究、对于分析功能的使用等等,都要求对 SPICE 有较深入的了解。因此只有掌握了 SPICE 语言基础,才能有效地使用电路仿真软件。这就是本书介绍标准 SPICE 的原因。

本书使用两种免费的 SPICE 内核程序 AIM-SPICE 和 SPICE OPUS 进行电路仿真,附录 C 和附录 D 是两种软件的使用说明。在学习了标准 SPICE 仿真程序,对 SPICE 的仿真原理和元件建模等有了基本的了解后,本书使用基于 SPICE/XSPICE 的电路仿真软件 NI Multisim 进行电路仿真。读者在学完第 7 章后开始学习使用 NI Multisim,本书的后续部分将全面使用 NI Multisim 进行电路仿真。当然,也可以选择学习其他的以 SPICE 为内核的电路仿真软件,如电路仿真软件 Tina Pro。读者可以从相关网站上下载这些软件的评估版试用。Aim-spice 的下载地址是 http://www.aimspice.com,Spice opus 的下载地址是:http://www.spiceopus.si 。

用 SPICE 可以对电路进行的分析包括:电路的静态工作点、直流扫描分析、直流小信号的传输函数、交流分析、瞬态分析、灵敏度分析、噪声分析、畸变分析和极点-零点分析等。在 SPICE 中电路可以接受的元件见表 2.1。

表 2.1 SPICE 中电路可以接受的元件

元件英文名称	元件名称
independent and dependent voltage and current sources	独立电源与受控源
resistors	电阻
capacitors	电容
inductors	电感
mutual inductors	互感
transmission lines	传输线
operational amplifiers	运算放大器
switches	压控与流控开关
diodes	二极管
bipolar transistors	三极管
MOS transistors	MOS 管
JFET	结型场效应管
MESFET	GaAs 场效应管

每种元件都有相应的温度特性,所有的分析都可以在不同的温度下进行,SPICE 默认的温度是 300K,即 27℃。

2.2 SPICE 电路文件

2.2.1 在 SPICE 中怎样描述电路

SPICE 用文本编辑器编辑电路文件,一个标准的 SPICE 文件包括三个主要部分:

(1) 电路的数据语句。

(2) 分析语句。

(3) 输出语句。

数据语句定义了电路的结构和各元件的参数,我们称它为电路描述部分。分析语句用来指示 SPICE 对电路做何种分析,输出语句指示 SPICE 输出哪些数据和以什么样的格式输出数据。

另外 SPICE 文件的第一行是电路的标题行(TITLE STATEMENT),可以是以数字或字母开头的任意的字符串。文件的最后一行是.END 语句,指示电路文件结束。另外,SPICE 忽略以"*"开头的行,称为注释行(COMMENT STATEMENTS),注释行的作用是为了使所写的电路容易被看懂,对于小电路的作用不大,但是对于大的电路,要多使用注释行,以使电路文件容易理解。所有的语句都写在标题行"TITLE STATEMENT"和". END"之间,语句的顺序可以是任意的。因此一个完整的 SPICE 文件的具体形式如下:

```
TITLE STATEMENT                       (标题行)
*--- ---                              (注释行)
ELEMENT STATEMENTS                    (元件语句)
+                                     (续行)
+                                     (续行)
--- ---
COMMAND (CONTROL) STATEMENTS          (分析语句)
OUTPUT STATEMENTS                     (输出语句)
.END                                  (结束语句)
```

分析语句也称为命令语句或控制语句,习惯上语句也称为卡(card),比如元件卡、控制卡等。另外还要注意,以"+"开头的行是前一行的续行;SPICE 对大小写不敏感,但是要注意其内部是将大写字母转换成小写字母进行处理的;在 SPICE 文件中,多于一个的空格被忽略,圆括号"("、")"当作空格处理。

节点 SPICE 用节点电压法求解电路,所以首先要为电路编写节点的名称,节点的名称可以是任意的字符串,但参考点的编号必须是"0"。下面是一个简单的电路例子,图 2.1 电路用数字表示节点,这里要注意,与第 1 章中所介绍的节点电压法稍有不同,在这里任何元件的外部连接点都是节点。

SPICE 的算法要求任何节点必须有到参考点的直流通道,如果电路中的某些节点不满足这个条件,在编写电路前要在这些节点到参考点之间增加一个大电阻,电阻的阻值要足够大(比如可以设为 1E20 欧姆),此电阻的存在并不会影响电路中的电压和电流。

图 2.1 电路的 SPICE 文件:

```
First Circuit
R1  1  3  10
R2  3  2  10
R3  1  0  5
R4  2  0  5
V1  1  2  DC  10V
IS  0  3  DC  1A
.OP
.PRINT V(3) V(4) V(1)
.end
```

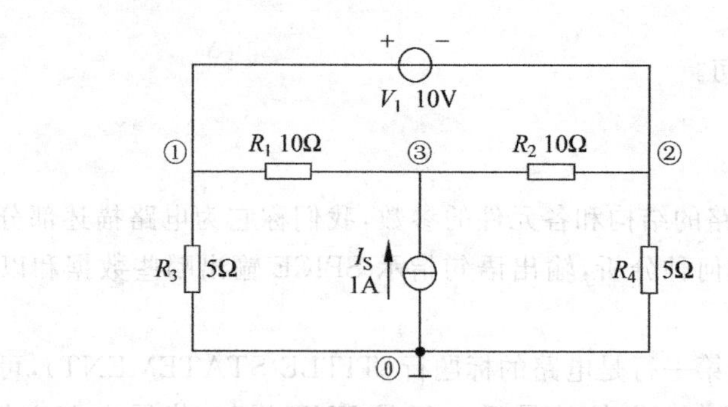

图 2.1 简单的直流电路举例

以上电路文件中，标题是“First Circuit”，从第二行到第六行描述了电路元件及其连接关系，比如 R1 连接在节点 1 和 3 之间，阻值是 10Ω。第七行是 .OP 分析语句，此语句指示 SPICE 分析电路的直流静态工作点，第八行是输出语句，输出 3、4、1 三个节点的电压。

2.2.2 元件值的写法

在电路文件中，元件值写在与元件相连的节点后面，元件值用浮点的形式书写，后跟比率后缀和单位后缀，元件的值是比率后缀与其前面的浮点数相乘的结果，SPICE 认可的比率后缀是：

T(= 1E12，即：10^{+12}，后类推)；G(= E9)；MEG(= E6)；K(= E3)；M(= E-3)；U(= E-6)；N(= E-9)；P(= E-12)；F(= E-15)。

注意：“兆”的写法是 MEG 或 E6，不是 M。在 SPICE 中，M 表示 E-3 即“毫”。

SPICE 默认的单位是：V、A、Hz、ohm(Ω)、H、F 和 DEG(度)，但是 SPICE 总是忽略单位后缀，比如 20μH 可以写成 20UH 或 20U。

2.2.3 电路文件的编辑与运行

SPICE 电路文件的扩展名是.cir，原则上任何文本编辑器都可以编辑 SPICE 文件，但是编辑完成后要将扩展名改为.cir。非商用的仿真器界面一般都很简单，有些自带编辑器，比如 AIM-SPICE 软件，用它自带的编辑器就可以编写电路，选择菜单命令就可以直接运行电路。

早期的 SPICE 内核运行于 UNIX 系统，因此有些仿真器仍然使用命令行方式，比如 SPICE OPUS 软件，它不带编辑器，要用其他编辑器将文件写好(推荐使用 AIM-SPICE 编写电路文件，无须修改文件后缀)，用 source 命令读入电路，然后在命令行中输入分析和输出命令进行分析和输出。

2.3 元件语句

2.3.1 电阻、电容和电感

1. 电阻

R<name> N1 N2 Value

元件的首字母是标识符，电阻元件的标识符是 R，N1 和 N2 是电阻两端的节点名。“〈 〉”中的内容是可选的，用来为具体的元件编号。例如：

```
R       input 0   1k
Rout    6     0   10E3
```

2. 电容(C)和电感(L)

```
C<name> N1 N2 Value <IC=>
L<name> N1 N2 Value <IC=>
```

电容和电感元件的标识符分别是 C 和 L，IC 是元件电压或电流的是初始值。
参考图 2.2。

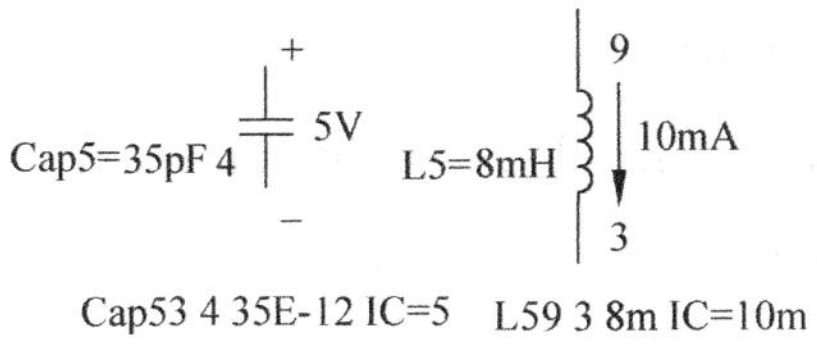

Cap5=35pF 4 + 5V −
L5=8mH 9 10mA 3
Cap53 4 35E-12 IC=5　L59 3 8m IC=10m

图 2.2　有初始值的电容和电感

2.3.2　电源

SPICE 中的电源包括独立恒压源和恒流源、受控源、分段线性化电源、正弦信号源、脉冲信号源、调频信号源、指数电源等。本章只介绍独立源、受控源和分段线性化电源，以后将根据各章内容分别介绍其他电源。

1. 独立恒压源和恒流源(independent voltage sources and current sources)

恒压源：V〈name〉 N1 N2 Type Value

恒流源：I〈name〉 N1 N2 Type Value

电压源和电流源的标识符分别是 V 和 I，对于电压源，N1 是电源的正端节点，N2 是电源的负端节点；对于电流源，电流从 N1 流入，从 N2 流出。如图 2.3 所示。

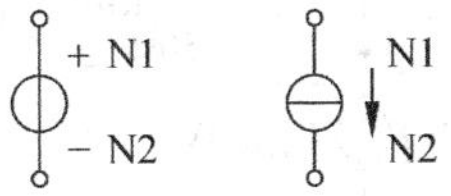

+ N1　− N2　　N1　N2

图 2.3　电压源和电流源正负节点的定义

Type 指电源的形式，电源的形式可以是 DC、AC 或 TRAN，与分析的种类有关。
例如：

```
Vin 2 0 DC 10
Is 3 4 DC 1.5m
```

SPICE 用节点电压法分析电路，其直接的计算结果是各个节点的电压和独立的电压源中的电流。因此，如果要计算其他支路的电流，可以在支路中添加一个 0 伏的独立电压源，此电压源对电路没有任何影响，但是 SPICE 可以直接计算出该支路的电流。如图 2.4，为了计算电阻支路的电流，在电阻支路中添加了 0 伏电压源 V_{meas}。所输出的电流的参考方向从电源的正极指向负极。

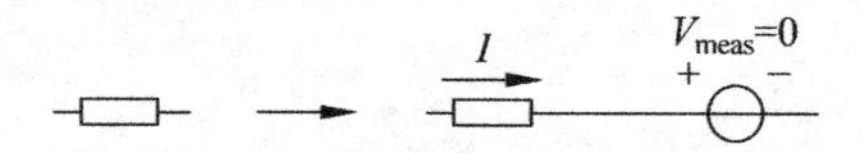

图 2.4　计算电阻支路电流的方法

2. **线性受控源(linear dependent sources)**

压控电压源(linear voltage-controlled voltage sources)：

E<name> N1 N2 NC1 NC2 Value

压控电流源(linear voltage-controlled current sources)：

G<name> N1 N2 NC1 NC2 Value

流控电压源(linear current-controlled voltage sources)：

H<name> N1 N2 Vcontrol Value

流控电流源(linear current-controlled current sources)：

F<name> N1 N2 Vcontrol Value

在压控电压源和压控电流源中，控制电压的端点是节点 NC1 和 NC2，在流控电压源和流控电压源中，控制电流是电压源 Vcontrol 中的电流，Vcontrol 可能是电路中已有的独立电压源，也可能是为了测量支路电流而添加到电路中的 0 伏电压源。

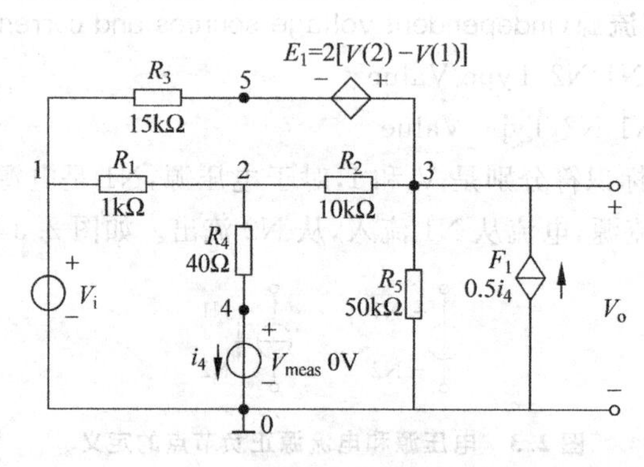

图 2.5　含受控源的电路

图 2.5 中含有压控电压源 E1 和流控电流源 F1，它们写法分别是：

E1 的写法：　E1 3 5 2 1 2

F1 的写法：　F1 0 3 Vmeas 0.5

　　　　　　　Vmeas 4 0 DC 0

3. 分段线性化电源(piece-wise linear sources)

```
V&lt;name&gt; N1 N2 PWL(T1 V1 T2 V2 T3 V3 …)
```

其中，PWL 是分段线性化电源的标识，T1 V1、T2 V2、T3 V3…分别是各拐点的时间和电压值，一定是成对出现的，如图 2.6。

例如：

```
Vg 1 2 PWL(0 0 10U 5 100U 5 110U 0)
```

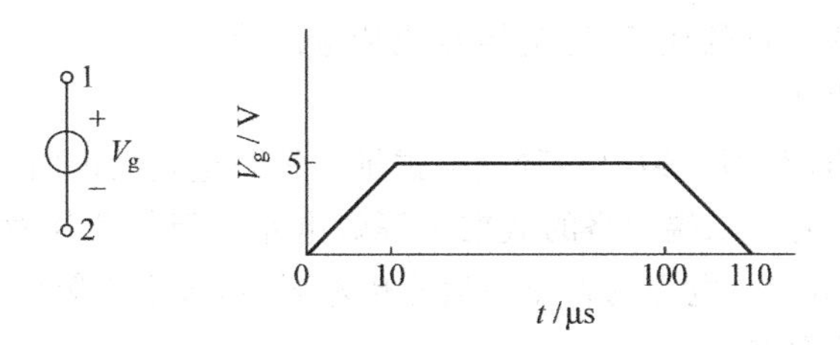

图 2.6 分段线性化电源

2.4 直流分析语句(DC analysis)

SPICE 可进行不同类型的分析，如直流分析、瞬态分析和交流分析等，直流分析包括(.OP)分析、直流扫描分析(.DC)、小信号传输函数分析(.TF)和小信号灵敏度分析(.SENS)，本章只介绍前三种分析。

1. .OP 分析语句(.OP analysis)

.OP 命令指示 SPICE 计算如下结果：

- 各节点的电压。
- 流过独立恒压源中的电流。
- 每个元件的静态工作点。

.OP 是分析直流电路最常用的命令。

2. .DC 分析语句(.DC analysis)

.DC 命令对独立直流电源的参数进行扫描计算，其形式如下：

```
.DC SRCname START STOP STEP
```

其中，SRCname 是要扫描的电源，START 是起始值，STOP 是终止值，STEP 是扫描步长。例如：

```
.DC V1 1 10 0.5
```

对电源 V1 进行扫描分析，从 1V 开始到 10V 结束，每 0.5V 步长分析一次。当

START＝STOP 且 STEP≠0 时，只计算一组输出数据。

利用.DC 可以进行双参数扫描，如：.DC V1 1 10 0.5 V2 1 5 1，其作用是 V2 从 1V 到 5V 进行扫描计算，步长是 1V，每扫描一步，V1 就从 1V 到 10V 扫描一周，步长是 0.5V。

3. .TF 语句(.TF analysis)

```
.TF OUTSRC INSRC
```

OUTSRC 是输出变量，INSRC 是输入变量，.TF 指示 SPICE 计算电路的如下直流小信号特性：

- 输出变量与输入变量的比值(称为增益或传输函数)。
- 输入端的输入电阻。
- 输出端的输出电阻(即从输出端看进去戴维宁等效电路的内阻)。

用此命令可以计算有源二端网络的戴维宁等效电路。但是要注意，如果电路中含有多个电源，要分别计算针对每个电源的直流小信号传输函数，戴维宁等效电路的开路电压是各个电源单独作用结果的叠加。

2.5 输出语句(output statements)

```
.PRINT TYPE OV1 OV2 OV3 …
.PLOT TYPE OV1 OV2 OV3 …
```

.PRINT 列表输出变量 OV1 OV2 OV3…。.PLOT 绘图输出变量 OV1 OV2 OV3 …。TYPE 是所进行的分析的形式，可以是以下三种形式：

- DC
- TRAN
- AC

有关.AC 和 .TRAN 分析的内容将在以后各章介绍。绘图输出的横坐标与分析的类型有关，如果是.DC 分析，横坐标就是扫描变量；如果是 .TRAN 分析，横坐标是时间变量；如果是 .AC 分析，横坐标是频率。

2.6 子电路(subcircuit)的定义和调用

在 SPICE 中可以将部分电路定义成子电路，用子电路的调用语句调用定义好的子电路。如果电路中有重复的结构，利用子电路的定义和调用可以简化电路文件。如图 2.7(a)所示电路中，两个并联电阻的部分电路具有相同的结构，可以将这部分电路定义成有两个端口的子电路，如图 2.7(b)所示。

子电路就像子程序一样，一旦定义了子电路，就可以在电路文件的多处调用它。子电路的定义格式为：

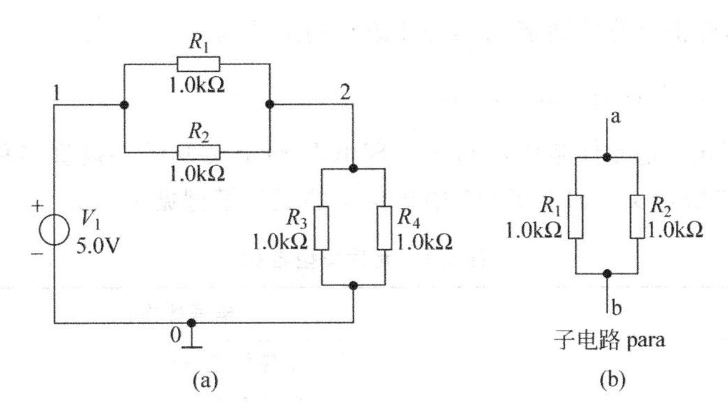

图 2.7 子电路的定义与调用

```
.SUBCKT SUBNAME N1 N2 N3 …
Element statements
… …
… …
.ENDS SUBNAME
```

子电路调用语句的标识符是 X，一般格式是：

```
.X<name> N1 N2 N3… SUBNAME
```

除节点“0”外，子电路中的其他节点都是局部节点，名称可以与电路中的其他节点同名。但是，子电路中的节点“0”是全局节点，永远与电路的参考点相连。子电路允许嵌套，但是不允许循环，就是说，子电路 A 可以调用子电路 B，但是，子电路 B 不能再调用子电路 A。下列电路文件定义了图 2.7 中的子电路 para，在描述整个电路时两次调用此子电路。

```
Subcir Example
V 1 0 DC5
X1 1 2 para
X2 2 0 para
*
.SUBCKT para a b
R1 a b 1k
R2 a b 1k
.ENDS para
*
.OP
.end
```

2.7 .model 语句与二极管、开关在 SPICE 中的表示法

2.7.1 .model 语句

在 SPICE 中用.model 语句定义元件的模型参数，元件的模型就像模板，只有填上元件的参数后才能例化(调用)此元件。只有 SPICE 内核中已预定义的模型才能用.model 定义

参数，每个参数都有相应的关键字。.model 语句的形式为：

```
.model MODName Type (parameter values)
```

其中，MODName 是元件名称，Type 是 SPICE 预定义的元件模型名称，圆括号中是对应的元件模型的参数定义。SPICE3F5 中预定义的元件模型见表 2.2。

表 2.2 元件模型名称

R	半导体电阻
C	半导体电容
SW	压控开关
CSW	流控开关
URC	均匀分布的 RC 参数
LTRA	损耗传输线
D	二极管
NPN	NPN 三极管
PNP	PNP 三极管
NJF	N 沟道结型场效应管
PJF	P 沟道结型场效应管
NMOS	N 沟道 MOSFET
PMOS	P 沟道 MOSFET
NMF	N 沟道 GaAs MESFET
PMF	P 沟道 GaAs MESFET

2.7.2 开关模型(switch models)

SPICE 中定义了压控开关和流控开关模型，它们可以不是理想开关，如图 2.8，开关的电阻随控制电压或电流的连续变化而跳变。当开关闭合时，电阻为 RON，当开关断开时，电阻是 ROFF。对于理想开关，可以使 RON=0，ROFF 给定一个足够大的数值(如 1E20)。

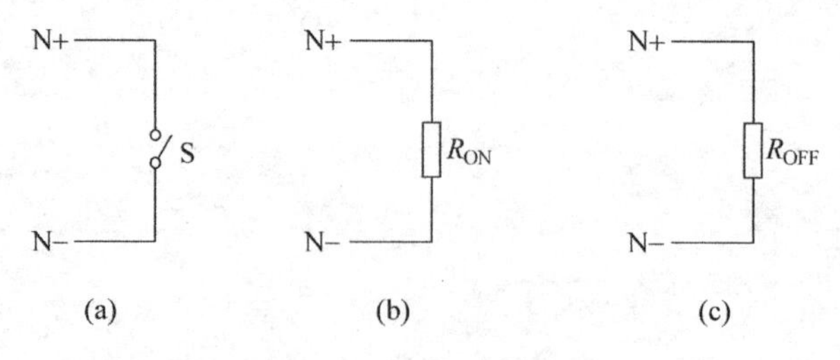

图 2.8 SPICE 中的开关
(a) 开关；(b) 开关闭合状态；(c) 开关断开状态

1. 压控开关(voltage controlled switch)

模型参数定义：.model SMOD SW(RON= VT= VH= ROFF=)

开关调用：S〈name〉N1 N2 NC1 NC2 SMOD

模型语句中参数之间最少有一个空格。VT 是开关动作的阈值电压，VH 是迟滞电压，默认值均为 0。RON 是开关闭合时的电阻，默认值是 0。ROFF 是开关打开时的电阻，默认值是 1/GMIN 欧姆。压控开关调用语句的标识符是 S，NC1 和 NC2 是控制端，N1、N2 是开关两端的节点。例如：

```
S15 3 5 8 9 swicth1
.model switch1 SW(RON= 10 ROFF=100MEG)
```

上面的描述中，用.model 语句定义了压控开关 switch1，开关闭合时的电阻是 10 欧姆，打开时的电阻是 100 兆欧姆。调用开关时将开关标号设定为 S15，开关的两个端点是节点 3 和节点 5，节点 8 和节点 9 是控制电压的正节点和负节点。

2. 流控开关(current controlled switch)

模型参数定义：.MODEL SMOD CSW(RON= IT= IH= ROFF=)

开关调用：W<name> N1 N2 Vname SMOD

IT 是开关动作的阈值电流，IH 是迟滞电流，默认值都是 0。流控开关调用语句的标识符是 W，电压源 Vname 中的电流是控制电流，N1、N2 是开关的两端。例如：

```
W1 3 5 Vmeas swicth2
.model switch2 CSW(RON=10 ROFF=100MEG)
```

上面的描述中，用.model 语句定义了流控开关 switch2，调用开关时将开关标号设定为 W1，开关的两个端点是节点 3 和节点 5，控制电流是流过电压源 Vmeas 的电流。

2.7.3 二极管模型(diode model)

模型参数定义：.model diodename D (IS= N= Rs= CJO= Tt= BV= IBV= …)

二极管调用语句：D<name> N+ N− diodename

其中，N+是二极管的阳极，N−是二极管的阴极。二极管的参数和含义见表 2.3。从表中可以看到，每个参数都有默认值，如果在定义参数时没有重新定义，就会自动使用默认值。

表 2.3 二极管的参数定义与默认值

符号	参数名称	默 认	典 型 值	单位
IS	饱和电流	1e-14	1e-9～1e-18 不能是 0	A
RS	欧姆电阻	0	10	Ω
CJO	零偏结电容	0	0.01～10e-12	F
VJ	结电压	1	0.05～0.7	V
TT	渡越时间	0	1.0e-10	s
M	梯度因子	0.5	0.33～0.5	—
Symbol	参数名称	Default	Typical Value	Unit
BV	反向击穿电压	1e+30	—	V
N	发射系数	1	1	—
EG	禁带能量	1.11	1.11	eV

续表

符号	参数名称	默 认	典 型 值	单位
XTI	饱和电流温度指数	3.0	3.0	—
KF	闪烁噪声系数	0	0	—
AF	闪烁噪声指数	1	1	—
FC	正偏置耗尽电容系数	0.5	0.5	—
IBV	反向击穿电流	0.001	1.0e-03	A
TNOM	参数测试温度	27	27～50	℃

例如，二极管 1N4148 的模型参数的定义是：

```
.model 1N4148   D (IS=6.89131e-09 RS=0.636257 N=1.82683 EG=1.15805
+   XTI=0.518861 BV=80 IBV=0.0001 CJO=9.99628e-13
+   VJ=0.942987 M=0.727538 FC=0.5 TT=4.33674e-09 KF=0 AF=1)
```

常用的二极管 1N4007 的模型参数定义为：

```
.model 1N4007 D (IS=3.19863e-08 RS=0.0428545 N=2 EG=0.784214
+   XTI=0.504749 BV=1100 IBV=0.0001 CJO=4.67478e-11
+   VJ=0.4 M=0.469447 FC=0.5 TT=8.86839e-06 KF=0 AF=1)
```

2.8 用 SPICE 分析直流电路举例

例 2.8.1 用 SPICE 分析图 2.9 电路中各个节点的电压。

解 首先编写节点号，然后编写标准 SPICE 文件，用 AIM-SPICE 仿真的结果如图 2.9 所示。

```
Example 2.8.1
V1 1 0 DC 6
V2 3 2 DC 3
IS 0 2 DC 1
R1 1 2 3
R2 3 0 6
R3 1 3 2
*
.OP
*
.end
```

图 2.10 中 i(v2)和 i(v1)分别是流过两个恒压源中的电流，因为 SPICE 计算的是从恒压源正极流向负极的电流(经过电压源内部)，所以，图中显示的负值说明电流是从恒压源正极流出，电源发出能量，其消耗的功率为负。

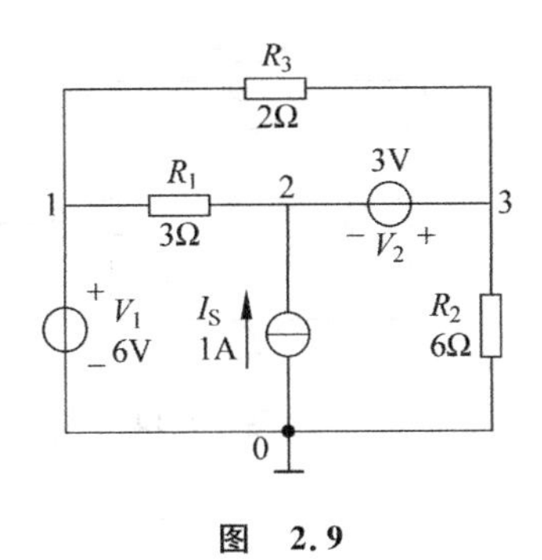

图 2.9

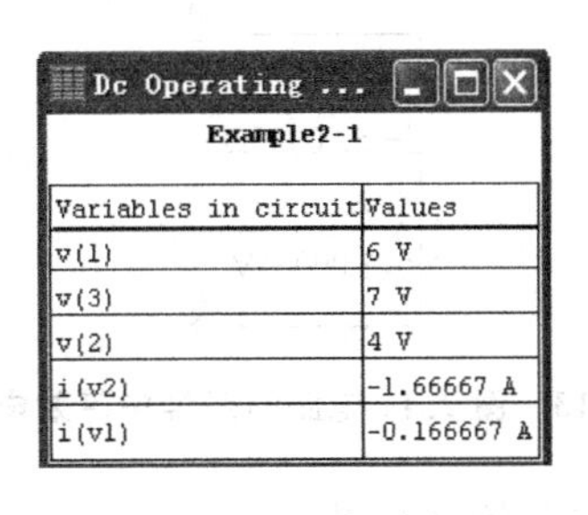
Dc Operating ...

Example2-1

Variables in circuit	Values
v(1)	6 V
v(3)	7 V
v(2)	4 V
i(v2)	-1.66667 A
i(vl)	-0.166667 A

图 2.10

例 2.8.2 图 2.11 电路是含有受控源的有源二端网络，用 SPICE 计算此有源二端网络的戴维宁等效电路。

解 此电路中 V_C 是流控电压源，其控制电流 i_1 是恒压源 V 支路的电流，因此可以不必在此支路中添加 0 伏电压源。电路文件如下，其用 AIM-SPICE 分析的结果如图 2.12。

```
Example 2.8.2
V 1 0 DC 3
R1 1 2 10k
R2 2 0 20k
H1 a V 5
R4 2 a 100k
R3 a 0 100k
.TF V(a) V
.END
```

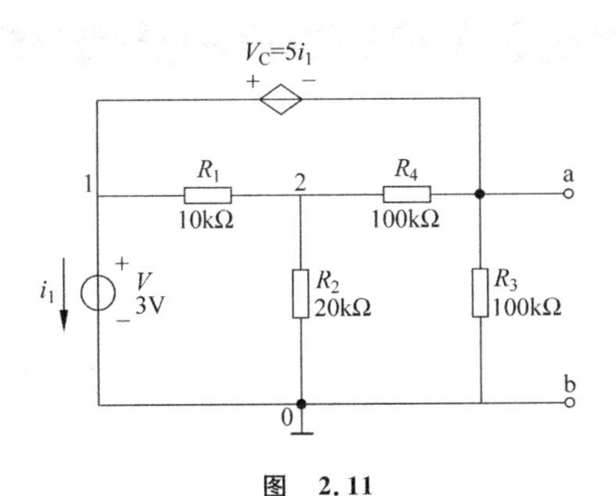

图 2.11

Transfer...

	A	B
1	Example2	
2	transfer fun	1.00022
3	v.input imp	22533.7
4	output imp	-5.00033

图 2.12 SPICE 分析结果

从 SPICE 分析结果可知，有源二端网络的内阻是 −5.00033Ω，在第 1 章中我们知道，含有受控源电路的内阻可以是负值。直流小信号传输函数是 1.00022，因此等效电路的开路电压是：E = 1.00022 × V = 1.00022 × 3 = 3.00066(V)，电路的戴维宁等效电路如图 2.13。

例 2.8.3 画出二极管 1N4148 的正向伏安特性曲线，二极管电压变化范围 0～1V，计算时步长取 0.01V。

解 给二极管加上正向偏置的电压 V_d，如图 2.14 所示，用 .DC 语句对 V_d 电压进行扫描，画出流过二极管的电流 i 的曲线，这就是它的正向伏安特性曲线，如图 2.15 所示。

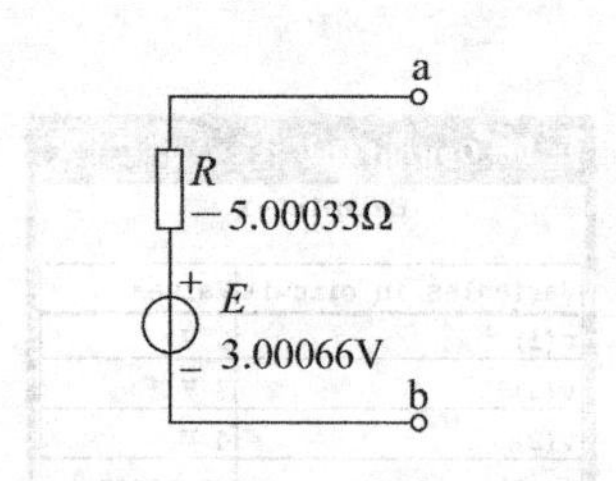

图 2.13 图 2.11 电路的戴维宁等效电路

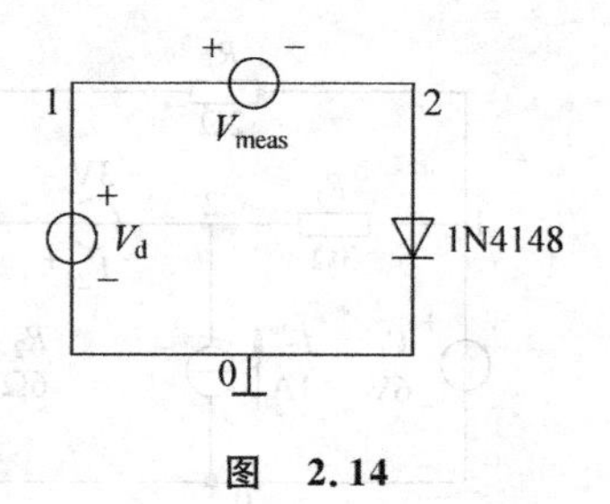

图 2.14

电路文件和仿真结果：

```
Example 2.8.3
Vd 1 0 DC
Vmeas 1 2 DC 0
D 2 0 1N4148
.model 1N4148 D(
+ IS=6.89131e-09 RS=0.636257 N=1.82683 EG=1.15805
+ XTI=0.518861 BV=80 IBV=0.0001 CJO=9.99628e-13
+ VJ=0.942987 M=0.727538 FC=0.5 TT=4.33674e-09
+ KF=0 AF=1 )
.DC Vd 0 1 0.01
.PLOT DC i(Vmeas)
.END
```

第二行：Vd 1 0 DC，没有写出电压值，表示 Vd 取默认值 1V。做直流扫描时将忽略元件的原取值，按照直流扫描语句的规定，从起始值扫描到结束值。

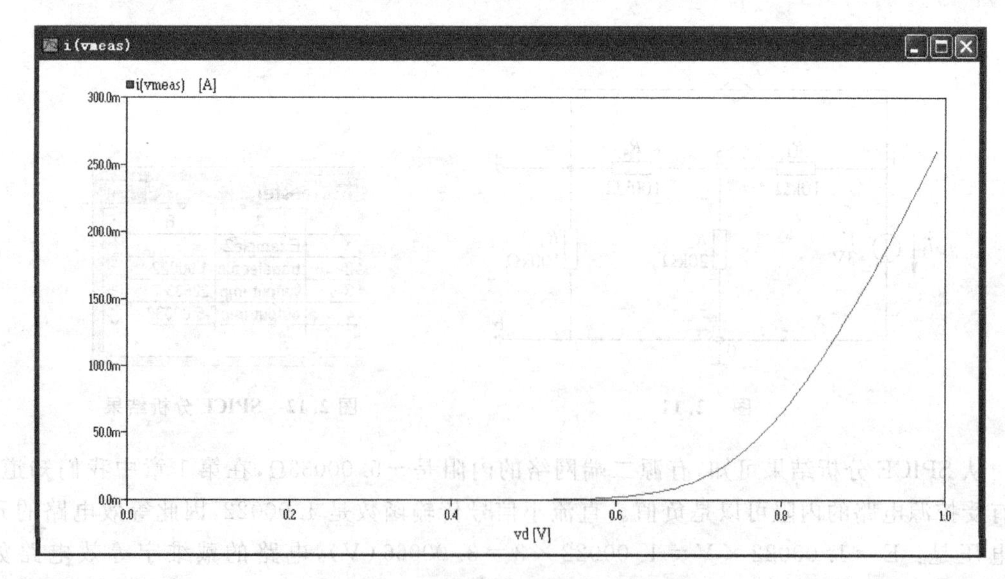

图 2.15 二极管 1N4148 的伏安特性曲线

例 2.8.4 仿真画出三极管的输出特性曲线。三极管的电流放大倍数为 100 倍（在三极管的 SPICE 参数中 BF 是电流放大倍数），其他参数取默认值。

解 三极管的输出特性曲线是当基极电流 i_B 一定时，集电极电流 i_{CE} 相对于集电极-发

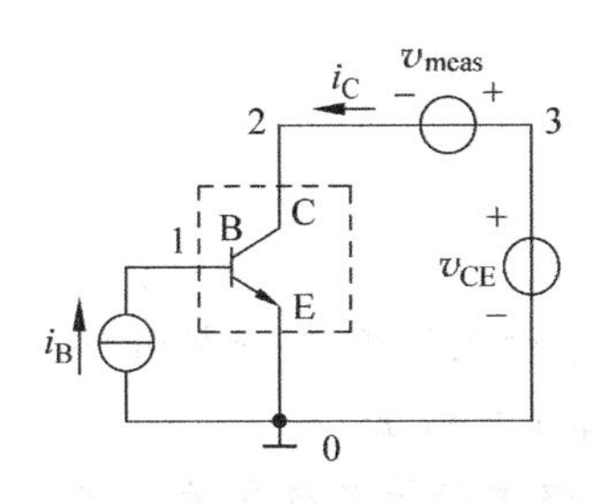

图 2.16 仿真绘制三极管输出特性的电路

射极电压 $v_{\rm CE}$ 的变化曲线。基极电流变化时，曲线不重合，因此是一簇曲线。为了能够画出输出特性曲线，构建图 2.16 电路，$v_{\rm meas}$ 是为了测量输出电流 $i_{\rm CE}$ 而加上的 0V 电压源。

仿真时扫描 $v_{\rm CE}$，输出 $i(v_{\rm meas})$。$v_{\rm CE}$ 每扫描一周(0～12V，步长 0.1V)，i_B 扫描一步(0～1mA，步长 0.1mA)。

在文件中使用.model 语句定义三极管 myBJT，其参数为 BF=100，其他参数取默认值。因为要进行 DC 扫描分析，所以 i_B 和 $v_{\rm CE}$ 都没有写出具体的参数，需要的话软件自动取其默认值。因为要进行 DC 扫描分析，这个默认值是没有用的。仿真结果如图 2.17 所示。从曲线可以看出，当 $i_B=0.1$mA 时，对应的 $i_C=10$mA；当 $i_B=0.2$mA 时，对应的 $i_C=20$mA。标准的 SPICE 文件如下：

```
Output curve of transistor
iB 0 1
vmeas 3 2 0
vCE 3 0
Q 2 1 0 myBJT
.model myBJT NPN(BF=100)
.DC vCE 0 12 0.1 iB 0 1m 0.1m
.plot i(vmeas)
.end
```

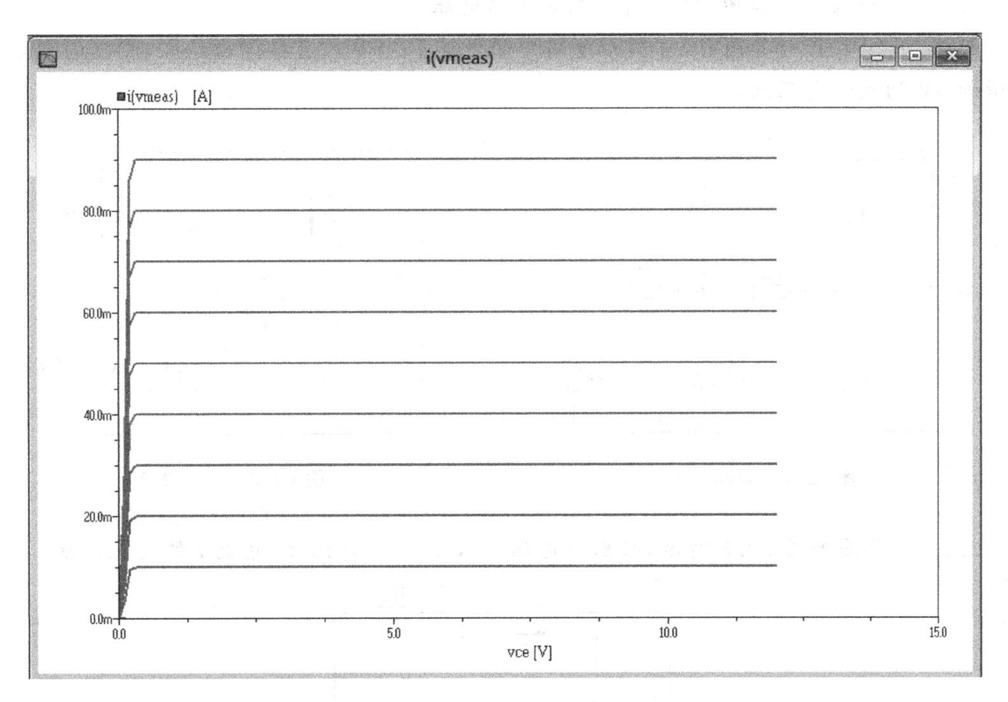

图 2.17 三极管的输出特性曲线

本章小结

(1) 本章介绍了电路仿真软件SPICE的输入文件结构、基本的元件语句、分析语句、输出语句,以及元件的模型语句。进一步的内容将在以后的相关章节中给出。

(2) SPICE是EDA的基础内容。利用SPICE既可以对电路进行计算机分析,同时它也是进一步学习SPICE相关应用软件的基础。

(3) 读者通过对本章的学习要掌握标准的SPICE文件的编写方法,并能利用SPICE对电路进行仿真分析。

(4) 请读者参考本书的附录相关内容,掌握AIM-SPICE和SPICE OPUS的使用方法,并且下载安装软件进行电路的仿真练习。软件的下载地址:

AIM-SPICE下载地址:http://www.aimspice.com

SPICE OPUS下载地址:http://www.spiceopus.si/

习题

2.1 用SPICE计算图P2.1所示电路中的电压V。

2.2 用SPICE计算图P2.2所示电路中的电流I。(要求直接得出结果,相应的支路中要增加0V的测试电压源)

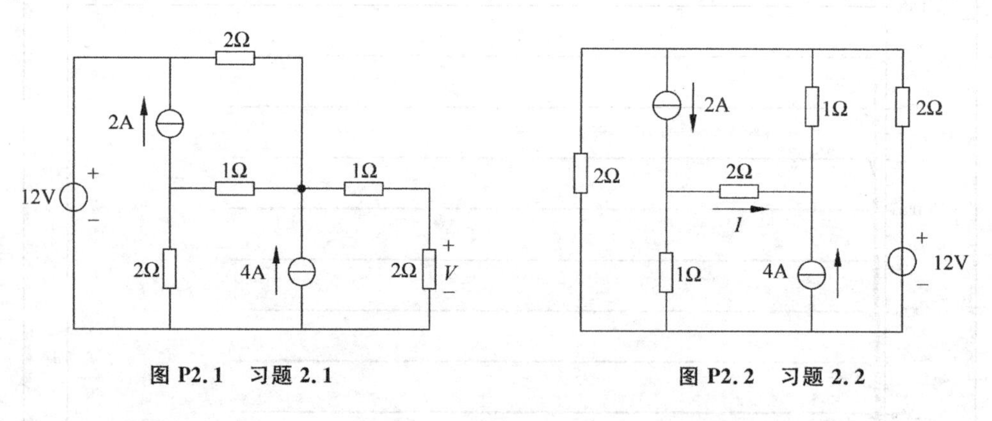

图P2.1 习题2.1　　图P2.2 习题2.2

2.3 电路图如图P2.3所示,画出当电压源从2~6V变化时,电流I的变化曲线。

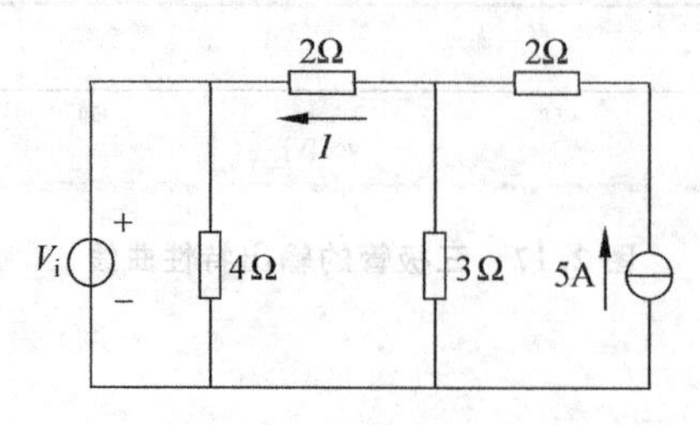

图P2.3 习题2.3

2.4　试用 SPICE 求图 P2.4 所示有源二端网络的戴维宁等效电路。

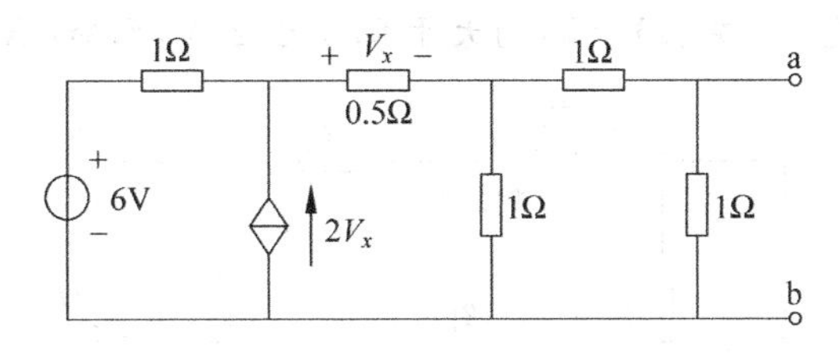

图 P2.4　习题 2.4

2.5　图 P2.5 电路是晶体管放大电路的等效电路，用 SPICE 计算输出电流 I。

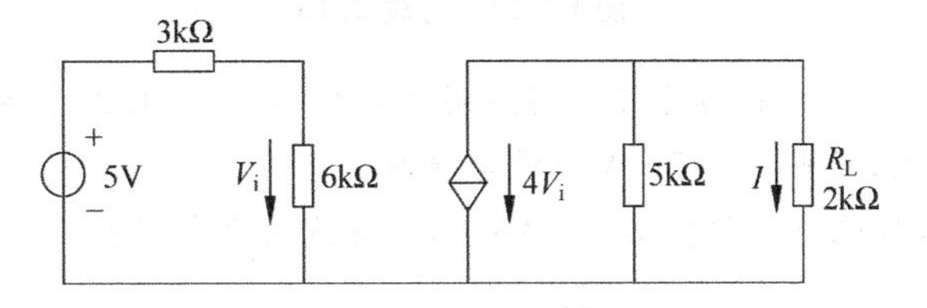

图 P2.5　习题 2.5

2.6　图 P2.6 电路中，当恒流源的电流 I 变化时其两端的电压也会变化。用 SPICE 画出 V_x 随 I 的变化关系曲线。I 的变化范围：0～2mA。

2.7　用 SPICE 计算图 P2.7 所示有源二端网络的戴维宁等效电路。

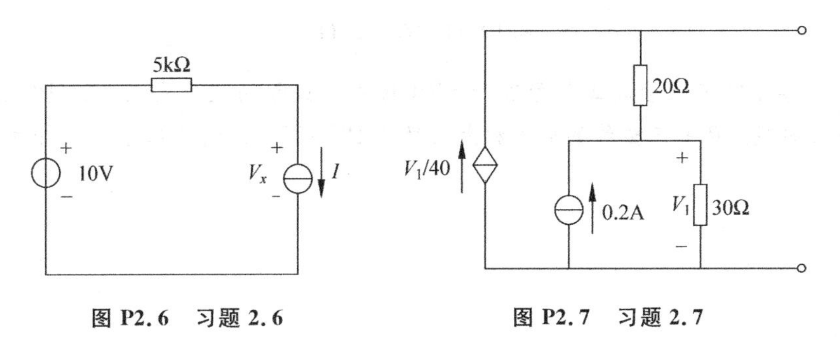

图 P2.6　习题 2.6　　**图 P2.7　习题 2.7**

2.8　已知电路如图 P2.8 所示，设计电路中恒流源 I_S 的参数，使得 $V_{ab}=3V$。

2.9　在图 P2.9 所示的电路中，要使支路电流 $I=3A$，确定电压源 V_S 的大小。

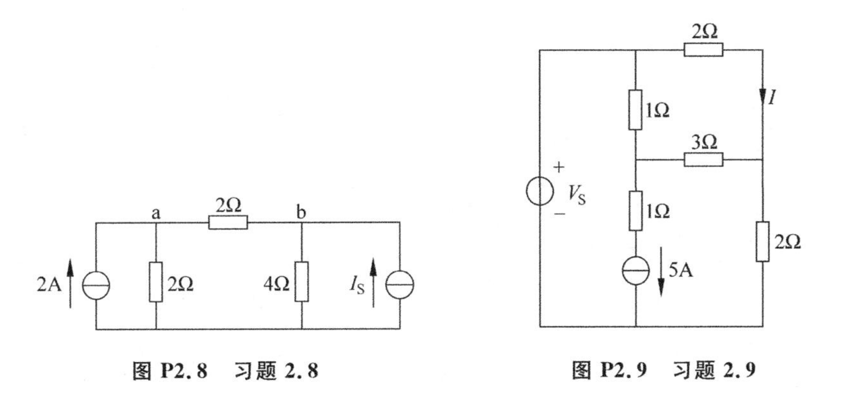

图 P2.8　习题 2.8　　**图 P2.9　习题 2.9**

2.10　图 P2.10 所示为某电动机的控制电路，参考点已经选定，选择 V_1、V_2 合适的取值范围，使节点 a 的电压是 0。要求 V_1、V_2 均大于 0，小于 20V，已知：$R=1\Omega$。

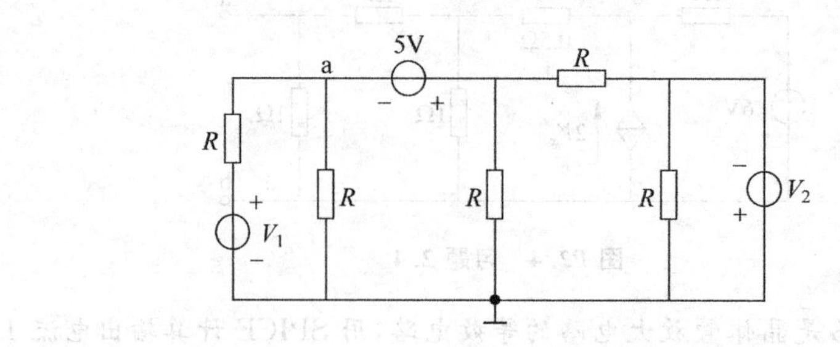

图 P2.10　习题 2.10

2.11　图 P2.11 所示的电路是某家用照明灯的控制电路，灯泡本身有 2Ω 的电阻，此灯泡当 $I \geqslant 50\text{mA}$ 时点亮，而当 $I > 75\text{mA}$ 时就会损坏。

当 $R=100\Omega$ 时，灯泡会怎样？当 $R=25\Omega$ 时，灯泡又会怎样？

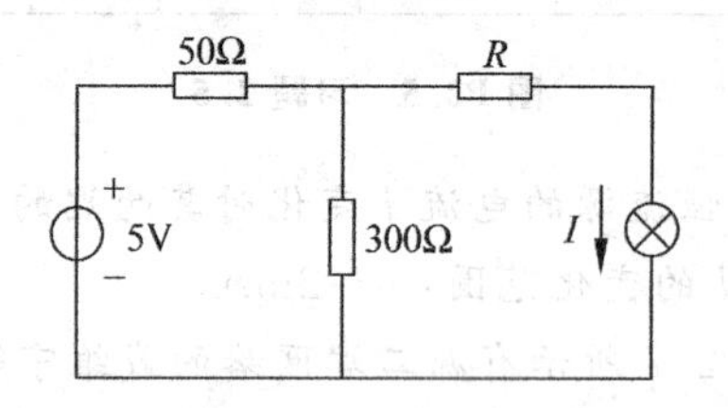

图 P2.11　习题 2.11

2.12　自学了解三极管的工作原理和 SPICE 中三极管的模型定义，用 SPICE 画出三极管的输出特性曲线。已知三极管的电流放大倍数为 BF=220，正向欧拉电压 VAF=100V。

第 3 章 Chapter 3

正弦交流电路

正弦交流信号(sinusoid signal)随时间按正弦或余弦函数的规律变化。在正弦交流电路中,各激励均为同频率的正弦交流信号,电路中的响应(即电路中所有支路的电流、电压)也以相同的频率按正弦规律变化。

正弦交流电是电能生产、传输和使用的主要的形式。交流电的生产经济可靠,电压转换方便,生产的电能以高电压的形式传输,减小了输电线路上的损耗。正弦交流电不易产生高次谐波,有利于电气设备的运行。在通信领域,信号的载波一般为特定频率的正弦交流信号。

正弦交流电路的分析方法有其特别之处。分析正弦交流电路需遵循电路的一般规律:基尔霍夫电流定律、基尔霍夫电压定律和电路元件的端口特性。如果按照习惯,在时间域列电路方程,则当电路复杂时,得到的是关于三角函数的加、减、微分、积分等运算的电路方程,求解极其困难。查尔斯·斯泰因梅茨(Charles P. Steinmetz,1865—1923,交流电动机的发明者)于 1893 年提出了正弦信号的复数表示法和阻抗(impedance)的概念,在此基础上发展出了正弦交流电路的相量分析法,该方法为频率域的分析方法,将时域方程中三角函数的加、减、微分、积分运算转换成复数形式的代数方程,从而简化了正弦交流电路的分析计算。

正弦交流电路是电工技术与电子技术课程的重点学习内容之一。本章的内容主要有正弦交流量的相量(复数)表示法、单一参数电路元件端口特性的相量关系、正弦交流电路的相量分析法、交流电路的频率特性。

3.1 正弦量的数学描述

3.1.1 正弦量的三要素

正弦量可以用三角函数式来表示其随时间变化的规律,如 $u_i = 311\sin(314t+30°)$V,其波形图如图 3.1 所示。在对正弦交流电路进行分析计算时，首先需规定电压、电流等电量的正方向，否则所列电路方程无意义。三角函数式描述的是正弦量的瞬时值(instantaneous value)，由三角函数式可以确定正弦量在任意时刻的大小和方向。

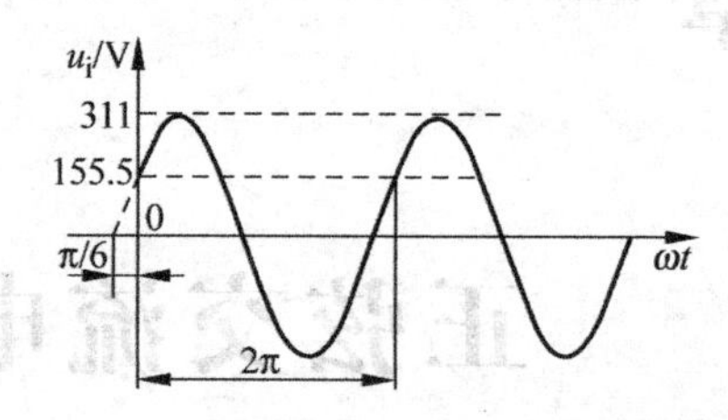

图 3.1 $u_i=311\sin(314t+30°)$ V 的波形图

描述正弦量变化快慢、变化幅度和观察起点等特征的量称为正弦量的三要素。正弦量的数学描述必须能全面反映这三个特征。

1. 幅值与有效值

幅值(amplitude)也称最大值(maximum value)，为正弦量随时间变化的最大幅度。幅值用大写字母并下标 m 表示。例如，若 $u_i=311\sin(314t+30°)$ V，$i_3=\sqrt{2}\sin(314t+10°)$ A，则其幅值可分别表示为 $U_{im}=311$V，$I_{3m}\approx1.41$A。

在工程应用中常用有效值(effective value)来表示正弦量变化的幅度。有效值是根据交流电流和直流电流的热效应来定义的：假设交流电流 i 和直流电流 I 都流过电阻值为 R 的电阻，如果在一个交流周期内交流电和直流电所产生的热量相等，则称直流电流 I 的数值是交流电流 i 的有效值。有效值用大写字母表示。根据有效值的定义，有

$$0.24\int_0^T i^2 R\mathrm{d}t = 0.24\int_0^T I^2 R\mathrm{d}t$$

式中，0.24 为功热当量，单位为卡/焦耳。进一步，可得

$$I=\sqrt{\frac{1}{T}\int_0^T i^2\mathrm{d}t} \tag{3.1.1}$$

同理，对于交流电压 u，有

$$U=\sqrt{\frac{1}{T}\int_0^T u^2\mathrm{d}t} \tag{3.1.2}$$

由式(3.1.1)和式(3.1.2)表示式的形式，有效值也称为方均根值(root mean square，RMS)。若 $i=I_m\sin(\omega t+\varphi_i)$，将其代入到式(3.1.1)，有

$$I=I_m\sqrt{\frac{1}{T}\int_0^T \sin^2(\omega t+\varphi_i)\mathrm{d}t}=I_m\sqrt{\frac{1}{T}\int_0^T \frac{1-\cos2(\omega t+\varphi_i)}{2}\mathrm{d}t}=\frac{I_m}{\sqrt{2}} \tag{3.1.3}$$

同理，若 $u=U_m\sin(\omega t+\varphi_u)$、$e=E_m\sin(\omega t+\varphi_e)$，则

$$U=\frac{1}{\sqrt{2}}U_m \tag{3.1.4}$$

$$E=\frac{1}{\sqrt{2}}E_m \tag{3.1.5}$$

常用交流电表指示的电压、电流的读数均为其有效值。民用电的标准电压 220V,也是指供电电压的有效值。

2. 周期、频率和角频率

正弦信号为周期性的信号,其瞬时值每经过一定时间(T)就重复变化一次。若 u 和 i 为正弦信号,则 $u(t)=u(t+kT)$,$i(t)=i(t+kT)$,其中 k 为整数。

正弦量变化的快慢可用周期、频率和角频率描述。周期(period)定义为正弦量变化一周所需的时间,记作 T,单位为秒(s);频率(frequency)定义为正弦量每秒变化的周期数,记作 f,单位为赫兹(Hz);角频率(radian frequency or angular frequency)亦称角速度,定义为正弦量的相角每秒变化的弧度,记作 ω,单位为弧度/秒(rad/s)。根据定义,周期、频率和角频率三个量之间的关系为

$$f=\frac{1}{T} \tag{3.1.6}$$

$$\omega=\frac{2\pi}{T}=2\pi f \tag{3.1.7}$$

3. 相位、初相位和相位差

以 $i=I_{\mathrm{m}}\sin(\omega t+\varphi_i)$ 为例。$(\omega t+\varphi_i)$ 定义为相位(phase)或相位角(phase angle),单位为度或弧度。φ_i 为 $t=0$ 时的相位,称为初相位或初相角(initial phase angle)。初相位给出了所观察正弦量的起点或参考点。

两个正弦量之间的相位关系常用相位差(phase difference)表示。相位差定义为两个同频率正弦量的相位之差,等于初相位之差,为常数。不同频率正弦量之间的相位差随时间变化,无实际物理意义。设电压 $u=U_{\mathrm{m}}\sin(\omega t+\varphi_u)$,电流 $i=I_{\mathrm{m}}\sin(\omega t+\varphi_i)$,则电压与电流的相位差为 $\varphi_{ui}=\varphi_u-\varphi_i$。若 $\varphi_{ui}<0$,则称 u 落后 i,或 i 超前 u;若 $\varphi_{ui}>0$,则称 u 超前 i,或 i 落后 u;若 $\varphi_{ui}=0$,u 和 i 的相位变化一致,称为同相;若 $\varphi_{ui}=\pm180°$,u 和 i 的相位变化相反,称为反相。图 3.2(a)、(b)、(c)所示的波形图分别展示了 u 和 i 同相、反相、超前与落后的相位关系。

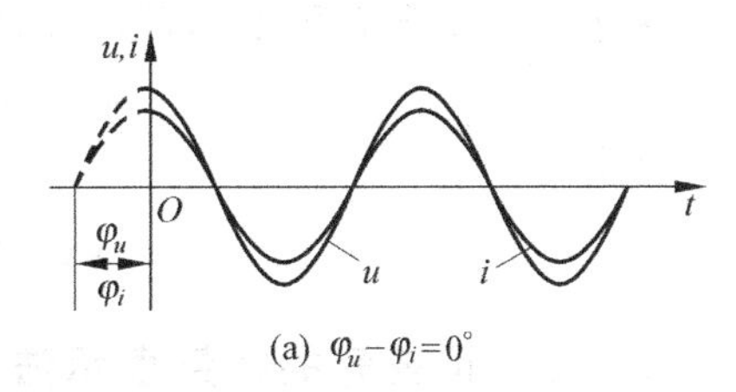

(a) $\varphi_u-\varphi_i=0°$

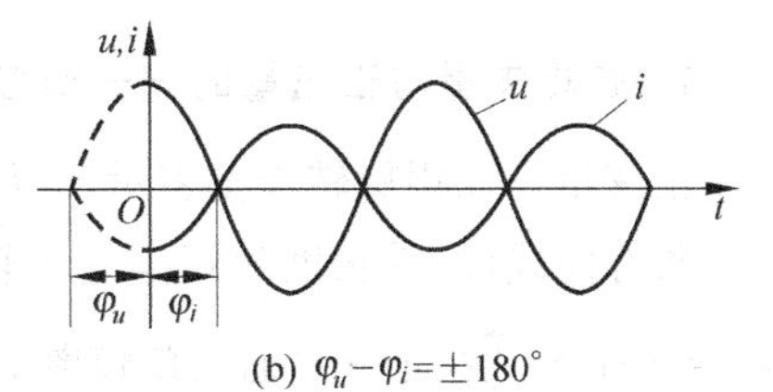

(b) $\varphi_u-\varphi_i=\pm180°$

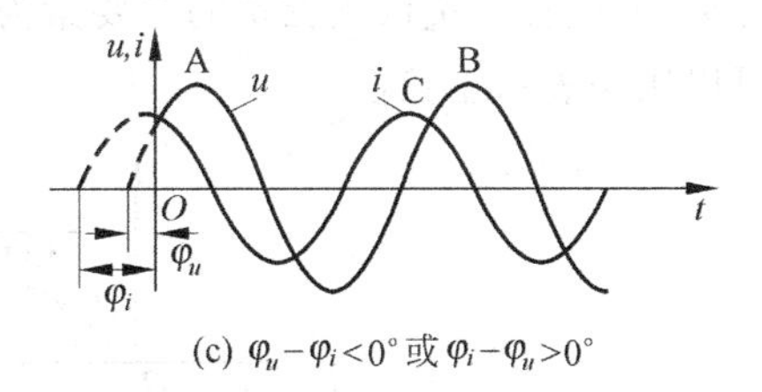

(c) $\varphi_u-\varphi_i<0°$ 或 $\varphi_i-\varphi_u>0°$

图 3.2 两个正弦量的相位差

如何根据波形图判断两个正弦量的相位关系?以图 3.2(c)所示的波形图为例。图中,A,B 分别为 u 的两个相邻峰值点;C 为 i 的峰值点,位于 A 和 B 之间。比较 u 和 i 相距较近的峰值点 B 和 C,可得 i 先于 u 到达峰值点,所以 i 超前 u,超前的角度在 $0\sim\pi$ 之间。也可以比较 u 的峰值点 A 和 i 的峰值点 C,可得 u 超前 i,超前的角度在 $\pi\sim2\pi$ 之间。上述分析表明,由于正弦量的周期性,相位的超前和落后是相对

的。一般把相位差的取值限定在$-180°\sim180°$之间。

例 3.1.1 已知$u=3\sin(\omega t+120°)$V，$i=2\sin(\omega t-150°)$A。试说明u和i的相位关系。

解 由三角函数的周期性，u和i的表示式可写成

$$u=3\sin(\omega t+120°)=3\sin(\omega t-240°)(\text{V})$$

$$i=2\sin(\omega t-150°)=2\sin(\omega t+210°)(\text{A})$$

根据上述两个三角函数式，u和i的相位关系为：u落后i 90°，或u超前i 270°，或i超前u 90°，或i落后u 270°。

如果把相位差限制在$-180°\sim180°$，则u落后i 90°，或者i超前u 90°。

例 3.1.2 已知$u_1=8\cos(314t+30°)$V，$u_2=2\sin(628t+60°)$V，$i=-3\sqrt{2}\sin(314t-36°)$A。求各电压电流的幅值、有效值和相位差。

解 先将u_1和i改写成标准的正弦函数式。有

$$u_1=8\sin(314t+30°+90°)=8\sin(314t+120°)(\text{V})$$

$$i=3\sqrt{2}\sin(314t-36°+180°)=3\sqrt{2}\sin(314t+144°)(\text{A})$$

各电压电流的幅值和有效值如下：

$$U_{1\text{m}}=8(\text{V}),\quad U_1=\frac{8}{\sqrt{2}}=5.66(\text{V})$$

$$I_{\text{m}}=3\sqrt{2}=4.24(\text{A}),\quad I=3(\text{A})$$

$$U_{2\text{m}}=2(\text{V}),\quad U_2=\frac{2}{\sqrt{2}}=1.414(\text{V})$$

由于只有u_1和i同频率，所以只有u_1和i的相位差有意义。

$$\varphi_{u_1 i}=120°-144°=-24°$$

或者

$$\varphi_{iu_1}=144°-120°=24°$$

3.1.2 正弦量的相量表示法

1. 旋转矢量与正弦量的一一对应关系

正弦量可以用旋转矢量表示。以$u=U_{\text{m}}\sin(\omega t+\varphi_u)$为例。设$\vec{A}$为$x$-$y$平面从原点出发的一条有向线段，其长度为$U_{\text{m}}$，与$x$轴正半轴的夹角为正弦量的初相角$\varphi_u$，如图3.3所示。在$t=0$时，让$\vec{A}$在$x$-$y$平面以角频率$\omega$绕原点旋转，则其在$y$轴上的投影为$U_{\text{m}}\sin(\omega t+\varphi_u)$。可见，若旋转矢量以正弦量的三要素为特征量，则旋转矢量与正弦量具有一一对应的关系，可以用来表示正弦量。

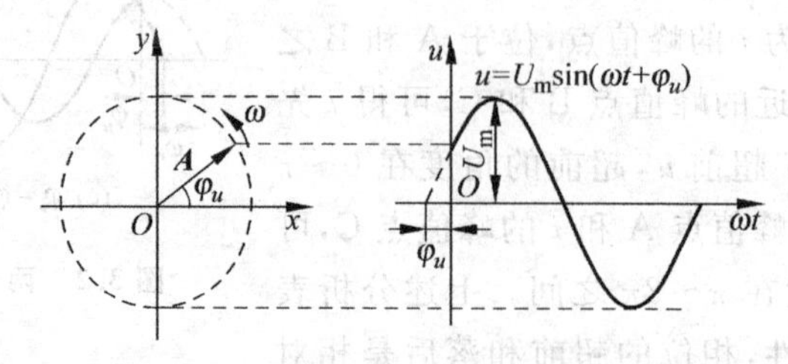

图 3.3 旋转矢量与正弦量的一一对应

如果将上述表示正弦交流电压 u 的旋转矢量$\vec{A}$放在复平面上，则$\vec{A}$可表示为

$$\vec{A} = U_m e^{j\varphi_u} e^{j\omega t} = U_m \cos(\omega t + \varphi_u) + jU_m \sin(\omega t + \varphi_u) \tag{3.1.8}$$

在电路分析中，为了不与电流的符号 i 混淆，复数的虚部(imaginary part)采用符号 j。正弦交流电压 u 对应式(3.1.8)所表示的旋转矢量的虚部(即旋转矢量在虚轴上的投影)。即

$$u = \mathrm{Im}(U_m e^{j\varphi_u} e^{j\omega t}) \tag{3.1.9}$$

式中，Im 表示取括号内复数的虚部。

2. 相量表示法

正弦交流电路中的电压和电流均为同频率的正弦量。如果将这些电压和电流分别用旋转矢量表示，并放到同一个复平面上，则所有的矢量均以相同的角速度旋转，虽然绝对位置随时间发生变化，但旋转矢量之间的相对位置却始终不变。因此，在分析时，可以不考虑旋转速度 ω，只需确定这些旋转矢量的初始位置和长度就可以确定相应的正弦量，从而将对正弦量的分析转成了对静止矢量的分析。这些表示正弦量的静止矢量称为相量(phasor)，把表示同频率正弦量的相量画在同一个复平面则构成相量图(phasor diagram)。为符合工程实际，相量的长度通常采用有效值。相量的符号为上面加“.”的大写字母：如果相量的长度为正弦量的幅值，则相量符号为幅值符号上加“.”，例如$\dot{U}_m$、$\dot{I}_{1m}$；如果相量的长度为正弦量的有效值，则相量符号为有效值符号上加“.”，例如$\dot{U}$、$\dot{I}_1$。

在复平面，相量可以用复数表示，有代数形式和指数形式两种表示方法。以 $u = U_m \sin(\omega t + \varphi_u)$为例，$\dot{U}$的相量图如图 3.4 所示，其相量式为

$$\dot{U} = a + jb \quad (代数形式) \tag{3.1.10}$$

$$\dot{U} = U\angle\varphi_u \text{ 或 } \dot{U} = Ue^{j\varphi_u} \quad (极坐标形式或指数形式) \tag{3.1.11}$$

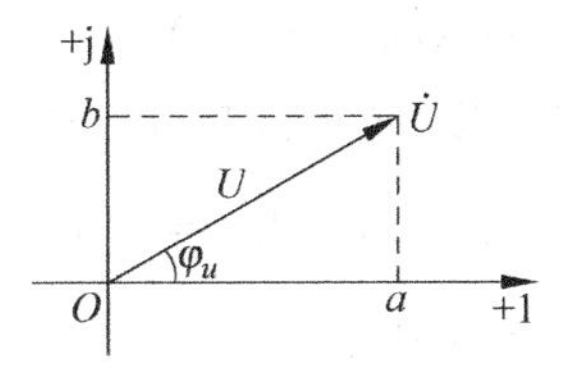

图 3.4 $u = U_m \sin(\omega t + \varphi_u)$的相量图

相量的两种表示形式之间可以进行转换。以电压相量$\dot{U} = a + jb$ 与$\dot{U} = U\angle\varphi_u$ 之间的转换为例。由图 3.4 所示的相量图可得，$U = \sqrt{a^2 + b^2}$，$a = U\cos\varphi_u$，$b = U\sin\varphi_u$，采用上述关系，可以很容易地将$\dot{U} = U\angle\varphi_u$ 转换为$\dot{U} = a + jb$。而将$\dot{U} = a + jb$ 转换为$\dot{U} = U\angle\varphi_u$ 时，需根据 a、b 的值判定相量在复平面上所处的位置，再确定 φ_u 会比较快捷：

若 $a = 0, b > 0$，则$\dot{U} = a + jb$ 位于正虚轴上，则 $\varphi_u = 90°$；

若 $a = 0, b < 0$，则$\dot{U} = a + jb$ 位于负虚轴上，则 $\varphi_u = -90°$；

若 $a > 0, b = 0$，则$\dot{U} = a + jb$ 位于正实轴上，则 $\varphi_u = 0°$；

若 $a<0,b=0$,则$\dot{U}=a+\mathrm{j}b$ 位于负实轴上,则 $\varphi_u=180°$或$-180°$;

若 $a\neq0,b\neq0$,设 $\theta=\arctan\left|\dfrac{b}{a}\right|$,则

① 若$\dot{U}=a+\mathrm{j}b$ 位于第一象限,则 $\varphi=\theta$;

② 若$\dot{U}=a+\mathrm{j}b$ 位于第二象限,$\varphi=180°-\theta$;

③ 若$\dot{U}=a+\mathrm{j}b$ 位于第三象限,$\varphi=-180°+\theta$;

④ 若$\dot{U}=a+\mathrm{j}b$ 位于第四象限,$\varphi=-\theta$。

为使分析结果更符合工程实际,建议把电压和电流的最终结果写成指数或极坐标形式,模和初相位均用小数表示。例如,$\dot{I}=8+\mathrm{j}4\mathrm{A}$,$\dot{I}=\sqrt{80}\angle\arctan0.5\mathrm{A}$ 和$\dot{I}=8.94\angle26.57°\mathrm{A}$ 均为同一个正弦量的相量表示法,但其中$\dot{I}=8.94\angle26.57°\mathrm{A}$ 更符合工程实际。

例 3.1.3 写出正弦量 $u=141.4\sin(\omega t+30°)\mathrm{V}$,$i=7.07\sin(\omega t-10°)\mathrm{A}$ 的相量表示式。

解 u,i 的相量表示式分别为

$$\dot{U}_\mathrm{m}=141.4\angle30°\mathrm{V}\quad 或\quad \dot{U}\approx100\angle30°\mathrm{V}$$

$$\dot{I}_\mathrm{m}=7.07\angle-10°\mathrm{A}\quad 或\quad \dot{I}\approx5\angle-10°\mathrm{A}$$

例 3.1.4 已知$\dot{U}_\mathrm{m}=12+\mathrm{j}8\mathrm{V}$,$\dot{I}_1=10\angle30°\mathrm{A}$,$\dot{I}_{2\mathrm{m}}=20\angle-60°\mathrm{A}$。写出它们的瞬时值表示式。

解 根据已知条件,有

$$\dot{U}_\mathrm{m}=12+\mathrm{j}8\approx14.42\angle33.7°(\mathrm{V})$$

$$u=14.42\sin(\omega t+33.7°)\mathrm{V}$$

$$i_1=10\sqrt{2}\sin(\omega t+30°)\mathrm{A}$$

$$i_2=20\sin(\omega t-60°)\mathrm{A}$$

例 3.1.5 求下列各相量的初相角,并写出其对应的三角函数表示式。

$$\dot{U}_1=3+\mathrm{j}4(\mathrm{V}),\quad \dot{U}_2=3-\mathrm{j}4(\mathrm{V}),\quad \dot{U}_3=-3+\mathrm{j}4(\mathrm{V}),\quad \dot{U}_4=-3-\mathrm{j}4(\mathrm{V})$$

解 设 $\theta=\arctan\dfrac{4}{3}\approx53.1°$。根据已知条件,有

$$U_1=U_2=U_3=U_4=\sqrt{3^2+4^2}=5(\mathrm{V})$$

$$\theta=\arctan\frac{4}{3}\approx53.1°$$

$$\varphi_1=\theta=53.1°,\quad u_1=\sqrt{2}\cdot5\sin(\omega t+53.1°)\mathrm{V}$$

$$\varphi_2=-\theta=-53.1°,\quad u_2=\sqrt{2}\cdot5\sin(\omega t-53.1°)\mathrm{V}$$

$$\varphi_3=180°-\theta=126.9°,\quad u_3=\sqrt{2}\cdot5\sin(\omega t+126.9°)\mathrm{V}$$

$$\varphi_4=-(180°-\theta)=-126.9°,\quad u_4=\sqrt{2}\cdot5\sin(\omega t-126.9°)\mathrm{V}$$

注意:虽然三角函数式和相量式均为正弦量的表示方法,但在应用时必须清楚两者之间不能相等:三角函数式为实数,且随时间变化,是实际存在的瞬时值;而相量式为复常

数，当频率一定时，它是对三角函数式的抽象表示。在使用时，切勿在同一个等式中混用。例如，

$$\dot{I} = 0.143\angle 45^\circ \neq 0.143\sqrt{2}\sin(314t + 45^\circ) \quad (\text{A})$$

$$i = 0.143\sqrt{2}\sin(314t + 45^\circ) \neq 0.143\angle 45^\circ \quad (\text{A})$$

3. **复数的基本运算**

正弦量的相量表示法可以将三角函数的各种运算转化为相量的运算。在相量图上，相量为表示正弦量的矢(向)量，因此矢(向)量的运算规则适用相量的运算。相量的加、减运算可在相量图上用平行四边形法则或三角形法则作图完成。例如，在图3.5所示的相量图中用平行四边形法则作图得到$\dot{U}=\dot{U}_1+\dot{U}_2$。

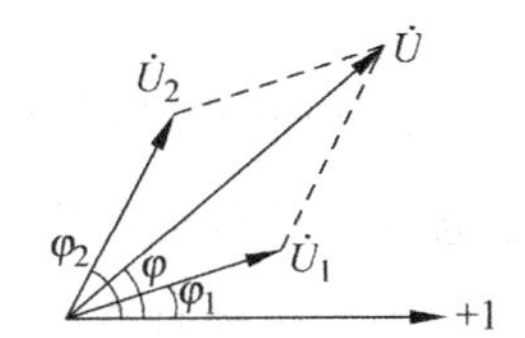

图3.5　用相量图作图法求$\dot{U}=\dot{U}_1+\dot{U}_2$

在分析正弦交流电路时，相量图作图法只是一种辅助手段，通常采用相量式列电路方程进行分析计算。正弦交流电路的分析计算通常涉及复数的加、减、乘、除等运算。为减少计算量，应合理使用复数的两种表示形式：在作复数的加、减运算时，采用代数形式，将实部和虚部分别作加、减运算；在作乘、除运算时，采用极坐标形式，将复数的模作乘、除运算，幅角相加、减。若设$A_1=a_1+\text{j}b_1=|A_1|\angle\varphi_1$，$A_2=a_2+\text{j}b_2=|A_2|\angle\varphi_2$，则上述规则可表示为

$$A_1 \pm A_2 = (a_1 \pm a_2) + \text{j}(b_1 \pm b_2) \tag{3.1.12}$$

$$A_1 \cdot A_2 = |A_1| \cdot |A_2| \cdot \text{e}^{\text{j}(\varphi_1+\varphi_2)} = |A_1| \cdot |A_2| \angle(\varphi_1 + \varphi_2) \tag{3.1.13}$$

$$\frac{A_1}{A_2} = \frac{|A_1|}{|A_2|}\text{e}^{\text{j}(\varphi_1-\varphi_2)} = \frac{|A_1|}{|A_2|}\angle(\varphi_1 - \varphi_2) \tag{3.1.14}$$

在作乘法运算时，$\varphi=\varphi_1+\varphi_2$ 表明幅角从 φ_1 处逆时针转 φ_2 角；在作除法运算时，$\varphi=\varphi_1-\varphi_2$ 表明幅角从 φ_1 处顺时针转 φ_2 角。$\text{e}^{\text{j}\alpha}$ 称为旋转角度为 α 的旋转因子，任何一个复数乘或除 $\text{e}^{\text{j}\alpha}$，复数的模不变，幅角逆时针或顺时针旋转 α 角。j(即 $\text{e}^{\text{j}90^\circ}$)为90°旋转因子。

例3.1.6　已知 $u_1=8\sin(\omega t+30^\circ)\text{V}$，$u_2=6\sin(\omega t+60^\circ)\text{V}$，试用相量法求 $u=u_1+u_2$。

解　根据已知条件，有

$$\dot{U}_{1\text{m}} = 8\angle 30^\circ = 8\cos 30^\circ + \text{j}8\sin 30^\circ \approx 6.93 + \text{j}4(\text{V})$$

$$\dot{U}_{2\text{m}} = 6\angle 60^\circ = 6\cos 60^\circ + \text{j}6\sin 60^\circ \approx 3 + \text{j}5.20(\text{V})$$

所以

$$\dot{U}_{\text{m}} = \dot{U}_{1\text{m}} + \dot{U}_{2\text{m}} = 9.93 + \text{j}9.20 \approx 13.54\angle 42.8^\circ(\text{V})$$

$$u_1 = 13.54\sin(\omega t + 42.8^\circ)(\text{V})$$

3.2　单一参数的正弦交流电路

本节讨论正弦交流电路中，理想电阻、理想电感和理想电容元件的端电压和电流的关系，以及功率。

3.2.1　理想电阻电路

1. 电压和电流的关系

在图3.6所示的理想电阻电路中，电压 u 和电流 i 满足欧姆定律，即 $u=iR$。

若设 $u=\sqrt{2}U\sin\omega t$，则

$$i=\sqrt{2}\,\frac{U}{R}\sin\omega t=\sqrt{2}\,I\sin\omega t$$

比较 u 和 i 的表示式，电阻的端电压 u 和电流 i 具有以下特点：频率相同；初相位相同；有效值满足关系式 $U=IR$。这些特点可以综合表示为

$$\dot{U}=\dot{I}R \tag{3.2.1}$$

式(3.2.1)即为欧姆定律的相量形式。若设电压的初相位为0°，电压和电流的相量图如图3.7所示。

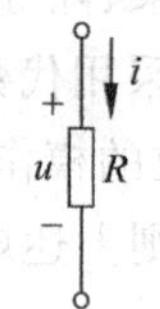

图3.6　理想电阻电路

图3.7　电阻的电压和电流的相量图

2. 电阻的功率

(1) 瞬时功率

瞬时功率(instantaneous power)定义为电压和电流瞬时值的乘积，记作 p。

在图3.6所示电路中，电阻的瞬时功率为

$$p=ui=i^2R=\frac{u^2}{R}$$

该式表明，p 随时间变化且与 u^2 和 i^2 成正比；$p\geqslant 0$，所以电阻为耗能元件。

由于电阻的电压和电流同相，可设 $u=\sqrt{2}U\sin\omega t$，$i=\sqrt{2}I\sin\omega t$，有

$$p=ui=2UI\sin^2\omega t \tag{3.2.2}$$

u、i 和 p 均为周期性变量，p 的周期是 u、i 周期的一半。u、i 和 p 的波形图如图3.8所示。

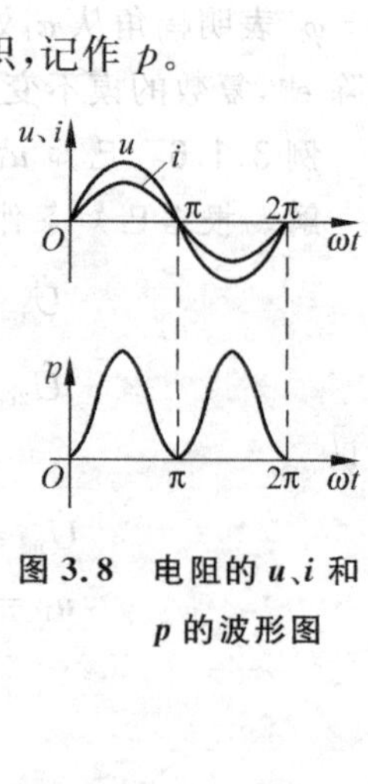

图3.8　电阻的 u、i 和 p 的波形图

(2) 有功功率

有功功率(active power)定义为瞬时功率在一个电流周期的平均值,记作 P,单位为 W。有功功率亦称平均功率(average power),是电路实际消耗的功率。在图 3.6 所示的电阻电路中,u 和 i 同相,可设 $u=\sqrt{2}U\sin\omega t$,$i=\sqrt{2}I\sin\omega t$,则

$$P=\frac{1}{T}\int_0^T 2UI\sin^2\omega t\,\mathrm{d}t=\frac{1}{T}\int_0^T UI(1-\cos2\omega t)\,\mathrm{d}t$$

可得

$$P=UI=\frac{U^2}{R}=I^2R \tag{3.2.3}$$

例 3.2.1 在图 3.6 所示的电阻电路中,已知 $u=200\sqrt{2}\sin(314t+45°)$V,负载 R 为一额定电压为 220V、额定功率为 100W 的白炽灯泡,求电流 i 和平均功率 P。

解 由已知条件,可得

$$R=\frac{U_N^2}{P_N}=\frac{220^2}{100}=484(\Omega)$$

所以,有

$$\dot{I}=\frac{\dot{U}}{R}=\frac{200\angle45°}{484}\approx0.413\angle45°(\mathrm{A})$$

$$i=0.413\sqrt{2}\sin(314t+45°)(\mathrm{A})$$

$$P=UI=200\times0.413=82.6(\mathrm{W})$$

3.2.2 理想电感电路

1. 电压和电流的关系

理想电感电路如图 3.9 所示,u 和 i 的正方向一致。若设 $i=\sqrt{2}I\sin\omega t$,则

$$u=L\frac{\mathrm{d}i}{\mathrm{d}t}=\sqrt{2}I\cdot\omega L\cos\omega t=\sqrt{2}I\omega L\sin(\omega t+90°)$$

比较 u 和 i 的表示式,电感端电压 u 和电流 i 的特点是:频率相同;电压超前电流 90°;有效值满足关系式 $U=I\omega L$。这些特点可以综合表示为

$$\dot{U}=\dot{I}\omega L\mathrm{e}^{\mathrm{j}90°}=\dot{I}(\mathrm{j}X_L) \tag{3.2.4}$$

式(3.2.4)中,将 ωL 定义为感抗(inductive reactance),记作 X_L,单位为 Ω。若设电流的初相位为 0°,则电压和电流的相量图如图 3.10 所示。

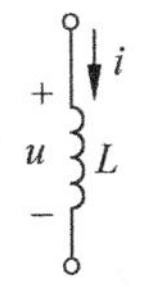

图 3.9 电感电路

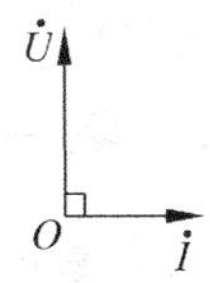

图 3.10 电感的电压和电流的相量图

感抗是频率的函数,与频率成正比。感抗代表电感电路中电压、电流有效值之间的关系,且只对正弦量有效。式中的 $\mathrm{j}X_L$ 与式(3.2.1)中的 R 相当。

2. 电感的功率

(1) 瞬时功率

根据上述分析，在图 3.9 所示的电感电路中，可设 $i=\sqrt{2}I\sin\omega t$，$u=\sqrt{2}U\sin(\omega t+90°)$，则

$$p = ui = UI\sin2\omega t \tag{3.2.5}$$

瞬时功率 p 为正弦函数，其频率为电压和电流信号的两倍。u、i 和 p 的波形图如图 3.11 所示。电感的储能为$\frac{1}{2}Li^2$。由图 3.11 可以观察到，在 $0<\omega t<\frac{\pi}{2}$ 和 $\pi<\omega t<\frac{3\pi}{2}$ 期间，电感电流 i 的绝对值随时间增加而增大，电感储存的能量增加，表现为从电路吸收能量，$p>0$；在$\frac{\pi}{2}<\omega t<\pi$ 和$\frac{3\pi}{2}<\omega t<2\pi$ 期间，电感电流 i 的绝对值随时间增加而减小，电感储存的能量减小，表现为释放能量，$p<0$。从图中还可观察到，在一个周期内电感吸收的能量等于其释放的能量，说明理想电感不消耗能量，只和电源进行能量交换。

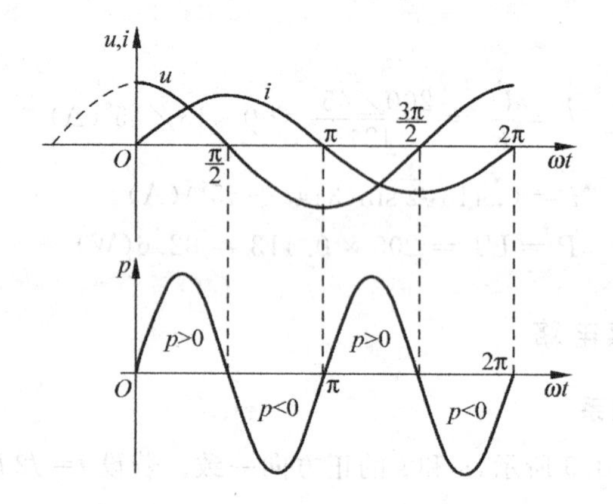

图 3.11 电感的 u,i 和 p 的波形图

(2) 有功功率

$$P = \frac{1}{T}\int_0^T UI\sin2\omega t\,\mathrm{d}t = 0 \tag{3.2.6}$$

(3) 无功功率(ractive power)

电感元件在电路中不消耗功率，仅与电源进行能量交换。将电感瞬时功率所能达到的最大值定义为无功功率，记作 Q_L，单位为乏(var)。电感的无功功率反映了电感与电源进行能量交换的规模。根据式(3.2.5)，有

$$Q_L = UI = I^2X_L = \frac{U^2}{X_L} \tag{3.2.7}$$

例 3.2.2 在图 3.9 所示的电感电路中，已知 $u=200\sqrt{2}\sin(\omega t+45°)$V，$\omega=314$rad/s，负载 $L=0.318$H。求：(1)电流 i、有功功率 P 和无功功率 Q。(2)若频率 $\omega=3\times314$rad/s，则电流 $i=$?

解 (1) 根据已知条件，有

$$X_L = \omega L = 314\times0.318\approx100(\Omega)$$

$$\dot{I} = \frac{\dot{U}}{\mathrm{j}X_L} = \frac{200\angle 45^\circ}{\mathrm{j}100} = 2\angle -45^\circ(\mathrm{A})$$

$$i = 2\sqrt{2}\sin(314t - 45^\circ)(\mathrm{A})$$

$$P = 0$$

$$Q = UI = 200 \times 2 = 400(\mathrm{var})$$

(2) 若频率 $\omega=3\times 314\mathrm{s}^{-1}$，则有

$$X_L = \omega L \approx 300(\Omega)$$

$$\dot{I} = \frac{\dot{U}}{\mathrm{j}X_L} = \frac{200\angle 45^\circ}{\mathrm{j}300} \approx 0.67\angle -45^\circ(\mathrm{A})$$

$$i = 0.67\sqrt{2}\sin(942t - 45^\circ)(\mathrm{A})$$

3.2.3 理想电容电路

1. 电压和电流的关系

理想电容电路如图 3.12 所示，u 和 i 的正方向一致。若设 $u=\sqrt{2}U\sin\omega t$，则

$$i = C\frac{\mathrm{d}u}{\mathrm{d}t} = \sqrt{2}U \cdot \omega C\cos\omega t = \sqrt{2}U\omega C\sin(\omega t + 90^\circ)$$

比较 u 和 i 的表示式，电容端电压 u 和电流 i 特点为：频率相同；电压落后电流 90°；有效值满足关系式 $U=I\cdot\frac{1}{\omega C}$。这些特点可以综合表示为

$$\dot{U} = \dot{I}\frac{1}{\omega C}\mathrm{e}^{-\mathrm{j}90^\circ} = \dot{I}(-\mathrm{j}X_C) \tag{3.2.8}$$

式(3.2.8)中，将$\frac{1}{\omega C}$定义为容抗(capacitive reactance)，记作 X_C，单位为 Ω。若设电流的初相位为 0°，则电压和电流的相量图如图 3.13 所示。

图 3.12 电容电路　　图 3.13 电容的电压和电流的相量图

容抗是频率的函数，与频率成反比。容抗表示电容电路中电压、电流有效值之间的关系，且只对正弦量有效。式中$-\mathrm{j}X_C$与式(3.2.1)中的 R 相当。

2. 电容的功率

(1) 瞬时功率

大在图 3.12 所示电容电路中，可设 $i=\sqrt{2}I\sin\omega t$，$u=\sqrt{2}U\sin(\omega t-90^\circ)$，则瞬时功率为

$$p = ui = -UI\sin 2\omega t \tag{3.2.9}$$

p 为正弦函数，其频率为电压和电流信号的两倍。u、i 和 p 的波形图如图 3.14 所示。电容的储能为$\frac{1}{2}Cu^2$。由图 3.14 可以观察到，在 $0<\omega t<\frac{\pi}{2}$ 和 $\pi<\omega t<\frac{3\pi}{2}$ 期间，电容电压 u

的绝对值随时间增大而减小，电感储存的能量减小，表现为释放能量，$p<0$；在$\frac{\pi}{2}<\omega t<\pi$和$\frac{3\pi}{2}<\omega t<2\pi$期间，电容电压$u$的绝对值随时间增大而增加，电容储存的能量增加，表现为从电路吸收能量，所以$p>0$。从图中还可观察到，在一个周期内电容吸收的能量等于其释放的能量，说明理想电容不消耗能量，只和电源进行能量交换。

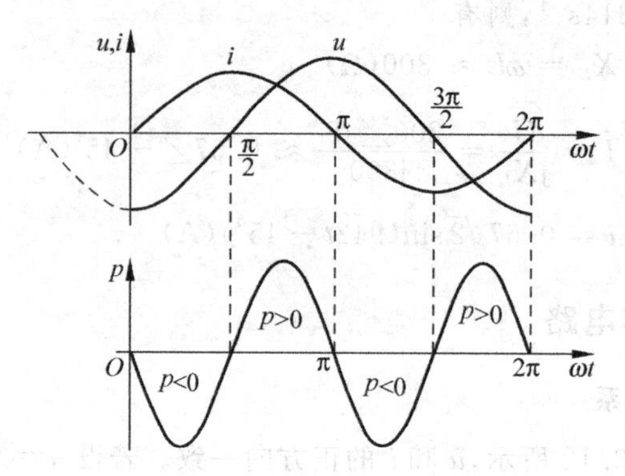

大图 3.14 电容的 u, i 和 p 的波形图

(2) 平均功率 P

$$P=\frac{1}{T}\int_{0}^{T}-UI\sin 2\omega t\,\mathrm{d}t=0 \tag{3.2.10}$$

(3) 无功功率 Q_C

电容的无功功率定义其瞬时功率所能达到的最大值，记作Q_C，单位为乏(var)。由于电感和电容在电路中的作用相反，规定电感的无功功率为正，电容的无功功率为负。由式(3.2.9)可得

$$Q_C=-UI=-\frac{U^2}{X_C}=-I^2X_C \tag{3.2.11}$$

例 3.2.3 在图 3.12 所示的电容电路中，已知$u=200\sqrt{2}\sin(\omega t+45°)\text{V}$，$\omega=314\text{rad/s}$，负载$C=31.8\mu\text{F}$。求：(1)电流$i$、功率$P$和无功功率$Q$。(2)若频率$\omega=3\times314/\text{s}$，则电流$i=$?

解 (1) 根据已知条件，有

$$X_C=\frac{1}{\omega C}=\frac{1}{314\times31.8\times10^{-6}}\approx100(\Omega)$$

$$\dot{I}=\frac{\dot{U}}{-\mathrm{j}X_C}=\frac{200\angle45°}{-\mathrm{j}100}=2\angle135°(\text{A})$$

$$i=2\sqrt{2}\sin(314t+135°)(\text{A})$$

$$P=0$$

$$Q=-UI=-200\times2=-400(\text{var})$$

(2) 若频率$\omega=3\times314\text{s}^{-1}$，则$X_C\approx33.3\Omega$，有

$$\dot{I}=\frac{\dot{U}}{-\mathrm{j}X_C}=\frac{200\angle45°}{-\mathrm{j}33.3}\approx6\angle135°(\text{A})$$

$$i=6\sqrt{2}\sin(942t+135°)(\text{A})$$

3.3 RLC 串联电路

本节主要分析 RLC 串联电路中端电压和电流的关系及电路中的功率。

3.3.1 RLC 串联电路中电压和电流的关系及阻抗

1. RLC 串联电路中电压和电流的关系

RLC 串联电路如图 3.15 所示，u 和 i 的正方向一致。把图中的 u 和 i 改为相量$\dot{U}$和$\dot{I}$、把电感 L 改为感抗 $\mathrm{j}X_L$、把电容 C 改为容抗$-\mathrm{j}X_C$，则可得 RLC 串联电路的相量模型电路图，如图 3.16 所示。

列图 3.16 所示电路的 KVL 方程，有

$$\dot{U}=\dot{U}_R+\dot{U}_L+\dot{U}_C=\dot{I}[R+\mathrm{j}(X_L-X_C)] \tag{3.3.1}$$

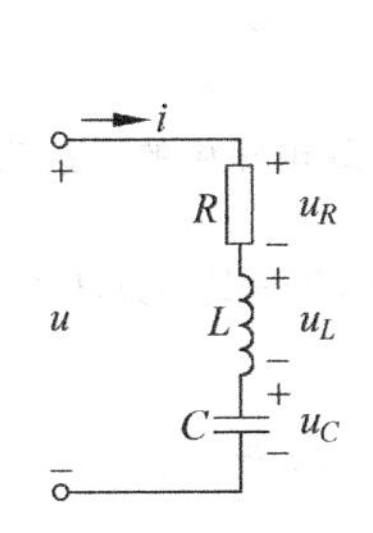

图 3.15 RLC 串联电路图

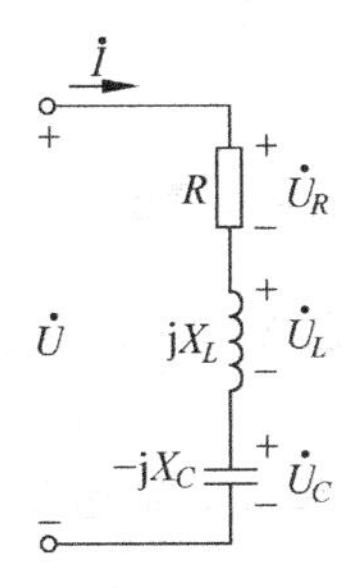

图 3.16 RLC 串联的相量模型电路图

将式(3.3.1)中的 $R+\mathrm{j}(X_L-X_C)$ 定义为复数阻抗(complex impedance，简称阻抗)，记作 Z，单位为 Ω。阻抗是分析正弦交流电路的运算工具，是复数，但不是表示正弦交流量的相量，所以符号 Z 上面不能加点。式(3.3.1)可写成

$$\dot{U}=\dot{I}Z \tag{3.3.2}$$

式(3.3.2)即为正弦交流电路中欧姆定律的相量形式。

若设电流$\dot{I}$的初相位为 0，则 RLC 串联电路中各电压和电流的相量如图 3.17 所示。图中$\dot{U}$、$\dot{U}_R$ 和$\dot{U}_L+\dot{U}_C$ 构成一个直角三角形，称之为电压三角形(voltage triangle)。

2. 阻抗与导纳

(1) 阻抗

复数阻抗可表示为

$$Z=R+\mathrm{j}X=|Z|\angle\varphi \tag{3.3.3}$$

其中，$X=X_L-X_C$，称为电抗(reactance)；$|Z|=\sqrt{R^2+X^2}$ 称为阻抗的模，$\varphi=\arctan\dfrac{X}{R}$，称为阻抗角。

根据式(3.3.2)，有

$$Z=\frac{\dot{U}}{\dot{I}}=\frac{U\angle\varphi_u}{I\angle\varphi_i}=\frac{U}{I}\angle\varphi_u-\varphi_i \tag{3.3.4}$$

式(3.3.4)表明,阻抗模等于电路总电压和总电流的有效值之比;阻抗角等于总电压和总电流的相位差。电路的性质与阻抗中的电抗的正负有关。当 $X>0$ 时,$\varphi>0$,u 超前 i,电路呈感性;当 $X<0$ 时,$\varphi<0$,u 落后 i,电路呈容性;当 $X=0$ 时,$\varphi=0$,u 与 i 同相,电路呈纯电阻性。

$|Z|=\sqrt{R^2+X^2}$ 说明,$|Z|$、R 和 X 可以构成一个锐角为阻抗角 φ 的直角三角形,如图 3.18 所示。该三角形被称为阻抗三角形(impedance triangle)。阻抗三角形的三条边分别乘 I,则分别对应于图 3.17 所示电压三角形的三条边,所以阻抗三角形与电压三角形相似。

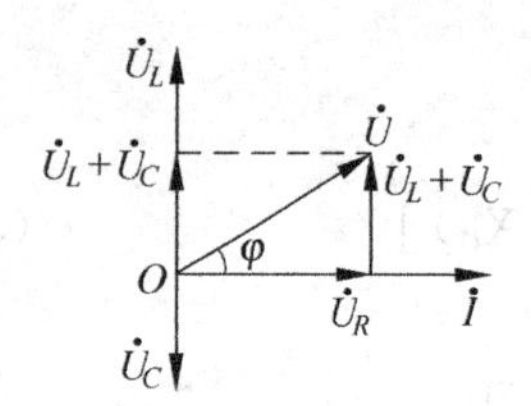

图 3.17　*RLC* 串联电路的相量图

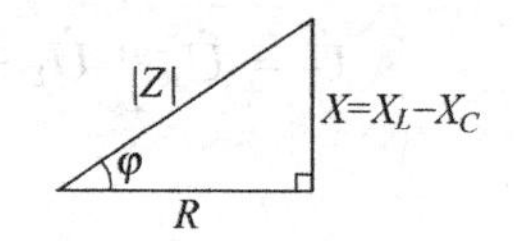

图 3.18　*RLC* 串联电路中的阻抗三角形

例 3.3.1　电路如图 3.19(a)所示,已知 $u=100\sin 314t\,\text{V}$,$R=200\Omega$,$C=19.9\mu\text{F}$,求 i、u_R 和 u_C。

解　该电路的相量模型电路图如图 3.19(b)所示。由已知条件,得

$$\dot{U}_\text{m}=100\angle 0^\circ(\text{V})$$

$$X_C=\frac{1}{\omega C}=\frac{1}{314\times 19.9\times 10^{-6}}\approx 160(\Omega)$$

$$Z=R-\text{j}X_C=200-\text{j}160=256.12\angle-38.7^\circ(\Omega)$$

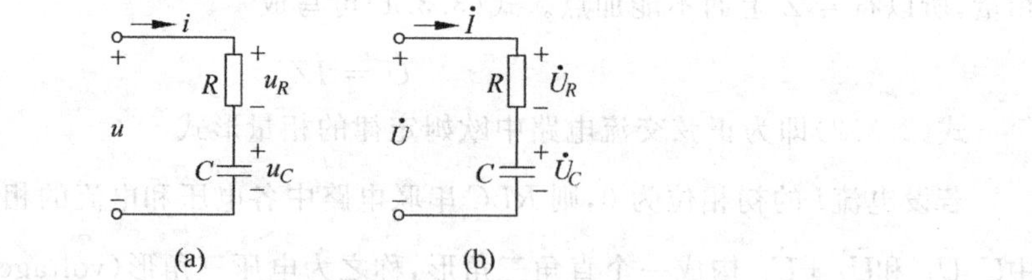

图 3.19　例 3.1.1 图

在图 3.19(b)所示的电路中,有

$$\dot{I}_\text{m}=\frac{\dot{U}_\text{m}}{Z}=\frac{100\angle 0^\circ}{256.12\angle-38.7^\circ}\approx 0.39\angle 38.7^\circ(\text{A})$$

$$\dot{U}_{R\text{m}}=\dot{I}_\text{m}R=78.0\angle 38.7^\circ(\text{V})$$

$$\dot{U}_{C\text{m}}=-\text{j}\,\dot{I}_\text{m}X_C=62.4\angle-51.3^\circ(\text{V})$$

所以

$$i = 0.39\sin(314t + 38.7°)(\mathrm{A})$$
$$u_R = 78.0\sin(314t + 38.7°)(\mathrm{V})$$
$$u_C = 62.4\sin(314t - 51.3°)(\mathrm{V})$$

(2) 导纳

导纳(admittance)定义为阻抗的倒数。导纳的符号为 Y,单位为 S(西[门子])。

设 $Z=R+\mathrm{j}X$,则

$$Y = \frac{1}{Z} = \frac{1}{R+\mathrm{j}X} = \frac{R-\mathrm{j}X}{R^2+X^2} = \frac{R}{R^2+X^2} - \mathrm{j}\frac{X}{R^2+X^2} \tag{3.3.5}$$

导纳的实部称为电导(conductance),虚部称为电纳(susceptance)。

3.3.2 RLC 串联电路中的功率

1. 瞬时功率 p

在 RLC 串联电路中,设 $i=\sqrt{2}I\sin\omega t$,则 $u_R=\sqrt{2}IR\sin\omega t$,$u_L=\sqrt{2}I(\omega L)\sin(\omega t+90°)$,$u_C=\sqrt{2}I\left(\frac{1}{\omega C}\right)\sin(\omega t-90°)$,有

$$\begin{aligned} p = ui &= i(u_R + u_L + u_C) \\ &= 2I^2R\sin^2\omega t + 2I^2(\omega L)\sin\omega t\cos\omega t - 2I^2\left(\frac{1}{\omega C}\right)\sin\omega t\cos\omega t \\ &= I^2R(1-\cos2\omega t) + I^2(\omega L)\sin2\omega t - I^2\left(\frac{1}{\omega C}\right)\sin2\omega t \end{aligned} \tag{3.3.6}$$

2. 有功功率 P

根据式(3.3.6),可得有功功率为

$$P = \frac{1}{T}\int_0^T p\,\mathrm{d}t = I^2R = P_R$$

根据图 3.17 所示的电压三角形,可得 $U_R=U\cos\varphi$,所以有

$$P = P_R = U_RI = UI\cos\varphi \tag{3.3.7}$$

式中,$\cos\varphi$ 称为功率因数(power factor)。

3. 无功功率 Q

在 RLC 串联电路中,各元件电流相同,u_L 和 u_C 反相。所以当电感吸收能量时,电容释放能量;当电感释放能量时,电容吸收能量。电感与电容的无功功率可以相互补偿,不能补偿的部分表示电路与电源进行能量交换的最大功率,即电路的无功功率,记作 Q。综上所述,RLC 串联电路的无功功率为

$$Q = U_LI - U_CI = Q_L + Q_C$$

根据图 3.17 所示的电压三角形,有 $U_L-U_C=U\sin\varphi$,所以

$$Q = UI\sin\varphi \tag{3.3.8}$$

4. 视在功率

视在功率(apparent power)定义为电路中总电压与总电流有效值的乘积,记作 S,单位

为伏安(V·A)。

$$S = UI \tag{3.3.9}$$

对供电系统来讲，视在功率表示了供电系统能够提供的最大功率(额定电压×额定电流)。

5. 功率三角形

由式(3.3.7)、式(3.3.8)和式(3.3.9)可知，P、Q和S满足关系式

$$S = \sqrt{P^2 + Q^2} \tag{3.3.10}$$

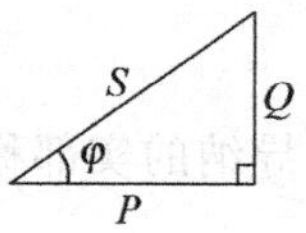

式(3.3.10)表明P、Q和S可构成图3.20所示的直角三角形，称为功率三角形(power triangle)。阻抗三角形的每条边分别乘I^2即得功率三角形。所以，阻抗三角性、电压三角形、功率三角形均相似。

S Q φ P

图3.20 功率三角形

例3.3.2 在图3.15所示的RLC串联电路中，已知$u=220\sqrt{2}\sin 314t\text{V}$，$R=20\Omega$，$L=100\text{mH}$，$C=318\mu\text{F}$，试求电路的有功功率$P$、无功功率$Q$和视在功率$S$。

解 根据已知条件，可得

$$\dot{U} = 220\angle 0°(\text{V})$$

$$X_L = \omega L = 31.4(\Omega)$$

$$X_C = \frac{1}{\omega C} = \frac{1}{314 \times 318 \times 10^{-6}} \approx 10(\Omega)$$

$$Z = R + \text{j}(X_L - X_C) = 20 + \text{j}21.4 \approx 29.3\angle 46.9°(\Omega)$$

在电路中，有

$$I = \frac{U}{|Z|} = \frac{220}{29.3} \approx 7.51(\text{A})$$

$$P = UI\cos\varphi = 220 \times 7.51 \times \cos 46.9° \approx 1128.9(\text{W})$$

$$Q = UI\sin\varphi = 220 \times 7.51 \times \sin 46.9° \approx 1206.4(\text{var})$$

$$S = UI = 220 \times 7.51 = 1652.2(\text{V}\cdot\text{A})$$

3.4 正弦交流电路中电压和电流的分析

如果将正弦交流电路中的电压和电流用相量表示，R、L、C用阻抗表示，则在相量形式下，欧姆定律的表示式为$\dot{U}=\dot{I}Z$；KCL的表示式为$\sum\dot{I}=0$；KVL的表示式为$\sum\dot{U}=0$。可见，正弦交流电路和直流电路的电路规律在表示形式上完全相同，因此直流电路的分析方法在交流电路中一律适用。

用相量法分析正弦交流电路的步骤如下：首先设置所有分析中将用电压和电流的正方向，选参考节点、参考相量(若已设定，则省略该步)，其他的步骤与直流电路的分析相同。在分析电路时，如果辅之以相量图，则可能会简化分析和计算过程。

3.4.1 阻抗的串并联

1. 阻抗的串联

阻抗串联特性与电阻串联相似。设 n 个阻抗串联,如图 3.21(a)所示,则

$$\dot{U}=\dot{U}_1+\dot{U}_2+\cdots+\dot{U}_n=\dot{I}(Z_1+Z_2+\cdots+Z_n)=\dot{I}Z \tag{3.4.1}$$

$$\dot{U}_i=\dot{I}Z_i=\frac{Z_i}{Z_1+Z_2+\cdots+Z_n}\dot{U}=\frac{Z_i}{Z}\dot{U} \tag{3.4.2}$$

其中 $Z=Z_1+Z_2+\cdots+Z_n$ 为串联阻抗的等效阻抗。n 个阻抗串联可等效为图 3.21(b)所示电路。

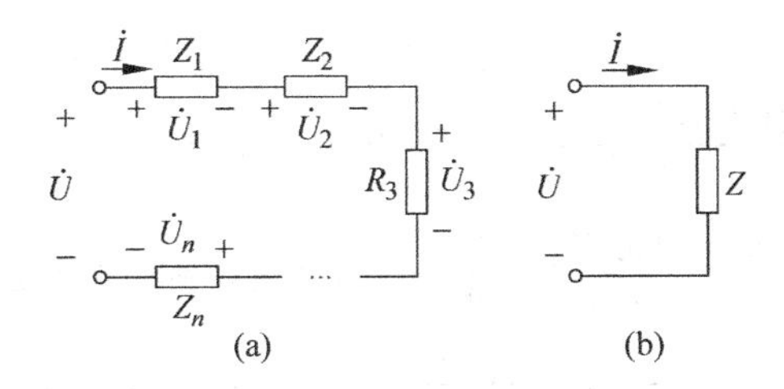

图 3.21 阻抗串联

阻抗串联起分压作用,但与直流电路不同的是分电压可能大于总电压。

例 3.4.1 在图 3.22 所示的 RL 串联电路中,已知 $u=220\sqrt{2}\sin 314t\,\text{V}$,$R=100\Omega$,$L=0.318\text{H}$。试求 i、u_R 和 u_L,并画出其相量图。

解 根据已知条件,有

$$\dot{U}=220\angle 0^\circ(\text{V})$$

$$X_L=\omega L=314\times 0.318\approx 100(\Omega)$$

所以

$$\dot{I}=\frac{\dot{U}}{R+\text{j}X_L}=\frac{220\angle 0^\circ}{100\sqrt{2}\angle 45^\circ}\approx 1.56\angle -45^\circ(\text{A})$$

$$\dot{U}_R=\frac{R}{R+\text{j}X_L}\dot{U}=\frac{100\times 220\angle 0^\circ}{100\sqrt{2}\angle 45^\circ}\approx 155.6\angle -45^\circ(\text{V})$$

$$\dot{U}_L=\frac{\text{j}X_L}{R+\text{j}X_L}\dot{U}=\frac{100\times 220\angle 90^\circ}{100\sqrt{2}\angle 45^\circ}\approx 155.6\angle 45^\circ(\text{V})$$

相量图如图 3.23 所示。所求结果为

$$i=1.56\sqrt{2}\sin(314t-45^\circ)(\text{A})$$

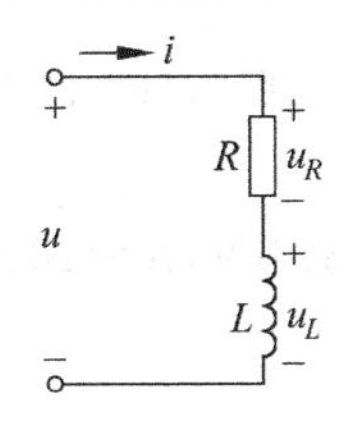

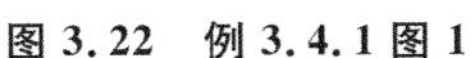

图 3.22 例 3.4.1 图 1

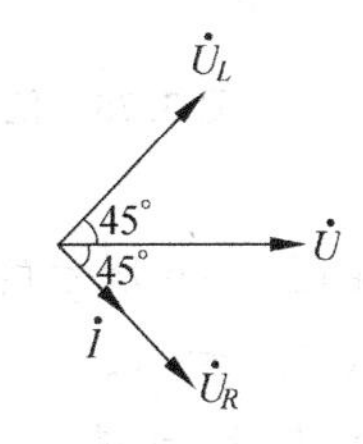

图 3.23 例 3.4.1 图 2

$$u_R = 155.6\sqrt{2}\sin(314t - 45^\circ)(\text{V})$$

$$u_L = 155.6\sqrt{2}\sin(314t + 45^\circ)(\text{V})$$

例 3.4.2　在图 3.24 所示电路中，已知$\dot{U}=100\angle 0^\circ\text{V}$，$Z_1=10+\text{j}4\Omega$，$Z_2=15-\text{j}8\Omega$。求$\dot{I}$、$\dot{U}_1$ 和$\dot{U}_2$。

解　根据已知条件，有

$$Z_1 = 10 + \text{j}4\Omega \approx 10.77\angle 21.8^\circ(\Omega)$$

$$Z_2 = 15 - \text{j}8\Omega = 17\angle -28.1^\circ(\Omega)$$

$$Z = Z_1 + Z_2 = 25 - \text{j}4\Omega \approx 25.3\angle -9.1^\circ(\Omega)$$

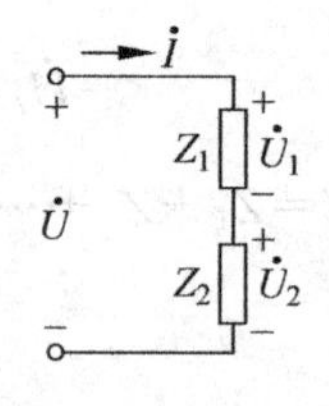

图 3.24　例 3.4.2 图

所以

$$\dot{I} = \frac{\dot{U}}{Z} = \frac{100\angle 0^\circ}{25.3\angle -9.1^\circ} \approx 3.95\angle 9.1^\circ(\text{A})$$

$$\dot{U}_1 = \frac{Z_1}{Z_1 + Z_2}\dot{U} = \frac{10.77\angle 21.8^\circ}{25.3\angle -9.1^\circ} \times 100\angle 0^\circ \approx 42.66\angle 30.9^\circ(\text{V})$$

$$\dot{U}_2 = \frac{Z_2}{Z_1 + Z_2}\dot{U} = \frac{17\angle -28.1^\circ}{25.3\angle -9.1^\circ} \times 100\angle 0^\circ \approx 67.19\angle -19.0^\circ(\text{V})$$

2. 阻抗的并联

阻抗的并联与电阻并联相似。将 n 个阻抗并联，如图 3.25(a)所示，则

$$\dot{I} = \dot{I}_1 + \dot{I}_2 + \cdots + \dot{I}_n = \dot{U}\left(\frac{1}{Z_1} + \frac{1}{Z_2} + \cdots + \frac{1}{Z_n}\right) = \frac{\dot{U}}{Z}$$

或者

$$\dot{I} = \dot{I}_1 + \dot{I}_2 + \cdots + \dot{I}_n = \dot{U}(Y_1 + Y_2 + \cdots + Y_n) = \dot{U}Y$$

其中 $Z=\frac{1}{Y}$，$Y=\frac{1}{Z_1}+\frac{1}{Z_2}+\cdots+\frac{1}{Z_n}$，$Z$ 为 n 个阻抗串联电路的等效阻抗，等效电路如图 3.25(b)所示。

阻抗并联起分流作用，但与直流电路不同的是分电流可能大于总电流。

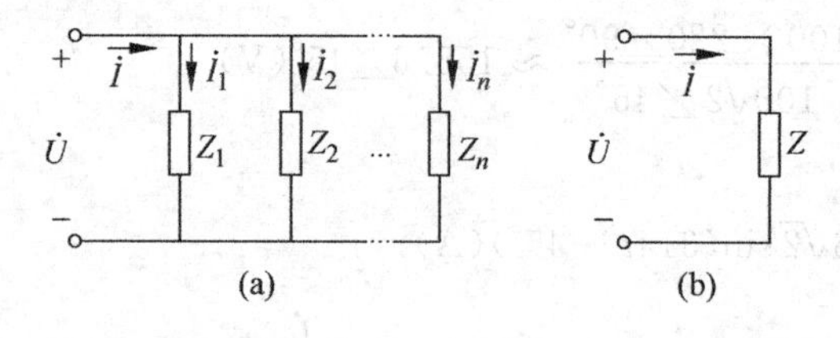

图 3.25　阻抗并联

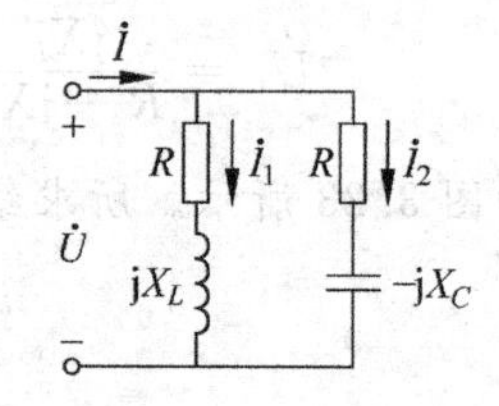

图 3.26　例 3.4.3 图

例 3.4.3　在图 3.26 所示的电路中，已知 $u=220\sqrt{2}\sin314t\text{V}$，$R=100\Omega$，$L=0.318\text{H}$，$C=31.8\mu\text{F}$。试求 i、i_1 和 i_2。

解　根据已知条件，可得

$$X_L = \omega L = 314 \times 0.318 \approx 100(\Omega)$$

$$Z_1 = R + jX_L = 100 + j100 = 100\sqrt{2}\angle 45^\circ(\Omega)$$

$$X_C = \frac{1}{\omega C} = \frac{1}{314 \times 31.8 \times 10^{-6}} \approx 100(\Omega)$$

$$Z_2 = R - jX_C = 100 - j100 = 100\sqrt{2}\angle -45^\circ(\Omega)$$

$$\dot{U} = 220\angle 0^\circ(\mathrm{V})$$

$$Z = \frac{Z_1 \times Z_2}{Z_1 + Z_2} = \frac{\sqrt{2}\cdot 100\angle 45^\circ \times \sqrt{2}\cdot 100\angle -45^\circ}{200} = 100(\Omega)$$

根据图示电路，有

$$\dot{I} = \frac{\dot{U}}{Z} = 2.2\angle 0^\circ(\mathrm{A})$$

$$\dot{I}_1 = \frac{\dot{U}}{Z_1} = \frac{220\angle 0^\circ}{100\sqrt{2}\angle 45^\circ} \approx 1.56\angle -45^\circ(\mathrm{A})$$

$$\dot{I}_2 = \frac{\dot{U}}{Z_2} = \frac{220\angle 0^\circ}{100\sqrt{2}\angle -45^\circ} \approx 1.56\angle 45^\circ(\mathrm{A})$$

所以，

$$i = 2.2\sqrt{2}\sin 314t(\mathrm{A})$$

$$i_1 = 1.56\sqrt{2}\sin(314t - 45^\circ)(\mathrm{A})$$

$$i_2 = 1.56\sqrt{2}\sin(314t + 45^\circ)(\mathrm{A})$$

3.4.2 正弦交流电路的分析举例

下面举例说明一般正弦交流电路的分析方法。

例 3.4.4 电路如图 3.27(a)所示。已知电流表 A_1 的读数为 10A，电压表 V_1 的读数为 100V，求电流表 A_0 和电压表 V_0 的读数。

解 电路中各电压和电流的正方向如图 3.27(b)所示。根据已知条件，可设 $\dot{U}_1 = 100\angle 0^\circ\mathrm{V}$，则

$$\dot{I}_1 = 10\angle 90^\circ(\mathrm{A})$$

$$\dot{I}_2 = \frac{\dot{U}_1}{5 + j5} = \frac{100}{5 + j5} = 10 - j10(\mathrm{A})$$

$$\dot{I}_0 = \dot{I}_1 + \dot{I}_2 = 10(\mathrm{A})$$

$$\dot{U}_0 = \dot{I}_0(-j10) + \dot{U}_1 = 100 - j100 \approx 141.4\angle -45^\circ(\mathrm{V})$$

所以，电流表 A_0 的读数为 10A，电压表 V_0 的读数为 141.4V。

例 3.4.5 电路如图 3.28(a)所示。已知 $R_1 = 10\Omega$，$R_2 = 5\Omega$，$L = 0.0318\mathrm{H}$，$C = 212\mu\mathrm{F}$，$i_S = 10\sqrt{2}\sin 314t\mathrm{A}$，$e = 300\sin(314t - 45^\circ)\mathrm{V}$。求支路电流 i_L、i_{R2} 和 i_e。

解 先将图 3.28(a)所示的电路转换成其相量模型，并设定参考节点，如图 3.28(b)所示。

由已知条件，有

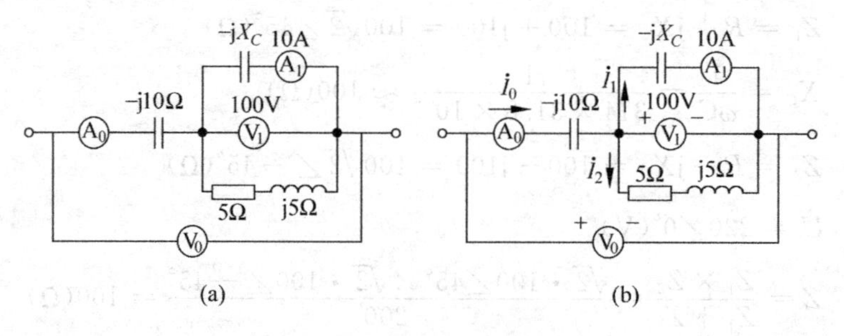

图 3.27 例 3.4.4 图

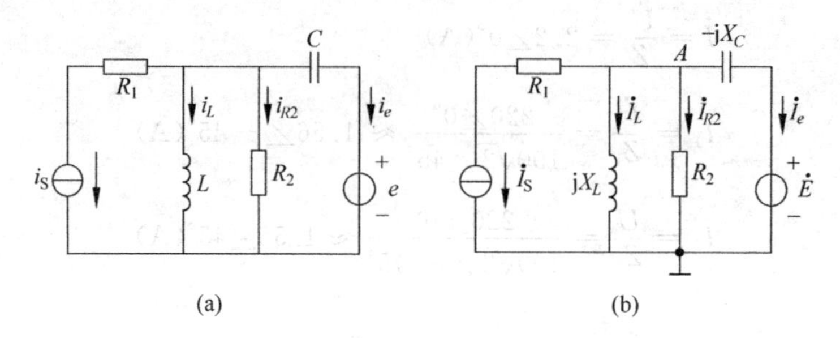

图 3.28 例 3.4.5 图

$$\dot{I}_S = 10\angle 0°(\text{A})$$

$$\dot{E} = \frac{300}{\sqrt{2}}\angle -45° = 150 - \text{j}150(\text{V})$$

$$X_L = \omega L = 314 \times 0.0318 \approx 10(\Omega)$$

$$X_C = \frac{1}{\omega C} = \frac{1}{314 \times 212 \times 10^{-6}} \approx 15(\Omega)$$

采用节点电位法，可得

$$\dot{V}_A = \frac{-\dot{I}_S + \frac{E}{-\text{j}X_C}}{\frac{1}{\text{j}X_L} + \frac{1}{R_2} + \frac{1}{-\text{j}X_C}} = \frac{-10 + 10 + \text{j}10}{\frac{1}{5} + \text{j}\left(\frac{1}{15} - \frac{1}{10}\right)} \approx 49.32\angle 99.46°(\text{V})$$

各支路电流为

$$\dot{I}_L = \frac{\dot{V}_A}{\text{j}X_L} = \frac{49.32\angle 99.46°}{10\angle 90°} \approx 4.93\angle 9.46°(\text{A})$$

$$\dot{I}_{R2} = \frac{\dot{V}_A}{R_2} = \frac{49.32\angle 99.46°}{5} \approx 9.86\angle 99.46°(\text{A})$$

$$\dot{I}_e = \frac{\dot{V}_A - \dot{E}}{-\text{j}X_C} \approx \frac{-158.11 + \text{j}198.65}{10\angle -90°} \approx \frac{253.89\angle 128.51°}{10\angle -90°} = 2.54\angle 218.51°(\text{A})$$

所以

$$i_L = 4.93\sqrt{2}\sin(314t + 9.46°)(\text{A})$$

$$i_{R2} = 9.86\sqrt{2}\sin(314t + 99.46°)(\text{A})$$

$$i_e = 2.54\sqrt{2}\sin(314t + 218.51°)(\text{A}) = 2.54\sqrt{2}\sin(314t - 141.49°)(\text{A})$$

例 3.4.6 电路图如图 3.29 所示。已知 $u=220\sqrt{2}\sin(1000t-45°)\text{V}$，$R_1=100\Omega$，$R_2=200\Omega$，$L=0.1\text{H}$，$C=5\mu\text{F}$，$Z=50+\text{j}X\Omega$。若电流 i 的有效值最大，求 X 和 i 的最大有效值 $I_{\max}$。

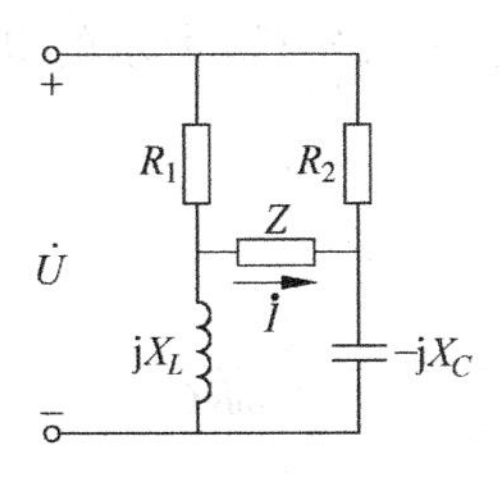

图 3.29 例 3.4.6 图 1

解 采用戴维宁定理分析电路。断开 Z 支路，标记节点和参考节点，得到图 3.30(a)所示的有源二端网络，其等效电路如图 3.30(b)所示。

由已知条件，得

$$\dot{U}=220\angle-45°(\text{V})$$
$$X_L=\omega L=1000\times0.1=100(\Omega)$$
$$X_C=\frac{1}{\omega C}=\frac{1}{1000\times5\times10^{-6}}=200(\Omega)$$

根据图 3.30(a)所示电路求开路电压：

$$\dot{V}_{\text{A}}=\frac{\text{j}X_L}{R_1+\text{j}X_L}\dot{U}=\frac{\text{j}100}{100+\text{j}100}220\angle-45°=110\sqrt{2}\angle0°(\text{V})$$
$$\dot{V}_{\text{B}}=\frac{-\text{j}X_C}{R_2-\text{j}X_C}\dot{U}=110\sqrt{2}\angle-90°(\text{V})$$
$$\dot{U}_{\text{OC}}=\dot{V}_{\text{A}}-\dot{V}_{\text{B}}=220\angle45°(\text{V})$$

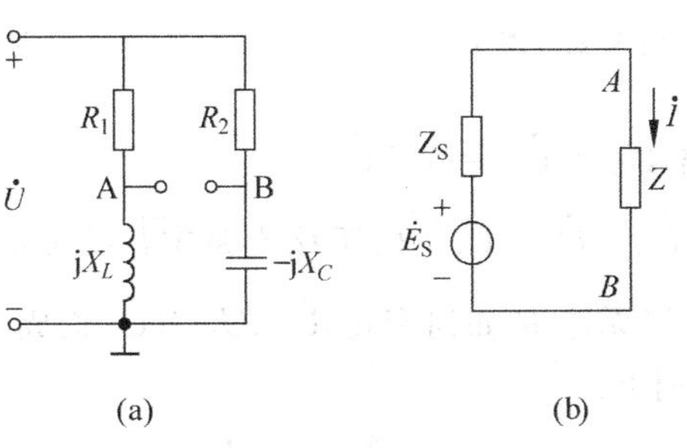

图 3.30 例 3.4.6 图 2

将图 3.30(a)所示电路中的电源置 0，求等效阻抗：

$$Z_{\text{eq}}=(R_1\parallel\text{j}X_L)+(R_2\parallel-\text{j}X_C)=150-\text{j}50(\Omega)$$

在图 3.30(b)所示的等效电路中，$\dot{E}_{\text{S}}=\dot{U}_{\text{OC}}$，$Z_{\text{S}}=Z_{\text{eq}}$。由该电路，可得

$$\dot{I}=\frac{\dot{E}_{\text{S}}}{Z+Z_{\text{S}}}=\frac{220\angle45°}{200+\text{j}(X-50)}(\text{A})$$

所以，当 $X=50\Omega$ 时通过 Z 电流的有效值最大，且 $I_{\max}=1.1\text{A}$。

例 3.4.7　电路如图 3.31(a)所示，已知 $R_1=R_2$。试证明：若电阻 R 在 0～∞之间变化时，输出电压的有效值 U_o 保持不变，但 $\dot{U}_o$ 与 $\dot{U}_i$ 的相位差在 180°～0°之间变化。

解　在电路图上标记参考节点及将用电压的正方向，如图 3.31(b)所示。

方法 1　采用相量式运算。根据图 3.31(b)所示的电路，有

$$\dot{V}_A=\frac{1}{2}\dot{U}_i$$

$$\dot{V}_B=\dot{U}_i\frac{\frac{1}{j\omega C}}{R+\frac{1}{j\omega C}}=\frac{\dot{U}_i}{1+j\omega RC}$$

$$\begin{aligned}\dot{U}_o=\dot{V}_A-\dot{V}_B&=\frac{1}{2}\dot{U}_i-\frac{1}{1+j\omega RC}\dot{U}_i\\&=\frac{\dot{U}_i}{2}\cdot\frac{-1+j\omega RC}{1+j\omega RC}=\frac{\dot{U}_i}{2}\angle(180^\circ-2\arctan\omega RC)\end{aligned}$$

$\dot{U}_o$ 的表示式说明，(1)当 R 变化时，$U_o\equiv0.5U_i$；(2)当 $R=0$ 时，$\theta=180^\circ$；当 $R\to\infty$ 时，$\theta=0^\circ$，即当 R 在 0～∞的范围内变化时，$\dot{U}_o$ 与 $\dot{U}_i$ 的相位差在 180°～0°的范围内变化。

方法 2　用相量图分析。设 $\dot{U}_i$ 为参考相量，则图中各电压的相量图如图 3.32 所示。

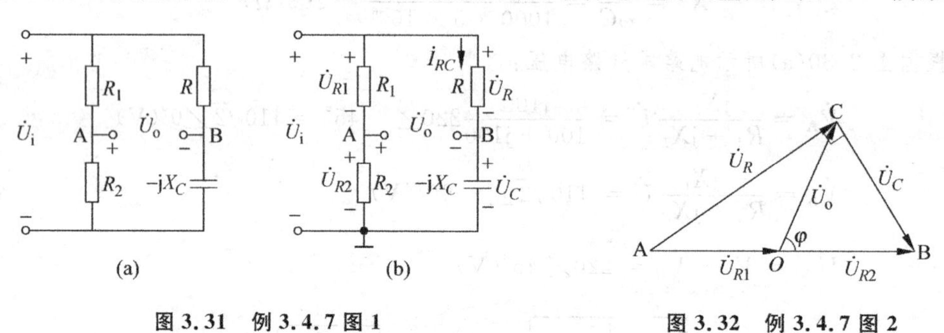

图 3.31　例 3.4.7 图 1　　　　图 3.32　例 3.4.7 图 2

(1) 在 R_1R_2 串联支路，$\dot{U}_{R1}=\dot{U}_{R2}=0.5\dot{U}_i$。

(2) 在 RC 串联支路，$\dot{U}_R+\dot{U}_C=\dot{U}_i$。由于该支路中 $\dot{I}_{RC}$ 与 $\dot{U}_R$ 同相，所以 $\dot{U}_R$ 超前 $\dot{U}_C$ 90°，且 $\dot{U}_R$ 超前 $\dot{U}_i$ 某个角度，所以无论 R 如何变化，$\dot{U}_R$、$\dot{U}_C$ 和 $\dot{U}_i$ 构成直角三角形，其顶点 C 始终在以 AB 为直径的上半圆周上。

(3) $\dot{U}_o=\dot{U}_{R2}+(-\dot{U}_C)$，根据三角形法则作图，$\dot{U}_o$ 即图 3.32 中的有向线段 $\overrightarrow{OC}$，当 $R=0$ 时，$U_R=0$，$\varphi=180^\circ$；当 $R\to\infty$ 时，$U_C=0$，$\varphi=0^\circ$；当 R 在 0～∞之间变化时，OC 即为顶点 C 轨迹半圆的半径。

综上所述，当 R 在 0～∞之间变化时，$U_o\equiv0.5U_i$，$\dot{U}_o$ 与 $\dot{U}_i$ 的相位差在 180°～0°之间变化。

3.5 正弦交流电路中的功率

3.5.1 正弦交流电路中功率的计算

在 3.3.2 节中，分析 RLC 串联电路功率所得到的功率计算公式可推广到一般正弦交流电路中，用于求电路中任何电路元件或二端网络的功率。若电路元件或二端网络的电压和电流的正方向一致，相位差为 φ，则

$$P = UI\cos\varphi \tag{3.5.1}$$

$$Q = UI\sin\varphi \tag{3.5.2}$$

$$S = UI \tag{3.5.3}$$

若电路元件或二端网络的电压和电流的正方向不一致，则

$$P = UI\cos(\varphi - 180°) = -UI\cos\varphi \tag{3.5.4}$$

$$Q = UI\sin(\varphi - 180°) = -UI\sin\varphi \tag{3.5.5}$$

3.5.2 功率因数的提高

1. 影响功率因数的主要因素

在正弦交流电路中，功率因数定义为 $\cos\varphi$，其中 φ 为电压和电流的相位差，亦等于负载阻抗的阻抗角。若设负载阻抗 $Z_L = R_L + jX_L$（X_L 为负载电抗，R_L 为负载电阻），则

$$\varphi = \arctan\frac{X_L}{R_L} \tag{3.5.6}$$

该式表明，功率因数 $\cos\varphi$ 只与负载的参数和电源的频率有关。在电源已定的情况下，功率因数由用户方决定。

2. 功率因数大小的意义

设电网的电压和输送的功率一定，功率因数 $\cos\varphi$ 太小会造成三个主要问题：

(1) 要求发电与供电设备有较大容量。

(2) 输电线上的电流大，线路损耗大。若设线路电流为 I，线路电阻为 R_l，则功率损耗为 I^2R_l。

(3) 输电线上的压降随电流增大而增加，因此负载端的电压降低，可能导致用电设备不能正常工作，甚至被损坏。

所以，供电方一般要求用户的 $\cos\varphi > 0.85$。如果用户的负载功率因数低，则需采取措施提高功率因数。

3. 提高功率因数的方法

在采取措施提高功率因数时必须保证负载的工作状态不变，即负载的工作电压不变。

由于阻抗三角形与功率三角形相似，所以式(3.5.6)可写成

$$\varphi = \arctan\frac{X_L}{R_L} = \arctan\frac{Q}{P}$$

上式表明，减小无功功率即可减小阻抗角，从而提高功率因数。由于交流负载一般为感性负载，而电容与电感的无功互补，为减小电路与电源之间的能量交换，并保证负载的工作电压不变，需在负载端并联补偿电容，如图 3.33(a)所示。由于无功补偿前后电路中的电阻没有变化，所以电路的有功功率不变。

设电源电压$\dot{U}$为参考相量，补偿前后电路中电压和电流的相量图如图 3.33(b)所示：$\dot{I}_C$超前$\dot{U}$90°，$\dot{I}_{RL}$落后$\dot{U}\varphi_L$，$\dot{I}=\dot{I}_{RL}+\dot{I}_C$。可见无功补偿后，线路电流从$I_{RL}$减小到$I$，功率因数从$\cos\varphi_L$增大到$\cos\varphi$。

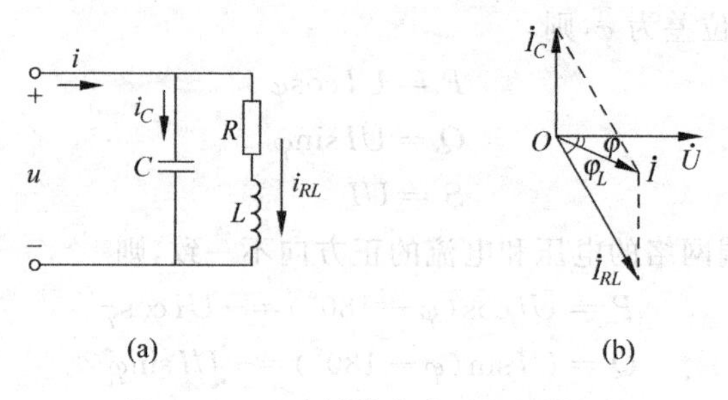

图 3.33 无功补偿电路图及相量图

下面定量分析补偿电容的大小。已知 R、L、U、P 和电源的角频率ω。分析把功率因数从$\cos\varphi_L$补偿到$\cos\varphi$，需并联多大电容？

由于无功补偿前后有功功率和电压不变，即 $P=UI_{RL}\cos\varphi_L=UI\cos\varphi$，所以有

$$I=\frac{P}{U\cos\varphi}$$

$$I_{RL}=\frac{P}{U\cos\varphi_L}$$

电容电流为

$$I_C=\frac{U}{X_C}=U\omega C$$

根据图 3.33(b)所示的相量图，有

$$I_C=I_{RL}\sin\varphi_L-I\sin\varphi$$

将 I、I_{RL}、I_C的表示式代入到上式可得

$$U\omega C=\frac{P}{U\cos\varphi_L}\sin\varphi_L-\frac{P}{U\cos\varphi}\sin\varphi=\frac{P}{U}(\tan\varphi_L-\tan\varphi)$$

即

$$C=\frac{P}{\omega U^2}(\tan\varphi_L-\tan\varphi) \tag{3.5.7}$$

例 3.5.1 一台单相电动机的额定电压为 220V，$f=50$Hz，额定输入功率为 2.2kW，功率因数为 0.83，现假设电动机工作在额定条件下，若要将功率因数提高到 0.95，则

(1) 应在负载端并联多大的电容？

(2) 求并联电容前后电路的电流。

(3) 求电容的无功功率 Q_C。

(4) 若要把功率因数从 0.95 提高到 1，需要再并多大电容？

解 把电动机用 RL 串联来等效，则并联补偿电容后的电路如图 3.33(a)所示，电路中电压和各支路电流的相量图如图 3.33(b)所示。

(1) 由已知条件，可得

$$\varphi_L = \arccos 0.83 \approx 33.9^\circ$$
$$\varphi = \arccos 0.95 \approx 18.2^\circ$$

所以

$$C = \frac{P}{\omega U^2}(\tan\varphi_L - \tan\varphi)$$
$$= \frac{2200}{314 \times 220^2}(\tan 33.9^\circ - \tan 18.2^\circ)(\mathrm{F}) \approx 49.68(\mu\mathrm{F})$$

(2) 在并联补偿电容以前，有

$$I = I_{RL} = \frac{P}{U\cos\varphi_L} = \frac{2200}{220 \times 0.83} = 12.05(\mathrm{A})$$

在并联补偿电容后，则

$$I = \frac{P}{U\cos\varphi} = \frac{2200}{220 \times 0.95} = 10.53(\mathrm{A})$$

(3) 电容的无功功率为

$$Q_C = -\frac{U^2}{X_C} = -U^2\omega C = -220^2 \times 314 \times 49.68 \times 10^{-6} \approx -755.0(\mathrm{var})$$

(4) 若要把功率因数从 0.95 提高到 1，则 $\varphi = \arccos 0.95 \approx 18.2^\circ$，$\varphi' = 0^\circ$，需再并电容的值为

$$C = \frac{P}{\omega U^2}(\tan\varphi - \tan\varphi')$$
$$= \frac{2200}{314 \times 220^2}(\tan 18.2^\circ - \tan 0^\circ)(\mathrm{F}) \approx 47.59(\mu\mathrm{F})$$

例 3.5.1 的计算结果表明，把功率因数从 0.95 提高到 1，与把功率因数从 0.83 提高到 0.95 需要并联电容的值相当，在经济上不合算，所以一般无功补偿处在欠补偿状态，把功率因数提高到 0.9～0.95 即可，不需要到 1，更不需要补偿成容性。

3.5.3 正弦交流电路中的功率守恒

可以证明[1,2]，在正弦交流电路中，有功功率和无功功率分别守恒。即

$$\sum P = 0 \tag{3.5.8}$$

$$\sum Q = 0 \tag{3.5.9}$$

一定要注意：**视在功率不守恒**。

在分析正弦交流电路时，在很多情况下可利用功率守恒来简化分析过程。例如在例 3.5.1 中，可用功率守恒的方法计算电容的无功功率 Q_C，步骤如下。

先计算无功补偿前后的无功功率。分别为

$$Q_{RL} = UI_{RL}\sin\varphi_L = 220 \times 12.05 \times \sin(\arccos 0.83) \approx 1478.6(\mathrm{var})$$
$$Q = UI\sin\varphi = 220 \times 10.53 \times \sin(\arccos 0.95) \approx 723.4(\mathrm{var})$$

电容的无功功率 Q_C 为补偿前后无功功率之差，即

$$Q_C = -(Q_{RL} - Q) = -755.0(\text{var})$$

下面将用功率守恒的方法来推导无功补偿电容值的计算公式 $C=\frac{P}{\omega U^2}(\tan\varphi_L - \tan\varphi)$。读者试着比较3.5.2节的推导过程与下述方法的复杂程度。

例3.5.2 电路如图3.33(a)所示。已知 R、L、U 和 P 与电源的角频率 ω。分析把功率因数从 $\cos\varphi_L$ 补偿到 $\cos\varphi$，需并联多大电容？

解 电容的无功功率为

$$Q_C = -\frac{U^2}{X_C} = -U^2\omega C$$

补偿前，电路的无功功率为

$$Q_L = S\sin\varphi_L = \frac{P}{\cos\varphi_L}\sin\varphi_L = P\tan\varphi_L$$

同理，补偿后，电路的无功功率为

$$Q = P\tan\varphi$$

根据无功功率守恒，补偿前后电路的无功功率之差即为电容的无功功率。所以，有

$$U^2\omega C = P(\tan\varphi_L - \tan\varphi)$$

$$C = \frac{P}{\omega U^2}(\tan\varphi_L - \tan\varphi)$$

3.5.4 正弦交流电路的最大功率传输

在分析正弦交流电路中负载阻抗获得最大功率的条件时，利用戴维宁定理，可将电路简化为图3.34所示的等效电路。图中 $\dot{E}_S$ 等于断开负载得到的有源二端网络的开路电压，Z_S 等于二端网络的等效阻抗。在该电路中，设 $Z_S = R_S + jX_S$，$Z_L = R_L + jX_L$，则有

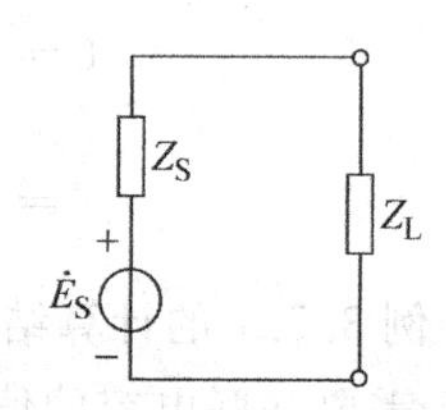

图3.34 电压源—负载电路

$$P_L = I^2R_L = \frac{E_S^2R_L}{(R_S+R_L)^2+(X_S+X_L)^2}$$

$$= \frac{E_S^2R_L}{(R_S-R_L)^2+(X_S+X_L)^2+4R_SR_L}$$

可见，当 $R_L=R_S$，$X_L=-X_S$ 时，即当 Z_L 为 Z_S 为共轭复数时负载能从电源获取最大功率，且最大功率为

$$P_{L(\max)} = \frac{E_S^2}{4R_S}$$

3.6 电路中的谐振现象

在含有电感和电容的电路中，如果电感和电容的无功功率局部或全部完全补偿，则称这种电路现象为谐振(resonance)。如果电感与电容串联且无功完全补偿，称为串联谐振

(series resonance)；如果电感与电容并联且无功完全补偿，则称为并联谐振(parallel resonance)。

根据谐振的定义，在发生谐振的电路中电感和电容的无功完全补偿，所以电路的无功功率为0，电路局部或者总的电压和电流同相。电路产生谐振的条件即电压和电流同相的条件。

3.6.1 串联谐振

1. 串联谐振的条件

RLC 串联电路如图3.35所示。在图3.35所示的电路中，$Z=R+\mathrm{j}(X_L-X_C)$，若 $X_L=X_C$，则阻抗角 $\varphi=0$，$\dot{U}$和$\dot{I}$同相。因此，产生串联谐振的条件是

$$\omega_0 L=\frac{1}{\omega_0 C}$$

即

$$\omega_0=\frac{1}{\sqrt{LC}} \quad 或 \quad f_0=\frac{1}{2\pi\sqrt{LC}} \tag{3.6.1}$$

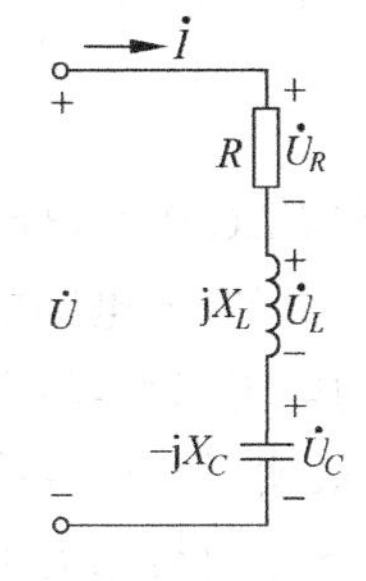

图3.35 RLC串联电路

2. 串联谐振的特点

串联谐振的特点如下：

(1) $\dot{U}$和$\dot{I}$同相，电路表现为纯电阻性，电源只提供有功功率，电感和电容之间无功完全互相补偿。

(2) 在谐振点，电路的总阻抗为最小值，等于 R。

$$Z_0=Z_{\min}=R \tag{3.6.2}$$

(3) 当电源电压的幅值一定时，电路电流在谐振点达到其最大值。

$$I_0=I_{\max}=\frac{U}{R} \tag{3.6.3}$$

(4) 在谐振点，电容和电感的端电压相等，其值可能远大于电路的总电压，所以串联谐振也被称为电压谐振。串联谐振电路中电感和电容产生高电压的能力可以用品质因数来表示。品质因数 Q 定义为：在谐振点，电容或电感的端电压与线路总电压的比值。设 U_{L0} 和 U_{C0}分别表示谐振时电感和电容两端的电压，则

$$Q=\frac{U_{L0}}{U}=\frac{U_{C0}}{U}=\frac{\omega_0 L}{R}=\frac{1}{\omega_0 RC} \tag{3.6.4}$$

3. 串联谐振曲线

在图3.35所示的 RLC 串联电路中，有

$$I=\frac{U}{|Z|}=\frac{U}{\sqrt{R^2+\left(\omega L-\frac{1}{\omega C}\right)^2}} \tag{3.6.5}$$

由式(3.7.5)可得如图3.36所示的 I-f 关系曲线，称为 RLC 串联电路的谐振曲线。图

中 f_0称为谐振频率(resonant frequency),f_{c1}称为下限截止频率(lower cutoff frequency),f_{c2}称为上限截止频率(upper cutoff frequency),f_{c1}-f_{c2}称为通频带,f_{c2}-f_{c1}称为带宽(bandwidth)。

在 f_{c1}和 f_{c2}两个频率点,$\frac{I}{I_0}=\frac{1}{\sqrt{2}}$,若用分贝表示,则 $20\lg\frac{1}{\sqrt{2}}=-3\text{dB}$(分贝),所以 f_{c1}和 f_{c2}又称为 3dB 点。由于当$\frac{I}{I_0}=\frac{1}{\sqrt{2}}$时,线路的功率下降到谐振时的一半,所以,$f_{c1}$和 f_{c2}还可称为半功率点。可以证明(习题 3.22),在 RLC 串联电路中,通频带的带宽与品质因数 Q 和谐振频率 f_0的关系为

$$\Delta f=\frac{f_0}{Q} \tag{3.6.6}$$

在 RLC 串联电路中,当电路参数 R、L 或 C 变化时,谐振曲线的高、矮、宽、窄也会发生变化。例如,若电路中 L 和C 不变,R 变化时,电路的谐振频率保持不变,电阻 R 越小,则谐振点的电流越大,品质因数越大,谐振曲线越尖锐,且通频带越窄,如图 3.37 所示。通频带越窄,表明噪声信号(非 f_0频率的信号)越少;谐振电流越大,说明信号(频率为 f_0)越强。所以,谐振曲线越尖锐其选择性就越好。

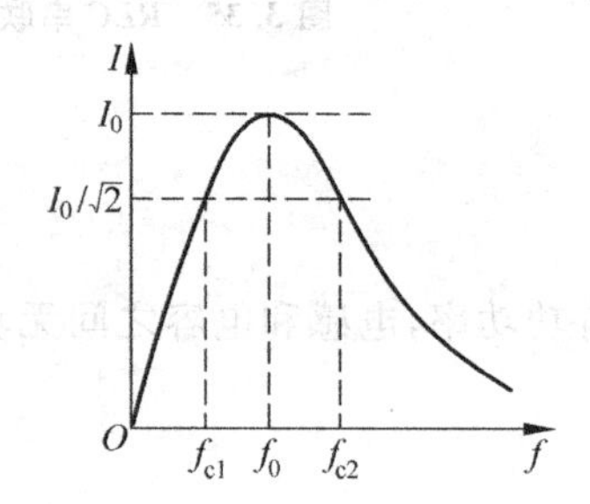

图 3.36 串联谐振曲线

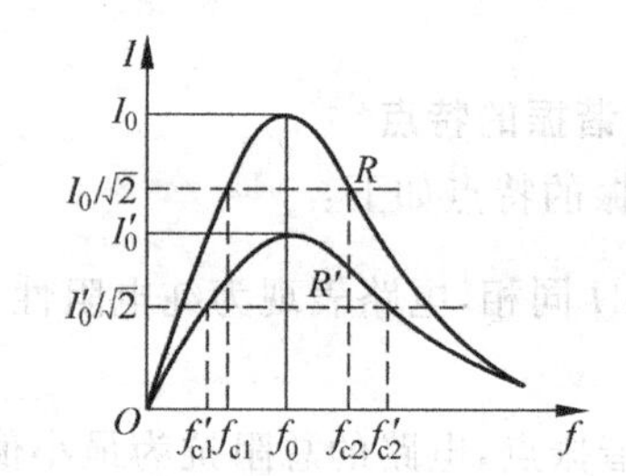

图 3.37 串联谐振曲线($R'>R$)

4. RLC 串联电路阻抗的频率特性

RLC 串联电路的阻抗为 $Z=R+\mathrm{j}(X_L-X_C)$。根据电路中感抗和容抗的频率特性可知:

当 $\omega=\omega_0$ 时,$|Z|=R$,电路呈纯阻性;

当 $\omega\to 0$ 时,$|Z|\to X_C$,在$(0,\omega_0)$区间,电路呈容性;

当 $\omega\to\infty$时,$|Z|\to X_L$,在(ω_0,∞)区间,电路呈感性。

RLC 串联电路的阻抗随频率的变化曲线如图 3.38 所示。

例 3.6.1 在图 3.35 所示的 RLC 串联电路中,已知 $L=10\text{mH}$,$R=8\Omega$。(1)若谐振频率 $f_0=13.4\text{kHz}$,求 $C=$? (2)若有频率分别为 13.4kHz 和 13kHz,有效值均为2mV 的信号通过该电路,则它们在电容上的电压分别为多大?

解 由 $f_0=\frac{1}{2\pi\sqrt{LC}}$,得

$$C=\frac{1}{(2\pi f_0)^2L}=\frac{1}{4\pi^2f_0^2L}=1.41\times10^{-8}(\text{F})$$

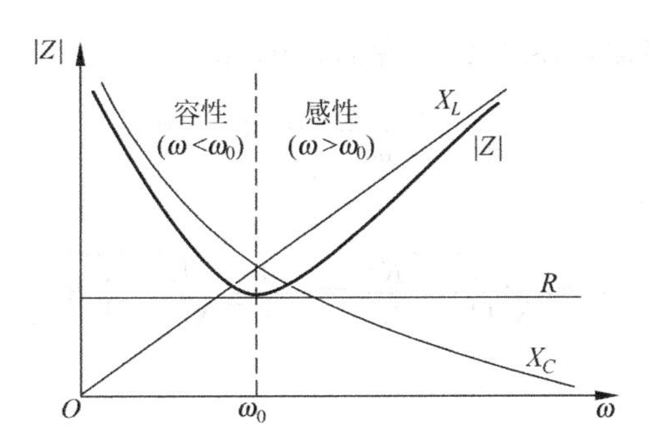

图 3.38 阻抗与 ω 的关系曲线

(1) 当 $f=f_0=13.4\text{kHz}$ 时，

$$X_C=\frac{1}{2\pi f_0 C}=\frac{1}{2\pi\times 13.4\times 10^3\times 1.41\times 10^{-8}}\approx 842.4(\Omega)$$

$$I=\frac{U}{R}=\frac{2}{8}=0.25(\text{mA})$$

$$U_C=IX_C=210.6(\text{mV})$$

(2) 当 $f=13\text{kHz}$ 时，

$$X_C=\frac{1}{2\pi fC}=\frac{1}{2\pi\times 13\times 10^3\times 1.41\times 10^{-8}}\approx 868.3(\Omega)$$

$$X_L=2\pi fL=2\pi\times 13\times 10^3\times 10\times 10^{-3}\approx 816.8(\Omega)$$

$$X=X_L-X_C=-51.5(\Omega)$$

$$I=\frac{U}{\sqrt{R^2+X^2}}=\frac{2}{\sqrt{8^2+51.5^2}}\approx 0.0384(\text{mA})$$

$$U_C=IX_C\approx 31.37(\text{mV})$$

例 3.6.1 的分析结果表明，在电路中$\frac{U_{C0}}{U_C}\approx 6.7$，频率为 f_0的信号占绝对优势。

3.6.2 并联谐振

1. 并联谐振的条件

理想 LC 并联电路如图 3.39 所示。在该电路中，要使无功完全补偿，则必须

$$\omega_0 L=\frac{1}{\omega_0 C}$$

即理想 LC 并联电路产生并联谐振的条件为

$$\omega_0=\frac{1}{\sqrt{LC}}\quad 或\quad f_0=\frac{1}{2\pi\sqrt{LC}} \tag{3.6.7}$$

实际 LC 并联电路如图 3.40 所示。在该电路中，有

$$\begin{aligned}\dot{I}&=\dot{I}_{RL}+\dot{I}_C\\&=\frac{\dot{U}}{R+\mathrm{j}X_L}+\frac{\dot{U}}{\frac{1}{\mathrm{j}\omega C}}=\left[\frac{R}{R^2+(\omega L)^2}-\mathrm{j}\left(\frac{\omega L}{R^2+(\omega L)^2}-\omega C\right)\right]\cdot\dot{U}\end{aligned} \tag{3.6.8}$$

若要$\dot{U}$和$\dot{I}$同相，则只需式(3.6.8)的虚部为0。即

$$\frac{\omega L}{R^2+(\omega L)^2}-\omega C=0$$

可得

$$\omega_0=\sqrt{\frac{1}{LC}-\frac{R^2}{L^2}}=\frac{1}{\sqrt{LC}}\sqrt{1-\frac{C}{L}R^2} \tag{3.6.9}$$

若式中$\frac{C}{L}R^2\ll 1$，则

$$\omega_0\approx\frac{1}{\sqrt{LC}} \quad 或 \quad f_0\approx\frac{1}{2\pi\sqrt{LC}} \tag{3.6.10}$$

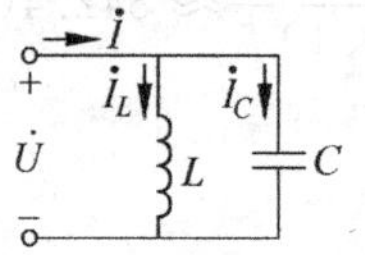

图 3.39 理想 *LC* 并联电路

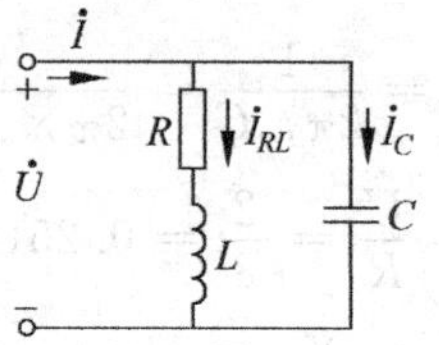

图 3.40 实际 *LC* 并联电路

2. 并联谐振的特点

并联谐振具有以下特点：

(1) $\dot{U}$和$\dot{I}$同相，电路表现为纯电阻性，电源只提供有功功率，电感和电容的无功完全互相补偿。

(2) 在谐振点，电路的总阻抗接近其最大值。在理想LC并联电路中，$Z_0=Z_{max}\to\infty$。

在图3.40所示的LC并联电路中，根据式(3.6.8)，可得其导纳为

$$\frac{1}{Z}=\frac{R}{R^2+(\omega L)^2}-\mathrm{j}\left(\frac{\omega L}{R^2+(\omega L)^2}-\omega C\right)$$

谐振时，其虚部为0。将$\omega_0=\sqrt{\frac{1}{LC}-\frac{R^2}{L^2}}$代入，可得谐振时阻抗为

$$Z_0=\frac{L}{RC} \tag{3.6.11}$$

(3) 并联谐振时，线路电流很小。在理想LC并联电路中，谐振时，线路电流为0。

(4) 在谐振点，并联支路中的电流I_C和I_{RL}可能比总电流I大很多，如图3.41相量图所示。所以并联谐振也称为电流谐振。

在并联谐振电路中，品质因数定义为：在谐振点，电容电流或电感电流与电路的总电流的比值，记作Q。品质因数反映了并联谐振电路中电感和电容产生大电流的能力。根据上述分析，图3.40所示的电路在谐振时$Z_0=\frac{L}{RC}$，且当$\omega_0 L\gg R$时，$I_{RL}\approx I_C$，$X_L\approx X_C$。所以，在谐振点有

$$I_C=\frac{U}{X_C}=\omega_0 CU$$

$$I = \frac{U}{Z_0} = \frac{RC}{L}U$$

$$Q = \frac{I_C}{I} = \frac{\omega_0 L}{R} \approx \frac{1}{\omega_0 RC} \tag{3.6.12}$$

3. 并联谐振的谐振曲线

LC 并联电路的阻抗模和电源电压有效值一定时电流的频率特性曲线如图 3.42 所示。在谐振电阻抗接近其最大值，谐振电流很小。当 $\omega<\omega_0$ 时，电感的感抗小于电容的容抗，并联后电路呈现为感性；当 $\omega>\omega_0$ 时，电感的感抗大于电容的容抗，并联后电路呈现为容性。

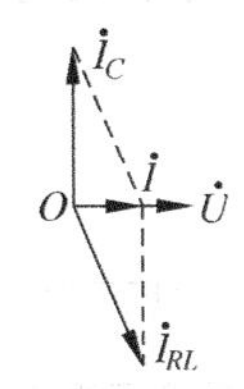

图 3.41 LC 并联电路谐振时的相量图

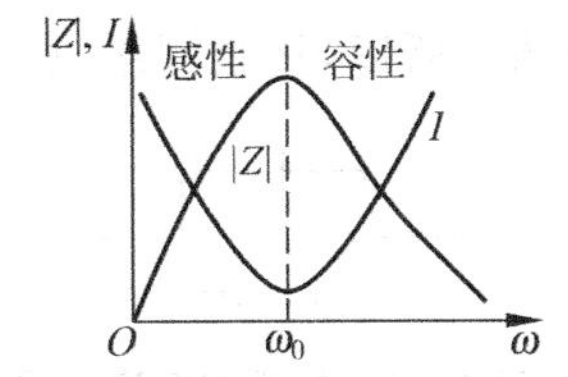

图 3.42 LC 并联电路阻抗和电流的频率特性

例 3.6.2 在图 3.40 所示的电路中，已知 $L=100\text{mH}$，$R=5.6\Omega$，$C=4.7\mu\text{F}$。求谐振频率 f_0。

解 用式(3.6.9)计算，则

$$f_0 = \frac{1}{2\pi\sqrt{LC}}\sqrt{1-\frac{C}{L}R^2}$$

$$= \frac{1}{2\pi\sqrt{0.1\times 4.7\times 10^{-6}}}\sqrt{1-\frac{4.7\times 10^{-6}\times 5.6^2}{0.1}} \approx 232.0(\text{Hz})$$

用近似公式(3.6.7)计算，则

$$f_0 = \frac{1}{2\pi\sqrt{LC}} = \frac{1}{2\pi\sqrt{0.1\times 4.7\times 10^{-6}}} \approx 232.2(\text{Hz})$$

在例 3.6.2 中，参数满足 $\frac{C}{L}R^2\ll 1$，所以两个公式的计算结果非常接近。

3.6.3 谐振的应用举例

谐振广泛应用于无线电工程、电子测量电路中，通常用于抑制噪声，提取信号。谐振滤波电路的电路模型如图 3.43 所示，图中信号 e_S 的频率为 f_S，噪声 e_N 的频率为 f_N。在谐振滤波电路中，谐振滤波器有两个作用：让信号尽可能少地降在滤波器的两端；让噪声尽可能多地加在滤波器的两端。有下述三种形式的谐振滤波器。

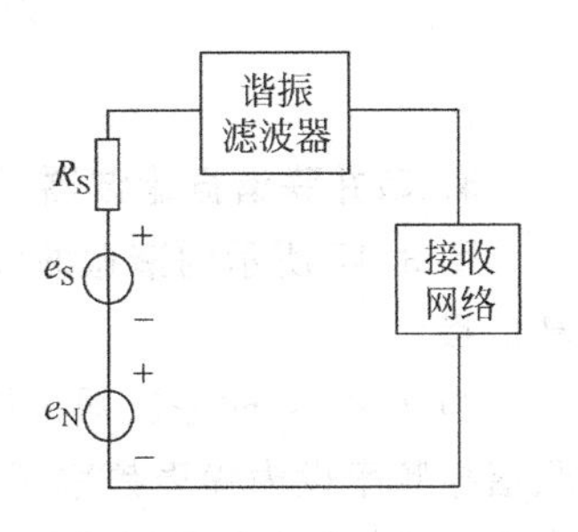

图 3.43 谐振滤波电路的电路模型

1. 并联谐振滤波器

并联谐振滤波器电路如图 3.44 所示，其谐振频率设为噪

声频率 f_N。可从阻抗串联分压的角度分析滤波器的工作原理。理想情况下，该滤波器在谐振点的阻抗为∞，所以噪声信号基本上加在滤波器两端；而信号频率离谐振点越远，则在该频率下滤波器阻抗越小，信号更多地加在接收网络两端，从而提高了接收网络所接收信号的信噪比。

2. 串联谐振滤波器

串联谐振滤波器电路如图3.45所示，其谐振频率设为信号频率 f_S。理想情况下，该滤波器在谐振点的阻抗为0，从而使信号通过滤波器后完全加在接收电路上；而噪声信号离谐振点越远，则该频率下，滤波器的阻抗越大，其两端所得到的噪声信号越大，接收网络得到的噪声信号就越弱。所以，接收网络收到的信号信噪比得到提高。

图3.44 并联谐振滤波器　　图3.45 串联谐振滤波器

图3.46(a)所示电路为信号接收器的输入电路。在该电路中，L_2 和 C 构成一个单回路电路，为串联谐振选频电路。该电路的等效电路如图3.46(b)所示，天线 L_1 接收到的各种频率的信号通过电感线圈耦合到 L_2，得到 $e_1, e_2, \cdots, e_n$ 等信号，R 和 L 分别为电感线圈 L_2 的电阻和电感量。电路的工作原理如下：天线 L_1 接收各种频率的信号；L_2—C 选频网络通过调节电容以调节谐振频率从而达到选择信号的目的；L_3 把所选的信号传送到接收器的放大电路中去。

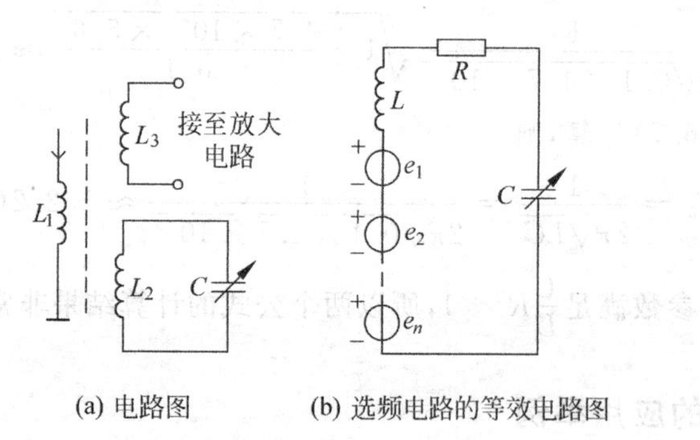

(a) 电路图　　(b) 选频电路的等效电路图

图3.46 接收器的输入电路和选频等效电路

3. 串并联谐振滤波器

图3.47所示的谐振滤波器兼具并联谐振和串联谐振两种滤波器的功能，可以更好地提高信噪比。

当 $f_S < f_N$ 时滤波器采用图3.47(a)所示的电路结构。电路的工作原理如下：LC_2 的并联谐振频率设为噪声频率 f_N，使噪声信号基本加在 LC_2 并联网络两端；由于 $f_S < f_N$，当频率为 f_S 时，LC_2 并联网络可等效为电感，记为 L_{eq}，使 $L_{eq}C_1$ 的串联谐振频率设为 f_S，则信号能完全通过滤波器，基本上全加在接收电路的两端。

当 $f_S > f_N$ 时滤波器采用图3.47(b)所示的电路结构。该电路的工作原理与图3.47(a)

所示的电路类似。L_2C 的并联谐振频率设为噪声频率 f_N；频率为 $f_S(f_S>f_N)$时，LC_2 并联等效为电容 C_{eq}，L_1C_{eq}的串联谐振频率设为 f_S。

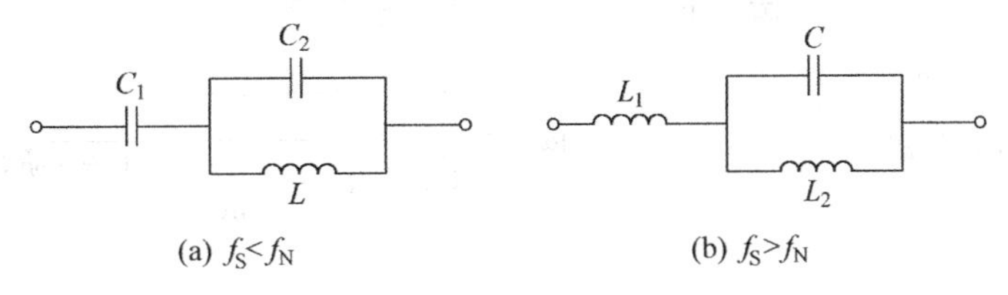

图 3.47 串并联谐振滤波器

例 3.6.3 电路如图 3.48 所示，已知：$u_i=\sqrt{2}U_1\sin\omega t+\sqrt{2}U_2\sin3\omega t$，$u_o=\sqrt{2}U_1\sin\omega t$，$L=0.12\text{H}$，$\omega=314\text{rad/s}$。求：$C_1=?$ $C_2=?$

解 设 C_1、L、C_2 组成的部分电路的阻抗为 Z。分别考虑两种频率下的阻抗值。

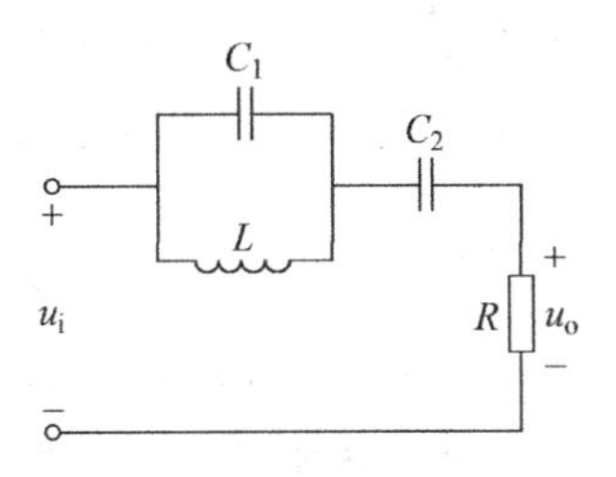

图 3.48 例 3.6.3 图

输出不包含频率为 3ω 的信号，所以当频率为 3ω 时，$|Z|$ 为∞，L 和 C_1 并联谐振。所以，有

$$3\times314=\frac{1}{\sqrt{LC_1}}\quad\Rightarrow\quad C_1\approx9.4(\mu\text{F})$$

频率为 ω 的信号完全加在负载上。当频率为 ω 时，L 并联 C_1 等效为 L_{eq}，L_{eq} C_2 串联谐振，所以 $Z=0$。即

$$Z=-\text{j}\,\frac{1}{\omega C_2}+\frac{\text{j}\omega L\times\left(-\text{j}\,\dfrac{1}{\omega C_1}\right)}{\text{j}\omega L-\text{j}\,\dfrac{1}{\omega C_1}}=0$$

将参数代入，解得

$$C_2\approx75.1(\mu\text{F})$$

3.7 电路的频率特性

3.7.1 传递函数

电路的频率特性(frequency response)是指正弦交流电路中电压、电流随频率变化的特性。传递函数定义为电路的输出量(电压或电流)与输入量(电压或电流)相量的比值，为以 $\text{j}\omega$ 为变量的复数，记为 $T(\text{j}\omega)$。传递函数(transfer function)用于描述电路的频率特性。传递函数的模 $T(\omega)$描述"输出量与输入量有效值之比"与频率的关系，称为幅频特性(gain)，$T(\omega)$-ω 曲线称作幅频特性曲线；传递函数的相角 $\varphi(\omega)$描述"输出量与输入量的相位差"与频率的关系，称为相频特性(phase shift)，$\varphi(\omega)$-ω 曲线称作相频特性曲线。上述定义可表示为

$$T(\text{j}\omega)=\frac{\dot{Y}(\text{j}\omega)}{\dot{X}(\text{j}\omega)}=T(\omega)\angle\varphi(\omega)\tag{3.7.1}$$

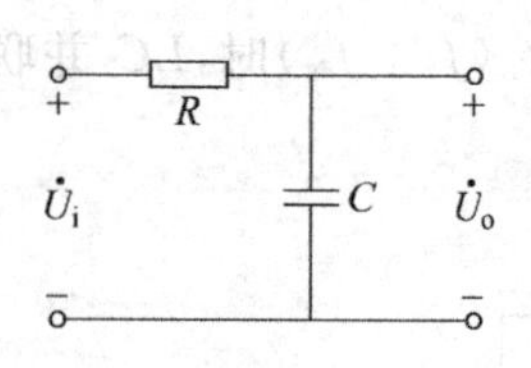

图 3.49 例 3.7.1 电路图

例 3.7.1 电路如图 3.49 所示。试求其传递函数,并定性画出其幅频特性曲线和相频特性曲线。

解 由图 3.49 所示的电路,可得

$$T(j\omega)=\frac{\dot{U}_o}{\dot{U}_i}=\frac{-j\dfrac{1}{\omega C}}{R-j\dfrac{1}{\omega C}}=\frac{1}{1+j\omega RC}$$

所以,有

$$T(\omega)=\frac{1}{\sqrt{1+(\omega RC)^2}}$$

$$\varphi(\omega)=-\arctan(\omega RC)$$

设 $\omega_c=\dfrac{1}{RC}$。$T(\omega)$和$\varphi(\omega)$在几个特殊频率点的值:

当 $\omega=0$ 时,$T(\omega)=1,\varphi(\omega)=0°$;

当 $\omega=\omega_0$ 时,$T(\omega)=\dfrac{1}{\sqrt{2}},\varphi(\omega)=-45°$;

当 $\omega\to\infty$ 时,$T(\omega)\to 0,\varphi(\omega)=-90°$。

幅频特性曲线和相频特性曲线,分别如图 3.50(a)、(b)所示。

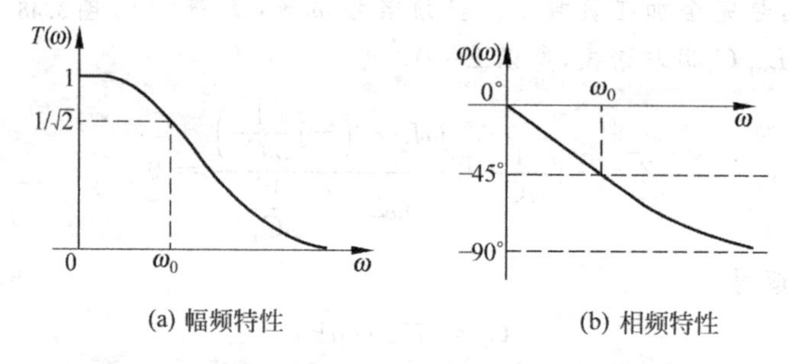

图 3.50 例 3.7.1 幅频特性曲线和相频特性曲线

幅频特性曲线和相频特性曲线采用的是线性坐标。为了更好地观察频率特性随频率变化的趋势和特征,通常采用对数坐标,横坐标采用归一化频率 $\lg\left(\dfrac{\omega}{\omega_c}\right)$,纵坐标为 $20\lg T(\omega)$,单位为 dB,则幅频特性曲线和相频特性曲线称为波特图(Bode plot,又名伯德图)。例 3.7.1 电路的波特图如图 3.51 所示。当频率很高时,$T(\omega)=\dfrac{1}{\sqrt{1+(\omega RC)^2}}\approx\dfrac{1}{\omega RC}$。这时,当 ω 增加 10 倍时,幅频特性曲线上对应的点就减小 20dB,所以在高频段幅频特性曲线是变化率为−20dB/十倍频程的直线。可见波特图将图 3.50 所示的特性曲线的局部曲线直线化,整个曲线折线化。

$T(\omega)$由 1 减小到$\dfrac{1}{\sqrt{2}}$时所对应的频率 ω_c 称为截止频率。在波特图中,ω_c 又称为 3 分贝点。

3.7.2 滤波器的类型

由图 3.50(a)所示的幅频特性曲线可见，当信号通过该电路时，低频信号损失很小，而高频成分损失很大，所以图 3.49 所示电路具有通低频阻高频的作用，低通滤波器。

根据幅频特性曲线的特点，滤波电路可以划分为低通滤波器(low-pass filter)、高通滤波器(high-pass filter)、带通滤波器(band-pass filter)和带阻滤波器(band-reject filter)四种。表 3.1 列出了各类滤波器的理想幅频特性曲线、典型线路及其传递函数和幅频特性曲线。

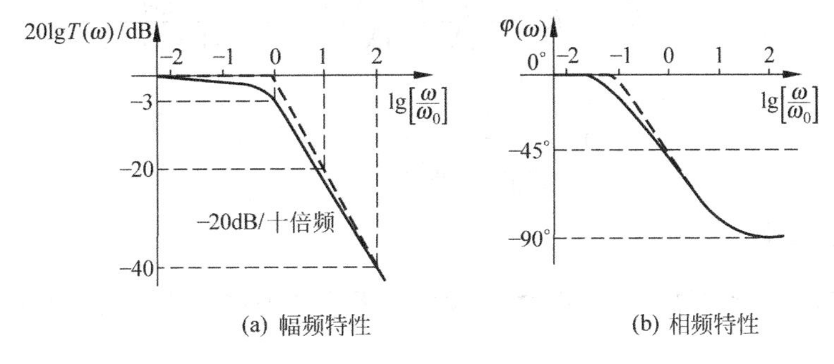

(a) 幅频特性　　(b) 相频特性

图 3.51　例 3.7.1 电路的波特图

表 3.1　各类滤波器及其典型电路和幅频特性曲线

	低通滤波器	高通滤波器	带通滤波器	带阻滤波器
理想特性	$T(\omega)$, O, ω	$T(\omega)$, O, ω	$T(\omega)$, O, ω	$T(\omega)$, O, ω
电路举例	$\dot{U}_i$, C, $\dot{U}_o$	C, $\dot{U}_i$, R, $\dot{U}_o$	L, C, $\dot{U}_i$, R, $\dot{U}_o$	R, C, $\dot{U}_i$, L, $\dot{U}_o$
传递函数	$\dfrac{1}{1+j\omega RC}$	$\dfrac{1}{1+j\dfrac{1}{\omega RC}}$	$\dfrac{R}{R+j\left(\omega L-\dfrac{1}{\omega C}\right)}$	$\dfrac{1}{1+j\dfrac{R}{\dfrac{1}{\omega C}-\omega L}}$
幅频特性	$T(\omega)$, 1, 0.707, O, ω_0, ω	$T(\omega)$, 1, 0.707, O, ω_0, ω	$T(\omega)$, 1, 0.707, O, ω_1, ω_2, ω	$T(\omega)$, 1, 0.707, O, ω_1, ω_2, ω

例 3.7.2　电路如图 3.52 所示。写出其传递函数的表示式，分析该滤波电路的类型，并画出幅频特性曲线。

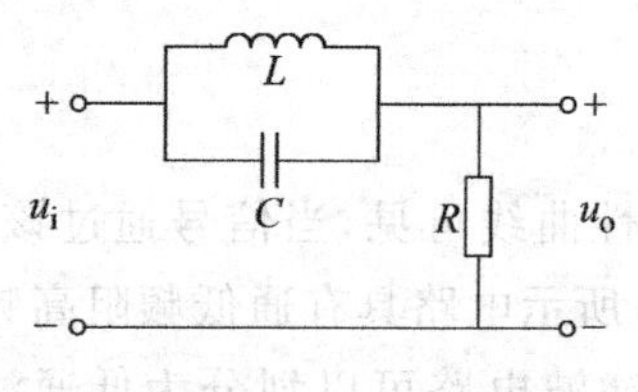

图 3.52 例 3.7.2 电路图

解 根据图 3.52 所示电路,可得

$$T(j\omega)=\frac{\dot{U}_o}{\dot{U}_i}=\frac{R}{R+\frac{jX_L\cdot(-jX_C)}{jX_L-jX_C}}=\frac{R}{R+\frac{j\omega L}{1-\omega^2LC}}$$

$$=\frac{1}{1+j\frac{1}{R\left(\frac{1}{\omega L}-\omega C\right)}}$$

根据上式,可得

当 $\omega=0$ 或者 $\omega\to\infty$ 时,$\frac{1}{\omega L}-\omega C\to\infty$,分母的虚部为 0,所以 $T(\omega)=1,\varphi(\omega)=0°$。

当 $\omega=\omega_0=\frac{1}{\sqrt{LC}}$时,$\frac{1}{\omega L}-\omega C=0$,分母的虚部$\to\infty$,所以 $T(\omega)=0,\varphi(\omega)$分两种情况:

① 当 $\omega>\omega_0$ 且无限接近 ω_0 时,分母的虚部$\to-\infty$,$\varphi(\omega)\to 90°$;

② 当 $\omega<\omega_0$ 且无限接近 ω_0 时,分母的虚部$\to\infty$,$\varphi(\omega)\to-90°$。

上述分析说明该电路为带阻滤波器。幅频特性曲线和相频特性曲线分别如图 3.53(a)、(b)所示。

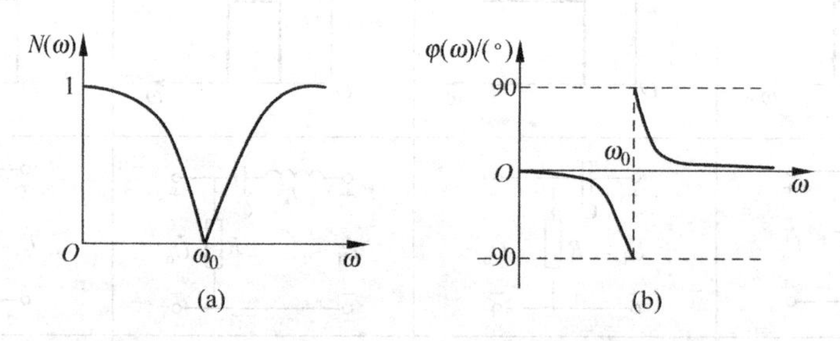

图 3.53 例 3.7.2 幅频特性曲线和相频特性曲线

3.7.3 滤波器的性能

本节中介绍的滤波器在工作时无须外加工作电源,称为无源滤波器。根据滤波器的幅频特性可以将其频带划分为通带、阻带和过渡带。例如 RC 低通滤波器的频带划分如图 3.54 所示。

滤波器的性能要求:幅频特性曲线在通带内尽可能平坦,过渡带尽可能窄。为提高滤波器的性能,可将低阶滤波器串联而成高阶滤波器。例如,将两个一阶低通滤波器串联,则构成了二阶低通滤波器。如此构成的高阶滤波器虽然对滤波器的性能有所改善,但幅频特性曲线在通带内衰减增大,即曲线更陡峭,而且 $T(j\omega)\neq T_1(j\omega)\times T_2(j\omega)$,滤波器的阶数越高，电路越复杂，频率特性越难分析。下册中将介绍的有源滤波器能改善这些不足。

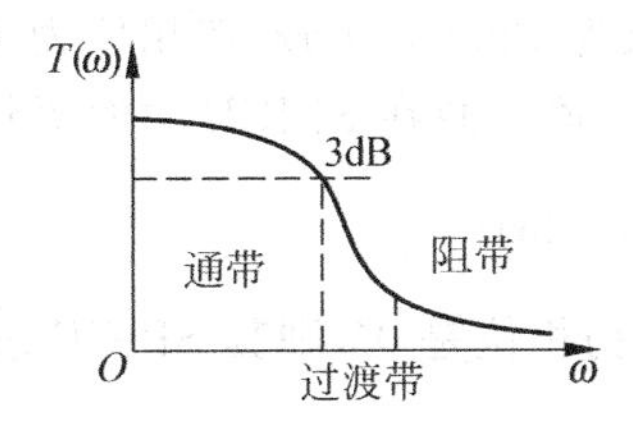

图 3.54　滤波器的通带、阻带和过渡带

3.8　SPICE 在正弦交流电路分析中的应用

正弦交流电路的分析涉及时域分析和频域分析，在 SPICE 中分别用弛豫分析语句 .tran 和交流分析语句 .ac 来实现。下面分别介绍在用 SPICE 分析正弦交流电路时，电路元件的表示方法以及 .tran 语句和 .ac 语句的使用。

3.8.1　SPICE 中正弦交流电源的表示方法

1. 正弦交流电源的时域语句格式

电压源的电压和电流源的电流在时域的一般数学表示式分别为

$$u = U_0 + U_m e^{-\alpha(t-t_d)} \sin\left[2\pi f(t-t_d) + 2\pi \cdot \frac{\varphi}{360}\right](\mathrm{V})$$

$$i = I_0 + I_m e^{-\alpha(t-t_d)} \sin\left[2\pi f(t-t_d) + 2\pi \cdot \frac{\varphi}{360}\right](\mathrm{A})$$

其中，U_0为直流偏置电压，单位 V；U_m为正弦交流电压的幅值，单位 V；I_0为直流偏置电流，单位 A；I_m为正弦交流电流的幅值，单位 A；f 为频率，单位 Hz；φ 为初相位，单位(°)；t_d为延迟时间，单位 s；α 为每秒的阻尼系数。

在 SPICE 中，电压源的标识符是 V，电流源的标识符是 I。电压源和电流源的语句格式分别为

V<name> N1 N2 sin (U_0　U_m　f　t_d　α　φ)
I<name> N1 N2 sin (I_0　I_m　f　t_d　α　φ)

其中，N1，N2 分别为电压源和电流源的端点编号，电压源的电动势的正方向由 N2 指向 N1；电流源电流的参考方向由 N1 指向 N2。如图 3.55 所示。语句中的括号可以去掉。

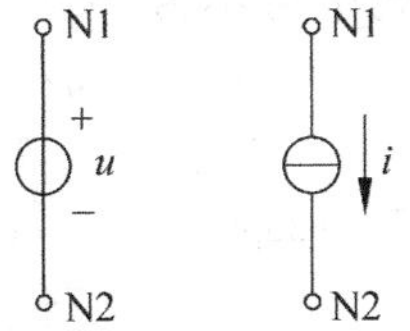

图 3.55　电压源的电压和电流源电流的方向与节点的对应关系

对正弦交流电源，$U_0=0$，$I_0=0$，$\alpha=0$。如果在语句中没有指定 t_d、α 和 φ，则其默认值为0。例如，正弦交流电压源 V_i 参数为220V，50Hz，初相位为45°，位于节点4和0之间，其电动势正方向由节点0指向节点4。该电源在SPICE中的语句为

```
Vi 4 0 sin (0  311.13  50  0  0  45)
```

如果上述正弦交流电压源的初相位是0°，则其SPICE语句为

```
Vi 4 0 sin (0  311.13  50  0  0  0)
```

或者

```
Vi 4 0 sin (0  311.13  50)
```

2．正弦交流电源的频域语句格式

在对正弦交流电路作频域分析时，只需给出电压源电压和电流源电流的幅值和初相位，其SPICE语句格式分别为：

电压源：V<name> N1 N2 ac (U_m　φ)
电流源：I<name> N1 N2 ac (I_m　φ)

语句中的括号可以去掉。若初相位为0，φ 可以不赋值；若幅值为1V、初相位为0，幅值和 φ 均可以不赋值。例如电压源V4位于节点4和0之间，其电动势正方向由节点0指向节点4。若其电动势为 $5\sin\omega t$(V)，则其SPICE描述语句为V4 4 0 ac (5)；若其电动势为 $\sin\omega t$(V)，则其SPICE描述语句为V4 4 0 ac。

3.8.2　电阻、电感、电容在SPICE中的表示方法

在SPICE中，电阻、电容和电感元件的标识符分别是R、C和L，其语句格式为

电阻	R<name> N1 N2 Value
电容	C<name> N1 N2 Value <IC>
电感	L<name> N1 N2 Value <IC>

其中〈IC〉是电感电流或电容电压的初始值，其默认值为0。电感电流和电容电压的初始值在作暂态分析时有用，在作稳态分析时可将其设置为0。N1和N2为电感或电容两端点的编号。电容电压的初始值的参考方向N1为高电位，N2为低电位；电感电流的初始值的参考方向从N1流向N2。例如，图3.56(a)电容的初始电压为5V，其SPICE描述语句为Cap5 3 4 35E-12 5；图3.56(b)中，电感的初始电流为10mA，其SPICE描述语句为L5 9 3 8m 10m。若初始值为0，在语句中可不为〈IC〉赋值。

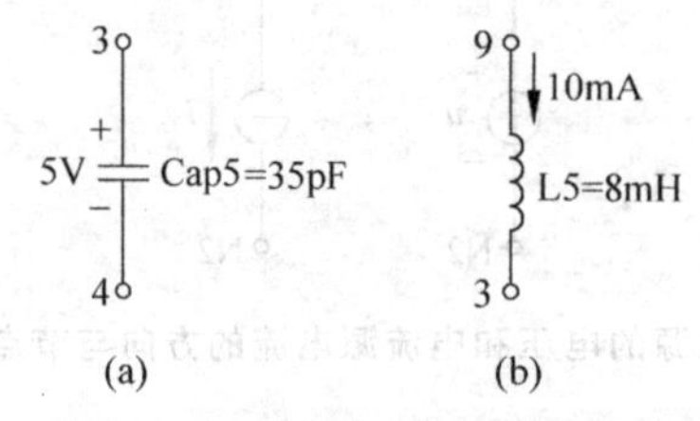

图3.56　有初始值的电容和电感

3.8.3 SPICE 中的弛豫分析语句 .tran

瞬态分析是在指定的时间段内对电路作时域分析，其语句的格式如下：

.tran T_{step} T_{stop} < T_{start} < T_{max} >> < UIC >

其中，

T_{step}：打印结果的时间步长；

T_{stop}：终止时间；

T_{start}：起始时间，若不设定则默认值为 0；

T_{max}：最大步长。

〈UIC〉：若语句中有〈UIC〉，则表明应考虑元件中指定的初始值，否则不予考虑。

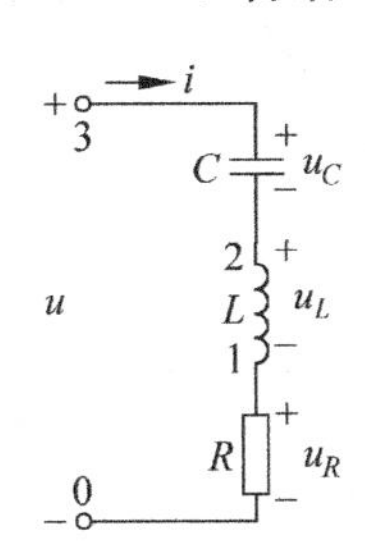

图 3.57 例 3.8.1 的电路图

例 3.8.1 电路如图 3.57 所示，已知 $u=100\sin1000t$V，$R=10\Omega$，$C=100\mu$F，$L=10$mH，请用 SPICE 画出 u_R、u_L 和 u_C 在一个周期内的波形图。

解 $\omega=1000$rad/s，则 $f=159$Hz，$T=6.28$ms。

先用相量法分析该电路。

$$X_C=\frac{1}{\omega C}\approx\frac{1}{1000\times100\times10^{-6}}\approx10(\Omega)$$

$$X_L=\omega L\approx1000\times10\times10^{-3}\approx10(\Omega)$$

$X_C=X_L$，电路处于谐振状态。所以

$$\dot{U}_R=\dot{U}\quad\Rightarrow\quad u=100\sin1000t(\text{V})$$

$$\dot{I}=\frac{\dot{U}_R}{R}=\frac{10}{\sqrt{2}}\angle0^\circ(\text{A})$$

$$\dot{U}_L=\dot{I}(\text{j}X_L)=\frac{100}{\sqrt{2}}\angle90^\circ(\text{V})\quad\Rightarrow\quad u_L=100\sin(1000t+90^\circ)(\text{V})$$

$$\dot{U}_C=\dot{I}(-\text{j}X_C)=\frac{100}{\sqrt{2}}\angle-90^\circ(\text{V})\quad\Rightarrow\quad u_C=100\sin(1000t-90^\circ)(\text{V})$$

电路文件如下：

```
Example 3.8.1
* circuit parameters
V 3 0 sin(0 100 159 0 0 0)
R  1  0  10
C  3  2  100u
L  1  2  10m
* transient analysis
.tran  0.2m  110m  100m
* output
.plot tran v(1) v(2,1)  v(3,2)
.end
```

电路文件中，.tran 0.2m 110m 100m 表示在100～110ms时间段作瞬态分析，分析步长为0.2ms。由于SPICE软件在作时域分析时包括了最开始的过渡过程部分，故选择100～110ms时间段以得到稳态分析的结果。用AIM-SPICE仿真的结果如图3.58所示，v(1)、v(2,1)和v(3,2)分别是电阻电压u_R、电感电压u_L和电容电压u_C。从图上可以看出在谐振状态下各电压的相位和幅度关系，电感电压v(2,1)和电容电压v(3,2)大小相等且反相，电阻电压v(1)的相位比电感电压滞后90°，比电容电压超前90°。

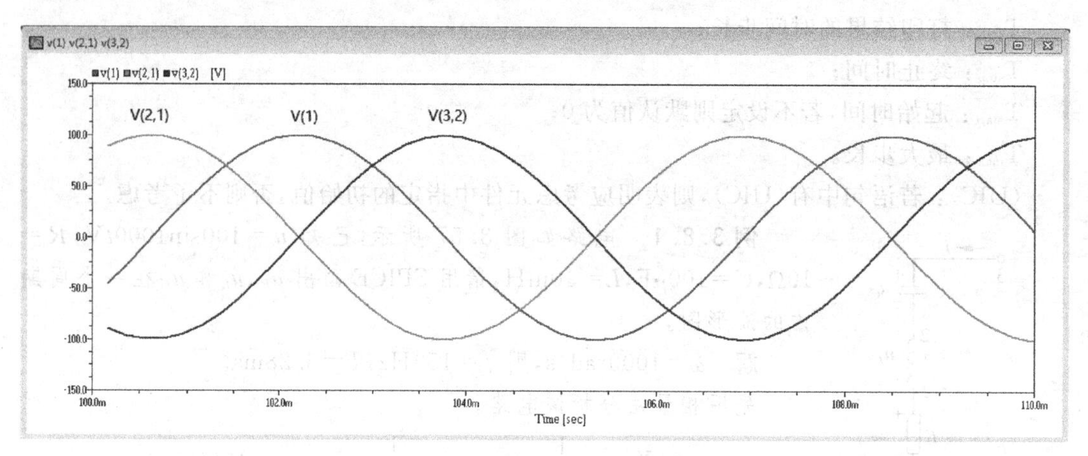

图3.58　例3.8.1的分析结果

3.8.4　交流分析语句.ac

.ac语句用于分析电路中任意电量的幅频特性和相频特性，分析的结果可以以幅频特性曲线和相频特性曲线的方式输出，也可以给出某个频率点的幅值和相位。分析时扫描电路中交流信号源的频率，信号源的幅度和初相位采用电源ac参数。

.ac语句有以下三种格式：

```
.ac    Lin    Np    fstart    fstop
.ac    Dec    Nd    fstart    fstop
.ac    Oct    No    fstart    fstop
```

其中，

f_{start}：起始频率，单位Hz

f_{stop}：结束频率，单位Hz

Lin：横轴频率刻度为线性

Dec：横轴频率刻度为十倍制

Oct：横轴频率刻度为八倍制

N_P：从起始频率到终止频率间分析的点数

N_d：每十倍频的分析点数

N_o：每八倍频的分析点数

例如，语句“.ac Dec 10 1000 1E6”要求在1000～10^6Hz的范围内作交流频率分析，横轴采用十倍频制，每十倍频的分析计算的点数为10个。

例3.8.2 试用SPICE画出图3.59所示的带阻滤波器(即例3.7.2电路)的幅频特性曲线和相频特性曲线。电路中的节点和元件编号如图3.59所示。$R=1\text{k}\Omega, L=0.1\text{H}, C=10\mu\text{F}$。

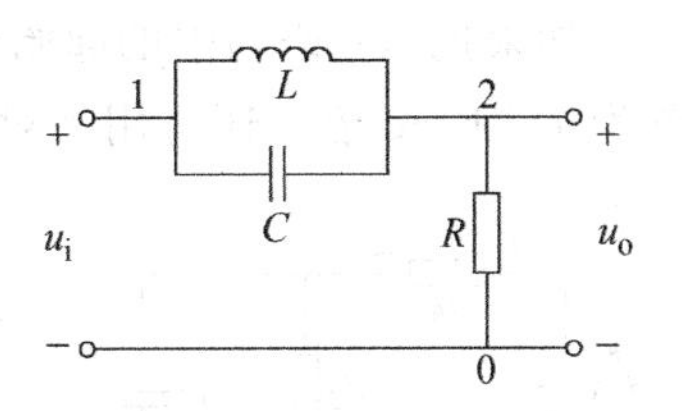

图3.59 例3.8.2电路图

解 可以假设输入电压的幅值为1V,这样,节点2电压的幅频和相频曲线即为传递函数的幅频和相频曲线。电路文件和仿真结果如下:

```
Example 3.8.2
* circuit parameters
Vi 1 0 ac 1
R  2  0  1k
L  1  2  0.1
C  1  2  10u
* frequency analysis
.ac dec 20 100 400
* output
.plot ac vdb(2)
.plot ac vp(2)
.end
```

用AIM-SPICE的仿真结果如图3.60所示。由幅频特性曲线可知,该滤波器为一带阻滤波器。仿真结果与例3.7.2的分析结果一致。

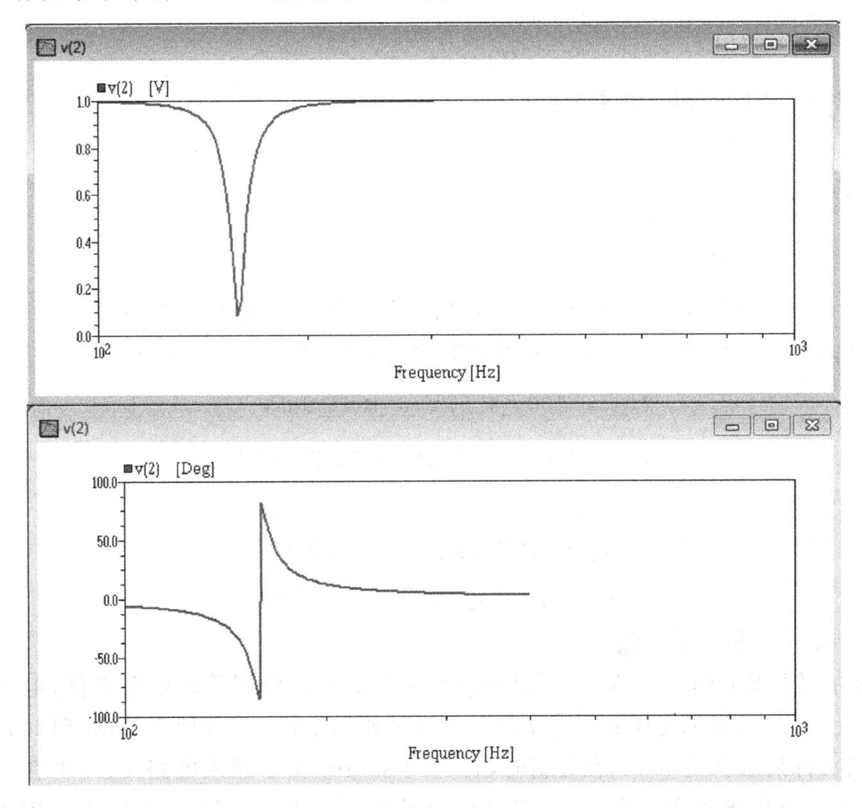

图3.60 例题3.8.2的分析结果

如果把 .ac 语句中的起始频率和结束频率设成正弦交流电路的工作频率、采样点数设置为1,则 .ac 语句还可用来对正弦交流电路作稳态分析。

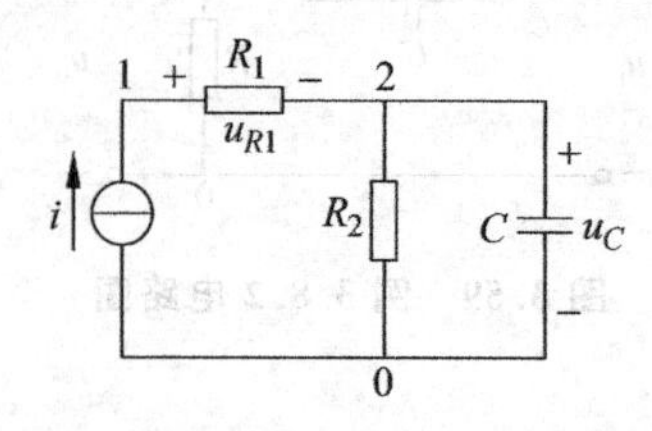

图 3.61 例题 3.8.3 的电路图

例 3.8.3 电路如图 3.61 所示,已知 $i=10\sqrt{2}\sin(\omega t+90°)$,$R_1=R_2=10\Omega$,$C=318\mu F$,$f=50Hz$。试用 SPICE 求电压 $u_{R1}=?$ $u_C=?$

解 先用相量法分析该电路。

$$X_C=\frac{1}{\omega C}\approx\frac{1}{314\times318\times10^{-6}}\approx10(\Omega)$$

$$\dot{U}_{R1}=\dot{I}R_1=10\angle90°\times10=100\angle90°(V)$$

$$\dot{U}_{C1}=\dot{I}[R_2\parallel(-jX_C)]=10\angle90°\times\frac{10\times(-j10)}{10-j10}\approx70.7\angle45°(V)$$

电路文件如下:

```
Example 3.8.3
* circuit parameters
I 0 1 ac 10 90
R2 0 2 10
C 0 2 318u
R1 1 2 10
* frequency analysis——solution for f=50Hz
.ac lin 1 50 50
* output
.print ac vm(1,2) vp(1,2) vm(2) vp(2)
.end
```

用 SPICE OPUS 分析,结果为:

```
vm(1,2) = 1.000000e+002
vp(1,2) = 1.570796e+000
vm(2) = 7.074511e+001
vp(2) = 7.858852e-001
```

其中 vm(1,2)和 vp(1,2)分别为节点 1、2 间电压的有效值和初相位(单位为弧度);vm(2)和 vp(2)分别为节点 2、0 间电压的有效值和初相位(单位为弧度)。也即

$$\dot{U}_{R1}=100\angle1.57V=100\angle90°V$$

$$\dot{U}_C=70.7\angle0.786V=70.7\angle45°V$$

所以

$$u_{R1}=100\sqrt{2}\sin(314t+90°)V$$

$$u_C=70.7\sqrt{2}\sin(314t+45°)V$$

仿真结果与分析结果一致。

在使用 SPICE OPUS 软件时,可以用任何一种文本编辑器编辑电路文件,电路文件中只需要含元件语句,编辑完成后要将文件的扩展名改为 .cir。推荐使用 AIM-SPICE 编辑电路文件,其文件后缀就是 .cir。在分析时,首先用 source 指令载入电路文件,再在命令行中依次输入电路分析指令和输出指令,即可得到所需的结果。AIM-SPICE 和 SPICE OPUS

的使用参见附录中的相关内容。

本章小结

(1) 幅值(或有效值)、角频率(或周期,或频率)和初相位是正弦量的三要素。正弦量可用三角函数式和相量式表示,需注意:

① 三角函数式为实变量,而相量式为复常数,虽然两者均表示正弦量,但不能在同一等式中混用。

② 注意有效值、最大值、瞬时值、相量等量的字母符号的约定。

(2) 采用相量法分析正弦交流电路。电路的分析方法、电路方程的规律与直流电路相同,只是方程的形式为复数形式的代数式。

(3) 了解正弦交流电路中有功功率、无功功率和视在功率的定义和计量单位,并掌握其计算公式。在正弦交流电路中,无功功率和有功功率分别守恒,一般情况下视在功率不守恒。

(4) 在负载端并联电容可以提高功率因数。提高功率因数的目的是减小线路的电流,降低线路损耗,保证用户端的电压正常。

(5) 正弦交流电路的特性随频率变化。谐振是电路在特殊频率(谐振频率)下的一种特殊现象,电路表现为纯电阻性。电路的频率特性可用传递函数来分析。根据传递函数的幅频特性可将电路划分为高通、低通、带通和带阻等几种类型的滤波器。

(6) SPICE 中弛豫分析语句.tran 和交流分析语句 .ac 可用来对正弦交流电路作时域和频域的稳态分析。要求掌握正弦交流电路中电路元件在 SPICE 中的表示方法以及.tran 语句和 .ac 语句的使用。

习题

3.1 判断下述正弦量的表示式是否正确,若不正确,请改正。

(1) $u=100\sin(314t+30^\circ)=100\angle 30^\circ(\mathrm{V})$

(2) $\dot{I}=1\angle 36^\circ(\mathrm{A}) \Rightarrow i=\sin(\omega t+36^\circ)(\mathrm{A})$

(3) $u=100\sin(314t+30^\circ)(\mathrm{V})\Rightarrow U=100\angle 30^\circ(\mathrm{V})$

(4) $\dot{I}_{\mathrm{m}}=10(\mathrm{A})\Rightarrow i=10\sin\omega t(\mathrm{A})$

(5) $i=3\cos(\omega t+30^\circ)(\mathrm{A})\Rightarrow \dot{I}_{\mathrm{m}}=3\angle 30^\circ(\mathrm{A})$

3.2 判断下述正弦量的表示式是否正确,若不正确,请改正。

(1) $u=\sqrt{89}\sin(1000t+18^\circ)(\mathrm{V})$

(2) $\dot{U}=15\sqrt{31}\angle 30^\circ(\mathrm{V})$

(3) $I=3+\mathrm{j}8=8.54\mathrm{e}^{\mathrm{j}69.4^\circ}(\mathrm{A})$

(4) $\dot{U}=\dot{I}\dot{Z}=100(\text{V})$。

3.3　已知$\dot{I}_1=10\angle 30°\text{A}$,$\dot{I}_2=4\angle -90°\text{A}$,$\dot{U}_1=100\text{V}$，$\dot{U}_{2\text{m}}=70+\text{j}70\text{V}$,试画出其相量图,并写出与各电压和电流的瞬时值表示式(即三角函数式)。

3.4　已知$\dot{I}_1=8\text{e}^{\text{j}37°}\text{A}$,$\dot{I}_2=5\text{e}^{-\text{j}60°}\text{A}$,$i=i_1+i_2$，$\omega=628\text{rad/s}$,求$i=$? 并画出$i_1$、$i_2$和$i$的波形图。

3.5　在图P3.1所示的电路中,已知$U=220\text{V}$,$P=80\text{W}$,试以电流$\dot{I}$为基准相量,求$\dot{I}=$?$\dot{U}=$?

3.6　在图P3.2所示的电路中,已知$L=220\text{mH}$,$\omega=314\text{rad/s}$,$u=121\sin(\omega t+56°)\text{V}$,求$i=$? $P=$? $Q=$?

3.7　在图P3.3所示的电路中,已知$C=4.7\mu\text{F}$,电压表的读数为55V,电流表的读数为11A,试求ω、f、T、P、Q。又若以电压相量为基准相量,则$u=$?$i=$?

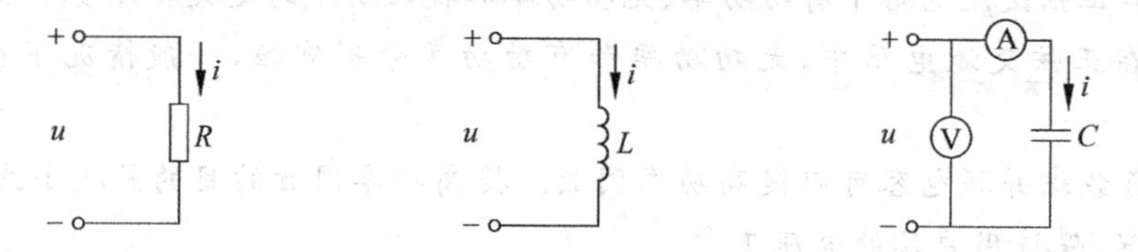

图P3.1　习题3.5图　　图P3.2　习题3.6图　　图P3.3　习题3.7图

3.8　已知$\omega=1000\text{rad/s}$,求图P3.4所示两电路的阻抗Z_{ab}。

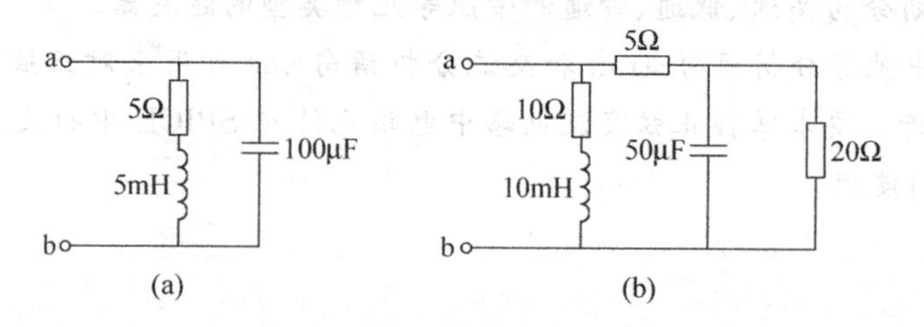

图P3.4　习题3.8图

3.9　在图P3.5所示的电路中,已知$\dot{I}=10\angle 0°\text{A}$,求$\dot{I}_1$、$\dot{I}_2$和$\dot{I}_3$的值。

3.10　在图P3.6所示的电路中,已知$U_1=100\text{V}$,求$U=$?

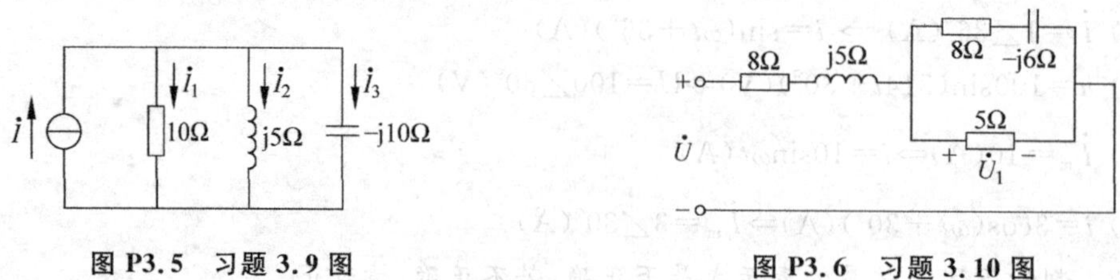

图P3.5　习题3.9图　　图P3.6　习题3.10图

3.11　在图P3.7所示的电路中,已知$R=5\Omega$,$L=10\text{mH}$,$C=10\mu\text{F}$,$\omega=100\text{rad/s}$。

(1) 求u_C、P和Q的值;

(2) 若$L=20\text{mH}$,求u_C的值。

3.12　在图 P3.8 所示的电路中，已知 $\omega=500\text{rad/s}$。

(1) 求电路的复阻抗 Z_{ab} 的值；

(2) 若电流 $I=10\text{A}$，求 I_1，I_2，I_3，电路的有功功率 P 和无功功率 Q 的值。

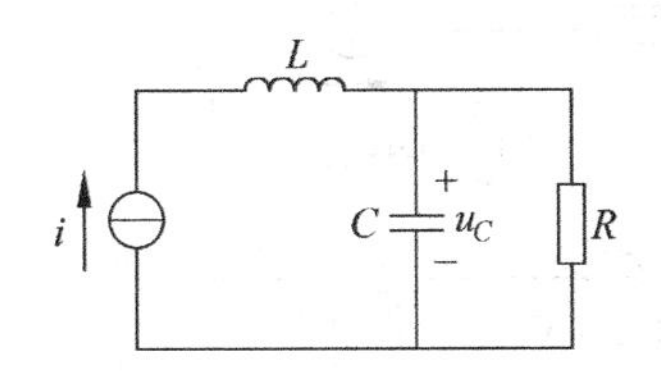

图 P3.7　习题 3.11 图

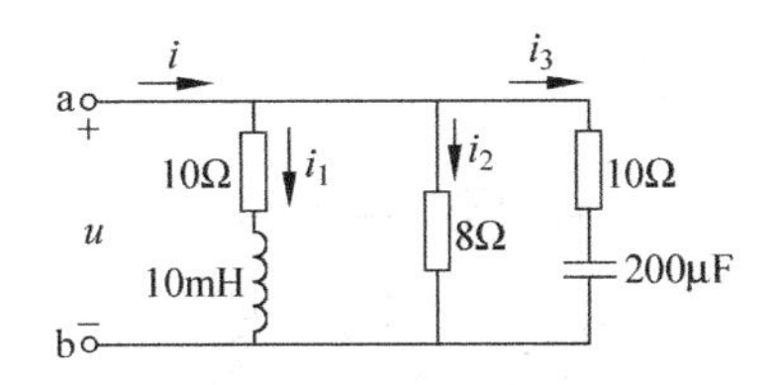

图 P3.8　习题 3.12 图

3.13　在图 P3.9 所示的电路中，若电流表的读数为 4A，求电压源的端电压值 U。

3.14　在图 P3.10 所示电路中，已知 $u_i=100\sqrt{2}\sin 314t\text{V}$，$i_S=10\sqrt{2}\cos(314t+30°)\text{A}$。

(1) 分别用电源等效变换的方法和戴维宁定理求图中所示的电流 i。

(2) 请用 SPICE 分析电流 i 的相量 $\dot{I}$。

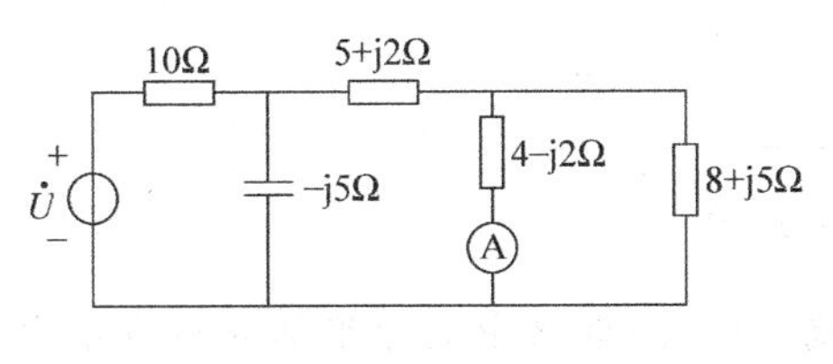

图 P3.9　习题 3.13 图

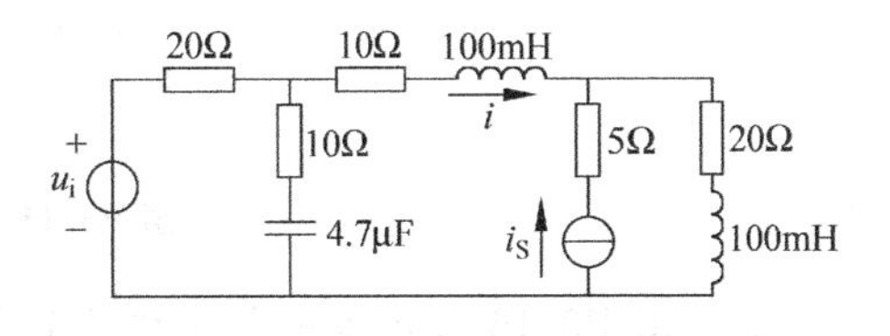

图 P3.10　习题 3.14 图

3.15　电感的测量电路如图 P3.11 所示。已知 u 为工频(50Hz)电压源，电阻 $R=150\Omega$，电表 A 的读数为 0.5A，电表 A_1 的读数为 0.4A，电表 A_2 的读数为 0.3A，求电感的参数 r 和 L。

3.16　电路如图 P3.12 所示，已知 $R_1=500\Omega$，$R_2=50\Omega$，$f=50\text{Hz}$，若要负载获取最大输出功率，则 $L=$？$C=$？

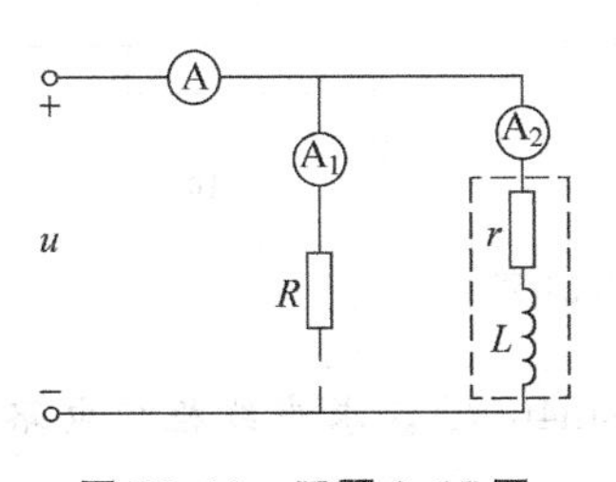

图 P3.11　习题 3.15 图

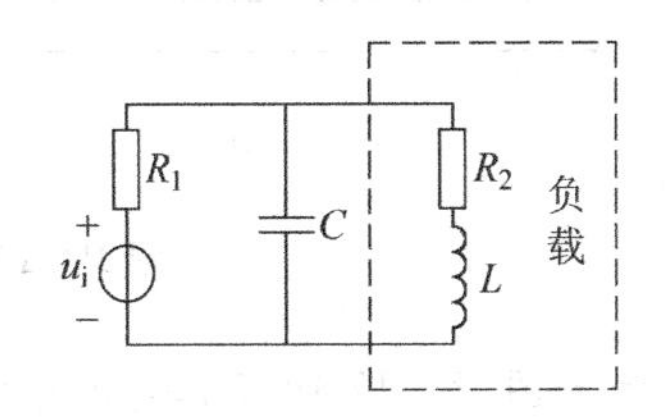

图 P3.12　习题 3.16 图

3.17　电路如图 P3.13 所示。在开关 K 闭合和断开时，电流表的读数不变，试分析电路的参数需满足什么条件。

3.18　电路如图 P3.14 所示，求电压 $\dot{U}_L$。

3.19　某车间两台电动机的额定参数分别为 $U_N=220\text{V}$，$P_{1N}=2\text{kW}$(输入功率)，$\cos\varphi_N=0.2$；$U_N=220\text{V}$，$P_{1N}=2.5\text{kW}$(输入功率)，$\cos\varphi_N=0.85$。假设两台电动机现均工作在额定条件下。

(1) 求负载的功率因数 $\cos\varphi_L$；

(2) 若要将功率因数从 $\cos\varphi_L$ 提高到 0.93，须在负载端并联多大电容？

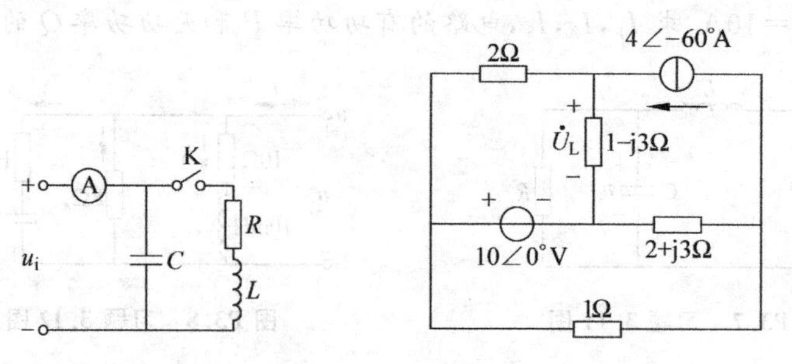

图 P3.13　习题 3.17 图　　图 P3.14　习题 3.18 图

3.20　电路如图 P3.15 所示，其中 $u_S=\sqrt{2}\sin(100t+45°)$V，求 $u_C=$？

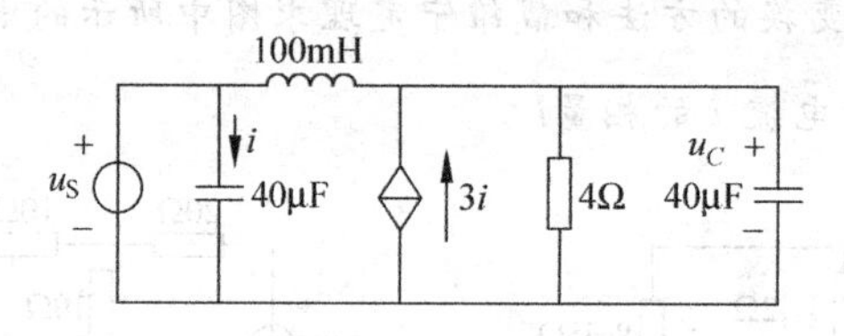

图 P3.15　习题 3.20 图

3.21　图 P3.16 所示为一含受控源的电路，试将图(a)电路中的方框部分用戴维宁定理等效成图(b)。

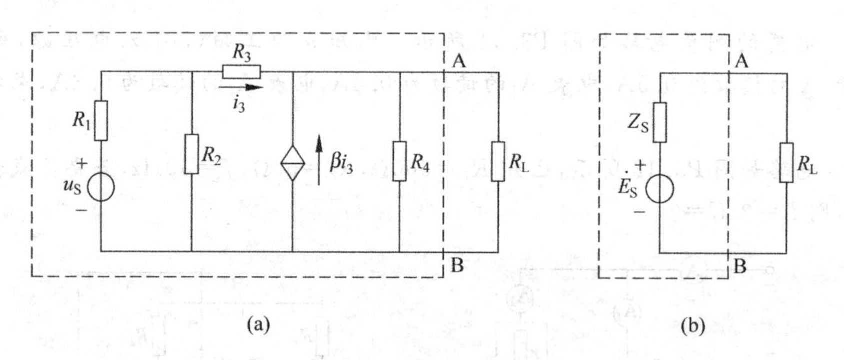

图 P3.16　习题 3.21 图

3.22　电路如图 P3.17 所示，其中 $i_S=15\sqrt{2}\sin400t$A。求虚线框内电路的平均功率、无功功率和视在功率。

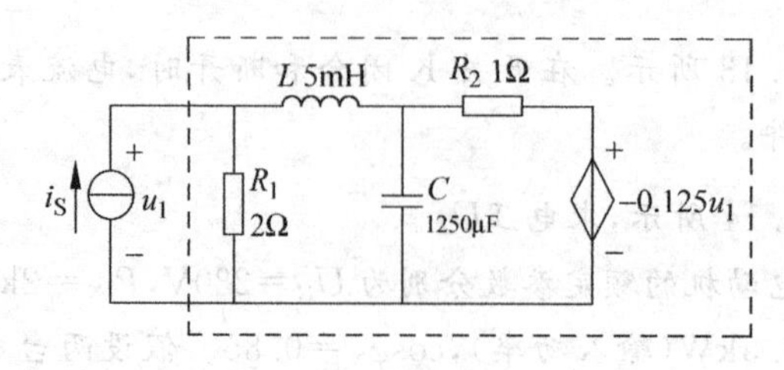

图 P3.17　习题 3.22 图

3.23 试证明 RLC 串联电路通频带的计算公式为 $\Delta f=\frac{f_0}{Q}$，其中 f_0 为谐振频率，Q 为品质因数。

3.24 在 RLC 串联电路中，已知 $R=20\Omega$，$L=100\text{mH}$，$C=20\mu\text{F}$，求该电路的谐振频率 f_0，品质因数 Q 和通频带范围。

3.25 在并联谐振电路中，已知谐振频率为 50kHz，谐振时的阻抗为 100kΩ，品质因数等于 80。求元件的参数 R，L 和 C。

3.26 电路如图 P3.18 所示。

(1) 分析该电路的传递函数，说明该电路是什么类型的滤波电路；

(2) 若 $R_1=R_2=500\Omega$，$C_1=C_2=0.1\mu\text{F}$，定性画出其幅频特性曲线。

3.27 电路如图 P3.19 所示，$U=10\text{V}$，当 $\omega=1000\text{rad/s}$ 时 u 与 i 同相，$I_R=I_L=\sqrt{2}\text{A}$。求电路参数 R、L、C 的值。

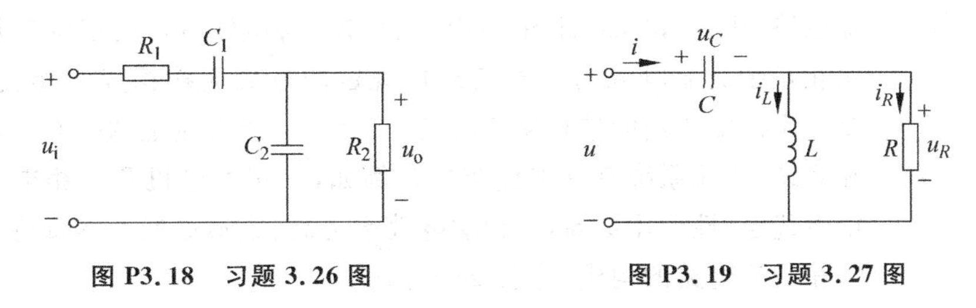

图 P3.18 习题 3.26 图　　图 P3.19 习题 3.27 图

3.28 电路如图 P3.20 所示，试求该电路的谐振频率。

3.29 电路如图 P3.21 所示，试求该电路的传递函数，并说明该电路的作用。

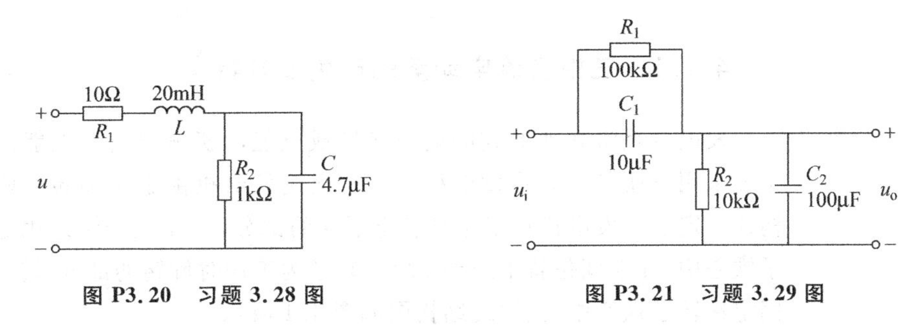

图 P3.20 习题 3.28 图　　图 P3.21 习题 3.29 图

3.30 已知电路如图 P3.22 所示，试求该电路的传递函数，并用 SPICE 画出该电路的幅频特性曲线和相频特性曲线。

3.31 已知电路如图 P3.23 所示，试用 SPICE 分析该电路复阻抗的幅频特性和相频特性。

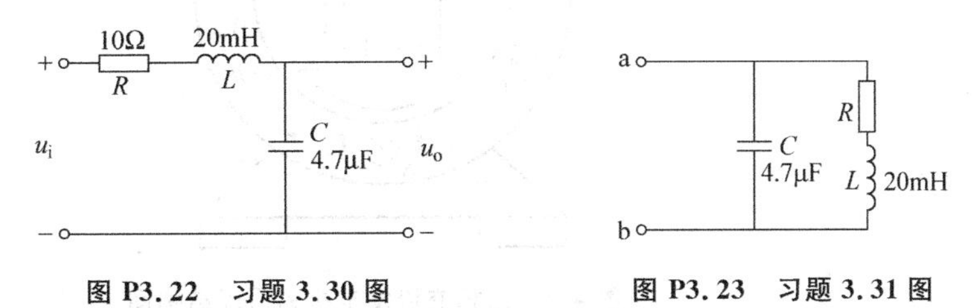

图 P3.22 习题 3.30 图　　图 P3.23 习题 3.31 图

第 4 章 Chapter 4

三相交流电路

电力的生产、传输和工业用电均以三相交流为主要形式。在三相交流电路(three-phase circuit)中,三个频率和幅值相等、相位互差 120°的单相正弦交流电源与三相负载按规定的方式连接构成三相交流系统。日常生活中所用的单相交流电,实际上是三相交流电的一相。较之于单相系统,三相系统有许多优越性。例如,三相发电机和三相电动机的性能更优越、性价比更高,三相输电效率更高、成本更低。本章将主要介绍三相交流电路的构成、特点及分析方法。

4.1 三相交流电源

4.1.1 三相交流电动势的产生及其特点

发电机是将其他形式的能源转换成电能的机械设备。电能的生产主要采用三相交流同步发电机。三相交流发电机由定子和转子两部分构成。定子为发电机在工作时静止不动的部分,三相定子绕组固定在定子铁心中,在空间位置上互差 120°;转子为工作时旋转的部分,转子绕组固定在转子铁心中,其原理结构图如图 4.1 所示。

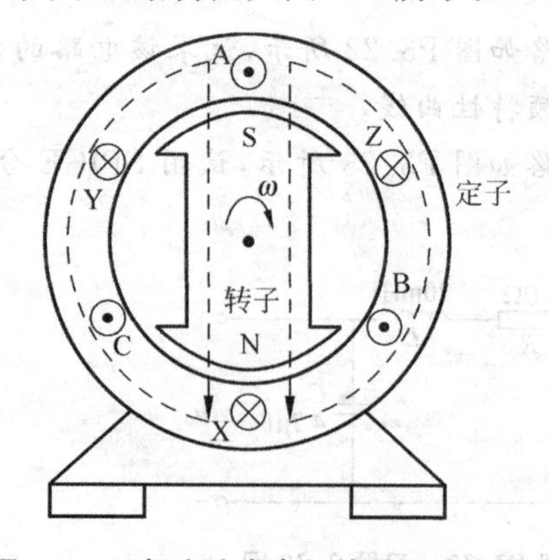

图 4.1 三相交流发电机的原理结构图

三相发电机工作原理如下：在转子绕组中通以直流电流励磁，产生磁场，定子铁心和转子铁心构成磁场通路；原动机拖动转子以角频率 ω 旋转，根据电磁应原理，在空间位置上互差 120°的三相定子绕组中便产生三个频率和幅值相等、相位互差 120°的单相电动势，称为对称的三相电动势。如图 4.1，将三相定子绕组的首端分别标记为 A、B、C，尾端分别标记为 X、Y、Z，XA、YB 和 ZC 三相绕组分别称为 A 相、B 相、C 相绕组。设三个定子绕组中所产生感应电动势的参考方向均由尾端指向首端，如图 4.1 所示若转子顺时针旋转，则 A 相电动势超前 B 相 120°，B 相电动势超前 C 相 120°，C 相电动势超前 A 相 120°。若设 A 相电动势的初相位为 0，则

$$e_{XA} = E_m \sin\omega t \tag{4.1.1}$$

$$e_{YB} = E_m \sin(\omega t - 120°) \tag{4.1.2}$$

$$e_{ZC} = E_m \sin(\omega t - 240°) = E_m \sin(\omega t + 120°) \tag{4.1.3}$$

若用相量表示，则

$$\dot{E}_{XA} = E\angle 0° \tag{4.1.4}$$

$$\dot{E}_{YB} = E\angle -120° \tag{4.1.5}$$

$$\dot{E}_{ZC} = E\angle -240° = E\angle 120° \tag{4.1.6}$$

三相电动势的特点：幅值相等，频率相同，相位互差 120°，并且满足

$$e_{XA} + e_{YB} + e_{ZC} = 0 \tag{4.1.7}$$

$$\dot{E}_{XA} + \dot{E}_{YB} + \dot{E}_{ZC} = 0 \tag{4.1.8}$$

4.1.2 三相交流电源的连接

1. 三相电源星形连接（star connection 或 wye connection）

将三个对称单相电源的尾端连接在一起，称为中点(neutral terminal or neutral point)，记做“N”；从三个首端引出 A、B、C 三相(line terminal)，如图 4.2 所示。三相电源的这种连接方式称为星形(Y)连接。

若从三相电源的 A、B、C 相和中点引出四条线到负载，这种输送电方式称为三相四线制(three-phase four-wire system)；若只从 A、B、C 相引出三条线到负载，则称为三相三线制(three-phase three-wire system)。从 A、B、C 三相引出的输电线称为相线或火线；从中点引出的线称为中线或零线(neutral conductor)，中线接地，其接地电阻小于 4～10Ω。在电力系统中，高压输电采用三相三线制，而在用户端，则采用三相四线制。

2. 三相电源三角形连接(triangular connection 或 delta connection)

将三个对称单相电源首尾相接，并从三个首端分别引出 A、B、C 三相，如图 4.3 所示。

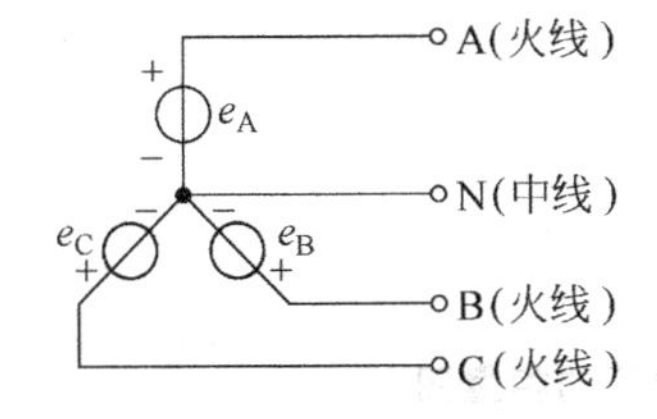

图 4.2 三相电源星形(Y)连接

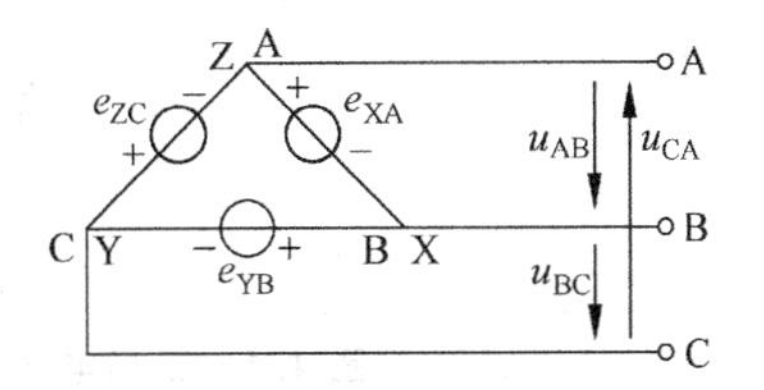

图 4.3 三相电源的三角形(△)连接

三相电源的这种连接方式称为三角形(△)连接。因为三相对称电源的特点 $e_{XA}+e_{YB}+e_{ZC}=0$，所以这种连接方式并不会在三角形闭合回路内出现短路。

4.1.3 线电压和相电压

相电压(phase voltage)定义为构成三相电源的三个对称单相交流电源的端电压。线电压(line voltage)定义为相线之间的电压。在三相电路中，若无特别说明，三相电路的电压均指线电压。

当电源采用△连接时，电源的线电压等于相电压。

$$\dot{U}_{AB}=\dot{U}_{AX}$$

$$\dot{U}_{BC}=\dot{U}_{BY}$$

$$\dot{U}_{CA}=\dot{U}_{CZ}$$

当三相电源采用Y连接时，u_{AN}、u_{BN}、u_{CN} 为相电压；u_{AB}、u_{BC}、u_{CA} 为线电压，如图 4.4 所示。根据 KVL，可得线电压与相电压的关系如下：

$$\dot{U}_{AB}=\dot{U}_{AN}-\dot{U}_{BN}$$

$$\dot{U}_{BC}=\dot{U}_{BN}-\dot{U}_{CN}$$

$$\dot{U}_{CA}=\dot{U}_{CN}-\dot{U}_{AN}$$

其中，$\dot{U}_{AB}=\dot{U}_{AN}-\dot{U}_{BN}=\dot{U}_{AN}+(-\dot{U}_{BN})$，该相量关系可用图 4.4 所示的相量图表示，可得

$$\dot{U}_{AB}=\sqrt{3}\,\dot{U}_{AN}\angle 30° \tag{4.1.9}$$

同理，可得

$$\dot{U}_{BC}=\dot{U}_{BN}-\dot{U}_{CN}=\sqrt{3}\,\dot{U}_{BN}\angle 30° \tag{4.1.10}$$

$$\dot{U}_{CA}=\dot{U}_{CN}-\dot{U}_{AN}=\sqrt{3}\,\dot{U}_{CN}\angle 30° \tag{4.1.11}$$

设相电压的有效值为 U_p，线电压的有效值为 U_l，两者之间满足关系

$$U_l=\sqrt{3}U_p \tag{4.1.12}$$

在我国，日常生活与工农业生产中，多数用户的电压等级为 $U_p=220V$，$U_l=380V$。

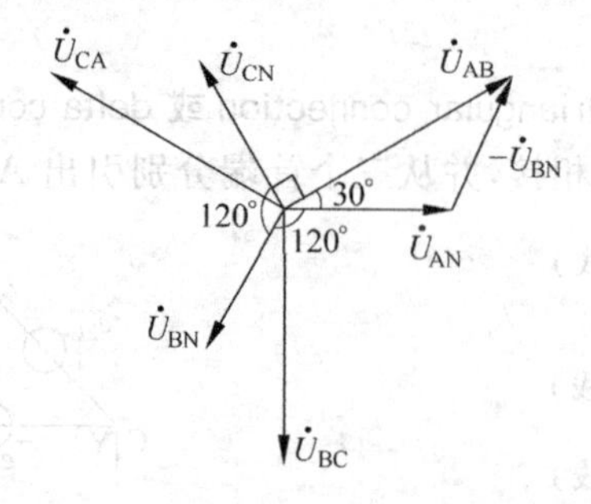

图 4.4 三相电源Y-接时线电压和相电压的相量图

4.2 三相负载的连接

与三相电源的连接方式相对应，三相负载也有两种连接方式。将三相负载的尾端连接在一起接至三相电源的中线，将三个首端分别接到三相电源的三根相线，称为负载的星形连接，如图 4.5(a)所示。若将三相负载首尾相接，再将三个首端接至三相电源的三根相线，称为负载的三角形连接，如图 4.5(b)所示。当三相负载相等时，则称三相负载对称。

在三相电路中，相电流(phase current)定义为流过三相负载的电流；线电流(line current)定义为相线上的电流，如图 4.5(a)、(b)中的标示。在三相电路中，若无特别说明，三相电路的电流均指线电流。

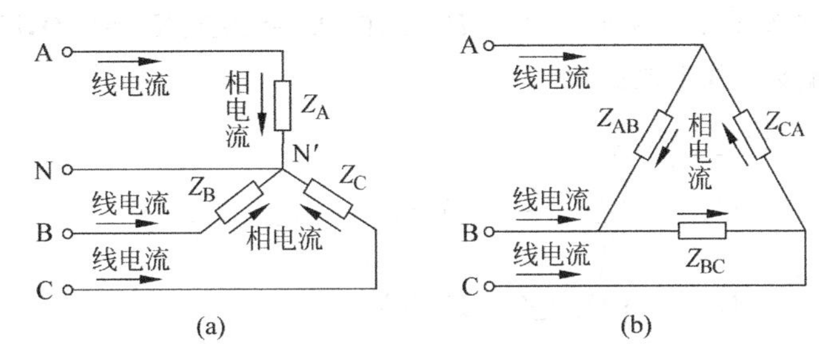

图 4.5 三相负载的连接

4.3 三相电路中电压和电流的分析

在三相电路中，若无特别说明，三相电源均指对称的三相四线制电源。

4.3.1 三相负载星形连接时电路中的电压和电流

当三相负载采用星形接法时，电路图及其电压和电流的参考方向如图 4.6 所示，图中 i_A、i_B、i_C 为线电流，$i_{AN'}$、$i_{BN'}$、$i_{CN'}$ 为相电流，i_N 为中线电流。在该电路中，相电流等于线电流；各相负载的端电压分别等于三相电源的三个相电压。因此，可将图 4.6 所示的电路简化成图 4.7 所示的三个简单电路来分析。

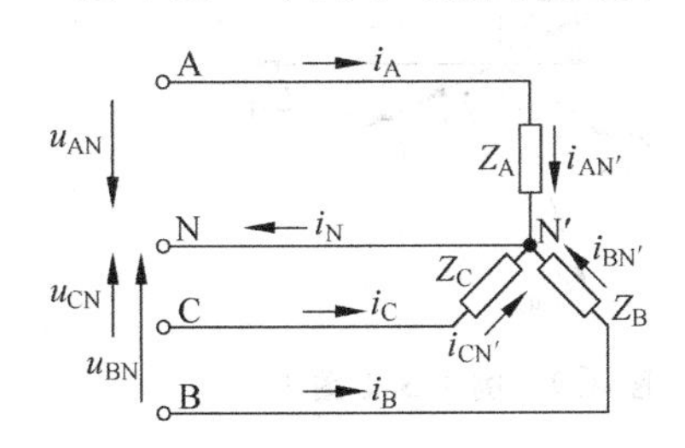

图 4.6 三相负载星形接法

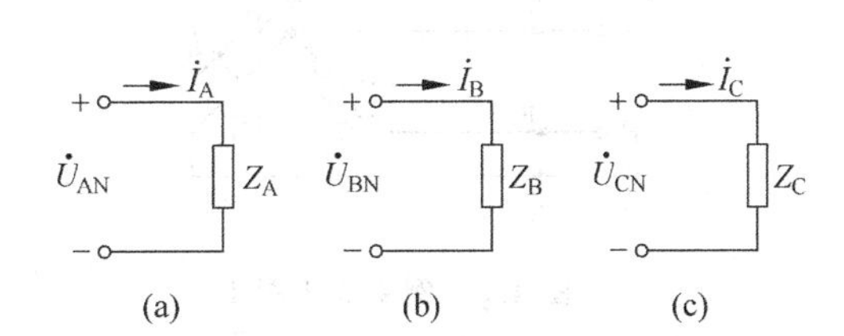

图 4.7 三相负载Y接时的等效电路

可得

$$\dot{I}_A=\dot{I}_{AN'}=\frac{\dot{U}_{AN}}{Z_A} \tag{4.3.1}$$

$$\dot{I}_B=\dot{I}_{BN'}=\frac{\dot{U}_{BN}}{Z_B} \tag{4.3.2}$$

$$\dot{I}_C=\dot{I}_{CN'}=\frac{\dot{U}_{CN}}{Z_C} \tag{4.3.3}$$

$$\dot{I}_N=\dot{I}_A+\dot{I}_B+\dot{I}_C \tag{4.3.4}$$

当三相负载对称(即 $Z_A=Z_B=Z_C$)时,分析一相电路即可,根据对称性即可得另外两相的结果,且 $\dot{I}_N=\dot{I}_A+\dot{I}_B+\dot{I}_C=0$。

例 4.3.1 电路如图 4.8 所示。已知 $R=20\Omega$、$X_L=20\Omega$、$X_C=20\Omega$,$\dot{U}_{AB}=220\angle 0°\ \text{V}$。求各相电流、线电流及中线电流。

解 已知 $\dot{U}_{AB}=220\angle 0°\text{V}$,则

$$\dot{U}_{AN}=\frac{220}{\sqrt{3}}\angle -30°\text{V}\approx 127.0\angle -30°(\text{V})$$

$$\dot{U}_{BN}=127.0\angle -150°(\text{V})$$

$$\dot{U}_{CN}=127.0\angle 90°(\text{V})$$

所以,有

$$\dot{I}_A=\dot{I}_{AN'}=\frac{\dot{U}_{AN}}{R}=\frac{127.0}{20}\angle -30°=6.35\angle -30°(\text{A})$$

$$\dot{I}_B=\dot{I}_{BN'}=\frac{\dot{U}_{BN}}{\text{j}X_L}=\frac{127.0}{\text{j}20}\angle -150°=6.35\angle -240°=6.35\angle 120°(\text{A})$$

$$\dot{I}_C=\dot{I}_{CN'}=\frac{\dot{U}_{CN}}{\text{j}X_C}=\frac{127.0}{-\text{j}20}\angle 90°=6.35\angle 180°(\text{A})$$

$$\dot{I}_N=\dot{I}_{AN'}+\dot{I}_{BN'}+\dot{I}_{CN'}\approx 6.35\times(-0.634+\text{j}0.366)\approx 4.65\angle 150°(\text{A})$$

电路中各电压和电流的相量图如图 4.9 所示。

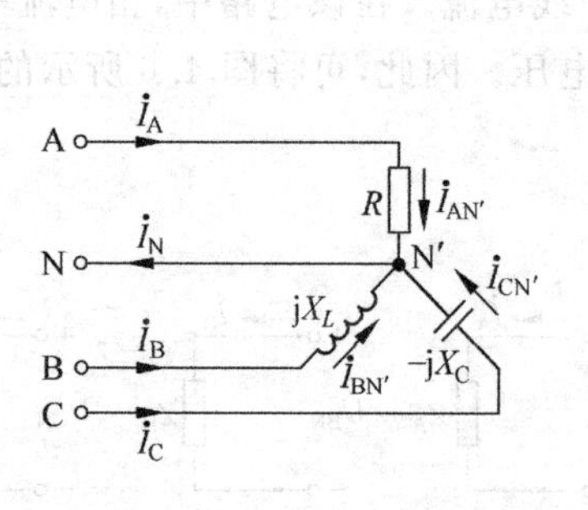

图 4.8 例 4.3.1 图 1

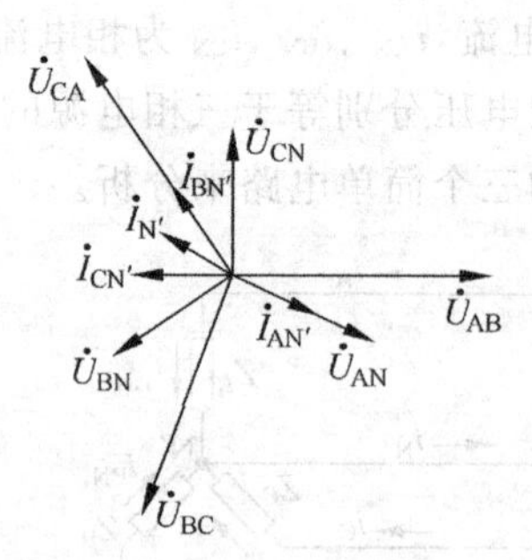

图 4.9 例 4.3.1 图 2

例 4.3.2 图 4.10 为某三层楼房实际照明电路的线路图。每层楼的灯并联后分别接至相应的相电压上。三相电源的线电压为 380V,则在正常情况下,每盏灯上都可得到额定

的工作电压 220V。现若由于某种原因，线路的中线断开了。设负载为纯电阻负载，试分析：

(1) 若一楼的负载与二楼的负载相同，三楼负载是二楼的 2 倍，则负载端的相电压如何？负载还能正常工作吗？

(2) 若一楼的负载全部断开，二、三楼仍然接通，且二楼与三楼的负载相同，则负载端的情况又如何？

(3) 若一楼的负载全部断开，二、三楼的负载仍工作，且二楼负载为三楼的 1/4，结果又如何？

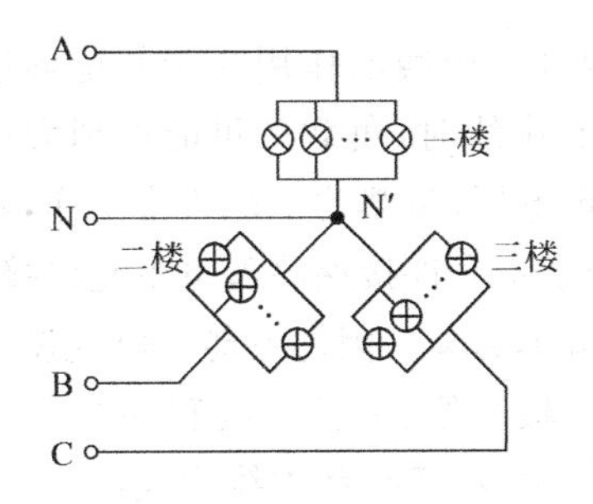

图 4.10　例 4.3.2 图 1

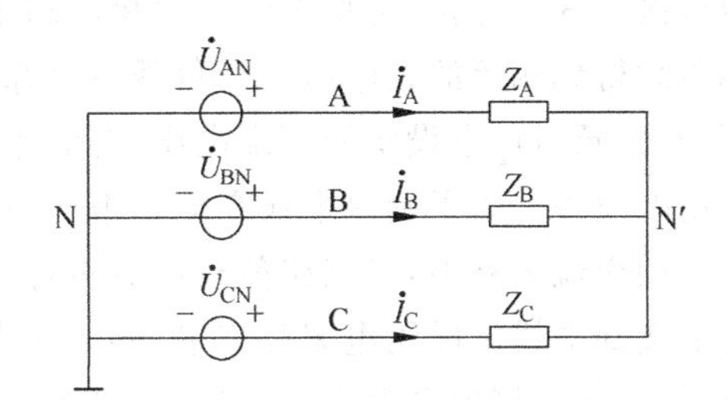

图 4.11　例 4.3.2 图 2

解　中线断开后，该照明电路的等效电路如图 4.11 所示，可见电路为有两个节点、三条支路的正弦交流电路。可用节点电位法来分析该电路。选择电源的中点 N 为参考节点，设 $\dot{U}_{AN}=220\angle 0^\circ\text{V}$，则 $\dot{U}_{BN}=220\angle -120^\circ\text{V}$，$\dot{U}_{CN}=220\angle 120^\circ\text{V}$。

(1) 根据题意可设 $Z_A=Z_B=R$，$Z_C=0.5R$

$$\dot{V}_{N'}=\frac{\dfrac{\dot{U}_{AN}}{Z_A}+\dfrac{\dot{U}_{BN}}{Z_B}+\dfrac{\dot{U}_{CN}}{Z_C}}{\dfrac{1}{Z_A}+\dfrac{1}{Z_B}+\dfrac{1}{Z_C}}=\frac{\dot{U}_{AN}+\dot{U}_{BN}+2\dot{U}_{CN}}{4}=\frac{\dot{U}_{CN}}{4}=55\angle 120^\circ(\text{V})$$

$$\dot{U}_{AN'}=220\angle 0^\circ-55\angle 120^\circ\approx 247.5-\text{j}47.63\approx 252\angle -10.9^\circ(\text{V})$$

$$\dot{U}_{BN'}=220\angle -120^\circ-55\angle 120^\circ\approx -82.5-\text{j}238.16\approx 252\angle -109.1^\circ(\text{V})$$

$$\dot{U}_{CN'}=220\angle 120^\circ-55\angle 120^\circ=165\angle 120^\circ(\text{V})$$

在中线断开的瞬间，一楼、二楼的电压过高，灯会突然变亮后被烧毁；三楼的灯突然变暗，由于一、二楼的灯泡被烧毁，不存在回路，故三楼的灯也熄灭，但不会被烧毁。

(2) 根据题意可设 $Z_A=0$，$Z_B=Z_C=R$。这时电源的 B 相、B 相负载、C 相负载和 C 相电源构成回路。所以

$$\dot{U}_{BN'}=\frac{\dot{U}_{BC}}{Z_B+Z_C}Z_B=\frac{380\angle -90^\circ}{2}=190\angle -90^\circ(\text{V})$$

$$\dot{U}_{CN'}=\frac{-\dot{U}_{BC}}{Z_B+Z_C}Z_C=\frac{-380\angle -90^\circ}{2}=190\angle 90^\circ(\text{V})$$

在中线断开后，一楼、二楼的灯会变暗。

(3) 根据题意可设 $Z_A=0$，$Z_B=R$，$Z_C=0.25R$

$$\dot{U}_{BN'}=\frac{\dot{U}_{BC}}{Z_B+Z_C}Z_B=0.8\times 380\angle -90^\circ=304\angle -90^\circ(\text{V})$$

$$\dot{U}_{CN'} = \frac{-\dot{U}_{BC}}{Z_B + Z_C} Z_C = 0.2 \times (-380\angle -90^\circ) = 76\angle 90^\circ (V)$$

在中线断开的瞬间，二楼的电压过高，灯会突然变亮后被烧毁；三楼的灯突然变暗，由于一楼负载断开、二楼的灯泡被烧毁，不存在回路，故三楼的灯也熄灭，但不会被烧毁。

在分析三相电路时，注意利用三相对称电压或电流之和等于0这个特点来简化计算过程。例如在例4.3.2中，在计算 $\dot{V}_{N'}$ 时，有 $\dot{U}_{AN} + \dot{U}_{BN} + 2\dot{U}_{CN} = (\dot{U}_{AN} + \dot{U}_{BN} + \dot{U}_{CN}) + \dot{U}_{CN} = \dot{U}_{CN}$。

通过例4.3.2分析，可见中线在三相电路中的重要性。中线的作用在于使星形连接的不对称负载得到相等的相电压。当负载不对称而又没有中线时，负载上可能得到大小不等的电压，有的超过用电设备的额定电压，有的达不到额定电压，负载均不能正常工作，甚至可能损坏用电设备。为了确保中线在运行中不断开，中线上不允许接保险丝也不允许接刀闸。

在三相交流电路中，当三相负载不对称时，中线电流不为零。因此不能把电气设备的保护接地端接到中线。民用电采用三相五线制供电，有三根相线、一根中线和一根接地保护线，接地保护线的接地电阻小于1Ω。入户的单相电有三根线，相线和中线构成供电回路，电气设备的保护接地端接到地线。关于安全用电常识请参阅附录C。

4.3.2 三相负载三角形连接时电路中的电压和电流

当负载采用三角形连接时，电路图及其各电压、电流的正方向如图4.12所示。i_A、i_B、i_C 分别为三相线电流，i_{AB}、i_{BC}、i_{CA} 分别为三相相电流。在该电路中，各相负载的端电压分别等于三相电源的三个线电压。因此，可将图4.12所示的电路简化成图4.13所示的三个简单电路来分析。

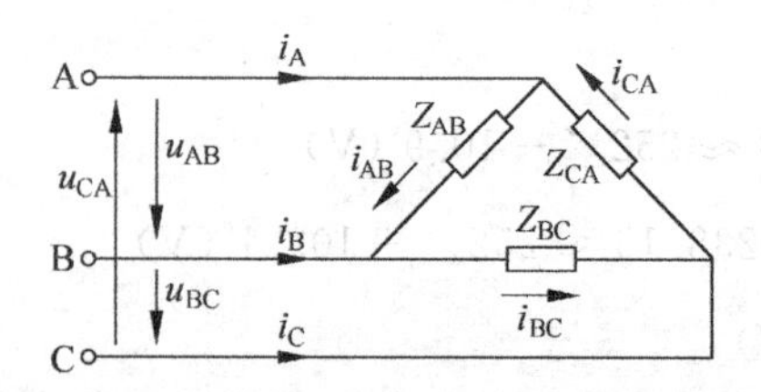

图4.12 三相负载三角形接法

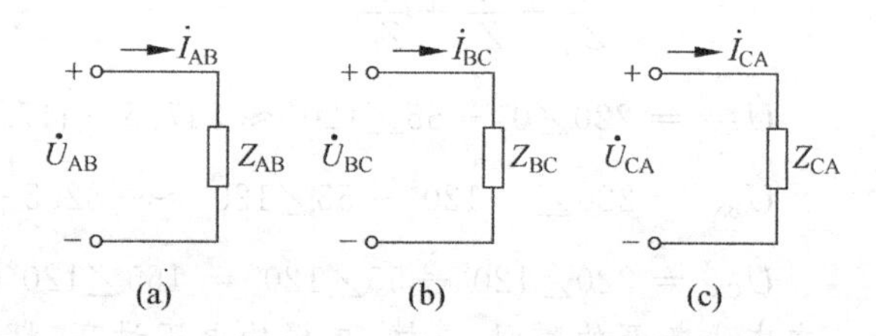

图4.13 三相负载△接时的等效电路

由图4.13所示的电路，有

$$\dot{I}_{AB} = \frac{\dot{U}_{AB}}{Z_{AB}} \tag{4.3.5}$$

$$\dot{I}_{BC} = \frac{\dot{U}_{BC}}{Z_{BC}} \tag{4.3.6}$$

$$\dot{I}_{CA} = \frac{\dot{U}_{CA}}{Z_{CA}} \tag{4.3.7}$$

根据图4.12所示的电路，有

$$\dot{I}_A = \dot{I}_{AB} - \dot{I}_{CA} \tag{4.3.8}$$

$$\dot{I}_B = \dot{I}_{BC} - \dot{I}_{AB} \tag{4.3.9}$$

$$\dot{I}_C = \dot{I}_{CA} - \dot{I}_{BC} \tag{4.3.10}$$

当$Z_{AB}=Z_{BC}=Z_{CA}$时，三相负载对称时，电路中的三个相电流和三个线电流也分别对称。电路中各电流的相量图如图4.14所示：设$\dot{I}_{AB}$为基准相量，$\dot{I}_{BC}$落后其120°，$\dot{I}_{CA}$超前其120°。根据$\dot{I}_A=\dot{I}_{AB}-\dot{I}_{CA}$，可用平行四边形法在相量图上画出$\dot{I}_A$，进而根据对称性画出其他两个线电流的相量图。

由图4.14所示的相量图，可得

$$\dot{I}_A = \sqrt{3}\ \dot{I}_{AB}\angle -30° \tag{4.3.11}$$

$$\dot{I}_B = \sqrt{3}\ \dot{I}_{BC}\angle -30° \tag{4.3.12}$$

$$\dot{I}_C = \sqrt{3}\ \dot{I}_{CA}\angle -30° \tag{4.3.13}$$

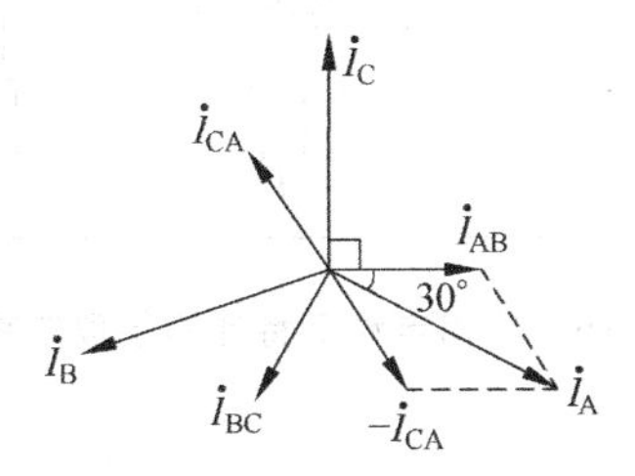

图4.14　三相负载△接时各电流的相量图

在三相负载对称时，若设相电流的有效值为I_p，线电流的有效值为I_l，两者之间满足关系

$$I_l = \sqrt{3} I_p \tag{4.3.14}$$

4.4　三相电路的功率

4.4.1　三相电路功率(three-phase power)的计算

三相交流电路的总有功功率的计算公式为

$$P = P_A + P_B + P_C \tag{4.4.1}$$

当三相负载对称时，若设负载的阻抗角为φ，每相负载端的电压为U_{Lp}，则有

$$P = 3U_{Lp} I_p \cos\varphi \tag{4.4.2}$$

$$Q = 3U_{Lp} I_p \sin\varphi \tag{4.4.3}$$

若负载Y接，则$U_{Lp}=U_p=\dfrac{U_l}{\sqrt{3}}$，$I_l=I_p$；若负载△接，则$U_{Lp}=U_l$，$I_l=\sqrt{3}I_p$。分别将上述关系代入到式(4.4.2)和式(4.4.3)，可知：当三相负载对称时，不管负载连接方式如何，均有

$$P = \sqrt{3} U_l I_l \cos\varphi \tag{4.4.4}$$

$$Q = \sqrt{3} U_l I_l \sin\varphi \tag{4.4.5}$$

所以

$$S = \sqrt{P^2 + Q^2} = \sqrt{3}U_1 I_1 \tag{4.4.6}$$

4.4.2 三相电路功率的测量

1. 单相瓦特计的测量原理

在单相正弦交流电路中，电功率采用电动式瓦特计测量。电动瓦特计的原理电路图如图4.15所示。电路中，i_2 和 u 成正比，且近似同相，即 $i_2 \approx ku$。瓦特计的指针的偏转角度为

$$\alpha = kI_1 U \cdot \cos\varphi = kP$$

其中，φ 为 i_1 和 u 间的夹角，k 为常数。即瓦特计指针偏转角度与电功率成正比，可用于测量单相功率。

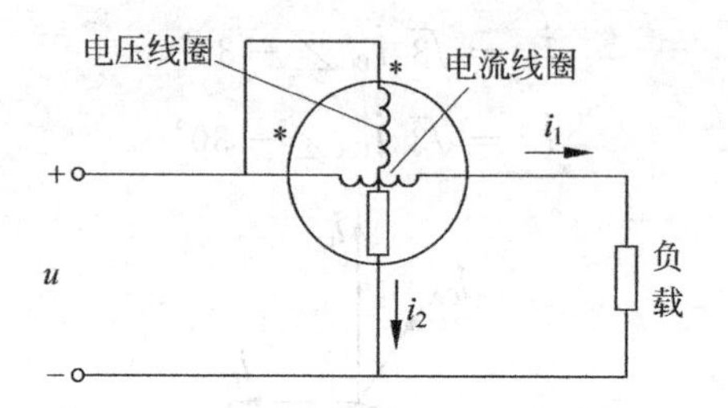

图4.15 单相电动瓦特计的原理电路图

2. 三相四线制三相电路的功率测量原理

在三相四线制电路中，线电流等于相电流，三相负载的端电压分别等于三相电源的相电压，所以可以用三个单相功率表分别测三个负载的功率，三相功率则为三个功率表读数之和。测量电路如图4.16所示。

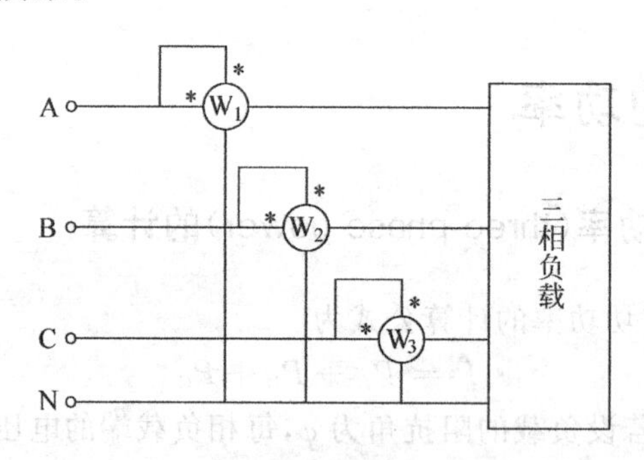

图4.16 三相四线制电路功率的测量电路

3. 三相三线制三相电路的功率测量原理

根据功率守恒，三相负载的功率与三相电源的功率的代数和等于0。在三相三线制电路中，设线电流 i_A、i_B、i_C 的参考方向为从电源端流出，p 为三相负载的瞬时功率，p_S 为三相电源的瞬时功率，设负载采用Y接法，其中点为N′，则

$$p = -p_S = u_{AN'}i_A + u_{BN'}i_B + u_{CN'}i_C \tag{4.4.7}$$

式(4.4.7)与三相负载的接法无关。在三相三线制电路中，可将三相负载视为一个广义节点，所以有 $i_A + i_B + i_C = 0$。可令 $i_C = -i_A - i_B$，则

$$\begin{aligned} p &= u_{AN'}i_A + u_{BN'}i_B + u_{CN'}(-i_A - i_B) \\ &= i_A(u_{AN'} - u_{CN'}) + i_B(u_{BN'} - u_{CN'}) \\ &= i_A u_{AC} + i_B u_{BC} \end{aligned}$$

有功功率为

$$P = \frac{1}{T}\int_0^T p\mathrm{d}t = \frac{1}{T}\int_0^T (i_A u_{AC})\mathrm{d}t + \frac{1}{T}\int_0^T (i_B u_{BC})\mathrm{d}t$$

有功功率为

$$P = U_1 I_1 \cos\varphi_1 + U_1 I_1 \cos\varphi_2 \tag{4.4.8}$$

其中 φ_1 为 u_{AC}与 i_A 的相位差，φ_2 为 u_{BC}与 i_B 的相位差。

式(4.4.8)表明，若有两块单相功率表，一块表的电压接入 u_{AC}、电流接入为 i_A，另一块表的电压接入 u_{BC}、电流接入 i_B，如图 4.17 所示，则表 W_1 的读数为$U_1I_1\cos\varphi_1$，表 W_2 的读数为 $U_1I_1\cos\varphi_2$，虽然单个功率表的读数没有意义，但两块单相功率表读数之和为三相电路的总功率。三相功率的这种测量方法称为二表法，三相瓦特计就是根据该原理设计的。在实际使用时，三相功率表需接任意两相的线电流，以及该两相分别与另外一相的线电压。

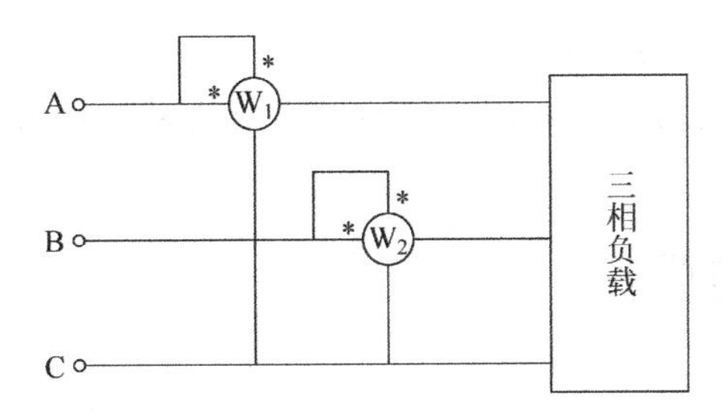

图 4.17 采用二表法测三相功率的电路

根据上述分析，二表法三相测功率的前提是 $i_A+i_B+i_C=0$。当三相负载对称时，不论负载采用星形还是三角形接法，$i_A+i_B+i_C=0$ 始终成立。因此，三相三线制三相电路和负载对称的三相四线制三相电路可用二表法测三相功率。

例 4.4.1 电路如图 4.18 所示。已知三相电动机的输入功率为 2.5kW，$\cos\varphi=0.866$。电动机采用星形接法，N′ 为其中点。电源线电压为 380V，各相对称。求功率表 W_1、W_2 的读数。

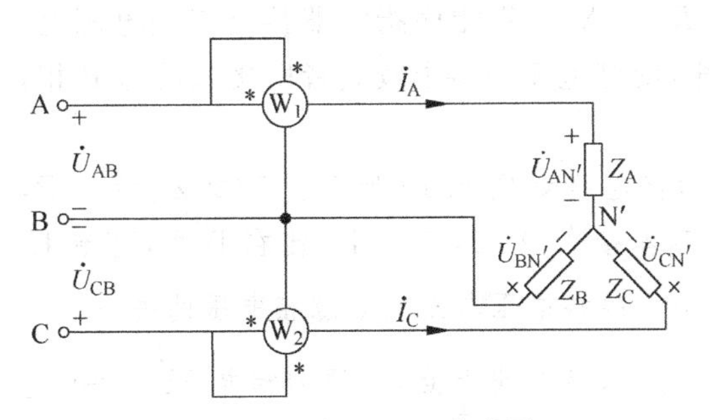

图 4.18 例 4.3.1 电路图

解 根据图 4.18 所示电路，只要求出$\dot{U}_{AB}$、$\dot{I}_A$、$\dot{U}_{CB}$、$\dot{I}_C$，就可求出功率表的读数。依题意，有

$$I_1 = \frac{P}{\sqrt{3}U_1\cos\varphi} = \frac{2.5\times10^3}{\sqrt{3}\times380\times0.866} \approx 4.386(\mathrm{A})$$

若设$\dot{U}_{AB}=380\angle 0°V$，则

$$\dot{U}_{CB}=-\dot{U}_{BC}=380\angle(-120°+180°)=380\angle 60°(V)$$

由 $\cos\varphi=0.866$，可得

$$\varphi=\arccos 0.866\approx 30°$$

$\dot{I}_A$落后$\dot{U}_{AN}30°$，$\dot{U}_{AN}$落后$\dot{U}_{AB}30°$，所以

$$\dot{I}_A=4.386\angle(-30°-30°)=4.386\angle-60°(A)$$

根据对称性，$\dot{I}_C$超前$\dot{I}_A 120°$，所以

$$\dot{I}_C=4.386\angle 60°(A)$$

功率表 W_1 的读数为

$$\begin{aligned}P_1&=U_{AB}I_A\cos\varphi_1\\&=380\times 4.386\times\cos[0°-(-60°)]\approx 833.3(W)\end{aligned}$$

功率表 W_2 的读数为

$$\begin{aligned}P_2&=U_{CB}I_C\cos\varphi_2\\&=380\times 4.386\times\cos(60°-60°)\approx 1666.7(W)\end{aligned}$$

4.5　三相电源的相序

三相交流电动势出现最大值的先后顺序称为三相电源的相序(phase sequence)。若依次出现最大值的顺序为A—B—C，则称之为正相序；若顺序为A—C—B，则称之为逆相序。前面所介绍的三相交流电路的分析和计算均采用正相序。由于正相序和逆相序仅在相线名称上不同，在本质上无任何区别，因此，前面的内容不失一般性。如果没有特别说明，三相电源的相序一般为正相序。

三相电源的相序可用相序指示器测出。相序指示器由两个灯泡和一个电容器构成，如图4.19所示。两个灯泡的电阻和电容器的工频容抗均相等，即$R_{L1}=R_{L2}=X_C$。将相序指示器接至三相电源上，假设电容C接的是A相，则灯泡L_1、L_2中较亮者所接入的为B相，另一接入为C相。

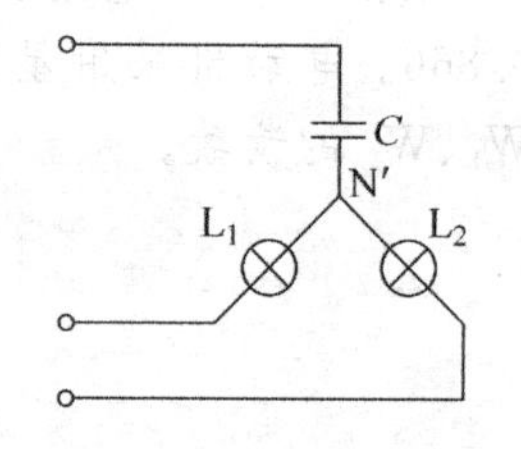

图4.19　相序指示器

例4.5.1　相序指示器电路如图4.19所示。已知$Z_A=-jR$，$Z_B=R$，$Z_C=R$。假定电容器接在A相，灯泡L_1接在B相，灯泡L_2接在C相。试分析两个灯泡的端电压与三相电源相电压的关系。

解　设三相电源的中点N为参考节点，电源的相电压$\dot{U}_{AN}=U_p\angle 0°$。由节点电位法，得

$$\begin{aligned}\dot{V}_{N'}&=\frac{\dfrac{\dot{U}_{AN}}{Z_A}+\dfrac{\dot{U}_{BN}}{Z_B}+\dfrac{\dot{U}_{CN}}{Z_C}}{\dfrac{1}{Z_A}+\dfrac{1}{Z_B}+\dfrac{1}{Z_C}}=\frac{j\dot{U}_{AN}+\dot{U}_{BN}+\dot{U}_{CN}}{2+j}=\frac{j-1}{2+j}\dot{U}_{AN}\\&=(-0.2+j0.6)U_p\end{aligned}$$

$$\dot{U}_{BN'} = U_p\angle -120° - (-0.2 + j0.6)U_p$$
$$\approx (-0.3 - j1.466)U_p$$
$$\approx 1.50U_p\angle -101.6°$$

$$\dot{U}_{CN'} = U_p\angle 120° - (-0.2 + j0.6)U_p$$
$$\approx (-0.3 + j0.266)U_p$$
$$\approx 0.40U_p\angle 138.4°$$

上述分析表明，B 相负载的端电压高于 C 相负载的端电压，所以 B 相所接的灯泡较 C 相的亮。

4.6 用 SPICE 分析三相交流电路

三相交流电路是正弦交流电路，可用 SPICE 中弛豫分析语句 .tran 和交流分析语句 .ac 来作其时域和频域的稳态分析。下面通过一个例题来说明用 SPICE 分析三相交流电路的方法。

例 4.6.1 三相电路如图 4.20 所示。已知三相对称电源的相电压为 220V，频率为 50Hz；三相负载对称，每相负载的电阻为 10Ω，电感为 0.1H，四条输电线的等效电阻为 2Ω。设 $\dot{U}_{AN}=220\angle 0°$V，试用 SPICE 求负载端的线电压 $\dot{U}_{A'B'}$ 和相电流 $\dot{I}_A$。

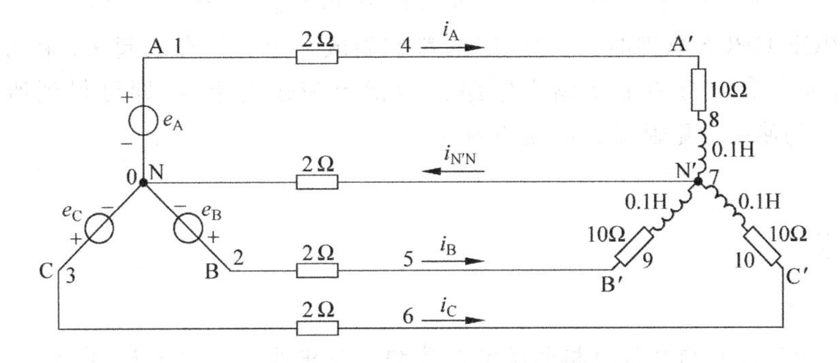

图 4.20 例 4.6.1 电路图

解 电路文件如下：

```
Example 4.6.1
* Circuit parameters
VAN 1 0 ac 220 0
VBN 2 0 ac 220 -120
VCN 3 0 ac 220 120
RLA 1 4 2
RLB 2 5 2
RLC 3 6 2
RLN 0 7 2
```

```
RA 4 8 10
RB 5 9 10
RC 6 10 10
LA 8 7 0.1
LB 9 7 0.1
LC 10 7 0.1
* frequency analysis——solution for f=50Hz
.ac lin 1 50 50
* output
.print ac vm(4,5) vp(4,5) i(van)
.end
```

用SPICE OPUS分析，结果为：

```
vm(4,5) = 3.735653e+002
vp(4,5) = 5.802986e-001
i(van) = -2.33430e+000,6.111181e+000
```

其中vm(4,5)和vp(4,5)分别为节点4、5电压的有效值和初相位(单位为弧度)；i(van)为流过节点1、0间的电压源的电流，正方向为由节点1指向节点0，给出的结果是其相量的实部和虚部。所以：

$$\dot{U}_{A'B'} \approx 373.56\angle 0.58 \approx 373.56\angle 33.23°(\mathrm{V})$$

$$\dot{I}_{A} = -\dot{I}_{VAN} \approx 2.334 - \mathrm{j}6.111 \approx 6.54\angle -69.10°(\mathrm{A})$$

在用SPICE OPUS软件时，先把电路的参数做成一个文件存放起来；在分析时，首先导入该文件，再在命令行中依次输入电路分析指令和输出指令，即可得到所需的结果。SPICE OPUS的使用参见附录F的相关内容。

本章小结

(1) 三相四线制三相电源的相电压定义为相线与中线之间的电压，线电压定义为相线与相线之间的电压。相电压和线电压分别对称，线电压和相电压之间存在如下关系：

$$\dot{U}_{AB} = \sqrt{3}\,\dot{U}_{AN}\angle 30°,\quad \dot{U}_{BC} = \sqrt{3}\,\dot{U}_{BN}\angle 30°,\quad \dot{U}_{CA} = \sqrt{3}\,\dot{U}_{CN}\angle 30°$$

(2) 在三相电路中，相电流定义为负载电流；线电流定义为相线上的电流。当三相负载采用星形连接时，线电流等于相电流。当三相对称负载采用三角形连接时，线电流和相电流存在如下关系：

$$\dot{I}_{A} = \sqrt{3}\,\dot{I}_{AB}\angle -30°,\quad \dot{I}_{B} = \sqrt{3}\,\dot{I}_{BC}\angle -30°,\quad \dot{I}_{C} = \sqrt{3}\,\dot{I}_{CA}\angle -30°$$

(3) 在三相四线制电路中，三相负载Y接，线电流等于相电流，负载的端电压分别为三相电源的相电压，电路可以简化为三个单回路电路进行分析。若中线断开，则电路为一个有两个节点和三条支路的正弦交流电路，可用节点电位法来分析。

(4) 当三相负载△接时，负载的端电压分别为三相电源的线电压，电路可以简化为三个单回路电路进行分析。

(5) 当三相负载对称时，可用 $P=\sqrt{3}U_lI_l\cos\varphi$ 计算三相功率；当三相负载不对称时，则分别计算各相负载的功率，再将其相加即得三相功率。

(6) 在三相交流电路中，若 $i_A+i_B+i_C=0$ 成立，则可用二表法测三相电路的有功功率。

习题

4.1 三相对称电源采用星形接法，已知 $\dot{U}_{AB}=380\angle 90°\text{V}$，求三个相电压 $\dot{U}_{AN}$、$\dot{U}_{BN}$、$\dot{U}_{CN}$。

4.2 三相对称电源采用星形接法，已知 $\dot{U}_{CN}=127\angle 45°\text{V}$，求三个线电压 u_{AB}、u_{BC}、u_{CA}。

4.3 三相电路中，若已知 $\dot{U}_{BA}=380\angle -35°\text{V}$，求三个相电压 u_{AN}、u_{BN}、u_{CN}。

4.4 在连接三相对称电源时，把 A 相的首(A)和尾(X)颠倒了。

(1) 若三相电源采用星形接法，求三个线电压；

(2) 若采用三角接法则会出现什么情况？

4.5 在三相电路中，已知 $\dot{U}_{AC}=200\angle 75°\text{V}$，$\dot{I}_B=4.2\angle 45°\text{A}$，三相对称负载采用星形接法。求 $\dot{U}_{AN}$，负载阻抗 Z 和有功功率 P。

4.6 三相电路如图 P4.1 所示，已知 $\dot{U}_{AB}=380\angle 60°\text{V}$，$Z_A=Z_B=Z_C=100\angle 30°\Omega$。问：

(1) 各相电流、线电流和中线电流；

(2) 电路的有功功率、无功功率和视在功率；

(3) 若 A 相负载短路，B 相和 C 相还能正常工作吗？

4.7 三相电路如图 P4.2 所示，已知 $\dot{U}_{AB}=380\angle 60°\text{V}$，$Z_A=Z_B=Z_C=100\angle 30°\Omega$。若每相输电线和地线的等效电阻均为 10Ω。求：

(1) 各相电流、线电流和中线电流；

(2) 负载的有功功率和电路的效率。

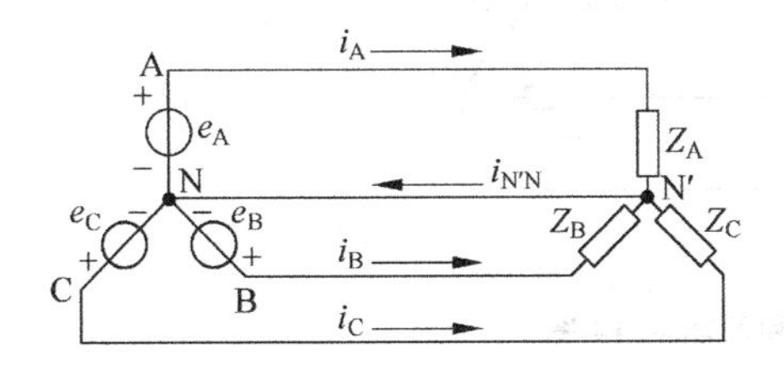

图 P4.1 习题 4.6 图

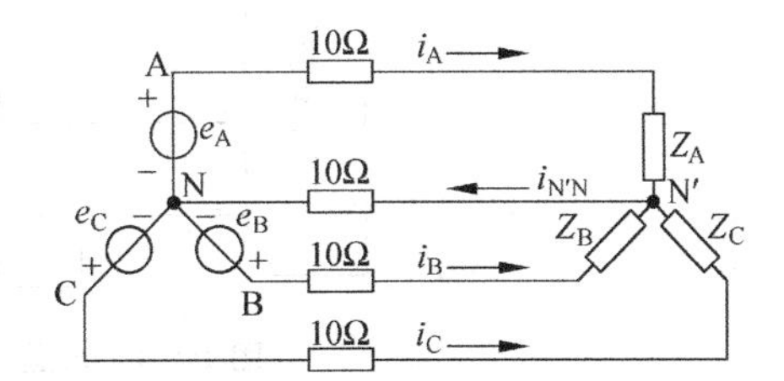

图 P4.2 习题 4.7 图

4.8 三相电路如图 P4.1 所示，若已知 $\dot{U}_{AB}=220\angle 0°\text{V}$，$Z_A=20\Omega$，$Z_B=20\angle -30°\Omega$，$Z_C=20\angle 30°\Omega$，求：

(1) 三相线电流 $\dot{I}_A$、$\dot{I}_B$、$\dot{I}_C$ 和有功功率 P；

(2) 若中线由于某种原因断开，则 $\dot{I}_A$、$\dot{I}_B$、$\dot{I}_C$ 和 P 又如何。

4.9 三相对称负载采用三角形接法。若已知$\dot{I}_C=11\angle 36°$A,求$\dot{I}_{AB}$、$\dot{I}_{BC}$和$\dot{I}_{CA}$,并画出各线电流和相电流的相量图。

4.10 在线电压为4.5kV的三相电源上接有两组对称的三相负载。一组负载采用Y接法,每相阻抗为$40\angle 30°\Omega$;另一组负载采用△接法,每相阻抗为$30\angle -60°\Omega$。求线电流。

4.11 在线电压为3.3kV的三相电路中,已知负载为感性负载,有功功率3.8kW,功率因数为0.65。

(1) 若三相对称负载Y接,求阻抗;

(2) 若三相对称负载△接,求阻抗。

4.12 一组阻抗为$40\angle 60°\Omega$的三相负载采用三相四线制接在线电压为380V的三相电源上,现为了提高功率因数在负载端△接对称电容,电路图如图P4.3所示。若要将功率因数提高到0.95,求:

(1) 电容值的大小;

(2) 接补偿电容前后的线电流。

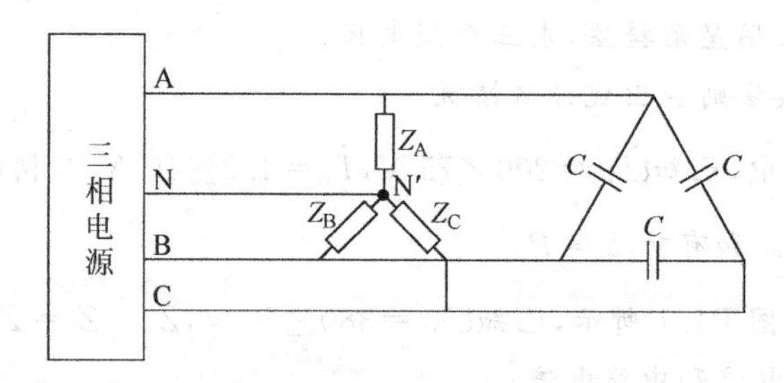

图P4.3 习题4.12图

4.13 用两表法测三相电路功率的电路如图P4.4所示。已知单相功率表W_1的读数为1000W,W_2的读数为600W,负载对称且采用三角形接法,三相电源的线电压为220V,求每相的阻抗。

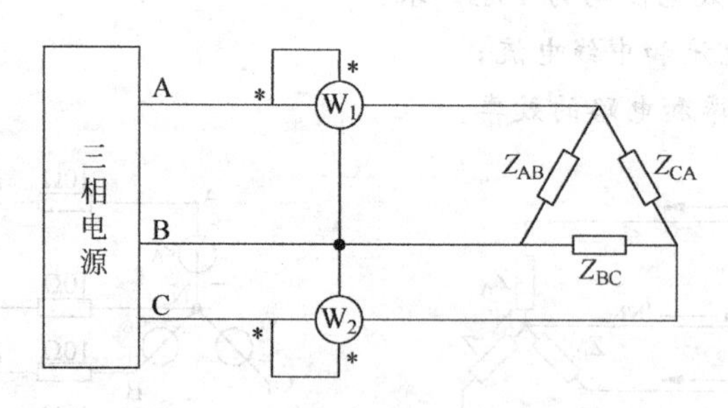

图P4.4 习题4.13和习题4.14图

4.14 在图P4.4中,若已知每相阻抗为(40+j30)Ω,三相电源的线电压为1.1kV,试计算功率表W_1和W_2的读数。

4.15 在图P4.5中,已知三相电源的线电压$U_l=220$V,三相对称感性负载采用△连接。在电路正常运行时三个安培计的读数均为17.3A,三相功率为4.5kW。试求:

(1) 每相负载的电阻和感抗。

(2) 求当连接在A′B′的负载Z_{AB}断开时,图中各安培计的读数和总功率P。

(3) 求当输电线 AA′断路时,图中各安培计的读数和总功率。

4.16　三相电路如图 P4.6 所示。已知三相工频对称电源的相电压为 220V;三条输电线的等效电阻为 2Ω;负载的参数如图中标示。设$\dot{U}_{AN}=220\angle 0°V$,试用 SPICE 求负载端的线电压$\dot{U}_{A'B'}$和相电流$\dot{I}_{A}$。

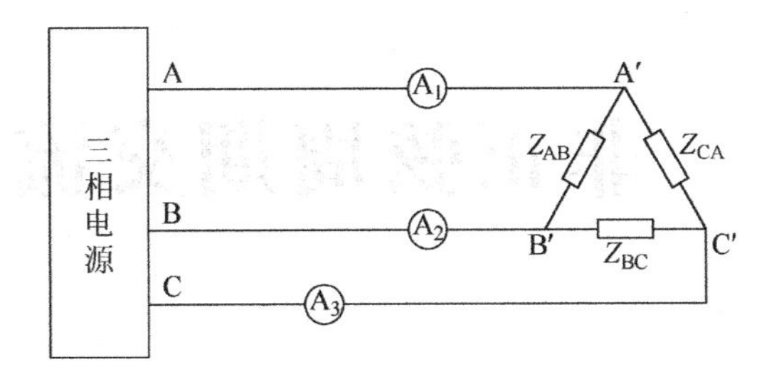

图 P4.5　习题 4.15 图

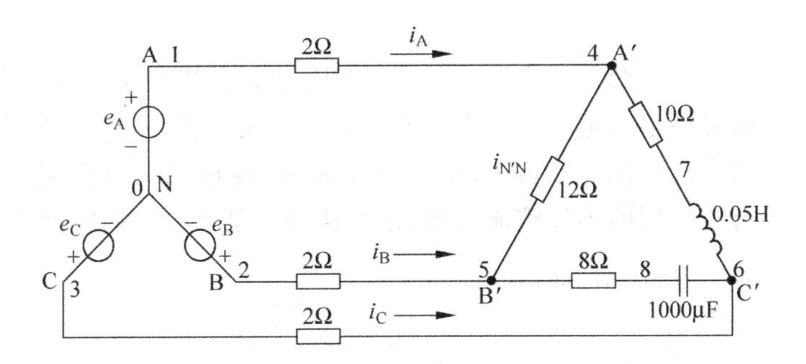

图 P4.6　习题 4.16 图

第 5 章　Chapter 5

非正弦周期交流电路

5.1　概述

非正弦周期交流电路是指含有非正弦周期信号的电路，非正弦周期信号在电工电子技术中有着广泛的应用。例如，图 5.1 所示为一个二极管半波整流电路，输入信号是正弦波，经过二极管整流后的输出成为只有正半周的半波整流波形，这个信号就是非正弦周期信号。

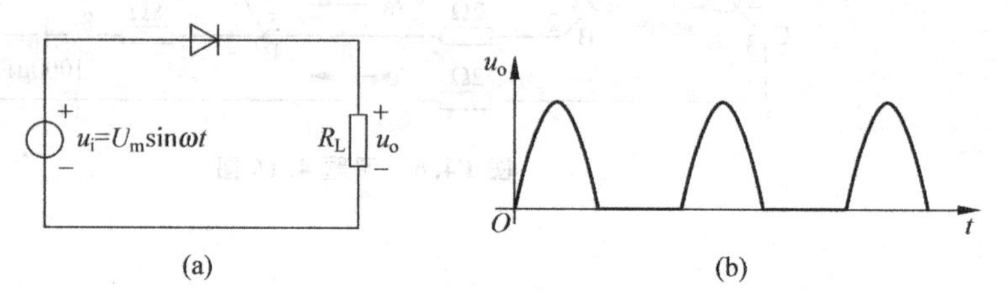

图 5.1　半波整流电路与输出波形

常见的非正弦周期信号有方波、三角波、锯齿波、脉冲波及整流波波形（半波整流波形和全波整流波形）等。在晶体管放大电路中存在着直流信号和正弦交流信号，两种信号叠加起来后也是一种非正弦交流信号，如图 5.2 所示。

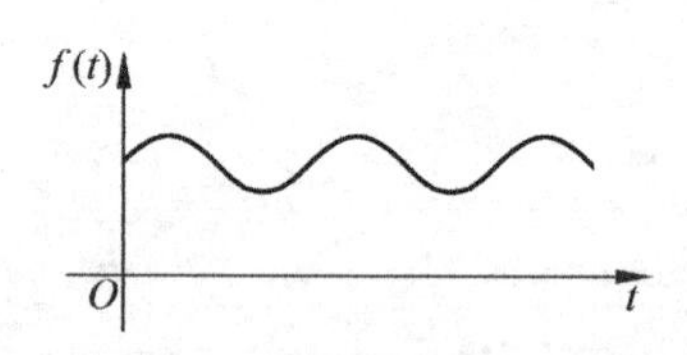

图 5.2　正弦波与直流信号叠加的波形

5.2　非正弦周期交流信号的分解

关于非正弦周期函数的傅里叶（Fourier）分解的数学问题，已经在 19 世纪初得到解决。一切满足狄里赫利条件的周期函数，都可以分解成不同频率的简单三角函数的叠加。狄里赫利条件指周期函数在一个周期内含有有限个最大值和最小值及有限个一类间断点，电工技术中的非正弦信号都满足这个条件。

周期函数的一般形式为

$$f(t) = f(t + nT), \quad n = \pm 1, \pm 2, \pm 3, \cdots$$

其中，T 为周期。如果 $f(t)$ 满足狄里赫利条件，就可以分解成下列傅里叶级数（Fourier series）：

$$\begin{aligned} f(t) &= B_0 + B_{m1}\sin(\omega_0 t + \psi_1) + B_{m2}\sin(2\omega_0 t + \psi_2) + \cdots \\ &= B_0 + \sum_{n=1}^{\infty} B_{mn}\sin(n\omega_0 t + \psi_n) \end{aligned} \tag{5.2.1}$$

其中，$\omega_0 = 2\pi/T$，是角频率。第一项 B_0 称为恒定分量或直流分量，是此周期函数在一个周期内的平均值；第二项 $B_{m1}\sin(\omega_0 t + \psi_1)$ 称为基波或一次谐波（fundamental harmonic），它的频率与非正弦周期函数的频率相同；其余各项的频率是非正弦周期函数频率的整倍数，称为高次谐波（higher harmonic term）。

将傅里叶级数的形式稍做变换，就可以写成如下形式：

$$f(t) = a_0 + \sum_{n=1}^{\infty} a_{mn}\cos n\omega_0 t + \sum_{n=1}^{\infty} b_{mn}\sin n\omega_0 t \tag{5.2.2}$$

利用三角函数级数的正交性可以求出各项的系数为

$$a_0 = \frac{1}{T}\int_0^T f(t)\mathrm{d}t \tag{5.2.3a}$$

$$a_{mn} = \frac{2}{T}\int_0^T f(t)\cos n\omega_0 t\mathrm{d}t \tag{5.2.3b}$$

$$b_{mn} = \frac{2}{T}\int_0^T f(t)\sin n\omega_0 t\mathrm{d}t \tag{5.2.3c}$$

图 5.3 所示为几种常见的非正弦周期信号，下面给出了它们的傅里叶级数。

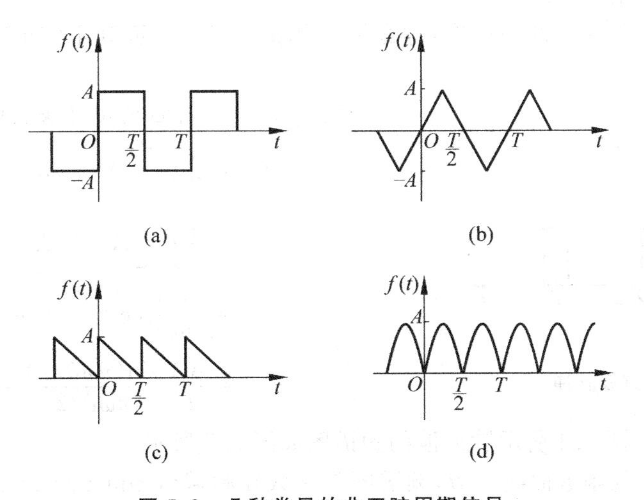

图 5.3　几种常见的非正弦周期信号

图 5.3(a)所示为方波，其傅里叶级数为

$$f(t) = \frac{4A}{\pi}\left(\sin\omega_0 t + \frac{1}{3}\sin 3\omega_0 t + \frac{1}{5}\sin 5\omega_0 t + \cdots\right)$$

图 5.3(b)所示为等腰三角波,其傅里叶级数为

$$f(t)=\frac{8A}{\pi^2}\left(\sin\omega_0 t-\frac{1}{9}\sin 3\omega_0 t+\frac{1}{25}\sin 5\omega_0 t-\cdots\right)$$

图 5.3(c)所示为锯齿波,其傅里叶级数为

$$f(t)=\frac{A}{2}+\frac{A}{\pi}\left(\sin\omega_0 t+\frac{1}{2}\sin 2\omega_0 t+\frac{1}{3}\sin 3\omega_0 t+\cdots\right)$$

图 5.3(d)所示为正弦全波整流波形,其傅里叶级数为

$$f(t)=\frac{4A}{\pi}\left(\frac{1}{2}-\frac{1}{3}\cos 2\omega_0 t-\frac{1}{15}\cos 4\omega_0 t-\frac{1}{35}\cos 6\omega_0 t-\cdots\right)$$

从上面的傅里叶级数可以看出,虽然它们是无穷级数,但是随着频率的增高其幅值衰减很快,高频分量的影响很小,说明傅里叶级数是收敛的。因此,实际计算时可以根据计算精度的要求忽略高频分量的影响。

非正弦周期信号的频谱(spectrum)

傅里叶级数也可以写成指数形式,即

$$f(t)=\sum_{-\infty}^{+\infty}C_n e^{jn\omega_0 t} \tag{5.2.4}$$

利用指数级数的正交性可以求出系数 C_n,即

$$C_n=\frac{1}{T}\int_0^T f(t)e^{-jn\omega_0 t}dt \tag{5.2.5}$$

指数形式的傅里叶级数的系数 C_n 是复数,可以写成指数形式如下:

$$C_n=C_n e^{j\varphi_n}=|C_n|\angle\varphi_n \tag{5.2.6}$$

指数形式的傅里叶级数的系数是共轭的,即 $C_n=C_{-n}^*$。C_n 称为非正弦周期函数 $f(t)$ 的傅里叶频谱,它表示组成 $f(t)$ 的各个频率成分的幅值大小和相位关系,$|C_n|$ 和 φ_n 分别称为 $f(t)$ 的幅度频谱和相位频谱。

图 5.4 所示为周期脉冲的波形,脉宽是 δ,周期是 T。下面利用傅里叶分解计算其频率组成。

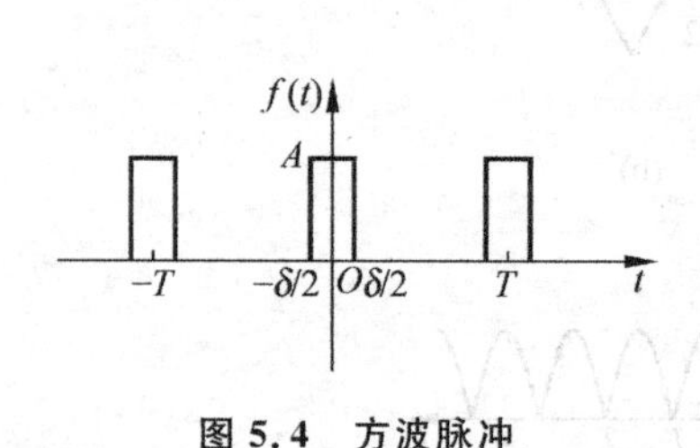

图 5.4 方波脉冲

利用式(5.2.5)计算傅里叶级数的系数,可得

$$\begin{aligned}C_n&=\frac{1}{T}\int_{-T/2}^{T/2}Ae^{-jn\omega t}dt\\&=\frac{1}{T}\int_{-\delta/2}^{\delta/2}Ae^{-jn\omega t}dt\\&=\frac{-A}{jn\omega T}(e^{-jn\omega\delta/2}-e^{jn\omega\delta/2})\\&=\frac{A\delta}{T}\frac{\sin(n\omega\delta/2)}{n\omega\delta/2}=\frac{A\delta}{T}\frac{\sin x}{x}\end{aligned}$$

其中,$x=n\omega_0\delta/2$。图 5.4 所示脉冲波的频谱图如图 5.5 所示。

与图 5.4 时域的函数曲线对应,频谱图是函数在频域(frequency domain)的表达形式。它形象地显示了组成非正弦周期函数 $f(t)$ 的各个频率分量的大小和相位关系。从图 5.5 中可以看出,对于非正弦周期函数而言,频谱是离散的谱线,其包络线是 $\left|\frac{\sin x}{x}\right|$,包络线主峰内所含频率的成分较大,随频率的增高,包络线的峰值减小很快。在脉冲宽度 δ 不变的情

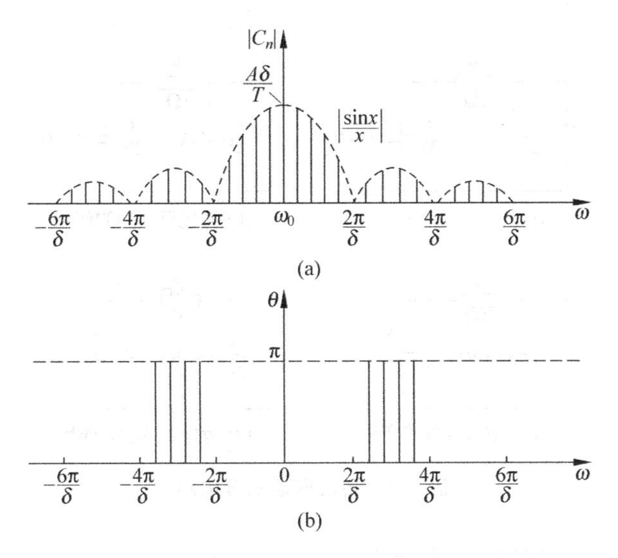

图 5.5　图 5.4 所示脉冲波的频谱图

况下，脉冲的周期 T 越大，则频谱的高度越小，谱线间隔越小；在 T 不变的情况下，δ 越大则频谱的幅度越大，谱线间隔不变，但谱线越分散。

5.3　非正弦周期交流电路的计算

线性电路在非正弦周期信号激励下的稳态响应可以用叠加定理求解。首先将非正弦信号用傅里叶级数分解，然后求出不同频率分量单独作用时的稳态响应，最后将各次谐波作用的结果叠加。对于每一种频率分量单独作用时的计算，和正弦稳态响应的计算方法基本相同。值得注意的是，各次谐波作用的结果最后进行叠加时，由于频率各不相同，所以，不能用相量相加，只能用瞬时值相加。

例 5.3.1　图 5.6 所示的电路中，$u_S(t)$是方波信号，其傅里叶级数为

$$u_S(t)=\frac{1}{2}+\frac{2}{\pi}\cos2t-\frac{2}{3\pi}\cos6t+\frac{2}{5\pi}\cos10t-\cdots$$

求电容 C 上的电压 $u_C(t)$。

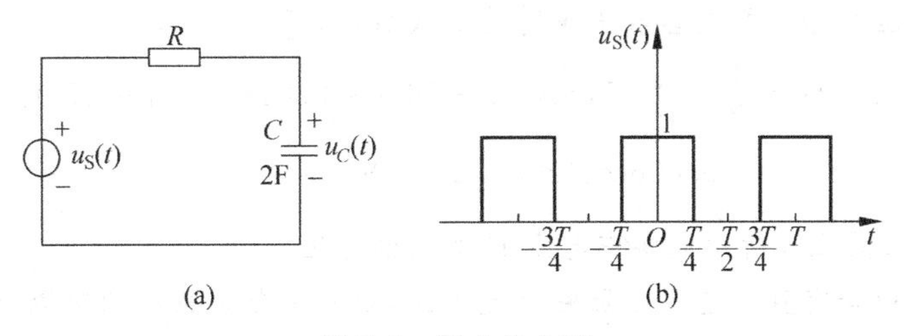

图 5.6　例 5.3.1 图

解　若只考虑 $u_S(t)$的前 4 项对电路的作用，利用叠加定理，则此电路可以分成 4 个分电路，如图 5.7 所示。计算时注意，由于各分电路的频率不同，所以容抗也不同。

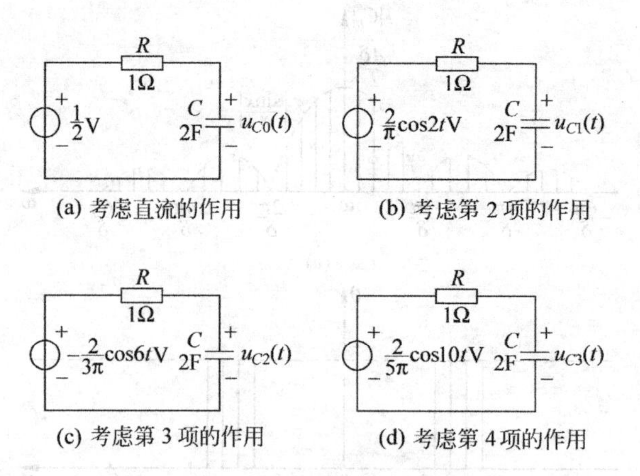

图5.7 各次谐波的分电路

图(a)所示的电路只有直流电源，电容开路，所以电容上的电压为

$$u_{C0}=\frac{1}{2}\text{V}$$

图(b)所示的电路中($\omega=2$)，利用相量法求解得

$$\dot{U}_{C1}=\frac{\dfrac{1}{\mathrm{j}\omega C}}{R+\dfrac{1}{\mathrm{j}\omega C}}\dot{U}_{S}^{(1)}=\frac{\dfrac{1}{\mathrm{j}4}}{1+\dfrac{1}{\mathrm{j}4}}\times\mathrm{j}\frac{\sqrt{2}}{\pi}=\frac{\sqrt{2}}{\pi}\frac{1}{4-\mathrm{j}}(\text{V})$$

$$u_{C1}(t)=0.154\cos(2t-76°)(\text{V})$$

同理，对于图(c)($\omega=6$)和图(d)所示的电路($\omega=10$)，利用相量法求解得

$$\dot{U}_{C2}=\frac{\dfrac{1}{\mathrm{j}\omega C}}{R+\dfrac{1}{\mathrm{j}\omega C}}\dot{U}_{S2}=\frac{\dfrac{1}{\mathrm{j}12}}{1+\dfrac{1}{\mathrm{j}12}}\times\left(-\mathrm{j}\frac{\sqrt{2}}{3\pi}\right)=\frac{\sqrt{2}}{3\pi}\frac{1}{\mathrm{j}-12}(\text{V})$$

$$u_{C2}(t)=0.018\cos(6t+95°)(\text{V})$$

$$\dot{U}_{C3}=\frac{\dfrac{1}{\mathrm{j}\omega C}}{R+\dfrac{1}{\mathrm{j}\omega C}}\dot{U}_{S3}=\frac{\dfrac{1}{\mathrm{j}20}}{1+\dfrac{1}{\mathrm{j}20}}\times\mathrm{j}\frac{\sqrt{2}}{5\pi}=\frac{\sqrt{2}}{5\pi}\frac{1}{20-\mathrm{j}}(\text{V})$$

$$u_{C3}(t)=0.006\cos(20t-87°)(\text{V})$$

电容上的电压是分电路电容电压瞬时值的代数和，即

$$u_C(t)=\frac{1}{2}+0.154\cos(2t-76°)+0.018\cos(6t+95°)+0.006\cos(20t-87°)(\text{V})$$

例5.3.2 求图5.8所示电路中电阻R两端的电压。

解 此电路中含有直流电源和正弦交流电源，是一个非正弦周期交流电路，可用叠加法求解。

当2A的直流电源单独作用时，由于电容相当于开路，R中的电流为0，电压也是0。

当正弦交流电源$20\cos 2t$V单独作用时，电路的相量模型图如图5.9所示。并联部分的等效复阻抗为

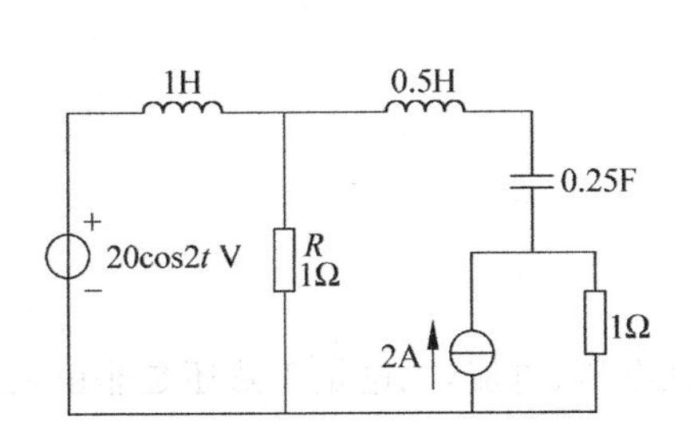

图 5.8 例 5.3.2 图

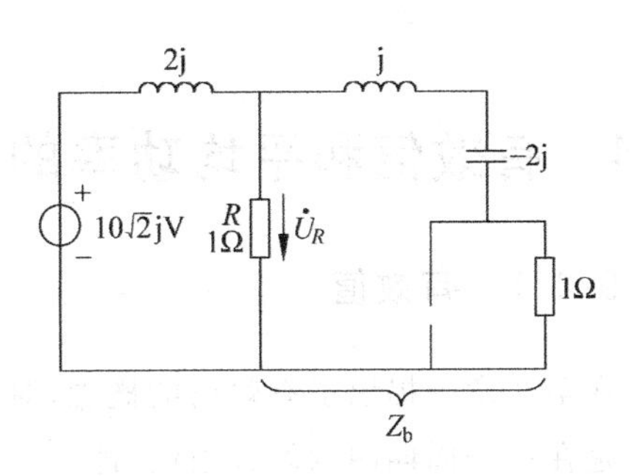

图 5.9 20cos2t 单独作用时的电路

$$Z_b=\frac{(j-2j+1)\times 1}{j-2j+1+1}=\frac{1-j}{2-j}$$

所以有

$$\dot{U}_R=\frac{Z_b}{Z_b+2j}\times 10\sqrt{2}j=\frac{10\sqrt{2}}{3}(V)$$

于是可得电阻 R 上电压的瞬时值为

$$u_R(t)=\frac{20}{3}\sin 2t\,V$$

例 5.3.3 如图所示交直流共存电路，已知：$i_S=[10+5\sin(2\omega t+30°)]A$，$\omega L=50\Omega$，$\frac{1}{\omega C}=200\Omega$。求电阻 R 上的电压 u_R 及其有效值 U_R。

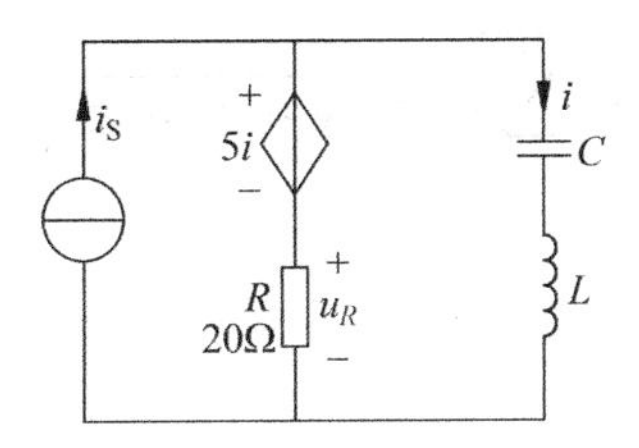

图 5.10 例 5.3.3 图

解 电流源 i_S 中包含直流分量 $I_{S0}=10A$ 和交流分量 $i^{(2)}=5\sin(2\omega t+30°)(A)$

在直流分量激励下电阻 R 上的电压是：$U_R^{(0)}=I_{S0}R=10\times 20=200(V)$

因为：$2\omega L=\frac{1}{2\omega C}=100$，所以在交流分量作用下 LC 串联谐振，根据电路列出在交流分量作用下的电路方程：

$$\begin{cases}5i+u_R^{(2)}=0\\ \frac{u_R^{(2)}}{20}+i=5\sin(2\omega t+30°)\end{cases}$$

解此方程组，得：$u_R^{(2)}=-\frac{100}{3}\sin(2\omega t+30°)(V)$，$u_R=\left[200-\frac{100}{3}\sin(2\omega t+30°)\right](V)$

电阻上电压的有效值为：

$$U_R=\sqrt{200^2+\frac{1}{2}\left(\frac{100}{3}\right)^2}=201.38(V)$$

5.4 有效值和平均功率的计算

5.4.1 有效值

在第3章中提出了有效值的概念，对任何周期性电压、电流，无论是正弦还是非正弦，有效值是在一个周期内的均方根值，即

$$F=\sqrt{\frac{1}{T}\int_0^T f^2(t)\mathrm{d}t} \tag{5.4.1}$$

将式(5.4.1)代入上式，得

$$F=\sqrt{\frac{1}{T}\int_0^T\left[B_0+\sum_{n=1}^{\infty}B_{mn}\sin(n\omega_0 t+\psi_n)\right]^2\mathrm{d}t}$$

利用三角函数级数的正交性，可得

$$F=\sqrt{B_0^2+\sum_{n=1}^{\infty}\left(\frac{1}{\sqrt{2}}B_{mn}\right)^2}=\sqrt{B_0^2+\sum_{n=1}^{\infty}B_n^2} \tag{5.4.2}$$

其中，B_0 是直流分量，B_n 是各次谐波的有效值。因此，非正弦电压电流的有效值可以表示为

$$U=\sqrt{U_0^2+\sum_{n=1}^{\infty}U_n^2}=\sqrt{U_0^2+U_1^2+U_2^2+\cdots} \tag{5.4.3}$$

$$I=\sqrt{I_0^2+\sum_{n=1}^{\infty}I_n^2}=\sqrt{I_0^2+I_1^2+I_2^2+\cdots} \tag{5.4.4}$$

5.4.2 平均功率

平均功率的定义为

$$P=\frac{1}{T}\int_0^T p\mathrm{d}t=\frac{1}{T}\int_0^T ui\,\mathrm{d}t \tag{5.4.5}$$

设非正弦周期交流电路的电压和电流分别为

$$u=U_0+\sum_{n=1}^{\infty}U_{mn}\sin(n\omega_0 t+\psi_n) \tag{5.4.6}$$

$$i=I_0+\sum_{n=1}^{\infty}I_{mn}\sin(n\omega_0 t+\psi_n-\varphi_n) \tag{5.4.7}$$

其中，φ_n 代表 n 次谐波电压和电流的相位差。将式(5.4.6)和式(5.4.7)代入式(5.4.5)，再利用三角函数的正交性，可以求出平均功率为

$$P=U_0I_0+\sum_{n=1}^{\infty}U_nI_n\cos\varphi_n=P_0+P_1+P_2+P_3+\cdots \tag{5.4.8}$$

上式说明，非正弦周期信号的功率是直流分量的功率与各次谐波功率之和。在第1章曾经讲到，利用叠加定理计算直流电路时，功率是不能叠加的，这和上式并不矛盾，上式是由三角函数的正交性决定的。在此，也可以定义功率因数的概念为

$$\cos\varphi = \frac{P}{IU} \tag{5.4.9}$$

要注意,对于非正弦电路而言,功率因数中的 φ 已经不是一个具体相位差了,$\cos\varphi$ 是电路的总有功功率与总视在功率之比。

例 5.4.1 设某二端网络的端电压、电流分别为

$$u_{ab}(t) = 100 + 100\cos t + 50\cos 2t + 30\cos 3t(\text{V})$$

$$i_{ab}(t) = 10\cos(t - 60°) + 2\cos(3t - 135°)(\text{A})$$

求此二端网络消耗的功率和功率因数。

解 电流、电压的直流分量 $U_0 = 100\text{V}, I_0 = 0$,则 $P_0 = 0$,二次谐波的电流也为 0,因此功率 $P_2 = 0$。

基波的平均功率为

$$P_1 = \frac{1}{2}U_{1\text{m}}I_{1\text{m}}\cos(\varphi_{u1} - \varphi_{i1})$$

$$= \frac{1}{2} \times 100 \times 10\cos 60° = 250(\text{W})$$

三次谐波的平均功率为

$$P_3 = \frac{1}{2}U_{3\text{m}}I_{3\text{m}}\cos(\varphi_{u3} - \varphi_{i3})$$

$$= \frac{1}{2} \times 30 \times 2\cos 135° = -21.20(\text{W})$$

则总平均功率为

$$P = P_1 + P_3 = 228.80(\text{W})$$

电压和电流的有效值分别为

$$U = \sqrt{U_0^2 + U_1^2 + U_2^2 + U_3^2} = \sqrt{100^2 + \frac{1}{2} \times 100_1^2 + \frac{1}{2} \times 50^2 + \frac{1}{2} \times 30^2} = 129.23(\text{V})$$

$$I = \sqrt{I_1^2 + I_3^2} = \sqrt{\frac{1}{2} \times 10^2 + \frac{1}{2} \times 2^2} = 7.21(\text{A})$$

则功率因数为

$$\cos\varphi = \frac{P}{IU} = \frac{228.80}{129.23 \times 7.21} \approx 0.24$$

5.5 脉冲信号源在 SPICE 中的表示法与傅里叶分析(.Fourier)语句

5.5.1 脉冲信号源在 SPICE 中的表示法

一般形式为

电压源:V〈name〉 N1 N2 Pulse(V1 V2 Td Tr Tf Pw Per)

电流源:I〈name〉 N1 N2 Pulse(V1 V2 Td Tr Tf Pw Per)

上述语句的含义可结合图5.11理解,各项参数的含义、默认值和单位见表5.1。应注意,脉冲是从$t=0$时刻开始的,即$t<0$时的电压是0。例如

Vin 3 0 Pulse(1 5 1S 0.1S 0.4S 0.5S 2S)

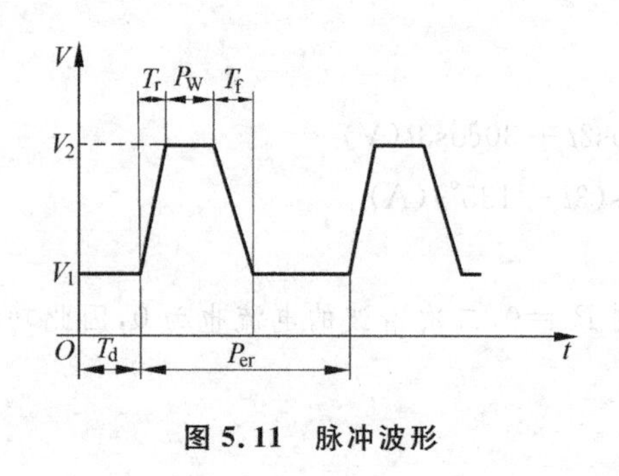

图5.11 脉冲波形

表5.1 脉冲信号源的参数定义

参数	含 义	默认值	单 位
V_1	低电压(或电流)		V(或A)
V_2	高电压(或电流)		V(或A)
T_d	延迟时间	0.0	s
T_r	上升时间	TSTEP	s
T_f	下降时间	TSTEP	s
P_W	脉冲宽度	TSTOP	s
P_{er}	周期	TSTOP	s

5.5.2 SPICE中的非线性受控源

一般形式:B〈name〉 N1 N2 V=表达式

其中,B是非线性受控源的关键字;N1,N2是受控源两端的节点。表达式可以用如下运算符和函数组成:

运算符	+ - * / ^(乘方) unary-
函数	Abs, asin, atanh, exp, sin, tan, acos, asinh, cos, ln, sinh, u, acosh, atan, cosh, atan, cosh, log, sqrt, uramp

函数的变量应该是电路中的节点电压和独立源的电流。例如,电路中节点3的电压是V(3),节点5的电压是V(5),那么可以利用V(3)和V(5)的乘法运算组合成非线性受控源B1,表示为

B1 8 9 V=V(3) * V(5)

利用非线性受控源可以组成任意函数波形的信号源。

5.5.3 SPICE的傅里叶分析(.Fourier)语句

一般形式:.Four(或Fourier) Freq OV1 〈OV2 OV3 …〉

其中,Freq是基波频率;OV1,OV2,OV3等是要分析输出的节点电压;"〈 〉"中的内容是可选的。因此,用.Four指令可以同时对多个节点电压进行傅里叶分析。例如:

.Four 100k V(5) 是以100kHz为基频对节点5的电压进行傅里叶分析。

傅里叶分析可给出直流分量的值和基波到9次谐波的幅值和相位。由于傅里叶分析是在作了瞬态分析的基础上进行的,因此在作傅里叶分析之前必须进行瞬态分析(.tran)。傅里叶分析在时间段"TSTOP-period, TSTOP"进行,TSTOP是分析的结束时刻,period是周期。由于脉冲波形是从$t=0$时刻开始的,必定经过一定的过渡过程才能达到稳态,这就要求瞬态分析的时间足够长,使过渡过程消失。为了保证精度,.tran指令中的TMAX必须小于period/100。

5.6 用 SPICE 分析非正弦电路举例

例 5.6.1 如图 5.12 所示的电路中，输入电压 u_i 是周期为 20ms 的方波，试用 SPICE 画出节点 2 的电压。

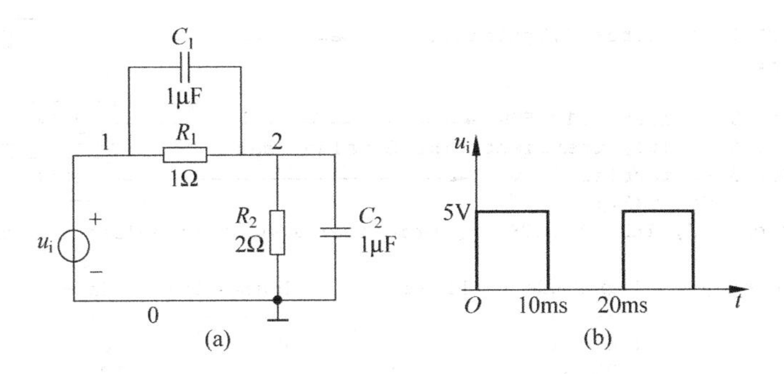

图 5.12 例 5.6.1 图

解 在 SPICE 中，脉冲上升时间和下降时间不能为 0，对于图 5.12 中的方波脉冲，可以将上升沿和下降沿设得很小（如 1μs）。电路的 SPICE 文件如下，用 AIM-SPICE 的分析结果如图 5.13 所示。

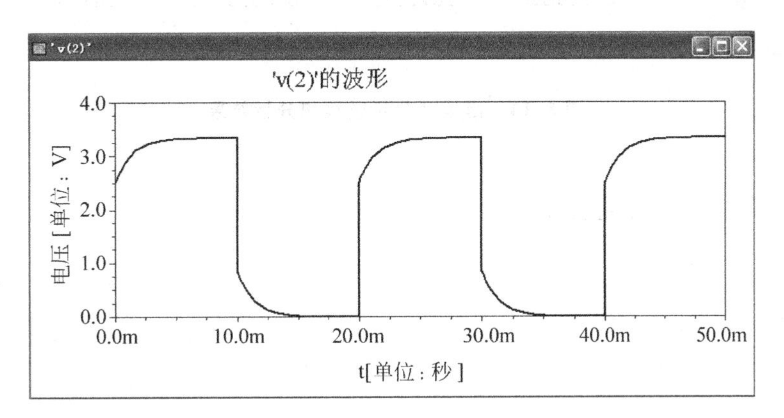

图 5.13 节点 2 的电压波形

```
pulse divider
v 1 0 pulse(0 5 0 1u 1u 10m 20m)
R1 1 2 1k
C1 1 2 1u
R2 2 0 2k
C2 2 0 1u
.tran 0.1u 50m
.plot tran v(2)
.end
```

例 5.6.2 对例 5.6.1 中节点 2 的电压进行傅里叶分析。

说明： 因为 AIM-SPICE 学生版功能的限制，不能进行傅里叶分析。因此，采用 SPICE

OPUS进行分析,有关SPICE OPUS的使用方法请参考附录B。用SPICE OPUS分析电路时,电路文件中只需要包括电路结构部分,不必写分析和输出语句,分析和输出语句是载入文件后在命令行输入的。同时也要注意,在命令行输入分析和输出语句时不要在语句前加点“.”。

解 编写文件名pulsediv.cir的电路文件如下,分析过程和结果如图5.14所示。

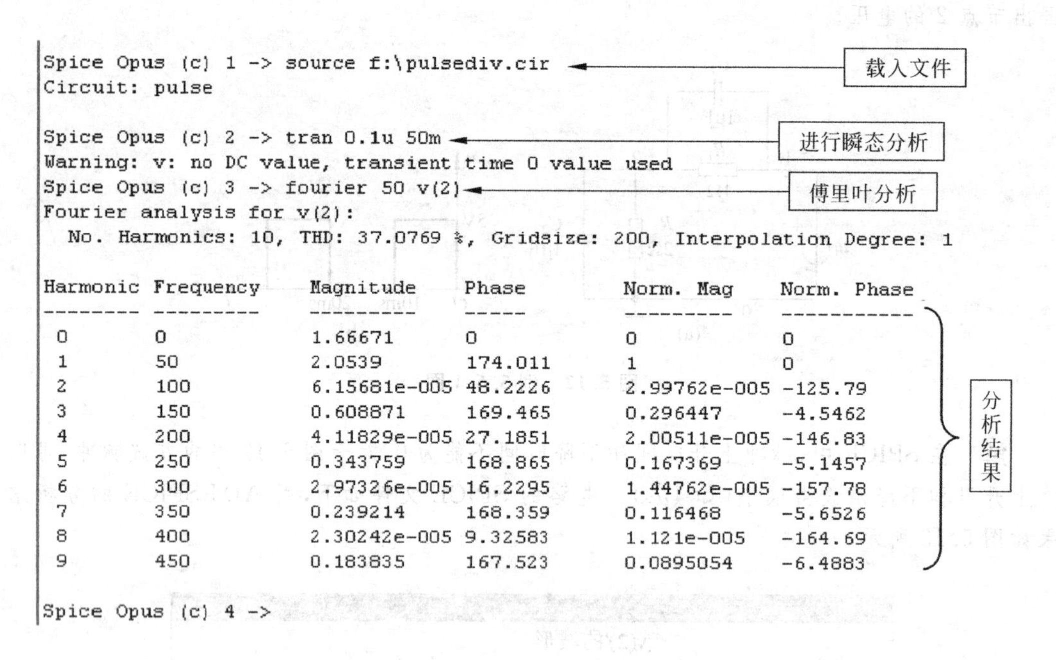

```
Spice Opus (c) 1 -> source f:\pulsediv.cir
Circuit: pulse

Spice Opus (c) 2 -> tran 0.1u 50m
Warning: v: no DC value, transient time 0 value used
Spice Opus (c) 3 -> fourier 50 v(2)
Fourier analysis for v(2):
  No. Harmonics: 10, THD: 37.0769 %, Gridsize: 200, Interpolation Degree: 1

Harmonic Frequency  Magnitude    Phase       Norm. Mag     Norm. Phase
-------- ---------  ---------    -----       ---------     -----------
 0        0         1.66671      0           0             0
 1        50        2.0539       174.011     1             0
 2        100       6.15681e-005 48.2226     2.99762e-005  -125.79
 3        150       0.608871     169.465     0.296447      -4.5462
 4        200       4.11829e-005 27.1851     2.00511e-005  -146.83
 5        250       0.343759     168.865     0.167369      -5.1457
 6        300       2.97326e-005 16.2295     1.44762e-005  -157.78
 7        350       0.239214     168.359     0.116468      -5.6526
 8        400       2.30242e-005 9.32583     1.121e-005    -164.69
 9        450       0.183835     167.523     0.0895054     -6.4883

Spice Opus (c) 4 ->
```


图5.14 傅里叶分析过程和分析结果

```
pulsediv
v 1 0 pulse(0 5 0 1u 1u 10m 20m)
R1 1 2 1k
C1 1 2 1u
R2 2 0 2k
C2 2 0 1u
.end
```

例5.6.3 用SPICE中的非线性受控源产生正弦脉冲信号源(设正弦信号的幅值是10V,频率是300Hz。要产生的正弦脉冲宽度是10ms,周期是20ms)。

解 将正弦信号与一个方波脉冲信号相乘,就可以产生正弦脉冲信号源。电路图如图5.15所示,标准电路文件如下:

```
Sinburst
V1 1 0 pulse(0 1 0 1e-12 1e-12 10m 20m)
R1 1 0 100k
V2 2 0 sin(0 10 300)
R2 2 0 100k
B1 3 0 V=V(1) * V(2)
.tran 0.1m 60m
```

```
.plot tran V(3)
.end
```

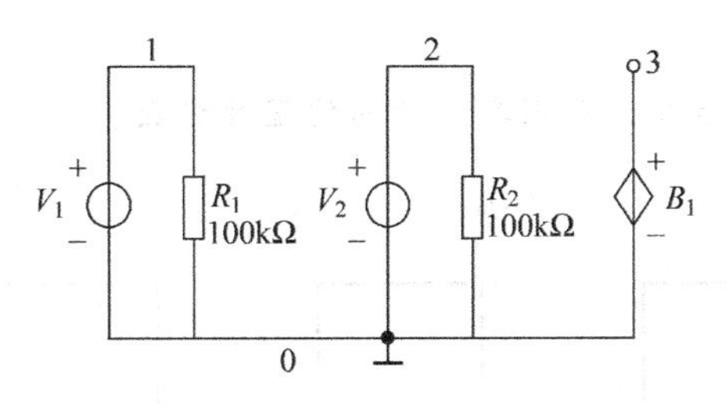

图 5.15 用非线性受控源产生正弦脉冲信号的电路

以上电路文件中包括方波脉冲信号 V(1)和正弦信号 V(2)，用非线性受控源将它们相乘组合成信号源 B1，它是脉冲正弦波波形。用 SPICE OPUS 软件对以上电路进行模拟，分析过程和画出的 V(3)波形如图 5.16 所示。与上例相同，用 SPICE OPUS 分析时去掉文件中的分析和输出语句，用 source 载入文件后在命令行中输入分析和输出语句。

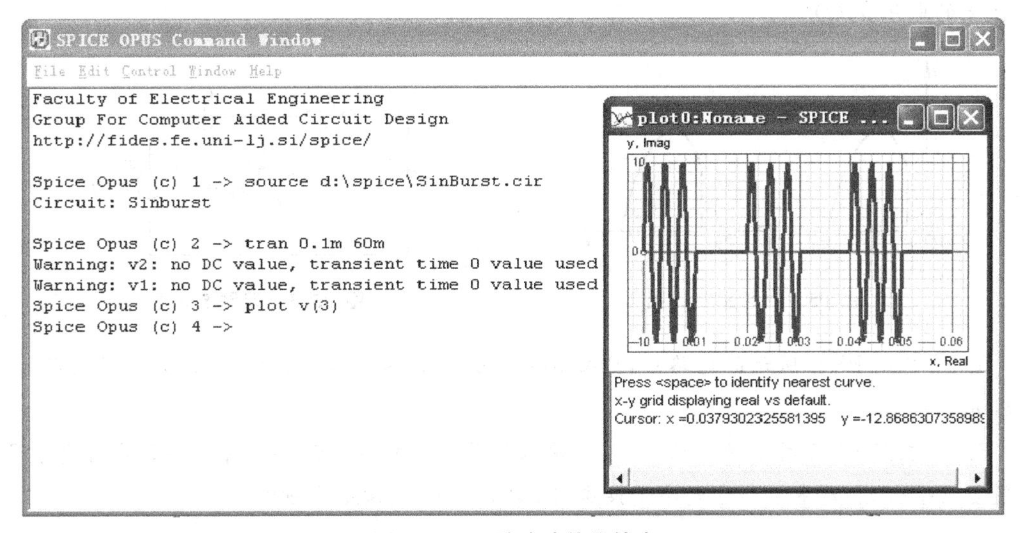

图 5.16 正弦脉冲信号输出

本章小结

(1) 非正弦周期交流信号是电子电路中基本的信号形式。通过本章的学习，要了解非正弦周期交流信号傅里叶分解的概念和方法，建立信号频谱的概念。

(2) 重点掌握非正弦周期交流电路的分析和计算方法以及非正弦周期交流信号有效值、平均值的计算。

(3) 掌握 SPICE 中脉冲信号源、非线性受控源和傅里叶分析语句的使用方法。

习题

5.1　计算图 P5.1 所示非正弦周期信号的傅里叶级数。

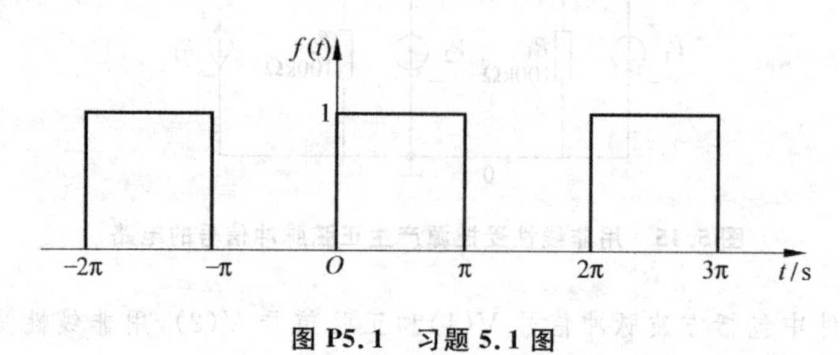

图 P5.1　习题 5.1 图

5.2　试求图 P5.2 所示的非正弦周期波形的平均值和有效值。

5.3　在如图 P5.3 所示的电路中，已知电源 $u_1(t)=2+2\cos 2t\mathrm{V}$，$u_2(t)=\sin 2t\mathrm{V}$，求电阻 R 上的电压 $u_o(t)$。

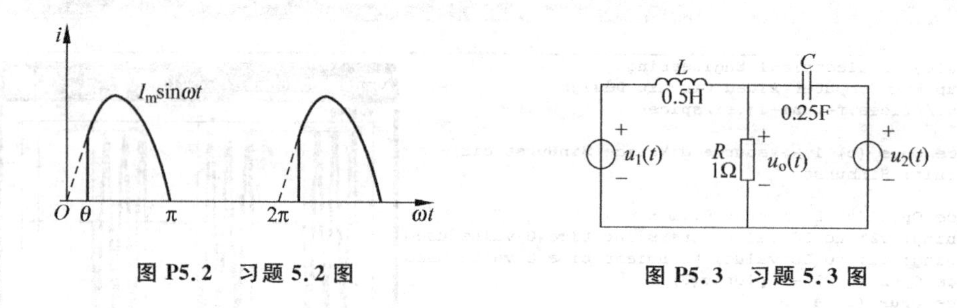

图 P5.2　习题 5.2 图　　图 P5.3　习题 5.3 图

5.4　在图 P5.4 所示的电路中，已知 $u(t)=6+10\cos 2t\mathrm{V}$，$i_S(t)=3\sin 4t\mathrm{A}$。求电容上的电压 $u_C(t)$。

5.5　在图 P5.5 所示的电路中，已知输入信号 $u_S(t)$ 中含有 $\omega=3$ 和 $\omega=7$ 的谐波分量。如果要求输出 $u_o(t)$ 中不含这两个谐波分量，则 L 和 C 应该是多少？

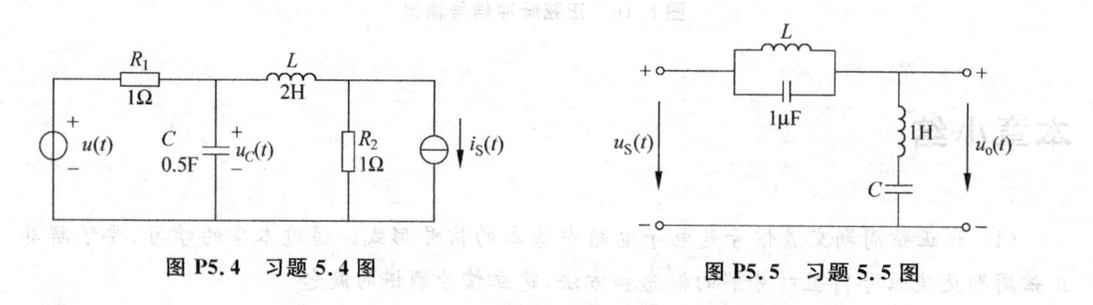

图 P5.4　习题 5.4 图　　图 P5.5　习题 5.5 图

5.6　图 P5.6 所示为一个滤波电路，要求 $u_S(t)$ 的四次谐波电流能够传送到负载电阻 R，基波电流不能到达负载，已知 $C=1\mu\mathrm{F}$，$\omega=1000\mathrm{rad/s}$。求 L_1 和 L_2。

5.7　图 P5.7 所示的有源二端网络端口的电流和电压分别为

$$i(t)=5\cos t+2\cos\left(2t+\frac{\pi}{4}\right)(\mathrm{A})$$

$$u(t)=\cos\left(t+\frac{\pi}{4}\right)+\cos\left(2t-\frac{\pi}{4}\right)+\cos\left(3t-\frac{\pi}{3}\right)(\mathrm{V})$$

求电压、电流的有效值，网络消耗的功率和功率因数。

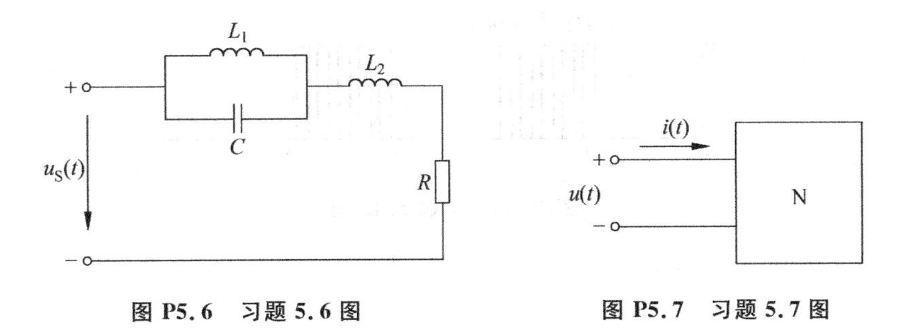

图 P5.6　习题 5.6 图　　图 P5.7　习题 5.7 图

5.8　已知图 P5.8 所示的电路中输入信号 $u_i(t)=6+\sqrt{2}\sin 6280t(\mathrm{V})$，试用 SPICE 画出输出电压 $u_o(t)$ 的波形并指出电容上电压的极性。

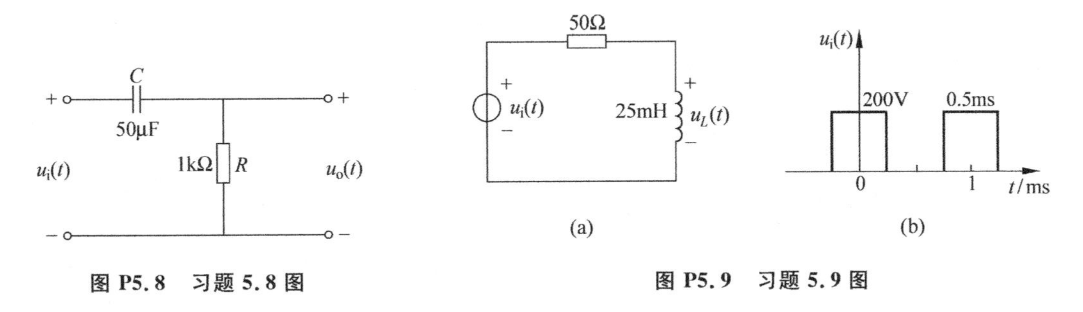

图 P5.8　习题 5.8 图　　图 P5.9　习题 5.9 图

5.9　图 P5.9(a)电路中输入信号的波形 $u_i(t)$ 是图 P5.9(b)的周期性方波波形，用 SPICE 画出电感 L 上的电压 $u_L(t)$ 波形。

5.10　图 P5.10(a)所示电路信号源的波形见图 P5.10(b)，试用 SPICE 画出电感上的电压 $u_L(t)$ 的波形。

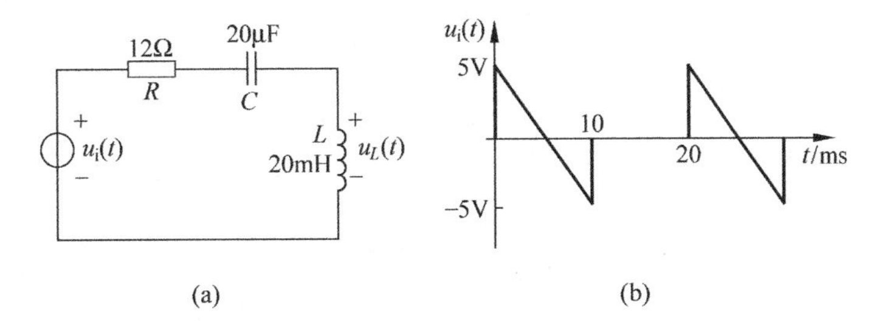

图 P5.10　习题 5.10 图

5.11　对习题 5.1 的信号进行傅里叶分析。

5.12　用 SPICE 对习题 5.9 中电感电压 $u_L(t)$ 进行傅里叶分析，求傅里叶级数的系数。

5.13　用非线性受控源产生方波组脉冲信号波形。脉冲本身的频率是 500Hz，组脉冲产生的频率是 50Hz，幅度是 10V，如图 P5.11 所示。写出电路文件，用 SPICE OPUS 画出波形。

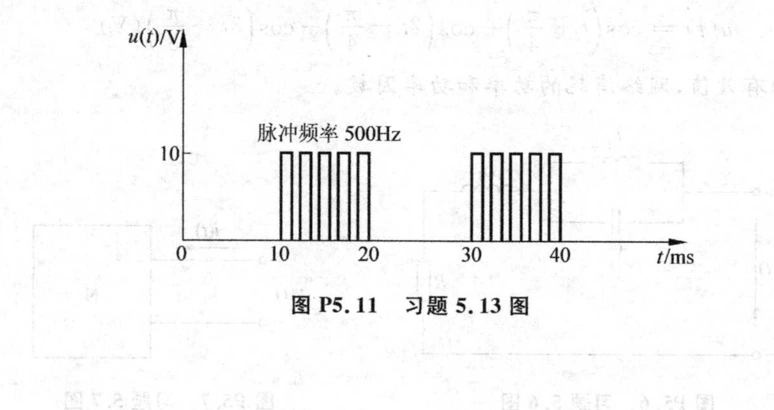

图 P5.11　习题 5.13 图

第 6 章 Chapter 6

电路的过渡过程

6.1 概述

在自然界中，任何形式的能量都不会突然变化，能量的存储或释放要有一定的过程。电路也一样，只要其中含有电容、电感，一般情况下电路中的电压或电流就不能突然变大或变小，因为电容、电感是储能元件(energy storage element)，它们当中的能量是不能跳变的。如图 6.1(a)所示的 RC 直流电路中，电容在开关闭合后开始充电，其电压 u_C 不会突然变得很大，而是从零开始慢慢升高，经过一段时间，才能达到电源电压 E。在开关刚闭合的瞬间，因为 $u_C=0$，所以电路中的电流 $i=E/R$。随着电容上电压的增加，电流逐渐变小，到 $u_C=E$ 时，$i=0$。u_C 和 i 随时间变化的曲线如图 6.1(b)所示。

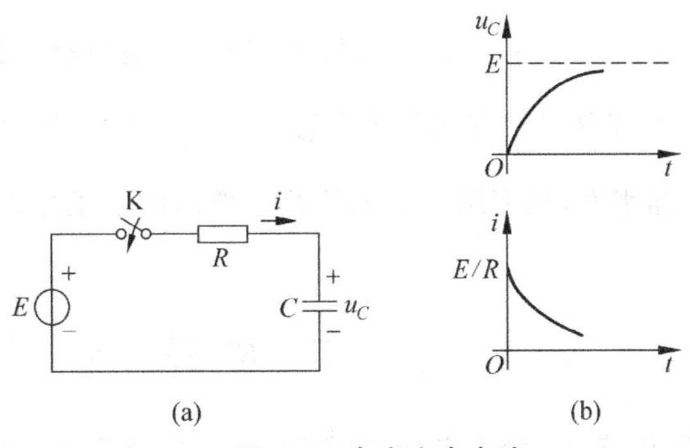

图 6.1　电容充电电路

该电路中，电容上的电压由 0 增加到 E，电流由 E/R 减小到 0，这个过程就叫电路的过渡过程。一般来讲，通常把开关动作前的电路状态称做旧稳态；开关动作之后，经过一段时间电路又稳定下来，电路此时的状态称做新稳态。电路从旧稳态进入新稳态的过程，统称为电路的过渡过程(transient process)，又称暂态过程。

无论是直流电路还是交流电路，只要电路中含有储能元件，就存在过渡过程。电感、电容是储能元件，它们所在的电路都有过渡过程；电阻是耗能元件，所以纯电阻电路不存在过渡过程。本章主要讨论直流电路的过渡过程。

研究电路中的过渡过程有重要的实际意义。它的存在有利有弊，其利的方面，如在电子技术领域中，经常利用过渡过程现象产生各种电压波形，以满足电子工程的需要；其害的方面，如过渡过程可能造成电力系统不稳定或出现过流过压现象，致使设备损坏。研究过渡过程的目的在于掌握其变化规律，以便更好地利用有利因素，去除不利影响。

6.2 换路定理及起始值的确定

所谓换路，是指电路状态的改变，如电路的接通或断开，电压的突升或突降，电路参数的改变等。下面对换路定理进行分析。

6.2.1 换路定理

电路在换路瞬间，其中电容上的电压不能突变，电感中的电流不能突变，这称为换路定理(switching theorem)。假设换路瞬间用 $t=0$ 表示，换路前的瞬间用 $t=0_-$ 表示，换路后的瞬间用 $t=0_+$ 表示，则换路定理用数学方式描述可表示为

$$\begin{aligned} u_C(0_+) &= u_C(0_-) \\ i_L(0_+) &= i_L(0_-) \end{aligned} \tag{6.2.1}$$

换路定理中，u_C 和 i_L 不能突变的原因，可从以下两个方面解释。

(1) 电容中存储的电场能量为 $W_C=\frac{1}{2}Cu_C^2$(见式(1.3.8))。由公式可见，如果 u_C 发生突变，那么电容中储存的能量就要发生突变，这是不可能的；同样，电感中存储的磁场能量为 $W_L=\frac{1}{2}Li_L^2$(见式(1.3.5))，i_L 若发生突变，说明电感中储存的能量就要发生突变，这也是不可能的。所以从能量存储的角度看，u_C 和 i_L 在换路瞬间都不能突变。

(2) 从电路来看，根据图6.1(a)可列换路后的电压方程 $E=iR+u_C$，将 $i=C\frac{\mathrm{d}u_C}{\mathrm{d}t}$ 代入方程后，得

$$E = RC\frac{\mathrm{d}u_C}{\mathrm{d}t} + u_C$$

由该式可以看出，若 u_C 发生突变，则 $\frac{\mathrm{d}u_C}{\mathrm{d}t}=\infty$，这就意味着电源必须有无穷大的功率，向电路提供无穷大的电流，否则方程将不成立。一般情况下，电源不可能提供无穷大的电流，所以，从电路中的关系看，含电容的电路中 u_C 是不能突变的。同样，从电路中的关系看，电感回路中的 i_L 也不能突变，可用类似的方法加以说明。

6.2.2 起始值的确定

起始值(initial value)(又称初始值)是指电路中过渡过程开始($t=0_+$)时刻电流和电压

的数值。它的大小，可根据换路定理和电路的基本定律来确定，求解的具体步骤通过以下例子说明。

例 6.2.1 已知图 6.2(a)所示的电路中，$E=20\text{V}$，$R=1\text{k}\Omega$，$L=1\text{H}$，电压表的内阻 $R_V=500\text{k}\Omega$。设开关 K 断开前，电路处于稳定状态。在 $t=0$ 时，将 K 打开。求开关打开瞬间电压表的读数，即求 $V(0_+)=?$

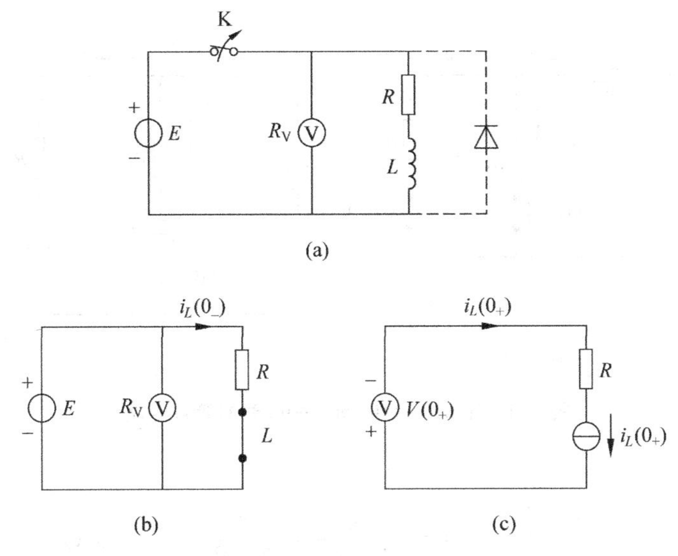

图 6.2 例 6.2.1 电路图

解 因为本电路中含有电感，所以换路前后 i_L 应该保持不变。求解步骤如下：

(1) 换路前电路处于旧稳定状态，L 相当于短路。$t=0_-$ 时的等效电路如图 6.2(b)所示，据此可得

$$i_L(0_-)=\frac{E}{R+R_V}\approx\frac{E}{R}=\frac{20}{1}=20(\text{mA})$$

(2) 根据换路定理，可得

$$i_L(0_+)=i_L(0_-)=20\text{mA}$$

开关打开后的瞬间，即在 $t=0_+$ 时，$i_L(0_+)$ 相当于一个恒流源，此时的等效电路如图 6.2(c)所示。因此，$t=0_+$ 时电压表的读数为

$$V(0_+)=i_L(0_+)R_V=20\times10^{-3}\times500\times10^{3}=10000(\text{V})$$

可见，该电路在开关断开的瞬间，将有高达万伏的电压加在电压表上。若不加保护措施，电压表极有可能损坏。为此，常在电感支路旁并联一个二极管起保护作用，如图 6.2(a)中虚线所示。

例 6.2.2 图 6.3 所示的电路中，已知开关 K 原来稳定在位置 1，在 $t=0$ 时由 1 合向 2。设 $E=6\text{V}$，$R=R_1=2\text{k}\Omega$，$R_2=1\text{k}\Omega$，求 i、i_1、i_2、u_C 及

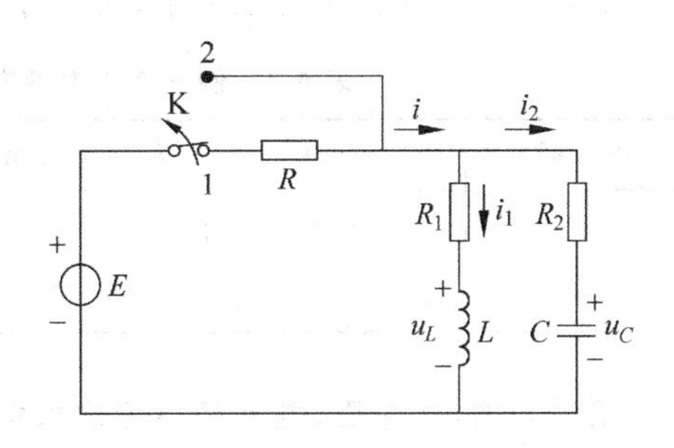

图 6.3 例 6.2.2 电路图

u_L 的起始值。

解题思路 因为该电路中既有电容又有电感,根据换路定理,u_C 和 i_L 在换路瞬间均应保持不变,所以首先要求出 $i_L(0_-)$ 和 $u_C(0_-)$,再根据换路定理求得 $i_L(0_+)$ 和 $u_C(0_+)$,最后可根据电路的基本定律求其他各电量的起始值。

解 换路前电路处于旧稳定状态,L 相当于短路,C 相当于断路。$t=0_-$ 时的等效电路如图 6.4(a)所示。

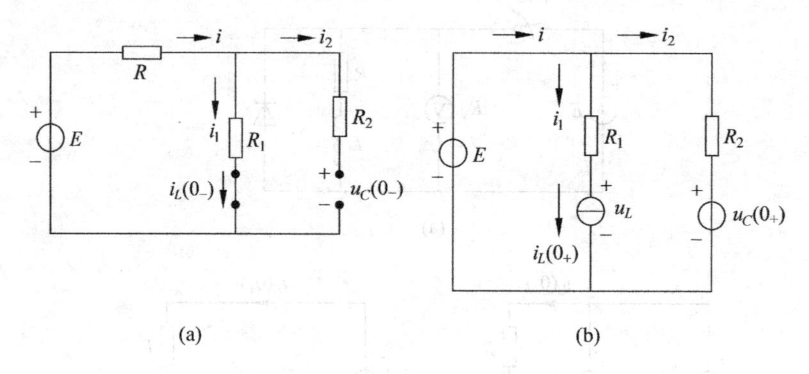

图 6.4 图 6.3 $t=0_-$ 和 $t=0_+$ 时的等效电路

由图可得

$$i_L(0_-)=i_1(0_-)=\frac{E}{R+R_1}=\frac{6}{2+2}=1.5(\text{mA})$$

$$u_C(0_-)=i_1(0_-)\times R_1=1.5\times 2=3(\text{V})$$

根据换路定理,换路瞬间电感中的电流、电容中的电压不能突变,所以 $t=0_+$ 时,$u_C(0_+)$ 相当于一个恒压源,而 $i_L(0_+)$ 相当于一个恒流源,对应的等效电路表示在图 6.4(b)中。由基尔霍夫定律可得

$$i_1(0_+)=i_L(0_+)=i_L(0_-)=1.5(\text{mA})$$

$$u_C(0_+)=u_C(0_-)=3(\text{V})$$

$$i_2(0_+)=\frac{E-u_C(0_+)}{R_2}=\frac{6-3}{1}=3(\text{mA})$$

$$i(0_+)=i_1(0_+)+i_2(0_+)=1.5+3=4.5(\text{mA})$$

$$u_L(0_+)=E-i_1(0_+)R_1=6-1.5\times 2=3(\text{V})$$

现将全部结果列于表 6.1 中,从中可观察到各电量换路前后的变化规律。

表 6.1 例 6.2.2 中各未知电量换路前后的数值比较

电 量	i/mA	$i_1(=i_L)$/mA	i_2/mA	u_C/V	u_L/V
$t=0_-$	1.5	1.5	0	3	0
$t=0_+$	4.5	1.5	3	3	3

根据本例,对电压、电流起始值的求解规律总结如下:

(1) 换路瞬间,除 i_L,u_C 不能突变外,其他变量均有可能突变。

(2) 换路瞬间，注意电感、电容的作用。当 $u_C(0_+)=U_0\neq 0$ 时，电容相当于恒压源，其值等于 U_0；$u_C(0_+)=0$ 时，电容相当于短路。当 $i_L(0_+)=I_0\neq 0$ 时，电感相当于恒流源，其值等于 I_0；$i_L(0_+)=0$ 时，电感相当于断路。

6.3 一阶电路过渡过程的分析方法

对含有储能元件的电路，所列写的微分方程若是一阶的，则此电路称为一阶电路(first order circuit)，其中产生的过渡过程为一阶过渡过程。以下重点讨论仅含一个储能元件的一阶电路中过渡过程的求解方法。

6.3.1 经典法

利用数学中解微分方程的方法求电路的过渡过程，称为经典法。下面以 RC 电路为例说明经典法的解题过程。

图 6.5 所示为一个简单的 RC 电路，其中各电量的正方向标示于图上。根据 KVL，可列出开关闭合后的电压方程为

$$iR+u_C=E$$

代入电流

$$i=C\frac{\mathrm{d}u_C}{\mathrm{d}t}$$

得一阶常系数线性微分方程

$$RC\frac{\mathrm{d}u_C}{\mathrm{d}t}+u_C=E$$

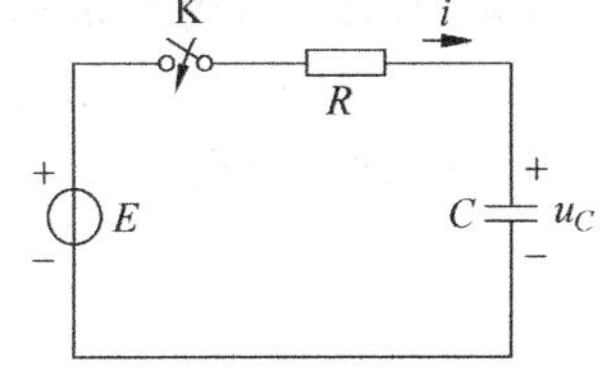

图 6.5 简单 *RC* 电路

由数学分析已知，一阶常系数线性微分方程的解由特解和对应齐次微分方程的通解(又称补函数)两部分组成。设本电路中微分方程的特解为 $u_C'(t)$，通解为 $u_C''(t)$，则全解为

$$u_C(t)=u_C'(t)+u_C''(t)$$

1. 求特解 $u_C'(t)$

微分方程的特解和外加激励(电源)信号具有相同的形式。该电路中，外加激励信号是直流电压源，其电动势 E 为常数，所以 $u_C'(t)$ 的形式也应为常数。设 $u_C'(t)=k$，代入微分方程得

$$RC\frac{\mathrm{d}k}{\mathrm{d}t}+k=E$$

故

$$k=E$$

一般情况下，特解通常为换路后电路的新稳态值(即 $t=\infty$ 时的值)，所以特解通常又称为稳态分量或强制分量，记作 $u_C(\infty)$。因此，本电路中

$$u_C'(t)=u_C(\infty)=E$$

2. 求齐次微分方程的通解 $u''_C(t)$

齐次微分方程通解的形式为指数式,假设为 Ae^{pt},其中,A 为积分常数,p 为特征方程的根。因为通解是随时间变化的,所以通解又称为暂态分量或自由分量。下面分别求 Ae^{pt} 中的 A 值和 p 值。

(1) 求 p 的值

将 $u''_C(t)=Ae^{pt}$ 代入该电路的齐次微分方程,得

$$RC\frac{du''_C(t)}{dt}+u''_C(t)=0$$

$$RC\frac{dAe^{pt}}{dt}+Ae^{pt}=0$$

$$RCpAe^{pt}+Ae^{pt}=0$$

$$RCp+1=0$$

所以得到

$$p=-\frac{1}{RC} \tag{6.3.1}$$

(2) 求 A 的值

将 $u'_C(t)$,$u''_C(t)$代入 $u_C(t)$,得

$$u_C(t)=u'_C(t)+u''_C(t)=u_C(\infty)+Ae^{pt}$$

当 $t=0_+$ 时,可得

$$u_C(0_+)=u_C(\infty)+A$$

则

$$A=u_C(0_+)-u_C(\infty) \tag{6.3.2}$$

本电路中,假设电容电压的起始值 $u_C(0_+)=u_C(0_-)=0\text{V}$,代入上式可得

$$A=u_C(0_+)-u_C(\infty)=0-E$$

$$A=-E$$

因此,本电路微分方程的通解为

$$u''_C(t)=Ae^{pt}=[u_C(0_+)-u_C(\infty)]e^{pt}=-Ee^{-\frac{t}{RC}}$$

3. 求微分方程的全解 $u_C(t)$

将 $u'_C(t)$和 $u''_C(t)$代入 $u_C(t)$,得

$$\begin{aligned}u_C(t)&=u'_C(t)+u''_C(t)\\&=u_C(\infty)+Ae^{pt}\\&=u_C(\infty)+[u_C(0_+)-u_C(\infty)]e^{-\frac{t}{RC}}\\&=E-Ee^{-\frac{t}{RC}}\end{aligned} \tag{6.3.3}$$

以上结果即为图 6.5 所示简单 RC 电路过渡过程微分方程的全解。

4. 关于时间常数(time constant)的讨论

在微分方程的暂态分量 Ae^{pt} 中,已知其中 $p=-\frac{1}{RC}$,如果令 $\tau=RC$,则

$$p=-\frac{1}{RC}=-\frac{1}{\tau} \tag{6.3.4}$$

通常称 τ 为时间常数，当 R 的单位为 Ω，C 的单位为 F 时，τ 的单位为 s。

τ 有重要的物理意义，其大小决定了电路过渡过程变化的快慢。根据 $u_C(t)$ 的微分方程(式(6.3.3))，可描绘出不同 τ 值所对应的 $u_C(t)$ 曲线，如图 6.6 所示。图中两曲线的时间常数 $\tau_2>\tau_1$。由图可见，τ 越大，曲线变化越慢，过渡过程需要的时间越长；反之，τ 越小，曲线变化越快，过渡过程需要的时间越短。

τ 的大小除由计算求得外，还可以利用过渡过程曲线求得。例如，在过渡过程曲线的起点，作该曲线的切线，切线和稳态值的交点所对应的时间(数学中称为次切距)即为 τ。在图 6.5 所示的电路中，根据 $u_C(t)$ 曲线求 τ 的方法如图 6.7 所示。

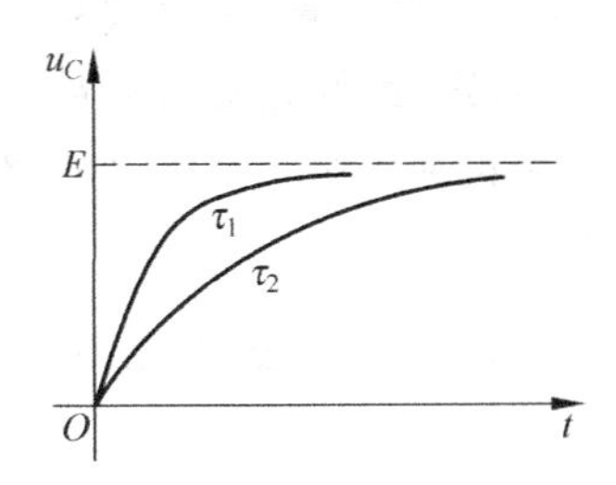

图 6.6 不同 τ 值对应的电容充电曲线

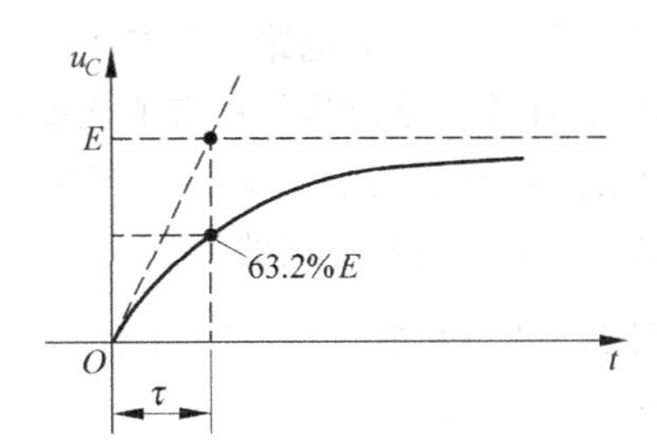

图 6.7 利用 $u_C(t)$ 曲线求 τ 的示意图

过渡过程中，可以通过 τ 值来计算各电量在不同时刻的大小。如图 6.5 所示电路中电容上的电压，当 $t=\tau$ 时，$u_C(\tau)=E(1-e^{-\frac{\tau}{\tau}})=63.2\%E$，其他各值见表 6.2。当 $t=5\tau$ 时，$u_C(5\tau)=0.993E$，此值和稳态值 E 已相当接近，可近似认为过渡过程已基本结束。在分析过渡过程问题时，一般情况下可将 $t=5\tau$ 作为过渡过程基本结束的时间标志。

表 6.2 不同 τ 值对应的 $u_C(t)$ 值

t	0	τ	2τ	3τ	4τ	5τ	6τ
$u_C(t)$	0	$0.632E$	$0.865E$	$0.950E$	$0.982E$	$0.993E$	$0.998E$

6.3.2 三要素法

1. 一阶过渡过程的通用表达式

由式(6.3.3)知，图 6.5 所示电路中电容电压过渡过程的全解为

$$\begin{aligned}u_C(t)&=u'_C(t)+u''_C(t)\\&=u_C(\infty)+[u_C(0_+)-u_C(\infty)]e^{-\frac{t}{\tau}}\end{aligned}$$

若将该式推广到任意一阶电路中，用 $f(t)$ 代表其中的电流或电压，用 $f(0_+)$ 代表起始值，用 $f(\infty)$ 代表稳态值，则一阶电路过渡过程方程的通用表达式为

$$f(t)=f(\infty)+[f(0_+)-f(\infty)]e^{-\frac{t}{\tau}} \tag{6.3.5}$$

其中，$f(\infty)$，$f(0_+)$，τ 通常称为过渡过程的三要素。利用这三个要素求解过渡过程的方法，称为三要素法(three-factor method)。

2. 三要素的求解方法

用三要素法求解过渡过程，实际上就是求电流、电压起始值、稳态值和时间常数的过程。三要素求出以后，将其代入通用表达式，过渡过程方程的解便可得出。下面对三要素的求解方法分别加以说明。

1）起始值的计算

起始值的计算在上节已经介绍过，其要点是：首先根据换路前的等效电路求出 $u_C(0_-)$，$i_L(0_-)$；再根据换路定理求 $u_C(0_+)$，$i_L(0_+)$；最后根据换路后的等效电路及电路的基本定理，求各电量 $t=0_+$ 时刻的值。具体计算举例见前文。

2）稳态值的计算

在直流电路、交流电路等章节中，实际上讨论的都是稳态值的计算，不再重复。但要强调的是，在计算过渡过程的稳态值之前，为避免计算中发生错误，最好先画出换路后的稳态电路（注意，稳态电路中，C 相当于断路，L 相当于短路），然后再利用第1章讲过的解题方法对各电量求解。请看下面的例子。

例 6.3.1　图 6.8(a)，(b)所示的电路中，设开关 K 均在 $t=0$ 时闭合，求电路中 i,u_C,i_L 的稳态值。

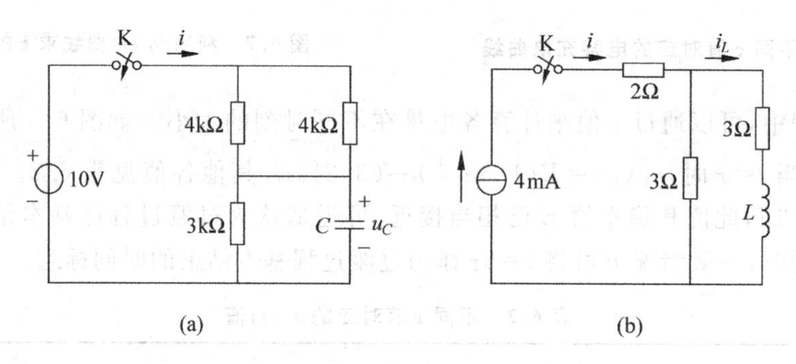

图 6.8　例 6.3.1 电路

解　两电路进入稳态后的等效电路分别如图 6.9(a)和(b)所示。

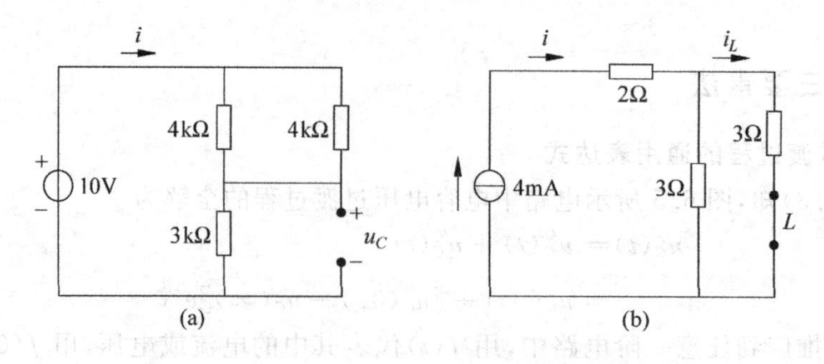

图 6.9　例 6.3.1 中 $t=\infty$ 时的等效电路

图(a)中

$$i(\infty)=\frac{10}{4\ /\!/\ 4+3}=2(\text{mA})$$

$$u_C(\infty) = \frac{10}{4 /\!/ 4 + 3} \times 3 = 6(\text{V})$$

图(b)中

$$i(\infty) = 4(\text{mA})$$

$$i_L(\infty) = 4 \times \frac{3}{3+3} = 2(\text{mA})$$

思考题 6.1 在图 6.3 所示的电路中,开关由 1 合向 2 后,求各支路电流的稳态值。

3) 时间常数的计算

在 RC 和 RL 两种电路中,时间常数的计算有所不同,下面分别进行讨论。

(1) RC 一阶电路

由前边分析已经知道,对于仅含一个电容、一个电阻的简单 RC 电路(如图 6.5 所示),其时间常数 $\tau=RC$;而对含一个电容、多个电阻的一阶 RC 电路,求时间常数时,把电容以外的电路视为有源二端网络,然后求有源二端网络的等效电阻 R_0,则该 RC 电路的时间常数为

$$\tau = R_0 C \tag{6.3.6}$$

例 6.3.2 设图 6.8(a)所示电路中的 $C=10\mu\text{F}$,求该电路的 $\tau=$?

解 图 6.8(a)换路后的等效电路如图 6.10 所示。将 C 之外的电路(图中虚线框)视为有源二端网络,根据等效电源定理一节中有源二端网络等效电阻的求解方法,可得本电路的 R_0,即

$$R_0 = 4 /\!/ 4 /\!/ 3 = 1.2(\text{k}\Omega)$$

故时间常数为

$$\tau = R_0 C = 1.2 \times 10^3 \times 10 \times 10^{-6} = 12 \times 10^{-3}(\text{s}) = 12(\text{ms})$$

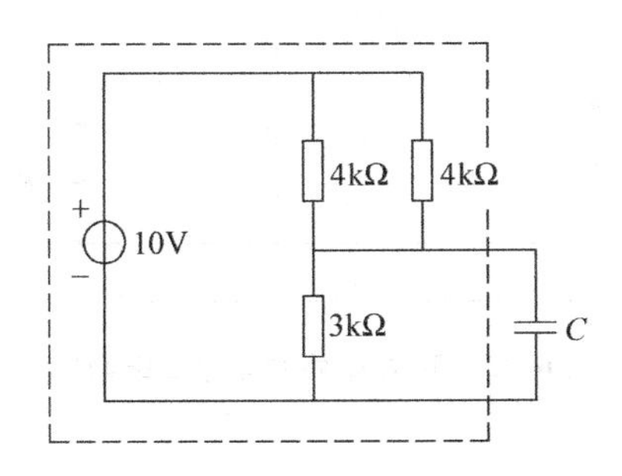

图 6.10 例 6.3.2 的电路

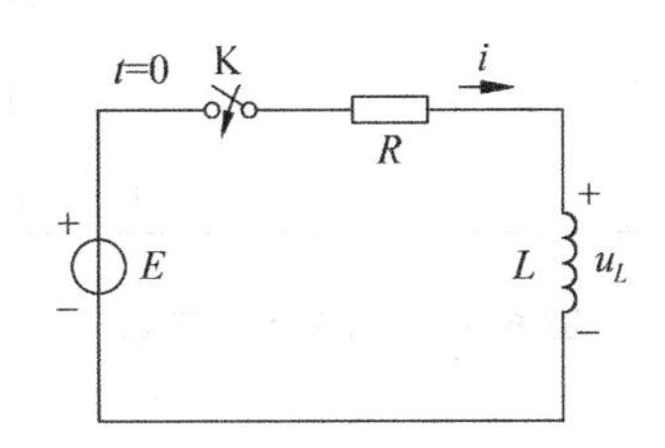

图 6.11 简单 RL 电路

(2) RL 一阶电路

对于仅含一个电感、一个电阻的简单 RL 电路(如图 6.11 所示),其时间常数可由该电路的齐次微分方程求得。该电路在开关闭合后的电压方程为

$$u_L + iR = E$$

将 $u_L = L\dfrac{\mathrm{d}i}{\mathrm{d}t}$ 代入得

$$L\frac{\mathrm{d}i}{\mathrm{d}t} + iR = E$$

对应的齐次方程为

$$L\frac{\mathrm{d}i}{\mathrm{d}t}+iR=0$$

设齐次方程的通解为 $i''(t)=A\mathrm{e}^{pt}$，则

$$L\frac{\mathrm{d}A\mathrm{e}^{pt}}{\mathrm{d}t}+A\mathrm{e}^{pt}R=0$$

$$Lp+R=0$$

$$p=-\frac{R}{L}$$

故

$$\tau=-\frac{1}{p}=\frac{L}{R}$$

对于含一个电感、多个电阻的 RL 电路，时间常数的求解方法和 RC 电路类似，也是将 L 以外的电路视为有源二端网络，然后求有源二端网络的等效电阻 R_0，则

$$\tau=\frac{L}{R_0} \tag{6.3.7}$$

例 6.3.3 求图 6.12 所示电路中的 $\tau=$？

解 开关闭合后，将除 L 以外的电路视为有源二端网络，与其对应的无源二端网络如图 6.13 所示，其中的等效电阻为 $R_0=R_2+R$，故时间常数为

$$\tau=\frac{L}{R_0}=\frac{L}{R_2+R}$$

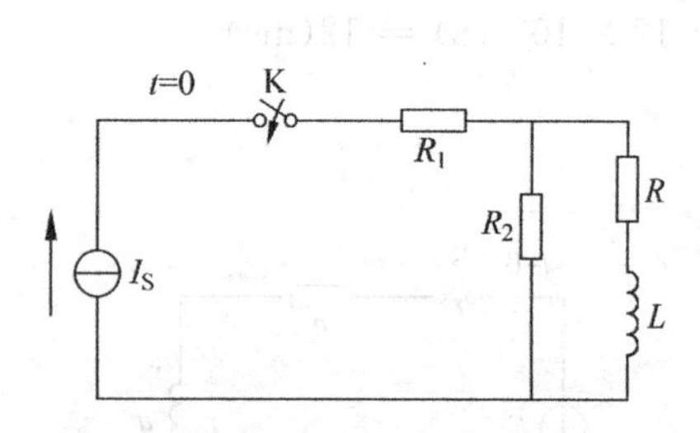

图 6.12 例 6.3.3 电路

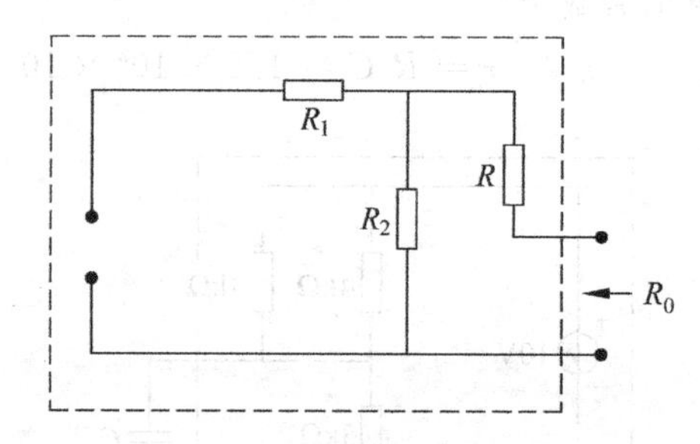

图 6.13 除 L 以外的无源二端网络

求时间常数时应注意以下问题：

(1) 求时间常数时，必须根据换路后的等效电路求解。

(2) 同一电路中不同电量的过渡过程，其时间常数都是相同的，即对于同一电路中的电流或电压，其过渡过程开始和结束的时刻相同。

思考题 6.2

(1) 设图 6.8(a)所示电路中的开关原来处于打开状态，在 $t=0$ 时将其闭合，电路的时间常数 $\tau=$？

(2) 设图 6.8(a)所示电路中的开关原来处于闭合状态，在 $t=0$ 时将其打开，电路的时间常数 $\tau=$？

(3) 上述两种情况下,电路的时间常数应该一样吗?

3. 三要素法的应用举例

例 6.3.4 图 6.14 所示电路中,已知开关 K 原来处于位置 1,在 $t=0$ 时,K 由位置 1 合向位置 2,以后稳定不动。求 $t\geqslant 0$ 后,$i(t)=$?

解 用三要素法求解。

(1) 求起始值 $i(0_+)$

该电路为一阶 RC 电路,所以换路前后 u_C 保持不变。根据 $t=0_-$ 时的等效电路(图 6.15),首先求 $u_C(0_-)$,得

$$u_C(0_-) = 3\times\frac{2}{1+2} = 2(\mathrm{V})$$

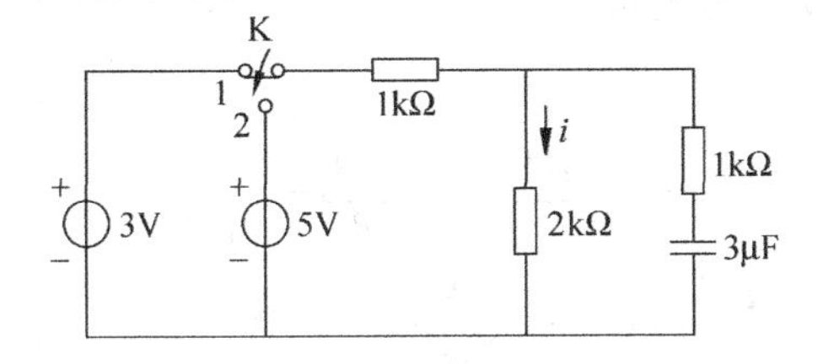

图 6.14 例 6.3.4 图

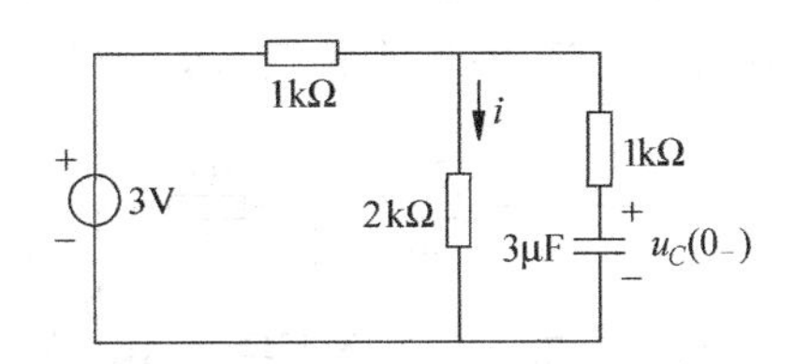

图 6.15 $t=0_-$ 时图 6.14 的等效电路

根据换路定理,画出换路后 $t=0_+$ 时的等效电路,如图 6.16 所示。首先用节点电位法,求得节点 A 的电位为

$$V_A = \frac{\frac{5}{1}+\frac{2}{1}}{\frac{1}{1}+\frac{1}{1}+\frac{1}{2}} = \frac{7}{2.5} = 2.8(\mathrm{V})$$

因此,$i(t)$的起始值为

$$i(0_+) = \frac{2.8}{2} = 1.4(\mathrm{mA})$$

(2) 求稳态值 $i(\infty)$

根据 $t=\infty$时的等效电路(如图 6.17 所示),可得 $i(t)$稳态值为

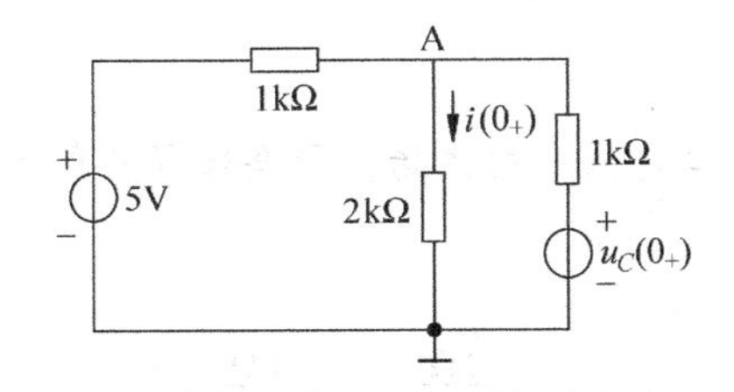

图 6.16 $t=0_+$ 时图 6.14 的等效电路

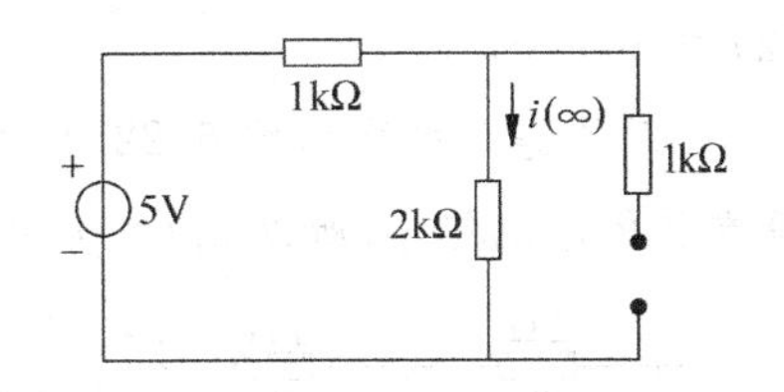

图 6.17 $t=\infty$时图 6.14 的等效电路

$$i(\infty) = \frac{5}{1+2} = 1.67(\mathrm{mA})$$

(3) 求电路的时间常数 τ

根据图 6.17,可得除 C 以外有源二端网络的等效电阻为

$$R_0 = (1 \,/\!/\, 2) + 1 = \frac{5}{3}(\text{k}\Omega)$$

故

$$\tau = R_0 C = \frac{5}{3} \times 10^3 \times 3 \times 10^{-6} = 5 \times 10^{-3}(\text{s}) = 5(\text{ms})$$

(4) 将三要素代入通用表达式得

$$\begin{aligned} i(t) &= i(\infty) + [i(0_+) - i(\infty)]\text{e}^{-\frac{t}{\tau}}(\text{mA}) \\ &= 1.67 + (1.4 - 1.67)\text{e}^{-\frac{1}{5}\times 10^3 t}(\text{mA}) \\ &= 1.67 - 0.27\text{e}^{-0.2\times 10^3 t}(\text{mA}) \end{aligned}$$

(5) $i(t)$的过渡过程曲线如图 6.18 所示。

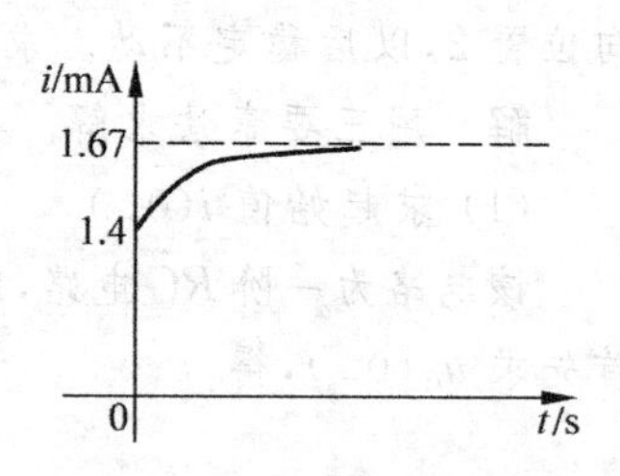

图 6.18 $i(t)$的过渡过程曲线

例 6.3.5 图 6.19 所示的电路中，已知 K 闭合前电路处于稳定状态。设 $t=0$ 时 K 闭合，求 $t \geqslant 0$ 以后，$u_L(t)=?$

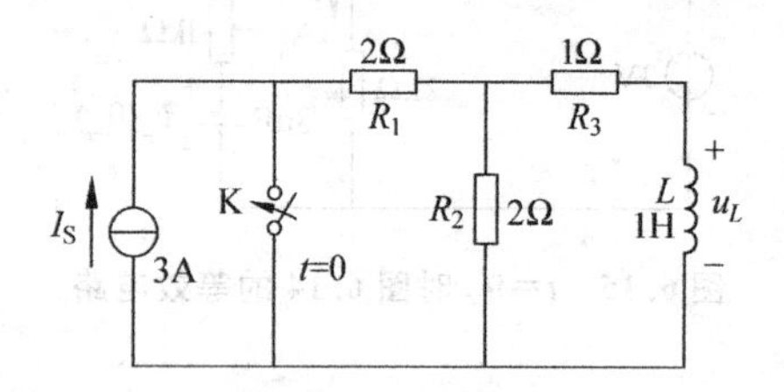

图 6.19 例 6.3.5 的电路图

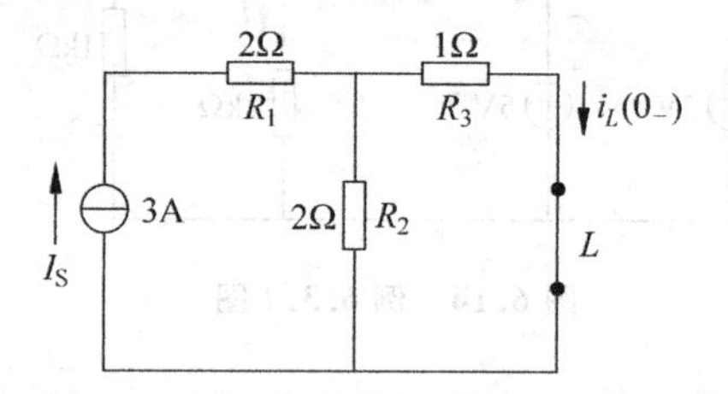

图 6.20 $t=0_-$ 时图 6.19 的等效电路

解 (1) 求 $u_L(0_+)$

因为该电路为含电感的一阶电路，所以首先要求出 $i_L(0_+)$，然后才能求其他各电量的起始值。根据 $t=0_-$ 时的等效电路(图 6.20)，可得

$$i_L(0_+) = i_L(0_-) = 3 \times \frac{2}{2+1} = 2(\text{A})$$

$t=0_+$ 时的等效电路如图 6.21 所示，由此可得

$$\begin{aligned} u_L(0_+) &= -i_L(0_+)(R_1 \,/\!/\, R_2 + R_3) \\ &= -2(2 \,/\!/\, 2 + 1) = -4(\text{V}) \end{aligned}$$

(2) 求 $u_L(\infty)$

$t=\infty$ 时的等效电路如图 6.22 所示，可以看出，当电感中的磁场能量全部释放以后，电路再没有其他电源信号，所以 $u_L(\infty)=0\text{V}$。

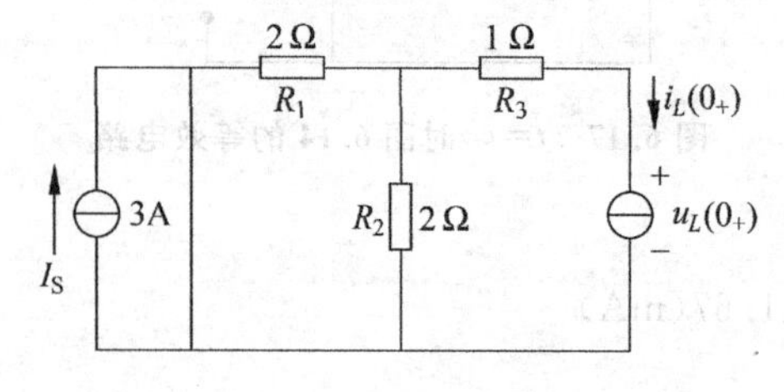

图 6.21 $t=0_+$ 时图 6.19 的等效电路

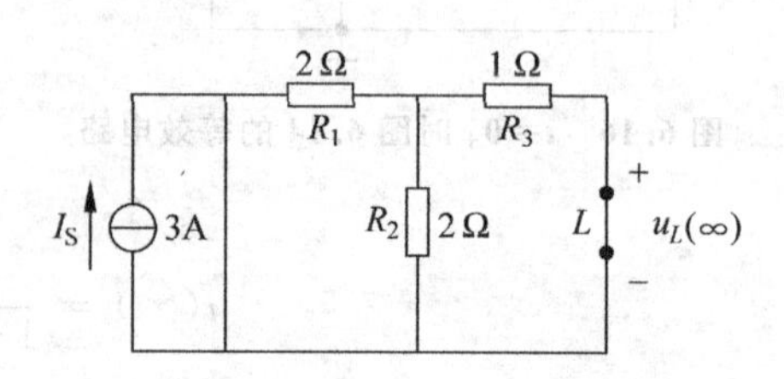

图 6.22 $t=\infty$ 时图 6.19 的等效电路

(3) 求τ

由图6.19可知，换路后除电感以外的有源二端网络的等效电阻为

$$R_0=(R_1/\!/R_2)+R_3=(2/\!/2)+1=2(\Omega)$$

由此可得电路的时间常数

$$\tau=\frac{L}{R_0}=\frac{1}{(2/\!/2)+1}=\frac{1}{2}=0.5(\mathrm{s})$$

(4) 将三要素代入通用表达式得

$$u_L(t)=u_L(\infty)+[u_L(0_+)-u_L(\infty)]\mathrm{e}^{-\frac{t}{\tau}}$$
$$=0+(-4-0)\mathrm{e}^{-\frac{t}{0.5}}$$
$$=-4\mathrm{e}^{-2t}(\mathrm{V})$$

(5) $u_L(t)$的过渡过程曲线如图6.23所示。

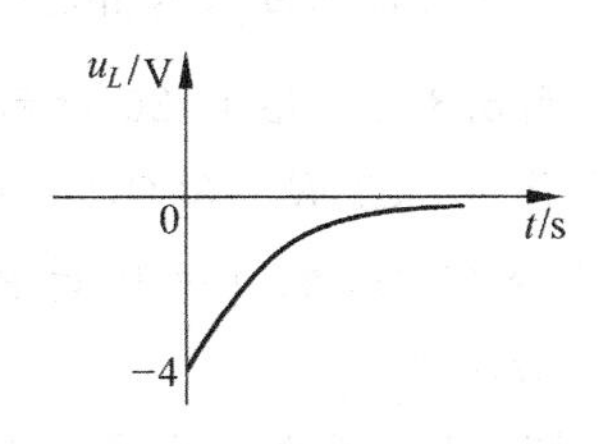

图6.23　$u_L(t)$的过渡过程曲线

思考题6.3　设图6.24(a)所示电路的输入信号为图6.24(b)，问$i(t)$的过渡过程如何求解(已知电容预先未充电)。

提示：

(1) 该电路中输入信号的作用，可以用开关和电源接通或断开来模拟，如图6.25所示。其中存在两次换路：在$t=0$时，相当于K由1合向2，电源电压由0V突然跳到3V；在$t=20$ms时，相当于K由2又合向1，电源电压从3V突然回到0V。因此，该电路过渡过程的求解，应该分为$t=0\sim20$ms和$t\geqslant20$ms两个阶段。

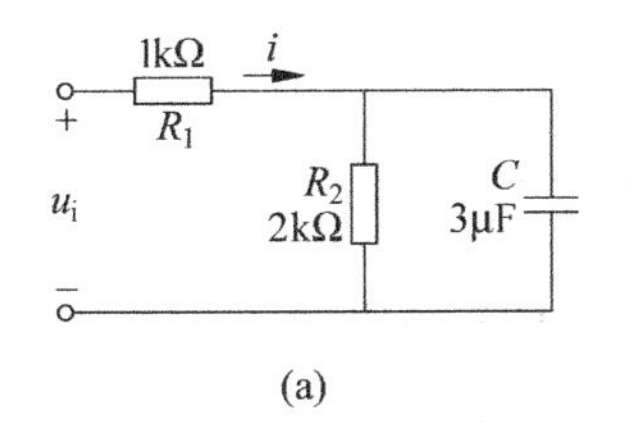

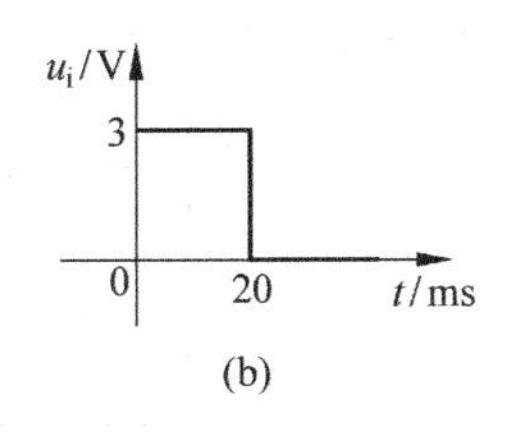

图6.24　思考题6.3的电路

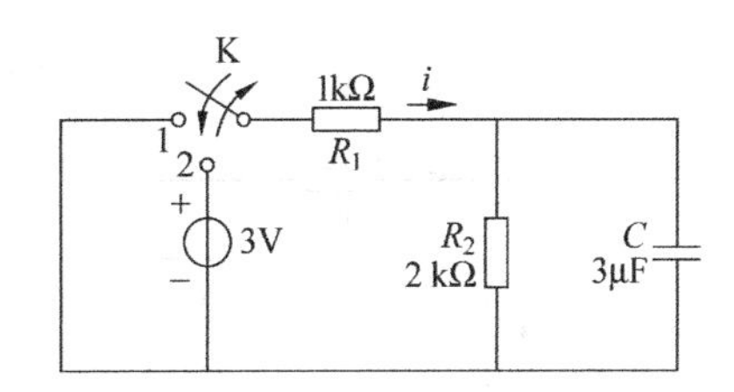

图6.25　图6.24的等效电路

(2) 需要特别注意的是，求第二阶段电流起始值的时候，必须依据换路定理，即$u_C(20\mathrm{ms}_+)=u_C(20\mathrm{ms}_-)$。

4. 利用三要素法求解过渡过程时应注意的问题

(1) 三要素法只能用于一阶电路。

(2) 求三个要素时，最好先画出相应的等效电路。画等效电路时，要特别注意电感、电容的作用。

6.3.3 用叠加法求一阶电路的响应

在含有电容和电感的电路中，作用于电路的激励(excitation)信号一般有两类，即外加电源和储能元件上的起始值($u_C(0_+)$或$i_L(0_+)$)。因此，分析过渡过程问题时，可以令两类信号分别单独作用，然后利用叠加定理求出结果。当电路中储能元件上的起始值为零(称为

零状态），由外加电源单独作用产生的电压或电流称为电路的零状态响应；当电路中没有外加电源作用（称为零输入），由储能元件上的起始值单独作用产生的电压或电流称为零输入响应；外加电源和储能元件上的起始值共同作用，产生的电流或电压称为全响应。全响应就是电路过渡过程的全解，它可以由零状态响应和零输入响应叠加而成。下面通过举例，说明如何利用叠加方法求解过渡过程。

例 6.3.6 图 6.26 所示的电路中，已知 $E=10\text{V}, R_1=2\text{k}\Omega, R_2=3\text{k}\Omega, C=1\mu\text{F}$。假设开关 K 原处于闭合状态，在 $t=0$ 时将其打开。求 $t\geqslant 0$ 后，$u_C(t)=?$

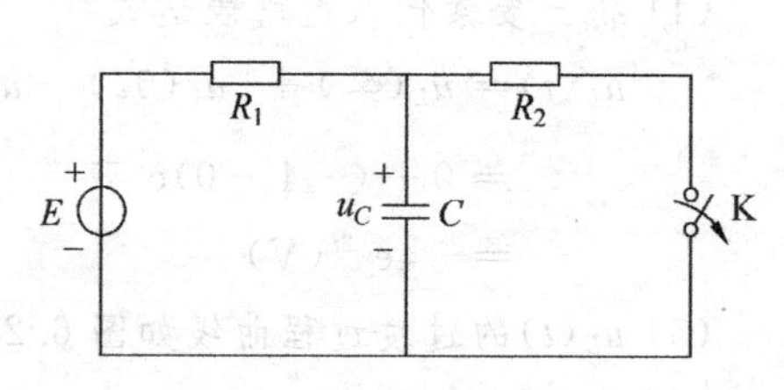

图 6.26 例 6.3.6 电路图

解 (1) 求电路的零状态响应 $u'_C(t)$

此时，假设电路中电容上的起始电压不作用，即令 $u_C(0_+)=0(\text{V})$，仅有外加电源作用，对应的电路如图 6.27 所示。该图为简单的电容充电电路，用三要素法很容易得出

$$u'_C(t)=E(1-\mathrm{e}^{-\frac{t}{\tau}})$$

根据已知条件，有

$$E=10(\text{V})$$

$$\tau=R_1C=2\times 10^3\times 1\times 10^{-6}=2\times 10^{-3}(\text{s})=2(\text{ms})$$

所以

$$u'_C(t)=10(1-\mathrm{e}^{-5\times 10^2 t})(\text{V})$$

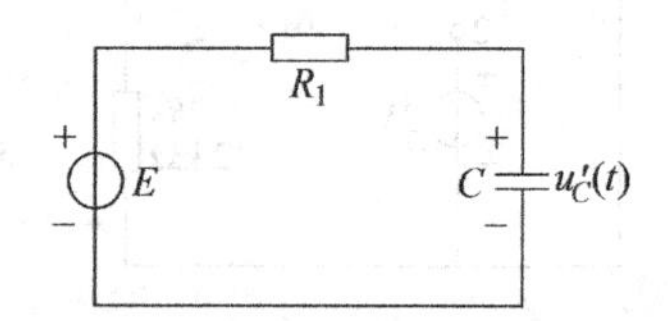

图 6.27 零状态时图 6.26 的等效电路

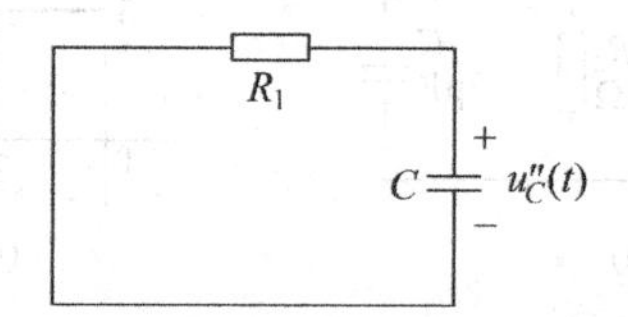

图 6.28 零输入时图 6.26 的等效电路

(2) 求电路的零输入响应 $u''_C(t)$

此时，假设外加电源不起作用，只有电容上的起始电压作用，对应的电路如图 6.28 所示。其中电容的起始电压可根据图 6.26 求得

$$u_C(0_+)=u_C(0_-)=E\frac{R_2}{R_1+R_2}=10\frac{3}{2+3}=6(\text{V})$$

图 6.28 为电容放电电路，因此可得

$$u''_C(t)=u_C(0_+)\mathrm{e}^{-\frac{t}{\tau}}$$

代入 $u_C(0_+)$ 和 τ 的数值，得

$$u''_C(t)=6\mathrm{e}^{-5\times 10^2 t}(\text{V})$$

(3) 求 $u_C(t)$ 的全响应

将零状态响应和零输入响应的结果叠加，即得全响应为

$$
\begin{aligned}
u_C(t) &= u'_C(t) + u''_C(t) \\
&= 10(1 - e^{-5\times10^2 t}) + 6e^{-5\times10^2 t} \\
&= 10 - 4e^{-5\times10^2 t}(V)
\end{aligned}
$$

(4) $u_C(t)$随时间变化的曲线如图 6.29 所示。曲线 a 为零状态响应,b 为零输入响应,c 为全响应。

本题也可直接用三要素法求解,结果是一样的,读者可自行验证。

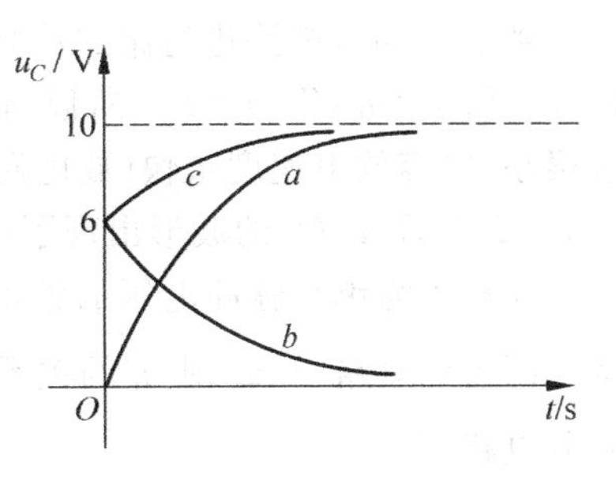

图 6.29 $u_C(t)$随时间变化的曲线

6.4 脉冲激励下的 RC 电路

研究脉冲(pulse)激励下的 RC 电路有重要的实用价值,因为通过改变此种电路的时间常数,可以在电阻或电容上得到不同形式的电压波形,从而满足不同电子线路的需要。这里说的脉冲激励信号,指的都是理想方波(square wave),如图 6.30 所示。其中图(a)为单脉冲,图(b)为连续脉冲(又称序列脉冲)。下面讨论几种具体电路。

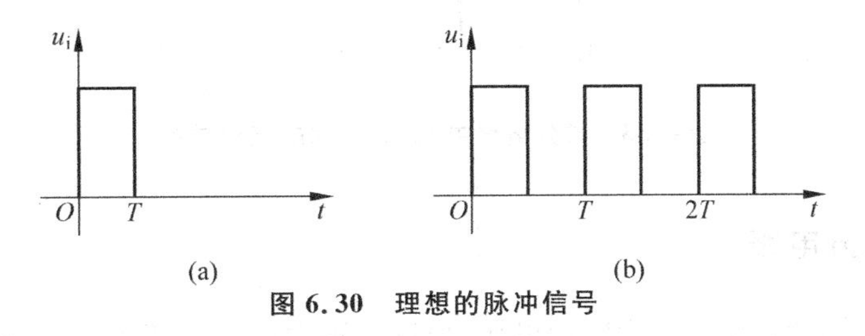

图 6.30 理想的脉冲信号

6.4.1 微分电路

在简单的 RC 电路中,设输入是脉冲电压信号(其宽度为 T),取电阻上的电压作为输出电压 u_o,在电路的时间常数远小于脉冲宽度(即 $\tau \ll T$)的条件下,此电路便称为微分电路(differentiating circuit),如图 6.31 所示。对微分电路的工作原理定性分析如下。

假设脉冲信号加入前,电容未充电。在 $t=0_+$ 时刻,电源电压(u_i)突然升到 E,由于 $u_C(0_+)=u_C(0_-)=0$,所以 $u_o(0_+)=E$。因为电路的时间常数很小,电容充电速度很快(充电路径如图 6.32(a)所示),经过很短的时间,电容上的电压达到最大值 E,电阻上的电压降到零,即 $u_o(\infty)=0$。因此,在 $t=0_+$ 之后,$u_o(t)$的波形出现了一个很窄的正向尖峰电压。

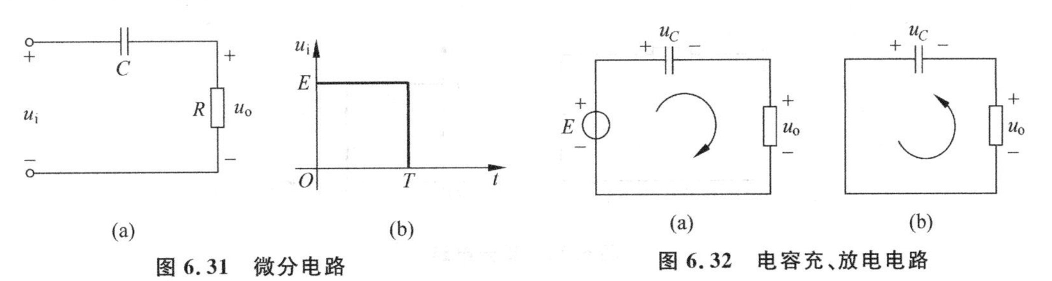

图 6.31 微分电路

图 6.32 电容充、放电电路

到 $t=T$ 时，电路进行第二次换路，电源电压降为0。此时，电容上的电压已充至最大，即 $u_C(T_+)=u_C(T_-)=E$。所以，输出电压 $u_o(T_+)=-u_C(T_+)=-E$。因为电路的时间常数很小，电容放电速度很快(放电路径如图6.32(b)所示)，使得输出电压很快变为0。因此，在 $t=T$ 之后，$u_o(t)$ 的波形出现了一个很窄的负向尖峰电压。

在输入为单个脉冲电压的情况下，微分电路输出和输入电压之间的关系如图6.33所示。因为该电路中，u_o 对 u_i 的关系近似于数学中的微分关系，即 $u_o \propto \frac{du_i}{dt}$，所以通常称之为微分电路。

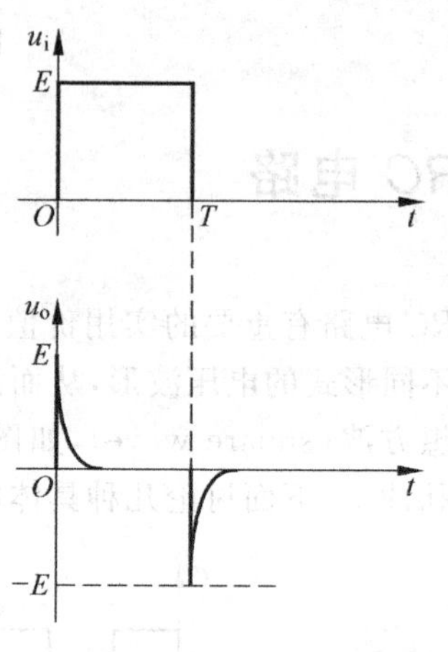

图6.33 微分电路中 u_o 和 u_i 间的波形关系

6.4.2 积分电路

若同样的 RC 电路，输入仍为脉冲电压，但以电容上的电压作为输出，在电路的时间常数远大于脉冲宽度(即 $\tau \gg T$)的条件下，该电路便称为积分电路(integrating circuit)，如图6.34所示。对电路的工作原理定性分析如下。

该电路的分析方法和微分电路类似，所不同的是，它的时间常数很大(即 $\tau \gg T$)，且输出电压取自于电容。由于该电路中电容的充电速度很慢，所以在 $t=0-T$ 期间，u_o 近似为直线缓慢增长，在电容上的电压和稳态值(E)相距甚远时，又开始了第二次换路；在 $t \geqslant T$ 以后，因为电容的放电速度很慢，所以 u_o 又近似为直线缓慢下降，经过很长时间才能降到零。因此，当输入为单个脉冲信号时，输出电压波形如图6.35所示。因为该电路中 u_o 对 u_i 的关系近似于数学中的积分，即 $u_o \propto \int u_i \mathrm{d}t$，所以通常称之为积分电路。

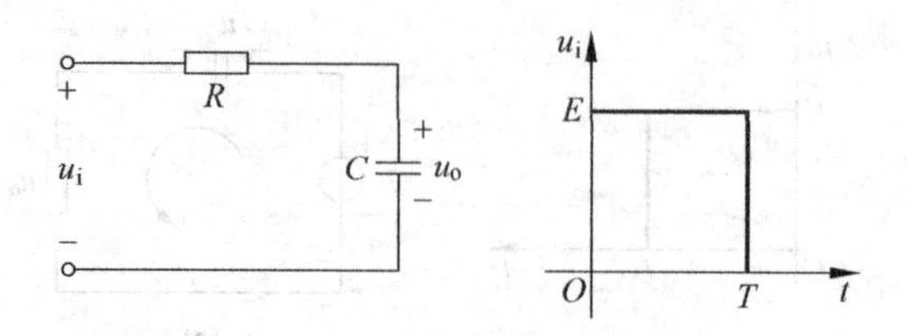

图6.34 积分电路

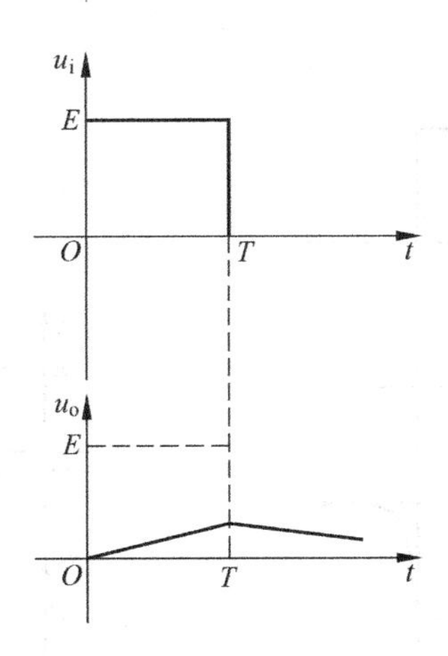

图 6.35 积分电路中u_o和u_i间的波形关系

6.4.3 序列脉冲作用下的 RC 电路

在图 6.36 所示的 RC 电路中，在其输入端加入一系列脉冲电压信号，当电路的时间常数改变时，电阻、电容上可以得到不同形式的电压波形。下面对以下几种情况进行分析。

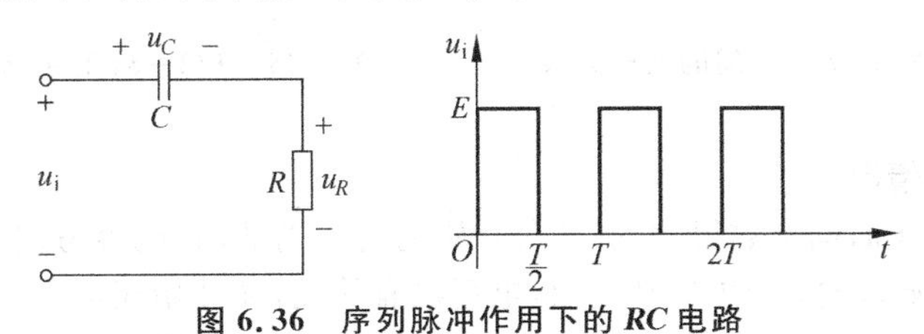

图 6.36 序列脉冲作用下的 RC 电路

1. $\tau \ll T/2$ 的情况

该电路在时间常数很小($\tau \ll T/2$)的情况下，就是微分电路。由前面分析已知，由于微分电路中电容的充、放电速度都很快，所以电阻上电压的波形是一组与输入脉冲电压的上下边沿相对应的正负尖峰脉冲；而电容上的电压是一组和输入脉冲电压接近的波形。u_R，u_C的波形以及它们和u_i的关系，如图 6.37 所示。

2. $T/2=5\tau$ 的情况

在 6.3.1 节中，我们曾讨论过时间常数对过渡过程的影响：τ越小，过渡过程变化越快；τ越大，过渡过程变化越慢；当t等于5τ时，可近似认为过渡过程基本结束(即电流或电压基本达到相应的稳定值)。据此，可以得到该电路在$T/2=5\tau$的情况下u_R，u_C的波形以及它们和u_i的关系，如图 6.38 所示。图中波形可作如下解释：

该电路中，假设$u_C(0_-)=0$。当脉冲电压信号加入之后，在$t=0$时，电阻上的电压等于电源电压，即$u_R=E$。随着电容的充电，u_R逐渐降低。因为此时$T/2=5\tau$，所以到$t=T/2$时，可以近似认为电容上的电压刚好充到了电源电压E，因而电阻上的电压$u_R=E-u_C=0$(见波形图)；在$t=T/2-T$的半个周期内，电源电压等于零。在$t=T/2$时，$u_R=-u_C=-E$。随着电容的放电，电阻和电容上的电压数值逐渐减小。同样因为$T/2=5\tau$，所以到$t=T$时，可以近似认为电容上的电荷刚好全部放完，使得$u_C=u_R=0$(见波形图)。其余周期的波形可作同样分析，此处不再重复。

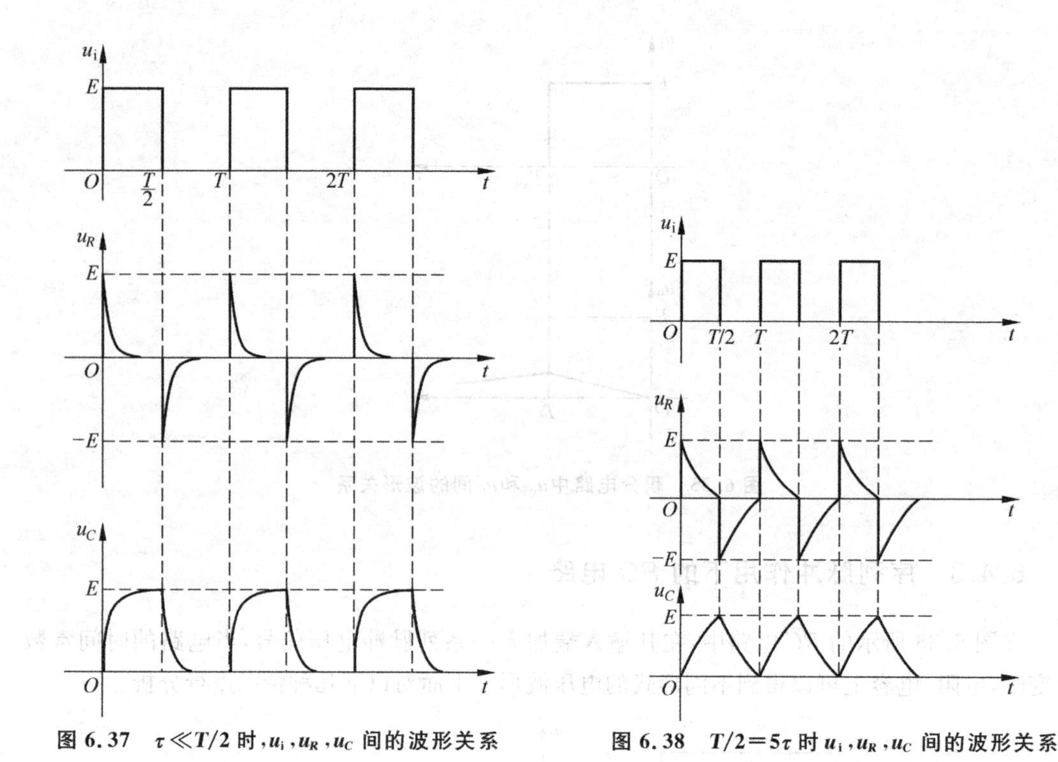

图 6.37 $\tau \ll T/2$ 时,u_i,u_R,u_C 间的波形关系

图 6.38 $T/2=5\tau$ 时 u_i,u_R,u_C 间的波形关系

3. $\tau \gg T/2$ 的情况

这种情况下,由于时间常数很大,所以在开始的若干周期内,电容每次充电未达到稳态值(电源电压 E),又开始放电;而电容放电时,电荷没有放完,又开始充电。因此,随着电容周期性的充、放电,其上电压 u_C 充、放电时的起始值逐渐升高。但起始值的升高不是无限度的,因为随着 u_C 充、放电起始值逐渐升高,其值和 u_C 充、放电的稳态值差距越来越小,经若干周期后,u_C 充、放电的起始值便各自稳定在某个数值上(该数值可用三要素法推导,这里从略)。稳定后 u_R 的波形以横轴上下对称,u_C 的波形以 $E/2$ 上下对称,如图 6.39 所示。

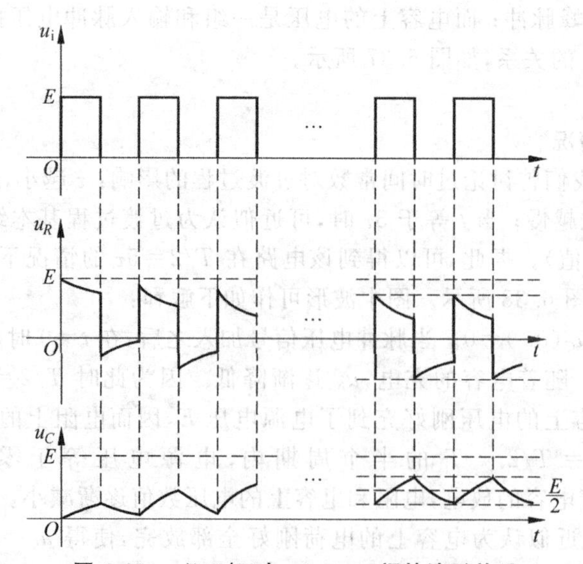

图 6.39 $\tau \gg T/2$ 时,u_i,u_R,u_C 间的波形关系

从以上几种情况可以看出，对于同一个简单 RC 电路，当加入相同的序列脉冲电压时，因电路的时间常数不同，电阻上得到的电压波形差别很大。τ 很小时，u_R 是一系列的尖峰脉冲；τ 越大，u_R 的波形越宽；当 τ 趋向无穷大时，u_R 近似成为以横轴上下对称的方波。此时 u_R 的形状和输入的脉冲电压相似，只是把其中的直流成分去掉了。RC 电路中的这些特点对电子技术等课程是很有用的，应该很好地理解和掌握。

6.5 含有多个储能元件的一阶电路

一般情况下，电路中若含有多个储能元件，则其中电压或电流的微分方程不再是一阶的，三要素法也不能再用。但有的情况下，电路中虽含有多个储能元件，但其中电压或电流的微分方程仍是一阶的，仍属一阶电路，三要素法可以照常使用。本节主要讨论含有多个储能元件的一阶电路。

6.5.1 多个储能元件可等效为一个储能元件的一阶电路

含有多个储能元件的电路中，若所有的储能元件可以通过串、并联关系用一个储能元件代替，则该电路仍为一阶电路。如图 6.40(a)所示的电路中，可以将电容 C_1，C_2，C_3 通过串、并联关系，变成一个电容 C，表示为

$$C=\frac{C_1(C_2+C_3)}{C_1+C_2+C_3}$$

原电路中的三个电容被总电容 C 替代后的等效电路如图 6.40(b)所示。等效后的电路为典型的一阶 RC 电路，可用前面已讲过的三要素法求解其过渡过程，这里不再赘述。

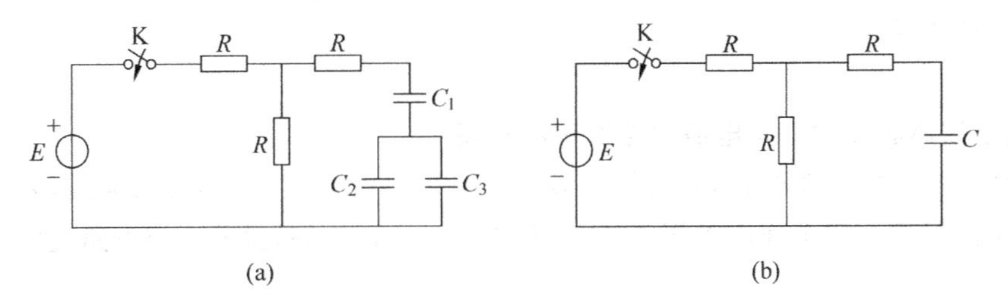

图 6.40 电容可串、并联的一阶电路

6.5.2 起始值不独立的一阶电路

在含有多个储能元件的一阶电路中，有的电路中储能元件不存在串并联关系，但仍是一阶电路。分析这种电路的过渡过程时，三要素法仍然可以使用，但换路定理不能再用，其中的起始值要根据电路的一些基本规律才能求出，这种电路被称为起始值不独立的一阶电路。如图 6.41 所示的电路中，C_1，C_2 两电容不存在串、并联关系，但该电路仍为一阶电路。证明如下：

K 闭合后，根据基尔霍夫定律，图 6.41 中各电压、电流的关系为

$$u_{C_1}+u_{C_2}=E$$

$$i=\frac{u_{C_1}}{R_1}+C_1\frac{\mathrm{d}u_{C_1}}{\mathrm{d}t}=\frac{u_{C_2}}{R_2}+C_2\frac{\mathrm{d}u_{C_2}}{\mathrm{d}t}$$

将上面两式联立可得

$$\frac{u_{C_1}}{R_1}+C_1\frac{\mathrm{d}u_{C_1}}{\mathrm{d}t}=\frac{E-u_{C_1}}{R_2}+C_2\frac{\mathrm{d}(E-u_{C_1})}{\mathrm{d}t}$$

整理后得

$$(C_1+C_2)\frac{\mathrm{d}u_{C_1}}{\mathrm{d}t}+\left(\frac{1}{R_1}+\frac{1}{R_2}\right)u_{C_1}=\frac{E}{R_2}$$

显然该微分方程是一阶的，说明图6.41所示电路是一阶电路。

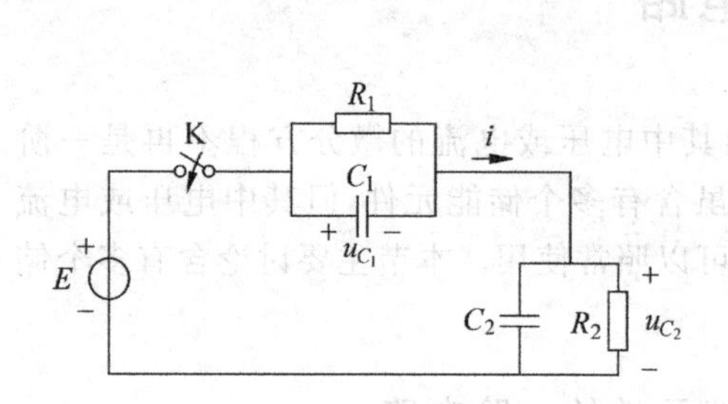

图6.41 起始值不独立的一阶RC电路

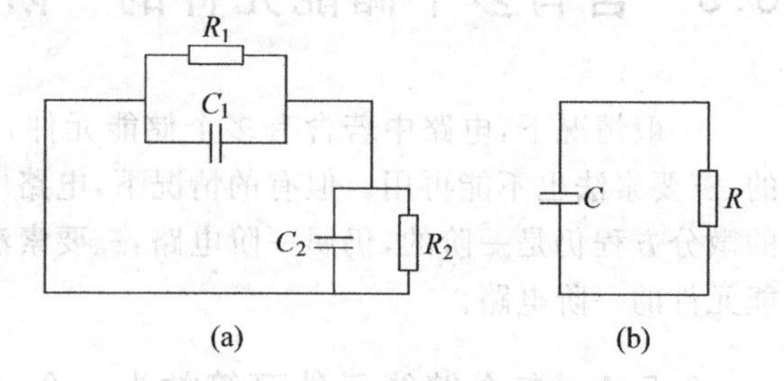

图6.42 图6.41对应的无源网络及其简化电路

1. 起始值不独立的一阶电路的判断方法

判断含多个储能元件的电路是否为一阶电路，可用以下方法：首先去除电路中独立电源的作用（恒压源短路，恒流源断路），然后判断电路中的多个储能元件能否通过串、并联关系将其等效成一个。若能等效，则为一阶电路；否则，为高阶电路。如图6.41所示的电路，将其中电压源的作用去掉（如图6.42(a)），剩下的两个电阻和两个电容均为并联关系。将电阻、电容分别并联后，便构成只含一个电阻和一个电容的电路，如图6.42(b)所示。所以，该电路为一阶电路。

2. 起始值不独立的一阶电路过渡过程的求解

起始值不独立的一阶电路，在分析过渡过程时仍然可以用三要素法，但是，要注意其中起始值求解的特殊性。下面以求图6.41电路中的$u_{C_2}(t)$为例，说明此类电路过渡过程的求解方法。

1）求稳态值$u_{C_2}(\infty)$

电路稳定以后，C_1，C_2相当于断路，所以u_{C_2}的稳态值为

$$u_{C_2}(\infty)=E\frac{R_2}{R_1+R_2}$$

2）求时间常数τ

根据图6.42(b)所示的等效电路可得

$$\tau=RC=(R_1/\!/R_2)(C_1/\!/C_2)=\frac{R_1R_2}{R_1+R_2}(C_1+C_2)$$

3）求起始值$u_{C_2}(0_+)$

（1）本电路中不能用换路定理

假设开关闭合前，C_1，C_2两个电容均未充电，即$u_{C_1}(0_-)=u_{C_2}(0_-)=0$。若根据换路定理，则

$$u_{C_1}(0_+) = u_{C_1}(0_-) = 0$$
$$u_{C_2}(0_+) = u_{C_2}(0_-) = 0$$

在 $t=(0_+)$时刻,电路中各电压的关系应为

$$E = u_{C_1}(0_+) + u_{C_2}(0_+) = 0 + 0 = 0$$

电路若正常工作时,电源电压不会为零,此式显然和基尔霍夫定律矛盾,所以是错误的,因此换路定理在这里不适用。

(2) 换路定理不能用的原因

该电路换路定理不能用的原因,在于电路本身的特殊性和换路定理的局限性。在 6.2 节讨论换路定理的过程中,强调指出换路瞬间电容上的电压不能突变,否则电源必须向电路提供无穷大的电流$\left(i=C\dfrac{\mathrm{d}u_C}{\mathrm{d}t}=\infty\right)$。一般电路中,电源没有如此大的功率,不可能为电路提供无穷大的电流,所以求起始值时应该用换路定理。然而,图 6.41 所示电路和一般电路不同。在理想的情况下,该电路在换路瞬间,未经充电的两个电容串联起来,直接将电压源短路。如果电源是理想的电压源,则在 $t=(0_+)$时刻,电路中会产生无穷大的冲击电流。这种现象显然和换路定理的依据不一致,因此,在这种特殊的电路中,换路定理不适用。

(3) 该电路中 $u_{C_2}(t)$起始值的求解方法

换路瞬间,电路满足 KVL,即

$$u_{C_1}(0_+) + u_{C_2}(0_+) = E \qquad ①$$

由于无穷大的电流只流过 C_1,C_2,不流过电阻,所以在换路瞬间两个电容上电荷的变化量应该相等,即

$$\Delta q_1(0_+) = \Delta q_2(0_+)$$

或写成

$$C_1[u_{C_1}(0_+) - u_{C_1}(0_-)] = C_2[u_{C_2}(0_+) - u_{C_2}(0_-)]$$

由于

$$u_{C_1}(0_-) = u_{C_2}(0_-) = 0$$

因此

$$C_1 u_{C_1}(0_+) = C_2 u_{C_2}(0_+) \qquad ②$$

将①,②两式联立,便得到 $u_{C_2}(t)$的起始值

$$u_{C_2}(0_+) = \frac{C_1}{C_1 + C_2}E$$

4) 将 $u_{C_2}(\infty)$,τ,$u_{C_2}(0_+)$代入一阶过渡过程的通用表达式,则

$$u_{C_2}(t) = \frac{R_2}{R_1 + R_2}E + \left(\frac{C_1}{C_1 + C_2} - \frac{R_2}{R_1 + R_2}\right)E\mathrm{e}^{-\frac{t}{\tau}}$$

其中

$$\tau = \frac{R_1 R_2}{R_1 + R_2}(C_1 + C_2)$$

6.5.3 实用电路举例——脉冲分压电路

在电子技术中,欲观察一个脉冲电压信号,常常需要将其分压,变成小信号后再接至测

量仪器上。分压电路若采用纯电阻电路，由于电路杂散参数的影响，观察到的波形一般会产生失真。因此，观察脉冲信号时，经常采用脉冲分压(pulse divider)电路，如图 6.43 所示。下面对该电路进行分析，设其中输入为单脉冲电压信号，用 u_i 表示，取 R_2 上的电压为输出电压，用 u_o 表示。

为分析方便起见，首先将单脉冲信号 u_i 分解成 u_i' 和 u_i'' 两个信号，如图 6.44 所示。然后令 u_i' 和 u_i'' 分别作用于电路，最后将两个信号作用的结果叠加，便可求得脉冲分压电路的输出电压 u_o。

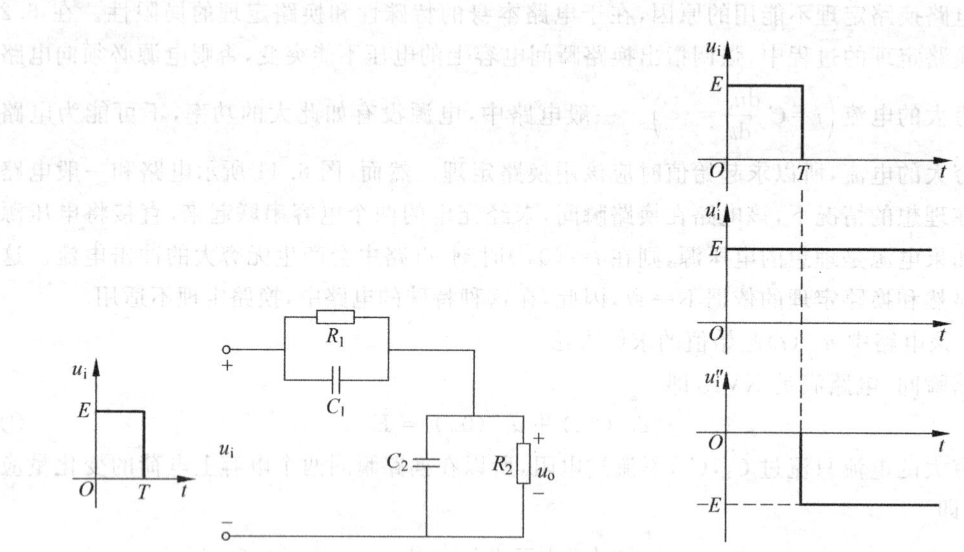

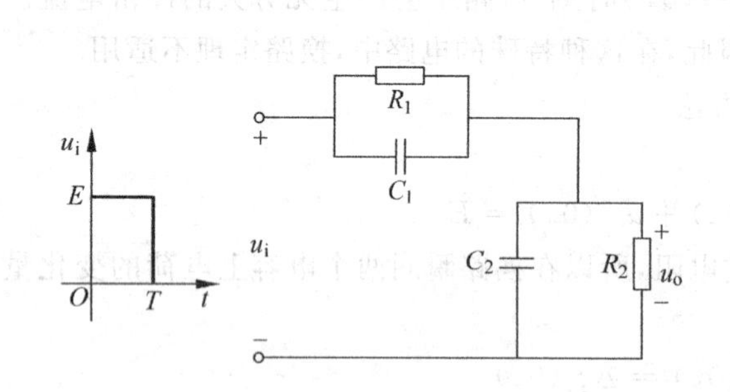

图 6.43 脉冲分压电路

图 6.44 单脉冲信号的分解图

1. u_i'单独作用

u_i'为阶跃电压信号，其作用和图 6.41 所示电路中的情况完全一样。根据对图 6.41 所示电路分析的结果，可知 u_i'单独作用时输出电压的过渡过程方程为

$$u_o'(t)=\frac{R_2}{R_1+R_2}E+\left(\frac{C_1}{C_1+C_2}-\frac{R_2}{R_1+R_2}\right)Ee^{-\frac{t}{\tau}},\quad 0\leqslant t<T$$

其中

$$\tau=\frac{R_1R_2}{R_1+R_2}(C_1+C_2)$$

根据 $u_o'(t)$的表达式，可画出它随时间变化的曲线。但是，应注意的是，当电路中电阻、电容的参数配置不同时，$u_o'(t)$的曲线形式也不同，共有以下 3 种情况：

(1) 当 $C_1/(C_1+C_2)=R_2/(R_1+R_2)$时，$u_o'(t)$的起始值和稳态值相等，其曲线形式和输入信号相似，均为一条水平直线。

(2) 当 $C_1/(C_1+C_2)>R_2/(R_1+R_2)$时，输出电压$u_o'(t)$的起始值 $C_1E/(C_1+C_2)$大于其稳态值 $R_2E/(R_1+R_2)$，所以 $u_o'(t)$的曲线形式在 $t=0$ 时出现了一个正向尖峰，经过一定时间才下降到稳态值。

(3) 当$C_1/(C_1+C_2)<R_2/(R_1+R_2)$时，输出电压$u'_o(t)$的起始值$C_1E/(C_1+C_2)$小于其稳态值$R_2E/(R_1+R_2)$，所以$u'_o(t)$的曲线形式在$t=0$时的数值较小，然后慢慢增长到稳态值。

$u'_o(t)$在以上3种情况下的曲线分别如图6.45(a)，(b)，(c)所示。

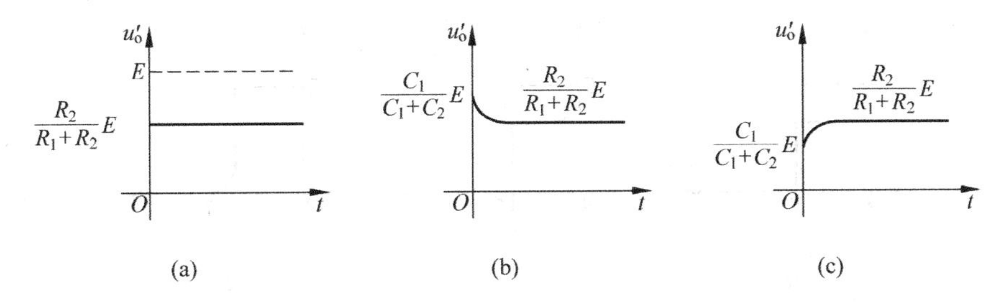

图6.45 不同参数配置下$u'_o(t)$的波形图

2. u''_i单独作用

u''_i的作用和u'_i的作用类似，只是有两点不同：一是电源作用的时间推迟了一个脉冲宽度T，二是电源电压为负值($-E$)。根据这两点，再参照$u'_o(t)$方程式的形式，可直接写出u''_i作用时输出电压的过渡过程方程式，即

$$u''_o(t-T)=\frac{R_2}{R_1+R_2}(-E)+\left(\frac{C_1}{C_1+C_2}-\frac{R_2}{R_1+R_2}\right)(-E)\mathrm{e}^{-\frac{t-T}{\tau}},\quad t\geqslant T$$

其中

$$\tau=\frac{R_1R_2}{R_1+R_2}(C_1+C_2)$$

和$u'_o(t)$的情况一样，根据电阻、电容参数的不同配置，可画出$u''_o(t-T)$随时间变化的曲线，如图6.46所示，其中图(a)的参数为

$$\frac{C_1}{C_1+C_2}=\frac{R_2}{R_1+R_2}$$

图(b)的参数为

$$\frac{C_1}{C_1+C_2}>\frac{R_2}{R_1+R_2}$$

图(c)的参数为

$$\frac{C_1}{C_1+C_2}<\frac{R_2}{R_1+R_2}$$

u''_o O T t $\frac{R_2}{R_1+R_2}E$ $-E$

(a)

u''_o O T t $\frac{R_2}{R_1+R_2}E$ $\frac{C_1}{C_1+C_2}E$

(b)

u''_o O T t $\frac{C_1}{C_1+C_2}E$ $\frac{R_2}{R_1+R_2}E$

(c)

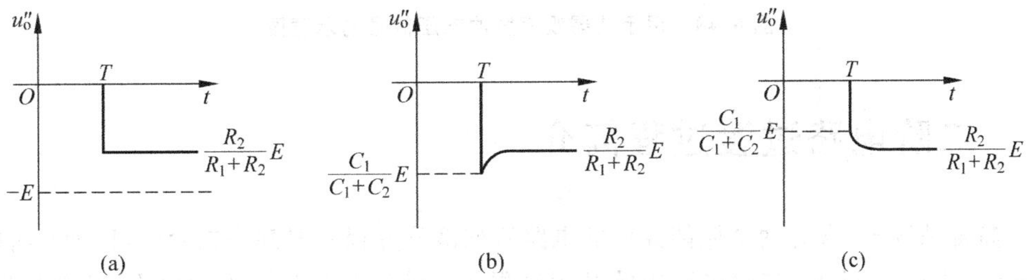

图6.46 不同参数配置下$u''_o(t-T)$的波形图

3. u_i'和u_i''共同作用

将u_i'和u_i''单独作用时的结果叠加,便得到脉冲分压电路在以上三种情况时对应的输出电压,其曲线如图6.47所示。

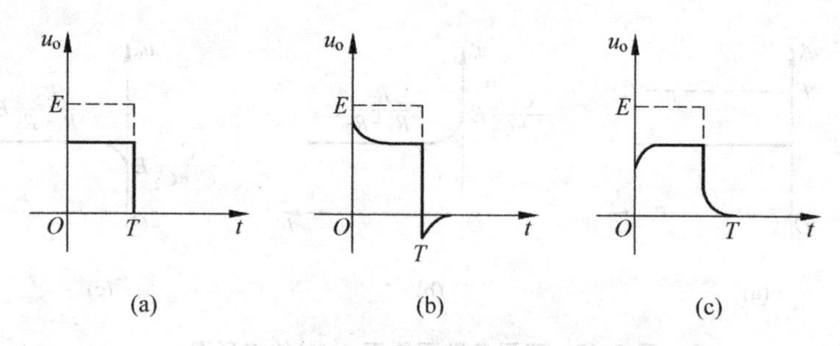

图6.47 不同参数配置下$u_o(t)$的波形图

由$u_o(t)$的曲线可见,脉冲分压电路中,输出电压的形式只有在$R_2/(R_1+R_2)=C_1/(C_1+C_2)$的条件下,才和输入的脉冲信号相似。也就是说,当利用脉冲分压电路观察脉冲电压时,必须调整电路参数,使其满足$R_2/(R_1+R_2)=C_1/(C_1+C_2)$的条件,才能观察到不失真的脉冲波形。

4. 用示波器观察脉冲电压的情况

用示波器(oscilloscope)观察脉冲电压信号,实际上就是脉冲分压电路的具体应用,如图6.48所示。其中C_0为示波器输入端的输入电容(input capacitance),此电容是仪器中固有的,一般情况下预先不知道。R_1,R_2为分压电路,R_1旁并联的电容(C_1)为可变电容。并联该电容的目的是通过调整它的大小,使电路满足$R_2/(R_1+R_2)=C_1/(C_1+C_0)$的条件,从而可以在示波器上观察到和输入信号相似的脉冲电压。

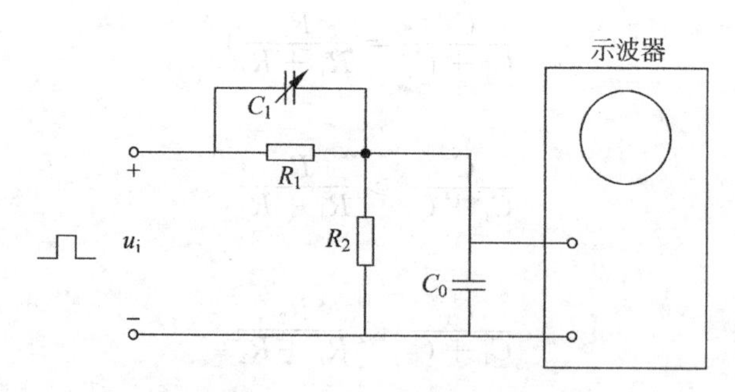

图6.48 用示波器观察脉冲电压信号的示意图

6.6 二阶电路过渡过程简介

除特殊情况外,含有两个储能元件的电路所列微分方程一般都是二阶的,称为二阶电路(second order circuit)。二阶电路中的过渡过程为二阶过渡过程。下面以RLC电路为例,简单介绍一下二阶过渡过程的特点。

6.6.1 RLC 电路二阶过渡过程求解的简要说明

图 6.49 所示的电路中，设开关原来在 a 位置，$t=0$ 时合向 b，下面分析 $t\geqslant 0$ 后 $u_C(t)$ 的变化规律。

换路后，根据 KVL 应有

$$u_L+u_R+u_C=0$$

其中

$$\begin{cases}u_R=iR\\ u_L=L\dfrac{\mathrm{d}i}{\mathrm{d}t}\\ i=C\dfrac{\mathrm{d}u_C}{\mathrm{d}t}\end{cases}$$

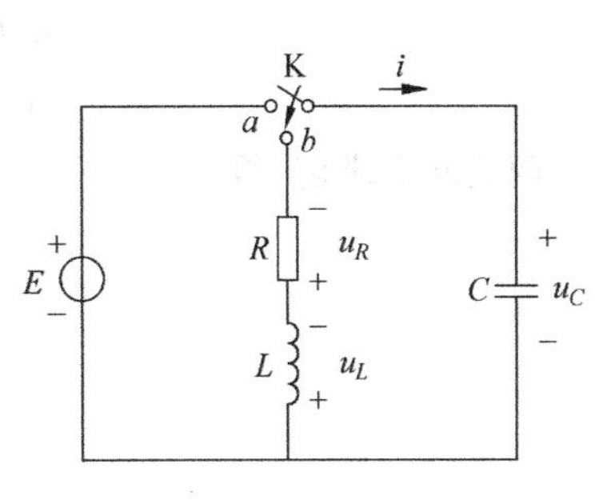

图 6.49 RLC 二阶电路

代入上式得

$$LC\frac{\mathrm{d}^2u_C}{\mathrm{d}t}+RC\frac{\mathrm{d}u_C}{\mathrm{d}t}+u_C=0 \tag{6.6.1}$$

显然，该式是一个以 u_C 为未知数的二阶微分方程，所以电路的过渡过程是二阶的。二阶过渡过程的求解方法有经典法、拉氏变换等。下面用经典法对二阶微分方程的解题过程做一下简单介绍。

二阶微分方程的解和一阶电路类似，也包括特解和通解两部分。其中特解为稳态分量，用 $u_C'(t)$ 表示，它和外加激励信号具有相同的形式，本例中因为电路换路后没有外加激励信号，所以 $u_C'(t)=0$；通解为暂态分量，用 $u_C''(t)$ 表示，其形式为两个指数函数之和 $(A_1\mathrm{e}^{p_1t}+A_2\mathrm{e}^{p_2t})$，可根据微分方程对应的齐次微分方程求解。以下分别求 A，p 值。

1. 求 p_1，p_2

本例中齐次微分方程(式(6.6.1))的特征方程为

$$LCp^2+RCp+1=0$$

所以

$$p_{1,2}=-\frac{R}{2L}\pm\sqrt{\left(\frac{R}{2L}\right)^2-\frac{1}{LC}} \tag{6.6.2}$$

2. 求 A_1，A_2

因为该电路中

$$\begin{aligned}u_C(t)&=u'_C(t)+u''_C(t)\\&=0+(A_1\mathrm{e}^{p_1t}+A_2\mathrm{e}^{p_2t})\\&=A_1\mathrm{e}^{p_1t}+A_2\mathrm{e}^{p_2t}\end{aligned} \tag{6.6.3}$$

所以

$$i(t)=C\frac{\mathrm{d}u_C}{\mathrm{d}t}=CA_1p_1\mathrm{e}^{p_1t}+CA_2p_2\mathrm{e}^{p_2t} \tag{6.6.4}$$

根据换路定理，电路的起始条件为

$$\begin{cases} u_C(0_+) = u_C(0_-) = E \\ i_L(0_+) = i_L(0_-) = 0 \end{cases}$$

将起始条件代入式(6.6.3)和式(6.6.4)得

$$\begin{cases} u_C(0_+) = A_1 + A_2 = E \\ i(0_+) = CA_1 p_1 + CA_2 p_2 = 0 \end{cases}$$

以上两式联立求解，得

$$\begin{cases} A_1 = \dfrac{p_2}{p_2 - p_1}E \\ A_2 = \dfrac{p_1}{p_1 - p_2}E \end{cases} \tag{6.6.5}$$

3. $u_C(t)$的解

将电路参数代入A_1、A_2、p_1、p_2，然后再将A，p各值代入$u_C(t)$式，二阶过渡过程的解便可得出。

6.6.2 二阶过渡过程的特点

若把二阶过渡过程的曲线描绘出来，可以看到其曲线形式有两种，即振荡式和非振荡式，具体形式由电路参数决定。由式(6.6.2)可知，当电路参数R，L，C改变时，p_1，p_2的值也跟着变化，产生的过渡过程形式也将不同，共有以下几种情况：

(1) 当$\dfrac{R}{2L} > \dfrac{1}{\sqrt{LC}}$时，$p_1$，$p_2$为两个不相等的负实数。经分析可知，此时$u_C(t)$不振荡，呈现单调衰减的曲线形式，如图6.50所示。

(2) 当$\dfrac{R}{2L} < \dfrac{1}{\sqrt{LC}}$时，$p_1$，$p_2$为两个共轭复数。经分析可知，此时$u_C(t)$的形式为周期性的衰减振荡，如图6.51所示。若其中的$R=0$，则$u_C(t)$为等幅的正弦振荡。

(3) 当$\dfrac{R}{2L} = \dfrac{1}{\sqrt{LC}}$时，$p_1$，$p_2$为两个相等的负实数，$u_C(t)$处于临界振荡状态。

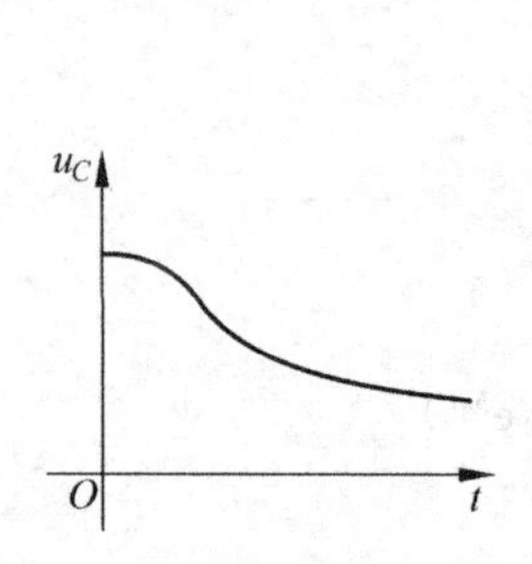

图6.50 $\dfrac{R}{2L} > \dfrac{1}{\sqrt{LC}}$条件下的$u_C(t)$曲线

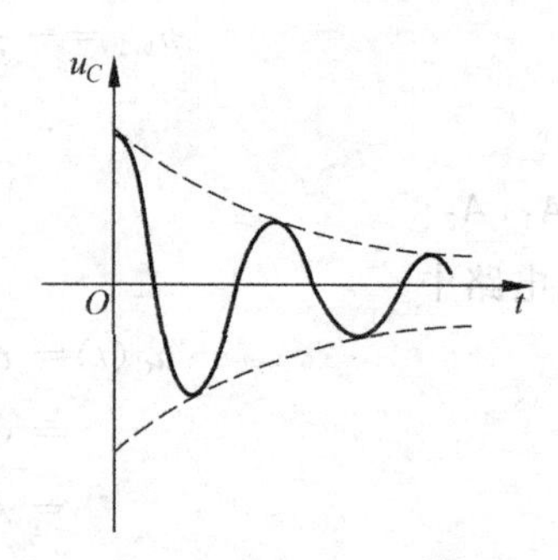

图6.51 $\dfrac{R}{2L} < \dfrac{1}{\sqrt{LC}}$条件下的$u_C(t)$曲线

6.7 用SPICE分析电路的过渡过程举例

电路中的过渡过程问题，用SPICE分析是很方便的。其中时域分析用瞬态分析语句.tran，开关可以用SPICE中的压控开关代替，但是在电路中要增加控制开关的电源。如果电路中的开关只是用于接通和断开电源，可以用分段线性化电源或脉冲信号源来模拟。有关信号源语句请参考附录。

例6.7.1 电容充电电路如图6.52左边的电路，开关在$t=0$时刻闭合，试画出开关闭合后电容两端的电压曲线，已知电容电压的初始值为0。

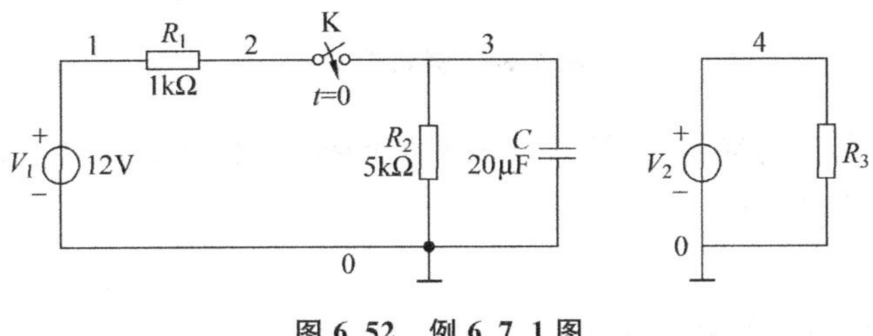

图6.52　例6.7.1图

解　为了控制开关，在电路中增加了分段线性化电源V_2，$t=0$时电压从0V跳变到5V，受控开关$t=0$时刻闭合，则电路文件如下：

```
Example 6.7.1
V1   1 0 12
R1 1 2 1k
R2 3 0 5k
C   3 0 20u IC=0
S1 2 3   4 0 switch1
.model switch1 SW
 * control source
V2 4 0 PWL(0 0 1e-12 5 100 5)
R3 4 0 1000k
 *
.tran 0.1m 100m
.plot tran v(3)
.end
```

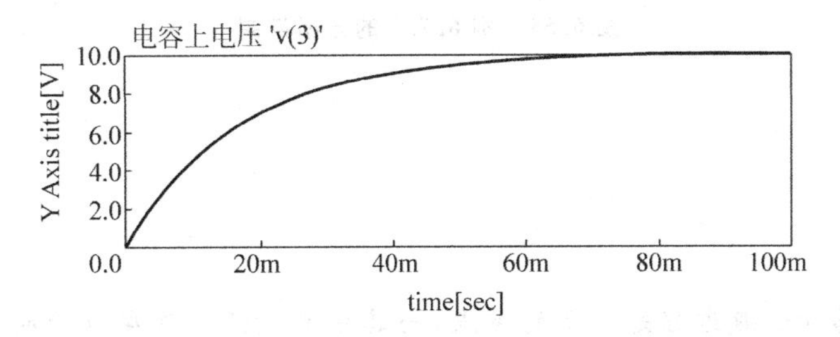

图6.53　例6.7.1的分析结果

其中，第6行"S1 2 3 4 0 switch1"是压控开关的调用语句，第7行". model switch1 SW"是开关的模型定义语句。压控开关由分段线性化电源 V_2 控制。分析结果如图6.53所示。

例6.7.2 已知电路如图6.54(b)所示，输入信号 V_S 的波形如图6.54(a)所示。画出 $t \geqslant 0$ 时电流 i 的波形。

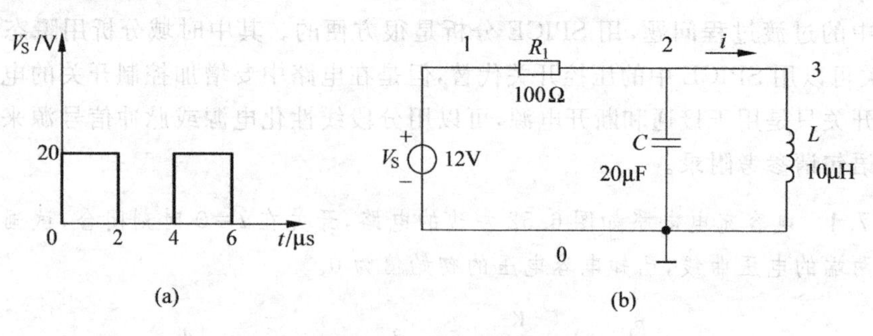

图6.54 例6.7.2图

解 为了计算电流 i，增加了0V的电压源Vmeas(电路中未画出)，相应增加了节点3。电路文件和分析结果如下：

```
Example 6.7.2
Vs 1 0 pulse(0 20 0 1e-20 1e-20 2u 4u)
R1 1 2 100
C  2 0 1nf
L  3 0 10uH
Vmeas 2 3 0
. tran 0.01u 6us
. plot tran i(Vmeas)
. end
```

分析结果如图6.55所示。

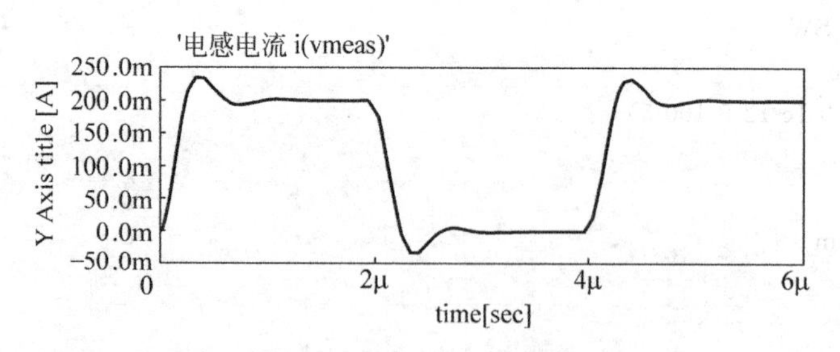

图6.55 例6.7.2的分析结果

本章小结

(1) 一阶电路的过渡过程是本章的重点，而其中的 RC 电路在以后的相关课程中应用十分广泛，因此，一阶电路中的 RC 电路更重要，必须掌握。

(2) 过渡过程的分析方法有多种，本书主要介绍了经典法和三要素法。其中三要素法简捷、方便、易于掌握，一定要学好。必须注意，三要素法只适用于一阶电路。

(3) 利用三要素法求解过渡过程时，为避免概念上的混淆和在计算中发生错误，建议求三要素之前，先画出各自的等效电路(注意 L,C 的处理方法)，再进行计算。

(4) 对于序列脉冲作用下的一阶 RC 电路，重点是通过对电路的分析了解时间常数的重要作用以及对输出电压波形的影响，从而为以后学习电子技术等课程建立一些相关概念。

(5) 通过对含有多个储能元件一阶电路的分析，要了解起始值不独立的一阶电路的特点及其分析方法。

(6) 对二阶过渡过程因为不是本章重点，只作了简单介绍。读者需要深入了解时，可参阅相关资料。

(7) 利用 SPICE 对电路的过渡过程进行分析非常方便，要掌握其中的基本语句和分析方法。

习题

6.1 图 P6.1 所示的电路中，设开关打开前电路处于稳定状态。求开关打开后瞬间各支路的电流。电路进入新稳态后，各支路的电流又为多少?

6.2 图 P6.2 所示的电路中，已知 K 闭合前电感、电容均未储存能量。求 K 闭合后 i, u_L, u_o 的起始值。

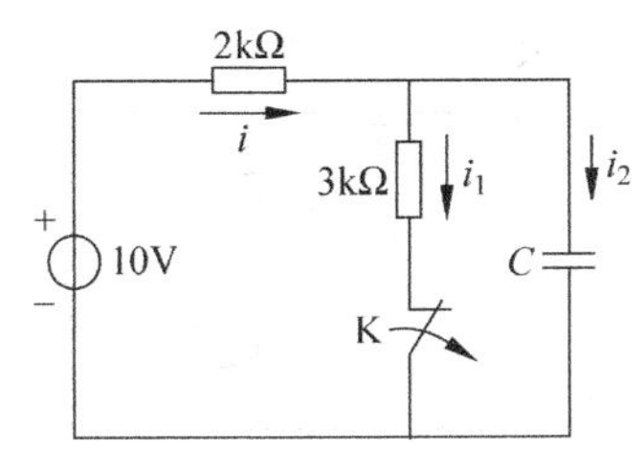

图 P6.1 习题 6.1 图

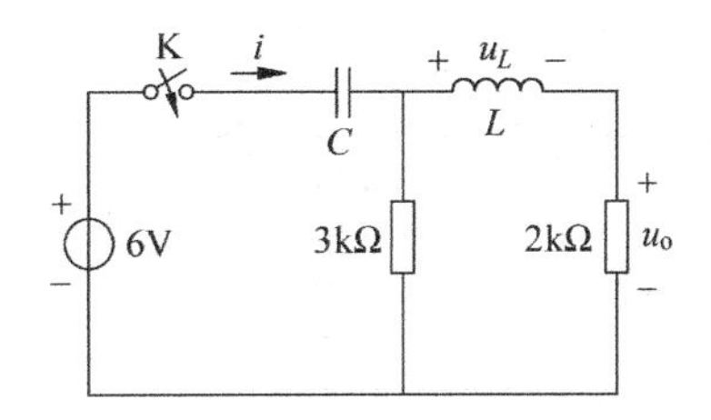

图 P6.2 习题 6.2 图

6.3 图 P6.3 所示的电路中，已知 $E=6\text{V}$, $R_1=3\text{k}\Omega$, $R_2=3\text{k}\Omega$, $R_3=1\text{k}\Omega$。设 K 在 $t=0$ 时闭合，分别求 $t=(0_-)$和 $t=(0_+)$时各支路的电流和电容、电感上的电压。

6.4 图 P6.4 所示的电路中，求 i_K, u_C 的起始值、稳态值和时间常数。

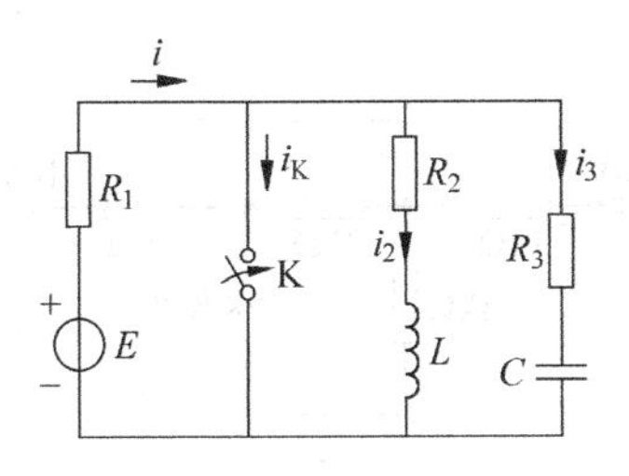

图 P6.3 习题 6.3 图

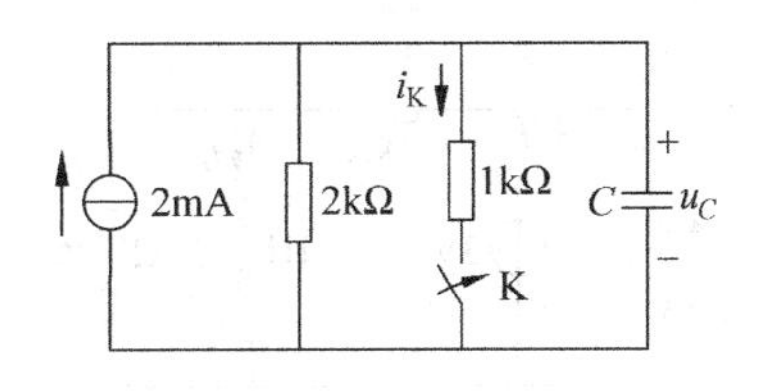

图 P6.4 习题 6.4 图

6.5　图 P6.5 所示的电路中，开关打开前电路处于稳态。求开关打开后的 $u_o(t)=?$

6.6　图 P6.6 所示的电路中，已知 $u_C(0_-)=0$，求开关闭合后的 $u_C(t)$ 和 $u_o(t)$。

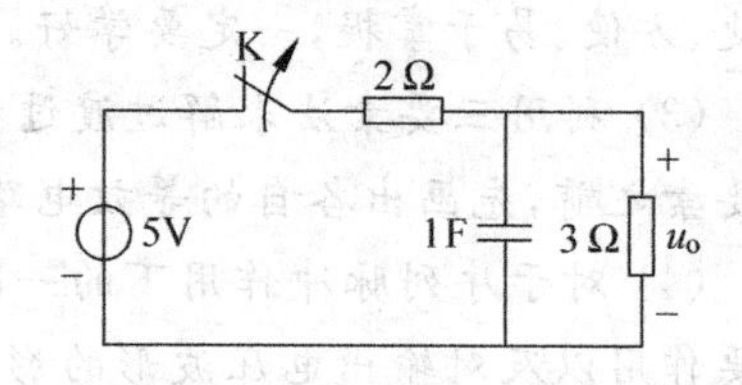

图 P6.5　习题 6.5 图

6.7　图 P6.7 所示的电路中，已知 $E=5\text{V}, R_1=25\text{k}\Omega, R_2=100\text{k}\Omega, R_3=100\text{k}\Omega, C=10\mu\text{F}$。开关 K 原来处于位置 1 且电路已稳定，在 $t=0$ 时将其合向 2。求 $t\geqslant 0$ 后的 $i(t)$，并画出 i 随时间变化的曲线。

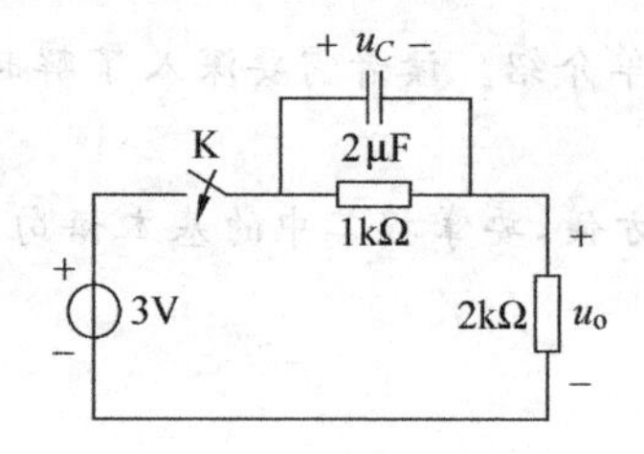

图 P6.6　习题 6.6 图

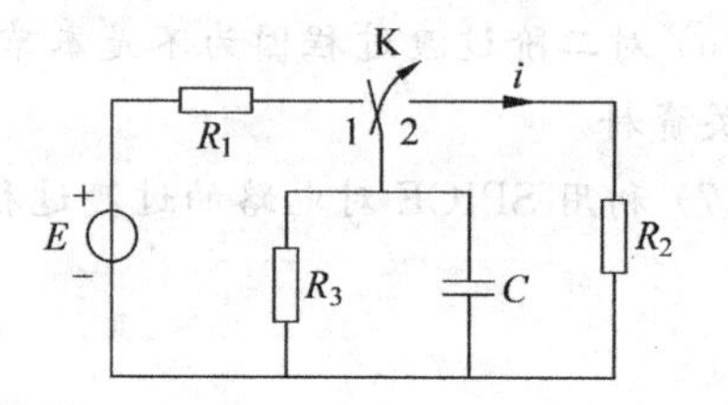

图 P6.7　习题 6.7 图

6.8　图 P6.8 所示的电路中，已知 $E=3\text{V}, R_1=1\Omega, R_2=2\Omega, R_3=4\Omega, L=1\text{H}$。在 $t<0$ 时，两个开关的状态为 K_1 闭合，K_2 打开。在 $t=0$ 时将 K_1 打开，K_2 闭合。求 $t\geqslant 0$ 后的 $u_o(t)$，并画出相应的曲线。

6.9　图 P6.9 所示的电路中，已知 $t<0$ 时，K_1，K_2 均处于打开状态，$u_C(0_-)=0$。在 $t=0$ 时将 K_1 闭合。到 $t=\ln 2\text{s}$ 时，再将 K_2 闭合。求 $t\geqslant 0$ 后的 $u_C(t)$，并画出相应的曲线。

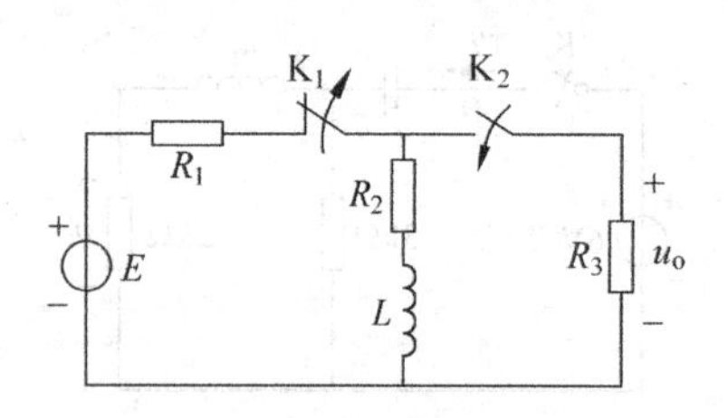

图 P6.8　习题 6.8 图

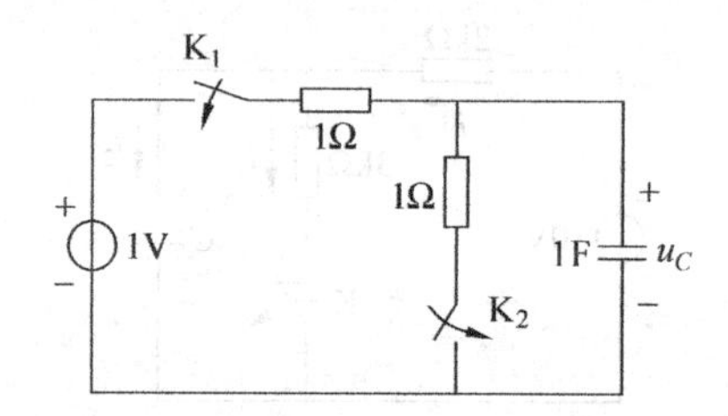

图 P6.9　习题 6.9 图

6.10　图 P6.10 所示的电路中，开关 K 原处于 A 位置，在 $t=0$ 时，将其合于 B 点，以后稳定不动。求 $t\geqslant 0$ 后的 $i_L(t)$ 及 $u_o(t)$。

6.11　图 P6.11 所示的电路中，当 $t=0$ 时将开关闭合。求 A 点电位随时间的变化规律。

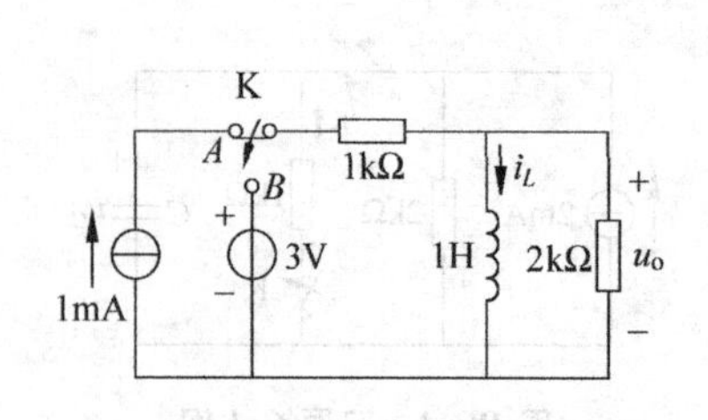

图 P6.10　习题 6.10 图

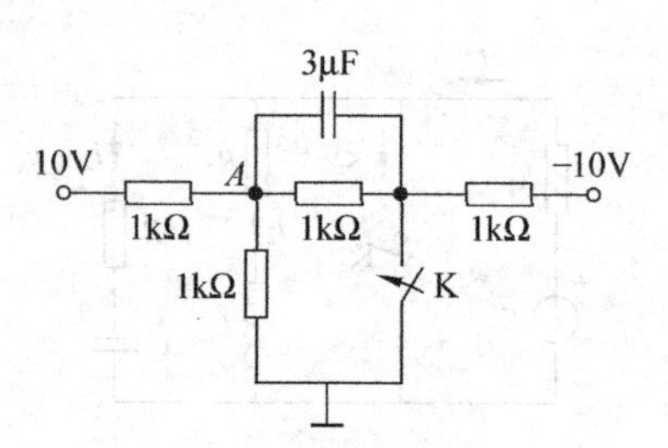

图 P6.11　习题 6.11 图

6.12　图 P6.12 所示的电路中，已知 $u_C(0_-)=4\text{V}$，求开关闭合后 $u_{AB}(t)=$？并画出相应的曲线。

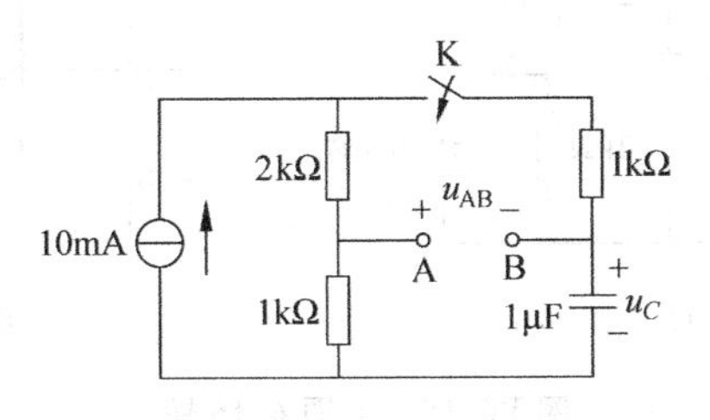

图 P6.12　习题 6.12 图

6.13　请用以下方法求图 P6.13 所示的电路中开关闭合后的 $u_{AB}(t)=$？

(1) 用三要素法；

(2) 分别求零状态响应、零输入响应，最后求全响应。

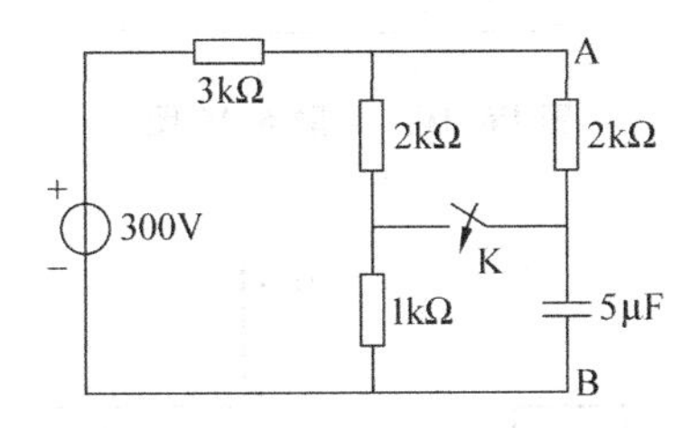

图 P6.13　习题 6.13 图

6.14　图 P6.14 所示的电路中，已知 $t<0$ 时，K 处在 A 位置。在 $t=0$ 时，将其合于 B；在 B 处停留 300μs 后，又将 K 合向 A；以后停留不动。求 $t\geqslant 0$ 后的 $u_C(t)$ 和 $u_o(t)$，并画出它们相应的曲线。

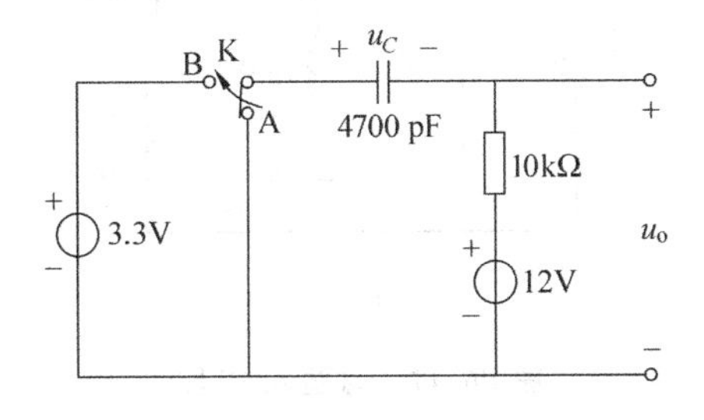

图 P6.14　习题 6.14 图

6.15　将图 P6.15(b)所示的信号加入到图 P6.15(a)所示的电路中。求 $t\geqslant 0$ 后的 $u_o(t)$，并画出相应的曲线。

6.16　判断图 P6.16 所示电路为几阶电路，并写出 $u_{C_2}(t)$ 的过渡过程表达式。

6.17　已知电路如图 P6.17(c)所示，电路中电压源和电流源的波形见图 P6.17(a)、(b)。用 SPICE 画出 $t\geqslant 0$ 时电容上的电压波形。

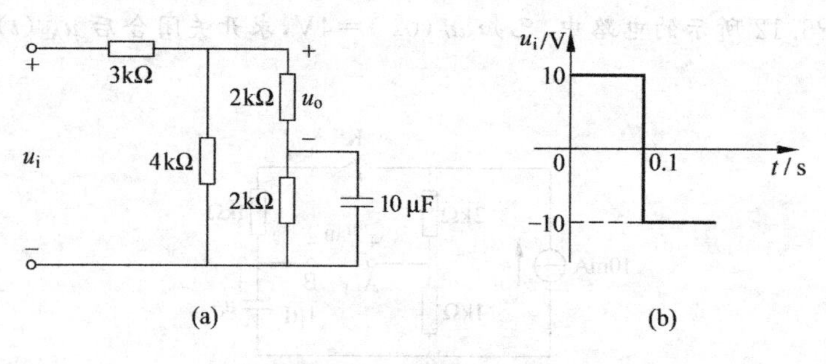

图 P6.15 习题 6.15 图

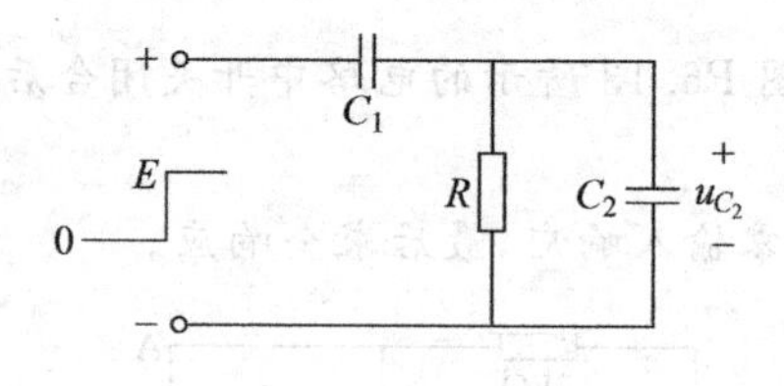

图 P6.16 习题 6.16 图

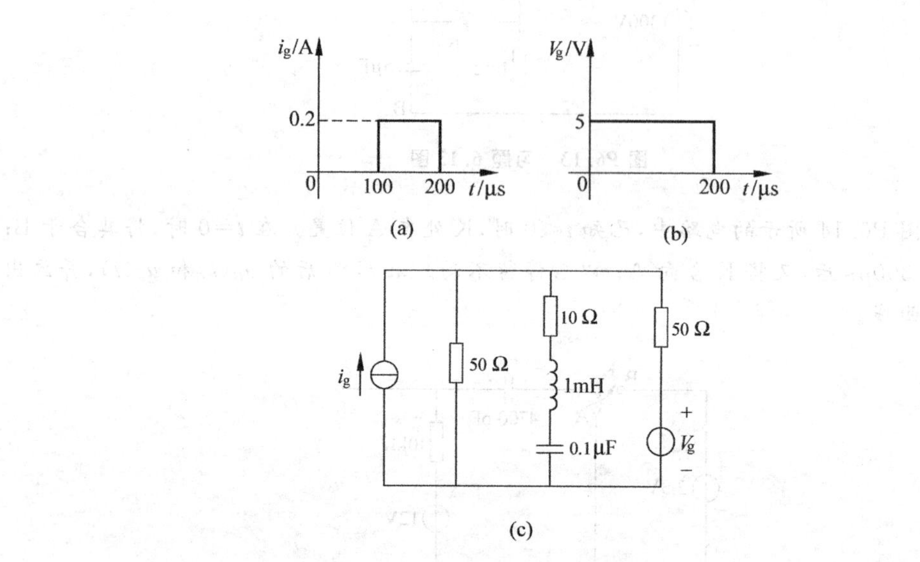

图 P6.17 习题 6.17 图

第 7 章 Chapter 7

磁路与变压器

电气工程中广泛使用各种含铁心线圈的电气设备，如变压器、电动机和各种低压电器。这类电气设备工作的特点是电流与磁通有着紧密的联系。因此，了解铁心线圈工作时电流与磁场的关系，将为学习变压器、电动机等内容打下理论基础。

7.1 磁路

铁磁材料具有优良的导磁能力，将铁磁材料制成一定形状(如口字形、圆环形等)，使磁感线沿着这一形状所围成的路径通过，这种磁感线集中通过的路径称为磁路。磁路通常由铁磁材料及空气隙两部分组成。为了分析好磁路问题，首先对物理学中学习过的有关磁场的一些概念及物理量进行复习。

7.1.1 磁感线、磁感应强度和磁通量

通电导线在其周围产生磁场，为形象地描绘磁场的分布，可通过画磁感线的方法来表示。图 7.1 为几种不同形状通电导体所产生的磁感线的情况。

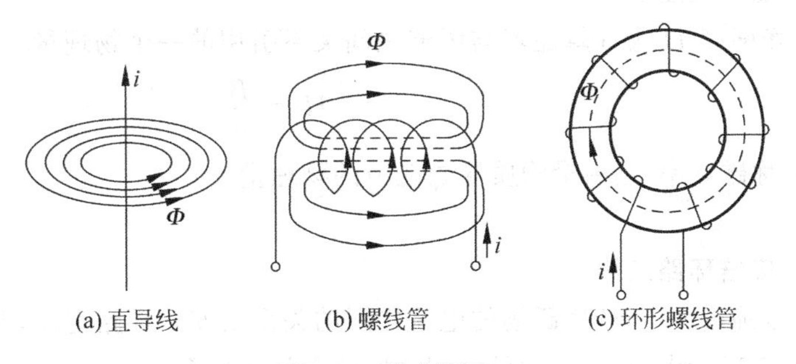

图 7.1 磁感线图

直导线电流产生的磁感线为环绕导线的同心圆；螺线管的磁感线集中于管内；环形螺线管的磁感线环绕螺线管的轴线对称分布。这几种通电导线磁感线的分布和性状各不相同，但具有以下共同点；磁感线是环绕电流的闭合曲线，磁感线的方向由电流方向确定——符合右手螺旋定则。

1. 磁感应强度 B

磁感应强度 B 是表征磁场强弱及方向的一个物理量。在磁场中某处磁感应强度 B 的大小，可以用通电导线在该处受力的大小来衡量，也可以用该处的磁感线的多少来表示，即垂直于该处单位面积上的磁感线数可用于表示该处磁感应强度 B 的数值的大小。磁感线上的任意一点切线的方向就是该点磁感应强度 B 的方向。

2. 磁通 Φ

通过某一截面 S 磁感线的总数称为磁通量，简称磁通，记作 Φ。磁通可定义为

$$\Phi = \int_S B \cdot \mathrm{d}S \tag{7.1.1}$$

若截面 S 与磁感应强度 B 垂直，且 B 各点均匀，式(7.1.1)又可写为

$$\Phi = B \cdot S \tag{7.1.2}$$

磁通 Φ 的单位可由电磁感应定律得出。由

$$u = N\frac{\mathrm{d}\Phi}{\mathrm{d}t} \tag{7.1.3}$$

可知，u 的单位是 V，t 的单位是 s，所以磁通 Φ 的单位是 V·s(伏秒)，称为 Wb(韦[伯])。

因为磁感应强度在数值上由与磁场方向垂直的单位面积上所通过的磁感线数决定，所以由式(7.1.2)，磁感应强度 B 又可表示为

$$B = \frac{\Phi}{S} \tag{7.1.4}$$

磁感应强度 B 又称为磁通密度，简称磁密。在式(7.1.4)中，若磁通 Φ 的单位为 Wb，面积 S 的单位为 m^2，则 B 的单位为 T(特[斯拉])。

7.1.2 磁场强度、安培环路定律和磁路的欧姆定律

1. 磁场强度 H

磁场强度 H 为计算磁场与电流之间关系引用的一个物理量。磁场强度 H 定义为

$$H = \frac{B}{\mu} \tag{7.1.5}$$

式中，μ 称磁导率，是衡量物质导磁能力的物理量。

2. 安培环路定律

磁场强度 H 与产生磁场的电流之间的关系由安培环路定律，又称全电流定律确定。安培环路定律表明：沿磁路的任一闭合回路有如下关系：

$$\oint_l H \cdot \mathrm{d}l = \sum IN \tag{7.1.6}$$

当闭合回路上磁场强度 H 处处相同时，安培环路定律又可表示为

$$H \cdot l = \sum IN \tag{7.1.7}$$

若闭合路径上各段的 H 值不同时，式(7.1.7)又可写成为

$$H_1 l_1 + H_2 l_2 + \cdots + H_n l_n = \sum IN$$

或

$$\sum Hl = \sum IN \tag{7.1.8}$$

在运用式(7.1.6)至式(7.1.8)解题时，先选定回路 l 的绕行方向和各段中磁场强度的参考方向，当磁场强度的参考方向与绕行方向一致时，式中的 H_l 项前为"＋"号，相反为"－"号；而电流与线匝的乘积项 IN 中的电流参考方向与 l 的绕行方向符合右手螺旋定则时，该项为"＋"号，否则为"－"号。

在式(7.1.6)至式(7.1.8)中，IN 的单位是安匝或安(A)，l 的单位是 m 或 cm，则磁场强度 H 的单位是 A/m 或 A/cm。工程上常用 cm 为路径尺寸，H 的单位多用 A/cm。

例如，在图 7.2 所示环形螺线管，中心线长 $l=2\pi R$，绕行方向与图中 Φ 的正方向一致，磁路上绕有三个线圈，各线圈电流参考方向如图所示。由安培环路定律，应用式(7.1.7)有

$$2\pi R \cdot H = I_1 N_1 + I_2 N_2 - I_3 N_3$$

环路内磁场强度

$$H = \frac{I_1 N_1 + I_2 N_2 - I_3 N_3}{2\pi R}$$

由上式计算结果可看出：磁场内某点的磁感应强度 H 的数值只与该回路内的总安匝数及回路形状(长度 l)有关，而与回路内介质无关。

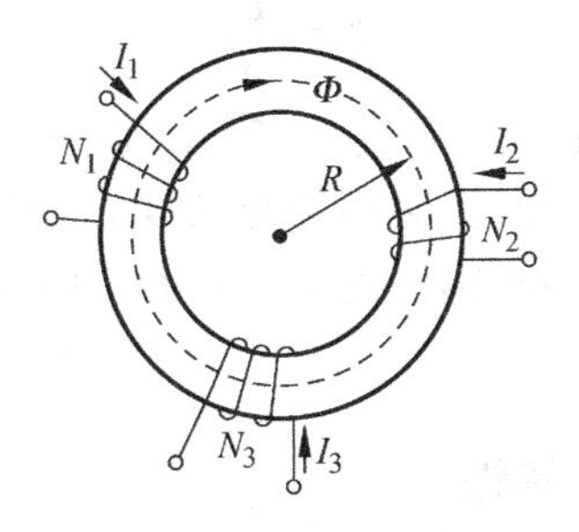

图 7.2　具有三个线圈的环形螺线管

1. 磁导率 μ

磁导率 μ 是用于衡量物质导磁能力的物理量。物质按导磁性能的不同分为铁磁物质(铁、钴、镍及其合金)和非铁磁物质(铁磁物质以外的其他物质，如铜、铝和橡胶等各种绝缘材料及空气等)两类。非铁磁物质的磁导率 μ 与真空的磁导率 μ_0 相差很小，工程上通常认为二者相同。

铁磁物质的磁导率 μ 要比真空的 μ_0 大很多倍(几百至几万倍不等)，因此，工程上用铁磁物质做成各种形状的磁路，以便使磁通能集中在选定的空间，以增强磁场。

由于 B 的单位为 $\frac{\text{Wb}}{\text{m}^2}=\frac{\text{V}\cdot\text{s}}{\text{m}^2}$，$H$ 的单位为 $\frac{\text{A}}{\text{m}}$，由式(7.1.5)可知，磁导率 μ 的单位为

$$\frac{\frac{\mathrm{V \cdot s}}{\mathrm{m}^2}}{\frac{\mathrm{A}}{\mathrm{m}}} = \frac{\Omega \cdot \mathrm{s}}{\mathrm{m}} = \mathrm{H/m}$$

真空(及非铁磁物质)的磁导率 $\mu = 4\pi \times 10^{-7}\,\mathrm{H/m}$。

2. 磁路欧姆定律

将式(7.1.5)中的 H 用 B 表示,式(7.1.5)又可写成为

$$\frac{B}{\mu} \cdot l = \sum IN$$

将 $B = \frac{\Phi}{S}$ 代入上式,可得

$$\Phi = \frac{\sum IN}{\frac{l}{\mu S}} \tag{7.1.9}$$

式(7.1.9)中的分子 $\sum IN$ 项是产生磁通的源(相当于电路中的激励),因此,称电流 I 和线圈 N 为励磁电流和励磁线圈,并将 IN 乘积项称为磁通势,用字母 F_{m} 表示,单位为 A。

式(7.1.9)中的分母用 R_{m} 表示,即

$$R_{\mathrm{m}} = \frac{l}{\mu S} \tag{7.1.10}$$

R_{m} 称为磁路的磁阻,单位为 1/H。

将 F_{m} 和 R_{m} 代入式(7.1.9),得

$$\Phi = \frac{F_{\mathrm{m}}}{R_{\mathrm{m}}} \tag{7.1.11}$$

式(7.1.11)称为磁路欧姆定律。通过式(7.1.11)可看出,在磁阻 R_{m} 一定时,磁通势 F_{m} 增加,磁通增大。在磁通势一定时,磁通路径长度 l 增加时磁阻 R_{m} 增大,磁通减小;磁通路径截面尺寸加大后,磁阻 R_{m} 减小,磁通增加。而选用磁导率 μ 值高的材料可使磁阻减小,磁通增加。

7.1.3 磁性材料的主要特性

1. 高导磁性

磁性材料的磁导率 μ 是非磁性材料磁导率的几百至几万倍,因此,通电线圈加有铁心后可使磁场大大增强,在获得相同磁感应强度 B 的情况下,使用铁心后可以减小线圈中的励磁电流并减小导线线径,节省电能和金属材料。由于铁磁材料的 μ 值比非铁磁材料(如空气)的磁导率高很多倍,因此,可利用铁磁材料制成一定形状的导磁通路——磁路,控制磁场分布,使磁通集中于这一路径之内,从而提高了电磁设备的效率。图 7.3 示出了一些电气设备的磁路。

由图 7.3 所示几种磁路可看出,缠绕在铁心上的线圈通电后,所产生的磁通 Φ 大部分沿磁路闭合,通常将这部分磁通称为主磁通。另有很少的磁通 Φ_σ 沿铁心外的空气而闭合(如图 7.3(a)所示),这部分磁通称为漏磁通。由于漏磁通与主磁通相比数量很小,在分析时常将其忽略不计。

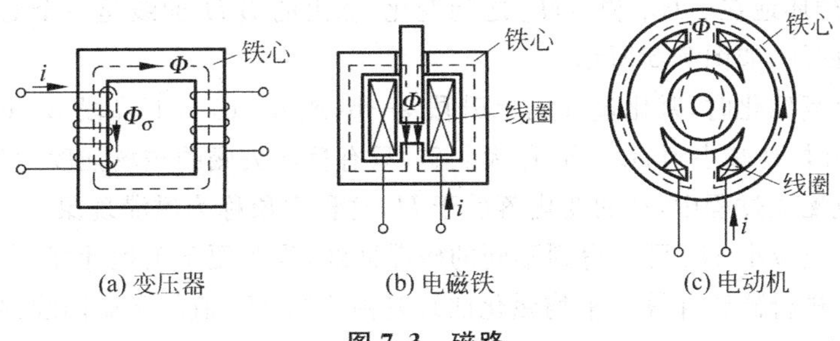

图 7.3　磁路

2. 磁饱和性

铁磁物质的另一个磁特性可通过磁化曲线（B-H 曲线）来描述。曲线测试方法这样进行，用铁磁材料（如硅钢片）制作的圆环上均匀地绕有 N 匝线圈，如图 7.4(a)所示，当线圈通有电流后，在螺线管内铁心的任一截面上磁感应强度 B 均相同。随着电流 I 增加，磁场强度 H 增加，磁路内的磁通 Φ 和磁感应强度 B 随之增加，即给定一个电流 I 值后，即可对应地获得一组 H 和 B 值，从而测定出铁磁材料的 B-H 曲线，并获得 μ-H 曲线，如图 7.4(b)所示。

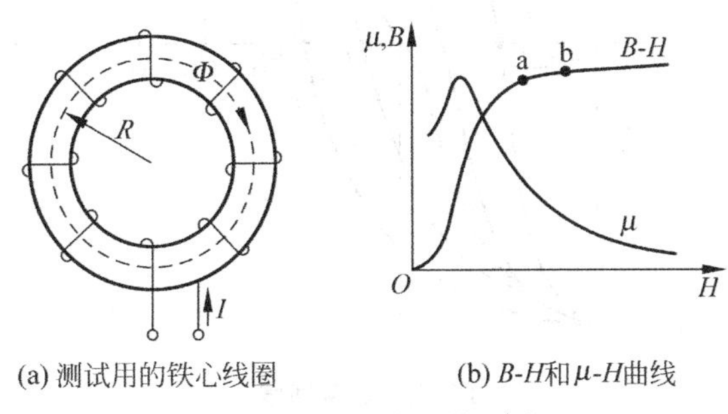

图 7.4　磁化曲线的测试

图 7.4(b)所示的 B-H 曲线又称为起始磁化曲线，即测试条件是从 $B=0$、$H=0$ 开始的，在这条曲线上可看出，曲线的 O—a 段，B 值随 H 值增长而增长，过了 a 点之后，B 值随 H 值的增长变得缓慢，称为进入了磁饱和区，超过 b 点后 B 值几乎不再随 H 值增加而增加。

B-H 曲线上的 a 点称为膝点，b 点称为饱和点。当磁路内的磁感应强度 B 的数值超过 b 点所对应的数值后，励磁电流 $I(H)$ 继续增大时 B 值增加不多，这种情况称铁磁物质达到饱和。在实际应用中，应当避免磁路内的 B 值在饱和点以上，因为超过 b 点后为获得 B 值稍许的增加需要增加很大的电流，这样做是不经济的。另外，也应当注意磁路内的磁密 B 值不应过低，B 值过低，为获得一定磁通量，磁路的截面 S 必须增大许多，这也是不经济的。通常将磁路内的磁密 B 值选择在所使用的铁磁材料 B-H 曲线的膝部附近。

由图 7.4(b)所示的 B-H 曲线可做出 μ-H 曲线，铁磁材料的 B 与 H 的比值，即它的磁导率 μ 不是常值。在磁化的初始阶段 μ 数值较小，随着 H 值的增加，μ 值迅速增加达最大值，H 再继续增加后，B 值接近饱和 μ 值反而下降，所以铁磁材料的磁导率 μ 值的大小与磁场强度及铁磁物质的磁状态的情况有关。

3. 磁滞性

若图 7.4(a)所示铁心线圈中通入电流的大小及方向反复变化时，则铁磁材料被反复磁化，磁场强度将循环地在$+H_m$和$-H_m$之间变化，测出的B-H曲线是一个对称原点的闭合曲线，称为磁滞回线，如图7.5所示。

铁磁材料反复磁化时，磁化过程的上升段a—b(或d—e)与下降段b—c(或e—f)不重合，即H减为零时，B减小到B_r。B_r称为剩磁，只有反向去磁的磁场强度达到$-H_c$时剩磁才会消失。反复磁化过程中，B的变化落后于H，这种现象称为磁滞现象。

若增大H_m或减小H_m可以得到不同的磁滞回线，为了便于工程计算，实际工作中使用“平均磁化曲线”进行磁路计算。平均磁化曲线是由不同H_m值的磁滞回线顶点相连的一条曲线，如图7.5所示。每种磁性材料的平均磁化曲线是确定的，图7.6为一些不同材料的磁化曲线(更多的资料可查阅电工手册获得)。

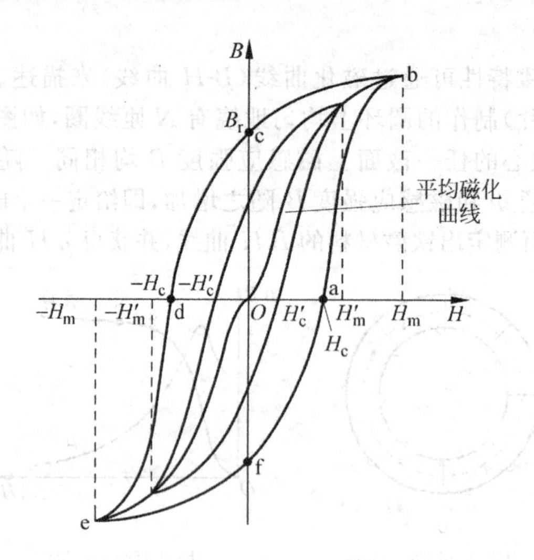

图7.5 磁滞回线

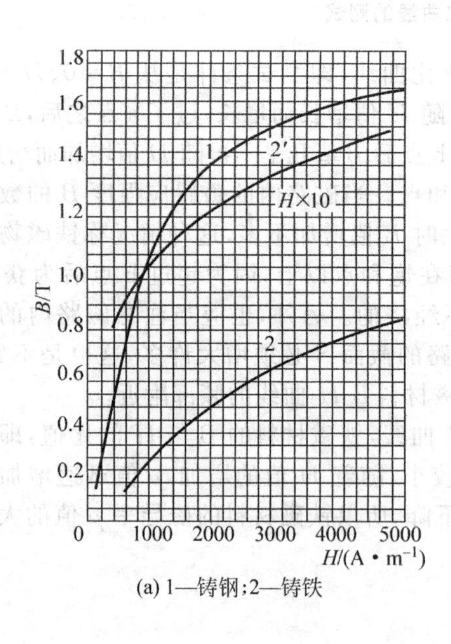

(a) 1—铸钢；2—铸铁

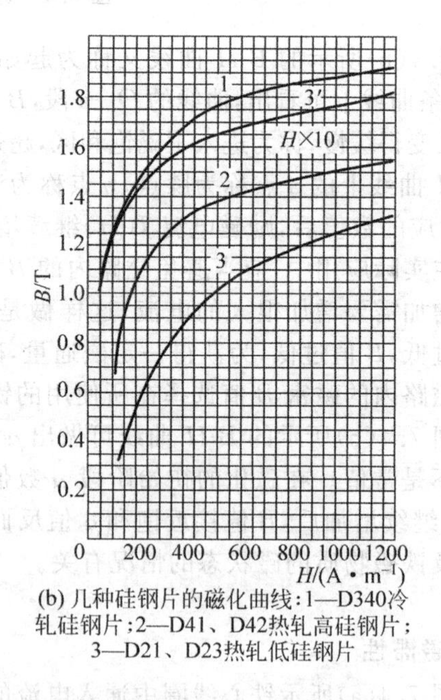

(b) 几种硅钢片的磁化曲线：1—D340冷轧硅钢片；2—D41、D42热轧高硅钢片；3—D21、D23热轧低硅钢片

图7.6 一些铁磁材料的磁化曲线

例 7.1.1 图 7.7 所示的磁路由 D23 热轧低硅钢片叠成，磁路的平均长度 $l=60\text{cm}$，铁心截面 $S=10\text{cm}^2$，铁心上缠绕着 $N=600$ 匝线圈，线圈导线电阻 $R=48\Omega$，电源直流电压 $U=36\text{V}$。求：

(1) 确定铁心中的磁通 Φ；

(2) 如果图 7.7 所示铁心上开有 $\delta=0.1\text{mm}$ 的气隙，试定性地说明这时铁心中的磁通 Φ 和线圈中的电流有无改变(与没气隙时相比)，如有改变，变化情况如何？

解 (1) 由于励磁电流 $I=U/R=36/48=0.75(\text{A})$，励磁安匝 $I\cdot N=0.75\times600=450$(安·匝)。根据安培环路定律可求闭合回路磁场强度为

$$H=IN/l=450/(60\times10^{-2})=750(\text{A/m})$$

查图 7.6(b)的曲线 3 知，$B=1.13\text{T}$。所以有

$$\Phi=B\cdot S=1.13\times10\times10^{-4}=1.13\times10^{-3}(\text{Wb})$$

(2) 当铁心开有气隙后，磁阻增大，因励磁电流不会改变，即励磁安匝(IN)值不变，这时磁路的磁通 Φ 将减小。

电工工程中所使用的磁性材料，按其磁滞回线的形状分为两类：一类称为软磁材料，它的磁滞回线包围的面积较小，如图 7.8(a)所示；另一类称为硬磁材料，它的磁滞回线包围面积较大，如图 7.8(b)所示。

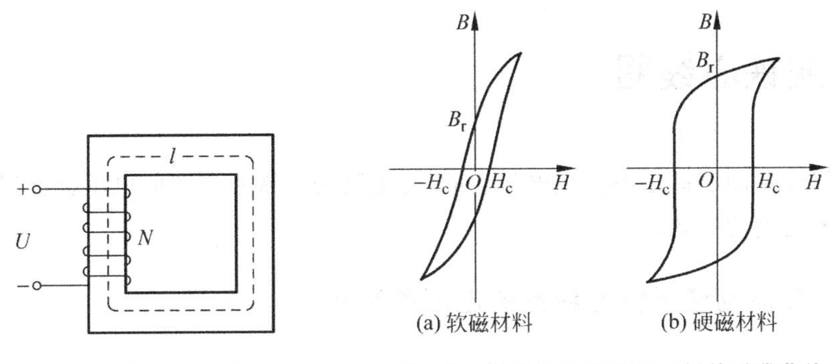

图 7.7 例 7.1.1 图

图 7.8 软磁材料和硬磁材料的磁滞曲线

软磁材料磁导率高，易于磁化，剩磁也易消失，工程上常用的软磁材料有以下几种：

(1) 电工软铁——主要用于直流磁路(励磁电流为直流电)，如用于制造直流电磁铁。

(2) 硅钢片——在钢中加入少量硅元素，可极大地提高磁性能。硅钢片主要用于制作电机、变压器的铁心。

(3) 铁镍合金——又称坡莫合金，这种合金在弱磁场中具有很高的磁导率。常用在电子设备中作脉冲变压器的铁心。

硬磁材料的磁滞回线宽且具有较高的剩磁，这类材料一经磁化即可保持较强的恒定磁场，因此，又称为永磁材料。硬磁材料主要用于制作永久磁铁，如在扬声器或磁电式仪表中产生恒定磁场。

4. 磁滞损耗和涡流损耗

(1) 磁滞损耗

铁磁物质在交变磁化过程中，由于磁滞现象而发生能量损耗，称为磁滞损耗。这种损耗

的能量转变为热能而使铁磁材料发热。交变磁化一个循环时，磁滞损耗的大小与磁滞回线的面积成正比。

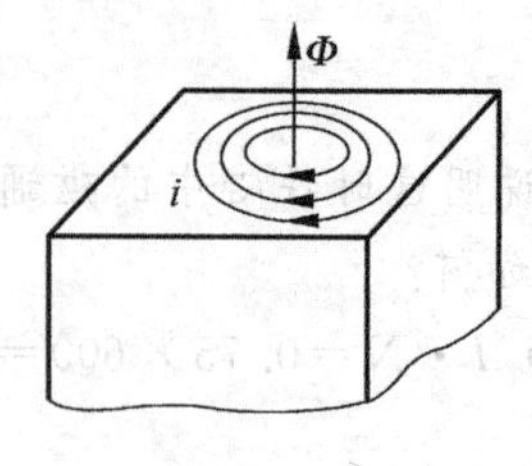

图 7.9 涡流

(2) 涡流损耗

铁磁材料反复磁化时，铁心中的磁通要发生变化，因而在垂直于磁感线方向的铁心截面上产生感应的闭合电流，称为涡流，如图 7.9 所示(图中 Φ 为交变磁通，i 为交变电流)。由于涡流而引起的损耗称为涡流损耗，这种损耗也使铁心发热。

铁磁材料在反复磁化过程中产生的磁滞损耗和涡流损耗合称为铁损耗。铁损耗的多少与铁磁材料的成分，铁心中的最大磁密 B_m、磁通交变的频率等诸多因素有关。

为了减少铁损耗除应使用磁滞回线面积小的铁磁材料外，还需要减小涡流回路尺寸，增大铁心电阻以及减小涡流电阻。为此，工作时反复磁化的铁心，采用 0.5mm 或 0.35mm 甚至更薄至 0.2mm 或 0.1mm 的冷轧钢带叠成，并在钢片表面涂绝缘漆以增加电阻，从而减小涡流、降低铁损耗。

涡流损耗虽会在电气设备铁心中造成能量损失，但在冶金工业和机械制造工业中又应用涡流对金属进行加热、熔化冶炼，是被广泛应用的一种加工方法。

7.2 交流铁心线圈

很多电气设备的磁通是由交流电产生的，交流励磁下铁心线圈的电压、电流与磁通的关系是这一节要讨论的问题。

7.2.1 交流励磁下铁心线圈的电压关系式

交流铁心线圈如图 7.10 所示，线圈的匝数为 N，其两端加交流电压 u 后，线圈内的电流 i 和铁心中的磁通也是交变的。

在图 7.10 中，通过铁心闭合的磁通 Φ 是主磁通，通过空气闭合的磁通 Φ_σ 是漏磁通。变化的磁通将会使线圈内产生感应电动势 e 和 e_σ。在设参考方向时，i 与 u 的参考方向一致，i、e 和 e_σ 的参考方向与磁通 Φ 的参考方向符合右手螺旋定则。线圈的电压关系式为

$$u = iR_L + (-e_\sigma) + (-e) \qquad (7.2.1)$$

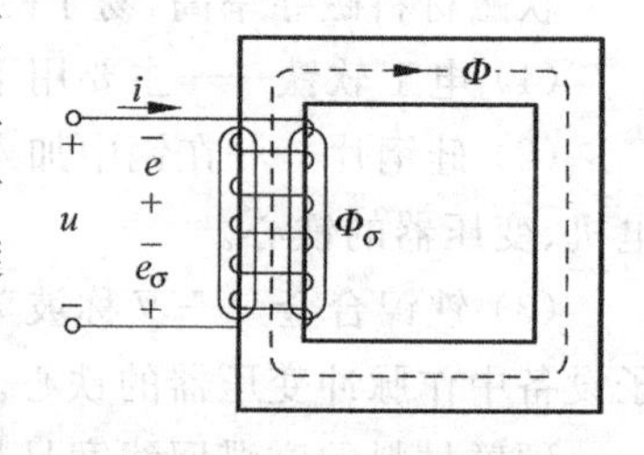

图 7.10 交流铁心线圈

其中，iR_L 为导线电阻产生的电压，e_σ 为漏磁通 Φ_σ 对电路的影响而在线圈内产生的感应电动势，e 为主磁通 Φ 在线圈内产生的感应电动势。由于电路中 i、Φ、e 的参考方向符合右手螺旋定则，主磁通交变引起的感应电动势为

$$e = -N\frac{d\Phi}{dt} \qquad (7.2.2)$$

因为漏磁通是通过铁心外部空气成闭合回路，而空气的磁导率 μ_0 为常值，因此，漏磁通

Φ_σ 可认为与励磁电流 i 呈线性比例关系，即

$$L_\sigma = \frac{N\Phi_\sigma}{i}$$

其中 L_σ 称为铁心线圈的漏电感。将上式代入感应电动势的公式，则漏磁感应电动势 e_σ 可写成为

$$e_\sigma = -L_\sigma \frac{\mathrm{d}i}{\mathrm{d}t} \tag{7.2.3}$$

将 e 和 e_σ 代入式(7.2.1)，得

$$u = iR_L + (-e_\sigma) + (-e) = iR_L + L_\sigma \frac{\mathrm{d}i}{\mathrm{d}t} + N\frac{\mathrm{d}\Phi}{\mathrm{d}t} \tag{7.2.4}$$

7.2.2 交流励磁下电压、电流与磁通的关系

1. 电压与磁通的关系

在图7.10所示的磁路中，若线圈导线电阻 R_L 很小，漏磁通 Φ_σ 也很小，由导线电阻及漏磁而引起的电压可忽略不计，则式(7.2.4)可简化为

$$u \approx N\frac{\mathrm{d}\Phi}{\mathrm{d}t} \tag{7.2.5}$$

如果在图7.10所示的线圈上接入正弦电压，由式(7.2.5)可知，磁路内的磁通也应是正弦量。设 $\Phi = \Phi_\mathrm{m}\sin\omega t$，则

$$u \approx N\frac{\mathrm{d}\Phi}{\mathrm{d}t} = \Phi_\mathrm{m} N\omega\sin(\omega t + 90°)$$

将 $\omega = 2\pi f$ 代入上式，则可得电压 u 的有效值和磁路磁通的最大值 Φ_m 分别为

$$U = \frac{\Phi_\mathrm{m}}{\sqrt{2}}N(2\pi f) \approx 4.44\Phi_\mathrm{m}Nf = 4.44B_\mathrm{m}SNf \tag{7.2.6}$$

$$\Phi_\mathrm{m} = \frac{U}{4.44Nf} \tag{7.2.7}$$

由式(7.2.6)可得如下结论：

① 正弦电压激励的交流铁心线圈，在匝数 N 及频率 f 一定时，铁心线圈内的磁通最大值 Φ_m 正比于线圈上所加电压有效值 U；

② 在电压 U 和磁密 B_m 保持一定时，若提高电源频率 f 则线圈的圈数 N 和铁心的截面积 S 均可减小，即减小了铁心线圈的用铜量和用铁量。因此，在同样电压和磁密下，高频工作时的铁心线圈比低频工作的铁心线圈尺寸小、质量轻。

2. 磁通与电流的关系

交流励磁时，在 f 和 N 为定值时，铁心线圈的电压有效值决定了磁路内交变磁通的最大值。但由于磁通是由电流产生的，若要求铁心内出现最大值为 Φ_m 的正弦磁通，则线圈中励磁电流 i 的变化规律可通过 $\Phi = \Phi_\mathrm{m}\sin\omega t$ 及磁化曲线确定。作图方法如下：

① 将正弦磁通波形画于磁化曲线的右边；

② 将正弦磁通 Φ 的波形沿横轴任意取若干个点，通过所示各弧度值对应下的磁通 Φ 之值，由磁化曲线找到与该磁通相对应的磁通势(即安匝值)，因为匝数 N 为定值，所以对应的

安匝值可视为是励磁电流值；

③ 通过 $\omega t\to\Phi\to i$ 各点对应关系可得到若干个 i-ωt 点，将这些点连接成一条光滑曲线，得到最大值为 Φ_m 的正弦磁通所需要的励磁电流 i 的波形，如图 7.11 所示。

由图 7.11 可以看出，交流铁心线圈接入正弦电压，但线圈内的电流是非正弦，这说明铁心线圈是非线性元件。

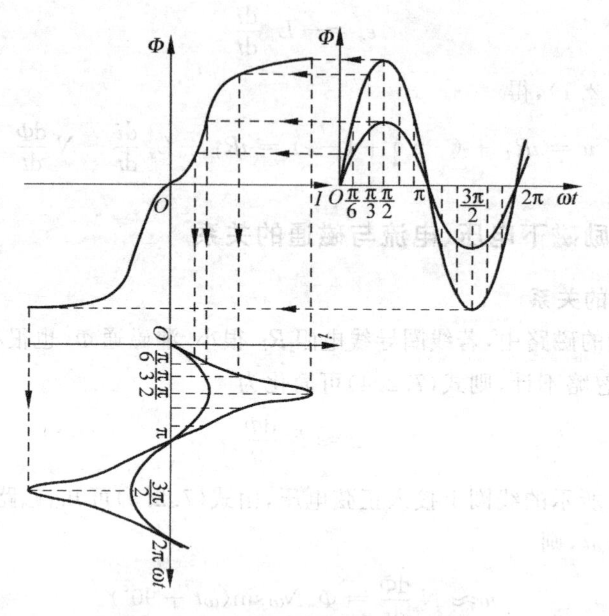

图 7.11 正弦磁通下的励磁电流波形

如果考虑铁磁物质在交变励磁下的磁滞特性，励磁电流的畸变将更加严重，如图 7.12 所示。

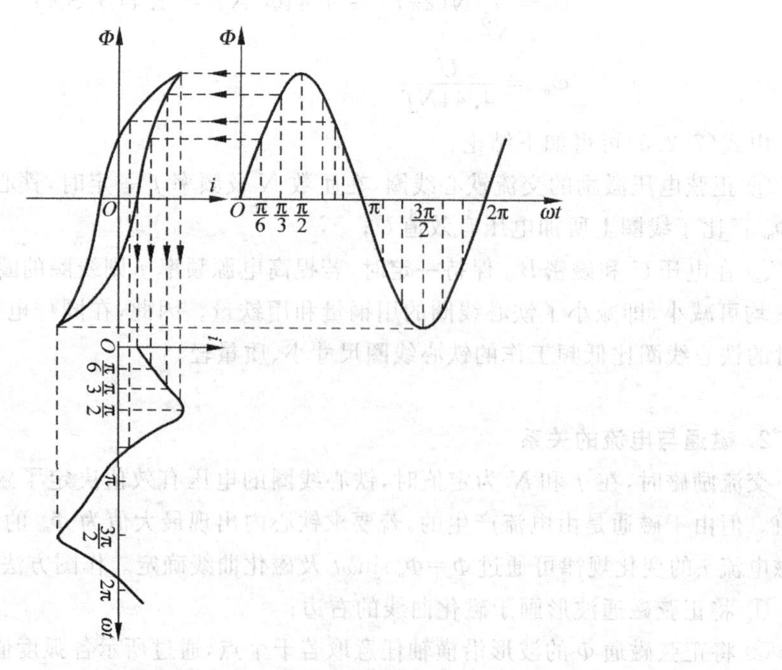

图 7.12 考虑磁滞后的电流波形

铁心线圈由于磁饱和的原因而成为非线性元件。例如,额定电压为220V的线圈,若误接至380V电源上,线圈电压增大$\sqrt{3}$倍,磁通由于饱和的原因,励磁电流将会增大不止是$\sqrt{3}$倍,而是几倍至几十倍,且波形畸变更加严重。因此,交流铁心线圈的阻抗模是与线圈电压有效值有关的参数,其值随线圈电压改变而改变。在使用交流励磁、含铁心元件的电器时,其工作电压应与元件的额定电压相符,电压过低或过高都将使电器不能正常工作,并可能引发事故。

3. 交流铁心线圈的等效电路和相量图

交流铁心线圈在交流励磁下,产生磁通。与此同时,线圈中会产生两种损耗:绕组导线发热造成的损耗称为铜损耗;铁心中会产生磁滞消耗和涡流损耗使铁心发热,称为铁损耗。在建立交流铁心线圈的电路模型时,用L_0表示励磁电流产生磁通的效应,用L_σ表示漏磁通效应,用参数R_0表示铁心发热损耗,用线圈导线电阻R_L反映导线发热损耗,得到如图7.13(a)所示的等效电路。如果忽略漏磁和线圈导线电阻,则得到如图7.13(b)所示的简化等效电路。

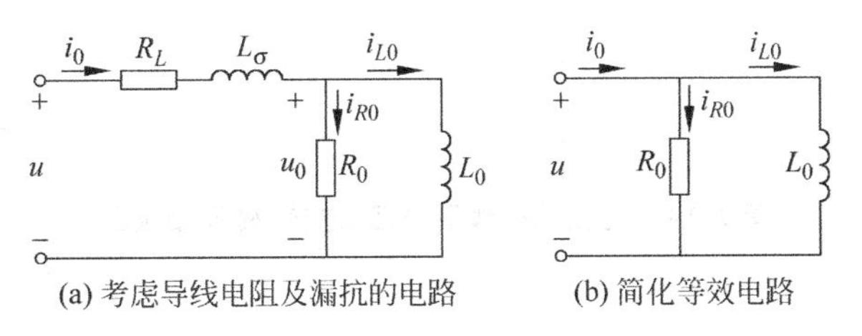

图 7.13 交流铁心线圈的等效电路

图7.13(b)所示等效电路的参数可以通过测试铁心线圈的电压U、电流I_0和消耗的功率P_{Fe}之后计算得出。忽略漏磁和线圈导线电阻,则电路损耗即为铁损耗,可得

$$R_0 = \frac{U^2}{P_{Fe}} \tag{7.2.8}$$

由于i_{R0}与i_{L0}有90°的相位差,所以

$$X_0 = \frac{U}{\sqrt{I_0^2 - \left(\frac{U}{R_0}\right)^2}} \tag{7.2.9}$$

其中,I_0是励磁电流,U/R_0是电阻R_0支路的电流。

等效电感为

$$L_0 = \frac{X_0}{\omega} \tag{7.2.10}$$

当交流铁心线圈的磁通为正弦波时,励磁电流为非正弦波。为了分析的方便,对于非正弦波的励磁电流可以用一个有效值与它相等、频率与非正弦电流基波频率相同的等效正弦波代替它,这时,交流铁心线圈电路的各部分电压、电流均可以用相量表示,其相量关系式为

$$\dot{U} = R_L \dot{I}_0 + (\mathrm{j}\omega L_\sigma)\dot{I}_0 + (-\dot{E}) \tag{7.2.11}$$

其中,$R_L \dot{I}_0$项是线圈导线电阻电压;$\dot{I}_0(\mathrm{j}\omega L_\sigma)$项是为克服由于漏磁通的作用而引起的感应

电动势所需要的电压；$-\dot{E}$项是由于主磁通Φ的作用而引起的感应电动势所需的电压。

如果以磁通$\dot{\Phi}$作为参考相量，交流铁心线圈电压、电流、磁通之间关系的相量图如图7.14所示。励磁电流$\dot{I}_0$由两个分量合成，$\dot{I}_{R0}$分量用于铁损耗，$\dot{I}_{L0}$分量用于生产磁通。电流$\dot{I}_{R0}$与电压$\dot{U}_0=-\dot{E}$同相，电流$\dot{I}_{L0}$与磁通$\dot{\Phi}$同相。因此，励磁电流$\dot{I}_0$将领先磁通$\dot{\Phi}$一个相角，考虑损耗后，铁心线圈的电压$\dot{U}$与电流$\dot{I}_0$的相角差不再是90°。

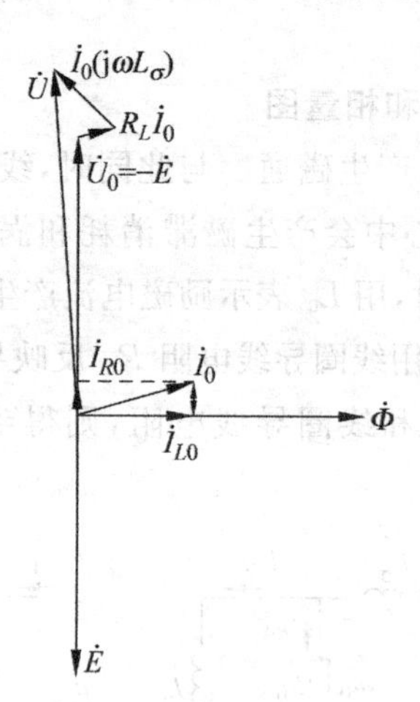

图7.14　交流铁心线圈电压、电流、磁通相量图

7.3　变压器

变压器是一种静止的电器，可以用它将某一等级电压的交流电能转换为同频率的另一电压等级的交流电能。

为了将发电厂生产的电能比较经济地运输、合理地分配及安全地使用都要用到电力变压器。因为电能的生产都集中在产煤区或水力资源丰富的地方，用电户则分布在全国各地，要将大功率的电能从发电厂输送到用电区的用户，输电过程中不可避免地要有能量损失。当输送的电功率及功率因数一定时，由$P=\sqrt{3}U_lI_l\cos\varphi_L$可知，电压越高，电路电流越小，在线路电阻一定时损耗就越小，所以从经济上考虑，高压输电比低压输电经济。一般情况下，输电距离越远，输送功率越大，要求输电电压越高。例如，输电距离在200～400km，输送容量为200～400MW的输电线，输电电压需要220kV，我国从葛洲坝水力发电厂到上海的输电线路电压高达500kV。

电能输送到用电区后，要经过降压变压器将高电压降低到用户需要的电压等级供用户使用，用户使用的电压对大型动力设备多采用6kV或10kV，对小型动力设备和照明用电则为380V/220V，特殊的地方用36V或12V。因此在电力系统和各种电气设备中变压器被广泛使用。

电子设备内不仅应用变压器变换电压，供给设备电能，有些电子设备内还应用变压器传递信号。工程技术领域内还大量使用着不同的变压器，如电焊、整流、电炉等专用变压器。

这些变压器结构和性能虽然各有特点，但是基本工作原理是相同的，即都是以电磁感应原理和两个或几个线圈间的相互感应作用为基础。

7.3.1 互感与互感系数

两个相邻的载流线圈如图7.15(a)所示。线圈1产生的磁场有一部分通过线圈2，线圈2产生的磁场也有一部分通过线圈1。因此，当线圈1中的电流变化时，会在线圈2中产生感应电动势；同样，线圈2中的电流变化，也会在线圈1中产生感应电动势。这种现象称为互感现象。

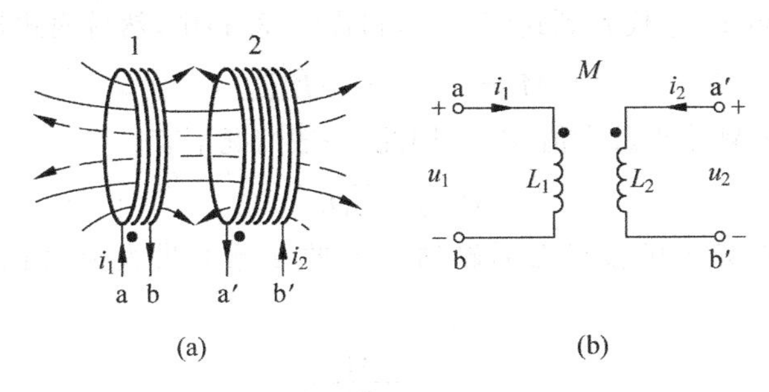

图7.15 两个线圈之间的互感

载流线圈中的电流 i_1 和 i_2 称为施感电流，线圈1中的电流 i_1 产生的磁通称为自感磁通，记作 Φ_{11}；Φ_{11} 中的一部分磁通通过线圈2，称为互感磁通，记作 Φ_{21}。同样，线圈2中的电流 i_2 也产生自感磁通 Φ_{22} 和互感磁通 Φ_{12}。显然，耦合线圈中的磁通链等于自感磁通链和互感磁通链两部分的代数和。即

$$\psi_1 = \psi_{11} \pm \psi_{12}$$

$$\psi_2 = \psi_{22} \pm \psi_{21}$$

当载流线圈周围空间是各向同性的线性磁介质时，每一种磁通链都与产生它的施感电流成正比，即自感磁通链为

$$\psi_{11} = L_1 i_1 \tag{7.3.1}$$

$$\psi_{22} = L_2 i_2 \tag{7.3.2}$$

其中 L_1 和 L_2 称为线圈的自感系数，简称自感，为独立线圈本身的电感。

互感磁通链为

$$\psi_{12} = M_{12} i_2 \tag{7.3.3}$$

$$\psi_{21} = M_{21} i_1 \tag{7.3.4}$$

其中 M_{12} 和 M_{21} 称为互感系数，简称互感。理论和实验都证明：$M_{12}=M_{21}$。所以，当只有两个线圈有耦合时，可以略去 M 的下标，简化为 $M= M_{12}=M_{21}$。

由此可把两个耦合线圈的磁通链表示为

$$\begin{cases} \psi_1 = L_1 i_1 \pm M i_2 \\ \psi_2 = L_2 i_2 \pm M i_1 \end{cases}$$

上式中 M 前的"±"号是说明磁耦合中，互感作用的两种可能性。"+"号表示互感磁通链与自感磁通链方向一致，称为互感的"助磁"作用；"−"号表示互感的"去磁"作用。我们

把两互感线圈中两线圈电流分别流进而磁场互相增加的端点称为互感线圈的“同名端”或“同极性端”。并用相同的符号标记,如“•”或“*”符号等。如图7.15(a)中的端点a和端点a′(或端点b和b′)是同名端。

两个有耦合的电感线圈的同名端可以根据它们的绕向和相对位置判别,也可以通过实验的方法确定(后面将有详细介绍)。引入同名端以后,两个耦合线圈可以用带有同名端标记的电感元件L_1和L_2表示,如图7.15(b)所示,其中M表示互感。

两个线圈的互感与各自的自感有一定关系。当每个线圈的电流所产生的磁通量全部通过另一个线圈时,这种情形称为无漏磁。在这种情况下,M达到最大值$M_{\max}$。从式(7.3.1)和式(7.3.2)导出电流i_1、i_2代入到式(7.3.3)和式(7.3.4)中,然后两式相乘,可得

$$M = M_{\max} = \sqrt{L_1 L_2}$$

有漏磁的情况下M小于最大值$M_{\max}$,因此,一般情况下有

$$M \leqslant \sqrt{L_1 L_2} \tag{7.3.5}$$

定义两个线圈的实际互感与无漏磁情况下的互感的最大值之比为耦合系数,记作k。即

$$k = \frac{M}{\sqrt{L_1 L_2}} \tag{7.3.6}$$

耦合系数反映了磁通相耦合的程度,耦合系数的取值范围为$0<k<1$。$k=0$对应完全没有耦合的情况,$k=1$对应无漏磁的理想情况。

7.3.2 变压器的结构

变压器的示意图及图形符号如图7.16所示。变压器的最主要部分是铁心及绕组。

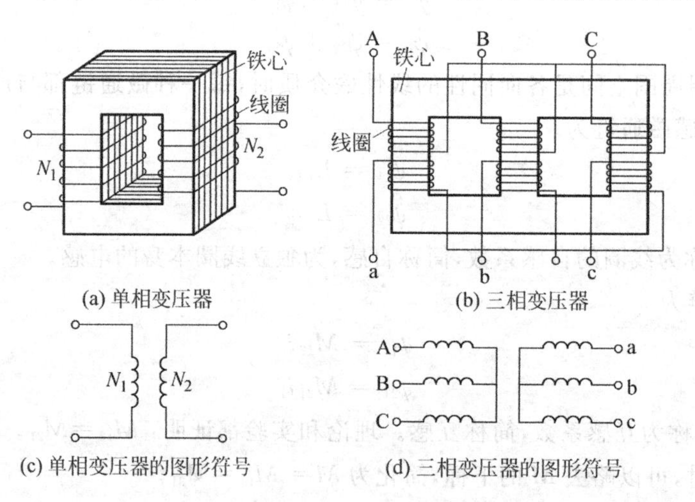

(a) 单相变压器 (b) 三相变压器

(c) 单相变压器的图形符号 (d) 三相变压器的图形符号

图7.16 变压器的示意图及图形符号

为了能有较高的导磁性能以及减少磁滞和涡流损耗,变压器的铁心用0.5mm或0.35mm硅钢片叠成,片间并涂有绝缘漆。铁心也可用薄(如0.2mm)钢带卷绕而成,这样的变压器在电子仪器中使用的较多。在电力电子技术应用中,变压器的工作频率要求在十几或几十千赫以上时,使用一种经特殊工艺处理的非晶铁心和微晶铁心,这类铁心,铁损低、

磁感应强度饱和值高、磁导率高而且廉价，已被广泛应用在高频加热装盒子、开关电源、逆变电源等设备中。

绕在变压器铁心上的线圈，称为变压器的绕组，接至交流电源的绕组 N_1 称为一次绕组（曾称为原边绕组或初级绕组），接入负载的绕组 N_2 称为二次绕组（曾称为副边绕组或次级绕组）。

一般情况下，变压器一、二次绕组匝数不等，电压不同。如果一次电压高于二次电压，称为降压变压器，反之称为升压变压器。

7.3.3 变压器的工作分析

1. 变压器的空载运行

变压器一次绕组接入电源，二次绕组开路，如图 7.17 所示，称为空载运行。

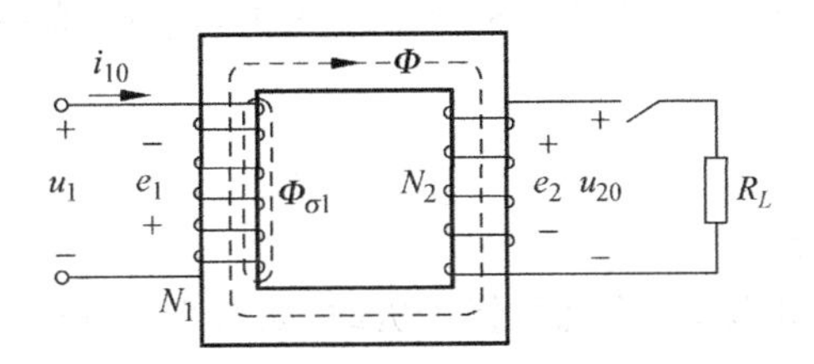

图 7.17 变压器空载运行

变压器二次绕组开路时，其工作情况与交流铁心线圈相似，这时一次线圈内的电流为 i_{10} 称为变压器的励磁电流，在这个电流作用下铁心中产生磁通，这个磁通的绝大部分通过铁心环链着 N_1 和 N_2 绕组，这部分磁通 Φ 称为变压器的主磁通。此外还有少部分磁通只环链着一次绕组 N_1 并经空气隙闭合，这部分磁通 $\Phi_{\sigma1}$ 称为漏磁通，一般变压器的漏磁通很小，分析时可忽略不计。

变压器的主磁通 Φ（漏磁通 $\Phi_{\sigma1}$）随着励磁电流 i_{10} 的交变而变化，在变压器的 N_1、N_2 绕组内分别产生感应电动势 e_1 与 e_2。变压器绕组中的电流，感应电动势及铁心中的磁通，即 i_{10}、Φ、e_1 和 e_2 按右手螺旋规定参考方向，如图 7.17 所示。

如果忽略漏磁通的影响，并设铁心内主磁通 Φ 按正弦规律变化，即设 $\Phi=\Phi_m\sin\omega t$，则变压器一、二次绕组内产生的感应电动势 e_1、e_2 分别为

$$e_1=-N_1\frac{d\Phi}{dt}=-N_1\omega\Phi_m\cos\omega t=\sqrt{2}4.44fN_1\Phi_m\sin(\omega t-90°) \tag{7.3.7}$$

$$e_2=-N_2\frac{d\Phi}{dt}=\sqrt{2}4.44fN_2\Phi_m\sin(\omega t-90°) \tag{7.3.8}$$

所以，有

$$E_1=4.44fN_1\Phi_m \tag{7.3.9}$$

$$E_2=4.44fN_2\Phi_m \tag{7.3.10}$$

若忽略漏磁通及一次绕组导线电阻的影响，则 $u_1\approx-e_1$，$U_1\approx E_1$。所以，有

$$\Phi_m\approx\frac{U_1}{4.44fN_1} \tag{7.3.11}$$

式(7.3.11)表明，磁通的最大值 Φ_m 由一次电压的有效值 U_1 决定，与分析交流铁心线

圈得到的结论相同。

变压器二次绕组开路时，设二次边的开路电压为 u_{20}，则 $u_{20}=e_2$。所以，有

$$U_{20}=E_2=4.44fN_2\Phi_m \tag{7.3.12}$$

变压器一次电压 U_1 与二次开路电压 U_{20} 之比称为变压器的变压比，简称变比，用字母 k 表示，即

$$k=\frac{U_1}{U_{20}}\approx\frac{N_1}{N_2} \tag{7.3.13}$$

变压器的变比，习惯上总是用高压绕组的匝数与低压绕组的匝数相比，因此，变比 k 总是大于1。变压器的变比 k 是变压器的一个重要参数，在分析变压器的工作原理及设计变压器时，经常要用到它。

变压器空载时电压、电流及磁通的相量图与图7.14所示交流铁心线圈的相量图相同，只不过多了一个二次电压 $\dot{U}_{20}$，如图7.18所示。图中，$\dot{I}_{10}r_{L1}$ 为一次绕组导线电阻电压；$\dot{I}_{10}\mathrm{j}\omega L_{\sigma1}$ 为一次漏抗电压。

2. 变压器的负载运行

变压器一次绕组接入电源，二次绕组接入负载，如图7.19所示，称为负载运行。

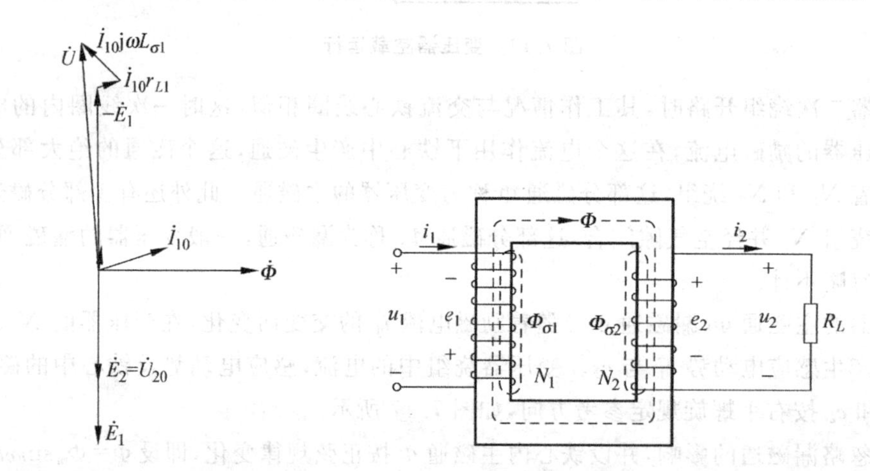

图7.18 变压器空载相量图　　图7.19 变压器负载运行

变压器二次绕组接有负载后，在电动势 e_2 作用下，二次绕组电路有电流 i_2。电流 i_2 的出现将使变压器铁心内的磁通 Φ 由一次电流 i_1 与二次电流 i_2 共同产生，这将对变压器铁心内的磁通有影响，从而也影响一、二次绕组内的感应电动势，进一步影响一次绕组内的电流，因此，变压器的二次绕组接有负载后，一次绕组电流将从空载电流 i_{10} 变为 i_1。

另一方面，若变压器一次绕组导线电阻上的电压与漏磁通引起的电压忽略不计时，电压 u_1 与电动势 e_1 的有效值近似相等，即 $U_1\approx E_1$。因此，一次电压 U_1 一定，则磁通 Φ_m 的数值在空载或负载下基本保持不变。即二次绕组有电流 i_2 后，产生磁通的总磁通势(即总安匝)应当与空载时的磁通势(仅由一次电流 i_{10} 单独作用)近似相等。按图7.19所示电流与磁通的参考方向，有

$$\dot{I}_1N_1+\dot{I}_2N_2=\dot{I}_{10}N_1 \tag{7.3.14}$$

式(7.3.14)又可写成

$$\dot{I}_1 = \dot{I}_{10} - \dot{I}_2 \frac{N_2}{N_1} \tag{7.3.15}$$

设$\dot{I}'_2 = \frac{N_2}{N_1}\dot{I}_2$，则

$$\dot{I}_1 = \dot{I}_{10} + \dot{I}'_2 \tag{7.3.16}$$

式(7.3.16)表明，变压器二次绕组接有负载后，一次电流从$\dot{I}_{10}$变为$\dot{I}_1$，有负载后的一次电流可认为是由两部分组成，一部分用来产生磁通Φ，这部分称为励磁电流；另一部分是克服二次负载电流对磁通作用的负载分量$\dot{I}'_2$。这样，在变压器二次绕组输出功率时，通过二次电流对磁通的影响使变压器一次绕组内的电流能够自动地增加，使电源供给变压器的功率相应地增加。

为降低损耗，变压器总是将磁通选取在一个合理的数值以减小励磁电流I_{10}值，变压器的I_{10}值占一次额定电流I_{1N}的2%～10%(个别小型变压器I_{10}占的百分数可能更高一些)，如果在分析变压器一、二次的电流关系时，将I_{10}忽略不计，则可得

$$\frac{I_1}{I_2} \approx \frac{N_2}{N_1} = \frac{1}{k} \tag{7.3.17}$$

式(7.3.17)表明，变压器的电流比等于变比k的倒数，即电流与匝数成反比。

例 7.3.1 图7.19所示变压器的一次额定电压$U_{1N}=220\text{V}$，二次电压$U_{2N}=36\text{V}$，铁心内磁通最大值$\Phi_m=10\times10^{-4}\text{Wb}$，电源频率$f=50\text{Hz}$。

(1) 求变压器一、二次绕组的匝数；

(2) 如果二次负载电阻$R_2=30\Omega$，求变压器一、二次电流(绕组导线电阻及I_{10}忽略不计)；

(3) 变压器二次绕组接有$R_2=30\Omega$的负载，相当于电源(U_1)接入了一个多大的等效负载R'_1。

解 (1) 由式(7.3.11)可知变压器一次绕组的匝数为

$$N_1 \approx \frac{U_1}{4.44f\Phi_m} = \frac{220}{4.44\times50\times10\times10^{-4}} \approx 991(\text{匝})$$

变比为

$$k = \frac{U_1}{U_2} = \frac{220}{36} \approx 6.11$$

二次绕组的匝数为

$$N_2 = \frac{N_1}{k} = \frac{991}{6.11} \approx 163(\text{匝})$$

(2) 负载电阻$R_2=30\Omega$，所以二次电流为

$$I_2 = \frac{U_2}{R_2} = 1.2(\text{A})$$

一次电流为

$$I_1 \approx \frac{I_2}{k} \approx 0.196(\text{A})$$

(3) 二次负载电阻$R_2=30\Omega$时，一次绕组电源处相当于接入一个等效电阻R'_1。有

$$R_1=\frac{U_1}{I_1}=\frac{kU_2}{\frac{I_2}{k}}=k^2R_2=6.11^2\times 30\approx 1120(\Omega)$$

通过上述计算可以看出,变压器除了具有变换电压、变换电流的作用外,还具有变换阻抗的作用,即通过变压器接于二次绕组的阻抗 Z,对于一次端的电源而言相当于增大了 k^2 倍。

7.3.4 变压器的外特性与效率

1. 外特性

变压器一次绕组接入额定电压,二次绕组开路时的电压 U_{20} 称为二次绕组的额定电压,即 $U_{2N}=U_{20}$。

变压器二次绕组接有负载后,有电流输出,一、二次绕组内的导线电阻及漏电抗产生压降,致使二次输出电压变为 U_2。在一次电压 $U_1=U_{1N}$,负载功率因数 $\cos\varphi_2$ 为定值的情况下,测试出来的二次输出电压 U_2 随输出电流 I_2 改变的关系,称为变压器的外特性,$U_2=f(I_2)$关系曲线称为变压器的外特性曲线。如图 7.20 所示。为满足不同负载的工作要求,不同用途的变压器有不同的外特性。电力变压器的外特性较平直,而焊接用变压器要求有下垂的外特性。变压器接有感性负载时,二次电压 U_2 随 I_2 增加而减小,如图 7.20 中曲线①所示。

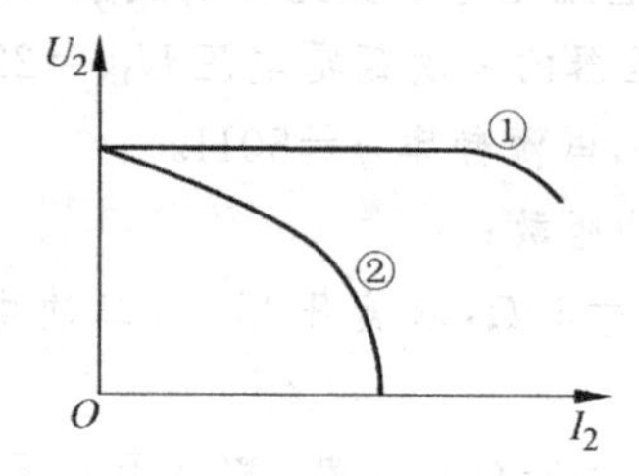

图 7.20 变压器外特性曲线

变压器从空载时电压 U_{2N} 到 $I_2=I_{2N}$ 时,二次电压下降至 U_2 值,电压变化的程度用电压变化率 $\Delta U\%$ 表示,即

$$\Delta U\%=\frac{U_{2N}-U_2}{U_{2N}}\times 100\% \tag{7.3.18}$$

一般电力变压器,如工厂动力用变压器,居民照明用变压器,电压变化率为 5%~10%,甚至更小。

2. 变压器的效率

变压器工作时是有损耗的,损耗的来源主要有两个部分:导线电阻产生的损耗,称为铜损耗;由于磁滞和涡流使铁心发热产生的铁损耗。

(1) 铜损耗

变压器一、二次绕组导线存在有电阻,有电流时就会有损耗,这部分损耗称为变压器的铜损耗。变压器的铜损耗的大小与导线通过的电流大小有关,额定电流下损耗最大。设 R_{L1},R_{L2} 分别为变压器一、二次绕组的导线电阻,则铜损耗为

$$P_{Cu}=I_1^2R_{L1}+I_2^2R_{L2} \tag{7.3.19}$$

(2) 铁损耗

变压器的铁损耗 P_{Fe} 是由磁滞损耗 P_h 及涡流损耗 P_e 两部分构成的。

磁滞损耗的 P_h 的经验计算公式为

$$P_h = K_h f B_m^2 \tag{7.3.20}$$

涡流损耗的 P_e 的经验计算公式为

$$P_e = K_e f^2 B_m^2 \tag{7.3.21}$$

式(7.3.20)、式(7.3.21)中的系数 K_h 和 K_e 与使用材料有关,系数值可在电工手册中查出。

(3) 效率 η

变压器的效率为输出功率 P_2 与输入功率 P_1 之比,即

$$\eta = \frac{P_2}{P_1} \times 100\% \tag{7.3.22}$$

式中 $P_2 = U_2 I_2 \cos\varphi_2$,$P_1 = P_2 + P_{Cu} + P_{Fe}$。因此,式(7.3.22)又可以写成

$$\eta = \frac{P_1 - (P_{Cu} + P_{Fe})}{P_1} \times 100\% = \left(1 - \frac{P_{Cu} + P_{Fe}}{P_2 + P_{Cu} + P_{Fe}}\right) \times 100\% \tag{7.3.23}$$

例 7.3.2 图 7.19 所示变压器 $U_{1N} = 220\text{V}$,二次绕组接入电阻负载 $R_2 = 30\Omega$,$I_{2N} = 1.2\text{A}$ 时,$U_2 = 36\text{V}$,$I_1 = 0.2\text{A}$。导线电阻 $R_1 = 25\Omega$,$R_2 = 0.5\Omega$。变压器的铁损耗 $P_{Fe} = 3\text{W}$。求该变压器的效率 η。

解 变压器的铜损耗为

$$P_{Cu} = I_{1N}^2 R_{L1} + I_{2N}^2 R_{L2} = 0.2^2 \times 25 + 1.2^2 \times 30 = 1.72(\text{W})$$

二次边输出功率为

$$P_2 = U_2 I_2 \cos\varphi_2 = 36 \times 1.2 \times 1 = 43.2(\text{W})$$

变压器的效率为

$$\eta = \left(1 - \frac{P_{Cu} + P_{Fe}}{P_2 + P_{Cu} + P_{Fe}}\right) \times 100\% = \left(1 - \frac{1.72 + 3}{43.2 + 1.72 + 3}\right) \times 100\% \approx 90\%$$

7.3.5 变压器的连接组别

在一个供电系统中,通常有多台变压器共同向负载供电,这些变压器连接时需要有相同的连接组别,所谓连接组别指变压器的一、二次绕组连接的方式(如Y形连接或是△形连接)及一、二次电压的相位差。连接组别是变压器使用时的一个重要问题。

1. 单相变压器的连接组别

(1) 同极性端

图 7.21 所示的单相变压器,铁心上有绕组 N_1 和 N_2。若将绕组 N_1 的 A 端作为首端,则 X 端就是尾端,同样将 N_2 的 a 端定为首端,x 端则为尾端。

当图 7.21 所示单相变压器铁心中的磁通 Φ 交变时,绕组 N_1 和 N_2 内同时产生感应电动势。如果在某个瞬间绕组 N_1 内的感应电动势 e_1 使绕组 N_1 的 A 端为高电位,X 端为低电位,由于 N_2 的缠绕方向与 N_1 相同,所以在同

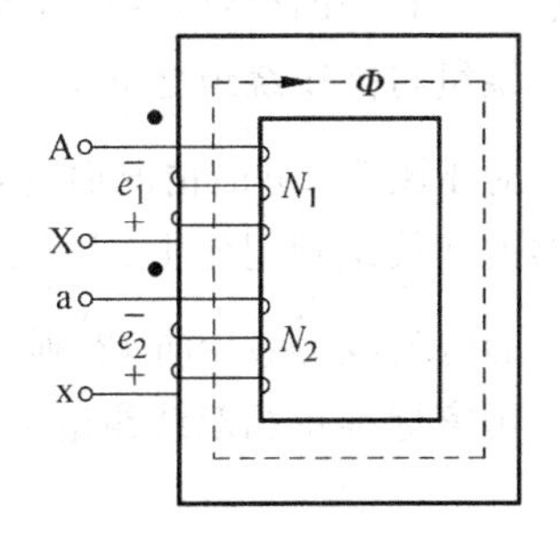

图 7.21 变压器同极性端的标志

一瞬间，N_2 内感应电动势 e_2 的作用使 N_2 绕组的 a 端为高电位，x 端为低电位。变压器 N_1 绕组的 A 端和 N_2 绕组的 a 端在这一时刻分别相对于 X 和 x 端为高电压，称 N_1 的 A 端和 N_2 的 a 端为同极性端，显然 X 和 x 也为同极性端。变压器的同极性端的标志通常采用“•”或“*”表示。

若要将 N_1、N_2 两个绕组串联使用以提高电压时，则必须将 N_1、N_2 绕组的异极性端相连，如图 7.22(a)所示，$u=u'+u''$。若要将 N_1、N_2 两个绕组并联使用以提高电流时，则必须将 N_1、N_2 绕组的同极性端相连，如图 7.22(b)所示，$i=i'+i''$。

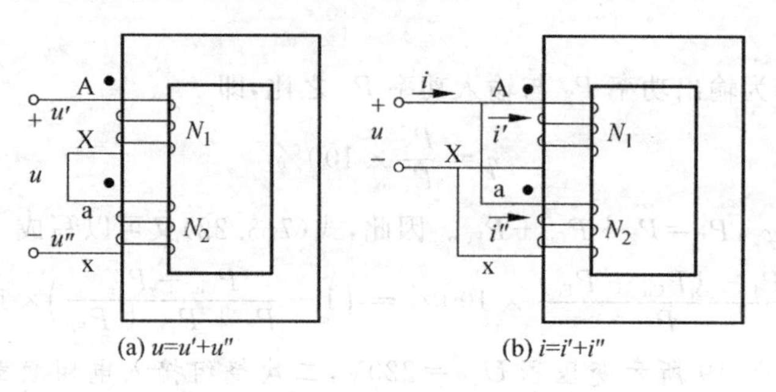

图 7.22 变压器绕组的串联与并联

(2) 单相变压器的连接组别

图 7.21 所示的变压器由于 A 端与 a 端为同性端，所以电压$\dot{U}_{AX}$与电压$\dot{U}_{ax}$同相，其相量图如图 7.23(a)所示。如果将图 7.21 所示的变压器 N_2 绕组的标志 a、x 互换，这时电压$\dot{U}_{AX}$与电压$\dot{U}_{ax}$反相，如图 7.23(b)所示。

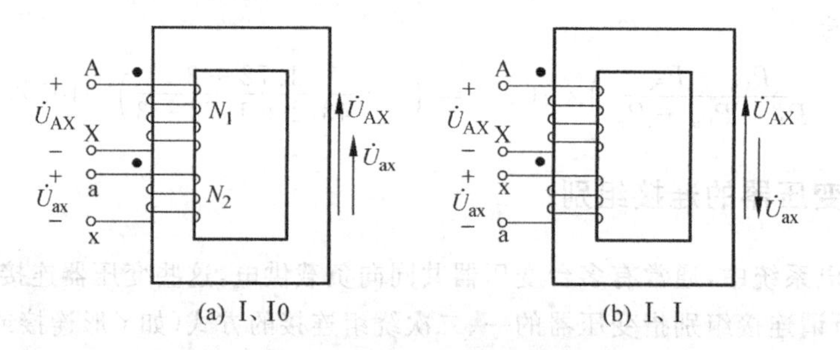

图 7.23 单相变压器的连接组别

通常采用始终表示法标志单相变压器两个绕组的电压$\dot{U}_{AX}$和$\dot{U}_{ax}$的相位关系。将电压高的视作时钟的分针，并认为其指向钟面“12”位置；将电压低的视作时钟的时针，然后根据低压绕组与高压绕组之间的相位差，确定出时针在钟面上的指向。

对于图 7.23(a)情况而言，由于$\dot{U}_{AX}$与$\dot{U}_{ax}$同相，时针、分针均指向 12，为 0 点，该单相变压器的连接组别记作Ⅰ、Ⅰ0，其中罗马数字Ⅰ、Ⅰ0 表示高、低压边均为单相。对于图 7.23(b)所示的情况，若$\dot{U}_{AX}$指向 12，则$\dot{U}_{ax}$指向 6，为 6 点，连接组别记作Ⅰ、Ⅰ6。

国家标准单相双绕组电力变压器规定只有一个标准连接组别——Ⅰ、Ⅰ0。

2. 三相变压器的连接组别

三相变压器的一、二次都有三个绕组，可以星形连接，也可以三角形连接。三相变压器的一、二次边绕组的连接有多种组合，但是不管如何连接，一、二次边的线电压$\dot{U}_{AB}$和$\dot{U}_{ab}$之间的相位差总是30°的倍数，如图7.24所示。

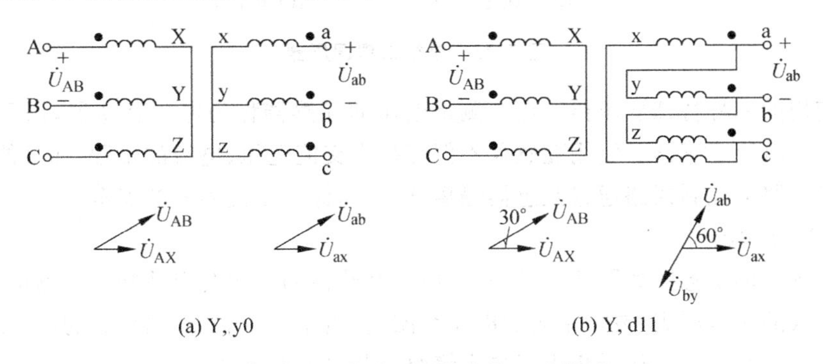

(a) Y, y0　　(b) Y, d11

图7.24　三相变压器的连接组别举例

在表示连接组别时，高压边和低压边的三角形连接分别用D和d表示，高压边和低压边的星形连接分别用Y和y表示。当星形连接有中性线，则Y带下标"N"，y带下标"n"。三相变压器一、二次边绕组的电压$\dot{U}_{AX}$和$\dot{U}_{ax}$同相。当一、二次边的三相绕组采用图7.24(a)所示的接法时，$\dot{U}_{AB}$和$\dot{U}_{ab}$之间的相位差为0，连接组别的标志为Y，y0。当一、二次边的三相绕组采用图7.24(b)所示的接法时，低压边的电压$\dot{U}_{ab}$超前高压边的电压$\dot{U}_{AB}$30°，所以时钟指在11点，连接组别的标志为Y，d11。

7.3.6　一些特殊变压器

变压器的种类很多，为满足特定的使用要求，各种变压器在结构和特性上常有一些特殊的考虑，各自具有一些特点。常用的特殊变压器有自耦变压器、互感器、焊接变压器、整流变压器、电炉变压器等。

1. 自耦变压器

自耦变压器亦称自耦调压器，其一次绕组和二次绕组共用一个线圈，即变压器铁心上只缠绕一个线圈就能改变二次输出电压。图7.25(a)所示为单相自耦调压器的接线图：将线圈的5/6部分接到电源上，作为变压器的一次绕组；滑动触头H在同一个线圈上移动改变了二次绕组的匝数，从而改变输出电压U_2的大小。一般自耦调压器输出电压U_2的调节范围可以从零调节到$1.2U_1$。单相自耦调压器的电路符号如图7.25(b)所示。

三相自耦调压器由三个单相调压器叠装成，其滑动触头装在同一个可转动的机构上以便同时调节输出的三相电压。

2. 仪用互感器

仪用互感器是用来扩大交流电表的量程，将高电压、大电流变成低电压、小电流后作为

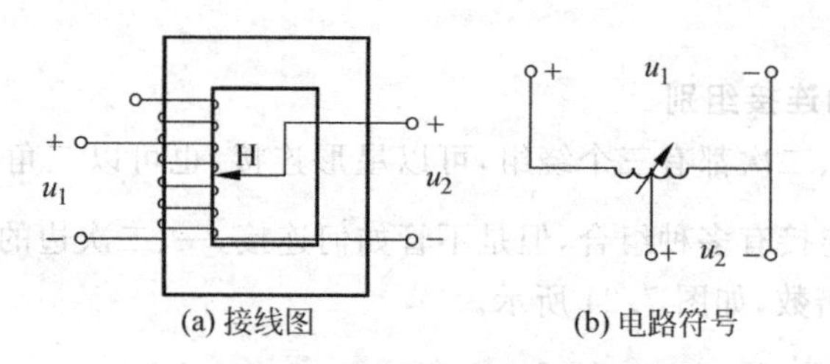

图 7.25 单相自耦调压器

控制信号使用的一种特殊变压器。用于测量电压的互感器称为电压互感器,用于测量电流的互感器称为电流互感器。使用互感器不但能扩大交流电压、电流的量程,而且能将高电压回路与测量回路或控制回路通过互感器隔离开,因而保证了使用者的安全。

(1) 电压互感器

电压互感器的示意图如图 7.26 所示。电压互感器的一次绕组并联在待测量的电路上,二次绕组接入的是电压表(或功率表的电压线圈)。由于电压表(或功率表的电压线圈)阻抗很高,因此,电压互感器工作时相当于二次绕组空载时的变压器。

根据变压器的工作原理,$U_1/U_2=N_1/N_2$,或者 $U_1=kU_2$。所以接在电压互感器二次绕组的电压表的读数扩大 k 倍,就是待测的一次绕组的电压值。

电压互感器二次绕组的额定电压均是 100V,所以与互感器二次绕组配合使用的电压表(或功率表的电压线圈)是 100V 的低量程电压表,但仪表刻度值是扩大的量程值给出的,这样,读数方便又保证了安全。

为使用者的安全,电压互感器的铁心及二次绕组的一端应接地,以防出现危及测量人员的漏电事故发生。此外,电压互感器在使用时,要严防二次绕组短路。

(2) 电流互感器

电流互感器是扩大交流电流量程的仪用变压器,用于测量电流,测量电路连线如图 7.27(a)所示,电流互感器的电路符号如图 7.27(b)所示。

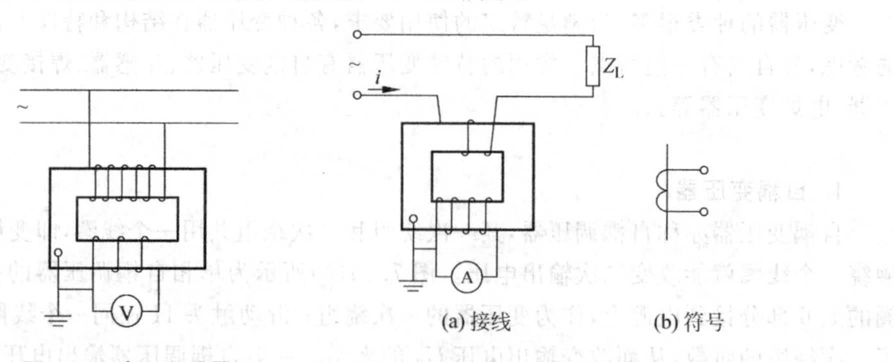

图 7.26 电压互感器　　**图 7.27 电流互感器**

电流互感器一次绕组的圈数很少,通常只有一、二匝,一次绕组串联在待测电路中。电流互感器二次绕组的匝数比一次多,电流表(或功率表的电流圈)连接在二次绕组上。因电流表的电阻很小,所以电流互感器工作时,相当于二次边短路的变压器。电流互感器二次绕组的额定电流一般为 5A(或 1A),由于一次绕组圈数比二次少很多,所以电流互感器串入待测电路后,一次绕组上电压很低,对待测电路的电流影响很小。

在使用电流互感器时，要严防二次绕组开路。若由于某种原因造成二次绕组开路，则电流 $I_2=0$。由磁势平衡关系式可知，这时因电流 I_1 很大，励磁磁势比 $I_2\neq 0$ 时大很多，铁心内磁通 Φ_m 增加，而二次绕组圈数多，可使二次绕组上出现高电压，过高的电压可能击穿绕组的绝缘而危及使用人员的人身安全。因此，电流互感器使用时，二次绕组绝对不允许开路。

钳形电流表是利用电流互感器测量电流的一个应用实例，其外形如图7.28所示。在使用时用手压紧手柄，待钳口张开后将被测通电导线置于钳口之内，被测导线相当于电流互感器的一次绕组，置于铁心上的二次绕组与电流表连接。因此，使用钳形电流表可以十分方便地测量输电线中的电流值。

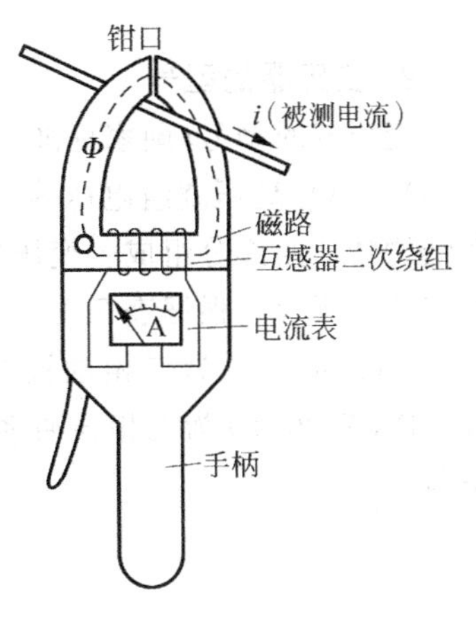

图7.28 钳形电流表

7.3.7 变压器的额定值及型号

1. 额定值

额定值是国家(或有关部门)对变压器正常运行时所作的使用规定。在额定工作状态下运行可以保证变压器长期可靠地工作，并且有良好的性能。变压器的主要额定值有额定容量、额定电压和额定电流。

(1) 额定容量 S_N

额定容量即视在功率，单位为V·A或kV·A。对于三相电力变压器，一次绕组的容量与二次绕组的容量相同，即 $S_N=\sqrt{3}U_{1N}I_{1N}=\sqrt{3}U_{2N}I_{2N}$，其中 U_{1N} 和 U_{2N}、I_{1N} 和 I_{2N} 分别为变压器一次和二次绕组的线电压和线电流。

(2) 额定电压 U_{1N} 和 U_{2N}

U_{1N} 和 U_{2N} 均指线电压，单位为V或kV。

(3) 额定电流 I_{1N} 和 U_{2N}

I_{1N} 和 I_{2N} 均指线电流，单位为A或kA。变压器的额定电流是以额定容量除以额定电压计算得出。例如，一台三相双绕组电力变压器，$S_N=100\text{kV}\cdot\text{A}$，$U_{1N}=6\text{kV}$，$U_{2N}=400\text{V}$，则这台变压器一、二次绕组的额定电流分别为

$$I_{1N}=\frac{S_N}{\sqrt{3}U_{1N}}=\frac{100000}{\sqrt{3}\times 6000}\approx 9.62(\text{A})$$

$$I_{2N}=\frac{S_N}{\sqrt{3}U_{2N}}=\frac{100000}{\sqrt{3}\times 400}\approx 144.32(\text{A})$$

使变压器的二次电流达到额定值的负载称为变压器的额定负载。

变压器的额定值除上述之外，还有额定频率 f_N(我国电力变压器为50Hz，国外有的为60Hz)，相数 m 等，这些数据通常都标注在变压器的铭牌上，所以额定值有时又称铭牌值。

变压器的铭牌上还标志出变压器的接线图、连接组别、运行方式(是长期运行还是短时运行等)以及变压器的冷却方式等使用条件。

2. 变压器的型号

变压器的型号(国家标准GB 1094—79)是由基本代号及其后用一横线分开加注额定容量(kV·A)/高压绕组电压等级(kV)。变压器的基本代号由产品类别、相数、冷却方式及其他结构特征四部分组成。变压器型号的构成如图7.29所示。变压器的基本代号及其含义如表7.1所示。根据表7.1,可由变压器的型号得到变压器的类型和主要参数。例如,产品型号SJL-500/10为三相油浸自冷,铝线,500kV·A,高压侧电压10kV的电力变压器;HSSPK-7000/10为三相强油水冷内装电抗器,7000kV·A,高压侧电压10kV的电弧炉变压器。

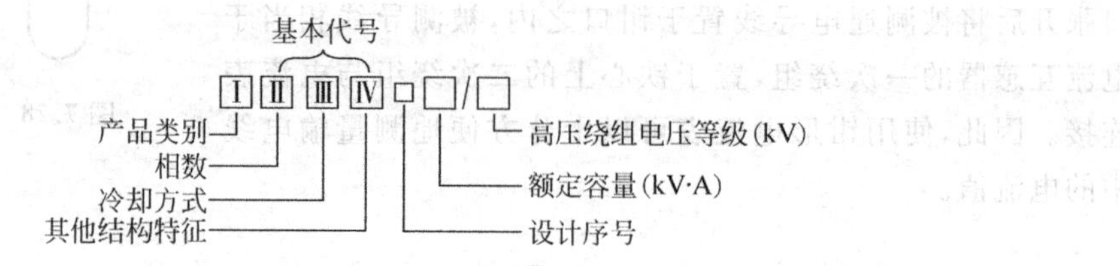

图7.29 变压器型号的构成

表7.1 变压器的基本代号及其含义

Ⅰ		Ⅱ		Ⅲ		Ⅳ	
代号	含义	代号	含义	代号	含义	代号	含义
O	自耦变压器	D	单相	G	干式	S	三线圈(三绕组)
H	电弧炉变压器	S	三相	J	油浸自冷	K	带电抗器
BH	封闭电弧炉变压器			F	风冷	Z	带有载分接开关
ZU	电阻炉变压器			S	水冷	A	感应式
G	感应电炉变压器			FP	强迫油循环风冷	L	铝线
R	加热炉变压器			SP	强迫油循环水冷	N	农村用
Z	整流变压器			P	强迫油循环	C	串联式
BX	焊接变压器					T	成套变电站用
J	电机车用变压器					D	移动式
K	矿用变压器					S	防火
Y	试验变压器					Q	加强的
D	低压大电流变压器						
—	电力变压器						
T	调压变压器						
J	电压互感器						
L	电流互感器						

7.4 互感器和理想变压器在 SPICE 中的表示方法

7.4.1 互感器在 SPICE 中的表示方法

在 SPICE 中一个互感器是由两个电感之间的耦合系数 k 来定义的。其句法如下：

```
K<name>  Lname1  Lname2  k
```

耦合系数 k 的值可由式(7.3.6)计算而得到。SPICE 不支持理想耦合下的 k 值，即 k 不能等于 1。

例 7.4.1 互感线圈可以用图 7.30 所示的两个耦合线圈表示，其中 $M=3.1\text{mH}$，$L_1=10\text{mH}$，$L_2=3\text{mH}$。试用 SPICE 指令描述该互感器。

解 首先根据式(7.3.6)计算图 7.30 中的耦合系数，有

$$k=\frac{M}{\sqrt{L_1L_2}}=\frac{3.1}{\sqrt{10\times 3}}=0.566$$

然后写出此耦合线圈的 SPICE 语句如下：

```
L1   3   5   10M
L2   4   7   3M
K1   L1  L2  0.566
```

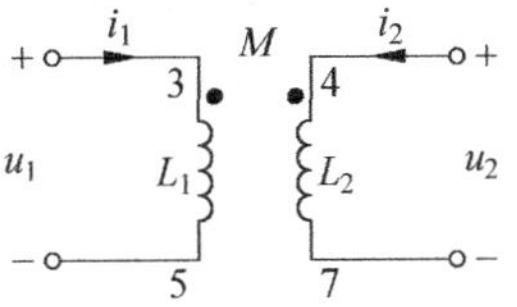

图 7.30 互感线圈原理图

注意：SPICE 默认电感的单位为亨(H)，两个耦合电感的第一个节点必须是同名端。

7.4.2 理想变压器在 SPICE 中的表示方法

SPICE 没有用于理想变压器的模型，一般用耦合系数等于 1 的互感来模拟。但是 SPICE 不支持耦合系数 $k=1$ 的互感，所以理想变压器的耦合系数 k 的取值尽量接近于 1 但不能等于 1(如：取 $k=0.99999$)。

在 SPICE 中要求任何节点都有到参考点(节点 0)的直流通道，因此理想变压器的一次绕阻和二次绕阻必须有直流通道连接。如果理想变压器的一次绕阻和二次绕阻已经有公共点，则满足这一要求，其 SPICE 电路模型如图 7.31 所示。如果理想变压器的一次绕阻和二次绕阻之间没有公共点，可以在它们之间增加一个大电阻，电阻的两端赋予不同的节点名称，其 SPICE 电路模型如图 7.32 所示，所增加的电阻应足够大(如 1E9 欧姆)，它应不影响电路的行为。

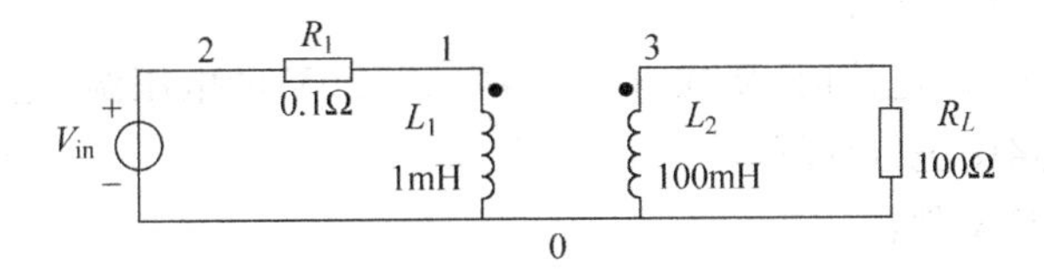

图 7.31 两端有公共点的理想变压器

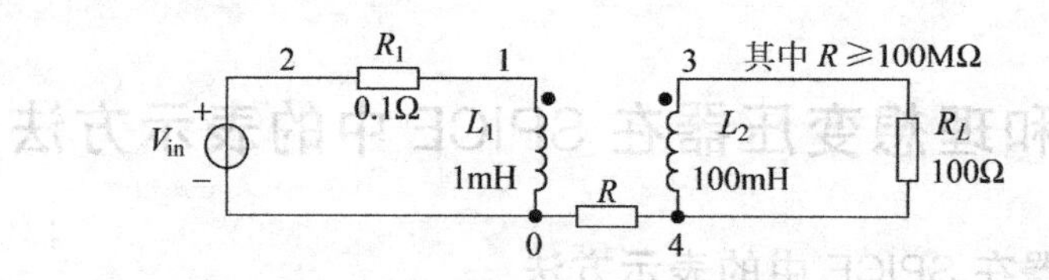

图 7.32 两边没有公共点的理想变压器在 SPICE 中的处理

7.5 用 SPICE 分析变压器电路举例

例 7.5.1 互感电路如图 7.33 所示。已知 $M=3.1\text{mH}$，$R_S=100\Omega$，$R_L=500\Omega$，$L_1=10\text{mH}$，$L_2=2.2\text{mH}$，$V_{in}=5\sin1000t(\text{V})$。编写此电路的 SPICE 程序，绘出 R_L 两端的电压 u_2 及电流 i_2 的波形图。

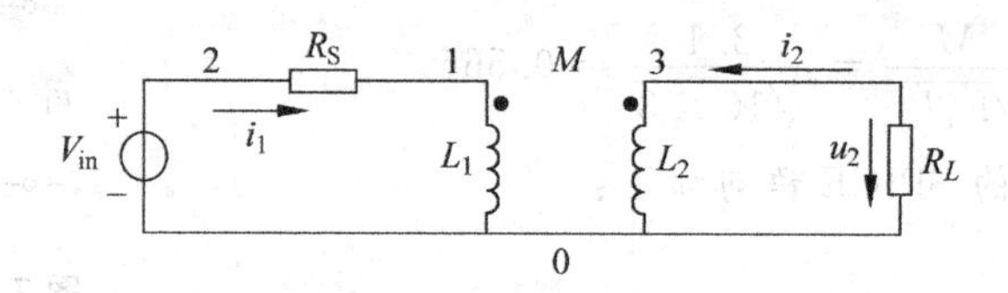

图 7.33 例 7.5.1 图

解 根据已知条件，可得

$$k=\frac{M}{\sqrt{L_1L_2}}=\frac{3.1}{\sqrt{10\times2.2}}=0.66$$

(1) 计算 R_L 两端电压 u_2 的 SPICE 文件为

```
Mutual Inductor circuit 1
Vin 2 0 sin(0 5 159.235)
Rs 2 1 100
L1 1 0 10M
L2 3 0 2.2M
K L1 L2 0.66
RL 3 0 500
.TRAN 0.1M 10M
.PLOT TRAN v(2) v(3)
.END
```

SPICE 计算出的 u_2 电压波形如图 7.34 所示，从 u_2 的波形可以看出，由于储能元件的存在，输出波形表现出的过渡过程。

(2) 计算电路中的 i_2 电流时，要在 R_L 支路中加入 0V 的电压源，把图 7.33 电路图改为如图 7.35 所示的电路图进行计算。

计算 i_2 的 SPICE 文件：

```
Mutual Inductor circuit 2
Vin 2 0 sin(0 5 159.235)
Rs 2 1 100
```

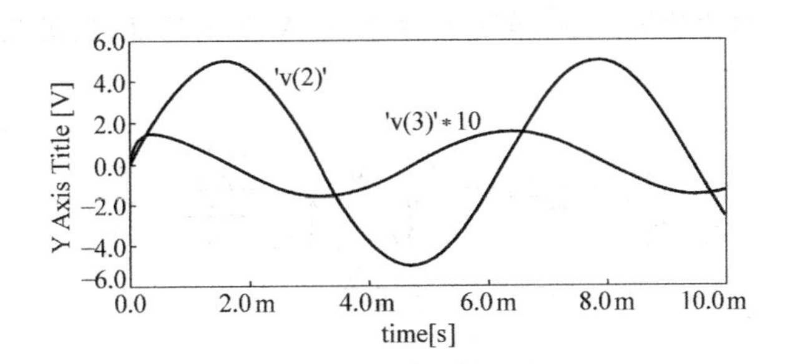

图 7.34 SPICE 仿真出的 V_{in}[v(2)]和 u_2[v(3)]的波形图

```
L1 1 0 10M
L2 3 0 2.2M
K L1 L2 0.66
V2 4 3 0
RL 4 0 500
.TRAN 0.1M 10M
.PLOT TRAN I(V2) V(2)
.END
```

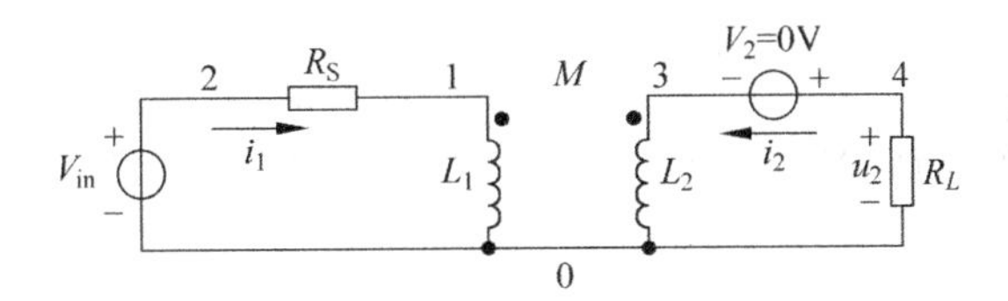

图 7.35 SPICE 计算电流 i_2 的电路图

SPICE 计算出的 i_2 电流波形如图 7.36 所示。

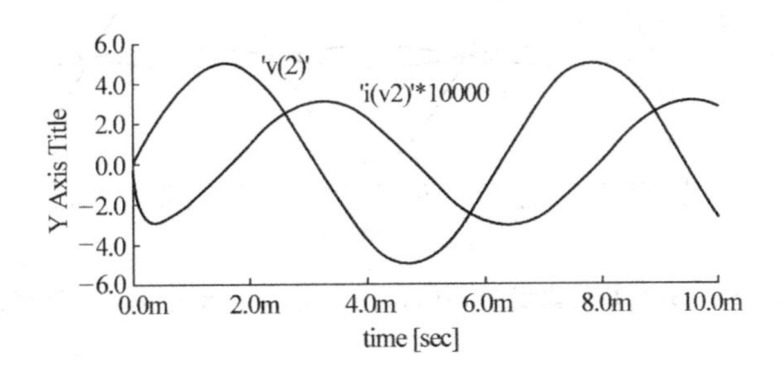

图 7.36 SPICE 仿真出的 i_2[i(v2)] 波形图

例 7.5.2 有一理想变压器电路模型如图 7.37 所示，已知 $R_1=1\Omega, L_1=10\text{mH}, L_2=1\text{H}, R_L=100\Omega, u_i=100\sin10000t(\text{V}), R_d=100\text{M}\Omega$。编写 SPICE 文件，求 L_1、L_2 两端的电压 u_2、u_3 及电流 i_2 的波形。

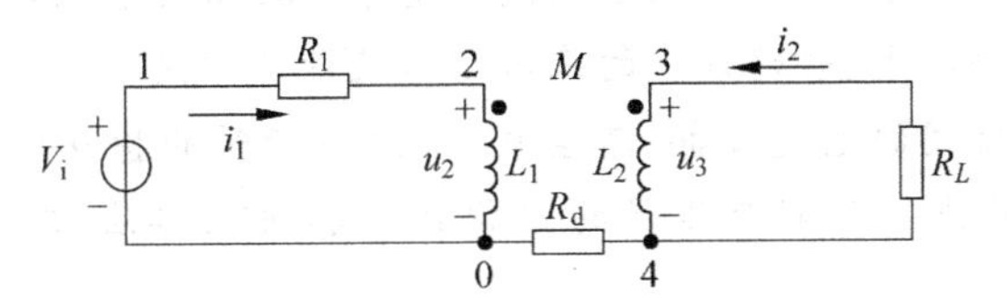

图 7.37 例 7.5.2 图 1

解 为了计算电路中的 i_2 电流，在电路中增加 0V 的电压源，把图 7.37 电路图改为如图 7.38 的电路图。

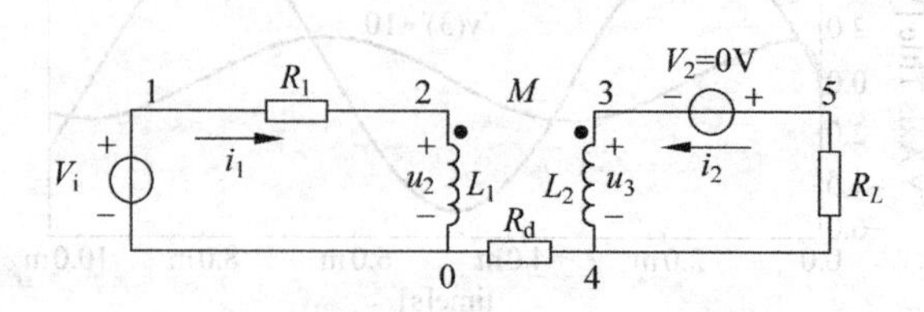

图 7.38 例 7.5.2 图 2

SPICE 文件：

```
Ideal Transformer circuit 2
Vi 1 0 sin(0 100 1592)
R1 1 2 1
L1 2 0 10M
L2 3 4 1
K L1 L2 0.99999
RD 4 0 100MEG
RL 4 5 100
V2 5 3 0
.TRAN 0.01M 1M
.PLOT TRAN i(V2) V(2) V(3)
.END
```

SPICE 计算出的 u_2、u_3、i_2 波形如图 7.39 所示。

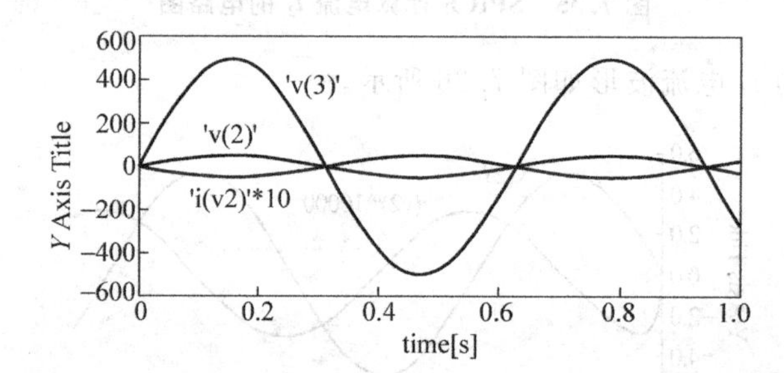

图 7.39 SPICE 仿真出的 u_2[v(2)]、u_3[v(3)]及 i_2[i(v2)]波形图

本章小结

1. 磁路的基本概念及基本物理量(B、H、μ)是学好磁路的基础，一定要正确理解。

2. 了解磁性材料的特点、磁路计算的基本定律及计算方法。

3. 变压器是一种常用的电气设备，其空载、负载运行时的特点以及对电流、电压、阻抗的变换是本章的学习重点。了解变压器的铭牌数据和极性接法，对正确使用变压器也很重要。

4. 专用变压器根据使用要求各有特点，我们只对其中几种作了简单介绍。专用变压器的种类很多，需要时请参阅有关资料。

5. 学会互感器和理想变压器在SPICE中的表示方法。

习题

7.1　图P7.1所示的磁路由D42硅钢片叠成，磁路长 $l=25\text{cm}$，截面积 $S=5\text{cm}^2$，$N=500$ 匝，导线电阻 $r=20\Omega$，直流电压 $U=6\text{V}$，所示磁路的 B-H 曲线如图7.6所示，求该磁路内的磁通 Φ(单位：Wb)。

7.2　图P7.1所示的磁路，电压及线圈仍保持与习题7.1相同，但是在磁路上开一个空气隙，当铁心有空气隙后，线圈中的电流和磁路中的磁通与习题7.1相比有无改变，为什么？

7.3　图P7.1所示的磁路，线圈改由交流($f=50\text{Hz}$)电压供电，在磁路上没有空气隙和磁路上开有小空气隙两种情况下，磁路内的磁通及线圈电流有无不同，为什么？

7.4　交流铁心线圈如图P7.2所示。测得电压 $U=36\text{V}$，励磁电流 $I=0.15\text{A}$，功率 $P=1.6\text{W}$。

(1) 忽略导线电阻和漏磁通的影响，求出铁心线圈的等效参数 R_0 和 X_0；

(2) 若铁心线圈的导线电阻 $R_L=6\Omega$，求该铁心线圈的铁损 P_{Fe}。

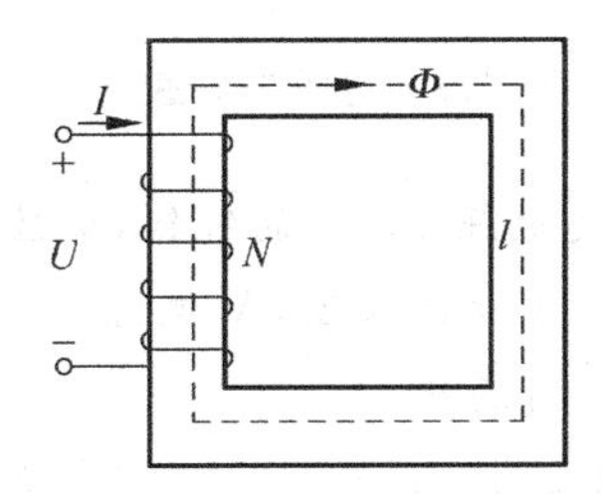

图P7.1　习题7.1图

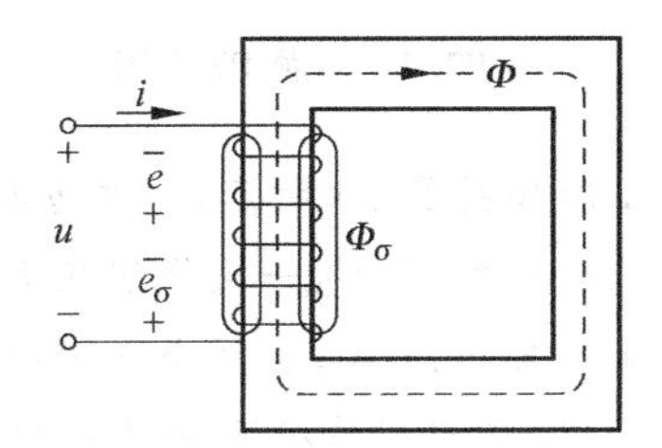

图P7.2　习题7.4图

7.5　变压器如图P7.3所示。一次电压 $U_1=220\text{V}$，二次电压 $U_{20}=36\text{V}$，若将该变压器的铁心抽出换一个木头心，一次电压 U_1 仍为220V，二次电压 U_{20} 是否仍为36V？为什么？

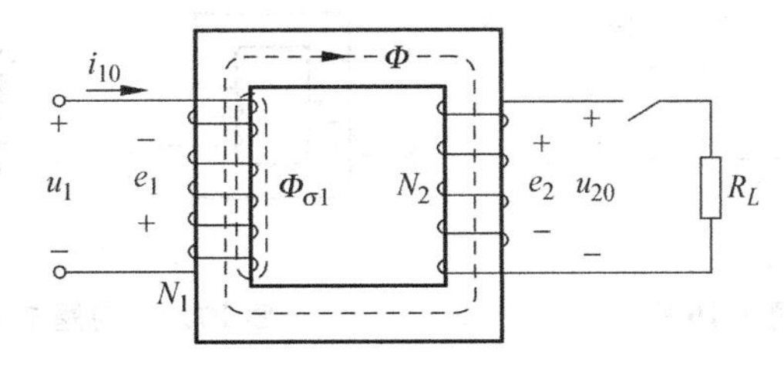

图P7.3　习题7.5图

7.6　求下列变压器的变比(变比 k 为一、二次相电压之比)。

(1) 额定电压 $U_{1\text{N}}/U_{2\text{N}}=3300/220\text{V}$ 的单相变压器；

(2) 额定电压 $U_{1\text{N}}/U_{2\text{N}}=10000/400\text{V}$，一、二次均为星形联接的三相变压器；

(3) 额定电压$U_{1N}/U_{2N}=10000/400V$,一次为星形联接、二次为三角形联接的三相变压器。

7.7 变压器如图P7.4所示。已知$U_1=220V$,$N_1=1100$匝,$U_{21}=12V$,$I_{21}=2A$,$U_{22}=127V$,$I_{22}=1A$。

(1) 忽略励磁电流求一次电流I_1。

(2) 求二次线圈N_{21}、N_{22}的匝数。

7.8 变压器如图P7.4所示。如果一次线圈$r_1=10\Omega$,二次线圈N_{21}的电阻$R_{21}=0.5\Omega$,二次线圈N_{22}的电阻$R_{22}=2\Omega$,变压器的铁损$P_{Fe}=6W$,求变压器的效率η。

7.9 电流互感器如图P7.5所示。电流比$I_1/I_2=45$,二次电流表量程为5A。

(1) 若电流表读数$I_2=4.2A$,则一次电流I_1是多少安?

(2) 如果将二次绕组短路,互感器一次电流有无改变,对互感器使用有无影响?

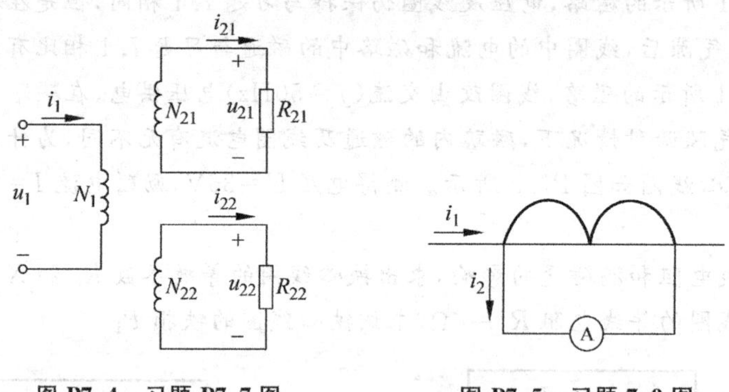

图P7.4 习题P7.7图　　图P7.5 习题7.9图

7.10 变压器如图P7.6所示,一次边有两个额定电压110V的绕组,极性端如图所示。

(1) 若电源电压为220V,一次绕组应当如何连接才能接入220V电源?

(2) 若电源电压为110V,这两个一次绕组又当如何连接?

(3) 在上述(1)、(2)两种情况下,每个一次绕组的额定电流有无不同,二次电压是否有改变?

7.11 判断图P7.7所示变压器的同极性端及其连接组别。

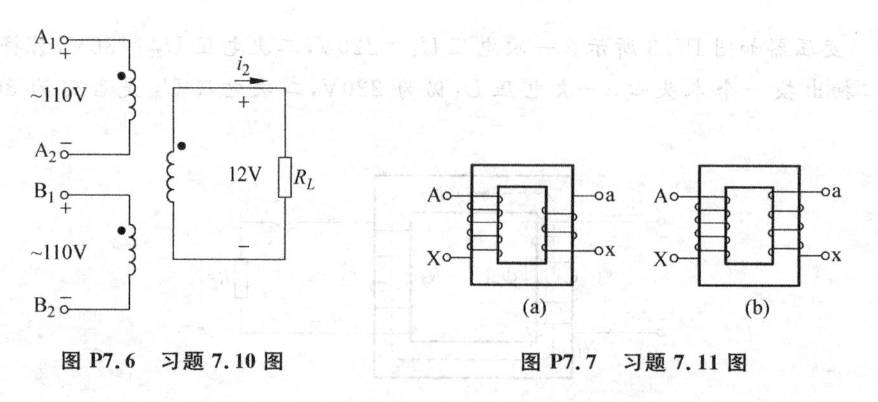

图P7.6 习题7.10图　　图P7.7 习题7.11图

7.12 三相变压器如图P7.8所示。

(1) 一次Y形联接(X,Y,Z接在一起),二次也为y形联接(x,y,z接在一起)。写出其联接标志。

(2) 一次D形联接(A接Z,B接X,C接Y),二次y形联接(x,y,z接在一起)。写出其联接标志。

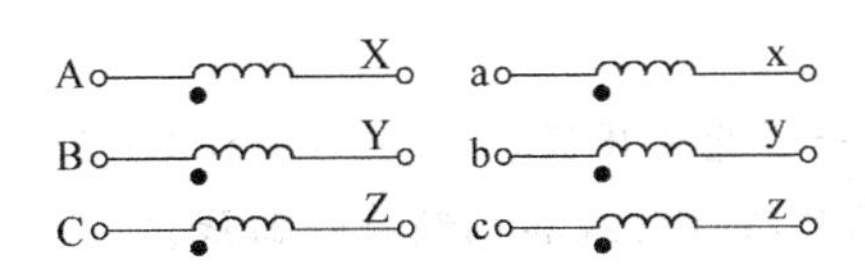

图 P7.8　习题 7.12 图

7.13　一台容量为 100kV·A 的三相双绕组变压器，一次电压为 10kV，二次电压为 0.4kV，联接组别 Y，y_n0，求：

(1) 这台变压器的一、二次额定电流各为多少安？

(2) 若负载为 220V，100W 的电灯，这台变压器在额定情况下运行时，可接入多少盏灯？

7.14　一台三相双绕组变压器，$S_N=560\text{kV}\cdot\text{A}$，$U_{1N}=10000\text{V}$，$U_{2N}=400\text{V}$，一、二次绕组 D，y 联接，低压边电流 $I_2=808\text{A}$，求高压边电流 I_1。

7.15　电路如图 P7.9 所示，其中所有变压器均为理想变压器，试求阻抗 Z_{ab}。

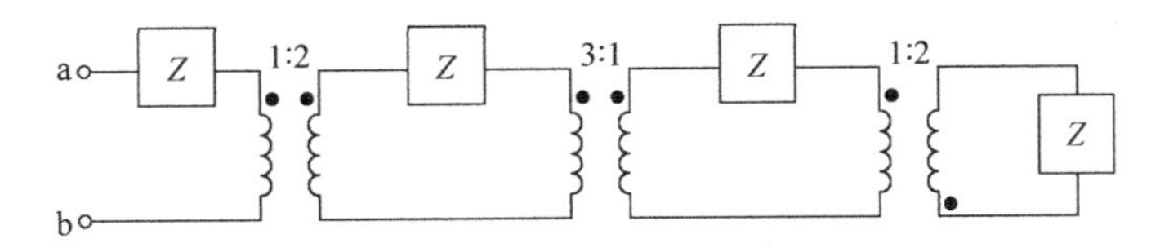

图 P7.9　习题 7.15 图

7.16　有一理想变压器如图 P7.10 所示，求电压 u_1 和电流 i_1。已知 $u_i=10\sin 314t(\text{V})$，$Z_1=1+\text{j}3(\Omega)$，$Z_L=100-\text{j}75(\Omega)$，$n=5$。

7.17　有一理想变压器如图 P7.11 所示，已知 $u_i=5\sin 10t(\text{V})$，试求当 $n=2$ 时电压 $u_2(t)$ 和电流 $i_2(t)$。

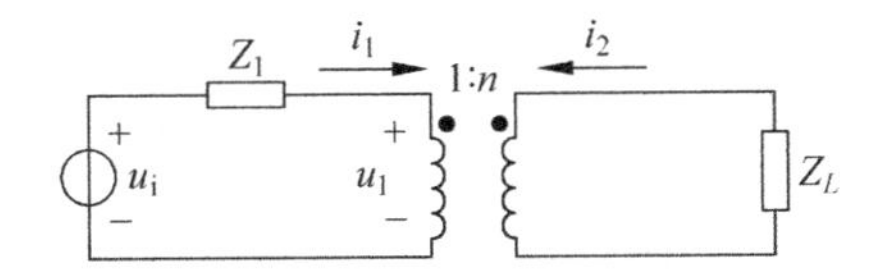

图 P7.10　习题 7.16 图

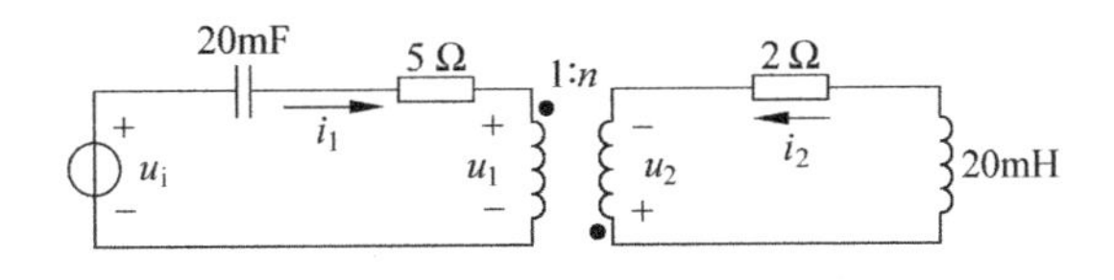

图 P7.11　习题 7.17 图

7.18　电路如图 P7.12，已知 $u_S=200\sin\omega t$，$\omega=10000\text{rad/s}$，$R=100\Omega$。用 SPICE 画出 $u(t)$ 的波形，并写出其表达式。

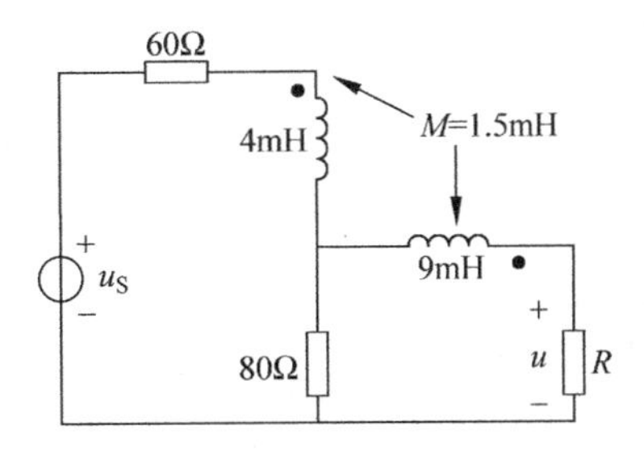

图 P7.12　习题 7.18 图

7.19 有一 $k=1$ 的铁心线圈组成的电路如图 P7.13 所示，已知 $u_1=100\sin\omega t\,\mathrm{V}$。试求：

(1) 假定此铁心线圈是一理想变压器，当 $\omega=1000\mathrm{rad/s}$ 时，求 $\dot{U}_2/\dot{U}_1$；

(2) 用 SPICE 计算其幅频特性曲线和相频特性曲线。

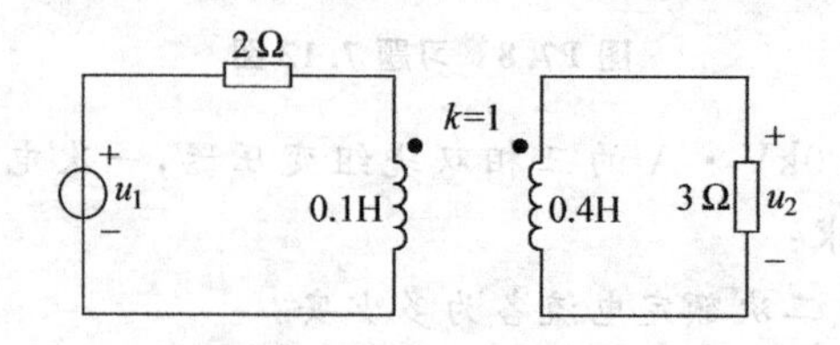

图 P7.13 习题 7.19 图

第 8 章 Chapter 8

电　动　机

电机是完成电能与机械能相互转换的机械设备。把机械能转换为电能的设备称做发电机，将电能转换为机械能的设备称做电动机。根据电动机中通入电流的形式可以将电动机分为交流电动机和直流电动机；由交流电动机中旋转磁场和电动机转子的相对转动关系，可以将交流电动机分为同步电动机和异步电动机；进一步，根据异步电动机转子结构的差别，可将异步电动机分为鼠笼式异步电动机和绕线式异步电动机。

交流异步电动机与其他类型的电动机相比，除了电源容易取得、运行可靠、工作效率高以外，结构简单、维修方便、价格便宜是它的突出优点。因此，交流异步电动机已经成为现代机械系统中主要的动力设备。

本章主要介绍三相交流异步电动机的工作原理、使用方法，同时对单相交流电动机、直流电动机和控制电动机也作简单介绍。

8.1　三相异步电动机

8.1.1　三相异步电动机的结构及转动原理

1. 三相异步电动机的结构

三相异步电动机(three-phase induction motor)由定子(stator)和转子(rotor)两大部分组成。图 8.1 所示为三相异步电动机的结构图。

三相异步电动机的定子主要由定子铁心、定子绕组、定子外壳以及支撑转子的轴承等组成。定子铁心用厚度 0.35～0.5mm 的硅钢片叠成，在铁心内圆壁有用来放置定子绕组的槽，这些槽在圆壁上均匀分布，其数量与电动机的磁极对数(number of magnetic pole-pairs)有关(磁极对数的概念将在后面介绍)。

三相异步电动机的转子主要由转子铁心、转子绕组和转轴等部分组成。转子的铁心结构和定子的铁心类似，也是由相互绝缘的硅钢片叠制而成。转子的铁心与转轴固定，铁心的外圆上开有沟槽，用于放置转子绕组。

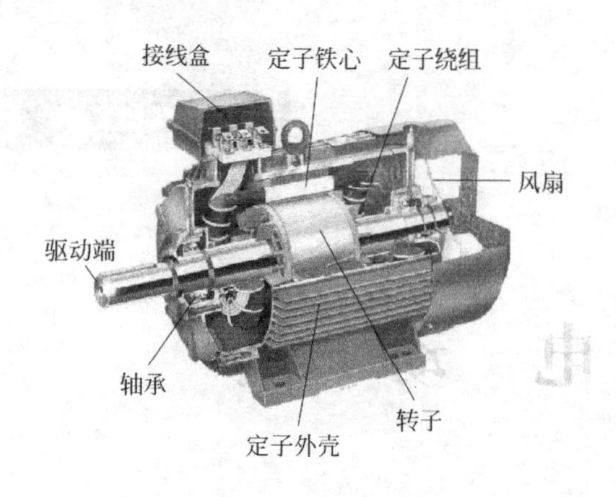

(a) 三相异步电动机的构造

定子铁心 定子绕组
A
Y
Z
转子
C
B
X

(b) 三相异步电动机的断面图

图 8.1 三相异步电动机结构图

转子有两种形式，一种是绕线式（wound rotor）结构，另一种是鼠笼式（squirrel cage rotor）结构。与这两种转子结构对应的异步电动机，分别叫做绕线式异步电动机和鼠笼式异步电动机。

绕线式异步电动机转子绕组的结构（参见图 8.2）与定子绕组结构相似，用铜（或铝）制导线制成。三相转子绕组按照Y形接法连接，引出的三相转子绕组的端线通过电动机轴上的铜环经电刷引到电动机的外部，引出的端线直接短接，或接外部转子电阻后再短接。后者可用来改变转子电阻，以减少启动电流或用于调速（后面将详细介绍其原理）。

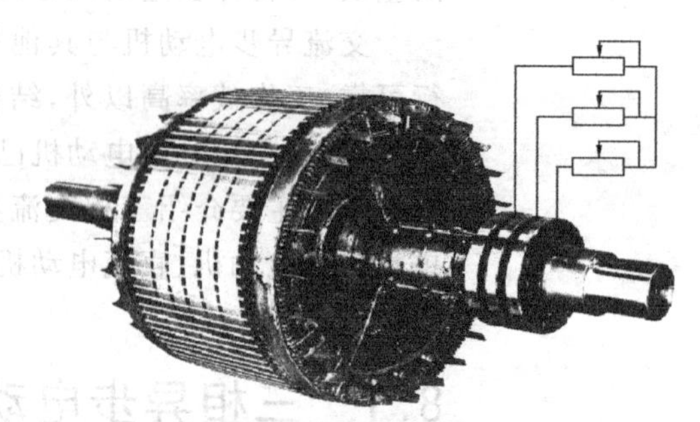

图 8.2 绕线式转子

鼠笼式电动机的转子绕组与定子不同，在转子铁心中放置铜条，然后用铜环将端线短接；或者用浇铸铝液的方法铸成一个类似形状的转子，如图 8.3 所示。如果把转子铁心去掉，剩下来的转子导体部分就像是个养松鼠的笼子，为此人们就把它叫做鼠笼式电动机，这种电动机的制作工艺简单，价格比较便宜，在生产上应用比较广泛。

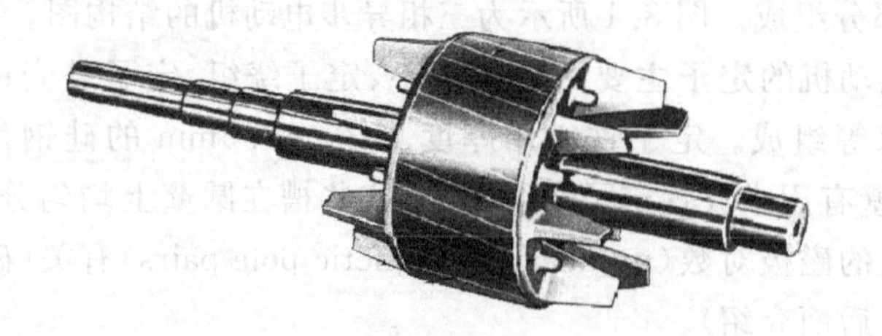

(a) 鼠笼转子的构造

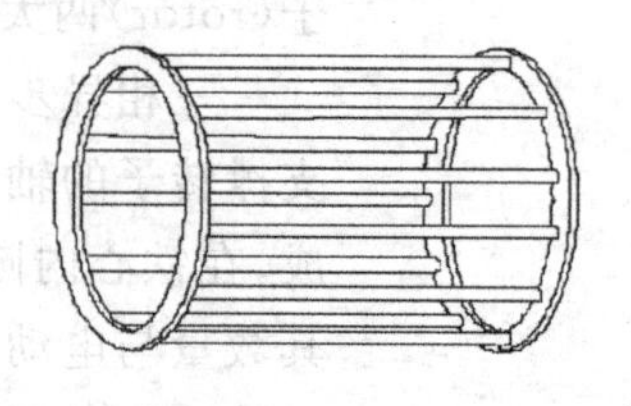

(b) 鼠笼转子导体

图 8.3 鼠笼式转子

2. 三相异步电动机的转动原理

如图 8.4 所示的演示实验可以说明异步电动机的转动原理。在一个马蹄形磁铁的两个磁极之间放置一个闭合的、可以自由转动的线圈，当磁铁以速度 n_0 按逆时针方向转动时，线圈切割磁力线，在线圈中就会产生感应电动势 e，其方向用右手定则确定。由于线圈是闭合的，在感应电动势的作用下，线圈中就会产生感应电流 i。载流线圈在磁场中受到洛伦兹力 f 的作用，力的方向由左手定则决定，线圈将沿磁铁的旋转方向以速度 n 转动。

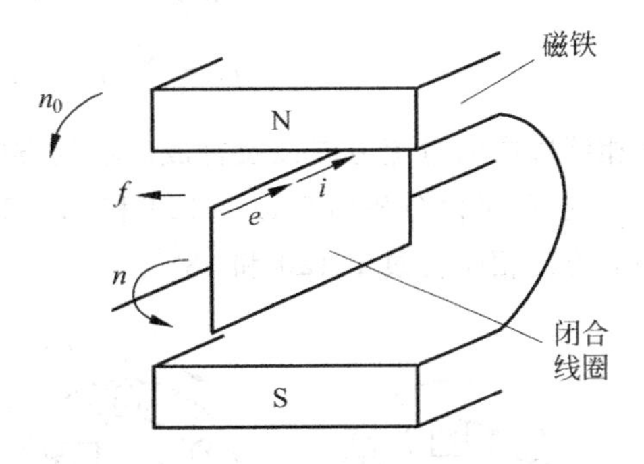

图 8.4 异步电动机转动原理图

从这个演示实验可知，在旋转磁场(rotational magnetic field)中的闭合线圈会沿磁场的旋转方向转动；线圈的转动速度一定低于磁场的旋转速度，因为只有线圈切割磁力线才能产生感应电流。实际的异步电动机中，旋转磁场不是由定子转动产生的，而是由定子线圈中流过的三相电流产生的。下面分析三相异步电动机中旋转磁场产生的原理。

1) 旋转磁场的产生与转速

(1) 旋转磁场的产生

电动机的定子是对称的三相负载。假设将定子的三相绕组接成Y形接法，如图 8.5(a)所示，三相定子绕组与三相电源连接，便会在定子绕组中产生三相对称电流，三相电流的表达式为

$$\begin{cases} i_A = I_m \sin\omega t \ \text{A} \\ i_B = I_m \sin(\omega t - 120°) \ \text{A} \\ i_C = I_m \sin(\omega t - 240°) \ \text{A} \end{cases} \tag{8.1.1}$$

电流波形如图 8.5(b)所示。

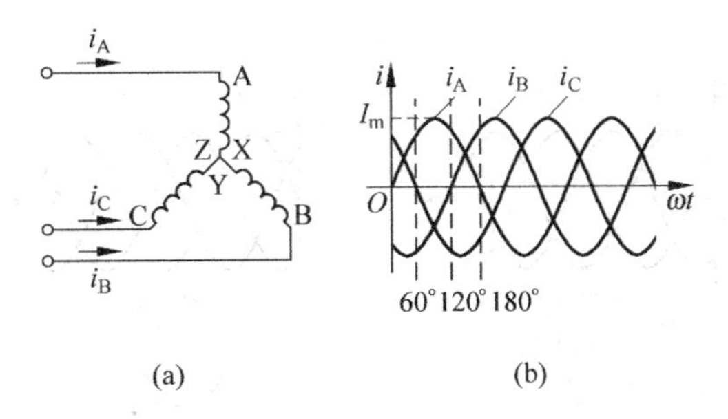

图 8.5 定子绕组中三相电流的波形

当电流通过任一定子绕组线圈时，在该线圈中产生磁场，磁场的方向随电流大小、方向的变化而变化。定子中总的磁场是三个绕组产生的磁场的矢量和，因此，磁场的方向和大小由定子绕组中的三相电流决定。

当 $\omega t=0°(t=0)$时，参考图 8.5(b)所示的电流波形。根据式(8.1.1)，可以计算出各相绕组中的电流为

$$i_A = 0, \quad i_B = -\frac{\sqrt{3}}{2}I_m, \quad i_C = \frac{\sqrt{3}}{2}I_m$$

各相线圈中的电流方向以及合成磁场的方向如图 8.6 (a)所示,磁场的方向垂直向下。

当 $\omega t = 60°(t = T/6)$时,根据式(8.1.1),可以计算出各相绕组中的电流为

$$i_A = \frac{\sqrt{3}}{2}I_m, \quad i_B = -\frac{\sqrt{3}}{2}I_m, \quad i_C = 0$$

各相线圈中的电流方向以及合成磁场的方向如图 8.6(b)所示,磁场的方向转过了 60°。

同理,可以分析出当 $\omega t = 120°$和 $\omega t = 180°$时合成磁场的方向如图 8.6(c)、(d)所示,磁场的方向相应转过了 120°和 180°。

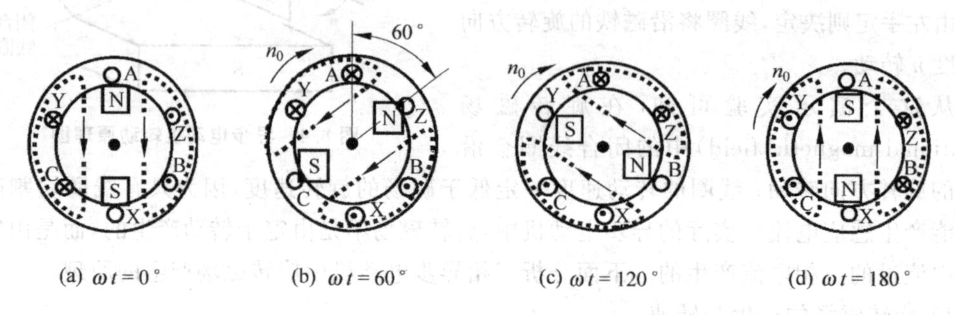

图 8.6 三相电流产生的旋转磁场

从图 8.6 的分析可知,当定子电流的电角度转过 0°,60°,120°,180°时,磁场也相应地转过了相同的角度。因此,电流随时间连续变化的同时,在空间也建立了不断旋转的、形同一对磁极运动的旋转磁场。旋转磁场的转速称为同步转速,用 n_0 表示。假定定子中三相电流的频率为 $f_1 = 50\text{Hz}$,则同步转速为

$$n_0 = 60f_1 = 3000 \text{ (r/min)} \tag{8.1.2}$$

定子绕组中,三相电源的相序为 ABC,旋转磁场的方向与此顺序相同。如果改变相序(即交换电动机定子中三相电源的任意两根连线),磁场的旋转方向便与原来相反,如图 8.7 所示。

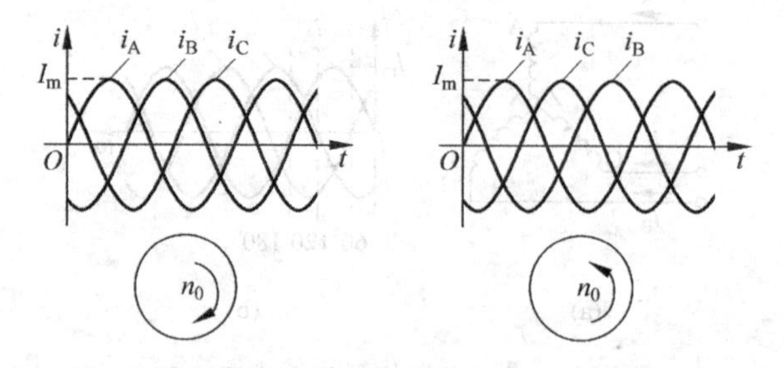

图 8.7 三相异步电动机的转动方向与相序的关系

(2) 旋转磁场的极对数与转速

上面分析的是每相绕组中只有一组线圈的情况,各相绕组的首端 A,B,C 之间互差 120°空间角度,产生的磁场相当于有一对磁极在空间旋转。改变组成每相定子绕组的线圈个数,可以得到极数不同的旋转磁场。下面分析每相定子绕组由两个线圈串联组成的情况,

其绕组的空间分布和Y形连接的接线如图 8.8 所示。

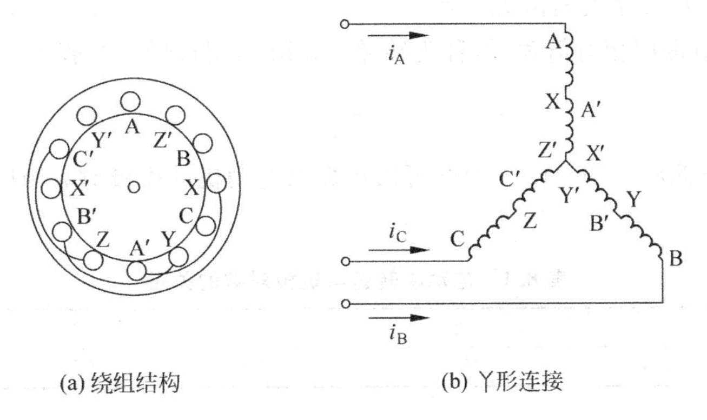

(a) 绕组结构 (b) Y形连接

图 8.8 产生两对磁极的定子绕组

图 8.8(a)中,组成每相绕组的两个线圈在空间均匀分布,各相绕组的首端之间互差 60°的空间角度。图 8.9 分析了 $\omega t=0°$ 和 $\omega t=60°$ 两种情况下,定子绕组中产生旋转磁场的情况。由分析可知,产生的旋转磁场有两对磁极($p=2$),当电角度变化 60°时,旋转磁场的空间角度变化了 30°。

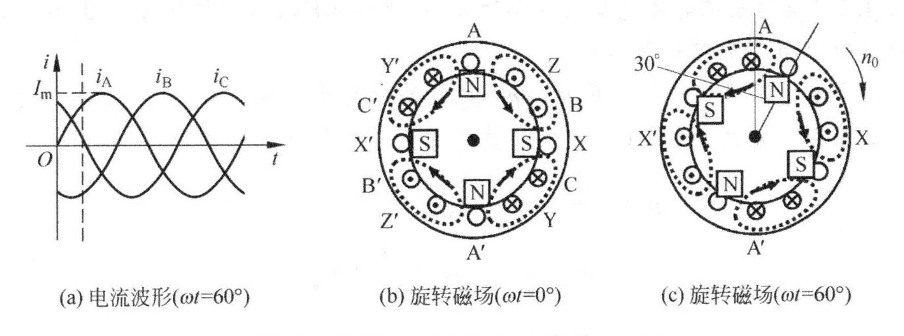

(a) 电流波形(ωt=60°) (b) 旋转磁场(ωt=0°) (c) 旋转磁场(ωt=60°)

图 8.9 定子绕组由两组线圈串联($p=2$)

依次类推,当电角度变化 360°时,空间角度变化 180°。用 p 表示磁极对数,电动机中旋转磁场的转速可以表示为

$$n_0=\frac{60f_1}{p} \tag{8.1.3}$$

旋转磁场的转速 n_0 取决于定子电流的频率 f_1 和电动机等效磁极对数 p。通常,电动机的定子电流频率 f_1 和磁极对数 p 是一定的,故电动机旋转磁场转速 n_0 是常数。

2) 电动机的转速 n 与转差率 s

由电动机的工作原理可知,电动机的转动方向与旋转磁场的转动方向相同,但是电动机的转速 n 一定小于磁场转速。因为,若 $n=n_0$,转子与磁场之间没有相对运动,转子导体不切割磁力线,那么转子上的感应电动势、转子中的感应电流和转子上的电磁转矩均为 0,它的转速必将减慢;若 $n>n_0$,则转子导体上产生的电磁转矩的方向与旋转方向相反,为阻转矩,也会使 n 下降,所以 $n>n_0$ 是不可能的。实际上,电动机转子要维持稳定运转(即使空载时),电动机就必须要克服内部的摩擦、空气阻力等阻力矩的影响,转轴上的阻力越大,n 与

n_0 就相差得越多。可见，异步电动机的转速 n 总是低于旋转磁场的转速（即$n<n_0$），所谓异步电动机中的“异步”二字就是由此得名。

n 与 n_0 的差值常用相对值表示，称为转差率(slip)，用符号 s 表示

$$s=\frac{n_0-n}{n_0} \tag{8.1.4}$$

我国的工频电源频率为50Hz，由此可以计算出电动机的磁极对数与同步转速的关系如表8.1所示。

表8.1 电动机转速与磁极对数的关系

p	1	2	3	4	5
n_0/(r/min)	3000	1500	1000	750	600

转差率 s 是反映异步电动机运行性能的重要参数，通常，异步电动机转子的转速 n 与旋转磁场的转速 n_0 是非常接近的。电动机在额定负载运行时的转差率为1.5%～9%。

电动机的最大转差率出现在异步电动机接通电源的瞬间。电动机接通电源后，转速 $n=0$，转差率 $s=1$；最小的转差率出现在理想空载情况，如果忽略电动机内部的摩擦等损耗，则 $n=n_0$，$s=0$。所以异步电动机转差率的变化范围是 $0<s<1$。

例8.1.1 给出三相异步电动机的参数如下：$f=50$Hz，额定转速 $n_N=960$r/min，求电动机的磁极对数 p 和额定转差率 s_N。

解 由异步电动机的转速关系 $n_0>n_N$，以及额定转差率 $s_N=0.015\sim0.09$，可知电动机中旋转磁场的转速 $n_0=1000$r/min。极对数和转差率分别为

$$p=\frac{60f_1}{n_0}=\frac{60\times50}{1000}=3$$

$$s_N=\frac{n_0-n_N}{n_0}=\frac{1000-960}{1000}=4\%$$

因此，磁极对数 $p=3$，额定转差率 $s_N=4\%$。

8.1.2 三相异步电动机的等效电路

电动机的定子绕组与电源接通后，定子中产生三相对称电流 i_1，电动机中产生转速为 n_0 的旋转磁场，定子绕组中产生的感应电动势是 e_1。磁通通过定子和转子的铁心闭合，转子绕组中产生感应电动势 e_2，转子产生感应电流 i_2。漏磁通也会在定子和转子绕组中产生漏磁通电动势 $e_{\sigma1}$ 和 $e_{\sigma2}$。电动机定子和转子的等效电路如图8.10所示。下面对等效电路进行分析。

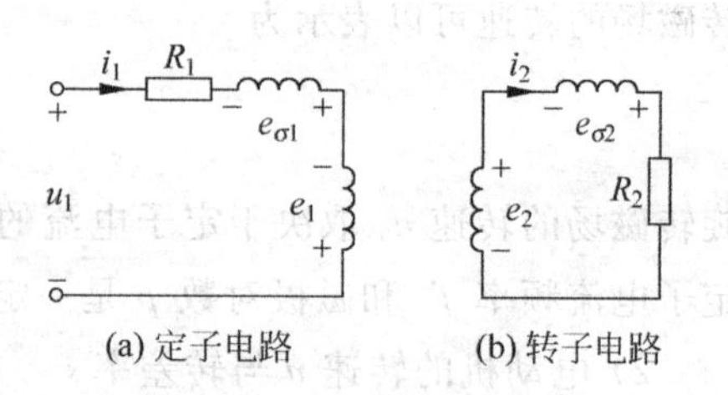

图8.10 电动机的等效电路

1. 定子电路

一般异步电动机定子边的等效电阻 R_1 和漏磁通电动势 $e_{\sigma1}$ 很小，外加电源主要与主磁通电动势 e_1 平衡，即 $u_1\approx-e_1$。

与变压器类似，可以得出定子边的电压方程为

$$U_1 \approx E_1 = 4.44 f_1 N_1 \Phi \tag{8.1.5}$$

这里，Φ 是电动机中每极磁通的最大值，f_1 是电源的频率，它与旋转磁场的关系为

$$f_1 = \frac{p n_0}{60} \tag{8.1.6}$$

2. 转子电路

与变压器副边绕组不同的是电动机的转子是旋转的，转子电动势 E_2、转子电流 I_2 和转子电路的功率因数 $\cos\varphi_2$ 等均和电动机的转速 n 有关。先考虑转子电动势 E_2 的频率 f_2 为

$$f_2 = \frac{p(n_0 - n)}{60} = \frac{n_0 - n}{n_0}\frac{n_0 p}{60} = s f_1 \tag{8.1.7}$$

假定定子电源的频率 $f_1 = 50\text{Hz}$，当电动机的转速为额定转速 n_N 时，电动机中转子电流的频率为

$$f_{N2} = s_N f_1 = (0.015 \sim 0.06) f_1 = (0.75 \sim 3)\text{Hz}$$

可见，额定工作状态下电动机转子电动势的频率很低，而在电动机启动时，转速很低，转子电流的频率较高。在电动机运行时，转子电流的频率随转速变化，其范围为 $0 \sim f_1$。

下面分析转子电路中的各个电量与转速的关系。

(1) 转子不转时($n=0$)

电动机不转时 $s=1$，$f_{20}=f_1$，电动机定子电路和转子电路的电流频率相同。根据图 8.10 所示的电动机等效电路，可以写出此时转子电动势 E_{20}、转子电抗 X_{20}、转子电流 I_{20} 和功率因数 $\cos\varphi_{20}$ 的表达式为

$$E_{20} = 4.44 f_1 N_2 \Phi \tag{8.1.8}$$

$$X_{20} = 2\pi f_1 L_2$$

$$I_{20} = \frac{E_{20}}{\sqrt{R_2^2 + X_{20}^2}} \tag{8.1.9}$$

$$\cos\varphi_{20} = \frac{R_2}{\sqrt{R_2^2 + X_{20}^2}} \tag{8.1.10}$$

(2) 转子转动时($n \neq 0$)

转子电路的频率为 $f_2 = s f_1$。

转子电动势 E_2、转子电抗 X_2、转子电流 I_2 和功率因数 $\cos\varphi_2$ 的表达式为

$$E_2 = 4.44 (s f_1) N_2 \Phi = s E_{20} \tag{8.1.11}$$

$$X_2 = 2\pi (s f_1) L_2 = s X_{20} \tag{8.1.12}$$

$$I_2 = \frac{E_2}{\sqrt{R_2^2 + X_2^2}} = \frac{s E_{20}}{\sqrt{R_2^2 + (s X_{20})^2}} \tag{8.1.13}$$

$$\cos\varphi_2 = \frac{R_2}{\sqrt{R_2^2 + (s X_{20})^2}} \tag{8.1.14}$$

图 8.11 所示为转子电动势 E_2、转子电流 I_2 及功率因数 $\cos\varphi_2$ 随转差率 s 的变化关系。可以看出当电动机的转差率 s 较低时，转子的电流 I_2 较小，但功率因数 $\cos\varphi_2$ 较大；而电动机的转差率较高时，通过电动机转子的电流较大，功率因数较小，这是我们不希望的。因此，

电动机应尽量工作在额定转速附近。

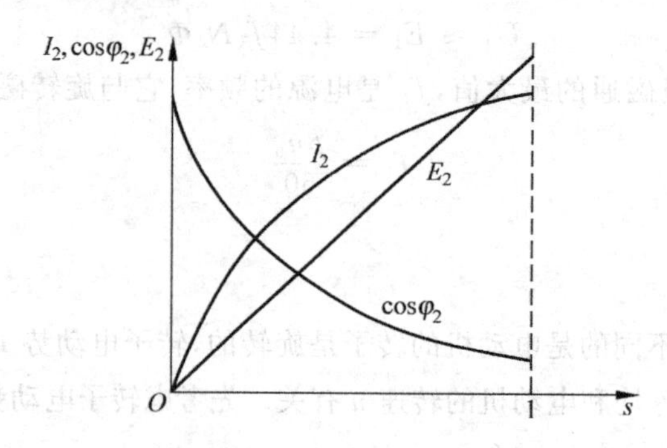

图 8.11 转子电路中主要电量与 s 的关系曲线

8.1.3 三相异步电动机的电磁转矩和机械特性

1. 三相异步电动机的电磁转矩(electromagnetic torque)

异步电动机的电磁转矩 T 是由旋转磁场的每极磁通 Φ 与转子电流 I_2 相互作用产生的,T 与 I_2 成正比；输出功率 P 与转子电路的功率因数 $\cos\varphi_2$ 成正比,又由于 T 与功率 P 的关系为 $P=T\Omega$(Ω 是转子的角速度),所以 T 与转子电路的功率因数 $\cos\varphi_2$ 成正比。因此,电磁转矩的公式表示为

$$T = K_T \Phi I_2 \cos\varphi_2 \tag{8.1.15}$$

式中,K_T 是与电动机机械结构有关的结构常数。将式(8.1.11)、式(8.1.13)和式(8.1.14)代入式(8.1.15),并利用式(8.1.5)和式(8.1.8),得转矩公式

$$T = K\frac{sU_1^2 R_2}{R_2^2 + (sX_{20})^2} \tag{8.1.16}$$

式中,K 是电动机的机电常数,它不仅与电动机机械常数 K_T 有关,而且包含了电器常数。

2. 三相异步电动机的机械特性

三相异步电动机的机械特性是指定子电压 U_1、电源频率 f_1 和转子电阻 R_2 等参数固定的情况下,电磁转矩 T 与转速 n 之间的函数关系。

由电动机的转矩方程式(8.1.16)可以得到电动机的转矩 T 和转差率 s 的关系曲线如图 8.12 所示。由于 $s=\frac{n_0-n}{n_0}$, $s=0$ 对应 $n=n_0$, $s=1$ 对应 $n=0$, 所以将 $T=f(s)$曲线顺时针转 90°变化到 T-n 坐标系中,即可得到电动机的机械特性曲线 $n=f(T)$,如图 8.13 所示。

从电动机的机械特性曲线 $n=f(T)$可以清楚地观察到电动机的转速 n 与转矩 T 之间的变化情况,为了便于分析,将机械特性曲线划分为 ab 和 bc 两段,如图 8.13 所示。在 ab 段,电磁转矩 T 可以随负载的变化而自动调整。例如,当负载转矩大于电磁转矩时,电动机的转速将下降,但是从曲线可知,在 ab 段内当 n 下降时,电磁转矩会自动增加,与负载平衡,从而使电动机在新的平衡点工作；当负载转矩小于电磁转矩时,电动机转速将增加,使电磁转矩减小,从而使电动机在新的平衡点工作。因此,ab 段称为稳定运行区。电动机正常运行时即工作在 ab 段。bc 段为不稳定工作区,如果电动机工作在 bc 段,当负载转矩大于电磁转矩时，电动机的转速将下降，造成电磁转矩的进一步下降，最终使电动机停转；当负载转矩小于电磁转矩时，电动机转速增加，造成电磁转矩的进一步增加，最终过渡到 ab 段。

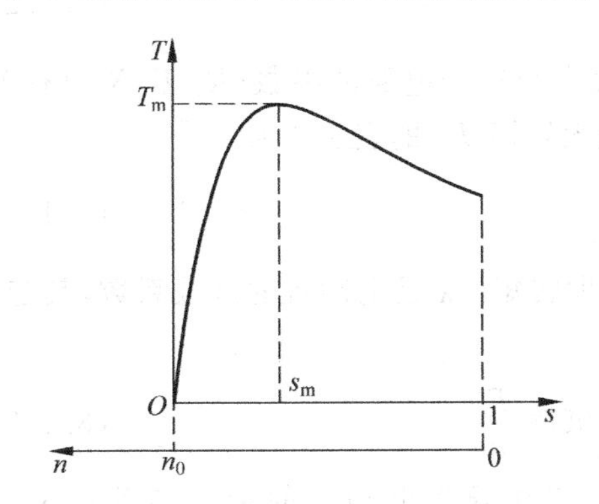

图 8.12　异步电动机的 T-s 关系曲线

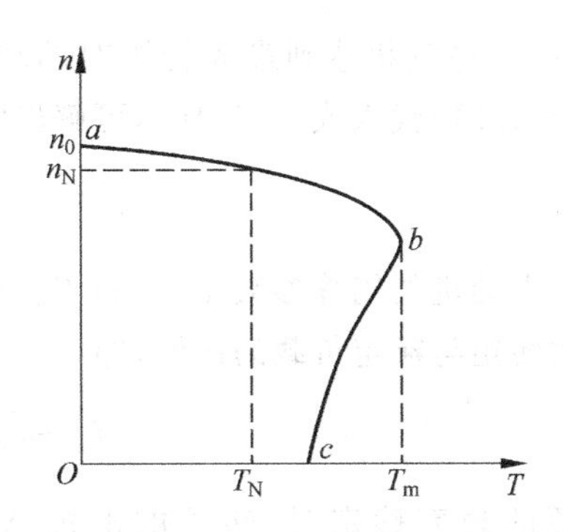

图 8.13　异步电动机的机械特性 $n=f(T)$ 曲线

曲线 ab 段较为平坦时称为硬机械特性，曲线 ab 段斜率较大时称为软机械特性。软机械特性和硬机械特性各有用途。例如，车刀车削时、吃刀量增大时不宜使电动机的转速有较大的变化；电车在平坦的道路上的速度较快，在爬坡时希望速度自动减小。因此，车床采用硬机械特性的电动机，而电车采用软机械特性的电动机。

(1) 额定转矩 T_N

实际系统中，加在电动机转轴上的阻转矩除负载力矩 T_L 以外，还有空载的转矩损耗 T_0。阻转矩 T_L、T_0 与电动机的拖动转矩 T 作用方向相反，电动机的拖动转矩必须与阻力矩平衡，即

$$T = T_L + T_0 \tag{8.1.17}$$

考虑到电动机一般工作在满载情况，电动机的空载转矩 T_0 与负载转矩 T_L 相比很小，即 $T_L \gg T_0$，式(8.1.17)可以改写为 $T \approx T_L$。由物理学定义可知，电动机输出功率 P_2 与电磁转矩 T 之间有如下关系：

$$P = T\omega = T\frac{2\pi n}{60} \tag{8.1.18}$$

一般情况下，电动机的功率单位用 kW 表示，电动机的转速单位用 r/min(转每分)表示，转矩的单位为 N·m，式(8.1.18)可改写为

$$T = 9550\frac{P_2}{n} \tag{8.1.19}$$

电动机的额定转矩是指电动机带额定负载运行时的输出力矩，它可以从电动机铭牌给出的额定功率 P_N 和额定转速 n_N 求出，即有

$$T_N = 9550\frac{P_N}{n_N} \tag{8.1.20}$$

(2) 最大转矩 T_m

最大转矩是电动机可能输出的转矩最大值，它反映了电动机的带负载能力。由图 8.14所示的电动机机械特性可见，电动机转矩 T 随 s 的变化过程中，转矩的最大值为 T_m。

电动机的最大转矩与电压及电动机参数的关系可以由式(8.1.16)推导。令

$$\frac{dT}{ds} = 0$$

可以解出

$$s_{\mathrm{m}} = \frac{R_2}{X_{20}} \tag{8.1.21}$$

其中，s_{m} 是电动机达到最大转矩时的转差率，其大小与转子电路的参数(R_2 及 X_{20})有关。将式(8.1.21)代入式(8.1.16)，可解出电动机的最大转矩 T_{m} 的表达式为

$$T_{\mathrm{m}} = K\,\frac{U_1^2}{2X_{20}} \tag{8.1.22}$$

从电动机的铭牌参数 λ、n_{N} 和 P_{N} 可以求出最大转矩。λ 是电动机的过载系数，其定义是最大转矩与额定负载的比值，即

$$T_{\mathrm{m}} = \lambda T_{\mathrm{N}} = \lambda \times 9550\,\frac{P_{\mathrm{N}}}{n_{\mathrm{N}}} \tag{8.1.23}$$

在电源的频率确定时，转子的电抗 X_{20} 为常数。三相异步电动机的最大转差率 s_{m} 为 0.1～0.2。

由电动机的转矩公式(8.1.22)可知，最大转矩 T_{m} 与电源电压的平方 U_1^2 成正比，与转子电阻 R_2 无关。从式(8.1.21)可知，R_2 越大，s_{m} 越大。电动机电源电压 U_1 的变化对电动机机械特性的影响如图 8.14 所示。

由式(8.1.21)可知，改变转子电阻可以改变 s_{m}，但是由式(8.1.22)可知，R_2 对最大转矩没有影响。因此，电动机机械特性曲线的变化如图 8.15 所示。

将式(8.1.16)变换成如下形式：

$$T = K\,\frac{U_1^2\left(\dfrac{R_2}{s}\right)}{\left(\dfrac{R_2}{s}\right)^2 + X_{20}^2}$$

从上式可以看出，改变转子电阻的同时，如果保持转矩不变，转子电阻与转差率的比值将保持不变。因此，改变转子电阻就相当于改变转差率，也就是改变了电动机的转速。绕线式异步电动机可以通过改变转子电阻的方法进行调速。

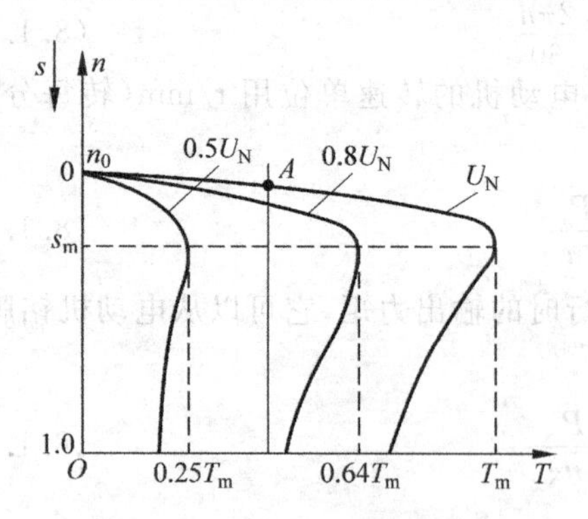

图 8.14 电源电压变化对电动机机械特性曲线的影响

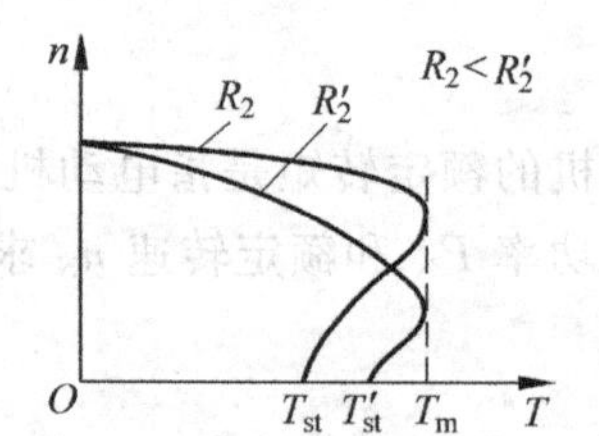

图 8.15 转子电阻的变化对机械特性曲线的影响

(3) 启动转矩 T_{st}

电动机的启动转矩是指电动机刚刚接通电源，尚未开始转动时的转矩，此时 $s=1$。将 $s=1$ 代入式(8.1.16)得

$$T_{st} = K\frac{U_1^2 R_2}{R_2^2 + X_{20}^2} \tag{8.1.24}$$

由上式可知，电动机的启动转矩 T_{st} 与电动机定子电压 U_1 的平方和转子电阻 R_2 成正比。当电源电压下降时，启动转矩下降。参看图 8.14 和图 8.15。

电动机启动时，启动转矩必须大于负载转矩才能顺利启动，否则电动机不能启动，会产生堵转现象。这时，由于转子不能转动，旋转磁场在转子线圈中产生非常大的感应电流，如不及时切断电源，电动机将因过热而被烧毁。从式(8.1.24)可知，改变转子绕组的电阻 R_2 可以改变启动转矩。绕线式三相异步电动机通过增加串接电阻的方法提高启动转矩 T_{st}，但是，R_2 增加的同时，T 和 s 也随 R_2 变化，如图 8.15 所示。所以，为使电动机正常运转，启动后应该将串接的电阻短路。

例 8.1.2 鼠笼式三相异步电动机的额定电压 $U_N=220V$，所带的负载 $T_L=60\%T_m$，由于某种原因，电网电压下降为额定电压的 80%与 70%，此时电动机能否正常运行?

分析 电动机输出力矩 T 与电源电压 U_1 的平方成正比，当电网电压下降时，电动机的输出转矩也随之下降。如果负载转矩大于电动机的最大力矩，电动机转子将停止转动，如不及时切断电源，将造成过热而烧毁电动机。

解 (1) 电源电压下降到 $U'=80\%U_N$ 时

$$\frac{T'_m}{T_m} = \frac{(U')^2}{U^2}$$

$$T'_m = 0.8^2 T_m = 0.64 T_m$$

$$T'_m > T_L$$

因此，电动机可以正常运行。

(2) 电源电压下降到 $U''=70\%U_N$ 时

$$T''_m = 0.7^2 T_m = 0.49 T_m$$

$$T''_m < T_L$$

因此，电动机不能正常运行。

8.1.4 三相异步电动机的铭牌数据及应用

1. 三相异步电动机的铭牌数据

为方便用户使用，电动机出厂时铭牌固定在外壳上，铭牌上标示出了电动机的主要技术数据。在使用电动机前要先看懂电动机的铭牌，正确理解铭牌各数据的意义。下面以一台Y系列电动机(国产的三相异步电动机)的铭牌为例进行说明。

三相异步电动机

型 号	Y132S-4	**功 率**	3kW	**频 率**	50Hz
电 压	380V	**电 流**	7.2A	**连 接**	Y
转 速	1450r/min	**功率因数**	0.76	**效 率**	0.83
温 升	75°	**绝缘等级**	E	**工作方式**	连续
编号:		**年 月 日**			

(1) 型号：

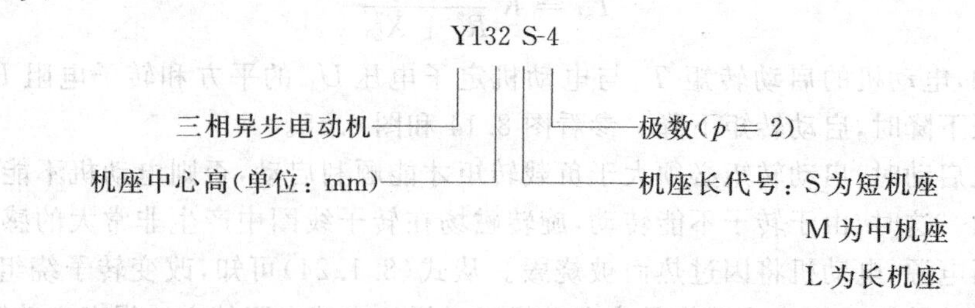

(2) 额定电压 U_N：电动机正常运行时应加的电源线电压。该电动机是丫形接法，电源电压是380V，每相绕组上的电压是220V。

(3) 额定电流 I_N：电动机额定运行时电源供给电动机的线电流。

(4) 额定功率 P_N：电动机额定运行时轴上输出的机械功率。

(5) 额定功率因数 $\cos\varphi_N$：电动机额定运行时的功率因数。电动机是感性负载，额定运行时 $\cos\varphi_N=0.7\sim0.9$。空载时的功率因数较低，为0.2～0.3。因此，必须合理选择电动机容量，使电动机工作在额定功率附近。

(6) 额定效率 η_N：额定运行时，电动机输出的机械功率与输入的电功率之比。电动机的输出功率和输入功率不同，其差值是由于电动机内部的损耗所致，电动机的损耗主要是铜损和铁损。一般鼠笼式异步电动机的效率为72%～93%。

例如，对于Y132S-4电动机，额定功率 $P_N=3\text{kW}$，额定电压 $U_N=380\text{V}$，额定电流 $I_N=7.2\text{A}$，额定功率因数 $\cos\varphi_N=0.76$，则该电动机的输入功率为

$$P_1=\sqrt{3}U_1I_1\cos\varphi=\sqrt{3}\times380\times7.2\times0.76=3601(\text{W})$$

该电动机的额定效率为

$$\eta_N=\frac{P_N}{P_1}=\frac{3000}{3601}=83.3\%$$

(7) 额定转速 n_N：电动机额定运行时的转速。

(8) 额定频率 f_N：电动机定子电流的频率。

(9) 连接：指三相定子绕组的连接方法。鼠笼式异步电动机的接线盒有6个接线端子，标示为 U_1，V_1，W_1 和 U_2，V_2，W_2。各接线端子与内部绕组之间的关系如图8.16(a)所示，图8.16(b)，(c)是将电动机分别接成丫形和△形的连接方法。

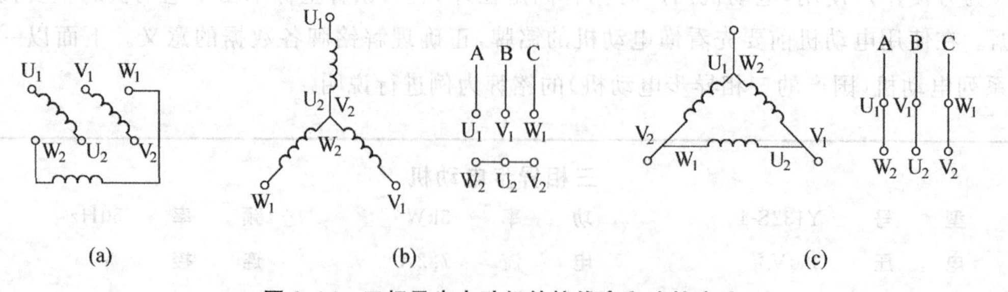

图8.16 三相异步电动机的接线盒和连接方法

(10) 绝缘等级：指电动机绝缘结构中最热点的容许温度，由制造电动机材料的耐热等级决定。对于E级绝缘等级，允许的温度是120℃。

电动机除了铭牌数据以外，在其产品说明书中还有其他重要参数，如额定转矩、启动转矩等。

2. 三相异步电动机的使用

1）启动

电动机定子接通电源后，转子转轴从静止到稳定运行的过程叫做电动机的启动过程。三相异步电动机启动瞬间，电动机的转速为零，旋转磁场对转子有很大的相对运动，由于转子导体切割磁场的速度很快，电动机转子中的电动势 E_2 和转子电流 I_2 很大，电动机的定子电流 I_1 也随之增加。一般情况下，电动机启动时定子电流为额定运行时定子电流的 5～7 倍，过大的电流会使电动机过热。另一方面，过大的定子电流势必在电网上造成较大的电压损失，使电网电压降低，影响邻近负载的正常工作。

对三相异步电动机启动性能的要求主要有两点：

① 电动机的启动电流 I_1 不能过大，以免造成电网电压的明显波动和电动机内部发热；

② 电动机的启动力矩必须足够大，电动机启动时要能拖动一定的负载，启动时间不能太长，以防过长的启动时间在电动机内部造成热量积累，烧坏电动机。

一般在 20～30kW、不是频繁启动的电动机可采用直接启动的方法，即通过刀闸或接触器直接接在电源上。较大容量的电动机必须有一定的启动措施。

减小启动时的感应电动势可以减小启动电流，感应电动势与电源电压成正比，所以减小电源电压可以减小启动电流。在转子绕组中串联电阻可以直接减小启动电流。所以，三相异步电动机的启动方法主要有降压启动和转子串电阻启动两种。

（1）降压启动

如果电动机在正常运行时，定子绕组接为三角形，可以采用星形-三角形（Y-△）的启动方法，即启动时将电动机暂时接为星形，待到电动机的转速接近或达到额定转速时再将电动机改接成三角形接法。

如图 8.17 所示，启动时定子绕组是 Y 形接法，设电源的线电压为 U_l，Y 形接法时电源的线电流是 $I_{lY}=\dfrac{U_l}{\sqrt{3}Z}$。正常运行时接成△接法，每相定子绕组中的电流是 $\dfrac{U_l}{Z}$，电源线电流为 $I_{l\triangle}=\dfrac{U_l}{Z}\sqrt{3}$。因此，采用 Y-△启动时，启动电流减小到接成三角形启动时的 $\dfrac{1}{3}$（$I_{lY}/I_{l\triangle}=1/3$）。

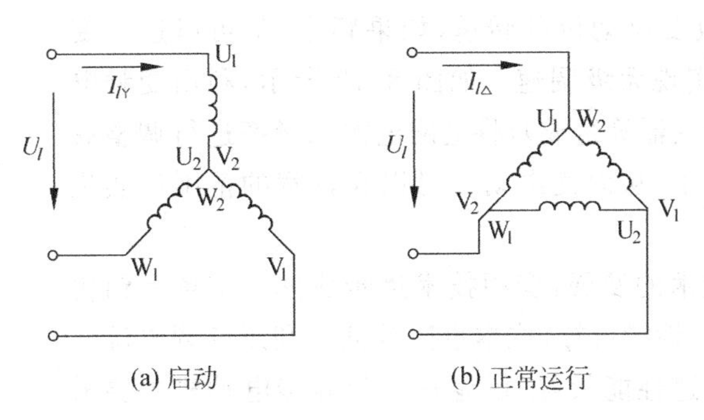

图 8.17　Y-△启动

(2) 转子串电阻启动

降压启动方法由于启动电压下降,定子和转子中的电流减小,使得电动机的启动转矩也随之下降,因此在要求启动力矩比较大时(如起重机),通常用改变转子电阻的方法启动电动机。这种方法仅适用于绕线式电动机。

图 8.18 所示为绕线式电动机转子串电阻启动电路。电动机启动时将滑线电阻的中心抽头移向左侧,使转子电阻提高,降低电动机的启动电流。待电动机的转速升高后,再将外接的电阻逐步切除直至电动机进入正常运行状态。

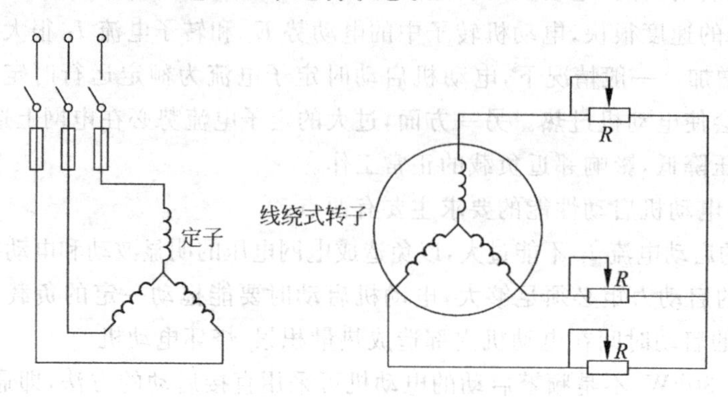

图 8.18　转子串电阻启动

利用转子串电阻降低启动电流的同时,电动机的启动转矩也在一定范围内提高了,这样对电动机的启动过程实现了一举两得的效果。但是由于绕线式电动机的价格较高,这种启动方法通常只用于要求较高的生产设备上。

2) 调速

为满足不同生产过程的要求,希望电动机能够在不同的转速下工作。电动机的转速公式为

$$n=(1-s)\frac{60f}{p} \tag{8.1.25}$$

由上式可以看出,电动机的调速可以通过改变磁极对数 p,改变三相电源的频率 f 和改变转差率 s 来实现。改变电动机磁极对数的方法因不能连续调速,称为有级调速;而改变 f 和 s 的调速方法可以实现连续调速,称为无级调速。

(1) 变频调速

电动机铭牌上给出的频率 f_1 是电动机在正常工作时的数值,调整电源频率可以改变电动机的转速,如果频率 f_1 可以连续变化,就可以使电动机实现无级调速。如图 8.19 所示,利用变频电源(一般由整流器、逆变器等组成),将电网电源的频率进行调整后再提供给电动机的定子,从而使电动机可以在较宽的范围里实现平滑调速。

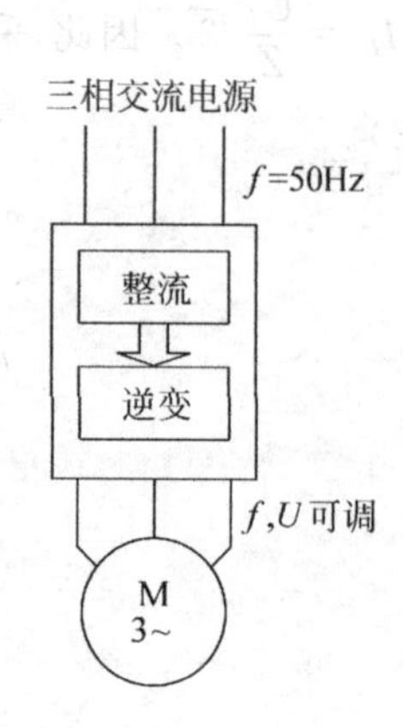

图 8.19　变频调速

随着功率电子技术的发展,变频技术逐步成熟。市场上销售的变频电源品种多样、性能可靠,成本也比较低。利用变频电源对电动机进行调速的调速性能较好,鼠笼式三相异步电动机主要采用变频调速的方法。

(2) 变极调速

改变电动机定子绕组内线圈的连接方式可以改变电动机的磁极对数 p，由式(8.1.25)可知，改变电动机的磁极对数，也可以达到调速的目的，但是，这种调速方法不能完成连续、平滑的调速。因此，改变电动机的级对数 p 属于有级调速方案，用这种方法调速的电动机称为多速电动机，普遍用在机床上。

(3) 转子串电阻调速

变频调速和变极调速的方法是从电动机的定子上考虑，对于绕线式电动机还可以通过调整转子电阻的方法来调节电动机的转速。改变转子的电阻实际上是调整电动机的转差率，由图 8.15 可知，当电动机的转子电阻发生变化时，电动机的机械特性曲线发生变化，从而可以达到改变电动机转速的目的。

转子串电阻调速实际是绕线型电动机不同于鼠笼式电动机之处，转子串电阻在改变电动机转速的同时，限制了电动机的启动电流，还可以改变电动机的启动转矩。

3) 制动

切断电源使电动机停止转动的做法叫做自然停车。电动机自然停车的时间较长，有时不能满足生产过程的要求，必须对电动机的停车过程采取一定措施，这些措施称为制动。其目的是使电动机断电后能快速停止，并保证电动机的转速不致超过极限数值(如防止起重机提升或下放重物时重物快速下滑)。

异步电动机常用的制动方法有 3 种：能耗制动、反接制动和发电反馈制动。无论哪种制动方法，基本原理大致相同，都是力图在电动机的转子轴上产生与电动机当前转动方向相反的力矩，阻碍电动机继续运转直至停止。

(1) 能耗制动

能耗制动的电路图如图 8.20(a)所示。电动机停车时通过双向刀闸将三相交流电源改接到直流电源上，由于直流电源的频率为零，电动机的旋转磁场变为固定磁场。此时，电动机在惯性力的作用下继续以原来的方向旋转，如图 8.20(b)所示。由电动机电磁关系的分析可知，电动机转子绕组切割磁场的方向与原来的方向相反，电动机的电磁力方向改变为 F，对电动机转动形成阻力矩，电动机的转速下降，直到 $n=0$ 完成制动过程。

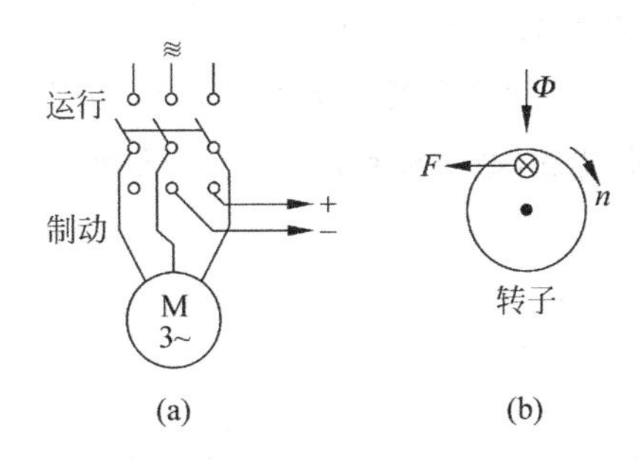

图 8.20 能耗制动电路

(2) 反接制动

反接制动是在电动机停车时将电源与电动机定子连接的三根导线中的任意两根连线对调，使旋转磁场 n_0' 的方向与原来的 n_0 方向相反，其结果与能耗制动相似，产生阻力矩，对电动机形成制动作用。要注意，当电动机的转速接近于零时要立即切断电源，否则电动机将会反方向旋转。这种制动方法简单，但是在反接开始时，转子导体与旋转磁场的相对运动速度较高(为 n_0+n_0')，会在电动机中造成大的电流，必须对电流进行控制。

(3) 发电反馈制动

发电反馈制动是电动机由于某种原因，使电动机转速超过了旋转磁场的转速(如起重机的重物下滑，电车下坡)就会改变电动机电磁转矩的方向，对电动机运行形成阻力矩，实现电动机制动。

例 8.1.3 三相异步电动机的铭牌数据如下：

Y112-M-4	4.5kW	50Hz
1440[r/min]	△/Y	220/380V
$\eta_N=0.85$	$I_{1st}/I_{1N}=6.5$	$\cos\varphi=0.82$
$\lambda_{st}=1.4$	$\lambda_{max}=2.0$	

其中 λ_{st} 和 λ_{max} 分别是启动转矩及最大转矩与额定转矩的比值。

(1) 试确定电动机的磁极对数 p、额定转差率 s_N；

(2) 给定电源电压为 380V，求定子的额定电流 I_N、直接启动时的启动电流 I_{st}；

(3) 计算电动机的额定转矩 T_N、最大转矩 T_m、启动转矩 T_{st}。

解 (1) 由铭牌数据可知 $p=2$，则

$$n_0=\frac{60f_1}{p}=\frac{60\times 50}{2}=1500(\text{r/min})$$

$$s_N=\frac{n_0-n_N}{n_0}=\frac{1500-1440}{1500}=0.04=4\%$$

(2) 电源电压 380V 时，电动机采用 Y 形接法，计算定子电流如下：

$$I_{N1\mathrm{Y}}=\frac{P_{N1}}{\sqrt{3}U_N\cos\varphi_N}=\frac{P_N/\eta_N}{\sqrt{3}U_N\cos\varphi_N}=\frac{4500/0.85}{\sqrt{3}\times 380\times 0.82}=9.8(\text{A})$$

$$I_{st\mathrm{Y}}=6.5I_{N1\mathrm{Y}}=6.5\times 9.8=63.7(\text{A})$$

(3) 额定转矩

$$T_N=9550\frac{P_N}{n_N}=9550\times\frac{4.5}{1440}=29.8\ (\text{N}\cdot\text{m})$$

启动转矩

$$T_{st}=\lambda_{st}T_N=1.4\times 29.8=41.78\ (\text{N}\cdot\text{m})$$

最大转矩

$$T_m=\lambda_{max}T_N=2\times 29.8=59.6\ (\text{N}\cdot\text{m})$$

根据此电动机的铭牌数据可知，当线电压为 380V 时电动机采用 Y 形接法，此时电动机不能用 Y-△启动。线电压是 220V 时电动机采用△形接法，电动机可以用 Y-△启动。

8.2 单相异步电动机

单相异步电动机(single-phase induction motor)由单相交流电源供电，其功率小于三相电动机，主要为小型电动机。单相电动机的结构简单、成本低、噪声小。由于使用单相交流电源，其应用非常广泛，例如家用电器(如洗衣机、电冰箱、空调等)、电动工具(如手电钻)、医疗器械、自动化仪表等都采用单相异步电动机。

8.2.1 单相异步电动机的结构和工作原理

1. 结构

单相异步电动机的定子绕组为单相绕组，转子一般是鼠笼式。为简化分析过程，假设定子绕组只有一个线圈，如图 8.21 所示。

2. 单相异步电动机的工作原理

(1) 脉动磁场

根据右手螺旋定则，定子绕组中通入单相交流电后，在定子绕组的轴向形成随时间按正弦规律变化的磁场，这种磁场被称为脉动磁场。脉动磁场的变化频率与定子绕组中交流电流的频率相同。定子电流及其产生的磁通的正方向如图 8.22 所示。

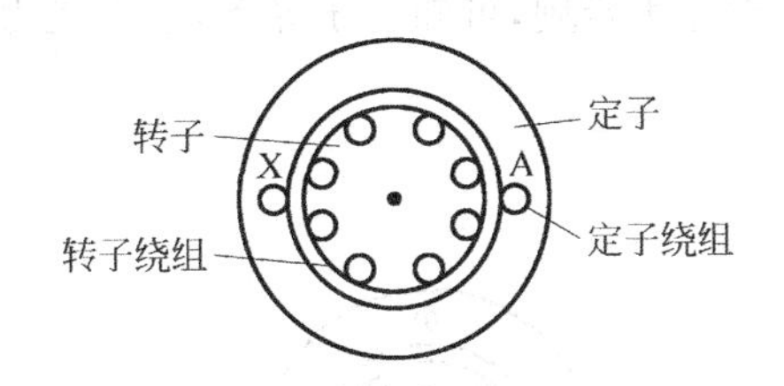

图 8.21 单相异步电动机的结构原理图

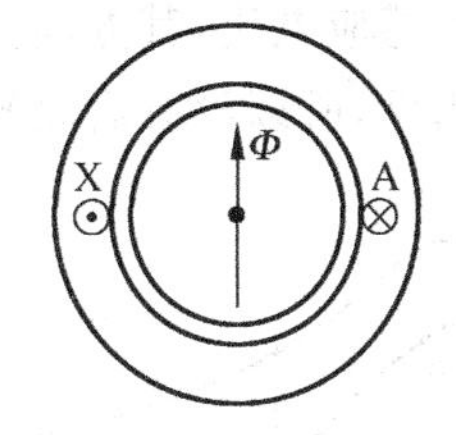

图 8.22 定子电流和磁通的正方向

(2) 脉动磁场的分解和单相异步电动机的机械特性

设脉动磁场的磁通为 $\varphi=\Phi_m\sin\omega t$。图 8.23 所示为将脉动磁场分解为正、反两个转速相等的旋转磁场的过程。设 Φ_- 为以角速度 ω 逆向旋转的磁通，Φ_+ 为以角速度 ω 正向旋转的磁通，其磁通大小均为 $0.5\Phi_m$。脉动磁场变化一周，正反两个旋转磁场也旋转一周。

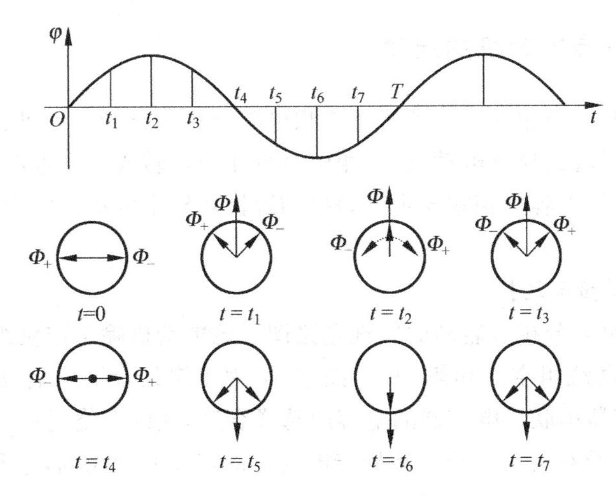

图 8.23 脉动磁场的分解过程图示

单相电动机的机械特性是正向旋转磁场和反向旋转磁场共同作用的结果。

若只考虑正向旋转磁场的作用，其机械特性与三相异步电动机的相同，电磁转矩为正，如图 8.24 中的曲线 T_1。旋转磁场的转速为正向转速，其中 $s=0$ 对应转速 $n=n_0$，$s=1$ 对应

转速 $n=0$，$s=2$ 对应转速 $n=-n_0$。

若只考虑反向旋转磁场的作用，其机械特性也与三相异步电动机的相同，电磁转矩为负，如图 8.24 中的曲线 T_2。旋转磁场的转速为反向转速，其中 $s=0$ 对应转速 $n=-n_0$，$s=1$ 对应转速 $n=0$，$s=2$ 对应转速 $n=n_0$。

把 T_1 和 T_2 叠加起来则得到图 8.24 所示的单相电动机的机械特性 T。

(3) 自身无启动转矩

由图 8.24 所示的机械特性曲线可知，在 $n=0$ 时，由于电磁转矩为零，电动机不会自启动；但若在启动时外加一个力量使转子转动，外力去除后，由于电磁转矩不为零，转子仍按原方向继续转动。

定性分析转子导条的受力情况也可得到该结论。设定子的电流方向如图 8.25 所示，若电流增加，则图 8.25 中所示方向的磁场强度增加。根据右手螺旋定则，在转子导条中产生感应电动势和感应电流，其方向如图 8.25 所示；根据左手定则，可知转子导条左、右受力大小相等方向相反，所以没有启动转矩。

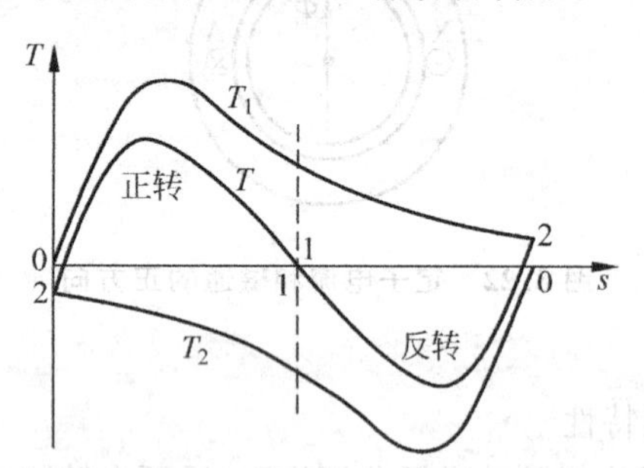

图 8.24 单相异步电动机的电磁转矩

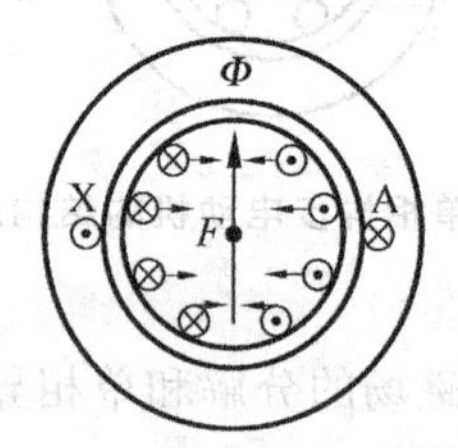

图 8.25 转子导条中的感应电流和受力的方向(假设 Φ 增加)

8.2.2 单相异步电动机的启动

若按启动方式划分，单相异步电动机有单相电阻分相式异步电动机、单相电容分相式异步电动机、单向电容运转式异步电动机、单相电容分相与运转式异步电动机和罩极式异步电动机等。下面分别介绍电容分相式异步电动机和罩极式异步电动机的启动方式。

1. 电容分相式异步电动机

图 8.26 所示为电容分相式启动的原理电路图。该电动机除工作绕组外，还在定子中放置了一个启动绕组，两绕组空间相隔 90°。图中 W 为主绕组，ST 为启动绕组，K 为离心开关。启动绕组与电容器串联。电容器的电容应选择合适，使两个绕组中的电流 i_1 和 i_2 的相位差接近 90°，这就是分相。与三相交流异步电动机的转动原理相同，i_1 和 i_2 将在电动机中产生旋转磁场。

电容分相式启动的原理如下：启动时离心开关 K 为闭合状态，使两绕组电流 i_1 和 i_2 的相位差约为 90°，以产生旋转磁场使电动机转起来；转速增大以后离心开关 K 被甩开，启动绕组被切断，完成启动过程。

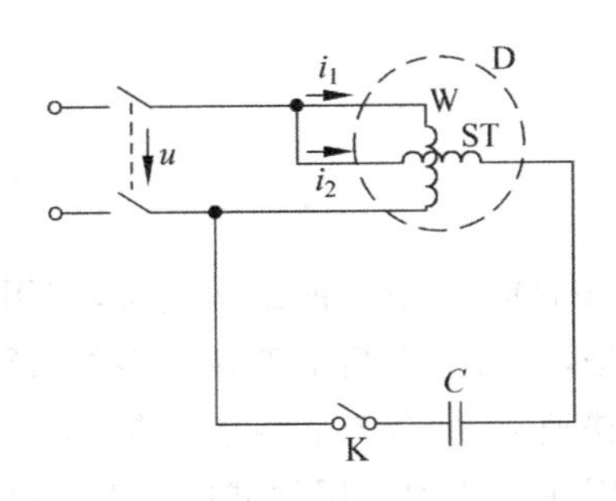

图 8.26 电容分相式异步电动机启动的原理电路图

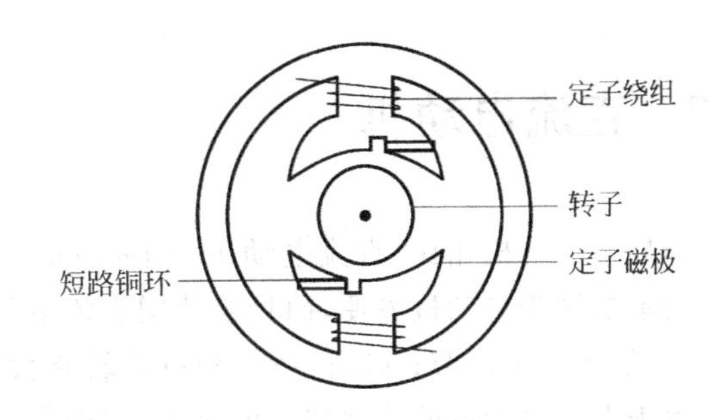

图 8.27 凸极式单相电动机的结构示意图

2. 罩极式单相异步电动机

罩极式单相异步电动机有凸极式和隐极式两种,工作原理一样。凸极式异步电动机的结构原理图如图 8.27 所示,其转子仍为鼠笼式,定子有突出的磁极,极面的一边约 1/3 处开有小槽,并在其中放置一短路铜环。其启动原理如下:定子绕组通入电流以后,部分磁通穿过短路环,并在其中产生感应电流。短路环中的电流阻碍磁通的变化,致使有短路环部分的磁通在相位上落后于没有短路环的部分,从而形成旋转磁场,使转子转起来。如图 8.27 所示的电动机结构中,电动机按顺时针方向旋转。电动机的转动方向是由短路铜环的位置决定的。

8.2.3 三相异步电动机的单相运行

如果三相异步电动机的一根电源线断开,形成两相供电的情况,就变成了单相异步电动机的运行状态。

设定子绕组 Y 接法,A 相断电,则电动机作为三相负载的等效电路如图 8.28 所示。BC 间形成了单回路电路。若设该回路电流的正方向如图 8.28(a) 所示,则相应三相电动机定子绕组的电流的正方向如图 8.28(b)所示。可见,这时三相电动机相当于一台单相绕组由两个线圈串联的单相电动机,定子电流产生脉动磁场,其与电流正方向关联的正方向如图中所示。

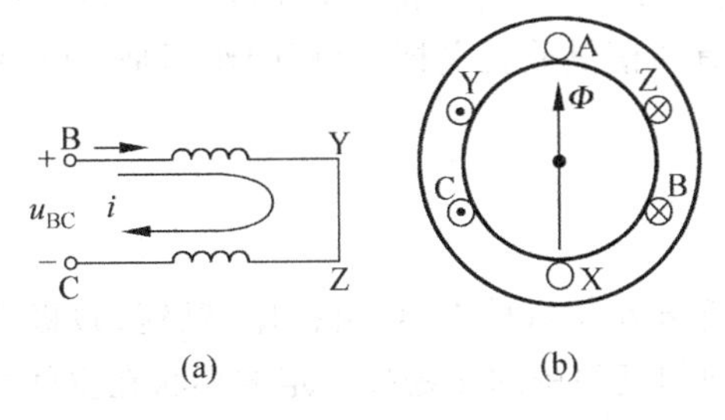

图 8.28 三相异步电动机断相运行的等效电路及脉动磁场

因此,若三相异步电动机的一相电源在运行过程中断电,则变成单相运行,电动机仍会按原来方向运转。此时若负载不变,供电的两相电源线的电流将增大,导致电动机过热。若三相异步电动机在启动前有一相断电,则不能启动。此时只能听到嗡嗡声,若长时间不能启动,也会过热,必须尽快切断电源并排除故障。

8.3 直流电动机

与异步电动机相比，直流电动机(direct-current motor，DC motor)的结构复杂，使用和维护均不如异步电动机方便，而且需使用直流电源。但是，直流电动机的调速性能好，调速范围广，易于平滑调节；启动、制动和过载转矩大，易于快速启动、停车；易于控制，可靠性高。由于直流电动机的这些特有的优点，因而仍广泛应用在工业和民用领域中。直流电动机主要应用于对调速要求高的生产机械上，如轧钢机、轮船推进器、高炉送料、电气机车、造纸、纺织，等等。

8.3.1 直流电动机的主要结构

直流电动机由定子、转子和机座等部分构成。图 8.29 所示为一励磁式直流电动机的结构原理图。

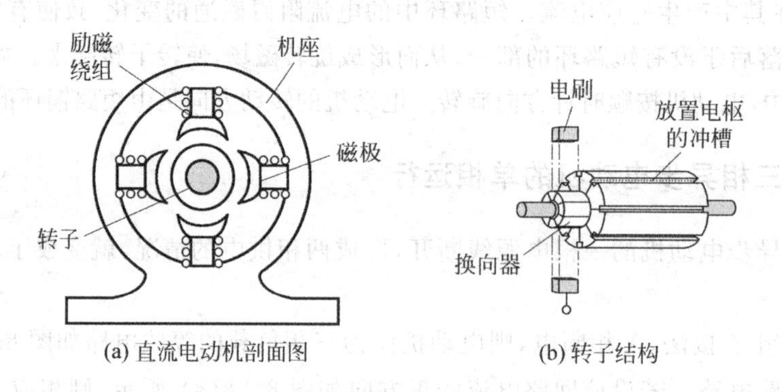

(a) 直流电动机剖面图　　(b) 转子结构

图 8.29　励磁式直流电动机结构原理图

1. 转子

转子由电枢铁心、电枢(armature)绕组(又称电枢)、换向器、风扇、转轴和轴承等组成。电枢铁心由硅钢片构成，为了减少涡流，一般采用厚度为 0.35～0.5mm 的相互绝缘的钢片冲制叠压而成。铁心周围有冲槽供放置电枢，电枢的作用是通电后受到电磁力的作用，产生电磁转矩。

2. 定子

定子指磁路中的静止部分及其机械支撑，由机座、磁轭、磁极等组成。磁轭指磁极间磁通的通路，磁极使电枢表面的气隙中的磁密按一定的形状在空间分布。

直流电动机分为永磁式和励磁式两种。永磁式直流电动机的磁极由永久磁铁制成；励磁式直流电动机在其磁极上固定励磁线圈，线圈中通直流电流，形成磁场，这称为励磁。励磁式直流电动机有两种励磁线圈：串励线圈和并励线圈。并励线圈的导线细，匝数多；串励线圈的导线粗，匝数少。根据励磁线圈和转子(电枢)绕组的连接关系，励磁式的直流电动机又可细分为以下几种。

(1) 他励电动机(separately excited motor)：励磁线圈与转子电枢采用不同的直流电源

供电。

(2) 并励电动机(shunt excited motor)：励磁线圈与转子电枢并联到同一直流电源上。

(3) 串励电动机(series excited motor)：励磁线圈与转子电枢串联到同一直流电源上。

(4) 复励电动机(compound excited motor)：励磁线圈与转子电枢的连接有串有并，接在同一直流电源上。

8.3.2 直流电动机的工作原理

图 8.30 所示为直流电动机的原理图。其工作原理为直流电源通过电刷和换向器给电枢绕组供电。由于电刷和电源固定连接，电枢绕组按一定的规则与换向器的换向片连接，换向器和电枢一起绕转轴旋转，电刷压在换向片上；所以，在图 8.30 中，电枢绕组在转动时，通过换向片与上面电刷连接的电枢的电流方向始终由外向里，与接电源负极的电刷接通的电枢电流方向由里向外。电枢电流使电枢在磁场中受力 $\boldsymbol{F}$ 而产生力矩。用左手定则可以判定转矩方向，图中，通电线圈在磁场的作用下逆时针旋转。电枢绕组在磁场中旋转又将在其中产生感应电动势。用右手定则可以判定感应电动势的方向，图中，感应电动势 $\boldsymbol{E}$ 与电枢电流 $\boldsymbol{I}$ 的方向相反。

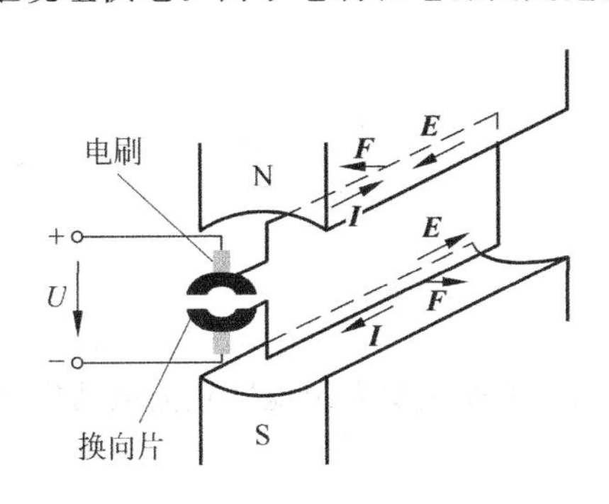

图 8.30　直流电动机的原理图

1. 电枢绕组中的感应电动势和电压方程

根据上面的分析，直流电动机在运行时，会在电枢绕组中产生感应电动势 $\boldsymbol{E}$。因为 $\boldsymbol{E}$ 的方向与通入的电流方向相反，所以叫反电动势。E 与电枢的转速和磁场强度均成正比，即

$$E = K_E \Phi n \tag{8.3.1}$$

其中，K_E 为电动势常数，与电动机的结构有关；n 为电动机转速，单位为 r/min；Φ 为磁通，单位为 Wb；E 的单位为 V。

电枢的等效电路如图 8.31 所示。图中，U 为直流电源的电压，R_a 为电枢绕组的等效电阻，E 为电枢绕组中产生的反电动势。

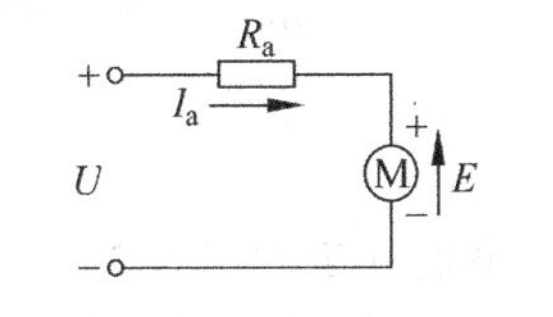

图 8.31　电枢绕组的等效电路

用 KVL 可列出电枢绕组中的电压方程为

$$U = E + I_a R_a \tag{8.3.2}$$

2. 电枢绕组中的电磁转矩和转矩平衡公式

电枢绕组中产生转矩的条件是必须有磁通和电枢电流。改变电枢电流的方向或者改变磁通的方向就可以改变电动机的转向。

电磁转矩 T 与电枢的电流和磁场强度均成正比，即

$$T = K_T \Phi I_a \tag{8.3.3}$$

其中，K_T 为转矩常数，与电动机的结构有关；Φ 为线圈所处位置的磁通，单位为 Wb；I_a 为电枢绕组中的电流，单位为 A；T 的单位为 N·m。

在电动机中，电磁转矩 T 为驱动力矩。在电动机运行时，电磁转矩 T 必须与负载转矩 T_L 和空载阻转矩 T_0 平衡，即

$$T = T_L + T_0$$

从式(8.3.1)至式(8.3.3)可以知道，直流电动机具有自动适应负载变化的能力。例如，当负载转矩 T_L 增加时，直流电动机的自调整过程如下：电动机转速下降→反电动势减小→电枢电流增加→电磁转矩增加，最后达到新的平衡。当负载转矩减小时，读者可自行分析其调整过程。

与直流电动机的分析和计算有关的公式归纳如下：

$$T = 9550\frac{P}{n}$$

$$T = T_L + T_0$$

$$E = K_E \Phi n$$

$$U = E + I_a R_a$$

$$T = K_T \Phi I_a$$

8.3.3 机械特性

机械特性指的是电动机的电磁转矩和转速间的关系。下面主要介绍他励直流电动机和串励直流电动机的机械特性。

1. 他励直流电动机的机械特性

根据式(8.3.1)、式(8.3.2)和式(8.3.3)可以推导出

$$n = \frac{U}{K_E \Phi} - \frac{R_a}{K_T K_E \Phi^2} T \tag{8.3.4}$$

即

$$n = n_0 - \Delta n$$

其中，$n_0 = \dfrac{U}{K_E \Phi}$为理想空载转速，即 $T=0$ 时的转速(实际 T 不会为0)

$$\Delta n = \frac{R_a}{K_T K_E \Phi^2} T$$

根据 n-T 公式可知，他励直流电动机的机械特性曲线为一条直线，如图8.32所示。由该特性曲线可以直观地看出，当电磁转矩 T 增加时转速 n 下降，但由于他励电动机的电枢电阻 R_a 很小，所以在负载变化时，转速 n 的变化不大，属硬机械特性。

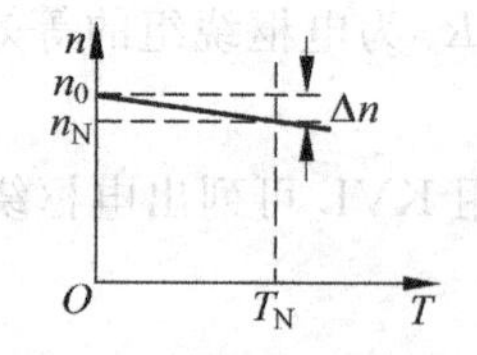

图8.32 他励直流电动机的机械特性曲线

并励电动机和他励电动机的电枢电流均与励磁电流无关，它们的机械特性相同。

2. 串励直流电动机的机械特性

由于串励是将励磁线圈与转子电枢串联接到同一直流电源上，所以串励的特点为励磁线圈的电流 I_f 和电枢线圈的电流 I_a 相同。

励磁线圈产生的磁通与电流成正比，即 $\Phi=K_{\Phi}I_{f}=K_{\Phi}I_{a}$，所以有

$$E=K_{E}\Phi n=K_{E}K_{\Phi}I_{a}n$$
$$T=K_{T}\Phi I_{a}=K_{T}K_{\Phi}I_{a}^{2}$$
$$U=E+I_{a}R_{a}$$

可以推导出

$$n=\frac{\sqrt{K_{T}}U}{K_{E}\sqrt{K_{\Phi}T}}-\frac{R_{a}}{K_{E}K_{\Phi}} \tag{8.3.5}$$

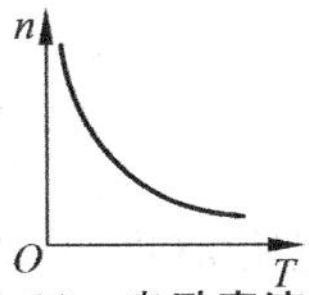

所以，串励直流电动机的机械特性为一条非线性的曲线，如图 8.33 所示。由该特性曲线可以得出串励直流电动机的特性如下：

图 8.33 串励直流电动机的机械特性曲线

① $T=0$ 时，即在理想情况下，$n\to\infty$。但实际上负载转矩不会为 0，不会工作在 $T=0$ 的状态，但空载时 T 很小，n 很大，所以串励直流电动机不允许空载运行，以防转速过高。

② 随转矩的增大，n 下降得很快，这种特性属软机械特性。

③ 电磁转矩 T 与电枢电流 I_{a} 的平方成正比，因此，启动转矩大，过载能力强。

3. 直流电动机的选择

选择直流电动机主要根据负载的特性。恒转矩的生产机械（T_{L} 与转速无关）要选硬特性的电动机，如金属加工、起重机械等；通风机械负载（T_{L} 和转速 n 的平方成正比）也要选硬特性的电动机拖动；恒功率负载（P 一定时，T 和 n 成反比）要选软特性电动机拖动，如电气机车等。

8.3.4 直流电动机的调速

直流电动机调速的主要优点为：

① 调速均匀平滑，可以无级调速；

② 调速范围大，调速比（调速比定义为最大转速和最小转速之比）可达 200 以上，因此机械变速所用的齿轮箱可大大简化。

下面以他励电动机为例，说明直流电动机的调速方法。

由他励直流电动机的机械特性式（8.3.4）可知，在他励直流电动机中改变磁通 Φ 可改变 n 的值，改变电枢电压 U 可改变 n 的值，改变电枢电阻 R_{a} 也可改变 n 的值。即他励直流电动机有调磁、调压和调阻 3 种调速方法，下面将一一介绍。

1. 调磁调速

在励磁回路中串联电位器 R_{f}，调节 R_{f} 就可调节 Φ。由式（8.3.4）可知：R_{f} 减小→I_{f} 增加→Φ 增加→n 减小；R_{f} 增加→I_{f} 减小→Φ 减小→n 增加。

例如，当磁通由 Φ_{N} 减小到 Φ_{1} 时，转速由 n_{N} 上升到 n_{1}，如图 8.34 所示。连续调节励磁电阻，可以实现无级调速。励磁回路的电流很小，所以控制很方便。

当电动机运行在额定情况下时，Φ 已接近饱和，I_{f} 再加大也对 Φ 影响不大，所以调磁调速的方法常用的是减弱磁通以提高转速。由于直流电动机的转速受换向能力和机械强度的限

制，一般限制在$(1.2\sim1.5)n_N$。特殊设计的弱磁调速电动机最高可得到$(3\sim4)n_N$的转速。

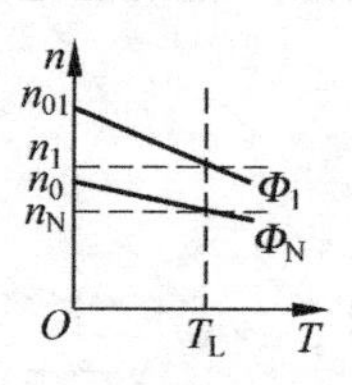

图 8.34 调磁调速时机械特性曲线的变化情况($\Phi_1<\Phi_N$)

调磁会使电动机的机械特性发生变化。由式(8.3.4)可知，磁通Φ减小则特性曲线上移，斜率增加，即机械特性变软，如图 8.34 所示。

采用调磁调速时要注意以下两点：

① 若调速前后电枢电流I_a保持不变，则高速运转时的负载转矩必须减小。因为$T=K_T\Phi I_a$，所以当I_a不变而Φ减小时，电磁转矩会减小，故负载必须减小，否则，转速将调不上去。

② 通过调整励磁电流调磁可以实现调速。因为$P_L=T_L\omega$，调磁调速使n(即ω)增加，T减小，但当功率恒定时，负载的T_L减小。

调磁调速具有如下特点：

① 调速平滑，可无级调速，但只能向上调，且受机械本身强度所限，n不能太高；

② 调磁调速的是励磁电流，该电流比电枢电流小得多，调节控制方便。

2. 改变电枢电压调速

由转速特性方程(8.3.4)可知，若改变电枢电压U，特性曲线的斜率不变，所以调速特性为一组平行直线，如图 8.35 所示。该调速方法没有改变机械特性的硬度。当电源电压连续变化时，转速的变化也是连续的。

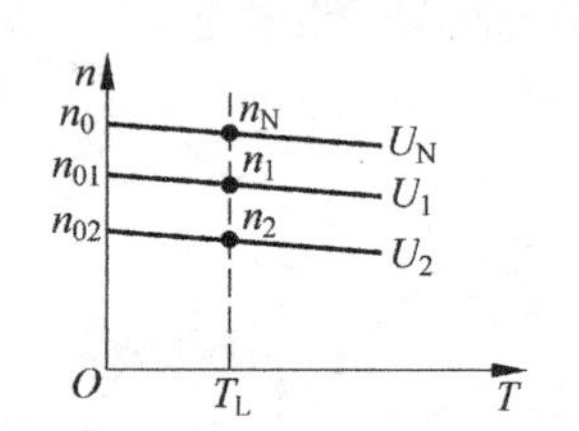

图 8.35 调压调速时机械特性曲线的变化情况($U_2<U_1<U_N$)

调电枢电压调速具有如下特点：

① 调节电枢电压时，不允许超过其额定电压U_N。因为$n\propto U$，所以调速只能向下调。

② 可得到平滑、无级调速。

③ 调速幅度较大。

在他励直流电动机的电力拖动系统中，广泛采用双向调速的方法：向下调速采用降电枢电压的方法，向上调速采用减弱磁通的方法。这样可以得到很宽的调速范围。

例 8.3.1 已知他励电动机的额定值$P_N=2.2\text{kW}$，$U_N=220\text{V}$，$I_{aN}=12.4\text{A}$，$R_a=0.5\Omega$，$n_N=1500\text{r/min}$。

(1) $T_L=0.5T_N$时，求$n=?$

(2) $\Phi=0.8\Phi_N$时，求$n=?$

解 先分析额定情况。由$E=K_E\Phi n$可得

$$K_E\Phi=\frac{E}{n}=\frac{U_N-I_{aN}R_a}{n_N}=\frac{220-0.5\times12.4}{1500}=0.143(\text{V})$$

由$T_N=9550\dfrac{P_N}{n_N}=14(\text{N}\cdot\text{m})$和$T_N=K_T\Phi I_a$可得

$$K_T\Phi=\frac{T_N}{I_{aN}}=\frac{14}{12.4}=1.13(\text{V})$$

下面根据 $n=\dfrac{U}{K_E\Phi}-\dfrac{R_a}{K_TK_E\Phi^2}T$ 来分析。

(1) $T_L=0.5T_N$ 时

$$n=\frac{U}{K_E\Phi}-\frac{R_a}{K_EK_T\Phi^2}\frac{T_N}{2}=\frac{220}{0.143}-\frac{0.5}{0.143\times1.13}\times\frac{14}{2}$$
$$=1538.46-21.66=1516.8(\mathrm{r/min})$$

(2) $\Phi=0.8\Phi_N$ 时

$$n=\frac{220}{0.8\times0.143}-\frac{0.5}{0.143\times1.13\times0.8^2}\times14$$
$$=1923-33.84\approx1889(\mathrm{r/min})$$

3. 调电枢电阻调速

由转速特性方程(8.3.4)知，可在电枢中串入电阻来调电枢电阻 R_a。在方程中，可使 n_0 不变的情况下斜率变大。即可以在相同的负载转矩下，使 n 减小，如图 8.36 所示。

在电枢回路中，串联的电阻越大，机械特性就越软。这样，在电动机低速运行时，负载转矩的一个很小的变化就会引起转速的较大变化，致使转速不稳定。电阻值不易连续调节，该调速方法为有级调速，最多分成 6 级调速。

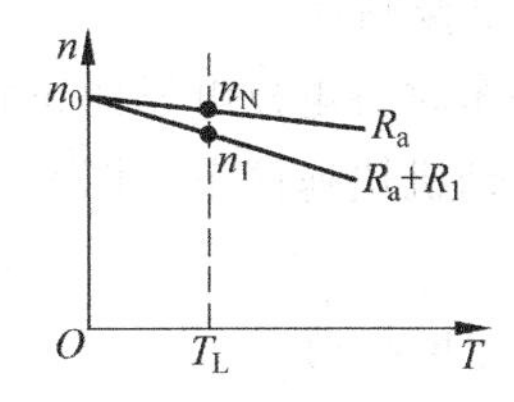

图 8.36 调电枢电阻调速时机械特性曲线的变化情况

由于调电枢电阻调速的方法耗能较大，转速不稳定，又不能做到无级调速，所以只用于调速性能要求不高的小型直流机。

8.3.5 直流电动机的使用

1. 启动

在启动的瞬间 $n=0$，则反电动势 $E=0$。若在启动时直接加上额定电压，则此时的电枢电流 I_{ast} 太大，会使换向器产生大量的火花，烧坏换向器。此外，由于转矩太大，还会造成机械撞击。一般 I_{ast} 应限制在$(2\sim2.5)I_{aN}$。通常采用以下两种方法减小 I_{ast}：

① 启动时在电枢回路串联电阻；

② 启动时降低电枢电压。

注意：直流电动机在启动和工作时，励磁电路一定要接通，而且启动时要满励磁。否则，磁路中只有很少的剩磁，可能会发生以下事故。

(1) 电动机启动时，若励磁电路未接通，则有下述过程：

$\Phi\approx0\Rightarrow$ 电磁转矩 $T=K_T\Phi I_a\ll T_L$

$\Rightarrow$ 电动机将不能启动：$n=0$，$E=0$

$\Rightarrow I_a$ 会很大

$\Rightarrow$ 电枢绕组和换向器被烧毁

(2) 如果电动机在有载运行时励磁电路突然断开，则因为 $E=K_E\Phi n$，所以有下述过程：

$\Phi \approx 0 \Rightarrow$ 反电动势 $E \approx 0 \Rightarrow$ 电枢电流 I_a 会很大

$\Phi \approx 0 \Rightarrow$ 电磁转矩 $T \approx 0 \ll T_L \Rightarrow$ 电动机必将减速并停转使 $E = 0 \Rightarrow I_a$ 更大

这两种情况均使电枢绕组和换向器有被烧毁的危险。

(3) 如果电动机空载运行时磁通太小，则可能造成飞车，这是因为

$$\Phi \downarrow \Rightarrow E \downarrow \Rightarrow I_a \uparrow \Rightarrow T \uparrow \gg T_0 \Rightarrow n \uparrow \uparrow$$

2. 反转

电动机的转动方向由电磁力矩的方向确定，以下两种方法可改变直流电动机的转向：

① 改变励磁电流的方向；

② 改变电枢电流的方向。

注意：改变转动方向时，励磁电流和电枢电流的方向不能同时改变。

3. 制动

制动所采用的方法可以是反接制动、能耗制动及发电回馈制动。

(1) 反接制动

在停车时将电枢电压的正负极交换位置，使电枢产生的电磁转矩与转动方向相反，从而可以使电动机快速停车。图 8.37 所示为反接制动原理图，图中电阻 R 的作用是限制电枢的电流。

(2) 能耗制动

在电枢断电时，立即在电枢回路中接入一个电阻，如图 8.38 所示。这时，由于惯性电枢仍保持原方向运动，感应电动势的方向不变，电动机变成发电机，电枢电流的方向与感应电动势相同，而电磁转矩与转向相反，因此可起制动作用。

(3) 发电回馈制动

特殊情况下，例如汽车下坡时，在重力的作用下 $n > n_0$（n_0 为理想空载转速），这时电动机变成发电机，电磁转矩成为阻转矩，从而限制电动机转速，不让其过分升高。

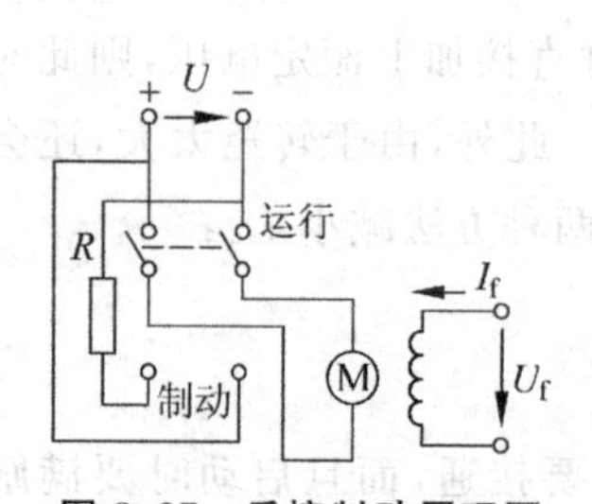

图 8.37 反接制动原理图

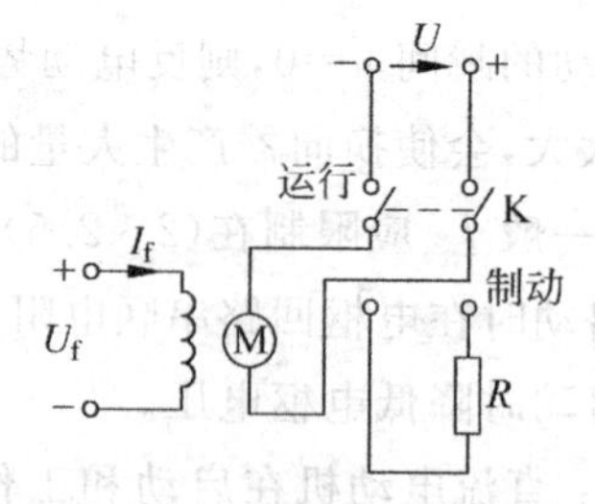

图 8.38 能耗制动原理图

8.3.6 直流电动机的额定值

直流电动机的主要额定值如下：

(1) 额定功率 P_N——电动机轴上输出的机械功率；

(2) 额定电压 U_N——额定工作情况下，电枢上加的直流电压（例如 110V，220V，440V）；

(3) 额定电流 I_N——额定电压下,轴上输出额定功率时的电流(并励应包括励磁电流和电枢电流);

(4) 额定转速 n_N——在 P_N,U_N,I_N 时的转速。

直流电动机的转速等级一般在 500r/min 以上。特殊直流电动机的转速可以很低(如每分钟几转)或很高(3000r/min 以上)。对于没有调速性能的直流电动机,调速时最大转速不能超过 $1.2n_N$。

额定功率、额定电压、额定电流三者间的关系为:$P_N = U_N I_N \eta$(η 为效率)。

8.4 控制电动机

控制电动机的主要功能是传递和变换信号。如伺服电机可将电压信号转换为转矩和转速;步进电机将脉冲信号转换为角位移或线位移。在性能上对控制电机的主要要求是:动作灵敏、准确、重量轻、体积小、运行可靠、耗电少等。控制电机的种类很多,本章主要介绍步进电机和伺服电机。

8.4.1 步进电动机

1. 步进电动机的分类和结构

步进电动机是利用电磁原理,将数字脉冲信号转换成线位移或角位移的电机。每输入一个电脉冲,电动机就转动一个角度,带动机械移动一小段距离。步进电动机在数字开环控制系统中作为执行元件,应用非常广泛。例如,在数控机床、平面绘图仪等设备中都得到应用。

从定子和转子的结构上划分,步进电动机有反应式步进电动机(variable-reluctant stepping motor,即变磁阻式步进电动机)、永磁式步进电动机(permanent-magnet rotor stepping motor)和混合式步进电动机(hybrid stepping motor)三大类。

(1) 反应式步进电动机

反应式步进电动机的定子和转子均由软磁材料冲制、叠压而成,定子上有多相励磁绕组,转子上没有绕组,转子的圆周外表面均匀分布若干齿和槽,定子上均匀分布若干大磁极,每个磁极上有均匀的齿和槽,齿距与转子相同。图 8.39 所示为三相反应式步进电动机的结构示意图。这里的相和三相交流电中的“相”概念不同,步进电动机定子绕组通的是直流电脉冲,这里的“相”主要用于区别定子线圈的连接组数。

反应式步进电动机定转子之间的气隙小(0.003~0.007mm),步距角可以做得很小(转一步对应的角度,最小可以到 10′)。但是需要的励磁电流大(大的可以到 20A),断电时没有定位转矩。

(2) 永磁式步进电动机

转子或者定子任何一方使用永磁材料的步进电动机叫做永磁式步进电动机,其中不具有永磁材料的一方使用软磁材料并有励磁绕组。当励磁绕组有电流时,所建立的磁场与永磁材料的恒定磁场相互作用,产生电磁转矩。其励磁绕组一般分为两相或者四相。图 8.40 所示为两相永磁式步进电动机的结构示意图,定子与反应式步进电动机类似,有八个使用软

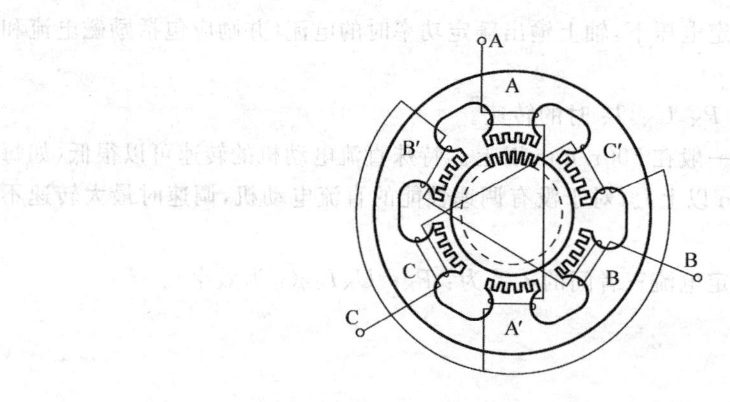

图 8.39 反应式步进电动机结构示意图

磁材料的磁极,在空间上均匀分布的四个磁极组成一相绕组。八个大磁极组成两相绕组,它们的绕法结构类似,图中的B相绕组未画出。O是两相绕组的公共端。

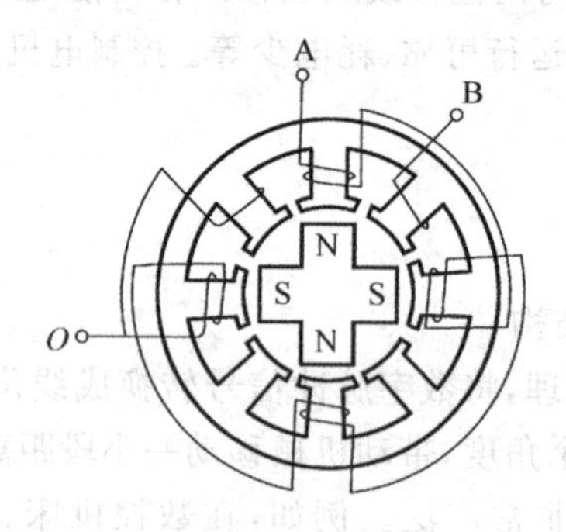

图 8.40 两相永磁式步进电动机的结构示意图(B相绕组未画出来)

永磁式步进电动机的控制功率小,驱动电压一般为12V或24V,电流接近2A。断电时有一定的保持转矩。但是其步距角大(如15°、22.5°、45°、90°等),要求驱动电源有正、负脉冲。

(3) 混合式步进电动机

混合式步进电动机的定子结构与如上介绍的永磁式步进电动机类似。图8.41为两相混合式步进电动机的结构示意图,定子使用软磁材料,有八个磁极,每相绕组使用四个磁极。转子由环形磁钢和两端的铁心材料组成,环形磁钢轴向充磁,两端的铁心材料的外圆周上有均匀的齿槽,两端彼此相差1/2齿距。

混合式步进电动机的步距角小、结构简单、体积小、安装方便、噪声小、成本低。

2. 反应式步进电动机的工作原理

虽然步进电动机的结构繁多,但是其工作原理基本相同。下面以三相六极反应式步进电动机为例说明其工作原理。电动机结构如图8.42所示,定子每相有两个磁极,转子上有四个均匀分布的齿,齿宽等于定子极靴的宽度。定子的六个磁极上有控制绕组,两个相对的磁极组成一相。绕组采用Y形接法:每一相的一对定子绕组串联(该相电流产生的磁通一致),三相的末端接在一起。

步进电动机主要有三种工作方式:三相单三拍、三相单双六拍、三相双三拍。

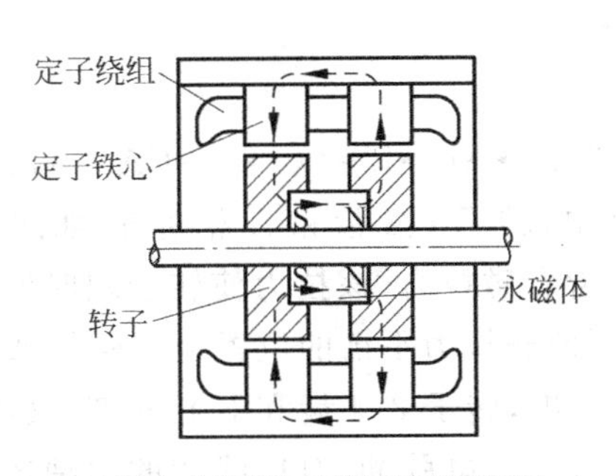

(a) 混合式步进电动机的轴向刨面图

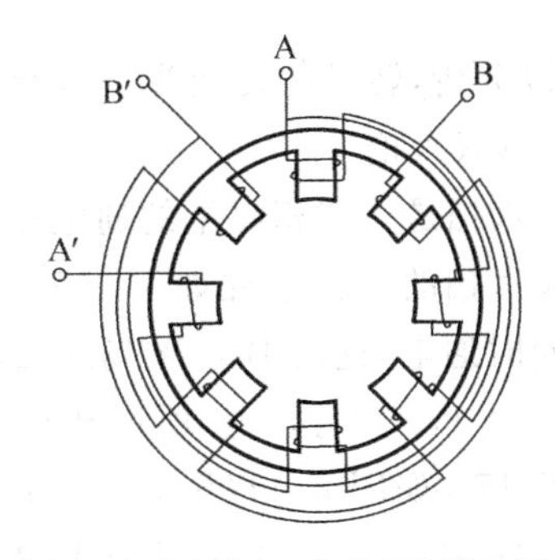

(b) 混合式步进电动机的绕组连接图

图 8.41 混合式步进电动机的结构示意图

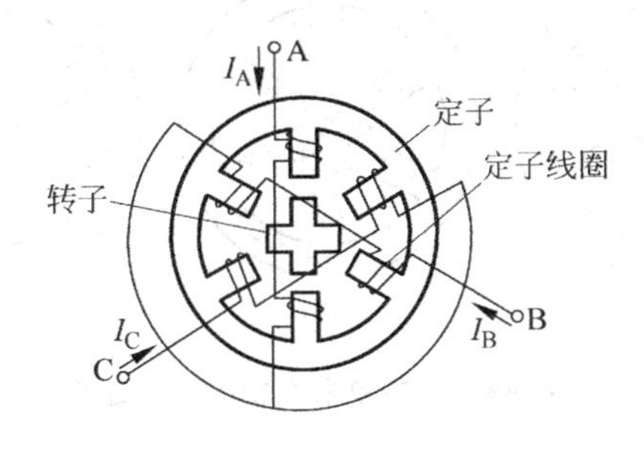

图 8.42 三相六极反应式步进电动机

(1) 三相单三拍

三相单三拍是让三相绕组中的通电顺序为：A 相→B 相→C 相→A 相，如此循环。通电顺序也可以按 A 相→C 相→B 相→A 相循环。

三相单三拍的工作过程如下。A 相通电，A 方向的磁通经转子形成闭合回路。若转子和磁场轴线方向原有一定角度，则在磁场的作用下，转子被磁化、吸引，转子的位置力图使通电相磁路的磁阻最小，即使转、定子的齿对齐并停止转动。如图 8.43(a)所示，A 相通电使转子 1、3 齿和 AA′ 对齐。同理，B 相通电，转子 2、4 齿和 B 相轴线对齐，相对 A 相通电位置顺时针转 30°，如图 8.43(b)所示；C 相通电转子再顺时针转 30°，如图 8.43(c)所示。在上述工作过程中，三相绕组中每次只有一相通电，且一个循环周期只有三个脉冲，所以称三相单三拍。

每来一个电脉冲，转子转过一个角度，该角度称为步距角，用 θ_S 表示。上面分析的三相单三拍步进电动机的步距角为 30°。

转子的旋转方向取决于三相线圈通电的顺序。若线圈的通电顺序按 A 相→C 相→B 相→

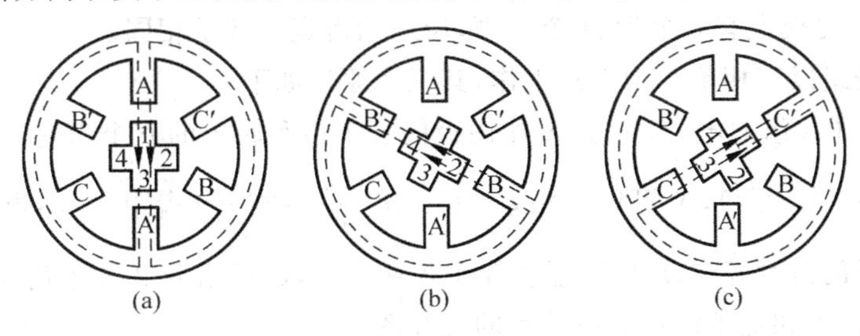

图 8.43 三相单三拍的工作过程

A 相循环,可以分析,转子的转向为逆时针方向。

(2) 三相单双六拍

三相单双六拍是让三相绕组的通电顺序为 A→AB→B→BC→C→CA→A,如此循环。

三相单双六拍的工作过程如下。A 相通电,转子 1、3 齿和 A 相对齐,如图 8.44(a)所示。A、B 相同时通电,这时 BB′ 磁场对 2,4 齿有磁拉力,该拉力使转子顺时针方向转动;AA′ 磁场继续对 1,3 齿有拉力,所以转子转到两磁拉力平衡的位置上。相对 A 相通电,转子顺时针转了 15°,如图 8.44(b)所示。B 相通电,转子 2,4 齿和 B 相对齐,又顺时针转了 15°,如图 8.44(c)所示。总之,每个循环周期有六个电脉冲,对应线圈的六种通电状态,所以称为三相六拍,步距角为 15°。

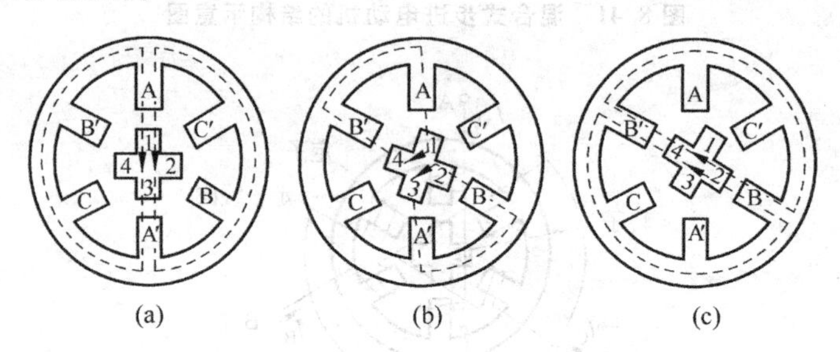

图 8.44 三相单双六拍的工作过程

(3) 三相双三拍

三相双三拍是让三相绕组的通电顺序为:AB→BC→CA→AB,如此循环。一个周期共三拍。

工作方式为三相双三拍时,每通入一个电脉冲,转子也是转 30°,即 $\theta_S=30°$。该过程请读者自行分析。

以上三种工作方式,三相双三拍和三相单双六拍较三相单三拍稳定,因此较常采用。

经过上述分析可知,步进电动机的特点是:每来一个电脉冲,转子转动一个步距角;控制脉冲频率,可控制电动机转速;改变脉冲顺序,可改变电动机的转向。

以上所说的三相六极式结构步距角太大,不能满足控制系统精度的要求。所以,反应式步进电动机一般采用定子磁极和转子上带有小齿的结构,定子和转子的齿距相同。

3. 小步距角步进电动机的构成和工作原理

图 8.39 为定子和转子带有小齿的三相反应式步进电动机的示意图,具有比较小的步距角。这台步进电动机的转子上有 40 个齿,齿距为 360°/40=9°,齿宽为 4.5°。定子上仍然有 6 个大磁极,每个磁极上有 5 个齿、4 个齿槽,齿距和齿宽与转子相同。

假设电机绕组以三相单三拍方式工作,其工作原理如下:

(1) A 相定子绕组通电时,定子 A 相磁极的五个齿和转子的五个齿对齐。B 相和 A 相空间差$\frac{120°}{9°}=13\frac{1}{3}$(齿距),A 相和 C 相差 240°,含$\frac{240°}{9°}=26\frac{2}{3}$(齿距)。即当定子 A 相磁极的五个齿与转子的齿对齐时,B 相错开 1/3 个齿距(3°),C 相错开 2/3 个齿距(6°)。参考如图 8.45 所示的转子和定子位置对应关系的展开图。

(2) B 相定子绕组通电时,转子转 1/3 个齿距(3°)使定子 B 相磁极的 5 个齿和转子的齿

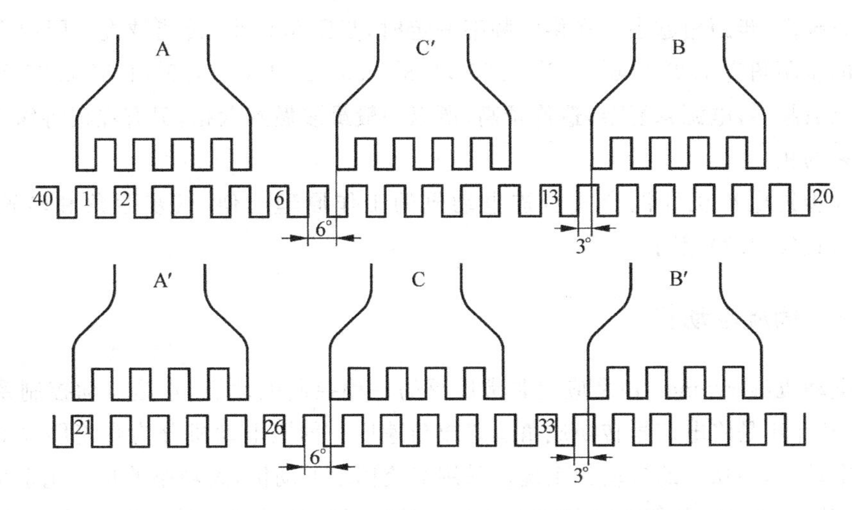

图 8.45　A 相绕组通电时转子和定子齿槽的对应关系展开图

对齐。此时，C 相转子和定子差 1/3 个齿距(3°)，A 相转子和定子差 2/3 个齿距(6°)。

(3) C 相定子绕组通电时，转子转 1/3 个齿距(3°)使定子 C 相磁极的 5 个齿和转子的齿对齐。此时，A 相转子和定子差 1/3 个齿距(3°)，B 相转子和定子差 2/3 个齿距(6°)。

因此，三相单三拍工作方式工作时，一个通电周期 3 拍，一个周期转一个齿距 9°，每拍转 3°。同理，在三相单双六拍工作方式时，一个通电周期 6 拍，一个周期转一个齿距 9°，每拍转 1.5°。

4. 步距角和转速的计算

根据前面对步进电动机工作原理分析可得如下结论：步进电动机在一个通电周期转动一个齿距。若设 Z_r 为转子的齿数，N 为一个通电周期的运行拍数，f 为电脉冲的频率，则步进电动机的步距角为

$$\theta_S = \frac{360°}{NZ_r} \tag{8.4.1}$$

步进电动机的转速为

$$n = \frac{60f\theta_S}{360°}(\text{r/min}) \tag{8.4.2}$$

三相步进电动机齿数 $Z_r=40$，齿距为 9°，电脉冲频率 $f=1000\text{Hz}$。若该电动机三相六拍方式工作，则

$$\theta_S = \frac{360°}{6\times 40} = 1.5°$$

$$n = \frac{60\times 1000\times 1.5°}{360°}(\text{r/min}) = 250(\text{r/min})$$

若电动机三相三拍方式工作，则

$$\theta_S = \frac{360°}{3\times 40} = 3°$$

$$n = \frac{60\times 1000\times 3°}{360°}(\text{r/min}) = 500(\text{r/min})$$

反应式步进电动机除了可以做成三相外，还可以做成二相、四相、五相、六相或更多相，

相数和齿数越多,步距角越小。在供电频率一定时,步距角越小,转速越慢。国内常见的步进电动机的步距角有1.2°/0.6°,1.5°/0.75°,1.8°/0.9°,2°/1°,3°/1.5°,4.5°/2.25°等。步进电动机的相数越多,电源越复杂,造价越高,所以一般最多做到六相,只有在很特殊的情况下才做成更多的相。

永磁式步进电动机和混合式步进电动机的工作原理类似,其步距角和转速公式与式(8.4.1)、式(8.4.2)相同。

8.4.2 伺服电动机

伺服电动机(servomotor)是应用非常广泛的一种控制电动机,它是自动控制系统中的执行元件,其作用是将电信号转换成角位移或角速度。伺服电动机分为直流伺服电动机和交流伺服电动机,小功率的自动化系统多采用交流伺服电动机,大功率的自动化系统中一般采用直流伺服电动机。伺服电动机的特点是:被控对象的转矩和转速受信号电压控制,信号电压的大小和极性改变时,电动机的转动速度和方向也跟着变化。

直流伺服电动机的功率较大,一般为几百瓦;交流伺服电动机的功率较小,一般为几十瓦。

1. 交流伺服电动机(AC servomotor)

图8.46所示为交流伺服电动机的结构示意图及原理线路图。它有励磁和控制两个绕组,转子分为鼠笼式转子和非磁性杯形转子两种。鼠笼式转子与一般异步电动机的转子相同,但是它是用高电阻率的青铜或铸铝构成。非磁性杯形转子是用高电阻率的硅锰青铜或锡锌青铜制成,形状如茶杯,故此得名。转子采用高电阻材料是为了使电动机的机械特性变"软",改善控制特性。

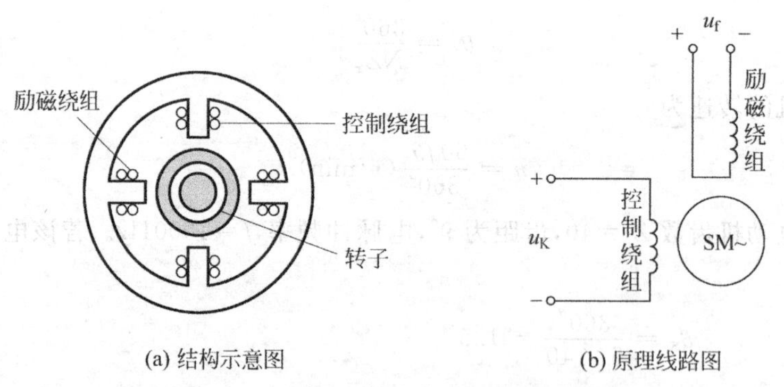

图8.46 交流伺服电动机的结构与线路原理图

电动机工作时,励磁绕组接单相交流电压 u_f,控制绕组接控制电压信号 u_K,且 u_f 和 u_K 的频率相同。这两个绕组分别通以相位差为90°的电流时,产生旋转磁场,使电动机转动。对控制绕组的电流幅值和相位加以控制,就可以控制电动机的旋转。

交流伺服电动机有幅值控制、相位控制和幅值-相位控制3种控制方式。图8.47所示为采用幅值控制时,励磁绕组和控制绕组的接线图。控制信号通过控制加在绕组上的电压的幅值来控制电动机的转速。$u_K=0$ 时,转速为零; $u_K=U$ 时,转速最大。

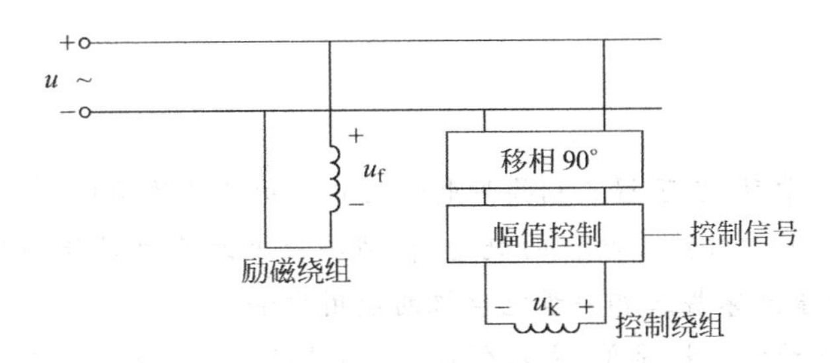

图 8.47 交流伺服电动机的接线图

交流伺服电动机的输出功率一般为 0.1～100W,电源频率分为 50Hz、400Hz 等多种。它的应用很广泛,如用在自动控制、温度自动记录等系统中。

2. 直流伺服电动机(DC servomotor)

直流伺服电动机的结构与一般的小容量直流电动机的结构相同,其工作原理也相同。所不同的只是为了减小转动惯量,伺服电动机的外形细长一些。它的电枢回路和励磁回路由两个不同的电源供电,因此,采用的是他励的运行方式。

通过前面的分析已经知道,可以通过调磁或改变电枢电压的方式对直流电动机调速,所以,改变励磁绕组的电压或电枢电压,可以对直流伺服电动机进行控制。把励磁绕组电压 u_E 作为控制信号的控制方式称为磁极控制,把电枢电压 u_a 作为控制信号的控制方式称为电枢控制。两种控制的接线方式如图 8.48 所示。

磁极控制只用于功率很小的伺服电动机,一般直流伺服电动机都采用电枢控制方式。直流伺服电动机的机械特性曲线与他励直流电动机一样,如图 8.49 所示。由机械特性曲线可知:在励磁电压和负载转矩不变时,电枢电压 u_a 越大,则转速越高;反之,转速越低。当 $n=0$ 时,不同的转矩需要的电枢电压 u_a 不同。

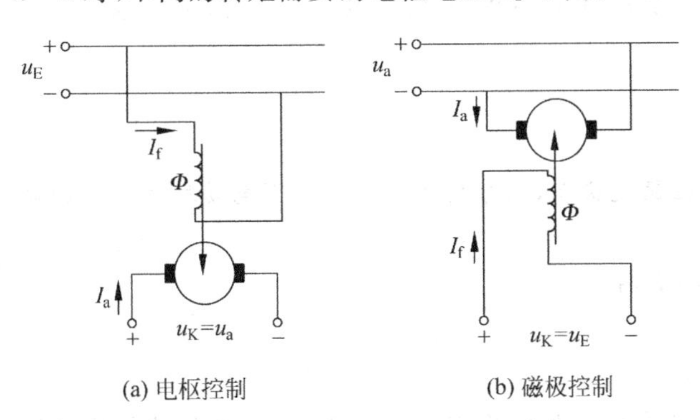

图 8.48 直流伺服电动机的控制原理

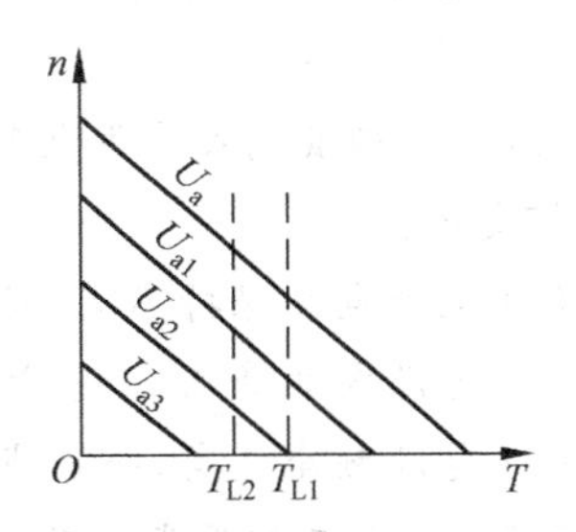

图 8.49 直流伺服电动机的机械特性曲线($U_a>U_{a1}>U_{a2}>U_{a3}$)

直流伺服电动机的机械特性较交流伺服电动机硬,经常用在功率较大的系统中,它的输出功率一般为 1～600W。它的用途很广,如随动系统中的位置控制等。

本章小结

(1) 通过本章的学习,应了解三相异步电动机的结构及工作原理。

(2) 对三相异步电动机铭牌数据的概念、机械特性上的几种转矩和电动机参数的关系等要正确理解,从而重点掌握三相异步电动机的使用方法。

(3) 单相异步电动机结构简单、成本低廉、应用广泛,要了解它的工作原理尤其是启动方法。

(4) 直流电动机的突出特点是具有良好的调速性能。在了解其工作原理的基础上,要重点掌握他励和串励直流电动机的机械特性和调速方法。

(5) 控制电动机应用也很广泛。本章只对其中的步进电动机和伺服电动机作了简单介绍,若需对控制电动机进一步了解,可参考相关资料。

习题

8.1 什么是转差率? 转差率 s 越大表明电动机转动得越快还是越慢? 若一台三相异步电动机的旋转磁场转速 $n_1=1500\text{r/min}$,这台电动机是几极的? 在电动机转速 $n=0\text{r/min}$ 时和 $n=1440\text{r/min}$ 时,该电动机的转差率 $s=$?

8.2 三相异步电动机的转子电流的频率 f_2 与定子电流的频率 f_1 何时相同,何时不同? 若一台三相异步电动机的旋转磁场转速 $n_1=1500\text{r/min}$,求:

(1) 在电动机转速 $n=0\text{r/min}$ 和 $n=1460\text{r/min}$ 时转子电流的频率 f_2。

(2) 求 $s=0.1$ 时转子电流的频率 f_2 和转速 n。

8.3 某三相交流异步电动机的额定功率为 5.5kW,额定转速为 1440r/min。求:

(1) 电动机旋转磁场的转速 n_0。

(2) 电动机的额定转差率 s_N。

(3) 额定转矩 T_N。

8.4 三相鼠笼式异步电动机运行在额定状态,试分析下面的情况下电动机的转速和电流有何变化。

(1) 电源电压保持不变,而负载转矩提高。

(2) 电源电压降低,而负载转矩不变。

(3) 电源频率提高,而负载转矩不变。

8.5 一台三相异步电动机铭牌上写着额定电压是 380V/220V,定子绕组的接法标注为Y/△,试问:

(1) 如果将定子绕组接成△接法并接在 380V 线电压的电源上,负载运行会出现什么现象,分析原因。

(2) 如果定子绕组接成Y形接法并接在 220V 线电压的电源上,负载运行会出现什么现象,并分析原因。

8.6 三相异步电动机铭牌上标注的额定电压为380V/220V，接在380V线电压的电源上空载启动，能否采用Y-△启动法来限制启动电流。

8.7 电动机的铭牌数据如下：

Y112-M-4	4.5kW	50Hz
1440 r/min	I_{1N}不详	380V/220V
$\eta_N=0.85$	$I_{1st}/I_{1N}=6.5$	$\cos\varphi_N=0.85$
$\lambda_{st}=1.4$	$\lambda_{max}=2.0$	

试确定：

(1) 电动机的磁极对数 p、额定转差率 s_N 和转子电流频率 f_2。

(2) 给定电源的电压是380V，求定子的额定电流 I_{1N}、启动电流 I_{st}。

(3) 计算电动机的额定转矩 T_N、最大转矩 T_{max} 和启动转矩 T_{st}。并绘制电动机的机械特性曲线。

(4) 当电源电压是380V时，电动机能否采用Y-△启动？当电源电压为220V时能否采用Y-△启动？如果可以，是否可以带额定负载启动？

8.8 三相异步电动机在空载和满载启动时，启动电流和启动转矩是否相同？为什么？

8.9 某实验室只能提供线电压为220V的三相电源。该实验室有一台三相异步电动机，铭牌标注的部分数据如下：

$f_N=50$Hz	额定电压：380V/220V	额定功率：15kW
额定电流：$I_N=31.4$A/54.4A	额定转速：970r/min	接法：Y/△
额定功率因数：$\cos\varphi_N=0.88$		

问：(1) 电动机应该采用何种接法？

(2) 求电动机满载时的输入功率、输出功率、效率、转差率。

(3) 电动机的额定转矩是多少？

8.10 三相异步电动机的转子电流 I_2 在何时最大？为什么？若一台三相异步电动机的极对数 $p=3$，额定转速 $n_N=960$r/min，转子电阻 $R_2=0.02\Omega$，$X_{20}=0.08\Omega$，转子电动势 $E_{20}=20$V，电源频率 $f_1=50$Hz。求该电动机分别在 $n=0$ 和 $n=n_N$ 时，转子电流 $I_2=$？转子电流的频率 $f_2=$？

8.11 单相异步电动机若无启动绕组，接通电源能否自行启动？

8.12 罩极式异步电动机的旋转方向能否改变？如何判定罩极式电动机的转向？

8.13 一台他励直流电动机，额定功率 $P_N=2.2$kW，电枢额定电压 $U_{aN}=220$V，电枢额定电流 $I_{aN}=12$A，电枢电阻 $R_a=0.5\Omega$。该电动机启动时须将启动电流 I_{st} 限制在 $2.5\ I_{aN}$ 以内。问：

(1) 若用电枢串电阻法启动，需串入多大的限流电阻 R？

(2) 若用降低电枢电压的方法启动，启动时电枢电压应为多少伏？

(3) 直流电动机启动电流大的原因和交流异步电动机的启动电流大的原因一样吗？

8.14 一台他励直流电动机，$P_N=2.2$kW，$U_{aN}=220$V，$I_{aN}=12$A，$R_a=0.5\Omega$，额定转速 $n_N=1500$r/min。求：

(1) 当负载转矩 $T_L=0.5T_N$ 时，电动机的转速。

(2) 当负载转矩 $T_L=0.5T_N$，电枢串入 $R'=0.5\Omega$ 的电阻时，电动机的转速。

(3) 当负载转矩 $T_L=0.5T_N$，磁场减弱为 $\Phi'=0.9\Phi_N$ 时，电动机的转速。

8.15　一台他励直流电动机，$P_N=2.2kW$，$U_{aN}=220V$，$I_{aN}=12A$，$R_a=0.5\Omega$，额定转速 $n_N=1500r/min$。该电动机运行在 $T_L=0.8T_N$。求：

(1) 若电枢电压由220V下降到150V，电动机的转速。

(2) 若电枢电压由220V下降到15V，电动机的转速。

8.16　什么是单三拍，什么是双三拍，什么是三相六拍？若单三拍时步距角 $\theta=3°$，则双三拍和三相六拍时，步距角各是多少度？

8.17　一台步进电动机的转子有40个齿，齿宽、齿槽相等。

(1) 求该步进电动机以双三拍工作时步距角 θ，以三相六拍方式工作时的步距角。

(2) 若步进电动机用齿轮、齿条拖动工作台作直线运动，步进电动机以三相六拍方式工作，每来一个电脉冲工作台移动0.01mm。如果要求工作台以每分钟240mm速度作直线运动，求该步进电动机的电脉冲频率 f 和步进电动机的转速 n。

8.18　伺服电动机的"伺服"是何含义？

8.19　交流伺服电动机有几种控制方式？哪一种比较好？

第 9 章 Chapter 9

继电器、接触器控制

在工业生产中，经常需要对生产机械、生产过程、加工工艺等进行控制。随着控制技术、电子技术、计算机、通信和网络技术的发展，这些设备和过程的自动控制从传统的继电器、接触器控制，发展到可编程序控制器、微机、可编程逻辑器件等控制方式，从单机控制发展到数字化、智能化、网络化工业 PC 控制系统。无论技术发展到什么程度，传统的继电器、接触器控制作为控制系统底层的执行设备仍然占据着重要的地位。

继电器、接触器控制是有触点的断续控制方式，该方法原理简单、逻辑清楚，线路简单。本章以三相异步电动机为主要控制对象，介绍继电器、接触器控制电路中的一些常用的电器、基本控制环节和基本控制线路。

9.1 常用低压电器

电气设备按其工作电压的高低，以交流 1200V、直流 1500V 为界，可划分为高压电器和低压电器。低压电器能根据外界的信号和要求，手动或自动地接通、断开电路元件或设备，可以分为低压配电电器和低压控制电器两大类。开关、熔断器等能对电路进行通断、保护、转换的低压电器属于配电电器；接触器和各类继电器等用于控制用电设备的低压电器称为控制电器。本节介绍继电器、接触器控制电路中常用的部分低压电器。

9.1.1 刀开关

刀开关又称闸刀开关或隔离开关，用于隔离电源和负载。刀开关是手控电器中最简单而使用又较广泛的一种低压电器，可用来直接控制 380V，5.5kW 以下小型电动机的起停。按照极数划分，刀开关有单极、双极和三极等类型。按照其转换方式划分，则有单投式刀开关和双投式刀开关。三极单投式刀开关的结构示意图如图 9.1 所示，其电路符号如

图 9.2 所示，标记为 QS。

刀开关的主要技术数据有额定电压和额定电流。在选择刀开关时要考虑负载类型。若用于电动机的起停控制，则刀开关的额定电流值一般选择为电机额定电流的 3～5 倍。

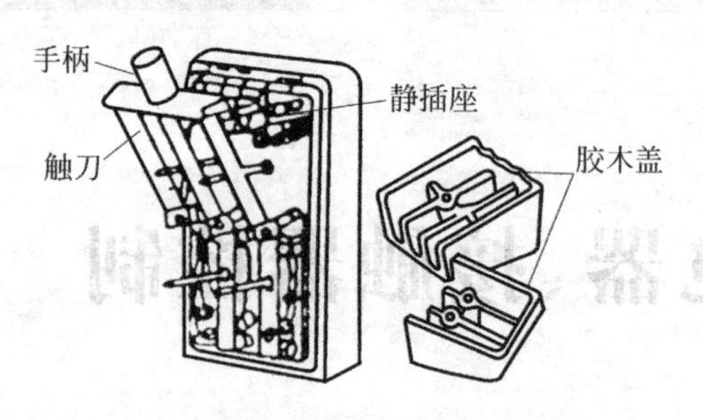

图 9.1 三极单投式刀开关的结构示意图

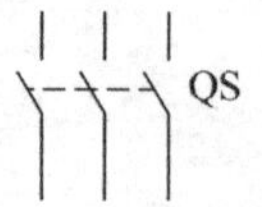

图 9.2 三极刀开关的电路符号

9.1.2 熔断器

熔断器用于电路的短路保护。常用插入式熔断器和螺旋式熔断器的结构示意图分别如图 9.3(a)、(b)所示。熔断器的电路符号如图 9.4 所示，标记为 FU(fuse)。

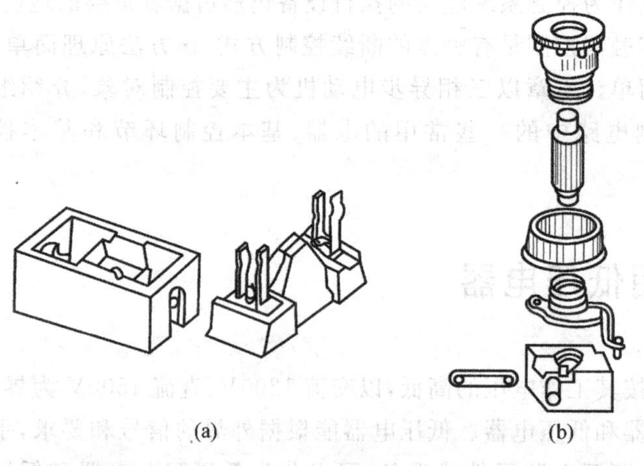

图 9.3 熔断器的结构示意图

图 9.4 熔断器的电路符号

熔断器的主要技术参数是额定电流。不同类型的负载选用熔断器的标准不同：在无冲击电流的场合，如电灯、电炉，熔断器的额定电流稍大于负载的电流即可；若负载为一般的电动机，则熔断器的额定电流选为电动机的启动电流的 1/(2.5～3)；若负载为需频繁启动的电动机，则额定电流选为启动电流的 1/(1.6～2)。熔断器串联在被保护电路中，若电路电流小于或等于熔体额定电流时，熔体不应熔断；当电路发生短路故障时，短路电流使熔体迅速熔断，断开电路。

9.1.3 控制按钮

按钮的结构原理图如图 9.5 所示。图中 1 为钮帽；2、3 和 5、6 分别为两对静止不动的触点，称为静触点；4 上下各有两对处于导通状态的触点，随钮帽运动，称为动触点；7 为复位弹簧。按钮的工作过程如下。当按下钮帽时，动触点下移，复位弹簧被压缩，触点 2 和 3 间由闭合变为断开，故称这对触点为常闭触点或动断触点；触点 5 和 6 间由断开变为闭合，故称其为常开触点或动合触点。当松开按钮时，按钮在复位弹簧的作用下恢复到图示的自然状态。

若在控制电路中只用按钮的常闭触点，其电路符号附图 9.6(a)所示；若只用其常开触点，则电路符号如图 9.6(b)所示；若常开触点和常闭触点均需使用，则按钮称为复合按钮，其电路符号如图 9.6(c)所示。由于按钮通常用于发布启动和停车命令，其标记的文字符号为 SB(start/stop button)。

复合按钮的两对触点的动作特点是先断后合。如图 9.5 所示，当压下按钮时，先断开 2 和 3，再合上 5 和 6；当松开压下的按钮时，则先断开 5 和 6，再合上 2 和 3。

按钮的主要技术参数有工作电压、工作电流及触点对数等。

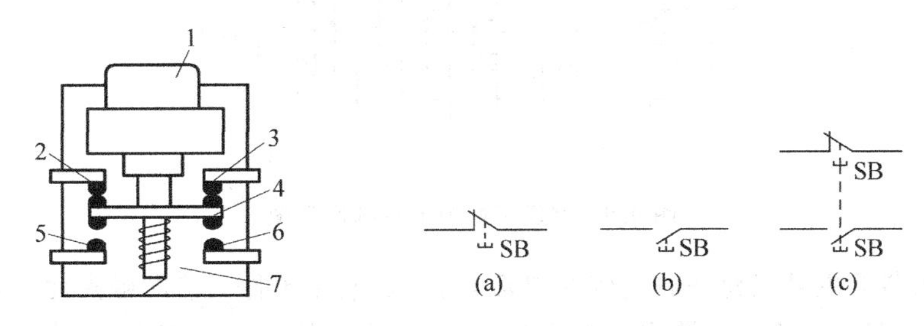

图 9.5 按钮的结构示意图　　图 9.6 按钮的电路符号

9.1.4 行程开关

行程开关常用于电路的限位保护、行程控制、自动切换等。推杆式行程开关和滚轮式行程开关为常用的机械式行程开关。推杆式行程开关的结构示意图如图 9.7(a)所示，其结构和工作原理与按钮相似：当安装在机械设备运动部件上的挡块撞击到推杆时，则行程开关的常闭触点断开，常开触点闭合；当外力消失后，行程开关在复位弹簧的作用下回到图示自然状态。图 9.7(b)所示为一滚轮式行程开关的结构示意图，在图中 1 和 3 为一对常开触点，2 和 3 为一对常闭触点，3 为常开触点和常闭触点的公共端。滚轮式行程开关的工作原理如下：安装在运动部件上的轨道引导滚轮往上顶时，杠杆推动推杆作用于弹簧片，使常闭触点断开，常开触点闭合；当运动部件离开滚轮，则行程开关在弹簧片复位的作用下回到图示自然状态。

行程开关的常开触点和常闭触点的电路符号分别如图 9.8(a)和(b)所示，标记为 ST。

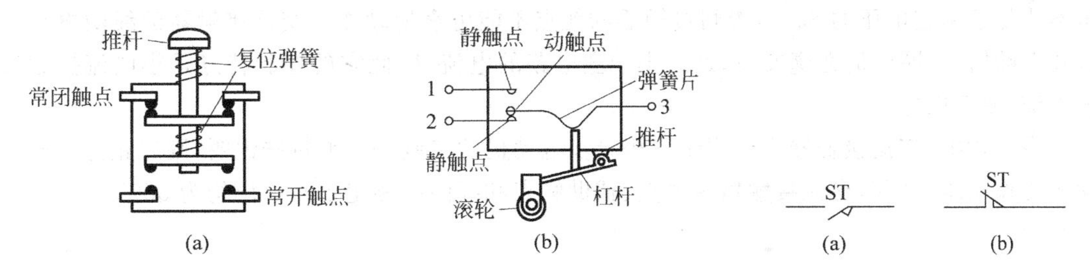

图 9.7 行程开关的结构示意图　　图 9.8 行程开关的电路符号

9.1.5　交流接触器

交流接触器的结构原理图如图 9.9 所示，由触点系统和电磁铁系统两部分构成，连杆和衔铁固定在一起，可以左右移动，固定在连杆上的触点为动触点，其上下触头分别处于导通状态。交流接触器的工作原理如下：当电磁铁的线圈通电时产生磁场，衔铁在磁场力的作用下左移吸合，复位弹簧被拉伸，衔铁带动连杆和动触点左移，使常闭触点断开，常开触点接通；当线圈断电时，磁场力消失，则复位弹簧向右复位，衔铁、连杆及动触点随之右移，回到图 9.9 所示的自然状态。

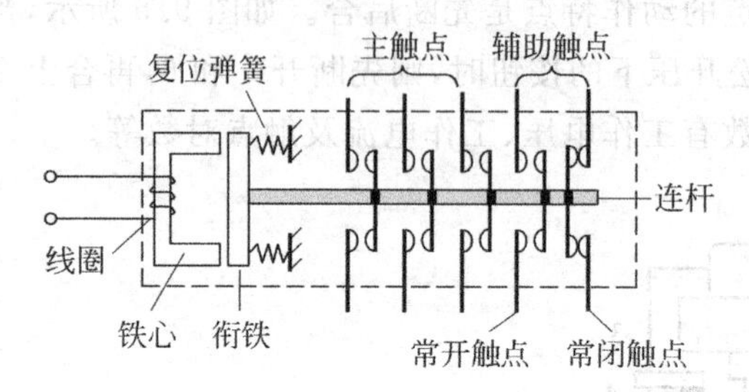

图 9.9　交流接触器的结构原理图

交流接触器的主触点允许通过较大电流，用于通断主电路；辅助触点允许通过的电流小，用于控制电路。交流接触器内有灭弧装置，可以快速切断大电流电路，常用于通断大容量的电力负载。接触器内电磁铁的铁心装有闭路铜环，它产生的磁滞使通过线圈的电流过零时，磁场力不为 0，从而保证衔铁在整个电流周期被可靠地吸合，不会振动。交流接触器的线圈、主触点、常开触点和常闭触点的电路符号分别如图 9.10(a)、(b)、(c)、(d)所示，均标记为 KM。在画控制电路图时，同一接触器的线圈、触点不管连接在电路图中的什么位置，都标记相同的文字符号。

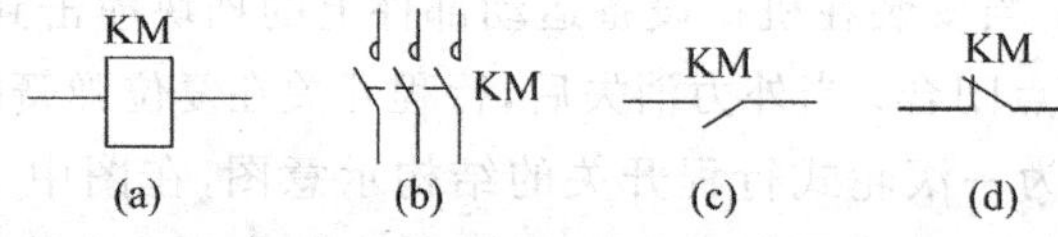

KM　(a)　KM　(b)　KM　(c)　KM　(d)

图 9.10　交流接触器的电路符号

交流接触器的主要技术指标如下：主触点的额定工作电压有 380V、600V 和 1140V 三种；主触点的额定工作电流 6～4000A；辅助触点的额定工作电压 380V；线圈的额定工作电压有 36V、110V、220V、380V 四种；常开和常闭辅助触点的对数。接触器线圈的工作电压不能低于额定电压的 85%，否则接触器的触点不能可靠地动作。交流接触器的线圈电阻有几百欧姆，线圈电流在毫安级，远远小于主电路的电流，因此它的控制特点是小电流控制大电流，便于操作。

在本章中，交流接触器主要用于三相异步电动机的控制。若无特殊说明，则三相异步电动机工作电压 380V，交流接触器主触点、辅助触点和线圈的额定工作电压均为 380V。

9.1.6 中间继电器

中间继电器用于在控制电路中传递中间信号。中间继电器的结构和工作原理与交流接触器相似，但继电器用于接通或断开控制线路，通过线路电流小，无灭弧装置，只有辅助触点。

中间继电器的线圈、常开触点、常闭触点的电路符号分别如图 9.11(a)、(b)、(c)所示，其标记的文字符号为 KA。

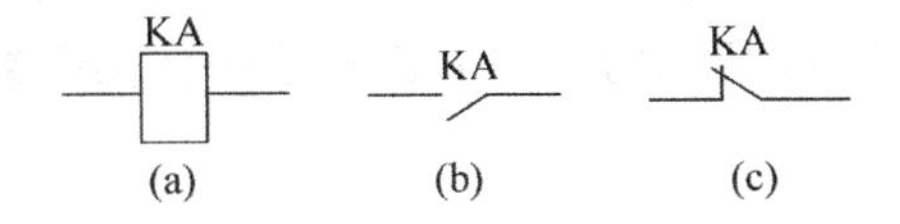

图 9.11 中间继电器的电路符号

9.2 三相异步电动机的启—保—停控制及电动机的保护

9.2.1 三相异步电动机的启—保—停控制

三相异步电动机的启—保—停控制指电动机的启动、连续运行和停车控制，其控制电路如图 9.12 所示。该电路的工作原理如下：工作时，合上刀开关 QS，压下启动按钮 SB_2，接触器 KM 的线圈通电，其常开的主、辅触点均闭合，电动机启动；松开按钮 SB_2，由于与 SB_2 并联的常开辅助触点闭合，所以线圈保持通电状态，电机连续运转；停车时，压下按钮 SB_1，接触器的线圈断电，其所有触点恢复自然状态，电机停转，松开 SB_1，电机不会再接通电源。在该电路中，与启动按钮 SB_2 并联的常开触点(KM)所起的作用是在松开启动按钮时，保证线圈继续通电，这种作用称为自锁或自保持。

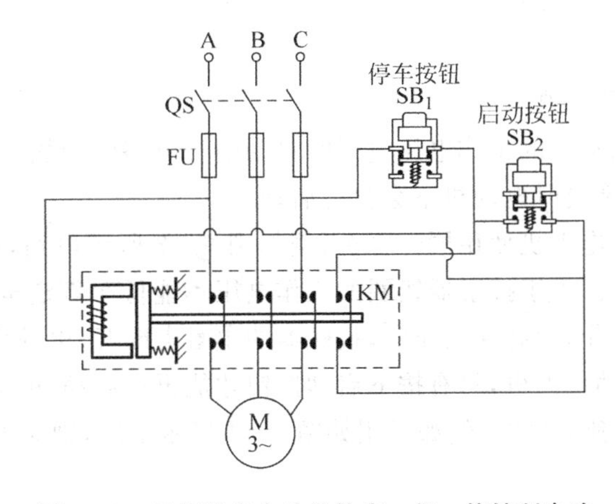

图 9.12 三相异步电动机的启—保—停控制电路

在图 9.12 所示的电路中，把电动机通过接触器的主触点通、断电的电路称为主电路，把控制接触器线圈通、断电的电路称为控制电路。主电路通过的电流大，控制电路通过的电流小。

图 9.12 所示的电路绘制困难、易读性很差。通常在设计控制电路、画控制电路图时，用电路符号代替实际元件。在画控制电路图时遵循以下原则：

(1) 把主电路和控制电路分开画。

(2) 同一个电气设备的各部分，如接触器的线圈、主触点、常开触点和常闭触点，不论其在主、控电路的什么位置，均标记相同的文字符号，以示属于同一个电器。

(3) 所有触点的状态均为其自然状态(线圈不通电，或者无外力作用)。

根据上述原则，图 9.12 所示主电路和控制电路的原理图如图 9.13 所示。若控制电路单独供电，则电路如图 9.14 所示。注意：按国家标准，负载电路必须通过熔断器连接到三相电源的相线。所以，在图 9.14 所示的电路中必须有两个熔断器 FU_1 和 FU_2。

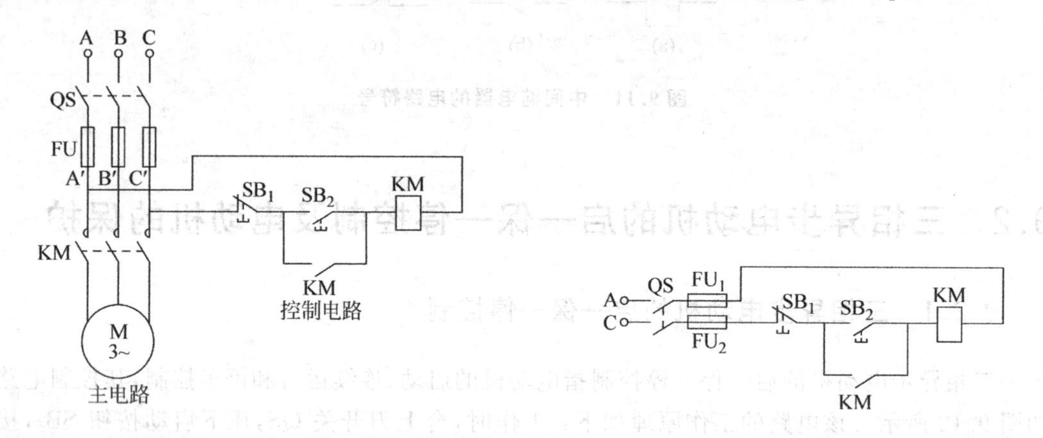

图 9.13 三相异步电动机启—保—停控制原理图　　图 9.14 三相异步电动机启—保—停控制电路图

9.2.2 电动机的保护

为保证电源和用电设备的安全，电动机在使用时，除了短路保护外，还必须有过载保护、过压保护、欠压保护和失压保护。

1. 欠压保护和失压保护

欠压保护是指当电动机的工作电压过低时自动断开电路的功能。失压保护是指若工作电源因故断开，则供电恢复时电动机不会自行启动。

若控制电路电路和电动机使用同一电源，例如图 9.13 所示电路，则电路就具备了欠压保护和失压保护的功能。由于接触器线圈的工作电压不能低于额定电压的 85%，否则接触器的触点不能可靠地动作，因此在欠压时，接触器的主触点断开，电动机停机。而在失压时，接触器的线圈断电，电动机停机，只有按下启动按钮才能再次启动，电动机不可能自行启动。

注意：若控制电路独立供电，例如采用如图 9.14 所示电路，则无欠压和失压保护功能。

2. 热继电器和过载保护

热继电器用于过载保护，其结构原理图如图 9.15 所示。图中双金属片由热膨胀系数不同的金属碾压而成，下层材料的膨胀系数较上层材料大，其左端固定，右端为自由端，受热后自由端上翘；扣板下端安装在转轴上，在拉簧和双金属片自由端的作用下保持图示位置。

热继电器的工作原理如下：若发热元件通过的电流过大，则表明负载过载，双金属片受热变形，经过一段时间积累，其自由端上翘超出扣板，则扣板在拉簧的作用下向左旋转，常闭触点断开。热继电器动作后，经过一段时间双金属片恢复，按复位按钮可使其恢复原状。

在使用时，将热继电器的发热元件串联在电动机的主电路中；将常闭触点串联在控制电路中。热继电器的发热元件和常闭触点的电路符号如图 9.16 所示。

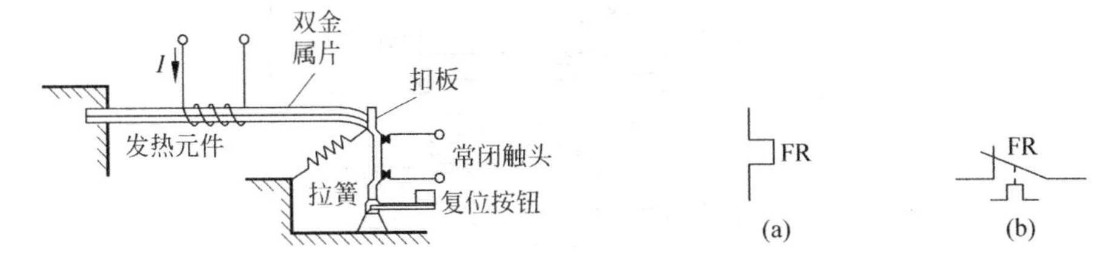

图 9.15　热继电器的结构原理图

图 9.16　热继电器的电路符号

热继电器的主要技术数据为其整定电流，与电动机的额定电流一致。当发热元件中通过的电流≤整定电流时，热继电器不动作；当超过整定电流的 20%时，热继电器应在 20 分钟以内动作。

在三相异步电动机的启—保—停电路中加入过载保护，则其控制电路原理图如图 9.17 所示。

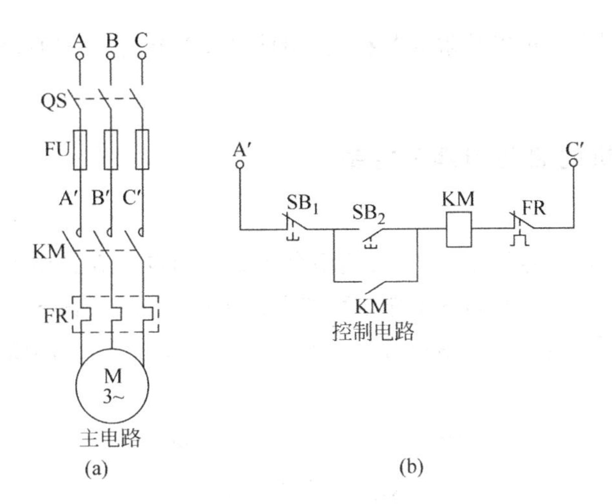

图 9.17　三相异步电动机启—保—停控制原理图(有过载保护)

3. 自动空气断路器

自动空气断路器也称为自动开关，同时具有短路、过载、过压、欠压和失压保护的功能，目前已在很多场合取代刀闸作为通、断电源的开关器件。

自动空气断路器的结构原理图如图 9.18 所示。图中自动空气断路器为合上状态，卡扣脱扣时其主触点断开。其工作原理如下：若主电路短路，则短路脱扣器杠杆左端所受向下的电磁力增大，杠杆右端上翘，将卡扣顶开；当工作电压过高时，过压脱扣器杠杆右端所受向下的电磁力增大，杠杆左端上翘，将卡扣顶开；当电路过载时，发热元件所散发热量在双金属片内积累，当双金属片自由端(右端)变形上翘足够时，过载脱扣器将卡扣顶开；在欠压和失压时，欠压脱扣器中的电磁铁产生的磁场力减小，衔铁在拉簧的作用下上移，顶开卡扣。

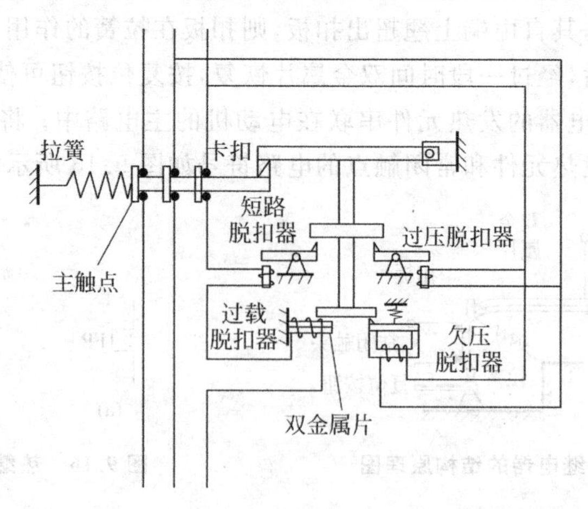

图 9.18 自动空气断路器的结构原理图

9.3 基本控制环节

一个复杂的控制系统可以分解为各种基本的控制，本节主要介绍继电器、接触器控制中常用的基本控制环节。

9.3.1 电动机的启动和停车控制

1. 点动

电动机常用启—保—停控制，但在某些场合需要使用点动方式作手动控制。电动机点动的控制电路图如图 9.19 所示，其工作过程如下：压下并按住按钮 SB，则接触器 KM 的线圈通电，其主触点闭合，电动机接通电源启动运行；松开按钮，则线圈断电，主触点断开，电动机断电停车。

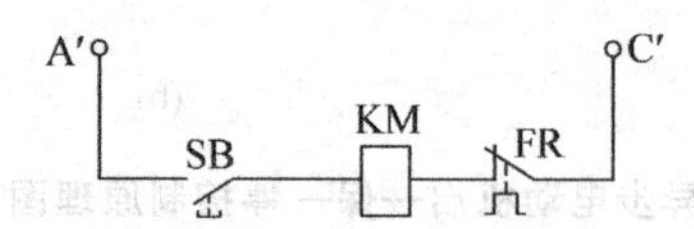

图 9.19 点动控制的控制电路

2. 多地点启动和停车控制

以两地控制为例，将两地的启动按钮并联、停车按钮串联，则可从两地对电动机进行启动和停车控制。控制电路如图 9.20 所示。

3. 顺序启动和顺序停车控制

以图 9.21 所示的自动皮带传送系统为例。两条传送带分别由两台电动机拖动，传送方

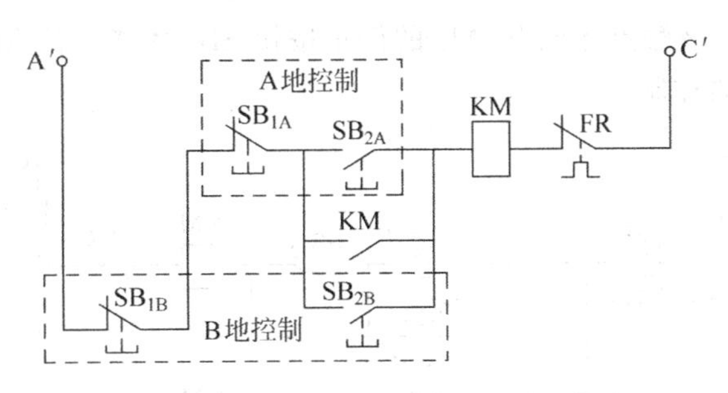

图 9.20　两地启动和停车控制的控制电路图

向如图中箭头所示。该传送系统对两台电动机启动和停车顺序的要求：启动时，电动机 M_1 启动后 M_2 才能启动；停车时，M_2 停车后 M_1 才能停车。

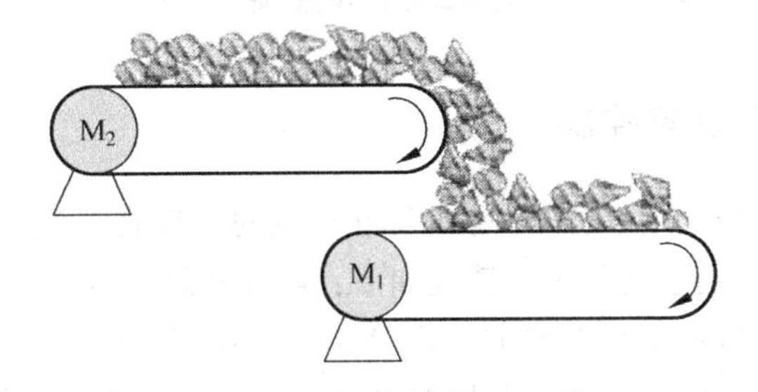

图 9.21　皮带传输系统的示意图

两台电动机的主电路如图 9.22(a)或(b)所示，接触器 KM_1 控制电动机 M_1 的通断，接触器 KM_2 控制电动机 M_2 的通断。

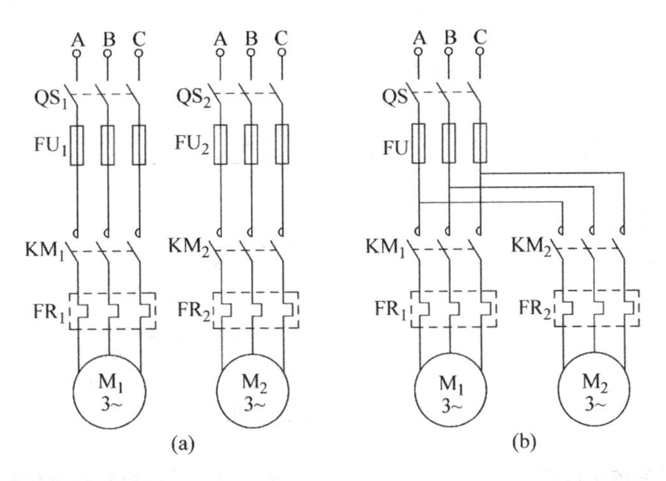

图 9.22　两台电动机顺序启、停控制的主电路

控制电路如图 9.23 所示，图中 SB_{12} 和 SB_{11} 分别为电动机 M_1 的启动和停车按钮，SB_{22} 和 SB_{21} 分别为电动机 M_2 的启动和停车按钮。若去掉图中用虚线圈起来并标记①、②的两个常开触点，则该控制电路的两条支路分别是两台电动机启—保—停控制电路。在接触器 KM_2 线圈的控制支路中串联 KM_1 常开触点(图中标记为①)，则只有 KM_1 线圈通电，该触点才会接通，KM_2 线圈才能通电，实现了电动机 M_1 启动后 M_2 才能启动的控制要求；在接触器 KM_1 线圈的控制支路中，停车按钮 SB_{11} 与 KM_2 的常开触点(图中标记为②)并联，则

只有 KM_2 线圈断电时该触点才断开，M_1 的停车按钮 SB_{11} 才能停掉 M_1，实现了电动机 M_2 停车后 M_1 才能停车的控制要求。

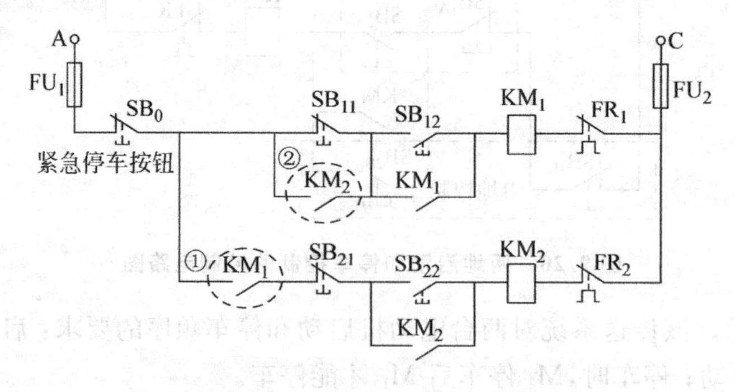

图 9.23 两台电动机顺序启、停的控制电路

9.3.2 电动机正反转控制

机械设备的前后、左右、上下移动，均涉及电动机的正反转控制。电动机正反转控制的主电路如图 9.24 所示。主电路的工作情况如下：若接触器 KM_F 的主触点闭合，电源的 A、B、C 三相将分别与电动机定子绕组的 U_1、V_1、W_1 对应连接，电动机正转；若接触器 KM_R 的主触点闭合，则电源的 A、B、C 三相将分别与电动机定子绕组的 W_1、V_1、U_1 对应连接，电动机反转。注意，图中两个接触器不能同时接通，否则电源的 A、C 两相短路，在控制电路中要采取相应措施来避免出现这种情况。

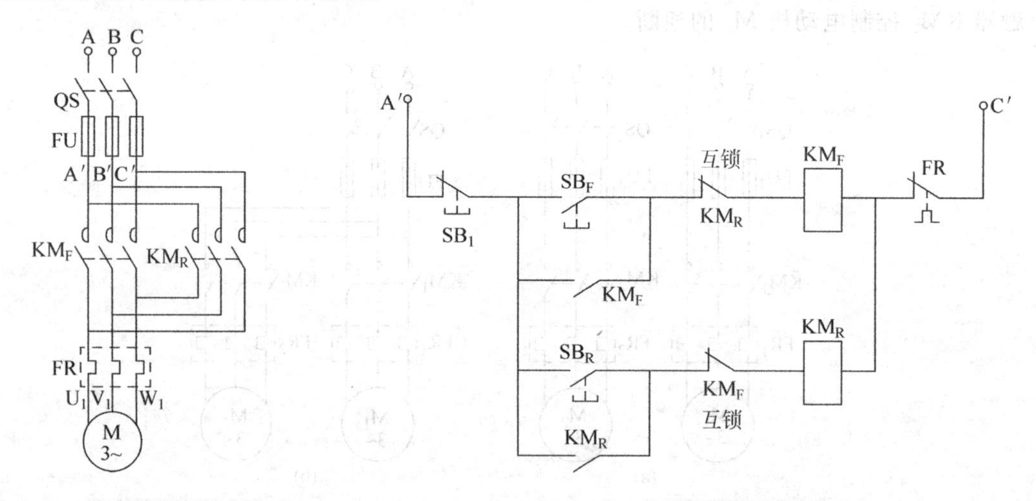

图 9.24 正反转控制的主电路

图 9.25 反转控制的控制电路

电动机正反转控制的控制电路如图 9.25 所示。图中，SB_1 为停车按钮，SB_F、SB_R 分别为正转和反转的启动按钮。该控制电路可在电动机启—保—停控制电路的基础上修改得到：正反转的停车按钮公用，所以停车按钮 SB_1 串联在主回路中；为保证电动机在正转工作时控制反转的接触器不工作，将 KM_F 的常闭触点串接接触器 KM_R 线圈的控制支路中，使 KM_F 线圈断电成了 KM_R 线圈通电的必要条件，同理将 KM_R 的常闭触点串接接触器 KM_F 线圈的控制支路中。KM_R 和 KM_F 的常闭触点可以保证两接触器的不会同时通电，从而避免主

电路短路。这种作用称为互锁。

采用图 9.25 所示的控制电路时，如需改变电动机的转向，必须先按停车按钮停车，再按另一个方向的启动按钮启动，操作有所不便。若采用图 9.26 所示的控制电路，则可直接按启动按钮改变电动机的转向。在图 9.26 所示的电路，两个启动按钮均采用了复合按钮，复合按钮具有先断后合的动作特点，在按下启动按钮时总是先切断另一个方向的控制支路后再启动。这种依靠按钮机械动作的特点实现的互锁称为机械互锁，而利用接触器常闭触点实现的互锁称为电气互锁。在控制电路中，一定要有电气互锁，是否要有机械互锁视具体情况而定。

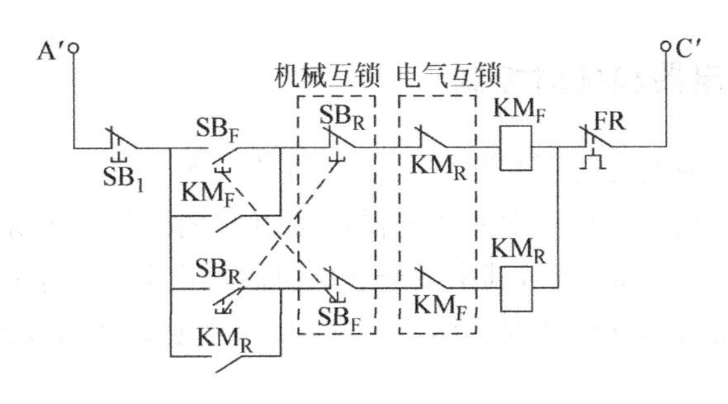

图 9.26 电动机正反转控制的控制电路(加机械互锁)

9.3.3 行程控制

行程控制采用行程开关来限制机械运动的位置或行程，使运动机械按一定位置或行程自动停止，或者作反向运动、变速运动或自动往返运动等。

以运料小车往复运动的控制为例。运料小车由三相异步电动机驱动，设电动机正转，小车向 B 处行进；电动机反转，则小车向 A 处行进。小车的行程控制示意图如图 9.27 所示。控制要求如下：当小车正转启动运行到 B 处时，自动停车等待卸料；当小车反转启动运行到 A 处时，自动停车等待装料；小车在任意位置均可停车。为实现小车到 A、B 两地自动停车的要求，需在两地安装行程开关 ST_A和 ST_B。

图 9.27 运料小车的行程示意图

主电路即为图 9.24 所示的正反转控制的主电路。控制电路则在图 9.25 所示的正反转控制电路的基础上修改：为实现运料小车行进到 B 处时自动停车的要求，将行程开关 ST_B的常闭触点串联在正转控制支路中，如此当小车到达 B 处时，安装在小车上的挡块撞上行程开关 ST_B的推杆，ST_B的常闭触点断开，KM_F线圈断电，小车自动停车；同理将行程开关 ST_A的常闭触点串联在反转控制支路中，当小车到达 A 处时，ST_A的常闭触点断开，KM_R线圈断电，小车自动停车。控制电路如图 9.28 所示。只要按下 SB_1，小车可在任意位置停车。

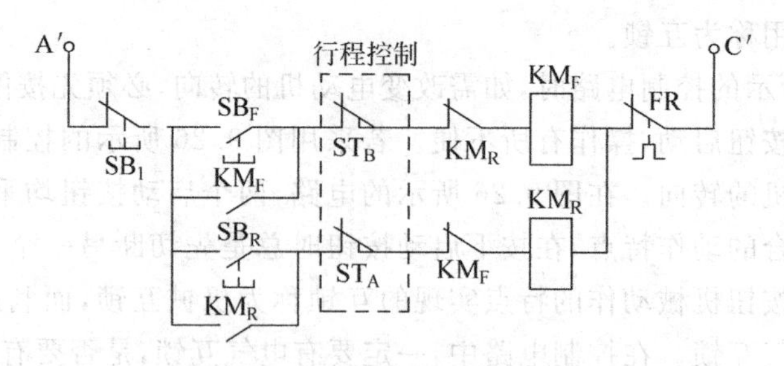

图 9.28　运料小车的控制电路图

9.3.4　时间继电器和延时控制

时间继电器可分为通电延时型和断电延时型两种。除了延时触点外，某些时间继电器还有瞬动触点。瞬动触点的动作与中间继电器的触点相同。从构成原理上划分，时间继电器有空气式、钟表式、电子式等几种，其中电子式的时间继电器计时准确、体积小、质量轻，为目前所常用。本节忽略时间继电器的具体构造和原理，主要介绍时间继电器电路符号的规定及其使用。

通电延时型时间继电器的延时触点在其线圈通电时延时动作，在线圈断电时时间继电器的所有触点均马上恢复自然状态。根据其动作特点，通电延时型时间继电器的常开和常闭两种延时触点分别称为常开延时闭触点和常闭延时开触点。通电延时时间继电器的线圈、常开延时闭触点、常闭延时开触点、瞬动触点的电路符号如图 9.29(a)、(b)、(c)、(d)所示，文字符号均为 KT。图 9.29(b)、(c)所示延时触点电路符号上的小帽子可以理解为一个小伞，以图(b)为例，在线圈通电时，该常开触点应向上闭合，小伞随之向上运动时受空气阻力的作用而使触点延时闭合；而在线圈断电时，该触点应该向下断开恢复到常态，小伞随之向下运动时不受空气阻力作用，触点动作不延时，马上恢复到自然状态。

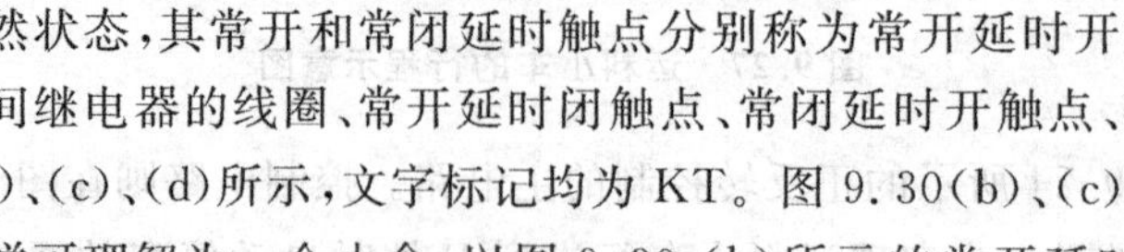

KT　KT　KT　KT　KT

(a)　(b)　(c)　(d)

图 9.29　通电延时时间继电器的符号

断电延时型时间继电器的所有触点在其线圈通电时马上动作，在其线圈断电时其延时触点延时恢复到自然状态，其常开和常闭延时触点分别称为常开延时开触点和常闭延时闭触点。断电延时时间继电器的线圈、常开延时闭触点、常闭延时开触点、瞬动触点的电路符号如图 9.30(a)、(b)、(c)、(d)所示，文字标记均为 KT。图 9.30(b)、(c)所示延时触点电路符号上的小帽子同样可理解为一个小伞，以图 9.30 (b)所示的常开延时开触点为例，在线圈通电时，触点应向上闭合，小伞随之向上运动时不受空气阻力的作用，触点马上闭合；在

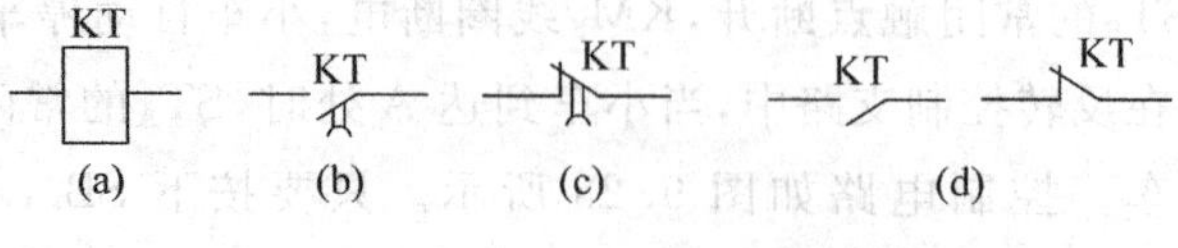

KT　KT　KT　KT　KT

(a)　(b)　(c)　(d)

图 9.30　断电延时时间继电器的符号

线圈断电时，该触点应向下断开恢复常态，小伞随之向下运动而受空气阻力的作用，使触点延时恢复到自然状态。

以电动机的顺序启动为例来说明时间继电器的使用方法。分别用接触器 KM_1 和 KM_2 控制两台电动机 M_1 和 M_2。控制要求：开机时，电动机 M_1 启动 20s 后 M_2 自动启动；停车时，M_1、M_2 同时停车。

两台电动机的主电路如图 9.22 所示，控制电路如图 9.31 所示，时间继电器的延时时间设置为 20s。控制过程如下：按下启动按钮 SB_2 后，接触器 KM_1 和时间继电器 KT 的线圈同时通电，电动机 M_1 启动运行，同时开始延时；当延时的时间 20s 到后，时间继电器的常开延时闭触点闭合，KM_2 线圈接通电源，电动机 M_2 启动运行；停车时，按下停车按钮 SB_1，KM_1 线圈和 KM_2 线圈同时断电，两台电动机同时停车。

在上述过程控制中，时间继电器在完成启动后不再需要，可以将其断电以减少其工作时间延长使用寿命。在图 9.31 所示的电路中，将 KM_2 的常闭触点串联在 KT 线圈的控制支路，即可在启动完成后断开时间继电器，但在 KM_2 线圈的控制支路应加自锁，得到如图 9.32 所示的改进电路。

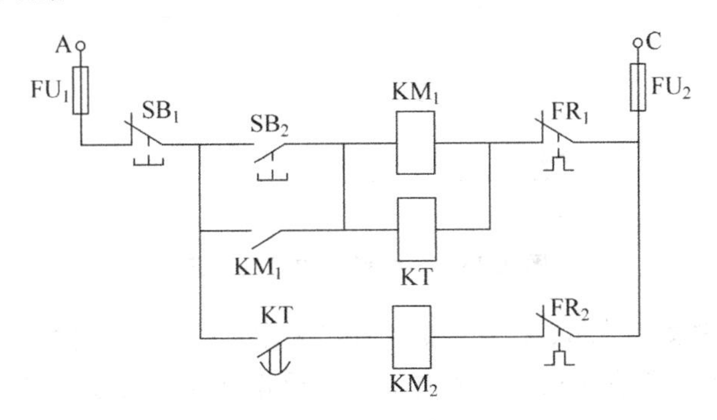

图 9.31 电动机延时自启动的控制电路

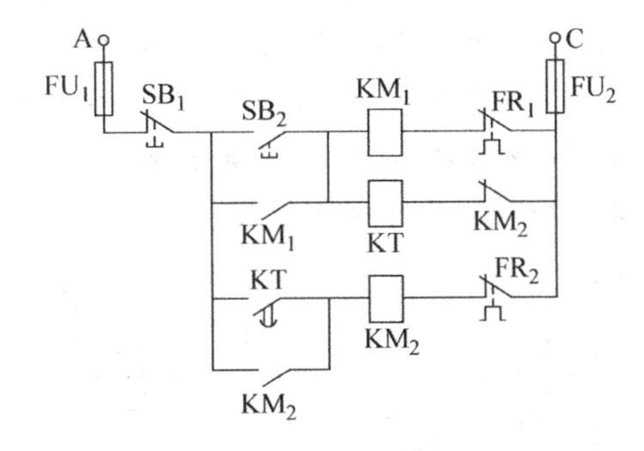

图 9.32 电动机延时自启动的控制电路的改进

9.4 综合应用举例

由继电器、接触器构成的复杂的控制电路是一些基本控制环节的组合，在设计控制电路时，可通过对一些基本的控制电路进行组合、修改、完善后得到，设计方案也不是唯一的，设计所花的时间、所设计电路的性能与设计者的经验有很大的关系。一个好的控制系统除了有好的设计思路外还应具有实用性。下面通过几个综合性较强的例题来进一步熟悉继电器、接触器控制的设计方法。

例 9.4.1 设计一个电动机的控制电路，要求对电动机既能进行点动控制，又能进行启—保—停控制。

解 SB_1 和 SB_2 分别为启—保—停控制的停车和启动按钮，SB_3 为点动控制按钮。

该控制要求包含了点动控制和基本启动停车控制电路，若直接组合，则得到图 9.33 所示的控制电路。该电路可以进行启—保—停控制，但并不能实现点动控制。原因是：按下 SB_3 后，接触器 KM 的线圈通电，电动机启动运行，接触器 KM 的常开触点已闭合形成自锁，所以 SB_3 与 SB_2 的作用相同，当松开 SB_3 时，电动机并不会像预期的那样停车。要实现电动，就必须在启动点动时断开自锁。可以采用以下两种方案。

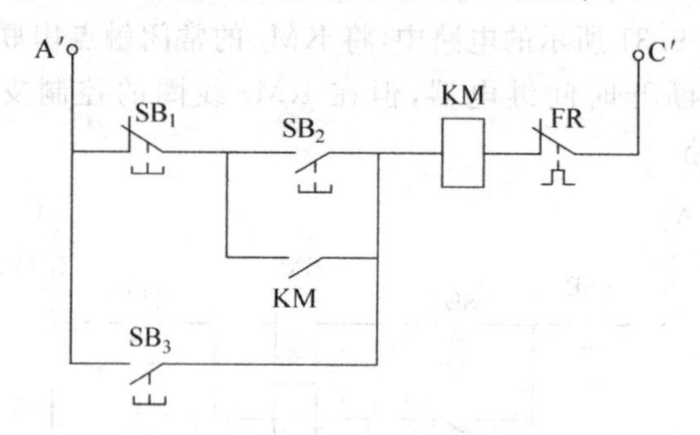

图 9.33 一个错误的控制电路

方案 1：控制电路如图 9.34 所示。点动按钮采用复合按钮，将其常闭触点与实现自锁功能的触点 KM 串联。复合按钮具有先断后合的动作特点。在按下点动按钮 SB_3 时，先断开自锁支路，再合上其点动控制支路，KM 线圈通电，电动机工作；松开点动按钮 SB_3 时，先断开点动控制支路使 KM 线圈断电，再接上其自锁触点，从而实现点动。

方案 2：控制电路如图 9.35 所示。该控制电路把点动和启—保—停控制支路分开，利用中间继电器 KA 来传递启—保—停控制的启动和停车信号。点动时按下或松开 SB_3 按钮，KA 控制支路不受影响；SB_2 和 SB_1 对中间继电器 KA 进行启—保—停控制，再通过 KA 的常开触点传递信号，间接控制电动机的启—保—停。

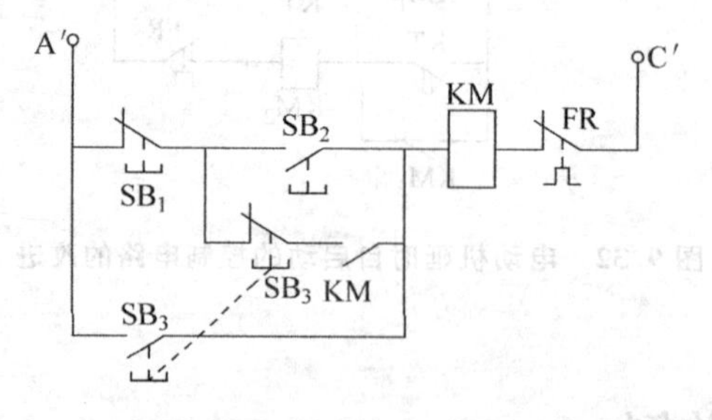

图 9.34 电动机点动控制+启—保—停控制电路 1

例 9.4.2 三相异步电动机的Y/△启动控制。要求在启动时电动机的定子绕组采用Y接法，经过一段延时，当电动机的转速提升到某值以上时再将定子绕组转换成△接法。

解 三相异步电动机Y/△启动控制的主电路如图 9.36 所示。接触器 $KM_{\triangle}$ 的线圈通

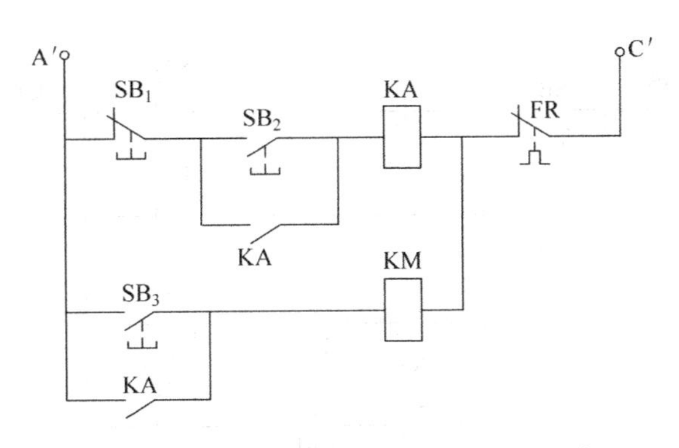

图 9.35 电动机点动控制+启—保—停控制电路 2

电时，其主触点闭合，电动机的定子绕组采用△接法连接；接触器 KM_Y 的线圈通电时，其主触点闭合，电动机的定子绕组采用Y接法连接；当接触器 KM 的线圈通电时，其主触点闭合，电动机连接到三相电源。为实现Y/△启动，控制电路要求：启动时接触器 KM 和 KM Y的主触点先接通，电动机Y接启动，同时时间继电器开始定时；定时时间到，则 KM_Y 主触点断开，KM 和 $KM_△$ 的主触点接通，电动机△接工作。注意接触器 $KM_△$ 和 KM_Y 的主触点不能同时接通，否则三相电源短路。

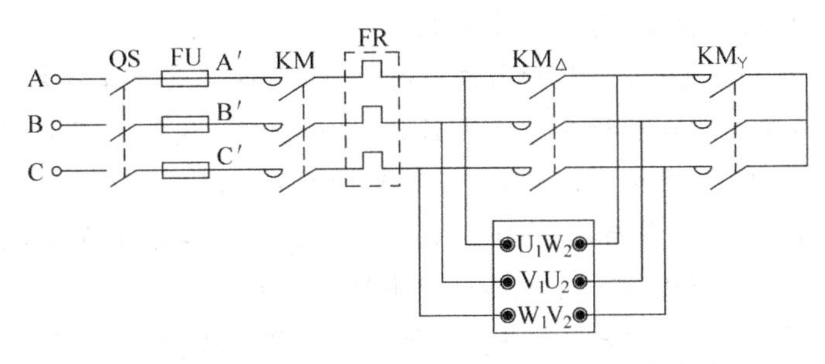

图 9.36 三相异步电动机Y/△启动控制的主电路

电动机Y/△启动的控制电路如图 9.37 所示。电路的工作过程如下：启动时，按下 SB_2，接触器 KM 和 KM_Y 的线圈接通电源，电动机采用Y接法启动，同时时间继电器 KT 的线圈通电，开始定时；经过一段时间延时，KT 的常闭延时开触点将 KM_Y 的线圈断电，KT 的常开延时闭触点将 $KM_△$ 的线圈接电，电动机转换成△形接法运行；停车时，按一下停车按钮 SB_1 即可。图中，KM_Y 和 $KM_△$ 的常闭触点起互锁作用，保证 KM_Y 和 $KM_△$ 的线圈不同时通电。

例 9.4.3 运料小车由三相异步电动机驱动，其行程控制示意图如图 9.38 所示，图中 ST_A、ST_B 为安装在 A、B 两地的行程开关。试设计一个控制电路，同时满足以下要求：

① 小车启动后，先行进到 B 地，到 B 地后停 10 分钟等待装料，然后自动返回 A；

② 到 A 地后停 10 分钟等待卸料，然后自动返向 B；

③ 有过载和短路保护；

④ 小车可停在 A、B 间的任意位置。

解 主电路与电动机正反转的主电路相同，如图 9.24 所示。

方案 1：控制电路如图 9.39 所示。KT_A、KT_B 分别表示到 A、B 两地延时用的两个时间

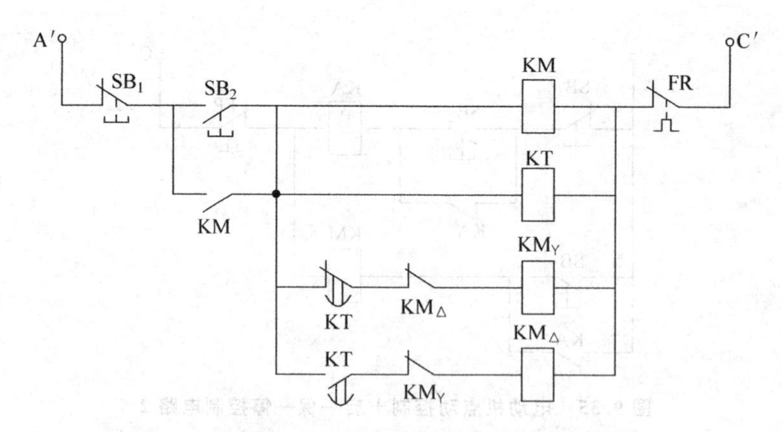

图 9.37 三相异步电动机Y/△启动控制的控制电路

图 9.38 例 9.4.3 运料小车的行程示意图

继电器，延时时间均设定为 10 分钟。小车的动作过程如下：按下启动按钮 SB_2，接触器 KM_F 线圈通电，小车正向运行，向 B 地行进；到达 B 地，安装在小车上的挡块撞行程开关 ST_B 的推杆，ST_B 的常闭触点断开令接触器 KM_F 线圈断电，小车停，同时 ST_B 的常开触点闭合使时间继电器 KT_B 线圈通电开始延时；延时时间到，KT_B 的常开延时闭触点闭合，线圈 KM_R 接通电源，电动机反转启动，小车向 A 地行进；当小车行至 A 端，小车上的挡块撞到行程开关 ST_A 的推杆，ST_A 常闭触点断开使 KM_R 线圈断电，小车停，同时 ST_A 常开触点闭合使时间继电器 KT_A 线圈通电开始延时；延时时间到，KT_A 的常开延时闭触点闭合，电动机正转启动，小车再由 A 向 B 地行进……

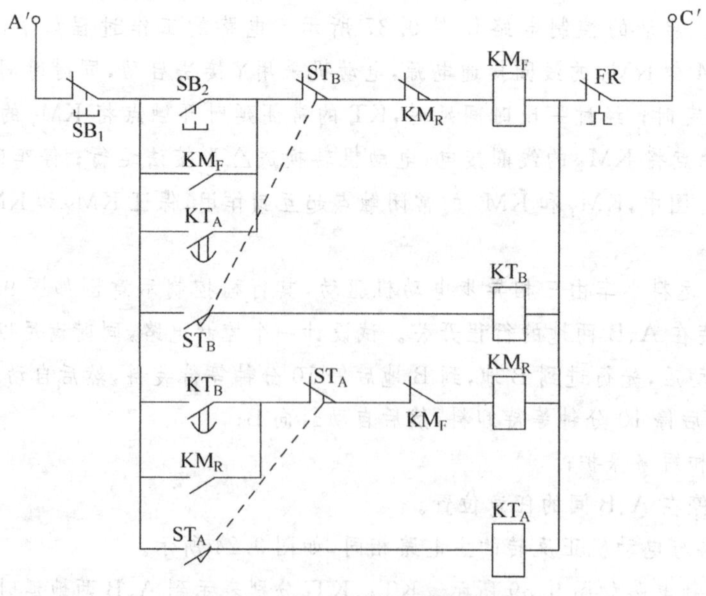

图 9.39 例 9.4.3 的控制电路图 1

图 9.39 所示的控制电路可以实现控制要求的前 3 条，但小车不能停在 A、B 两地。例如，若小车到达 A 地时按下停车按钮 SB_1，所有线圈均断电，但当松开停车按钮时，由于行程开关 ST_A 的推杆仍被推压，其常开触点处于闭合状态，所以时间继电器 KT_A 线圈通电重新开始延时，延时时间到，则 KT_A 的常开延时闭触点使电动机反转启动，小车继续上述往复运动。利用中间继电器，将控制电路改进为图 9.40 所示的电路，则可以实现所有的控制要求，但操作稍显不便：若小车停在 A、B 两个端点，启动时按一下 SB_3 即可；若小车停在其他位置，则启动时要先按一下 SB_3 使中间继电器工作，再按一下 SB_2 启动小车。

若将 SB_2 和 SB_3 改用有两对常开触点的复合按钮，则启动时按一下启动按钮即可。

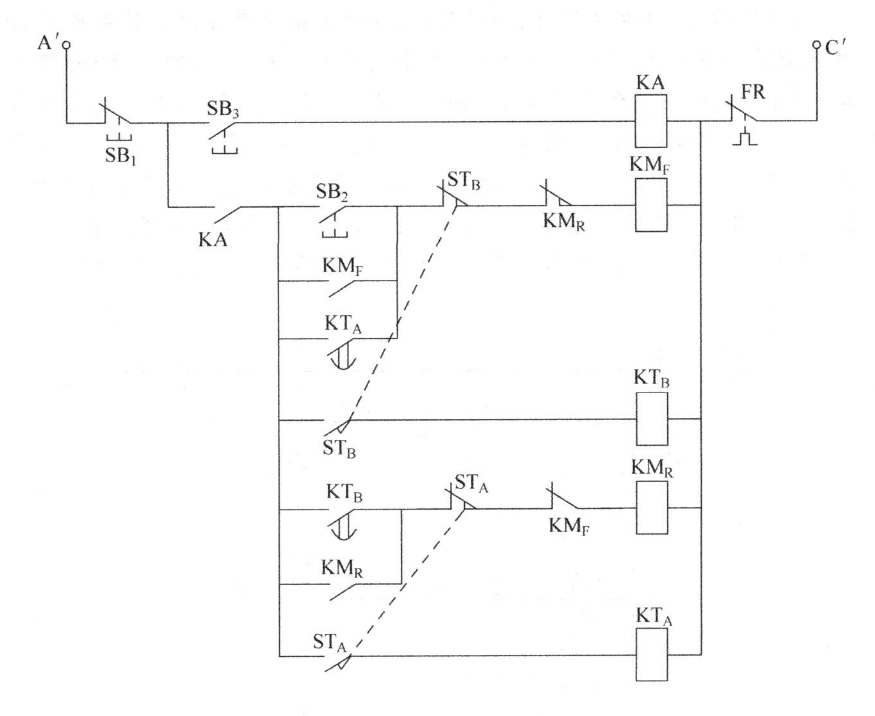

图 9.40　例 9.4.3 的控制电路图 2

例 9.4.4　运料小车由三相异步电动机驱动，其行程控制示意图如图 9.41 所示，图中 ST_A、ST_B 和 ST_C 为安装在 A、B 和 C 三地的行程开关，其中 ST_A 和 ST_C 为推杆式行程开关，ST_B 为滚轮式行程开关，小车到达 B 地时，无论左行还是右行，均能使 ST_B 动作。试设计一个控制电路，同时满足以下要求：

① 按下启动按钮，小车从 A 运行到 B，到 B 后停车 2min 后再启动向 C 地进发；

② 到 C 后停车 6min 后再返回到 B，到 B 后停车 4min 后再启动回到 A 地，停车；

③ 按下停车按钮可在任意位置停车。

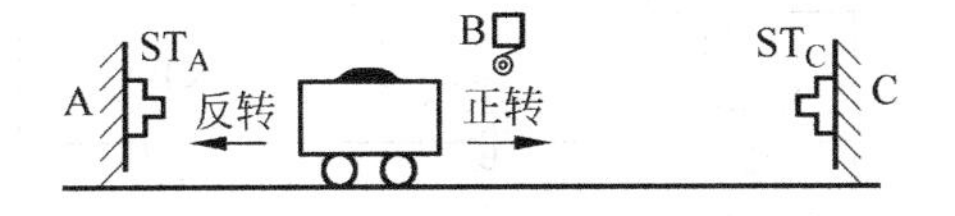

图 9.41　例 9.4.4 运料小车的行程示意图

解 主电路与电动机正反转的主电路相同,如图 9.24 所示。

设计控制电路时,关键点是小车在 B 点停车延时后再启动是向左走还是向右走。可以设计左行和右行方向控制信号解决这个问题:按启动按钮则启动右行控制,按停车按钮或者小车到达 C 点右行控制结束;小车到达 C 点启动按钮则启动左行控制,按停车按钮或者到达 A 点左行控制结束。

控制电路如图 9.42 所示。SB_1 为停车按钮,SB_2 为启动按钮,时间继电器 KT_{B1}、K_{TC} 分别用于小车右行到达 B 点、C 点时延时(分别设置为 2min 和 6min),KT_{B2} 用于小车左行到达 B 点时延时(设置为 4min)。各条控制支路的作用如下:支路①保证小车可停在任意位置;支路②实现小车的右行(电动机正转)控制,按启动按钮或者右行到 B 点延时 2min 后启动,按停车按钮或者到小车 B 或 C 点停车;支路③为小车左行(电动机正转)的控制支路,右行到 C 点延时 6min 或者左行到 B 点延时 4min 启动,按停车按钮,或者到达 B 点或 A 点停车;支路④为行进方向控制信号,通电则左行,否则右行;支路⑤实现右行到 B 点延时 2min;支路⑥实现左行到 B 点延时 4min,支路⑦实现右行到 C 点延时 6min;支路⑧设定小车右行到 B 点后再启动右行时行程开关 ST_B 复位的时间(如 10s),保证再启动后支路②中自锁接通;支路⑨设定小车左行到 B 点后再启动左行时 ST_B 复位的时间,保证再启动后支

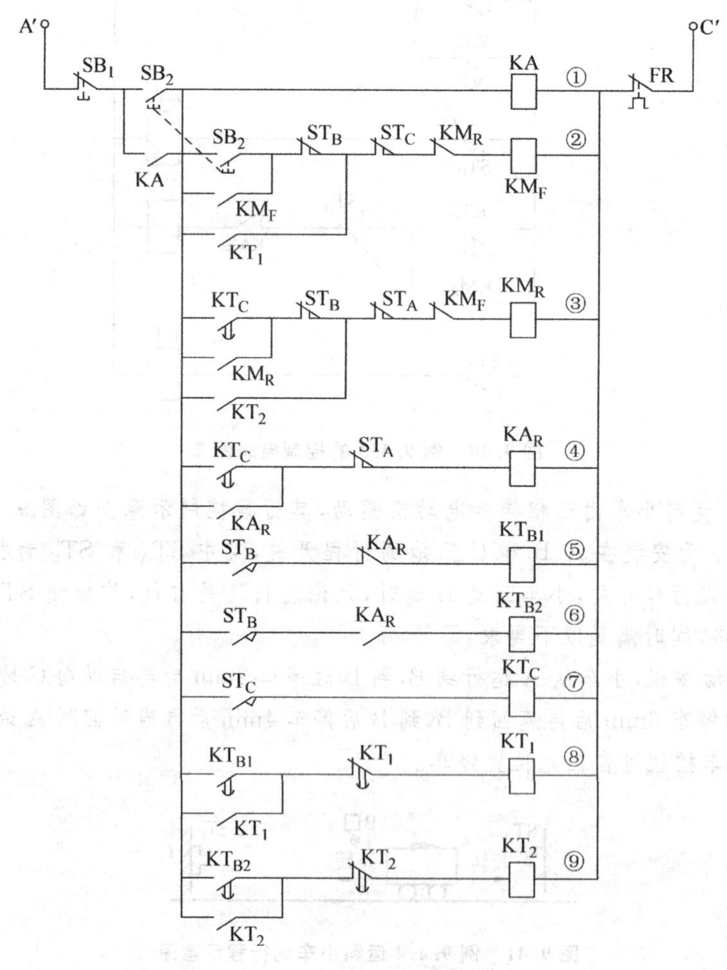

图 9.42 例 9.4.4 的控制电路图

路③中自锁接通。

本章小结

(1) 刀闸、熔断器、按钮、行程开关、交流接触器、中间继电器、热继电器、时间继电器等低压电器为继电器、接触器控制中常用的低压电器。要求了解这些电器的工作原理，需特别注意其中交流接触器、中间继电器和时间继电器要通过线圈通电/断电来控制其触点动作。

(2) 在设计控制电路时把主电路和控制电路分开画。在原理图上，电器的状态均处于其自然状态，所有电器必须采用国家统一规定的电路符号和文字符号，同一电器的所有部件均标注相同的文字符号。

(3) 复杂的控制可以分解为基本的控制环节。要求掌握电动机的点动、启—保—停控制、多地点控制、顺序控制、正反转控制、行程控制和定时控制等基本控制环节；能够设计一些简单的、包含有多个上述控制环节的控制电路；能够根据设计说明和电路图读懂全部控制过程。

(4) 在进行电路设计时要考虑电动机的短路保护、过载保护、欠压和失压保护。

习题

9.1　三相异步电动机正反转控制的主电路和控制电路分别如图 P9.1 所示。请问下述现象分别可能是线路中哪些地方出现了故障？

(1) 按下正转启动按钮 SB_F，电动机启动运行；松开按钮电动机停转；

(2) 按下启动按钮后 SB_F 后，接触器 KM_F 工作，但电动机不启动，还能听到电动机中有嗡嗡声；

(3) 按下启动按钮 SB_R 后，接触器 KM_R 工作，但能听到接触器内部有很大的噪声。

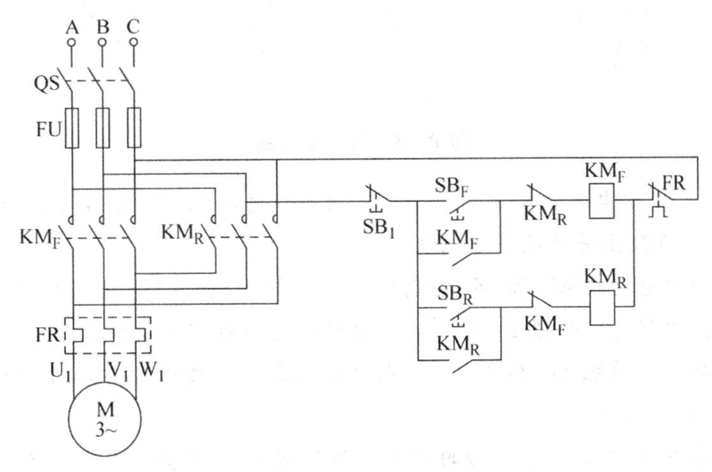

图 P9.1　习题 9.1 和习题 9.2 图

9.2 在按图 P9.1 所示的控制线路接线时，如果把正转控制支路起互锁作用的 KM_R 常闭触点接成了 KMF 常闭触点，把反转控制支路起互锁作用的 KM_F 常闭触点接成了 KM_R 常闭触点，请描述在按下启动按钮出现的现象。

9.3 图 P9.2 所示电路为三相异步电动机的启停控制的主、控电路图。该设计是否能满足控制要求？是否合理？如否，请简述错误并修改。

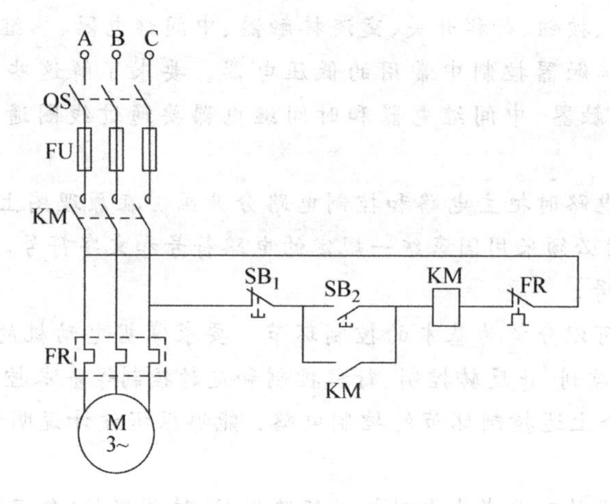

图 P9.2 习题 9.3 图

9.4 图 P9.3 所示电路为两台三相异步电动机 M_1 和 M_2 顺序启动的主、控电路图。该设计是否能满足控制要求？是否合理？如否，请简述错误并修改。

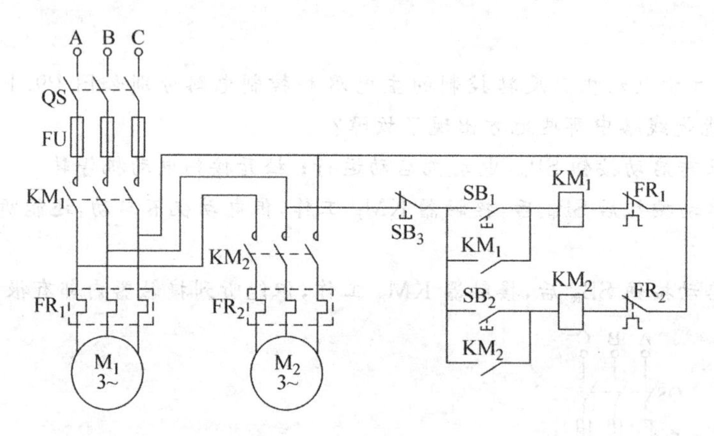

图 P9.3 习题 9.4 图

9.5 图 P9.4 所示电路的控制要求为：三相异步电动机 M_1 先启动，若干时间后，电动机 M_2 自动启动。请找出并修改图中错误。

9.6 三相异步电动机 M_1 和 M_2 分别由接触器 KM_1 和 KM_2 控制其通断电，其主电路与习题 9.5 相同，控制电路如图 P9.5 所示。分析该控制电路的功能。

9.7 三相异步电动机 M_1 和 M_2 的主电路与习题 9.5 相同，控制电路如图 P9.6 所示，试分析该控制电路的功能。

9.8 三相异步电动机Y/△启动的控制电路如图 P9.7 所示，分析该控制电路的功能。

9.9 一台绕线式三相异步电动机采用转子串电阻的启动方式，其三组启动电阻的连接

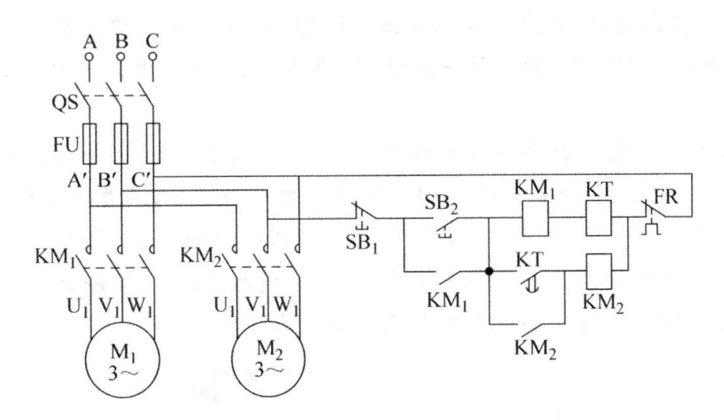

图 P9.4　习题 9.5 图

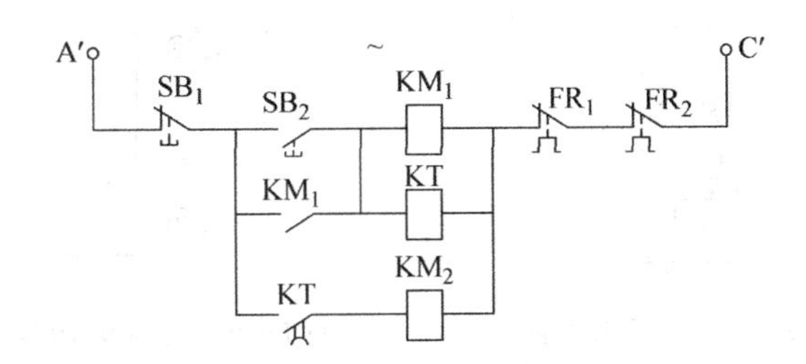

图 P9.5　习题 9.6 图

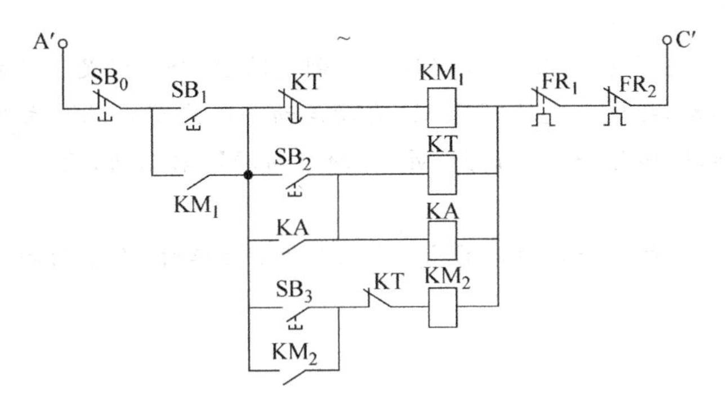

图 P9.6　习题 9.7 图

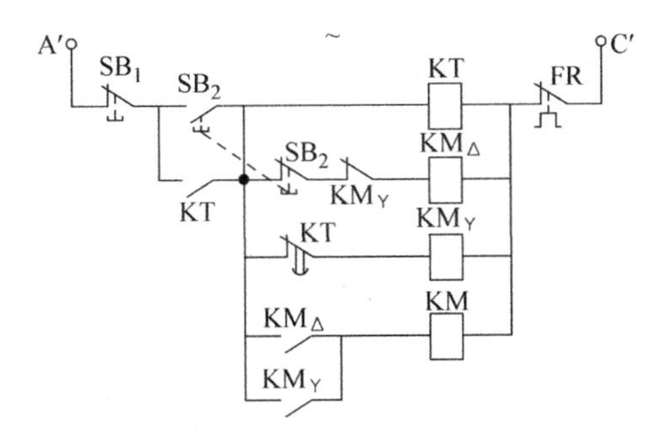

图 P9.7　习题 9.8 图

如图 P9.8 所示。在启动时,其启动电阻分三次切除,最后进入正常运行状态。试设计主电路和控制电路,在启动 10s 后,切断第一组电阻,再 10s 后,切断第二组电阻,再过 10s,切断第三组电阻。

9.10 升降机由一台三相异步电动机拖动,在升降过程中到达一楼、二楼、三楼时都会触动相应的滚轮式行程开关 ST_1、ST_2、ST_3,使升降机自动停车,示意图如图 P9.9 所示。在升降机内部有三个操作按钮:"↑"、"↓"、"停"。若从一楼出发,只能按"↑";若从二楼出发,既可以按"↑",也可以按"↓";若从三楼出发,只能按"↓"。按停止按钮在任意位置都能停车。试设计其控制电路。要求有短路保护和过载保护。

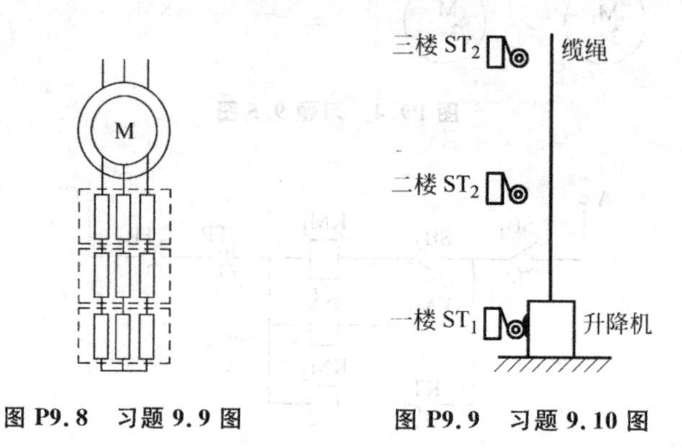

图 P9.8 习题 9.9 图　　图 P9.9 习题 9.10 图

9.11 三台三相异步电动机 M_1、M_2 和 M_3,工作时只能一台运转。试设计其控制电路。

9.12 画出三相异步电动机 M_1 和 M_2 的控制电路图,分别满足下述控制要求。

(1) M_1 手动启动,经过一定延时后 M_2 自动启动,M_2 启动后,M_1 立即停车;

(2) M_1 手动启动,经过一定延时后 M_2 自动启动,M_2 启动后,再经过一段延时,M_1 自动停车;

(3) M_1 手动启动,经过一定延时后 M_2 自动启动;停车时,先手动停 M_2,经过一定的延时后,M_1 自动停车。

第 10 章 Chapter 10

可编程控制器

可编程控制器(programmable logic controller ,PLC)是在工业环境下应用的数字式电子控制装置,它用软件编程的方式替代传统的电磁继电器的控制电路,通过执行指令的方式代替继电器触点动作,去控制生产设备的运行,大大地减少了电磁继电器的数量和接线,增强了控制装置的通用性和可靠性。从 1968 年 PLC 出现至今,PLC 经历了四次换代:第一代 PLC 大多用一位机开发,只具有单一的逻辑控制功能;第二代 PLC,开始使用 8 位微处理器及半导体存储器;在第三代 PLC 中,高性能微处理器 CPU 在 PLC 中的大量应用,使其处理速度大大提高,PLC 向多功能及联网通信方向发展;第四代 PLC 全面使用了 16 位、32 位高性能微处理器,而且在一台 PLC 中配置多个微处理器,并推出了大量内含微处理器的智能模块,使 PLC 成为具有逻辑控制功能、过程控制功能、运动控制功能、数据处理功能、联网通信功能的真正名副其实的多功能产品。

与传统的继电器—接触器控制系统相比,PLC 具有接线简单,抗干扰和可靠性高,适合工业环境,模块化组合式结构使用灵活方便,编程简单便于普及,具有强大的网络通信功能等众多优点,因此在现代工业自动化系统中 PLC 已经成为不可取代的基本控制元件。

PLC 的控制用途包括:①工场自动化(factory automation,FA)中对开关量的顺序控制;②过程自动化(process automation,PA)中对温度、压力、流量和液位等连续变化的模拟量进行控制,要使用专用的 PID 模块和 PID 指令来完成;③运动控制,使用专用的运动控制模块,可以实现圆周运动、直线运动控制,可以实现多轴控制,并将顺序控制与运动控制结合在一起;④数据处理,PLC 具有多种数据运算、传送和转换功能,可以完成数据的采集、分析和处理;⑤网络通信,与上位机、PLC、远程 I/O 等组成工业控制网络,实现网络通信,完成“集中管理、分散控制”的功能。

在这一章内首先介绍 PLC 的组成及工作原理,然后以西门子 S7-200PLC 为例介绍 PLC 的编程指令及其编程方法和应用。

10.1 可编程控制器的组成与工作原理

10.1.1 PLC的组成

可编程控制器内部是一个工业控制用的专用计算机,它主要由CPU单元、输入/输出模块和编程单元这样三部分组成,如图10.1所示。为了容易进行功能扩展,PLC一般都采用模块式结构,整个系统由CPU模块、输入/输出模块和功能模块等组成,用户可以根据控制功能的要求选用不同的功能模块进行组态。

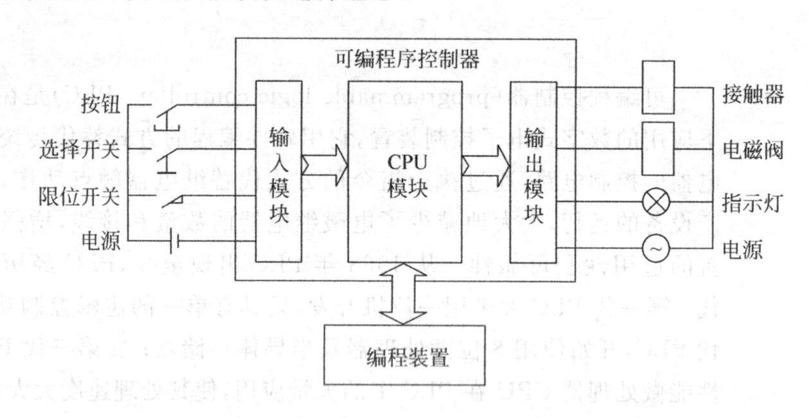

图10.1 PLC组成结构

1. PLC的CPU模块

PLC的CPU模块是一个单片微型计算机,它由中央处理器(CPU),系统程序存储器和用户程序存储器,输入/输出接口组成,如图10.2所示。

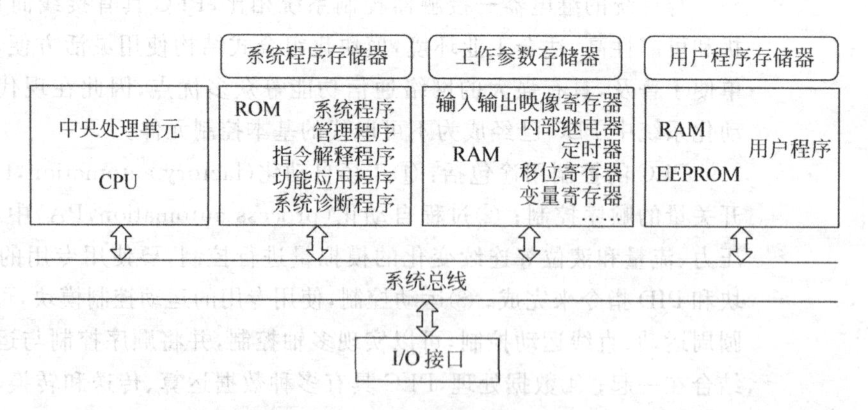

图10.2 CPU模块的组成框图

CPU是管理控制PLC系统的核心部分,它的功能是:对系统进行监控,管理编程器等外部设备,对用户程序进行编译,执行用户程序,进行输入、输出操作等多项工作,即按照用户程序要求,将输送到PLC的现场信号取到主机,然后按用户指令进行运算,将结果送到输出端，控制输出端子上接入的电器通、断电，完成生产工艺过程。

系统程序存储器是计算机存储管理程序和监控程序的部件，可对用户程序进行编译处理，但用户不能修改可编程控制器的系统程序。工作参数存储器用于存储PLC程序执行过程中的中间结果、计数器和定时器等内部元件的工作参数等。

用户程序存储器用于存放用户编写的控制程序，执行用户程序过程中出现的数据以及输入信息与输出信息等。用户程序存储器存入的信息可以由用户编写、修改、增删，能够完成这种存储工作的存储器。为了在系统掉电时保存用户程序，一般使用电池或者超级电容。

2. 输入输出模块

CPU模块的工作电压一般是5V，而PLC的输入/输出信号电压一般较高，如直流24V和交流220V，因此输入/输出模块具有电平转换功能。

可编程控制器在工业环境下使用，为防止外界强电磁场对计算机的干扰，输入和输出接口采用光电耦合和滤波器，有效地防止了干扰信号的进入。如图10.3是输入接口电路。图中的电源为传感器和输入电路提供电源，当触点闭合时发光二极管发光，信号通过光电耦合输入到PLC的CPU内部。由于采用了两个反并联的发光二极管，传感器电源的极性可以反接。M端是传感器电源的公共端，一般4个或8个输入点公用一个公共端。

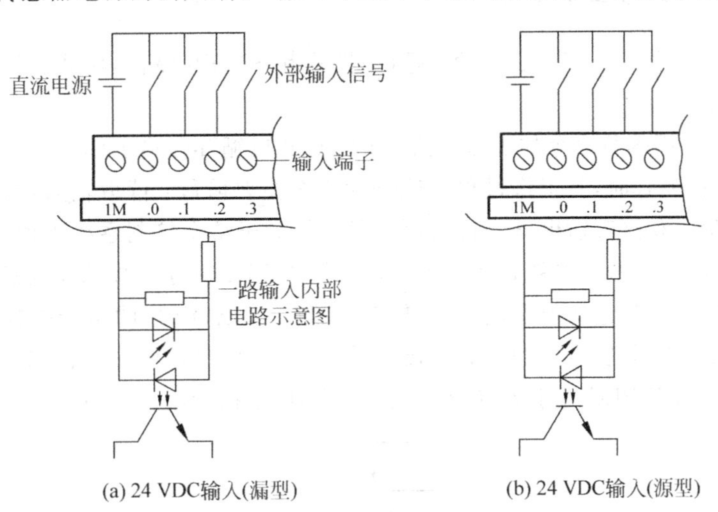

图10.3 PLC的输入接口电路

PLC的输出形式有三种：继电器输出、晶闸管输出和晶体管输出。继电器输出的负载电源可以是交流和直流，抗干扰能力强，但是速度慢。晶闸管输出的输出电流较大，速度较快。晶体管输出有NPN型晶体管输出和PNP型晶体管输出两种，只能用直流负载电源，它的速度最快，所以要求高速输出的场合要采用晶体管输出形式。晶体管输出和继电器输出形式的电路结构见图10.4。

3. 编程单元

可编程控制器的编程单元是一台专用的编程器，或者是一台工控机。在环境条件允许

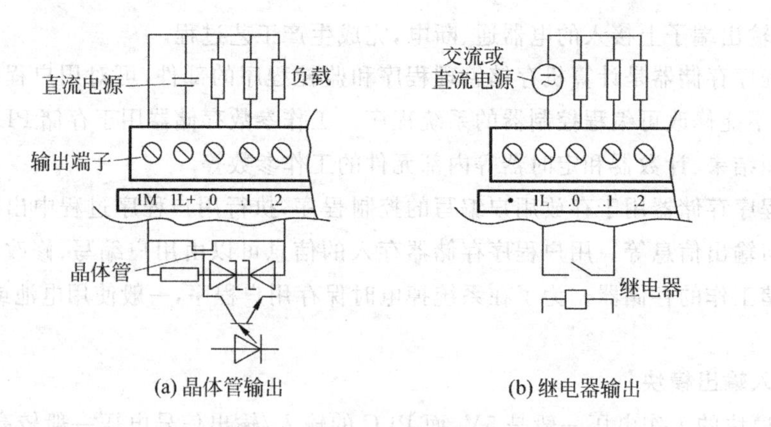

(a) 晶体管输出　　(b) 继电器输出

图10.4　PLC的输出电路

的情况下可以使用普通的PC进行编程。编程单元除了用来输入和编辑用户程序外，还可以用来监视PLC运行时程序中各种编程元件的工作状态。

编程单元可以永久地连接在PLC上，将它取下来后PLC也可以运行。一般只在程序输入、调试阶段和检修时使用。

10.1.2　PLC的工作原理

PLC一般有两种工作模式：RUN(运行)模式和STOP(停止)模式。可以通过硬件或软件设置它的工作模式。

一般的PC采用等待命令的工作方式，而PLC是以循环扫描工作方式工作的。当PLC处于RUN(运行)模式时，其工作过程一般分为三个主要阶段：读取输入(输入采样)阶段、执行用户程序阶段和修改输出(输出刷新)阶段。但对于整个控制系统来说，PLC接通电源后，需要对硬件和软件做一些初始化的工作，然后，当PLC处于工作状态时还必须完成自诊断检查、通信信息处理(包括与智能模块通信)工作。所以，PLC的每个扫描周期实际上应该分为如图10.5所示的五个阶段，即：读取输入、执行用户程序、通信信息处理、自诊断检查和修改输出。而当PLC处于STOP(停止)模式时，不执行用户程序。

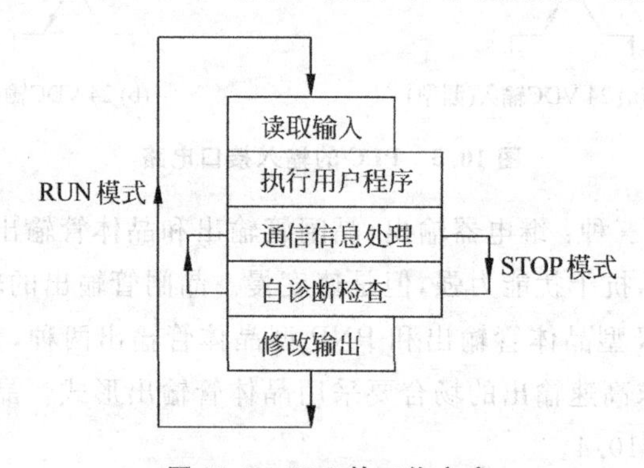

图10.5　PLC的工作方式

(1) 读取输入

PLC以扫描工作方式按顺序将所有的输入端的输入信号读入到输入映像寄存器中存

储,这一过程称为采样。在同一个扫描周期内,这个采样结果的内容不会再次改变,它是PLC程序执行时使用的输入量的依据。

(2) 执行用户程序

PLC按顺序对程序进行扫描,即从上到下,从左到右的扫描每一条指令,并分别从输入映像寄存器中读入所需要的数据进行运算、处理,再将每一条指令执行的结果送入工作参数寄存器,供后面程序指令执行时使用。当全部程序执行完毕以后,程序执行的结果被送入输出映像寄存器保存,这个结果在整个程序执行完毕之前不会送到输出端上。

(3) 通信信息处理

在通信信息处理阶段PLC完成处理从通信端口收到的任何信息。具体包括:①与编程器交换信息,在使用编程器输入程序和调试程序时执行;②与数字处理器交换信息,只有在PLC中配有数字处理器时才执行;③与网络通信,当PLC配有网络通信模块时,应与通信对象进行数据交换。

(4) 自诊断检查

在自诊断阶段,PLC检查其硬件、用户程序存储器(在RUN模式时)和所有I/O模块的状态。如果出现故障,则停止中央处理工作并报警提示。

(5) 修改输出

在用户执行完所有程序后,PLC将输出映像寄存器中的内容送到输出锁存器中去驱动用户设备,锁存器中的内容将保持到下一次程序执行完后的输出量来取代为止,所以也称修改输出为输出刷新阶段。

由上分析可见:PLC采用循环扫描工作方式,其主要特点是输入信号集中批处理,程序执行集中批处理,输出控制集中批处理。PLC的这种"串行"工作方式,可以避免继电接触器控制系统中的触点竞争和时序失控的问题,这也是PLC可靠性高的原因之一。但这同时又导致了输出对输入在时间上的滞后,这是PLC的特点之一。

10.1.3 西门子S7-200可编程序控制器简介

西门子的SIMATIC S7-200 PCL系列是一类可编程逻辑控制器,属于小型PLC,可用于代替继电接触器的简单控制场合,也可用于复杂的自动化控制系统。由于它有极强的通信功能,在大型网络控制系统中也能充分发挥作用。

模块化结构的小型S7-200 PLC如图10.6所示。CPU模块上包含电源、I/O接点、通信接口等,常称为基本单元。S7-200基本单元上提供一定的本机I/O点数,通过扩展模块可以对其I/O点数进行扩展,如图10.6所示,扩展模块通过电缆与基本单元或其他扩展模块相连,连接端口处于前端盖子下。

S7-200有四种型号的CPU,分别是CPU 221、CPU 222、CPU 224和CPU 226,不同CPU型号的可扩展性不同。CPU 221不可扩展,CPU 222最多可加2个扩展模块,CPU 224和CPU 226最多可加7个扩展模块,7个模块中最多有2个智能扩展模块(EM277 PROFIBUS-DP模块)。

S7-200每个CPU允许的数字量I/O的逻辑空间是128个输入和128个输出。由于该逻辑空间按8点模块分配,所以造成有些物理点地址无法寻址,比如CPU 224有10个输出点,但是它占用了16个点的地址。模拟量I/O允许的逻辑空间为:CPU 222为16输入和

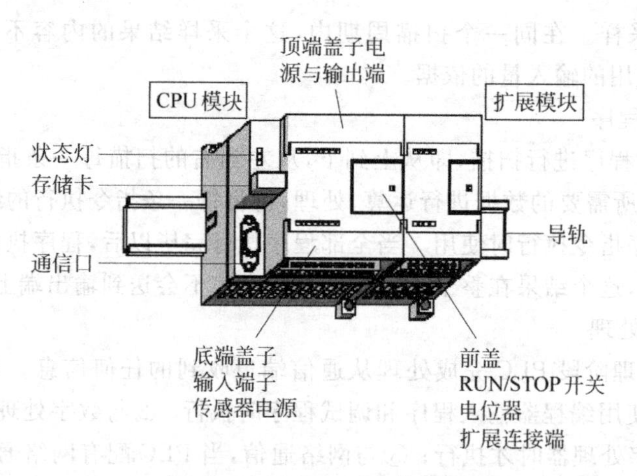

图10.6 S7-200 CPU的结构

16输出,CPU 224和CPU 226为32输入和32输出。

S7-200系列可编程序控制器的可靠性高,编程指令丰富,指令功能强,易于掌握、操作方便。内置有高速计数器、高速输出、PID控制器、RS-485通信/编程接口、PPI通信协议、MPI通信协议和自由方式通信功能。I/O端子排可以很容易地拆卸。提供多种具有不同I/O点数的CPU模块和数字量、模拟量I/O扩展模块供用户选用。CPU模块和扩展模块用扁平电缆连接,可选用全输入型或全输出型数字量I/O扩展单元来改变输入输出的比例。

一个基本的S7-200 PLC系统应该包括:一个S7-200 CPU模块,一台个人计算机(PC),STEP 7-Micro/WIN编程软件,以及一条通信电缆,简称(PC/PPI)电缆,其连接方式如图10.7所示。

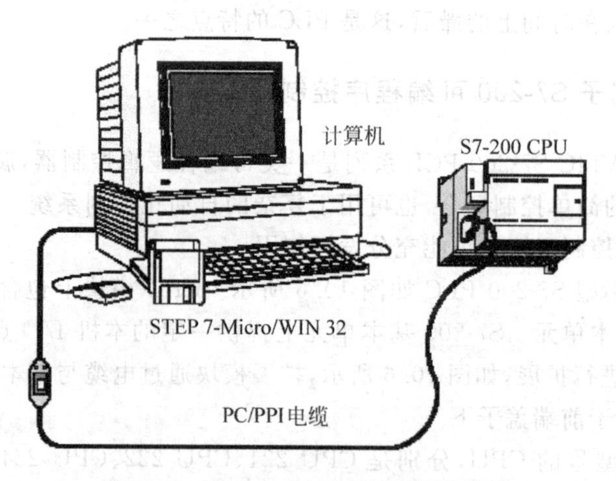

图10.7 S7-200 Micro PLC系统的组成

S7-200在下列领域已经得到广泛应用:机床电器、纺织机械、塑料机械、包装机械、烟草机械、冲压机械、铸造机械、运输带、食品工业、化学工业、陶瓷工业、环保设备、电力自动化设备、实验室设备、电梯、中央空调、真空装置、恒压供水和化工系统中各种泵和电磁阀的控制。

10.2 S7-200 PLC 程序设计基础

10.2.1 可编程序控制器的编程语言与程序结构

1. 可编程序控制器的编程语言

IEC(国际电工委员会)1994 年 5 月公布了可编程序控制器标准(IEC 1131),该标准由以下 5 部分组成:通用信息、设备与测试要求、PLC 的编程语言、用户指南和通信。其中的第三部分(IEC 1131-3)是可编程序控制器的编程语言标准。

IEC 1131-3 详细地说明了句法、语义和下述 5 种 PLC 编程语言的表达方式:

- 顺序功能图(sequential function chart,SFC)
- 梯形图(ladder diagram,LD)
- 功能块图(function block diagram,FBD)
- 指令表(instruction list,IL)
- 结构文本(structured text,ST)

标准中有两种图形语言,即梯形图和功能块图,还有两种文本语言,即指令表和结构文本。顺序功能图可以认为是一种按照动作流程组织程序的控制流程图。

(1) 顺序功能图

顺序功能图是一种位于其他编程语言之上的图形语言,它使用“步(状态)”的概念按照动作顺序(步或状态的转换)组织程序,是 PLC 程序的规范设计方法。有的 PLC 编程软件中可以直接用顺序功能图输入程序,而对于没有此功能的 PLC(如 S7-200 PLC),可以先根据动作顺序确定“步”及各步的转换顺序,然后画出顺序功能图,再用其他编程语言(梯形图或者指令表)按照 SFC 写出程序。

采用顺序功能图的编程方法所编写的程序是模块化结构,便于修改和维护,且编程思路清晰规范,容易掌握。利用 SFC 的编程方法是编写复杂 PLC 程序必须掌握的方法。

(2) 梯形图

梯形图是用得最多的可编程序控制器图形语言。梯形图与继电器控制系统的电路图很相似,具有直观易懂的优点,很容易被工厂熟悉继电器控制的电气人员掌握,特别适合于开关量逻辑控制。有时也把梯形图称为电路或程序。

梯形图由触点、线圈和用方框表示的功能块图组成。触点代表逻辑输入条件,如外部的开关、按钮所对应的输入映像寄存器或者内部条件等,梯形图中“触点”的本质是取寄存器的值作为操作指令的操作数。线圈通常代表逻辑输出结果,用来控制外部的指示灯、交流接触器和内部的输出条件等,“线圈”的本质是根据指令的执行结果写寄存器(如输出映像寄存器)。功能块用来表示定时器、计数器或者数学运算等附加功能。

在分析梯形图的逻辑关系时,为了借用继电器电路的分析方法,可以想象有一个假想的能流(power flow)从左至右流动。当寄存器为 1 时其对应的常开触点接通,常闭触点断开,寄存器为 0 时反之。如图 10.8 所示,当图中的 I0.1 的常开触点接通(即 I0.1=1)且 I0.2 的常闭触点接通(即 I0.1=0),或者 M0.3 的常开触点接通且 I0.2 的常闭触点接通时,就会有一个假想的能流流到线圈 Q1.1,使 Q1.1 为 1。反之,如果没有能流到达 Q1.1,其值为 0。

触点和线圈组成的独立电路称为网络(network),用编程软件生成的梯形图和语句表程序中有网络编号,允许以网络为单位给梯形图加注释。在网络中,程序的逻辑运算按从左到右的方向执行,与能流的方向一致。各网络按从上到下的顺序执行,每个扫描周期中程序被从上到下执行一次。梯形图程序的执行过程见图10.9所示。使用编程软件可以直接生成和编辑梯形图,并将它们下载到PLC中去。

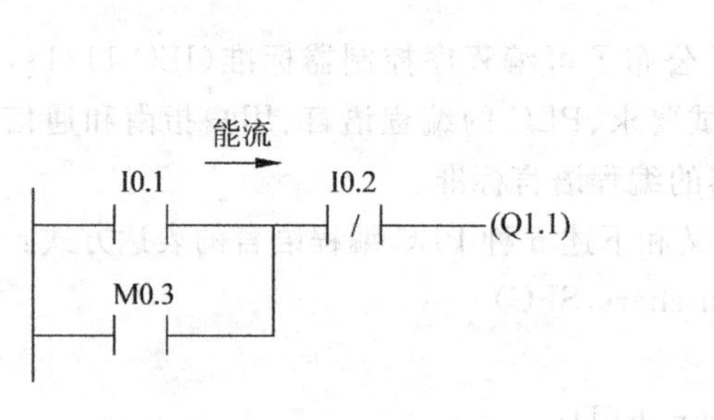

图10.8 梯形图

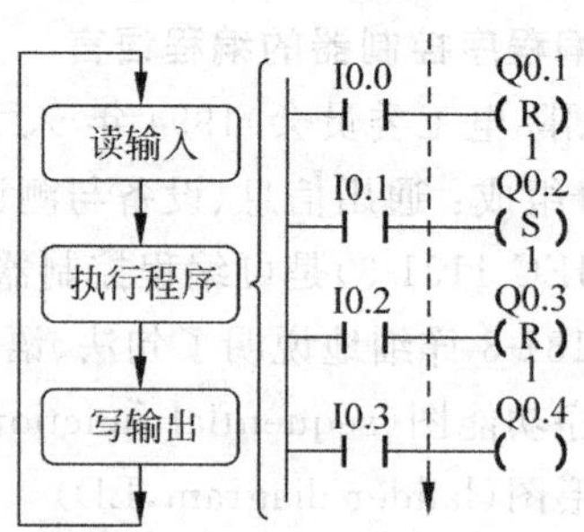

图10.9 PLC程序的执行过程

(3) 功能块图

这是一种类似于数字逻辑门电路的编程语言,有数字电路基础的人很容易掌握。该编程语言用类似于与门、或门的方框来表示逻辑运算关系,方框的左侧为逻辑运算的输入变量,右侧为输出变量,输入输出端的小圆圈表示"非"运算,方框被"导线"连接在一起,信号从左向右流动。

如图10.10所示功能块图,它与图10.8的功能相同。西门子公司的"LOGO1"系列微型PLC使用功能块图语言,S7-200系列PLC也可以使用功能块图语言进行编程。

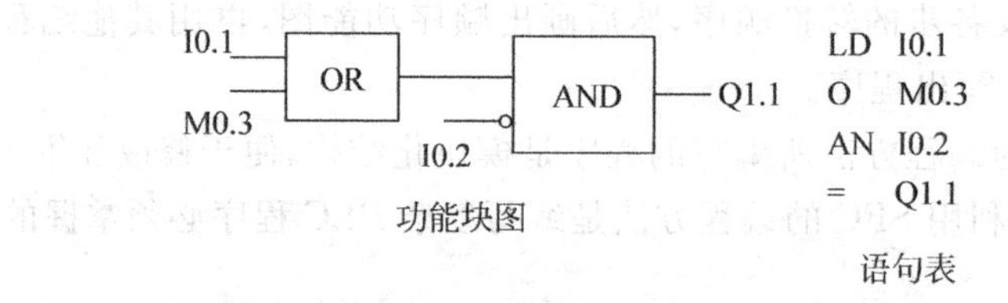

图10.10 功能块图与语句表

(4) 指令表

S7系列PLC还将指令表称为语句表(statement list,STL)。PLC的指令表是一种与微机的汇编语言中的指令相似的助记符表达式,由指令组成的程序叫做指令表程序或语句表程序,如图10.10所示。

语句表比较适合对PLC和逻辑程序设计经验丰富的程序员,用语句表编程比较灵活,可以实现某些不能用梯形图或功能块图实现的功能。

图10.8所示的梯形图对应的语句表见图10.10。

S7-200 CPU在执行程序时要用到逻辑堆栈,梯形图和功能块图编辑器自动地插入处理栈操作所需要的指令,在语句表中,必须由编程人员加入这些栈处理指令。

(5) 结构文本

结构文本(ST)是为IEC 1131-3标准创建的一种高级编程语言。与梯形图相比,它能实现复杂的数学运算，编写的程序非常简洁和紧凑。

2. 编程语言的相互转换和选用

在 S7-200 的编程软件中，用户可用梯形图、语句表（即指令表）和功能块图三种语言来编程。语句表不使用网格，但可以使用 Network 这个关键词对程序分段，这样的程序可以转换成梯形图。

梯形图程序中输入信号与输出信号之间的逻辑关系一目了然、易于理解，与继电接触器电路图的表达方式极为相似，对于初学者，设计开关量控制程序时建议选用梯形图语言。

语句表可以处理某些不能用梯形图处理的问题，梯形图编写的程序一定能转换成语句表，但是用语句表编写的程序不一定能转换成梯形图。语句表输入方便快捷，结构紧凑，梯形图中功能块对应的语句只占一行的位置。用语句表编写程序时，不但可以对每个网络加注释，也可以为每一行加注释，大大增加了程序的可读性。在设计通信、数学运算等高级应用程序时建议用语句表语言。

对于实际的控制任务，规范的编程过程是：根据控制工艺要求画出顺序功能图 SFC，再根据 SFC 写出梯形图程序、语句表程序或者功能块图程序。

3. Simatic 指令集与 IEC 1131-3 指令集

供 S7-200 使用的 STEP 7-Micro/WIN 编程软件提供两种指令集：SIMATIC 指令集与 IEC 1131 指令集，前者由西门子公司提供，它的某些指令不是 IEC 1131-3 中的标准指令。通常 SIMATIC 指令的执行时间短，可使用梯形图、功能块图和语句表语言，而 IEC 1131 指令集只提供前两种语言。

IEC 1131-3 指令集的指令较少，其中的某些“块”指令可接受多种数据格式。例如 SIMATIC 指令集中的加法指令被分为 ADD_I（整数加）、ADD_DI（双字整数加）与 ADD_R（实数加）等，IEC 1131-3 的加法指令 ADD 则未作区分，而是通过检验数据格式，由 CPU 自动选择正确的指令。1131-3 指令通过检查参数中的数据格式错误还可以减少程序设计中的错误。

在 IEC 1131 指令编辑器中，有些是 SIMATIC 指令集中的指令，它们作为 IEC 1131-1 指令集的非标准扩展，在编程软件的帮助文件中的指令树内用红色的“+”号标记。

4. 可编程序控制器的程序结构

S7-200 CPU 的控制程序由主程序、子程序和中断程序组成。

(1) 主程序

主程序（OB1）是程序的主体，每一个项目都必须并且只能有一个主程序。在主程序中可以调用子程序和中断程序。

主程序通过指令控制整个应用程序的执行，每次 CPU 扫描都要执行一次主程序。STEP 7-Micro/WIN 的程序编辑器窗口下部的标签用来选择不同的程序。因为程序已被分开，各程序结束时不需要加入无条件结束指令，如 END、RET 或 RETI 等。

(2) 子程序

子程序是一个可选的指令的集合，仅在被其他程序调用时执行。同一子程序可以在不同的地方被多次调用，使用子程序可以简化程序代码和减少扫描时间。设计合理的子程序容易移植到别的项目中去。

(3) 中断程序

中断程序是指令的一个可选集合，中断程序不是被主程序调用，它们在中断事件发生时由可编程序控制器的操作系统调用。中断程序用来处理预先规定的中断事件，因为不能预知何时会出现中断事件，所以不允许中断程序改写可能在其他程序中使用的存储器。

10.2.2 S7-200 PLC存储器的数据类型与寻址方式

1. 数据在存储器中存取的方式

(1) 位、字节、字和双字

二进制数的1位(bit)只有0和1两种不同的取值，可用来表示开关量(或称数字量)的两种不同的状态，如触点的断开和接通，线圈的通电和断电等。如果该位为1，则表示梯形图中对应的编程元件的线圈"通电"，其常开触点接通，常闭触点断开，以后称该编程元件为1状态，或称该编程元件ON(接通)。如果该位为0，对应的编程元件的线圈和触点的状态与上述的相反，称该编程元件为0状态，或称该编程元件OFF(断开)。位数据的数据类型为BOOL(布尔)型。

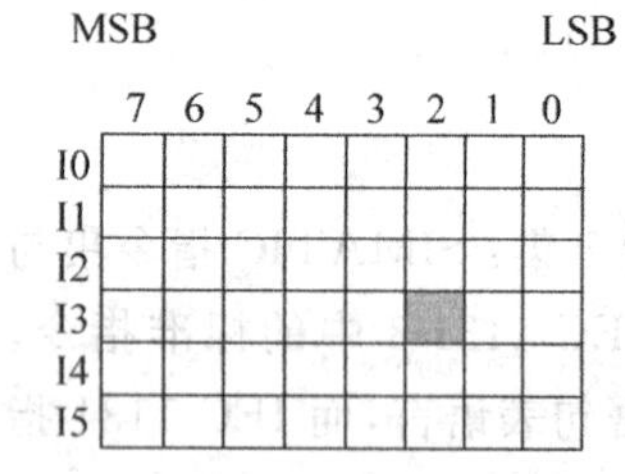

图10.11 位数据的存放

8位二进制数组成1个字节(byte，如图10.11所示)，其中第0位为最低位(LSB)，第7位为最高位(MSB)。两个字节组成1个字(word)，两个字组成1个双字。一般用二进制补码表示有符号数，其最高位为符号位，最高位为0时为正数，为1时为负数，最大的16位正数为7FFFH，H表示十六进制数。字、字节和双字的取值范围见表10.1。

表10.1 数据的位数与取值范围

数据的位数	无符号数		有符号整数	
	十进制	十六进制	十进制	十六进制
B(字节)，8位值	0～255	0～FF	－128～127	80～7F
W(字)：16位值	0～65535	0～FFFF	－32768～32767	8000～7FFF
D(双字)：32位值	0～4294967295	0～FFFFFFFF	－2147483648～2147483647	80000000～7FFFFFFF

(2) 数据的存取方式

位存储单元的地址由字节地址和位地址组成，如I3.2，其中的区域标示符"I"表示输入(input)，字节地址为3，位地址为2(如图10.12所示)。这种存取方式称为"字节.位"寻址方式。

输入字节IB3(B是byte的缩写)由I3.0～I3.7这8位组成。相邻的两个字节组成一个字，VW100表示由VB100和VB101组成的1个字(见图10.12)，VW100中的V为区域标示符，W表示字(word)，100为起始字节的地址。

VD100表示由VB100～VB103组成的双字，V为区域标示符，D表示存取双字(double word)，100为起始字节的地址。

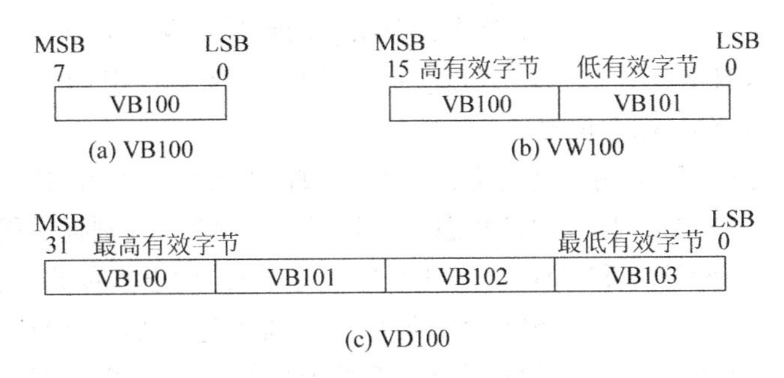

图 10.12 字、字节和双字对同一地址存取操作的比较

2. 不同存储区的寻址

(1) 输入映像寄存器(I)寻址

输入映像寄存器的标示符为 I(I0.0～I15.7),在每个扫描周期的开始,CPU 对输入点进行采样,并将采样值存于输入映像寄存器中。

输入映像寄存器是可编程序控制器接收外部输入的数字量信号的窗口。可编程序控制器通过光电耦合器,将外部信号的状态读入并存储在输入映像寄存器中,外部输入电路接通时对应的映像寄存器为 ON(1 状态)。输入端可以外接常开触点或常闭触点,也可以接多个触点组成的串并联电路。在梯形图中,可以多次使用输入位的常开触点和常闭触点。

I、Q、V、M、S、SM、L 均可按位、字节、字和双字来存取,下面是格式与举例。

格式:位　　　　　　I[字节地址].[位地址]　例如:I0.1

　　字节,字,双字　　I[长度][起始地址]　例如:IB4

(2) 输出映像寄存器(Q)寻址

输出映像寄存器的标示符为 Q (Q0.0～Q15.7),在扫描周期的末尾,CPU 将输出映像寄存器的数据传送给输出模块,再由后者驱动外部负载。如果梯形图中 Q0.0 的线圈"通电",继电器型输出模块中对应的硬件继电器的常开触点闭合,使接在标号为 0.0 的端子的外部负载工作。输出模块中的每一个硬件继电器仅有一对常开触点,但是在梯形图中,每一个输出位的常开触点和常闭触点都可以多次使用。

格式:位　　　　　　Q[字节地址].[位地址]　例如:Q0.1

　　字节,字,双字　　Q[长度][起始地址]　例如:QB3

(3) 变量存储器(V)寻址

在程序执行的过程中存放中间结果的存储器 V(CPU221 和 CPU222:VB0～VB2047,CPU224 和 CPU226:VB0～VB5119,CPU226XM:VB0～VB10239),或用来保存与工序或任务有关的其他数据。

格式:位　　　　　　V[字节地址].[位地址]　例如:V10.1

　　字节,字,双字　　V[长度][起始地址]　例如:VW100

(4) 位存储器(M)区寻址

内部存储器标志位 M(M0.0～M31.7)用来保存控制继电器的中间操作状态或其他控制信息。虽然名为"位存储器区",表示按位存取,但是也可以按字节、字或双字来存取。

格式：位　　　　　　　　　M[字节地址].[位地址]　例如：M26.7

字节，字，双字　　　　M[长度][起始地址]　例如：MD20

(5) 特殊存储器(SM)标志位寻址

特殊存储器用于CPU与用户之间交换信息，例如SM0.0一直为"1"状态，SM0.1仅在执行用户程序的第一个扫描周期为"1"状态。SM0.4和SM0.5分别提供周期为1min和1s的时钟脉冲。SM1.0、SM1.1和SM1.2分别是零标志、溢出标志和负数标志。

格式：位　　　　　　　　　SM[字节地址].[位地址]　例如：SM0.1

字节，字，双字　　　　SM[长度][起始地址]　例如：SMB77

(6) 局部存储器(L)区寻址

S7-200有64个字节的局部存储器(LB0～LB63)，其中60个可以作为暂时存储器，或给子程序传递参数。如果用梯形图编程，编程软件保留这些局部存储器的后4个字节。如果用语句表编程，可以使用所有的64个字节，但是建议不要使用最后4个字节。

各程序组织单元(program organizational unit，POU)(即主程序、子程序和中断程序)。均有自己的局部变量表，局部变量在它被创建的POU中有效。变量存储器(V)是全局存储器，可以被所有的POU存取。

S7-200给主程序和中断程序各分配64字节局部存储器，给每一级子程序嵌套分配64字节局部存储器，各程序不能访问别的程序的局部存储器。

因为局部变量使用临时的存储区，子程序每次被调用时，应保证它使用的局部变量被初始化。

格式：位　　　　　　　　　L[字节地址].[位地址]　例如：L0.1

字节，字，双字　　　　L[长度][起始地址]　例如：LB78

(7) 定时器(T)存储器区寻址

定时器T相当于继电器系统中的时间继电器，S7-200共有256个定时器(T0～T255)。按照时间分辨率(时基增量)区分有三种定时器，它们的时基增量分别为1ms、10ms和100ms。定时器的当前值寄存器是16位有符号整数，用于存储定时器累计的时基增量值(1～32767)。

定时器的当前值大于等于设定值时，定时器位被置为1，梯形图中对应的定时器的常开触点闭合，常闭触点断开。用定时器地址(T和定时器号，如T5)来存取当前值和定时器位，带位操作数的指令存取定时器位，带字操作数的指令存取当前值。

格式：　　　　　　　　　T[定时器号]　例如：T34

(8) 计数器(C)存储器区寻址

计数器C(C0～C255)用来累计其计数输入端脉冲电平由低到高的次数，CPU提供加计数器、减计数器和加减计数器。计数器的当前值为16位有符号整数，用来存放累计的脉冲数(1～32767)。当计数器的当前值大于等于设定值时，计数器位被置为1。用计数器地址(C和计数器号，如C20)来存取当前值和计数器位。带位操作数的指令存取计数器位，带字操作数的指令存取当前值。

格式：　　　　　　　　　C[计数器号]　例如：C33

(9) 顺序控制继电器(S)寻址

顺序控制继电器(SCR)位S(S0.0～S31.7)用于组织机器的顺序操作，SCR提供控制程序的逻辑分段，用于编写顺序控制系统的控制程序非常方便。

格式：位　　　　　　　　　S[字节地址].[位地址]　例如：S0.1

　　　字节，字，双字　　　S[长度][起始地址]　例如：SB76

使用顺序控制继电器可以很容易地实现顺序功能图程序，有关编程应用将在后续相关内容中讲解。

除此之外，还有模拟量输入(AI)寻址，模拟量输出(AQ)寻址，累加器(AC)寻址，高速计数器(HC)寻址等。

在各种寻址方式中，常数的表示方法可以是字节、字或双字，CPU 以二进制方式存储常数，常数也可以用十进制、十六进制、ASCII 码或浮点数形式来表示。

3. 直接寻址与间接寻址

(1) 直接寻址

直接寻址指定了存储器的区域、长度和位置，例如 VW790 指 V 存储区中的字，地址为 790。可以用字节(B)、字(W)或双字(D)方式存取 V、I、Q、M、S 和 SM 存储器区。例如 VB100 表示以字节方式存取，VW100 表示存取 VB100、VB101 组成的字，VD100 表示存取 VB100～VB103 组成的双字。

取代继电器控制的数字量控制系统一般只用直接寻址。

(2) 间接寻址

间接寻址是使用指针来存取存储器中的数据，S7-200 允许使用指针对 I、Q、V、M、S、T 和 C 进行间接寻址。使用时需先建立间接寻址指针，然后用指针存取数据。具体请参考 S7-200 系统手册。

4. 绝对地址与符号地址

可以用数字和字母组成的符号来代替存储器的地址，符号地址便于记忆，使程序更容易理解。程序编译后下载到可编程序控制器时，所有的符号地址被转换为绝对地址。

程序编辑器中的地址显示举例：

I0.0：绝对地址，由内存区和地址组成(SIMATIC 程序编辑器用)。

%I0.0：绝对地址，百分比符号放在绝对地址之前(IEC 程序编辑器用)。

#INPUT1：符号地址，“#”号放局部变量之前(SIMATIC 或 IEC 程序编辑器用)。

“INPUT1”：全局符号名(SIMATIC 或 IEC 程序编辑器用)。

??.? 或????：红色问号，表示一未定义的地址，在程序编译之前必须定义。

5. S7-200 PLC 的 I/O 扩展

CPU 上的集成 I/O 旁边标有字节地址和位地址，每个 I/O 点的地址是确定的。将扩展模块连接到 CPU 的右侧形成 I/O 链，扩展模块的 I/O 点要与映像寄存器中的位相对应，具体对应关系取决于 I/O 类型和在 I/O 链中的位置。因此，扩展 I/O 旁边只有位地址，没有字节地址，其字节地址要根据其连接顺序来确定。

数字量输入输出点地址总是以 8 位递增(对应映像寄存器的 1 个字节)，同一个字节中未能分配的位不再分配给下一个模块使用。如图 10.13 所示，在 CPU 的右边顺序连接了 5

个扩展模块，CPU上集成有14个输入点(I0.0～I1.5，第1个字节所有的位全部使用，第2个字节只用了前6位)和10个输出点(Q0.0～Q1.1，第1个字节全部使用，第2个字节只用了前2位)。第1个扩展模块(4In/4Out)的输入点只能从输入映像寄存器的第2字节开始使用，输出也只能从第2个字节开始使用，I1.6～I1.7和Q1.2～Q1.7是不能被扩展模块分配使用的。同理，由于这个扩展模块是“4输入/4输出”扩展模块，虽然输入输出只用了第2个字节的4位，但是在其后续的输入扩展模块中，输入点的地址只能从第3个字节开始，第2个字节中的后4位也是不能被下一个扩展模块分配使用的。

CPU224		4In/4Out		8 In		4A In/1A Out		8 Out		4A In/1A Out	
I0.0	Q0.0	I2.0	Q2.0	I3.0		AIW0	AQW0		Q3.0	AIW8	AQW4
I0.1	Q0.1	I2.1	Q2.1	I3.1		AIW2			Q3.1	AIW10	
I0.2	Q0.2	I2.2	Q2.2	I3.2		AIW4	AQW2		Q3.2	AIW12	AQW6
I0.3	Q0.3	I2.3	Q2.3	I3.3		AIW6			Q3.3	AIW14	
I0.4	Q0.4			I3.4					Q3.4		
I0.5	Q0.5	I2.4	Q2.4	I3.5					Q3.5		
I0.6	Q0.6	I2.5	Q2.5	I3.6					Q3.6		
I0.7	Q0.7	I2.6	Q2.6	I3.7					Q3.7		
I1.0	Q1.0	I2.7	Q2.7								
I1.1	Q1.1										
I1.2											
I1.3	Q1.2										
I1.4	Q1.3										
I1.5	Q1.4										
I1.6	Q1.5										
I1.7	Q1.6										
	Q1.7										

图10.13 S7-200 PLC的扩展(虚线中映像寄存器的位是不能被分配使用的)

模拟量扩展模块以两字(每个模拟输入通道对应一个字)递增的方式分配地址，在前一个扩展模块中未被使用的字，也不能被下一个使用。在图10.13中，模拟量扩展模块4AIn/1AOut的模拟输出使用了AQW0，而AQW2没有使用，则在下一个模拟量输出扩展模块中从AQW4开始使用。

10.3 S7-200 PLC的基本指令(SIMATIC指令)

10.3.1 位逻辑指令

1. 触点指令

(1) 标准触点指令

常开触点对应的存储器地址位为1状态时，该触点闭合，在语句表中，分别用LD(load，装载)、A(and，与)和O (or，或)指令来表示开始、串联和并联的常开触点。常闭触点对应的存储器地址位为0状态时，该触点闭合，在语句表中，分别用LDN (load not)、AN (and not)和ON (or not)来表示开始、串联和并联的常闭触点，触点符号中间的“/”表示常闭。触点指令中变量的数据类型为BOOL型。图10.14是触点指令程序举例，表10.2是触点指令的语句结构。

(2) 堆栈的基本概念

S7-200用1个9位的堆栈控制逻辑运算。栈顶用来存储逻辑运算的结果，下面的8位用来存储中间结果。堆栈中的数据按照“先入后出”的原则存取，如图10.15所示，当逻辑操

```
LD   I0.0
AN   I0.1
O    I0.2
A    I0.3
AN   C5
=    Q0.3
=    Q1.4
AN   I3.4
=    Q2.6
```

图 10.14 触点与输出指令

作使 I0.1 中的数据入栈时,栈中数据顺序下移一位,出栈时栈中数据顺序上移一位,栈底的数据不确定。理解各指令的堆栈操作,对于熟悉语句表指令非常有帮助。

表 10.2 标准触点指令

LD	bit	装载,电路开始的常开触点
A	bit	与,串联的常开触点
O	bit	或,并联的常开触点
LDN	bit	非装载,电路开始的常闭触点
AN	bit	非与,串联的常闭触点
ON	bit	非或,并联的常闭触点

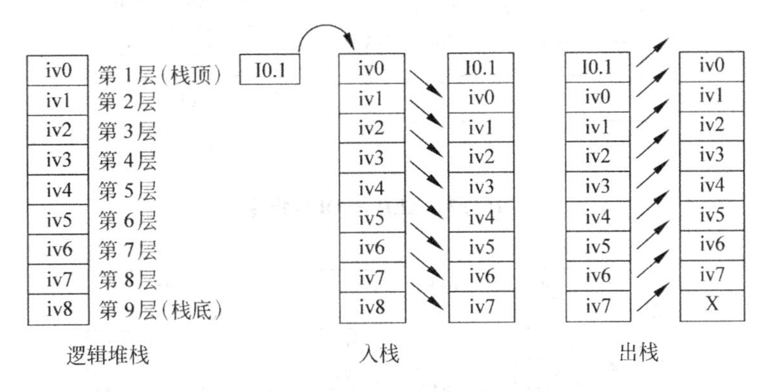

图 10.15 S7-200 中的逻辑堆栈

对于图 10.16 中所示的梯形图程序,执行 LD I0.0 指令时,将指令指定的位地址(I0.0)中的二进制数装入栈顶;在执行 AN M0.2 指令时,将栈顶数据与 M0.2 的反相与,运算结果存入栈顶;执行输出指令= Q0.0 指令时,栈顶数据被复制到 Q0.0。

(3) OLD(or load,组或)指令和 ALD(and load,组与)指令

触点的串并联指令只能将单个触点与别的触点电路串并联。要想将图 10.17 中由 I3.2 和 T16 的触点组成的串联电路与它上面的电路并联,首先需要完成两个串联电路块内部的"与"逻辑运算(即触点的串联),这两个电路块都是用 LD 或 LDN 指令表示电路块的起始触点。然后完成两个串联电路的并联。

OLD 指令不需要地址,它相当于是并联的两块电路右端的一段垂直连线。图 10.17 中 OLD 后面的两条指令将两个触点并联,ALD 指令将两个并联电路串联起来。

图 10.18 是图 10.17 梯形图程序的堆栈操作,从图中可以清楚地看到:"组或"是将栈

顶两层的数据相“或”，结果存入栈顶，下面的数据上移一层；“组与”是将栈顶两层的数据相“与”，结果存入栈顶，下面的数据上移一层。

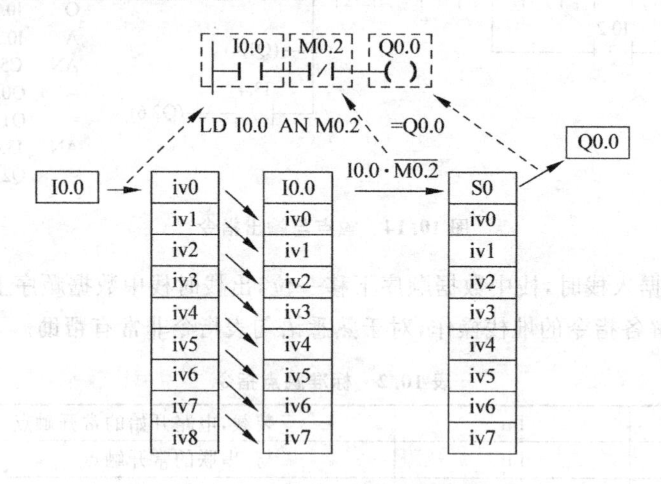

图 10.16 基本指令的堆栈操作

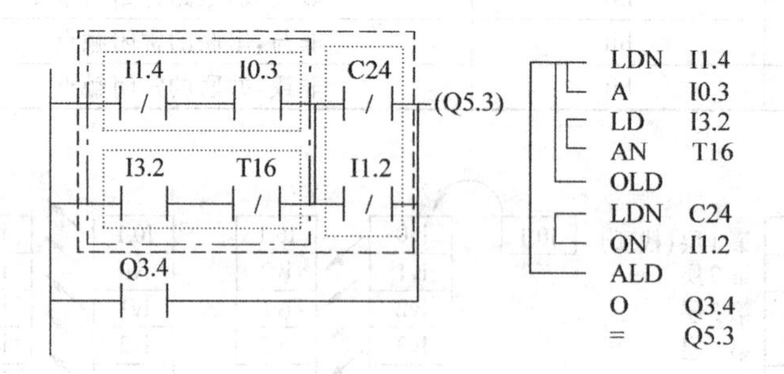

图 10.17 ALD 与 OLD 指令

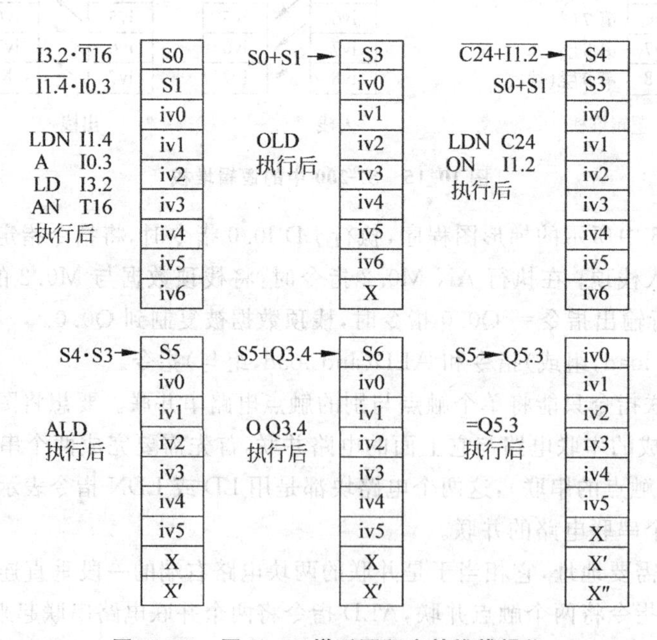

图 10.18 图 10.17 梯形图程序的堆栈操作

(4) 其他堆栈操作指令

入栈(LPS,logic push)指令、读栈(LRD,logic read)指令和出栈(LPP,logic pop)指令,是一组对分支形式的梯形图进行编程的指令,与 LDS、OLD 和 ALD 指令一起统称为逻辑堆栈指令,见表 10.3。LPS 表示分支的开始,LRD 表示分支的继续,LPP 表示分支的结束。

表 10.3 逻辑堆栈指令

ALD	装载与,电路块串联连接
OLD	装载或,电路块并联连接
LPS	入栈
LRD	读栈
LPP	出栈
LDS n	装载堆栈

堆栈操作如图 10.19 所示。入栈指令 LPS 复制栈顶的值并将其压入堆栈的下一层,栈中的数据依次下移一层,栈底的数据丢失;读栈指令 LRD 将堆栈中第 2 层的数据复制到栈顶,2～9 层的数据不变,但是原栈顶的数据丢失;出栈指令 LPP 使各层的数据上移一层,第 2 层的数据成为新栈顶,原栈顶数据丢失;装载堆栈 LDS n(n=1～8)指令复制第 n 层数据到栈顶,原数据依次下移一层,栈底数据丢失。图 10.20 是堆栈指令的使用举例。

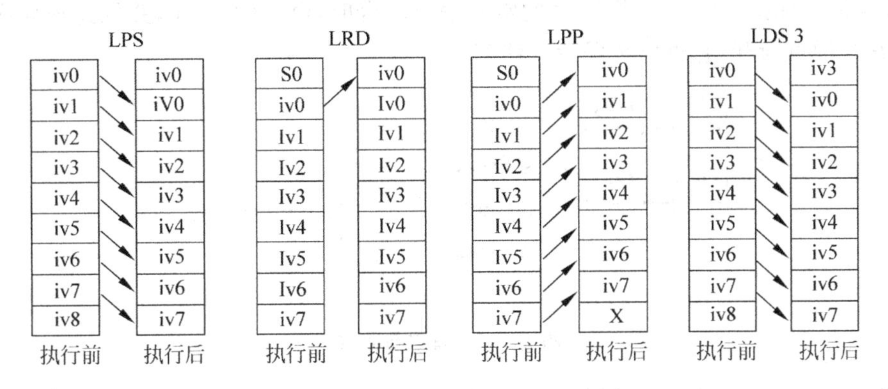

图 10.19 堆栈指令操作示意图

(5) 立即触点

立即(immediate)触点指令只能用于输入 I。立即触点执行时,立即读入物理输入点的值,根据该值决定触点的接通/断开状态,但是并不更新该物理输入点对应的映像寄存器的值。在语句表中,分别用 LDI、AI、OI 来表示开始、串联和并联的常开立即触点。用 LDNI、ANI、ONI 来表示开始、串联和并联的常闭立即触点。触点符号中间的"I"和"/I"表示立即常开和立即常闭。图 10.21 是立即触点的应用举例。

2. 输出指令

(1) 输出

输出指令(=)与线圈相对应,驱动线圈的触点电路接通时,线圈流过"能流",指定位对应的映像寄存器为 1,反之则为 0。输出指令将栈顶值出栈并复制到对应的映像寄存器,如图 10.16 所示。输出类指令应放在梯形图的最右边,变量为 BOOL 型。

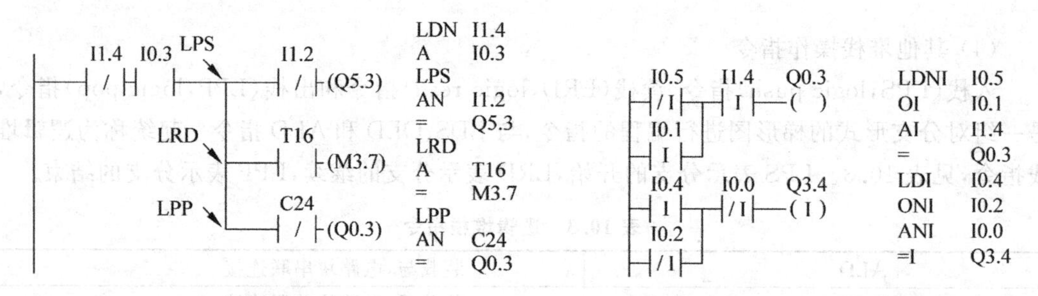

图 10.20　逻辑堆栈指令的使用　　　　图 10.21　立即触点与输出指令

(2) 立即输出

立即输出指令(= I)只能用于输出量(Q)。执行该指令时,该输出点被设为等于能流。当执行指令时,新值被同时写入物理输出点与输出映像寄存器。这就不同于非立即输出指令,非立即输出指令只将新值写入输出映像寄存器。

(3) 置位与复位

执行 S (set,置位或置 1)与 R(reset,复位或置 0)指令时,该指令从指定的位地址开始的 N 个点的映像寄存器都被置位(变为 1)或复位(变为 0),N=1～255,图 10.22 中 N=1。如果图 10.22 中 I0.1 的常开触点接通,Q0.3 变为 1 并保持该状态,即使 I0.1 的常开触点断开,它也仍然保持 1 状态。当 I0.3 的常开触点闭合时,Q0.3 变为 0,并保持该状态,即使 I0.3 的常开触点断开,它也仍然保持 0 状态。

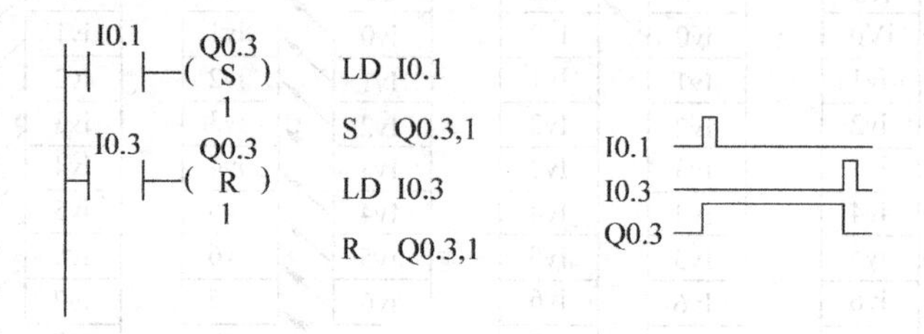

图 10.22　置位与复位

如果被指定复位的是定时器位(T)或计数器位(C),将清除定时器/计数器的当前值。置位和复位指令也有对应的“立即置位”和“立即复位指令”,在此不再赘述。输出指令如表 10.4 所示。

表 10.4　输出类指令

指令	操作数	说明
=	bit	输出
= I	bit	立即输出
S	bit, N	置位
SI	bit, N	立即置位
R	bit, N	复位
RI	bit, N	立即复位

3. 其他指令

(1) 取反(NOT)

取反触点将它左边电路的逻辑运算结果取反(如图 10.23 所示),运算结果若为 1 则变为 0,为 0 则变为 1,该指令没有操作数。能流到达该触点时即停止;若能流未到达该触点,该触点给右侧供给能流。NOT 指令将堆栈顶部的值从 0 改为 1,或从 1 改为 0。

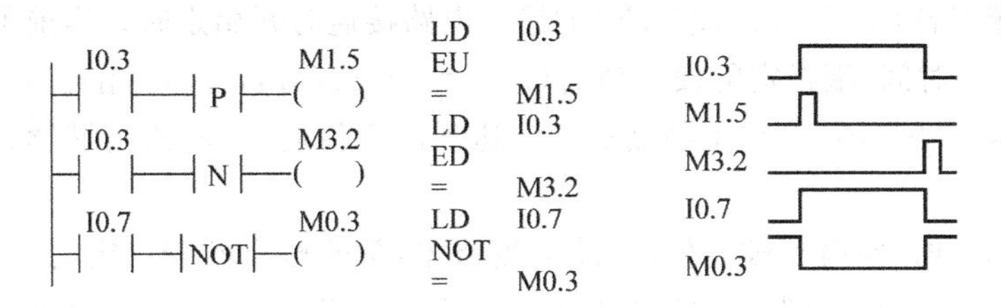

图 10.23 取反与跳变指令

(2) 跳变触点

正跳变触点检测到一次正跳变(触点的输入信号由 0 变为 1)时,或负跳变触点检测到一次负跳变(触点的输入信号由 1 变为 0)时,触点接通一个扫描周期。正/负跳变指令的助记符分别为 EU(edge up,上升沿)和 ED(edge down,下降沿),它们没有操作数,触点符号中间的"P"和"N"分别表示正跳变(positive transition)和负跳变(negative transition),如图 10.23 所示。

(3) 空操作指令

空操作指令(NOP N)不影响程序的执行,操作数 N = 0~255。

以上各指令分别如表 10.5 所示。

表 10.5 其他指令

NOT	取反
EU	正跳变
ED	负跳变
NOP N	空操作

10.3.2 定时器指令

定时器可分为通电延时定时器、断电延时定时器和保持型通电延时定时器。定时器的当前值、设定值均为 16 位有符号整数(INT),允许的最大值为 32767。定时器有 1ms、10ms 和 100ms 三种分辨率,分辨率取决于定时器号,如表 10.6 所示。

表 10.6 定时器特性

类 型	分辨率/ms	定时范围/s	定时器号
TONR	1	32.767	T0,T64
	10	327.67	T1~T4,T65~T68
	100	3276.7	T5~T31,T69~T95
TON TOF	1	32.767	T32,T96
	10	327.67	T33~T36,T97~T100
	100	3276.7	T37~T63,T101~T255

1. 通电延时定时器指令

通电延时定时器(TON)输入端(IN)的输入电路接通时开始定时。当前值大于等于PT(preset time,预置时间)端指定的设定值时(PT = 1～32767),定时器位变为ON,梯形图中对应定时器的常开触点闭合,常闭触点断开。达到设定值后,当前值仍继续计数,直到最大值32767。

输入电路断开时,定时器被复位,当前值被清零,常开触点断开。定时器的设定时间等于设定值与分辨率的乘积,图10.24中的T37为100ms定时器,设定时间为100ms × 4 = 0.4s。

定时器和计数器的设定值的数据类型均为INT型,除了常数外,还可以用VW、IW等作它们的设定值。

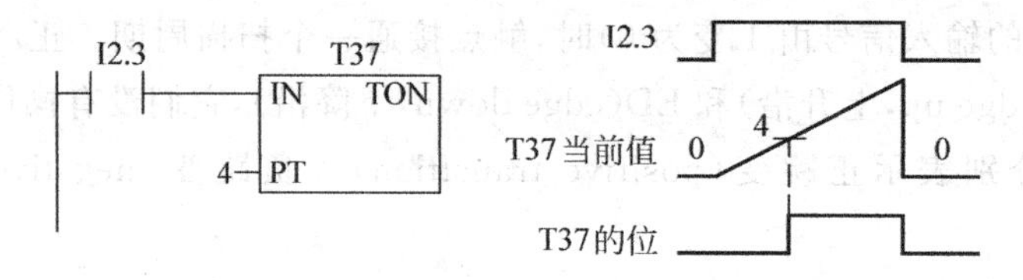

图10.24　通电延时定时器

2. 断电延时定时器指令

断电延时定时器(TOF)用来在IN输入电路断开后延时一段时间,再使定时器位OFF。它用输入从ON到OFF的负跳变启动定时。

接在定时器IN输入端的输入电路接通时,定时器位变为ON,当前值被清零。输入电路断开后,开始定时,当前值从0开始增大。当前值等于设定值时,输出位变为OFF,当前值保持不变,直到输入电路接通。图10.25的程序举例说明了断电延时定时器的工作原理。

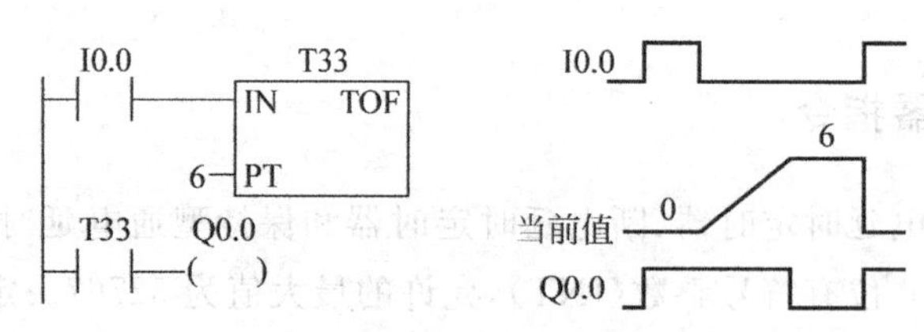

图10.25　断电延时定时器

TOF与TON不能共享相同的定时器号,例如不能同时使用TON T32和TOF T32。

可用复位(R)指令复位定时器。复位指令使定时器位变为OFF,定时器当前值被清零。在第一个扫描周期,TON和TOF被自动复位,定时器位OFF,当前值为0。

3. 保持型通电延时定时器

保持型通电延时定时器(retentive on-delay timer,TONR)的输入电路接通时,开始定时。当前值大于等于PT端指定的设定值时,定时器位变为ON。达到设定值后,当前值仍继续计数,直到最大值32767。

输入电路断开时，当前值保持不变。可用 TONR 来累计输入电路接通的若干个时间间隔。复位指令(R)用来清除它的当前值，同时使定时器位 OFF。图 10.26 中的时间间隔 $t_1+t_2 \geqslant$100ms 时，10ms 定时器 T2 的定时器位变为 ON。在第一个扫描周期，定时器位为 OFF。可以在系统块中设置 TONR 的当前值有断电保持功能。

图 10.26 说明了保持型通电延时定时器的工作原理。表 10.7 是定时器指令的语句结构。

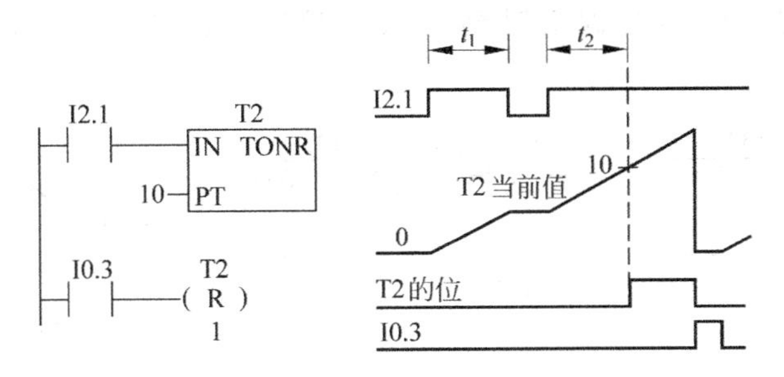

图 10.26 保持型通电延时定时器

表 10.7 定时器与计数器指令

定时器指令			计数器指令		
通电延时定时器	TON	Txxx,PT	加计数器	CTU	Cxxx, PV
断电延时定时器	TOF	Txxx, PT	减计数器	CTD	Cxxx, PV
保持型通电延时定时器	TONR	Txxx, PT	加减计数器	CTUD	Cxxx, PV

4. 定时器当前值刷新的方法

(1) 1ms 定时器

对于 1ms 分辨率的定时器来说，定时器位和当前值的更新不与扫描周期同步。对于大于 1ms 的程序扫描周期，在一个扫描周期内，定时器位和当前值刷新多次。

1ms 定时器可能在 1ms 内的任意时刻启动，因此当要保证最小的时间间隔时，要将设定值加 1。例如对 1ms 定时器，为了保证时间间隔至少为 56ms，设定值应为 57。10ms、100ms 定时器也有类似的问题，可用相同的原则处理，即设定值等于要求的最小时间间隔对应的值加 1。

(2) 10ms 定时器

对于 10ms 分辨率的定时器来说，定时器位和当前值在每个程序扫描周期的开始刷新。

定时器位和当前值在整个扫描周期过程中为常数。在每个扫描周期的开始会将一个扫描累计的时间间隔加到定时器当前值上。

(3) 100ms 定时器

对于 100ms 分辨率的定时器来说，定时器位和当前值在指令执行时刷新。因此，为了使定时器保持正确的定时值，要确保在一个程序扫描周期中，只执行一次 100ms 定时器指令。如果启动了 100ms 定时器但是没有在每一扫描周期执行定时器指令，将会丢失时间。

如果在一个扫描周期内多次执行同一个100ms定时器指令，将会多计时间。使用100ms定时器时，应保证每一扫描周期内同一条定时器指令只执行一次。

由以上说明可知，对于分辨率1ms和分辨率10ms的定时器，其当前值与定时器位的刷新时间与定时器指令的执行时间不同步。为了确保在每一次定时器达到预置值时，自复位定时器的输出都能够接通一个程序扫描周期，用一个常闭触点来代替定时器位作为定时器的使能输入。因此，图10.27(a)中的梯形图必须改为图10.27(b)，图10.27(c)是时序图。而分辨率100ms的定时器的刷新时刻与执行时刻是同步的，所以可以采用类似于图10.27(a)的电路。

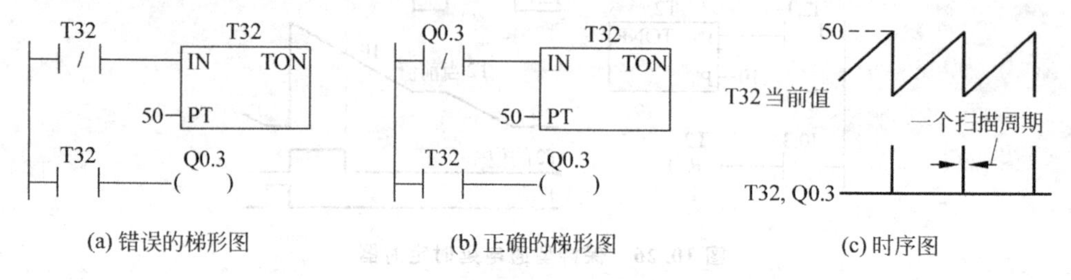

图10.27 自动重新触发定时的梯形图

10.3.3 计数器指令

计数器有加计数器、减计数器和加减计数器，其当前值、设定值均为16位有符号整数(INT)，允许的最大值为32767。计数器的编号范围为C0～C255。不同类型的计数器不能共用同一计数器号。

1. 加计数器(CTU)

当复位输入(R)电路断开，加计数(count up)脉冲输入(CU)电路由断开变为接通(即CU信号的上升沿)，计数器的当前值加1，直至计数最大值32767。当前值大于等于设定值(PV)时，该计数器位被置1。当复位输入(R)ON时，计数器被复位，计数器位变为OFF，当前值被清零。

在语句表中，栈顶值是复位输入(R)，加计数输入值(CU)放在栈顶下面一层。

图10.28是减计数器的程序举例。

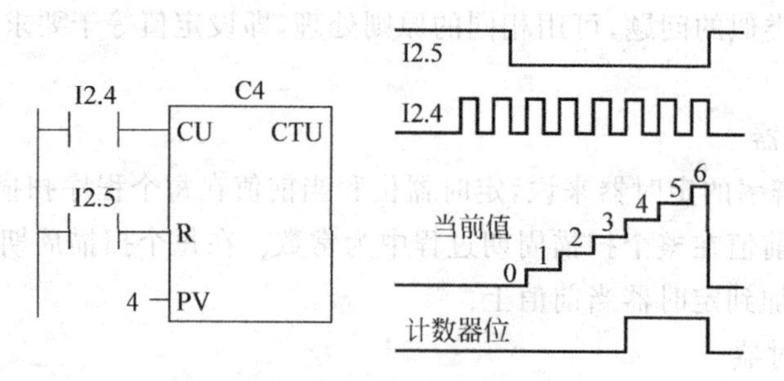

图10.28 加计数器

2. 减计数器(CTD)

在减计数(count down)脉冲输入(CD)的上升沿(从 OFF 到 ON),从设定值开始,计数器的当前值减 1,减至 0 时,停止计数,计数器位被置 1。装载输入(LD)为 ON 时,计数器位被复位,并把设定值装入当前值。

在语句表中,栈顶值是装载输入 LD,减计数输入 CD 放在栈顶下面一层。

图 10.29 是减计数器的程序举例。

3. 加减计数器(CTUD)

在加计数脉冲输入(CU)的上升沿,计数器的当前值加 1,在减计数脉冲输入(CD)的上升沿,计数器的当前值减 1,当前值大于等于设定值(PT)时,计数器位被置位。复位输入(R)ON,或对计数器执行复位(R)指令时,计数器被复位。当前值为最大值 32767 时,下一个 CU 输入的上升沿使当前值变为最小值－32768。当前值为－32768 时,下一个 CD 输入的上升沿使当前值变为最大值 32767。

在语句表中,栈顶值是复位输入 R,加计数输入 CU 放堆栈的第 2 层,减计数输入 CD 放堆栈的第 3 层。

图 10.30 是加减计数器的程序举例。

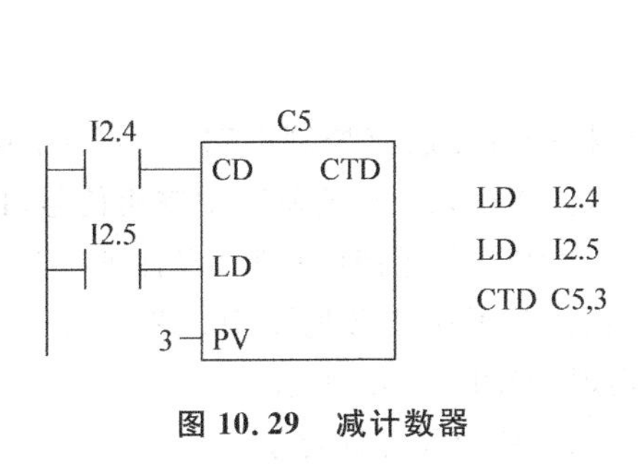

图 10.29 减计数器

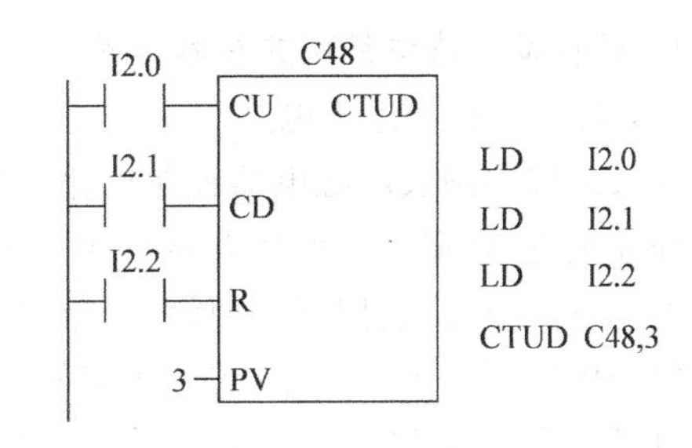

图 10.30 加减计数器

10.4 小型 PLC 控制系统设计

10.4.1 小型 PLC 控制系统设计的一般步骤

小型 PLC 控制系统的设计步骤一般如下:

(1) 根据控制要求估算程序容量,结合控制方式与速度、输入输出点数、控制精度与分辨率等选择 PLC 的机型。

(2) 确定输入、输出信号与 PLC 输入的对应关系(IO 分配)。并根据所选用的 PLC 机型所给定的元件地址范围(如输入、输出、位存储器、定时器、计数器和数据区等),对每个使用的相关输入、输出信号及内部元件号赋以专用的符号名,建立符号表。

(3) 根据受控对象的控制要求及相关动作转换逻辑,绘制出控制顺序功能图,再由控制顺序功能图写出用户的梯形图程序(或语句表)。

对于简单的控制系统，也可以不画出顺序功能图而直接写出 PLC 程序。

(4) 对用户程序进行调试，观察其输入和输出之间的关系是否满足控制要求。成功后可接入系统进行联机调试并投入运行。

通常采用梯形图或语句表设计 PLC 程序。对于简单的 PLC 程序控制程序，可以采用经验法进行设计。而对于较为复杂的控制程序，为了使控制程序规范、易读，容易修改，一般采用顺序功能图的设计方法。下面介绍经验设计法，利用顺序功能图的设计方法将在下节集中介绍。

10.4.2 PLC 程序的经验设计方法

可以采用设计继电器电路图的方法来设计比较简单的数字量控制系统的 PLC 控制程序，即在一些典型电路的基础上，根据被控对象对控制系统的具体要求，不断地修改和完善梯形图。有时需要多次反复地调试和修改梯形图，增加一些中间编程元件和触点，最后才能得到一个较为满意的结果。

由于这种编程方式没有普遍的规律可以遵循，具有很大的试探性和随意性，最后的结果也不是唯一的，设计所花的时间、设计质量都与设计者的经验有很大的关系，所以，把这种设计方法称为经验设计法。它适合于简单的梯形图程序的设计。

1. 经验设计法中常用的基本电路

(1) 启动保持和停止电路

如果用梯形图表示继电器控制电路中异步电动机的直接启停控制电路，就是一个启动保持和停止电路(简称启保停电路)，如图 10.31 所示。图中，I0.1 代表启动按钮信号，I0.2 代表停止按钮信号，它们都是短信号，所以，需要 Q1.1 作为自保持(自锁)，以保证 Q1.1 在启动信号作用下开始工作，直到停止信号到来才停止。其工作波形见图 10.32 所示。这一功能也可以用 S(直接置位)、R(直接复位)指令来实现，如图 10.33 所示。

实际的启保停电路的启动和停止信号可以由多个触点串联并联提供。

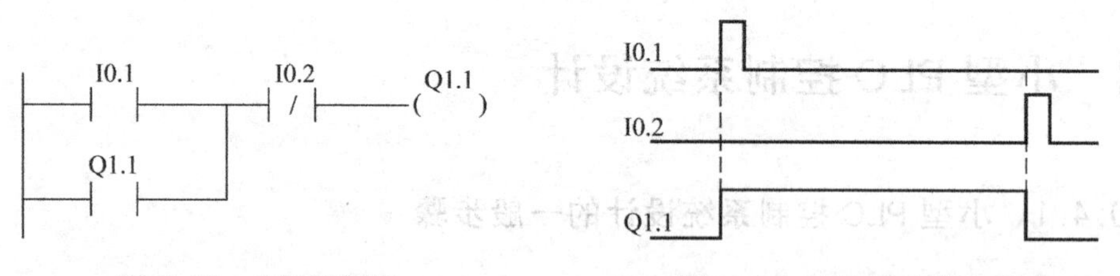

图 10.31 启保停电路　　图 10.32 启保停电路波形图

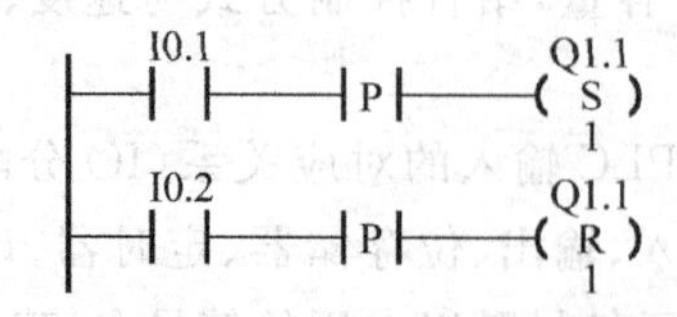

图 10.33 用置位与复位指令实现启保停电路

(2) 延时接通/断开电路

利用定时器可以构成延时接通和延时断开的电路,如图10.34所示。图中,当I0.0接通7s后,线圈Q0.1接通,当I0.0断开5s后,线圈Q0.1自动断开。

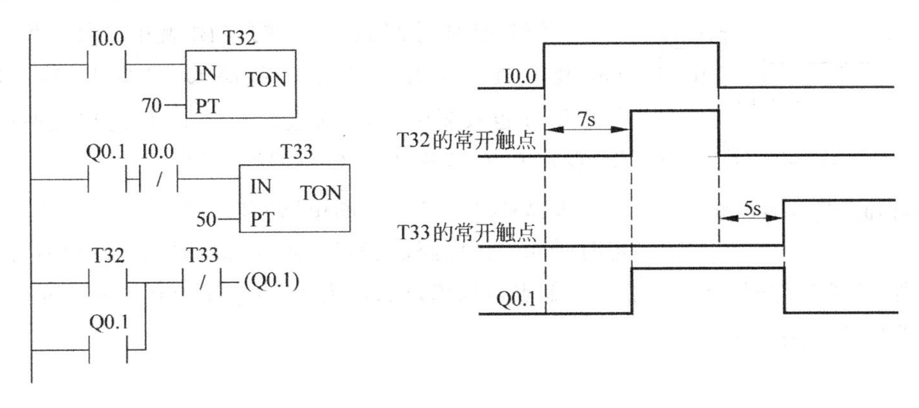

图10.34 延时接通/延时断开电路

(3) 定时范围的扩展

如果控制系统要求的定时长度超出了定时器的定时范围,可以使用计数器构成如图10.35所示电路来延长定时。该电路的工作原理:当I0.0处于OFF状态时,100ms定时器T33和计数器C7处于复位状态,均不工作。当I0.0处于ON状态时,其常开触点接通,定时器T33开始定时,60s后T33的定时时间到,其当前值等于设定值,它的常闭触点断开,使自己复位,复位后T33的当前值变为0,同时其常闭触点接通,使它自己的线圈又开始通电定时,T33将这样周而复始的工作,直到I0.0变为OFF状态。可见,T33在I0.0处于ON状态时,是一个脉冲发生器,脉冲周期为T33的定时时间K_T(图中为60s)。T33产生的脉冲被送给计数器C7计数,计满K_C(60个数相当于1h)后,计数器C7的当前值等于设定值60,它的常开触点闭合,线圈Q0.1接通工作。

可见,该电路的定时时间应该是

$T=0.1K_TK_C$(s)

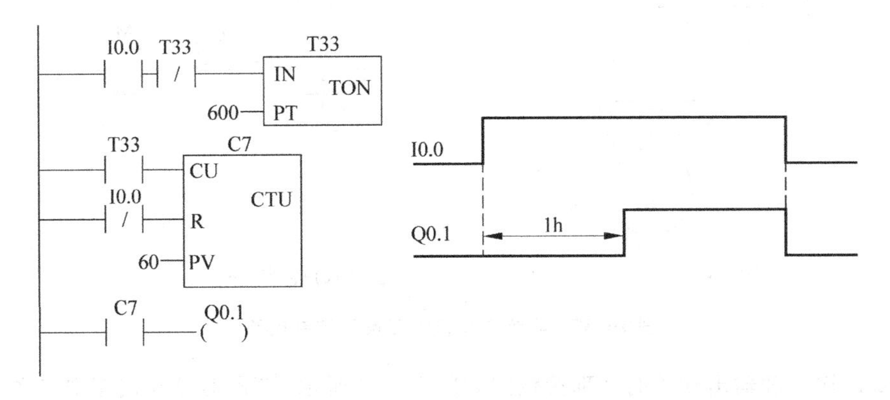

图10.35 定时范围扩展电路

(4) 闪烁电路

采用图10.36所示电路可以构成一个闪烁电路,该电路具有振荡电路的特点。工作原

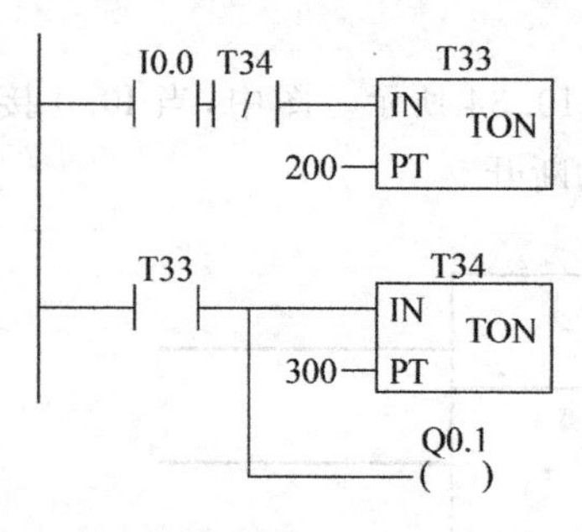

图 10.36　闪烁电路

理：当 I0.0 接通时，T33 的 IN 输入端为状态 1，T33 开始定时。2s 后定时时间到，T33 的常开触点接通，线圈 Q0.1 通电，同时，定时器 T34 的 IN 输入端为状态 1，T34 开始定时，3s 后，T34 定时时间到，T34 的常闭触点断开，使定时器 T33 复位，T33 常开触点断开，线圈 Q0.1 断开，输出停止，同时 T34 也被复位，T33 又重新开始定时，这样周期性的工作，直到 I0.0 断开，所有定时器均复位。

可见，Q0.1 通电和断电的时间分别等于 T33 和 T34 的定时时间。该电路的特点就是闪烁的时间可以按需要调整。

另外，特殊存储器 SM0.5 的常开触点可以提供周期为 1s 占空比为 0.5 的脉冲信号，也可以作为闪烁电路的输入信号。

2. 用经验设计法设计简单控制系统的梯形图电路举例

例 10.4.1　异步电动机的正反转控制电路的设计。

解　图 10.37 是异步电动机正反转控制的主电路和控制电路，图中 KM_1 和 KM_2 分别是控制电机正转和反转的交流接触器，FR 是热继电器。SB_1 为停止按钮，SB_2，SB_3 分别为正转启动和反转启动按钮。该控制电路的工作原理见第 9 章。

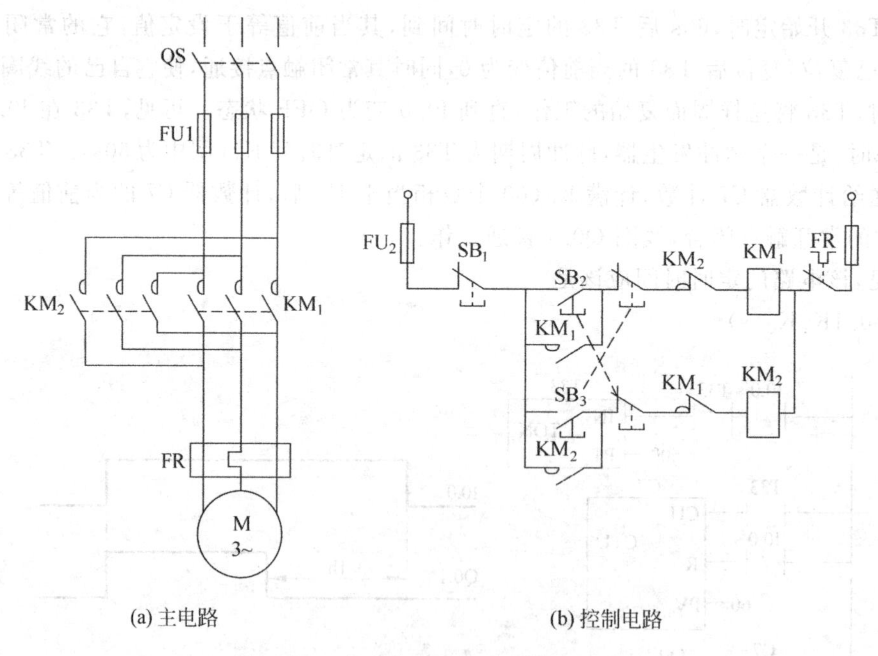

图 10.37　异步电动机的正反转控制电路

PLC 的输入和输出端子的外部接线图如图 10.38 所示，输入信号与按钮对应关系和输出信号与接触器线圈对应关系如表 10.8 所示。在图 10.38 中，KM_1 和 KM_2 的常闭触点是为了防止主电路电流过大或接触器质量不好使接触器主触点被断电时产生的电弧熔焊而被粘结，其线圈断电后主触点仍然接通的，这时，如果另一只接触器的线圈通电，而造成电源的短路。停车按钮使用常闭触点，是为了避免常开触点故障引起不能停车的故障。

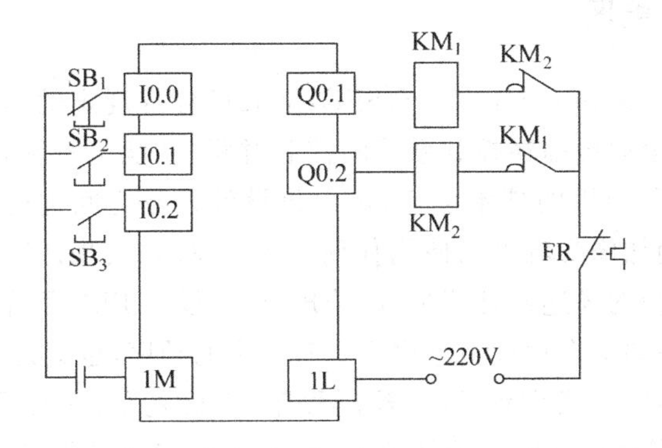

图 10.38 PLC 外部接线图

表 10.8 输入输出元件表

实际输入元件	输入元件号	输出元件号	实际输出元件
停止 SB_1	I0.0	Q0.1	正转线圈 KM_1
启动(正转)SB_2	I0.1	Q0.2	反转线圈 KM_2
启动(反转)SB_3	I0.2		

根据系统要求，设计梯形图程序如图 10.39 所示。图中，用两套启保停电路分别控制电机正转和反转，利用输出继电器的常闭触点和按钮的常闭触点实现正反转转换的互锁。

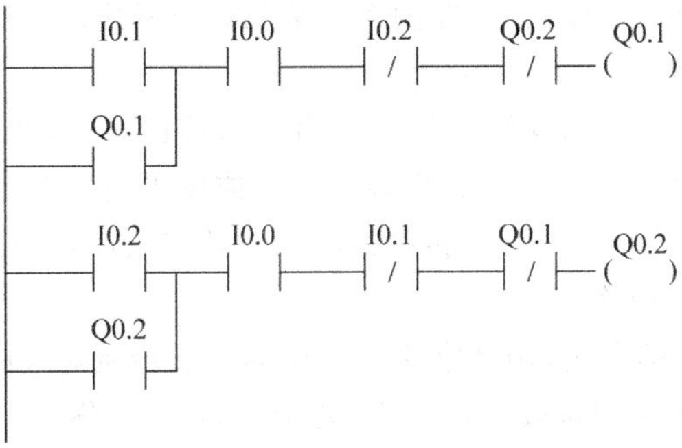

图 10.39 异步机正反转控制电路

10.5 利用顺序功能图设计 PLC 控制程序

利用经验法设计 PLC 程序基本无章可循，所设计出的程序不具有模块化的特点，修改维护很困难，只适合设计简单的 PLC 程序。如果要设计复杂的控制和控制系统，一般采用 PLC 程序的规范设计方法——顺序功能图的设计方法。

10.5.1 顺序功能图

顺序功能图(sequence function chart,SFC)是IEC标准规定的用于顺序控制的标准化语言,顺序功能图用来全面地描述控制系统的控制过程、功能与特性,而不涉及系统所采用的具体技术,SFC是一种通用的技术语言,可以供设计人员之间进行技术交流使用。原则上同一个顺序功能图稍加修改就可以使用任何一种PLC来实现。顺序功能图以控制工艺过程为主线,对控制过程的描述条理清楚、简洁规范,是设计PLC程序的重要工具。

一般的自动化设备的动作和控制流程都具有一定的顺序,也就是是一步接一步进行的。如果用基本指令梯形图的方式设计PLC控制程序,不仅复杂,而且程序的可读性也很差。如果编程软件具有顺序功能图输入的功能,设计时可以直接将顺序功能图输入计算机,使PLC的程序设计方便快捷。还可以以顺序功能图为基础,利用顺序控制指令,用梯形图或STL编写程序,这种编程方法简单易学,具有模块化结构,只要增加适当的注释就可以使程序具有很强的可读性。

1. 顺序功能图的组成元素

顺序功能图主要由步(step)或者状态、转移(transition)、转换条件(transition condition)、动作(action)组成。

(1) 根据控制系统输出量的变化,将系统的一个工作循环分解成若干顺序相连的阶段,这些阶段称为"步"。控制过程开始的状态称为初始步,它表示操作的开始。初始步用双线框表示,每个顺序功能图必须有一个初始步(初始状态)。

(2) 转移。转移用有向线段表示,在两个相临的状态框之间必须有转移线段连接,不能直接相连。

(3) 转换条件。转换条件用与转移线段垂直的短线段表示,每个转移线段上必须有一个或一个以上的转移条件短线段。在短线旁用文字或图形符号注明转移条件的具体内容。当转移条件满足时,实现转移。同一个转移线段上的转移条件是相与的关系,只有所有的转移条件都满足时才能发生转移。

(4) 动作。在状态框的旁边,用文字说明相应的状态步所对应的动作或指令操作。

当系统正处于某步所在的阶段时,该"步"处于活动状态,称该步为"活动步"。步处于活动状态时,相应的动作被执行。当"步"不处于活动状态时称为"死步",死步中所有的动作是不被执行的。因此一般用特定的编程元件(如位存储器M或顺序控制继电器SCR)代表状态,当代表状态的存储器"置位"时相应的状态为活动状态,"清零"时成为死步。转移发生时程序必须能够冻结转出步(使其成为死步),并且同时激活转入步。

经验设计法实际上是试图用输入信号I直接控制输出信号Q,如果无法直接控制,或为了实现记忆、联锁、互锁等功能,只好被动地增加一些辅助元件和辅助触点。由于不同的系统的输出量Q与输入量I之间的关系各不相像,因此利用经验设计法设计的程序因人而异,可读性差。顺序控制设计法则是用输入量I控制代表各步的编程元件,再用它们控制输出量Q。步是根据输出量Q的状态划分的,编程元件与Q之间具有很简单的"与"的逻辑关系,输出电路的设计极为简单。任何复杂系统中代表步的编程元件(存储器位)的控制电路,其设计方法都是相同的,并且很容易掌握,所以顺序控制设计法具有简单、规范、通用的优点。

以运料小车控制为例。小车的运行过程可以分为如下几步：

① 初始步。在打开电源的第一个扫描周期进入初始步，PLC 运行后将不再进入。打开电源时使小车自动运行到最左端等待启动。初始步完成的动作要根据工艺要求确定，也要根据编程要求使某些编程元件清零。

② 装料。启动后在最左端停 2 分钟等待装料完成。在这个步中的动作就是要使电机停止，并启动延时。延时时间到时进入下一步。

③ 右行。右端限位开关动作时进入下一步。

④ 卸料。在右端停车延时，延时到达时进入下一步。

⑤ 左行。左端限位开关动作时再次进入第 2 步。

如此循环，当按动停车按钮时小车停止运行。运料小车的控制过程如图 10.40(a)所示。

步的划分不是唯一的，步划分得越细，则步内程序越简单，反之则步内程序越复杂。原则上在步内程序容易编写的情况下，步越少越好。每步对应于一块程序，将每步对应的程序写出来按顺序排列，整个程序就完成了。

控制过程分解成“步”后，编写程序时需要根据 PLC 的功能特点用编程元件代表步，最通用的方法是用位寄存器 M 的位代表步，即每个步对应于 M 寄存器的一位，当该位为 1 时代表此步处于活动状态。当该寄存器为 0 时，该步处于冻结状态。此处位寄存器 M 与步的对应关系是：初始步——M0.0；第 1 步——M0.2；第 2 步——M0.3；第 3 步——M0.4；第 4 步——M0.5。图 10.40(b)为运料小车控制过程的顺序功能图。

使用不同的编程元件代表“步”时，编程方法有很大差别。但是为了实现步的转移，以及完成各步内的动作，每个步所对应的程序必须保证：

(1) 当步活动时执行相应的动作；

(2) 处于当前活动步，且满足转移条件时，转移到下一步；

(3) 激活下一步同时冻结上一个步。

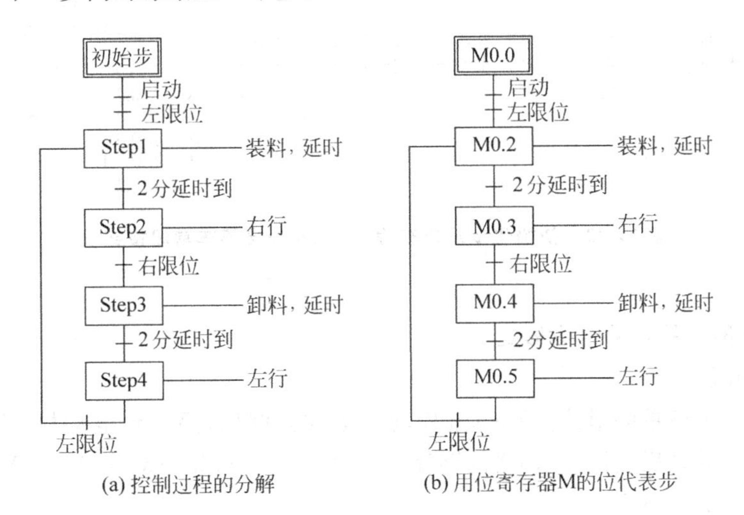

(a) 控制过程的分解　　(b) 用位寄存器M的位代表步

图 10.40　运料小车的顺序功能图

用 R、S 指令可以完成如上要求，其程序框架如图 10.41 所示，这个程序框架对应于 Mm.n 步及其转移。依据这个程序框架，只需按照顺序功能图依次写出每步及其转移的程序段即可，因此编程变得简单。

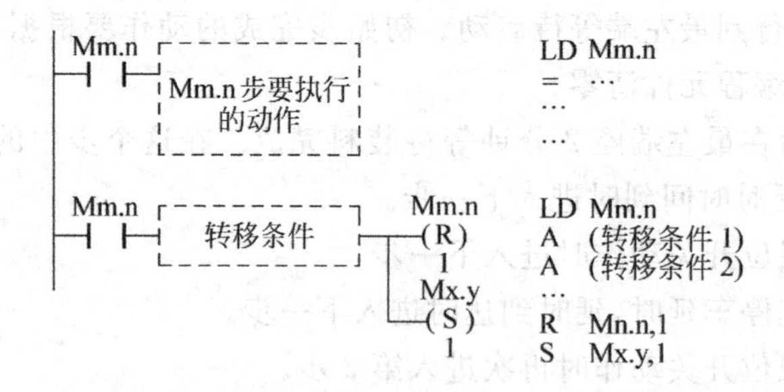

图 10.41　用 RS 指令实现顺序功能图的程序框架

(当满足转移条件时从 Mm.n 步转移到 Mx.y 步)

当 PLC 开始运行的第一个扫描周期，首先进入初始步状态，在初始步内进行必要的初始化动作，并等待进入第一步(M0.2)，所以一般将 SM0.1(第一个扫描周期为 1，其他为 0)作为进入初始步的条件，初始步的程序框架如图 10.42 所示。在初始步中要将所有其他的步冻结，当满足启动条件时进入 M0.2 步。当按动停车按钮 I0.0(外接常闭触点)时也进入初始化状态。如果控制要求比较简单，有的可能没有初始步，PLC 开始运行便进入第一步。也可以使用启保停电路实现顺序功能图程序，图 10.43 是用启保停电路实现顺序功能图的程序框架结构。

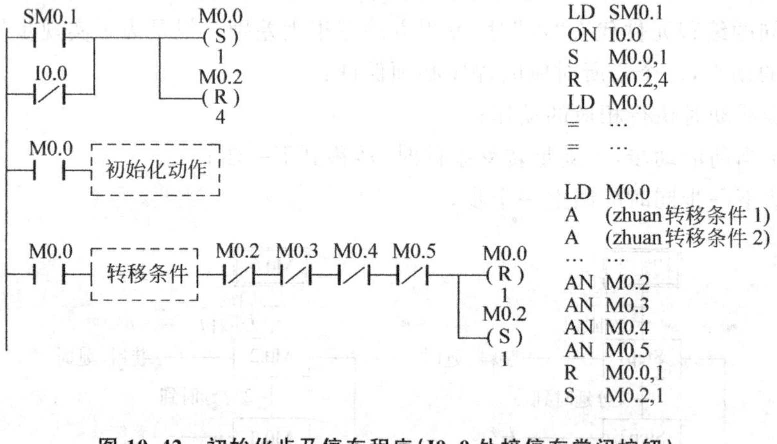

```
LD  SM0.1
ON  I0.0
S   M0.0,1
R   M0.2,4
LD  M0.0
=   …
=   …

LD  M0.0
A   (zhuan转移条件 1)
A   (zhuan转移条件 2)
…   …
AN  M0.2
AN  M0.3
AN  M0.4
AN  M0.5
R   M0.0,1
S   M0.2,1
```

图 10.42　初始化步及停车程序(I0.0 外接停车常闭按钮)

2. 顺序功能图的几种结构形式

(1) 单一流程

顺序功能图最简单的形式是单一流程动作形式。例如，要三台电动机 M1、M2 和 M3 依序运转 2 分钟并且反复循环，动作的顺序是：M1→M2→M3→M1→M2→M3 循环，其顺序功能图如图 10.44 所示。

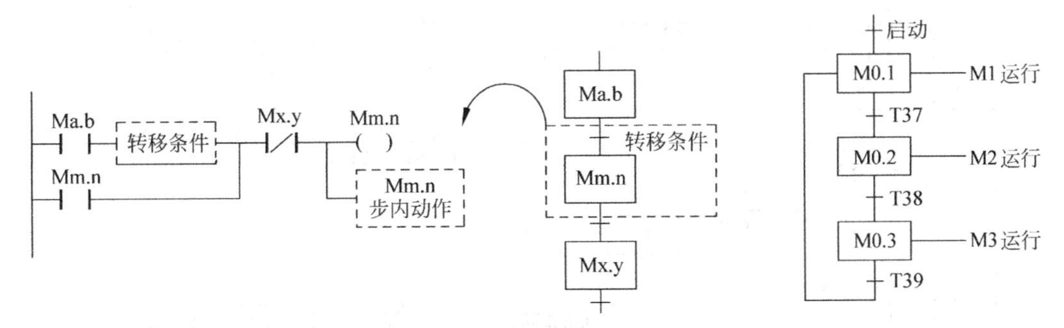

图 10.43 用启保停电路实现顺序功能图的程序框架结构　　图 10.44 单一流程顺序功能图

例 10.5.1 利用顺序功能图设计 3 台电动机顺序运转的控制程序。3 台电动机 M1、M2 和 M3 依序运转 2 分钟并且反复循环，动作的顺序是：M1→M2→M3→M1→M2→M3 循环，其顺序功能图如图 10.44 所示。根据顺序功能图 10.44 设计其梯形图程序。

解 首先列出系统的输入输出元件分配表，如表 10.9 所示。然后根据顺序功能图，按照步的执行顺序写出 PLC 程序。如图 10.45 所示。

表 10.9 例 10.5.1 的输入输出元件表

输入元件号	实际输入元件	输出元件号	实际输出元件	内部元件	
I0.0	启动按钮	Q0.0	电机 M1	T37	M1 定时
I0.1	停止按钮(常闭)	Q0.1	电机 M2	T38	M2 定时
		Q0.2	电机 M3	T39	M3 定时

如图 10.45 所示，在程序中与顺序功能图每步对应的程序包括两部分：一部分是进入该步后要执行的动作；另一部分是该步的转移，当满足条件时该步结束，并启动下一步。每步分程序的编写方法都是规范的，因此，只要画出顺序功能图，就可以很容易地将其转化成梯形图。另外，除了与顺序功能图的每个步对应的程序块外，PLC 程序包括启动程序与停止程序等公用程序，这些公用程序是处于步之外的程序。

(2) 选择分支流程

当状态转换过程中有两个或两个以上分支时，由分支回路的转换条件决定迁移到哪个状态，这种状态转换流程称为选择分支流程，如图 10.46 所示。选择分支流程分支时一般同时只允许选择一个流程。

对于选择性分支结构，与分支前步对应的程序块中，执行动作部分程序的写法与图 10.41 类似。但是它的转移部分有些不同，图 10.46 中 M0.2 步对应的程序中步转移部分如图 10.47 所示。

(3) 并行分支流程

当一个转换条件满足时，有两个或两个以上的分支同时执行，并且当所有的这些分支都执行完毕后再汇合执行下一个状态，这种流程称为并行分支流程。如图 10.48 所示，被并行执行的流程要画在两条平行双线之间。

在图 10.48 中，当 I0.1=1 时 M0.3-M0.4 分支、M1.0-M1.1 分支和 M2.0-M2.1 分支同时执行，当三个分支都执行完毕，并且 I0.2=1 时，转换到 M0.6 状态。图 10.46 中并行

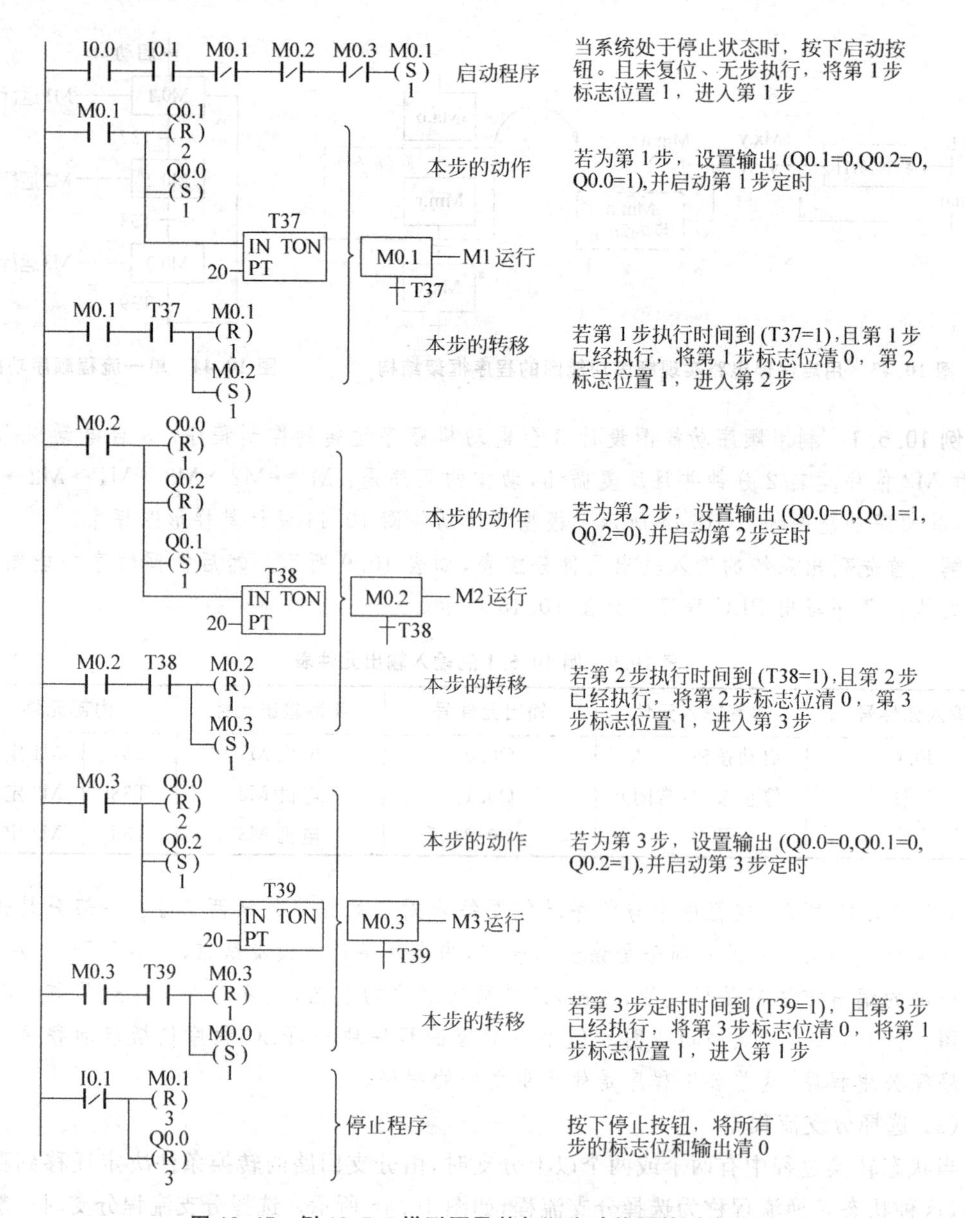
I0.0 I0.1 M0.1 M0.2 M0.3 M0.1
(S)
1
启动程序
当系统处于停止状态时，按下启动按钮。且未复位、无步执行，将第1步标志位置1，进入第1步
M0.1 Q0.1
(R)
2
Q0.0
(S)
1
T37
IN TON
20 PT
本步的动作
若为第1步，设置输出(Q0.1=0,Q0.2=0,Q0.0=1),并启动第1步定时
M0.1
M1运行
T37
M0.1 T37 M0.1
(R)
1
M0.2
(S)
1
本步的转移
若第1步执行时间到(T37=1),且第1步已经执行，将第1步标志位清0，第2标志位置1，进入第2步
M0.2 Q0.0
(R)
1
Q0.2
(R)
1
Q0.1
(S)
1
T38
IN TON
20 PT
本步的动作
若为第2步，设置输出(Q0.0=0,Q0.1=1,Q0.2=0),并启动第2步定时
M0.2
M2运行
T38
M0.2 T38 M0.2
(R)
1
M0.3
(S)
1
本步的转移
若第2步执行时间到(T38=1),且第2步已经执行，将第2步标志位清0，第3步标志位置1，进入第3步
M0.3 Q0.0
(R)
2
Q0.2
(S)
1
T39
IN TON
20 PT
本步的动作
若为第3步，设置输出(Q0.0=0,Q0.1=0,Q0.2=1),并启动第3步定时
M0.3
M3运行
T39
M0.3 T39 M0.3
(R)
1
M0.0
(S)
1
本步的转移
若第3步定时时间到(T39=1)，且第3步已经执行，将第3步标志位清0，将第1步标志位置1，进入第1步
I0.1 M0.1
(R)
3
Q0.0
(R)
3
停止程序
按下停止按钮，将所有步的标志位和输出清0

图10.45 例10.5.1梯形图及其与顺序功能图的对应关系

分支的执行与汇合程序如图10.49所示。图10.49(a)的梯形图对应于M0.2步程序中的步的转移部分。而图10.49(b)的梯形图是步M0.4、M1.1和M2.1的公用转移程序，在编写步M0.4、M1.1和M2.1对应的梯形图时，先编写各步的动作程序，然后编写出它们的公用转移程序即可。

应该注意，并不是所画出的任何结构的顺序功能图都可以实现，因此必须避免不能实现或不合理的顺序功能图。比如，如图10.50(a)的并行分支汇合结构是不合理的，因为两个转换条件I0.0和I1.1不同，M0.4和M1.1不会同时结束，所以不能实现并行汇合。为了实现M0.4和M1.1的并行汇合，在两个并行流程中增加等待步M2.0和M2.1，当两个并行流程都进入相应的等待步时，立即汇合进入M0.6步，如图10.50(b)所示。并行结构汇

M0.2
I0.1
I0.2
M0.3
M1.0
M0.4
M1.1
M0.5
M1.2
M0.6

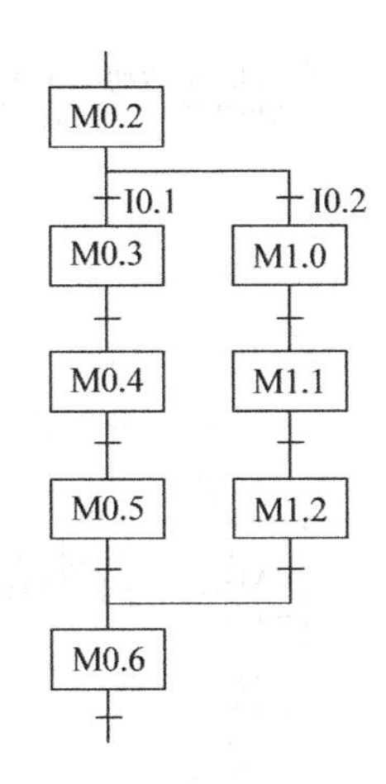

图 10.46 选择分支流程

M0.2
I0.1
M0.2
(R)
1
M0.3
(S)
1
//如果满足向 M0.3 的转移条件 (I0.1=1),M0.2 已经执行
//将本状态位置 0
//将下状态 (M.3)的标志位置 1
M0.2
I0.2
M0.2
(R)
1
M0.1
(S)
1
//如果满足向 M1.0 的转移条件 (I0.2=1), M0.2 已经执行
//将本状态位置 0
//将下状态 (M0.1)的标志位置 1

图 10.47 图 10.46 中 M0.2 步对应的程序(步的转移部分)

M0.2
I0.1
M0.3
M1.0
M2.0
M0.4
M1.1
M2.1
I0.2
M0.6

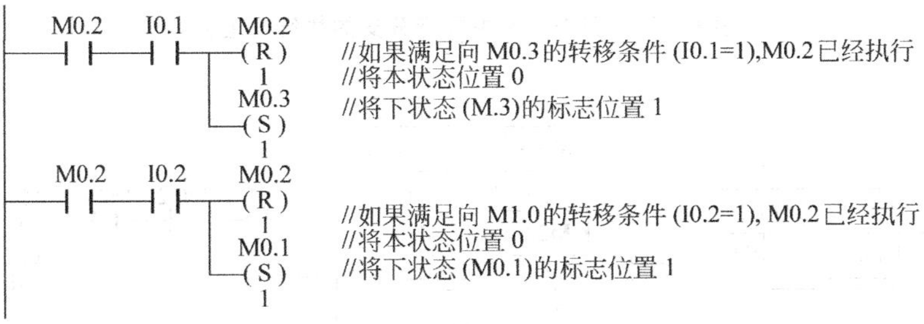

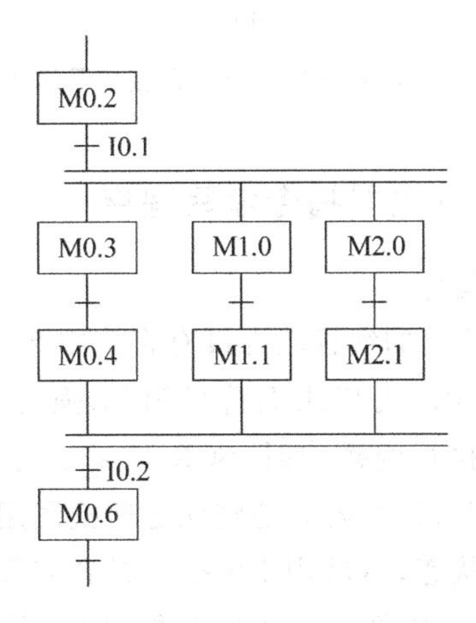

图 10.48 并行分支流程

合部分对应的梯形图如图 10.50(c)所示。

另外,SFC 允许在一个设计中有多个流程,当某一条件满足时,可以从一个流程转移到另一个流程,称之为分离流程。限于篇幅,不再进一步叙述。以上两种实现顺序功能图的方法在每种 PLC 中基本都是适用的,但是步的转移要写在程序中,稍显复杂。西门子 S7-200 提供了专门实现顺序功能图的指令 SCR,将在下面重点介绍。

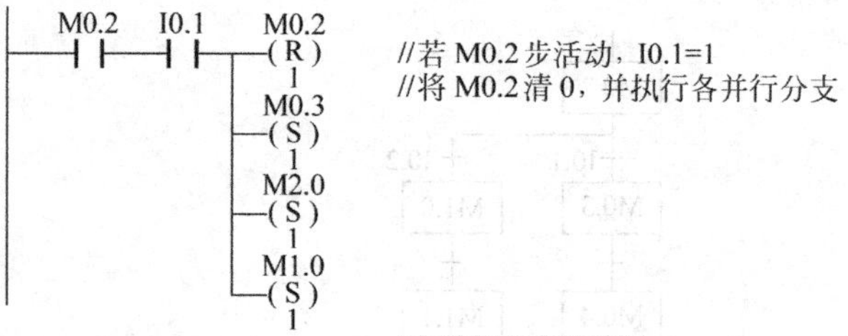

M0.2 I0.1 M0.2 (R) 1 //若 M0.2 步活动，I0.1=1
M0.3 (S) 1 //将 M0.2 清 0，并执行各并行分支
M2.0 (S) 1
M1.0 (S) 1

(a) 并行分支的执行

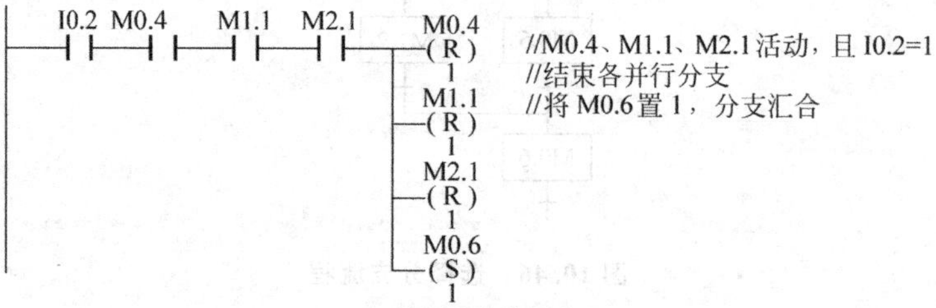

I0.2 M0.4 M1.1 M2.1 M0.4 (R) 1 //M0.4、M1.1、M2.1 活动，且 I0.2=1
M1.1 (R) 1 //结束各并行分支
M2.1 (R) 1 //将 M0.6 置 1，分支汇合
M0.6 (S) 1

(b) 并行分支的汇合

图 10.49 图 10.48 中并行分支的执行与汇合

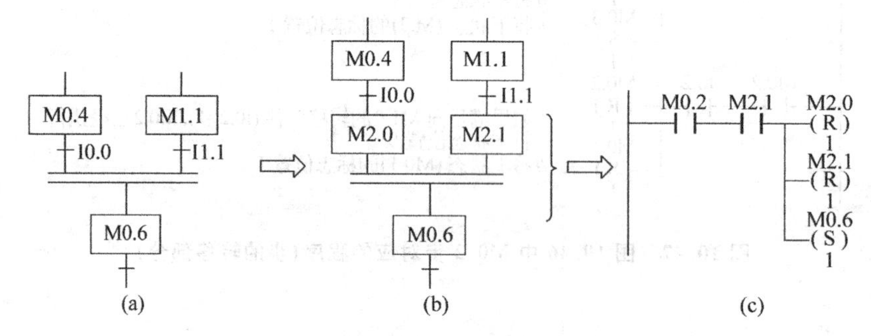

图 10.50 不合理的并行汇合流程及修正方法

10.5.2 利用顺序控制继电器指令编写程序

1. 顺序控制继电器(SCR)指令

虽然西门子 S7-200 系列 PLC 的编程软件没有直接用 SFC 编程的功能，但是其 SCR 指令提供一种可自然纳入 LAD、FBD 或 STL 程序的简单、强有力的状态控制编程技术。每当应用程序包含一系列必须重复执行的操作时，SCR 可用于为程序安排结构，以便使之直接与应用程序相对应。因此，我们可以很容易地将状态转换图用 SCR 实现。从编程方法上来讲，我们可以用 M 存储器表示状态，然后用 RS 指令或者启保停程序结构实现顺序功能图编程。也可以用 SCR 实现顺序功能图。由于后者更规范、更简便，因此本书重点使用后者进行 SFC 编程。而前者与 PLC 提供的具体步进指令无关，其适用性更强。

顺序控制继电器指令有三条：载入顺序控制继电器指令(LSCR)；顺序控制继电器转移指令(SCRT)；顺序控制继电器结束指令(SCRE)。SCR 指令如图 10.51 所示。

LSCR 指令标记 SCR 段的开始，SCRE 指令标记 SCR 段的结束。LSCR 和 SCRE 指令之间的所有逻辑执行取决于 S 堆栈数值。SCRT 提供一种从现用 SCR 段向另一个 SCR 段转换控制的方法。S7-200 PLC 利用一个 1 位的 S 堆栈控制 SCR 程序的操作，如图 10.52

所示。当执行到 LSCR Sm. n 时，将 Sm. n 分别装入 S 堆栈和逻辑堆栈，如果 Sm. n 为 1，则此程序段被执行，如果为 0 则不执行。因此，LSCR～SCRE 之间的程序是否执行，由相应的 S 位是否为 1 决定。当 SCRT Sx. y 有能流到达时(满足转移条件)，PLC 会自动将 Sm. n 清零，同时将 Sx. y 置 1，完成步的转移。与利用 RS 指令和启保停结构写顺序功能图不同，利用 SCR 实现顺序功能图无须为转出步清零，也无须为转入步置 1，只要发生转移 PLC 会自动完成。

图 10.51　SCR 指令　　　　图 10.52　S 堆栈的操作

使用 SCR 的限制：

(1) 不能在一个以上例行程序中使用相同的 S 位。例如，如果在主程序中使用 S0. 1，则不能在子例行程序中再使用。

(2) 不能在 SCR 段中使用 JMP 和 LBL 指令。这表示不允许跳接入或跳接出 SCR 段，也不允许在 SCR 段内跳转。可以使用跳接和标签指令在 SCR 段周围跳接。

(3) 不能在 SCR 段中使用“结束”指令。

2. 顺序控制继电器指令的使用

(1) 选择性分支

对于图 10. 53 的 SFC，当 M2. 3=1 时状态 S3. 4 执行完毕后转移到状态 S3. 5。而当 I3. 3=1 时，状态 S3. 4 转移到状态 S6. 5。用 SCR 指令进行编程实现，如图 10. 54 所示。

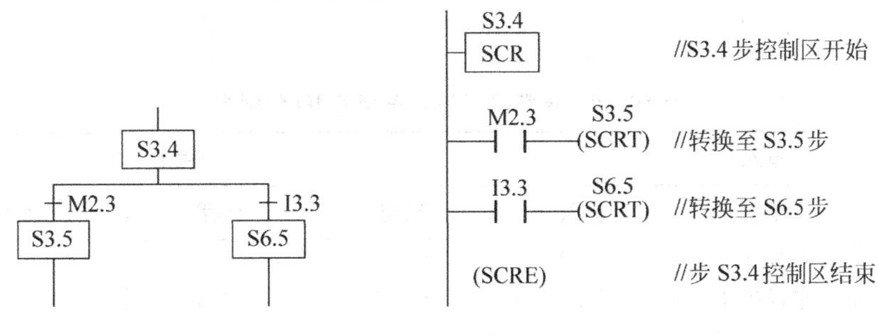

图 10.53　分支结构　　　　图 10.54　用 SCR 实现分支结构

(2) 并行分支

图 10. 55 所示的 SFC 图是具有两个并行分支的结构，要求两个分支都同时执行完毕后

才能转移到S6.6。为此在每个分支的最后增加了一个步，称为虚拟步，分别是S3.4和S6.5。这两个步只为使并行分支同时结束而设置，在S3.4和S6.5中可以不执行任何动作。当S3.5执行完毕且I3.3=1时，S3.4和S6.5被同时执行；当S3.4和S6.5同时为1时（两个并行分支执行都结束），且I4.0=1时才能转移到S6.6。相应的程序如图10.56所示。

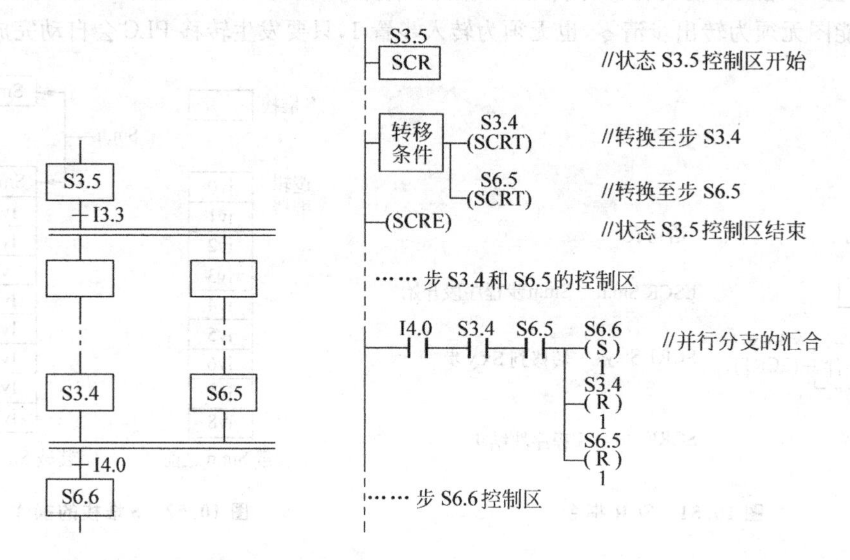

图10.55 并行分支　　　图10.56 图10.47顺序功能图对应的梯形图程序

例10.5.2 利用顺序功能图编写运料小车的控制程序。运料小车的硬件结构如图10.57所示，Q0.0和Q0.1分别控制小车的右行和左行，A、B两端的行程开关是I0.4和I0.3。IO分配如表10.10所示。

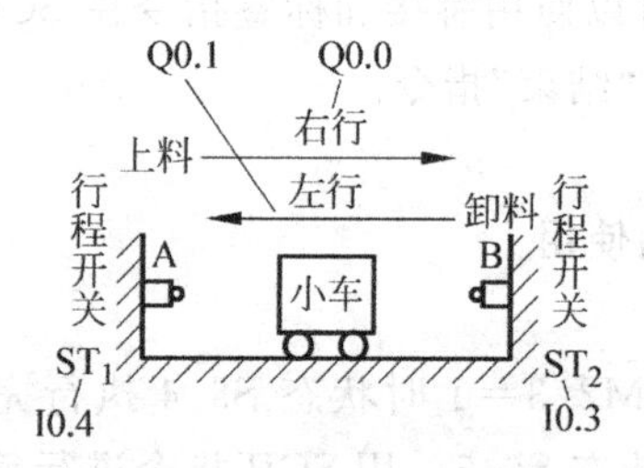

图10.57 运料小车的硬件结构

表10.10 运料小车控制系统的IO分配表

输入			输出		
元件代号	作用	输入	输出	作用	功能元件
SB_1	右行按钮	I0.0	Q0.0	右行	
SB_2	左行按钮	I0.1	Q0.1	左行	
SB_3	停车按钮	I0.2			
ST_2	右限位	I0.3		T35	右停车计时
ST_1	左限位	I0.4		T36	左停车计时

解 首先根据控制要求画出顺序功能图，然后根据顺序功能图编写每步的程序。

图 10.58 所示为初始化程序的顺序功能图及相应的程序。当 PLC 运行的第一个扫描周期，程序进入初始化步，完成必要的初始化动作。当按动停车按钮时也会进入初始化程序。

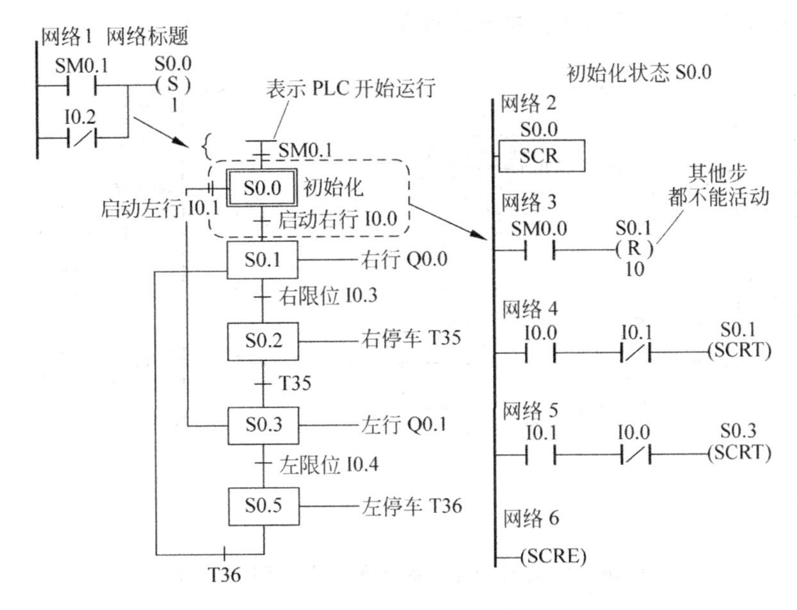

图 10.58 初始化及停车程序(例 10.5.2)

右行和右行到位停车程序如图 10.59 所示。

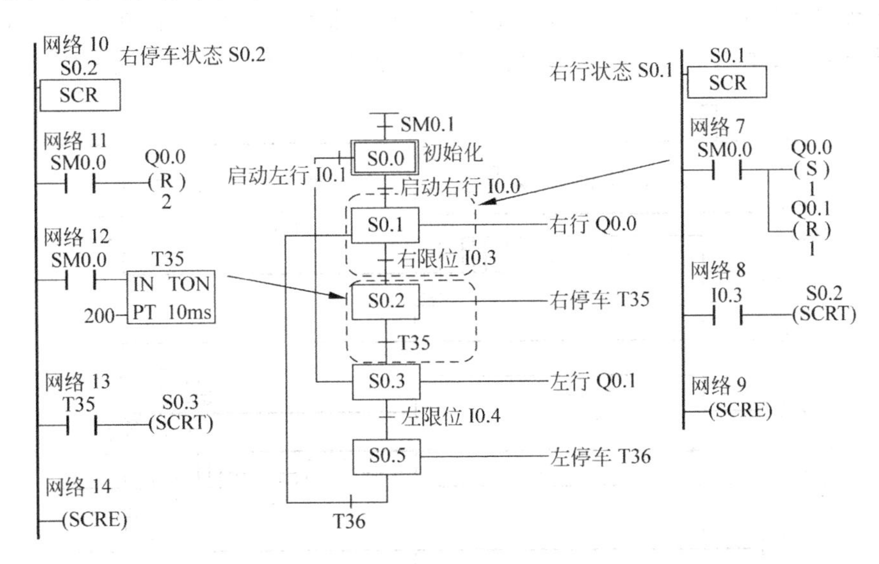

图 10.59 右行和右行到位停车程序(例 10.5.2)

左行和左行到位停车程序如图 10.60 所示。

在设计梯形图时，若指令无条件执行，而输出指令不能直接连到左母线上，所以在母线和输出指令之间增加了 SM0.0(特殊继电器，SM0.0=1)触点。如图 10.58 中的网络 3。

由图10.58～图10.60所示的梯形图可以看出，即使利用顺序功能图编程，也不是所有的PLC程序都在步内(LSCR～SCRE之间)，有的程序是处于步之外的，如PLC启动和停车程序(网络1)。在PLC运行时，这些处于SCR之外的程序在每个扫描周期内都是被顺序执行的。处于SCR之内的程序只有在该步活动时才被执行。

请读者根据顺序功能图编写出完整的语句表程序。

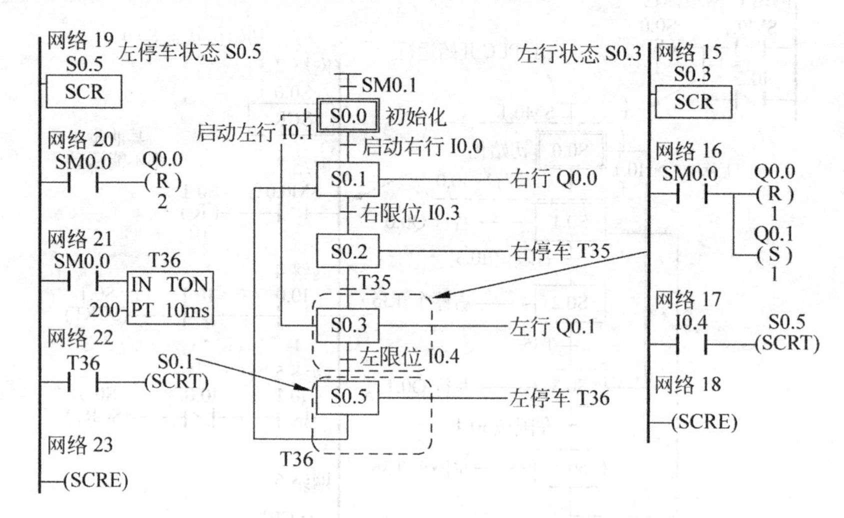

图10.60 左行和左行到位停车程序(例10.5.2)

例10.5.3 十字路口交通灯的控制要求为：按下启动按钮后东西方向绿灯亮25s后闪烁3s，然后黄灯亮2s，之后红灯亮。在东西方向绿灯和黄灯亮时，南北方向红灯亮。按下停止按钮后所有的灯都熄灭。十字路口交通灯的控制要求的时序图如图10.61所示(图中没有画出停止按钮的时序)。利用顺序功能图设计十字路口交通灯的PLC控制系统。

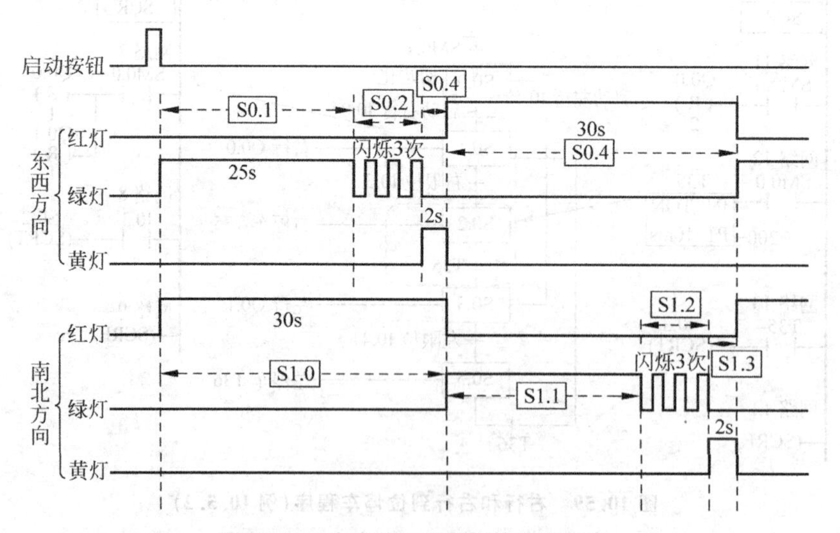

图10.61 十字路口交通灯的控制要求

解 根据控制要求设计控制系统的输入/输出分配表(I/O分配表)如表10.11所示。

根据控制要求画出十字路口交通灯控制的顺序控制功能图如图10.62所示。其中

S0.2 和 S1.2 分别完成两个方向绿灯闪烁 3 次的功能。编程所用的符号表如表 10.12 所示。

表 10.11 十字路口交通灯控制系统的输入/输出分配表

输入			输出			
元件代号	作用	输入	元件代号	作用	输出	功能元件
SB_1	启动按钮	I0.1	R1	东西红灯	Q0.0	T35
SB_2	停止按钮(常闭)	I0.0	G1	东西绿灯	Q0.1	T36, T39/T40/C1(闪烁)
			Y1	东西黄灯	Q0.3	T34
			R2	南北红灯	Q0.4	T34
			G2	南北绿灯	Q0.5	T32,T37/T38/C0(闪烁)
			Y2	南北黄灯	Q0.6	T33

表 10.12 例 10.5.3 的符号表

符号	地址	符号	地址
停止	I0.0	南北绿灯闪烁 3 次	S0.2
启动	I0.1	南北黄灯亮 2s	S0.3
东西红灯	Q0.0	南北红灯亮 30s	S0.4
东西绿灯	Q0.1	东西红灯亮 30s	S1.0
东西黄灯	Q0.3	东西绿灯亮 25s	S1.1
南北红灯	Q0.4	东西绿灯闪烁	S1.2
南北绿灯	Q0.5	东西黄灯亮 2s	S1.3
南北黄灯	Q0.6	分支状态	S2.0
南北绿灯亮 25s	S0.1		

“初始化,系统复位”与“分支状态”梯形图如图 10.63 所示。开机后第一个扫描周期 SM0.1 接通,自动进入系统复位状态 S0.0。当 I0.1 接通时,系统启动进入分支状态 S2.0,在此状态对计数器和定时器清零,然后直接进入并行分支 S0.1 和 S1.0。当 I0.0 接通时,立即进入 S0.0 状态,系统停止。

S0.1(南北绿灯亮 25s)与 S0.2(南北绿灯闪烁 3 次)的梯形图如图 10.64 所示。由于要在两个状态中分别输出给绿灯(一个是亮 25s,一个是闪烁 3 次),为了避免输出双线圈,此处使用置位与复位指令。在 S0.2 状态中,使用 T37 和 T38 形成闪烁电路,C0 计数 3 次后进入 S0.3(南北黄灯亮 2s)状态。

S0.3(南北黄灯亮 2s)与 S0.4(南北红灯亮 30s)的梯形图如图 10.65 所示。在 S0.3 状态中,利用 T33 定时 2s,然后进入 S0.4 状态(南北红灯亮 30s)。这里特别注意,在 S0.3 状态中,要为上个状态的计数器清零。T34 定时到时,红灯熄灭,进入虚拟状态 S2.2,虚拟状态是为了并行分支的合并而设置的。

东西红、黄、绿灯的梯形图如图 10.66 和图 10.67 所示,其工作情况与南北向的相似。当东西红灯熄灭时进入虚拟状态 S2.2。当两个并行分支都进入等待状态时,合并进入“分支状态 S2.0”,完成一个循环。分支合并时要将等待状态清零。

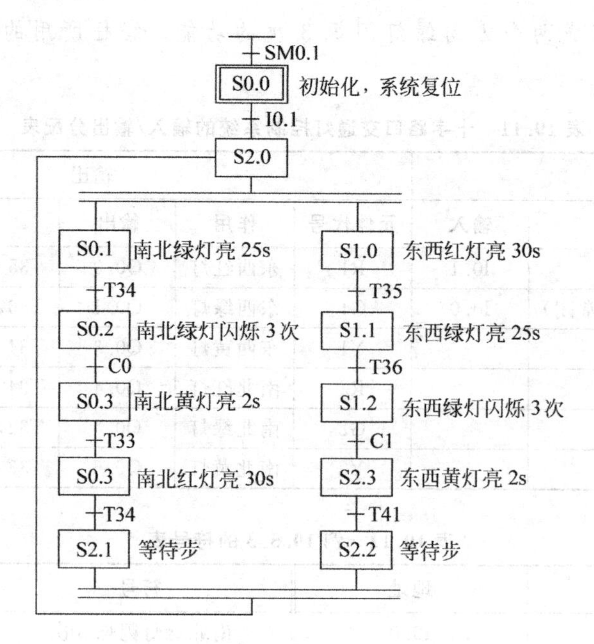

图 10.62 十字路口交通灯控制的顺序功能图

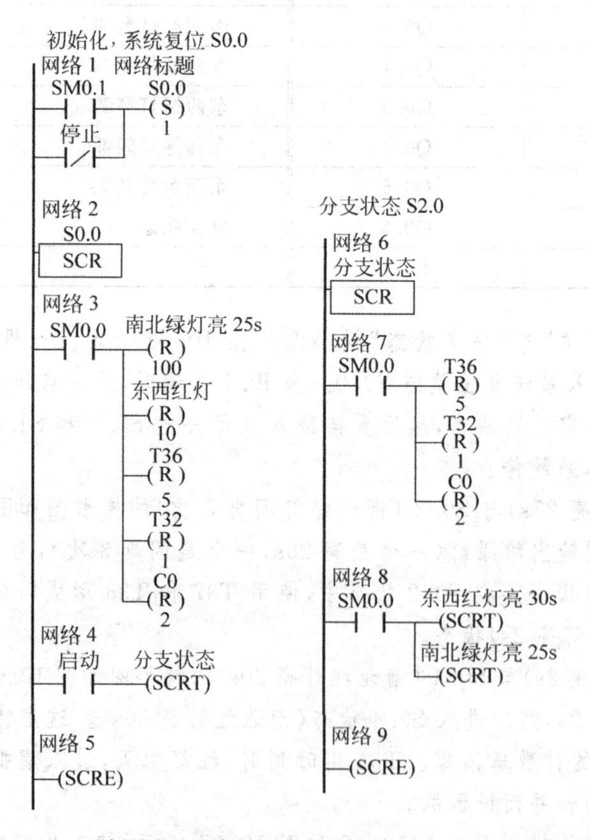

图 10.63 “初始化，系统复位 S0.0”与“分支状态 S2.0”梯形图

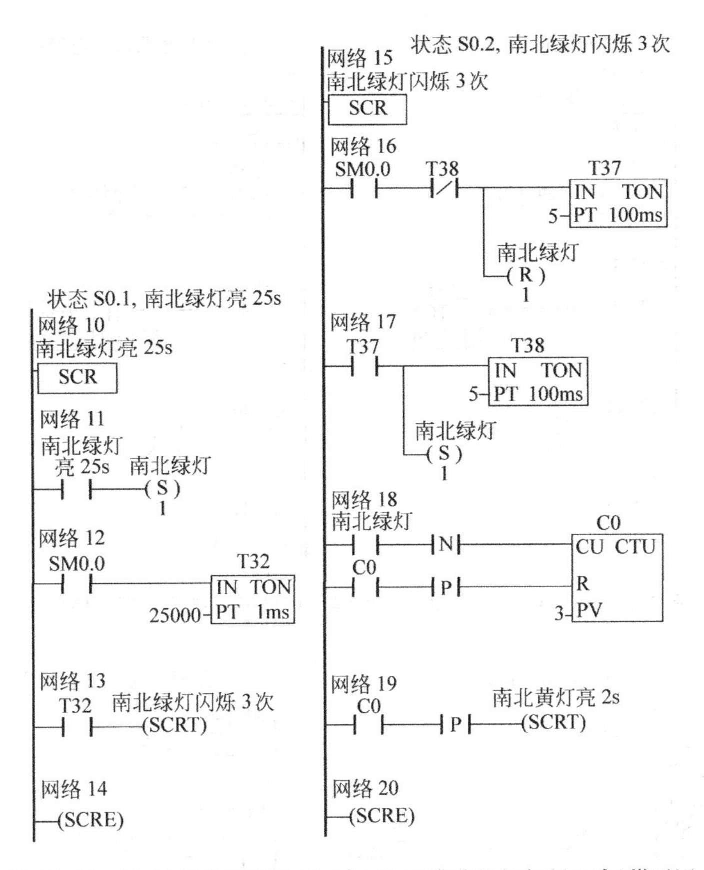

图 10.64 S0.1(南北绿灯亮 25s)与 S0.2(南北绿灯闪烁 3 次)梯形图

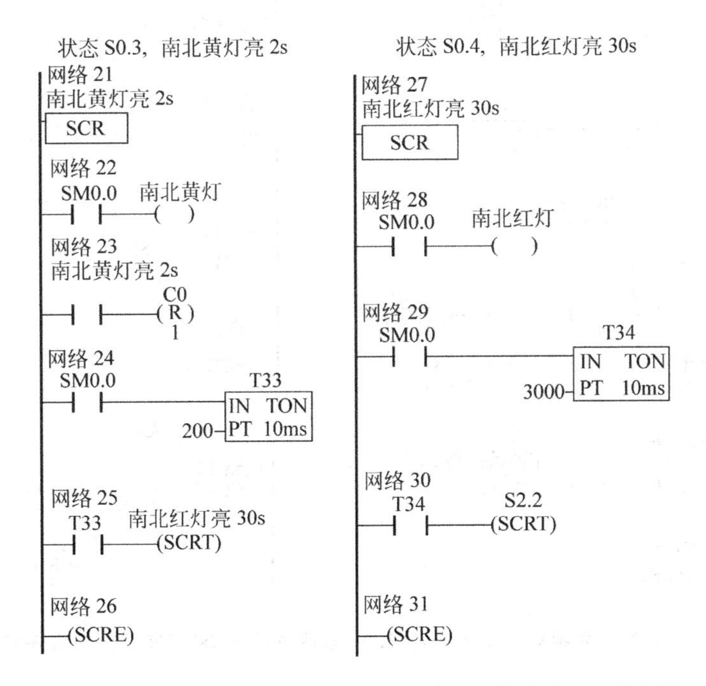

图 10.65 S0.3 (南北黄灯亮 2s)与 S0.4(南北红灯亮 30s)梯形图

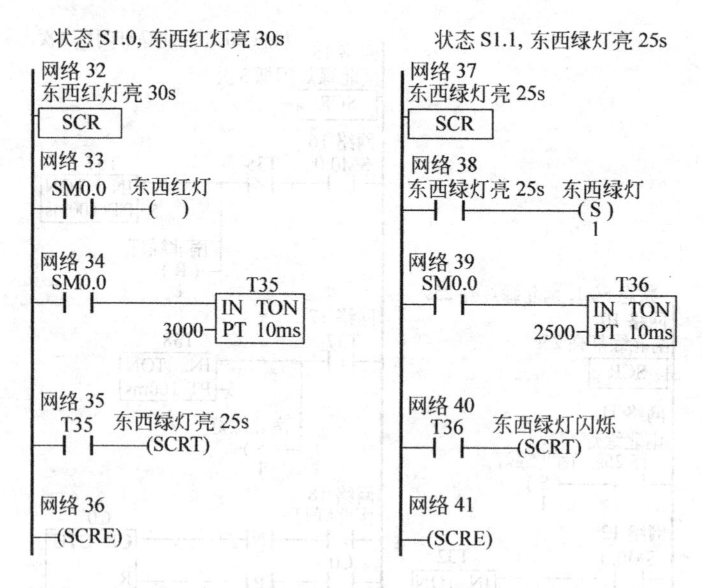

图10.66 S1.0（东西红灯亮30s）与S1.1（东西绿灯亮25s）梯形图

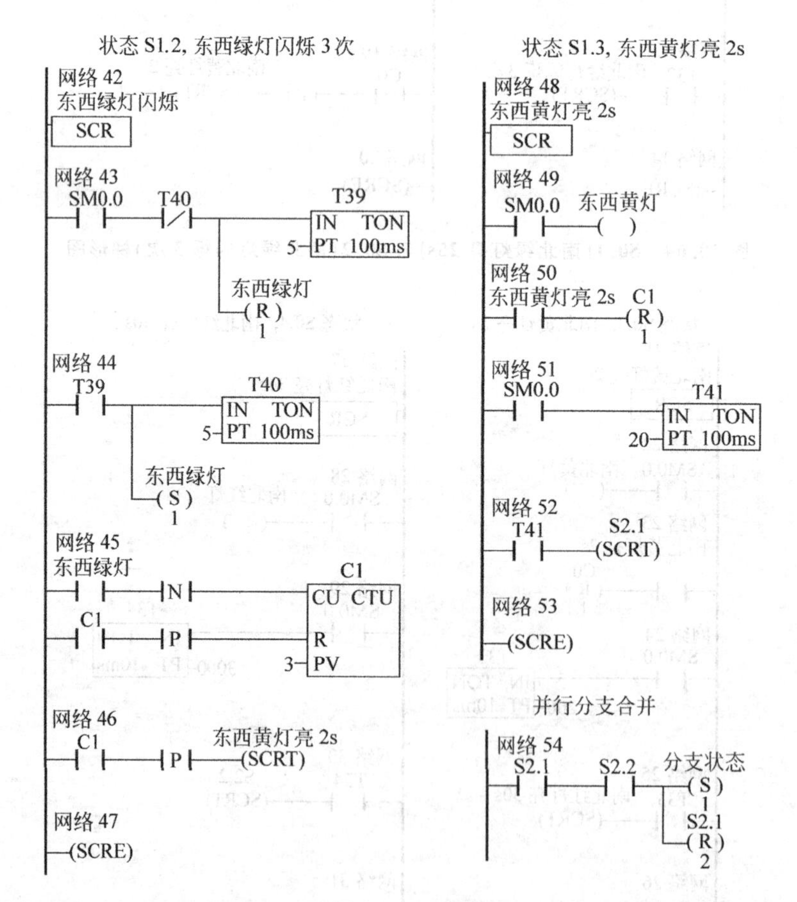

图10.67 S1.2（东西绿灯闪烁3次）、S1.3（东西黄灯亮2s）与并行分支合并的梯形图

10.6 STEP 7-MicroWIN编程软件使用指南

10.6.1 STEP 7-MicroWIN编程软件的窗口界面介绍

STEP 7-MicroWIN的最新版本是STEP 7-MicroWIN V4,双击编程软件中的安装程序SETUP.EXE,根据安装时的提示完成安装。STEP 7-MicroWIN V4是包括汉语的多语言版本,使用时可以选择已经安装的语言。STEP 7-MicroWIN的窗口界面如图10.68所示。

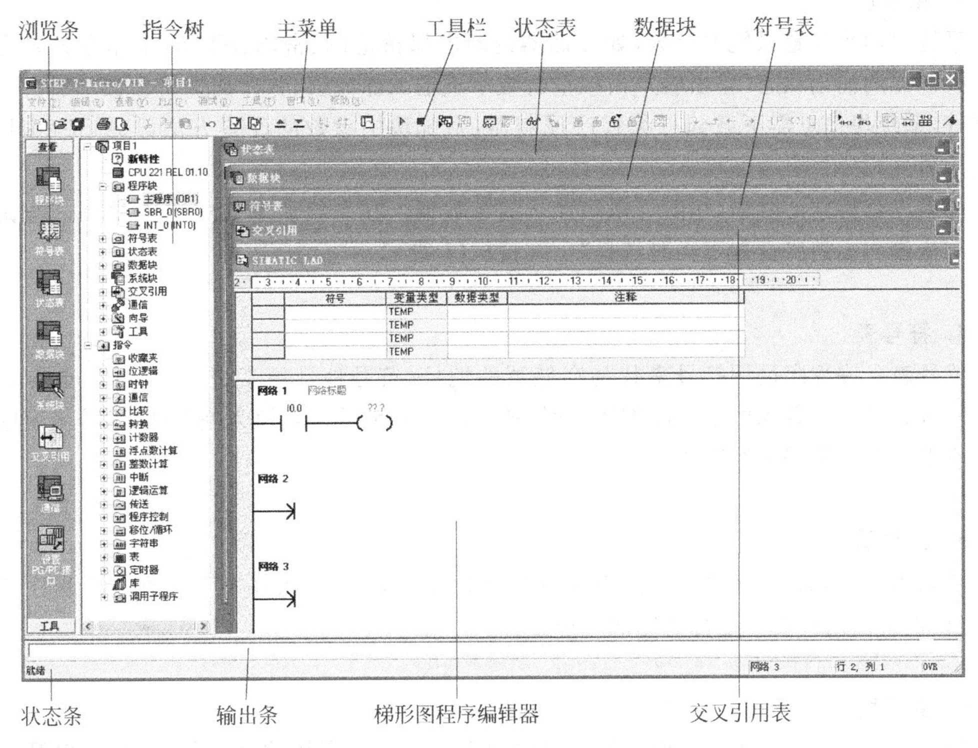

图10.68 STEP 7-MicroWIN窗口界面

菜单命令包括所有的操作命令。浏览条包含两个窗口,“浏览条”窗口中的工具按钮与“查看|组件”的子菜单命令相对应,用来控制项目各元件的显示,“工具”窗口中有一系列的设计向导。指令树有两部分,一部分以层次化结构的方式显示项目的组成,另一部分列出了所有的PLC指令。工具栏中是一些常用的工具按钮,这些指令可以在菜单命令中找到。输出条中输出编译程序时产生的错误信息。状态条显示当前程序的工作状态。

10.6.2 项目的组成

项目(project)包括下列基本组件。

1. 程序块

程序块由可执行的代码和注释组成,可执行的代码由主程序(OB1)、可选的子程序和中断程序组成。代码被编译并下载到可编程序控制器，程序注释被忽略。

2. 数据块

数据块由数据(存储器的初始值和常数值)和注释组成。数据被编译并下载到可编程序控制器，注释被忽略，数据块的编写方法详见S7-200PLC系统手册。

代替继电器控制系统的数字量控制系统一般只有主程序，不使用子程序、中断程序和数据块。

3. 系统块

系统块用来设置系统的参数，如存储器的断电保持范围、密码、STOP工作方式时可编程序控制器的输出状态(输出表)、模拟量与数字量输入滤波值、脉冲捕捉位参数和后台通信时间等，系统块信息需下载到可编程序控制器，系统块中参数的设置方法详见S7-200PLC系统手册。

如果没有特殊的要求，一般可采用默认的参数值。在系统块窗口中单击“默认”按钮可选择默认值。不需要设置密码时选择“全部特权(1级)”。

4. 符号表

符号表允许程序员用符号来代替存储器的地址，符号地址便于记忆，使程序更容易理解。程序编译后下载到可编程序控制器时，所有的符号地址被转换为绝对地址，符号表中的信息不下载到可编程序控制器。

5. 状态图

状态图用来观察程序执行时指定的内部变量的状态，状态图并不下载到可编程序控制器，仅仅是监控用户程序运行情况的一种工具。

6. 交叉引用表

交叉引用表列举出程序中使用的各操作数在哪一个程序块的什么位置出现，以及使用它们的指令的助记符。还可以察看哪些内存区域已经被使用，作为位使用还是作为字节使用。在运行方式下编辑程序时，可以察看程序当前正在使用的跳变信号的地址。交叉引用表不下载到可编程序控制器，程序编译成功后才能看到交叉引用表的内容。在交叉引用表中双击某操作数，可以显示出包含该操作数的那一部分程序。

10.6.3　程序的编写与下载

1. 项目的生成

选择菜单命令“文件|新建”或单击工具栏中的□(新建项目)工具按钮，可以生成一个新的项目。用菜单命令“文件|另存为”可将项目存储为另一个项目文件。

2. 打开一个已有的项目

用菜单命令“文件|打开”可打开已有的项目。如果最近在某一项目上工作过，它将在文

件菜单的下部列出，可直接选择它。项目文件的扩展名为.mwp。

3. 编写符号表

符号表用符号地址代替存储器的地址，便于记忆。也可以在编写程序的过程中，右击触点或线圈名称，在弹出的快捷菜单中选择“定义符号”命令，再在“定义符号”窗口中进行定义。

4. 编写数据块

数据块对 V 存储器（变量存储器）进行初始数据赋值，小型数字量控制程序一般不需要数据块。

5. 编写用户程序

在“查看”菜单中可以选择编程语言（包括 STL、梯形图和 FBD）。用选择的编程语言编写用户程序。编写梯形图程序时，单击工具栏中的触点工具按钮 ┤├ ，可在矩形光标所在的位置将放置一个触点，在与新触点同时出现的窗口中可选择触点的类型，也可以用键盘输入触点的类型；单击触点上面或下面的红色问号，可设置该触点的地址或其他参数。可用相同的方法在梯形图中放置线圈和功能块。单击工具栏上带箭头的线段 ↴ ↥ ← → ，可在矩形光标处生成触点间的连线。

双击梯形图中的网络编号，在弹出的窗口中可输入网络的标题和网络的注释。

6. 编译程序

用“PLC”菜单中的命令“编译”、“全部编译”，或单击工具栏中的编译按钮 ☑ 或全部编译按钮 ☑ ，可编译程序。编译后在输出窗口显示程序中语法错误的数量、各条错误的原因和错误在程序中的位置。双击输出窗口中的某一条错误，程序编辑器中的矩形光标将会移到程序中该错误所在的位置。必须改正程序中的所有错误，编译成功后，才能下载程序。

7. 程序的下载、上载和清除

计算机与可编程序控制器建立起通信连接，且用户程序编译成功后，可以将它下载到可编程序控制器中去。

下载之前，可编程序控制器应处于 STOP 方式。如果不在 STOP 方式，可将 CPU 模块上的方式开关扳到 STOP 位置。若方式开关不在 STOP 位置，单击工具栏的“停止”按钮，或选择菜单命令“PLC|停止”，也可以进入 STOP 状态。下载时如果 PLC 处于 STOP 状态，程序会提示用户进行相应的操作。

单击工具栏中的“下载”按钮 ▼ ，或选择菜单命令“文件|下载”将会出现下载对话框。用户可以分别选择是否下载程序块、数据块和系统块。单击“确认”按钮，开始下载信息。下载成功后，确认框显示“下载成功”。如果 STEP 7-MicroWIN 中设置的 CPU 型号与实际的型号不符，将出现警告信息，应修改 CPU 的型号后再下载。

单击工具栏中的“上装”按钮 ▲ ，或选择菜单命令“文件|上装”，开始上装过程。在“上

装”对话框中，选择要上载的块后单击“确认”按钮。

10.6.4 监视与调试程序

1. 用状态表监视与调试程序

在程序运行时，可以用状态表来读、写、强制和监视可编程序控制器的内部变量。单击目录树中的状态表图标，或选择菜单“查看|组件|状态表”均可打开已有的状态表，并对它进行编辑。如果项目中有多个状态表，可用状态图底部的标签切换。

未启动状态表时，可在状态图中输入要监视的变量的地址和数据类型，定时器和计数器可按位或按字监视。如果按位监视，显示的是它们的输出位的0/1状态。如果按字监视，显示的是它们的当前值。

选择菜单命令“编辑|插入”选项或右击状态图中的单元，可在状态图中当前光标位置的上部插入新的行。也可以将光标置于最后一行中的任意单元后，按Enter键，将新的行插在状态图的底部。在符号表中选择变量，并将其复制在状态图中，可以加快创建状态图的速度。

程序调试工具栏如图10.69所示。

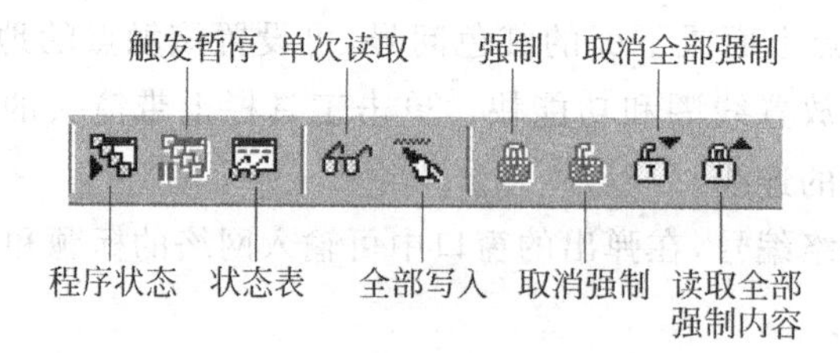

图10.69 调试程序用的工具栏

2. 梯形图程序的状态监视

可编程序控制器处于运行方式并建立起通信后，选择菜单命令“调试|开始程序状态”或单击工具栏中的“切换程序状态监控”工具按钮，可在梯形图中显示出各元件的状态。如果位操作数为1，触点、线圈中将出现彩色块，以允许最快的通信速度显示和更新触点和线圈的状态。

Step7-MicroWIN的详细使用方法请参考S7-200系统手册或软件帮助文件。

本章小结

(1) 本章介绍了PLC的组成和工作原理。PLC和PC最大的区别是其扫描工作方式，在每个扫描周期内PLC要完成输入扫描更新、执行程序和输出扫描更新三个重要动作。在每个扫描周期内PLC程序是从上到下顺序执行的。

(2) 以西门子S7-200 PLC为例介绍了PLC的程序设计基础，包括可编程序控制器的编程语言与程序结构、存储器的数据类型与寻址方式。

(3) 重点介绍了西门子S7-200 PLC的基本逻辑指令，包括：位逻辑指令、输出指令、定时器指令、计数器指令和一些常用的其他指令，这是 PLC 程序设计的基本要素。读者应掌握这些基本指令的梯形图及语句表结构。S7-200 PLC 的指令还有很多，本书介绍的指令有限，读者需要时可以参考指令手册。

(4) 利用顺序功能图的编程方法是规范的 PLC 编程方法，读者应该掌握。顺序功能图中的步可以用 M 寄存器表示，并可用 RS 指令或启保停程序对步进行编程。也可以用顺序控制继电器代表步。通过本章的学习应掌握顺序功能图的元素与结构，能够根据实际控制要求画出顺序功能图，并能够将其转换成 PLC 程序。表示步的方法还有多种，它们的编程方式各不相同。限于篇幅，本书不再介绍。

(5) 本章只对 S7-200 编程软件 Step7-MicroWIN 做了简单介绍。读者必须通过进一步学习和编程练习才能熟练掌握其使用方法。

习题

10.1　填空：

(1) 通电延时定时器(TON)的输入(IN)电路________时开始定时，当前值大于等于设定值时其定时器位变为________，其常开触点________，常闭触点________。

(2) 通电延时定时器(TON)的输入(IN)电路________时被复位，复位后其常开触点________，常闭触点________，当前值等于________。

(3) 若加计数器的计数输入电路(CU)________、复位输入电路(R)________，计数器的当前值加 1。当前值大于等于设定值(PV)时，其常开触点________，常闭触点________。复位输入电路________时，计数器被复位，复位后其常开触点________，常闭触点________，当前值为________。

(4) 输出指令(=)不能用于________映像寄存器。

(5) SM________在首次扫描时为 1，SM0.0 一直为________。

10.2　根据 S7-200 PLC 指令的逻辑堆栈操作原理，试写出图 P10.1 所示梯形图的语句表程序。

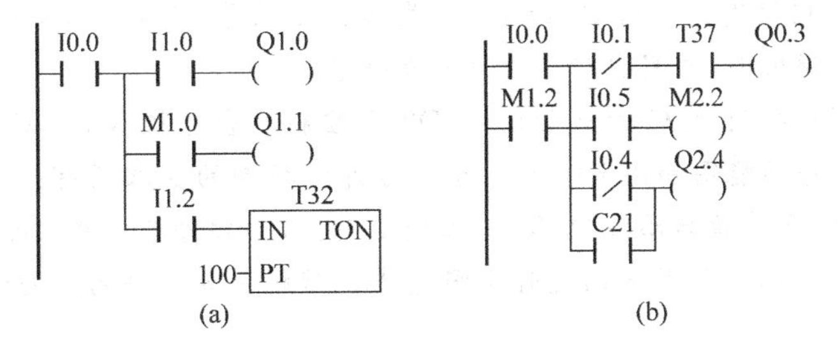

图 P10.1　习题 10.2 图

10.3　写出图 P10.2 所示梯形图的语句表程序。

10.4　写出图 P10.3 所示梯形图的语句表程序。I0.0 与输入端口的常开按钮 K 相连，画出按一下按钮 K 时此程序动作的时序图(包含 T33 当前值、T33 位、M0.0 和 Q0.0)。(提示：有关比较指令的功能请参考 S7-200 指令手册或编程软件的帮助文件。T33 的分辨率

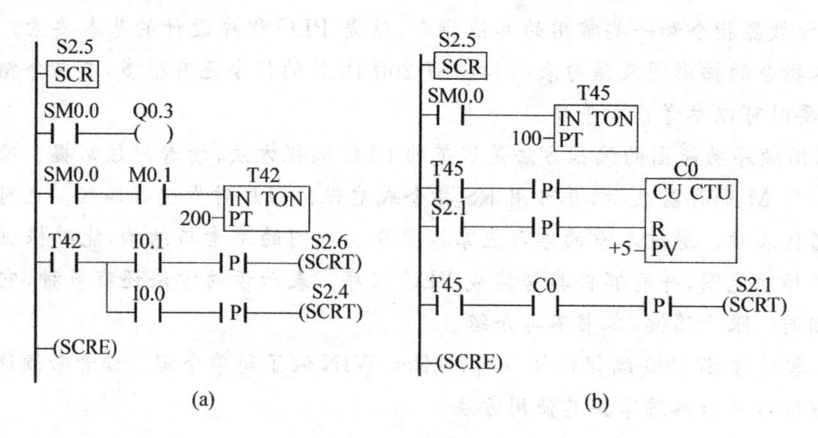

图 P10.2　习题 10.3 图

是 10ms)。

10.5　在按钮 I0.0 按下后 Q0.0 变为 1 状态并自保持，时序如图 P10.4 所示，I0.1 输入 3 个脉冲后(用 C1 计数)，T37 开始定时，5s 后 Q0.0 变为 0 状态，同时 C1 被复位，在可编程序控制器刚开始执行用户程序时，C1 也被复位，设计出梯形图程序。

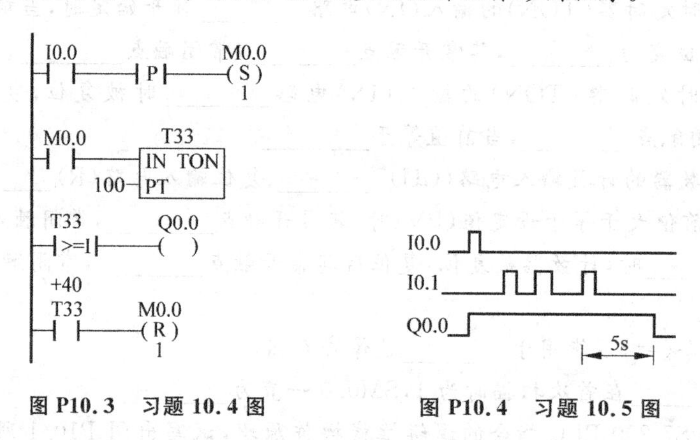

图 P10.3　习题 10.4 图　　　　图 P10.4　习题 10.5 图

10.6　用接在 I0.0 输入端的光电开关检测传送带上通过的产品，有产品通过时 I0.0 为 ON，如果在 10s 内没有产品通过，由 Q0.0 发出报警信号，用 I0.1 输入端外接的开关解除报警信号。画出梯形图，并写出对应的语句表程序。

10.7　某控制系统用 PLC 输出 Q0.0～Q0.5 控制 6 台电机 M1～M6 顺序运转，按照控制要求设计的顺序功能图如图 P10.5 所示。另外对控制的要求还有：(1)运行后首先进入初始等待状态(S0.0)，按启动按钮(I0.0)系统启动。(2)按停车按钮(I1.1)则电机全部停车，等待重新启动。(3)T37、T38 的定时时间是 2s。试根据此顺序功能图编写 PLC 语句表程序。

10.8　利用顺序功能图和 SCR 指令，设计三相异步电动机正反转控制系统。要求给出 PLC 的输入输出分配表、顺序功能图、梯形图和语句表(常开启动按钮接 I0.1，常开正转按钮接 I0.2，常开反转按钮接 I0.3，常闭停车按钮接 I0.0)。

10.9　利用顺序功能图和 SCR 指令，设计三相异步电动机的Y-△启动控制系统。要求给出 PLC 的输入输出分配表、顺序功能图、梯形图和语句表(常开启动按钮接 I0.1，常闭停

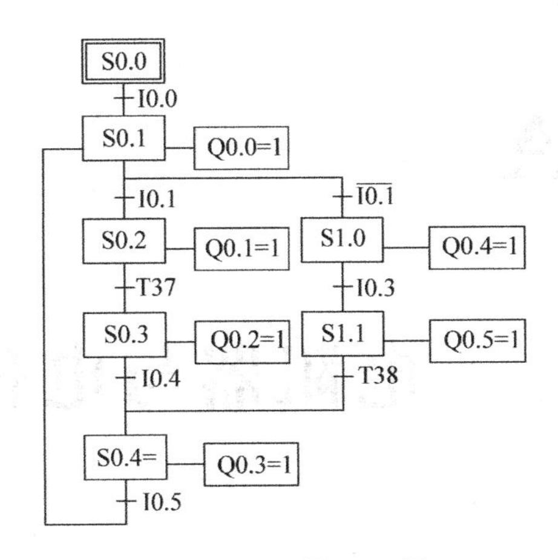

图 P10.5　习题 10.7 图

车按钮接 I0.0)。

10.10　如图 P10.6 小车运动要求为：小车在行程开关 ST1 处按动启动按钮后，小车前进至 ST2 处停 2min。然后前进到 ST3 处停 6min。接着后退至 ST2 处停 4min，再后退至 ST1 处完成一个循环。试设计 PLC 控制系统。

10.11　有一自动皮带传送系统如图 P10.7 所示，系统要求：开机时，皮带 3 先启动，10s 后，皮带 2 再启动，再过 10s，皮带 1 才启动，停止的顺序正好相反。试设计该系统的 PLC 控制程序。

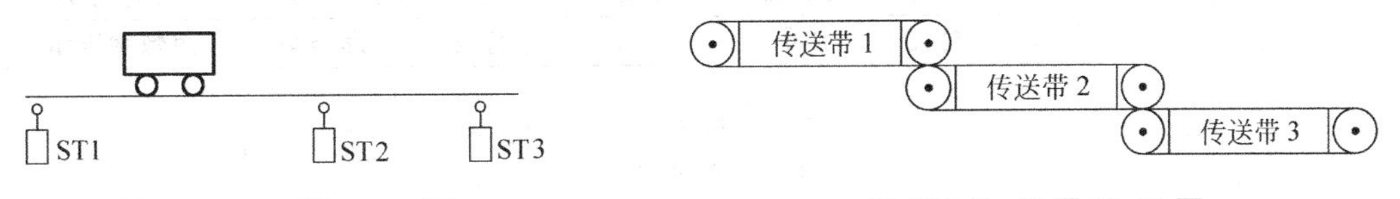

图 P10.6　习题 10.10 图

图 P10.7　习题 10.11 图

附录A Appendix A

电阻器与电位器

A.1 电阻器和电位器的型号命名方法

电阻器和电位器的型号命名方法见表A.1。根据表A.1,可以由电阻器和电位器的型号判断其类型。例如:RJ73为精密金属膜电阻器;WXD3为多圈线绕电位器。

表A.1 电阻器和电位器的型号命名方法

第1部分:主称		第2部分:电阻体材料		第3部分:类别		第4部分:序号
字母	含义	字母	含义	符号	产品类型	用数字表示
R	电阻器			0		
		T	碳膜	1	普通	
		H	合成膜	2	普通	
		S	有机实芯	3	超高频	
		N	无机实芯	4	高阻	
		J	金属膜	5	高阻	
				6		
W	电位器			7	精密	
		Y	金属氧化膜	8	高压	
		C	化学沉积膜	9	特殊	
		I	玻璃釉膜	G	高功率	
		X	线绕	W	微调	
				T	可调	
				D	多圈	

A.2 主要参数

1. 标称阻值:标在电阻器或电位器上的名义阻值。
2. 允许偏差:标称值与实际值之差的最大值与标称值之比的百

分数。

3. 额定功率：长期连续工作时允许消耗的最大功率。

4. 温度系数：在规定的环境温度范围内，温度每改变1℃，电阻值的平均相对变化量。

A.3　电阻器和电位器的标称阻值和额定功率系列

电阻值的标称阻值系列有E6(允许偏差±20%)、E12(允许偏差±10%)、E24(允许偏差±5%)、E48(允许偏差±2%)、E96(允许偏差±1%)和E192(允许偏差±0.1%)六个系列。E6、E12、E24系列电阻器的标称阻值符合表A.1的数值(或表中数值再乘以10^n，其中n为整数)。电阻值的标称值系列见表A.2。

表A.2　电阻器的标称数值

允许误差	标称阻值系列											
±5% (E24)	1.0	1.1	1.2	1.3	1.5	1.6	1.8	2.0	2.2	2.4	2.7	3.0
	3.3	3.6	3.9	4.3	4.7	5.1	5.6	6.2	6.8	7.5	8.2	9.1
±10% (E12)	1.0	1.2	1.5	1.8	2.2	2.7	3.3	3.9	4.7	5.6	6.8	8.2
±20% (E6)	1.0	1.5	2.2	3.3	4.7	6.8						

电阻器的额定功率系列见表A.3。

表A.3　电阻器的额定功率(W)系列

线绕	0.05	0.125	0.25	0.5	1	2	4	8	10	16	
	25	40	50	75	100		150	250	500		
非线绕	0.05	0.125	0.25	0.5	1	2	5	10	25	50	100

电位器的额定功率系列，见表A.4。

表A.4　电位器的额定功率(W)系列

线绕			0.25	0.5	1	1.6	2	3	5	10
	16	25	40	63	100					
非线绕	0.025	0.05	0.1	0.25	0.5	1	2	3		

A.4　电附器的主要标志内容和标志方法

1. 主要标志内容

型号、额定功率、标称阻值及允许偏差。

2. 标志方法

(1) 直标法：在电阻器表面直接标出标称阻值，用百分数表示偏差，如4.7kΩ±5%。

(2) 色标法：用不同颜色的带或点在电阻器的表面标出标称阻值和允许偏差。普通电阻器用四条色带表示标称阻值和允许偏差，其中三条表示阻值，一条表示偏差；精密电阻用五条色带表示标称阻值和允许偏差。在色带表示法中，离电阻器一端最近的那条色带表示标称值第一位有效数字。如图 A.1(a)、(b)所示。电阻色带颜色所代表的意义见表 A.5。

例如，四环电阻器，若色带依次为红、紫、红、银，则表示电阻值为 $27\times10^2\pm10\%\Omega$，即 $2.7k\Omega\pm10\%$；若电阻器有五条色带，为棕、蓝、绿、黑、棕，则表明电阻器的电阻值为 $165\Omega\pm2\%$。

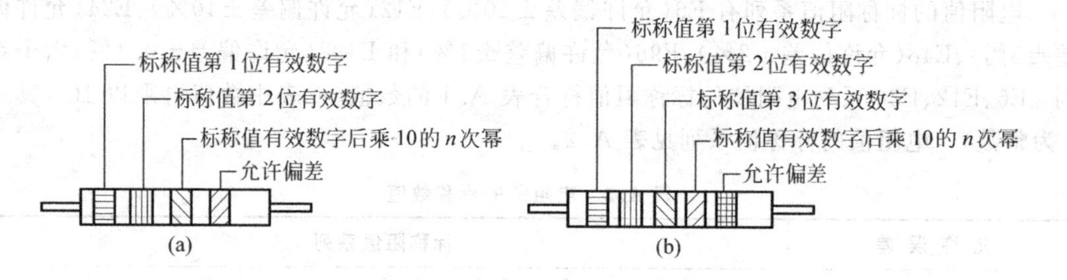

图 A.1 普通电阻和精密电阻值的色标表示法

表 A.5 电阻器色带颜色的意义

颜色 / 数值	黑	棕	红	橙	黄	绿	蓝	紫	灰	白	金	银	无色
代表数值	0	1	2	3	4	5	6	7	8	9			
容许误差	F ±1%	G ±2%				D ±0.5%	C ±0.25%	B ±0.1%			J ±5%	K ±10%	±20%

A.5 非线绕电阻器

1. 碳膜电阻器(RT)

碳膜电阻器阻值范围宽，阻值受电压和频率变化的影响小，脉冲负载稳定，价格便宜，被广泛应用在各种电路中。

2. 金属膜电阻器(RJ)

金属膜电阻器的阻值精度高，稳定性好，耐高温，耐负载变化且体积小，但耐脉冲负载能力差，在脉冲状态下不宜用金属膜电阻。金属膜电阻价格较高，多用在要求较高的电子电路中，作精密和高稳定电阻用。

3. 金属氧化膜电阻器(RY)

金属氧化膜电阻器稳定性好，适应负载变化能力强，由于工艺原因一般做成低阻值电阻。在直流负载下易发生电解，故性能不太稳定。

4. 金属玻璃釉电阻器(RI)

金属玻璃釉电阻器阻值范围宽、温度系数小，耐潮湿，耐高温，在厚膜电路中得到广泛应用。

A.6 线绕电阻器

线绕电阻器是用高电阻率的合金线绕在绝缘骨架上制成。线绕电阻器具有工作温度范围宽，温度系数低，电阻值稳定，机械强度高等优点，主要作为精密电阻和大功率电阻器使用。

A.7 电位器

电位器按调节机构的运动方式不同可分为旋转电位器和直滑电位器。旋转角度小于360°的旋转电位器称为单圈电位器，如将电阻体制成螺旋形的电位器，其旋转角度将大于360°，称为多圈电位器。

附录B Appendix B

电感与电容

B.1 电感

1. 空心电感线圈电感量的计算

空心线圈的电感与线圈的圈数、几何尺寸及导线周围磁介质的磁导率μ有关。空心线圈构成的电感为线性电感，空气的磁导率μ约等于真空磁导率μ_0（$4\pi\times10^{-7}$ H/m）。几种典型空心电感电感量的计算公式见表B.1。

表B.1 几种典型空心电感电感量的计算公式

名称	图形	计算公式	条件
圆截面直导线	R, l	$L=\frac{\mu_0 l}{2\pi}\left(\ln\frac{2l}{R}-\frac{3}{4}\right)$	R为圆导线半径 l为输电线长度 $R\ll l$
两根输电线	R, D, l	$L=\frac{\mu_0 l}{\pi}\left(\ln\frac{D}{R}+\frac{1}{4}\right)$	l为输电线长度 D为导线间距离 R为导线半径 $R\ll D\ll l$
长螺线管线圈	R, l	$L\approx\frac{\mu_0 N^2 S}{l}$	S为螺线管截面积 N为线圈匝数 l为螺线管长度 $R\ll l$
短螺线管线圈	D, l, d	$L\approx\frac{6.4\mu_0 N^2 D^2}{3.5D+8l}\cdot\frac{(D-2.25d)}{D}$	N为线圈匝数 D为直径

例 1 长 $l=1.25\text{m}$,半径 $R=0.4\text{mm}$ 的铜导线。求(1)它的电阻 R 和电感 L;(2)若该导线所通电流的频率 $f=10^6\text{Hz}$,求该段导线的阻抗 $|Z|=?$

解 (1) 电阻和电感分别为

$$R=\rho\frac{l}{S}=1.69\times10^{-8}\times\frac{1.25}{(0.4\times10^{-3})^2\pi}\approx0.042(\Omega)$$

$$L=\frac{\mu_0 l}{2\pi}\left(\ln\frac{2l}{R}-\frac{3}{4}\right)=\frac{4\pi\times10^{-7}\times1.25}{2\pi}\left(\ln\frac{2\times1.25}{0.4\times10^{-3}}-0.75\right)(\text{H})\approx2(\mu\text{H})$$

(2) 若该导线所通电流的频率 $f=10^6\text{Hz}$,则

$$X_L=2\pi fL=2\pi\times10^6\times2\times10^{-6}\approx12.57(\Omega)$$

$$|Z|=\sqrt{R^2+X_L^2}=\sqrt{0.042^2+12.57^2}\approx12.57(\Omega)$$

2. 互感

如图 B.1 所示,线圈 N_1 和 N_2 相互靠近,A 和 a 为两线圈的同名端。若线圈 N_1 的 A 端流入电流 i_1,则由电流 i_1 所产生的磁通 Φ_1 有一部分穿过 N_2 线圈,穿过 N_2 的磁通表示为 Φ_{21},称为互感磁通。这样,两个线圈间有了磁耦合,这两个线圈称为一对耦合线圈。

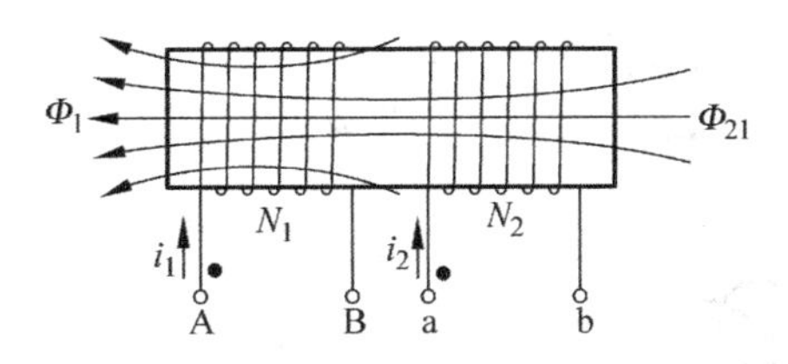

图 B.1 互感

互感磁链 $\psi_{21}=N_2\Phi_{21}$ 与电流之比,称为互感 M_{21},即

$$M_{21}=\frac{\psi_{21}}{i_1}$$

同样,若线圈 N_2 中有电流 i_2,则 i_2 产生的磁通 Φ_2 中有一部分与线圈 N_1 交链,形成磁链 $\psi_{12}=N_1\Phi_{12}$ 与电流 i_2 之比,称为互感 M_{12},即

$$M_{12}=\frac{\psi_{12}}{i_2}$$

互感 M_{21} 和 M_{12} 相等,用 M 表示,单位为亨(H)。

B.2 电容

1. 电容的计算

在电介质中,任何结构的导体间都存在着电容。一些结构间的电容的计算公式见表 B.2。在表 B.2 所示的公式中,ε 为总电容率,且 $\varepsilon=k\varepsilon_0$,其中 k 为介电常数,空气的介电常数 $k=1$; ε_0 是真空中的电容率,$\varepsilon_0=8.854\times10^{-12}\text{F/m}$。

例 2 已知一个平行板电容的极板面积 $S=2.5\times100\text{cm}^2$,极板间距离 $d=0.025\text{cm}$,介电材料纸的介电常数 $k=4$,求该电容器的电容。

解 该电容器的电容为

$$C=\varepsilon\frac{S}{d}=4\times 8.854\times 10^{-12}\times\frac{2.5\times 100\times 10^{-4}}{0.025\times 10^{-2}}(\mathrm{F})\approx 3542(\mathrm{pF})$$

表 B.2 一些结构间电容的计算公式

结构形式		电容值(介电常数 ε 为常值)	
平板电容		$C=\varepsilon\frac{S}{d}(\mathrm{F})$	S：极板面积(m^2) d：极板间距离(m)
圆柱电容 (同轴电缆)		$C=\varepsilon\frac{24.5kl}{\lg\frac{D}{d}}(\mathrm{pF})$	k：介电常数 l：电缆长度(m) D：外径(m) d：内径(m)
两输电线 间的电容		$C=\frac{\pi\varepsilon l}{\ln\frac{d}{R}}(\mathrm{F})$	l：输电线长度(m) d：导线间距(m) R：导线半径(m) 要求：$R\ll d$
三相输电线 间的电容		$C=\frac{2\pi\varepsilon l}{\ln\frac{d}{R}}(\mathrm{F})$ $d=\sqrt[3]{d_{12}\cdot d_{23}\cdot d_{32}}$	d：导线间距离的平均值

2. 常用电容器

(1) 电容器的类别、特点和用途

电容器的类别、特点和用途见表 B.3。

表 B.3 电容器的类别、特点和用途

类　　别	名　　称	特点及用途
纸介电容器	纸介及密封纸介电容器(筒形或管形)	体积小,容量大,电感量及损耗大,介质容易老化,用于低频电路
	小型及密封型金属化纸介电容器	体积小,容量大,受高压冲击后当电压恢复正常时,电容器仍能工作
	油浸密封金属化纸介电容器(立式矩形)	容量大,耐高压,漏电量小,用于要求高的场合
云母电容器	云母电容器(包括密封型)	体积小,稳定性好,耐高压,漏电及损耗均小,但容量不大,宜用于高频电路

续表

类　　别	名　　称	特点及用途
瓷介电容器	低压及小型瓷介电容器	体积小,绝缘电阻高,损耗小,稳定性高,容量小,可用于高频电路;温度系数有正有负,可用于温度补偿
	微调瓷介电容器	电容量可调,用于高频电路作微调用
	圆片铁电瓷介电容器	体积小,容量大,温度系数大,不稳定,可作旁路用
玻璃釉电容器	玻璃釉电容器(包括小型)	体积小,能在200～250℃高温下工作,抗潮性好
薄膜电容器	聚苯乙烯及涤纶电容器等	电气性能好,在很宽的频率范围内性能稳定,介质损耗小,但温度系数大
电解电容器	电解电容器(包括密封型、小型及纸壳电解电容器)	容量大,正、负极不能接错,绝缘电阻小,漏电及损耗大,宜用于电源滤波及音频旁路

(2) 电容器的标称容量

固定式电容器的标称容量见表B.4。无极性有机薄膜介质、瓷介、云母介质等电容器的标称容量系列与表A.2电阻器的标称系列相同。

表B.4　固定式电容的标称容量

类型	容量范围	标称容量系列
纸介电容器	100～10000pF	100,150,220,330,470,680,1000,1500,2200,3300,4700,6800
	0.01～0.1μF	0.01,0.015,0.022,0.033.0.039,0.047,0.056,0.068,0.082
	0.1～10μF	0.1,0.15,0.22,0.33,0.47,1,2,4,6,8,10
电解电容器	1～5000μF	1,2,5,10,20,50,100,200,500,1000,2000,5000

附录C

Appendix C

AIM-SPICE 的使用方法

AIM-SPICE 是 Automatic Integrated Circuit Modeling Spice 的缩写，它基于 Berkley 的 SPICE3E1，运行环境为 Windows 3.1 及其以后版本。AIM-SPICE 由电路模拟内核和后处理器两部分组成。AIM-SPICE 简单易学、界面友好，图形后处理功能强大，可以运行标准的 SPICE 文件，特别适合于学习和练习 SPICE 时使用。

AIM-SPICE 支持的分析包括 DC，AC，Transient，Transfer Function，Pole-Zero 及 Noise。支持的模型包括 BSIM2、BSIM3、损耗传输线和 MOS Level6。

本教材提供 AIM-SPICE Student Version 3.8a，可以运行于 Windows XP/2000/NT/ME/98/95，由于是学生版，其功能也受到一定的限制，请读者在使用中注意。下面介绍 AIM-SPICE 的使用方法。

C.1 软件的安装

运行光盘中的 Aimsp32 .exe 软件即可完成自动安装，安装过程中可以改变安装路径。完成安装后在 Windows 开始菜单中可以找到 AIM-SPICE 运行菜单。

C.2 窗口界面介绍

运行 AIM-SPICE 后，会出现如图 C.1 所示的主窗口与编辑窗口。编辑窗口是纯文本的编辑窗口，电路文件保存为 .cir 格式。

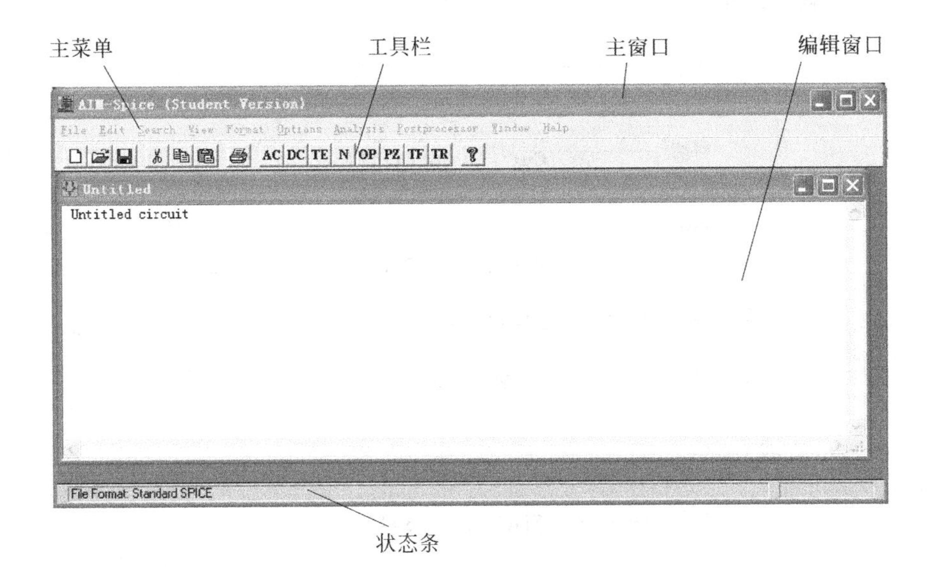

图 C.1

菜单命令与工具栏说明如下：

1. 主菜单与工具条

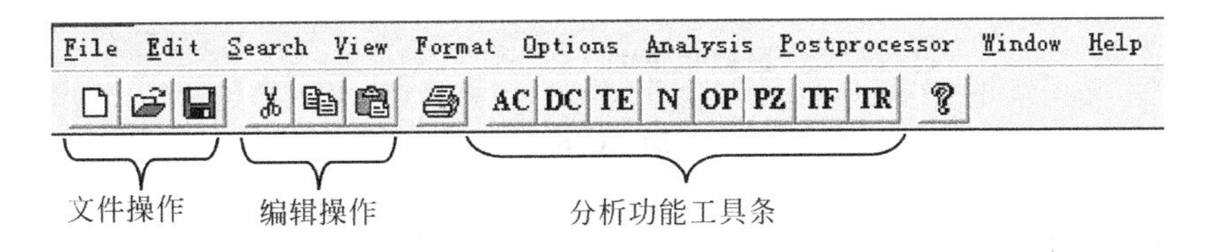

图 C.2

(1) File(文件)菜单

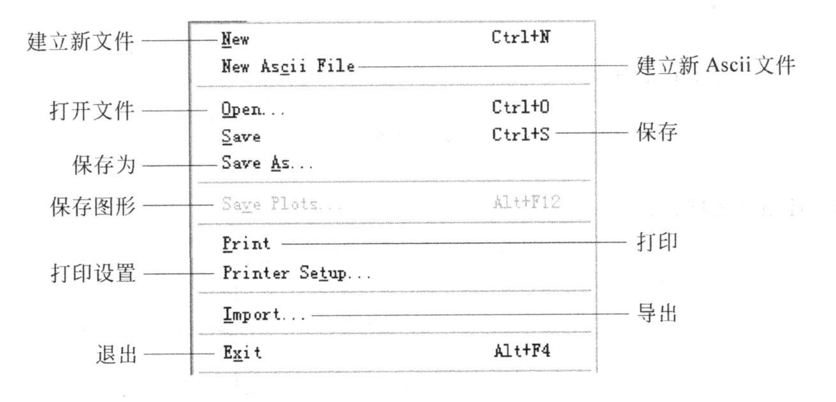

图 C.3

(2) Edit(编辑)菜单

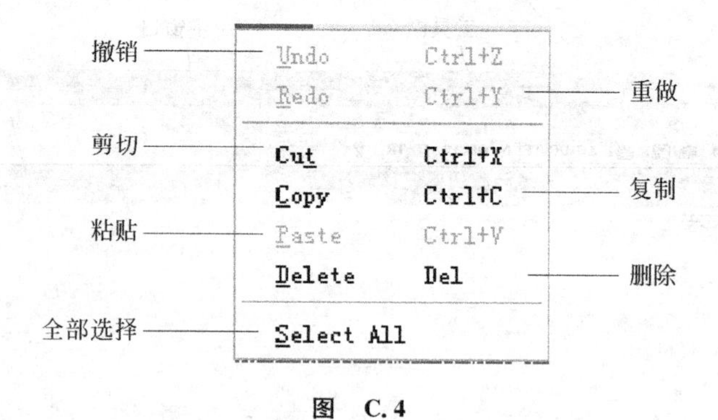

图　C.4

(3) Search(查找)菜单

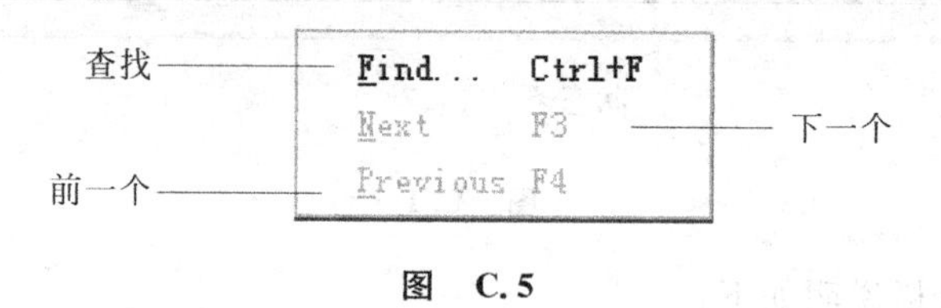

图　C.5

(4) View(视图)菜单

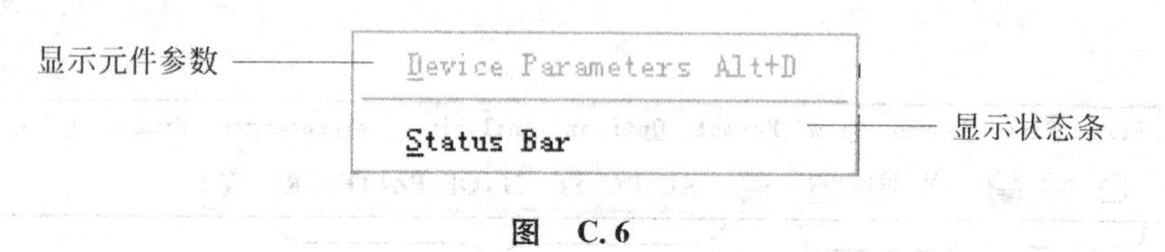

图　C.6

(5) Format(格式)菜单

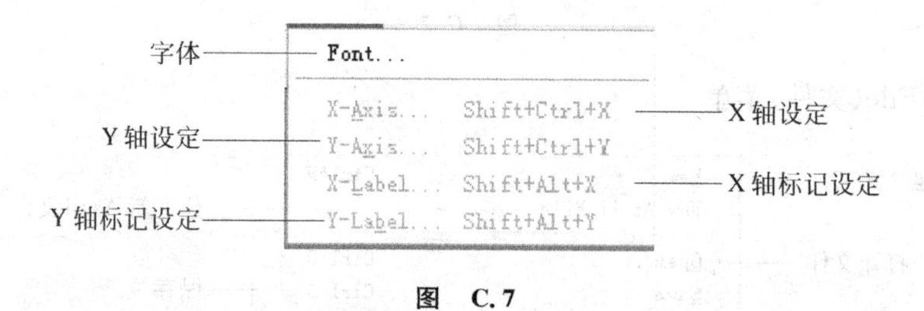

图　C.7

(6) Options(选项)菜单

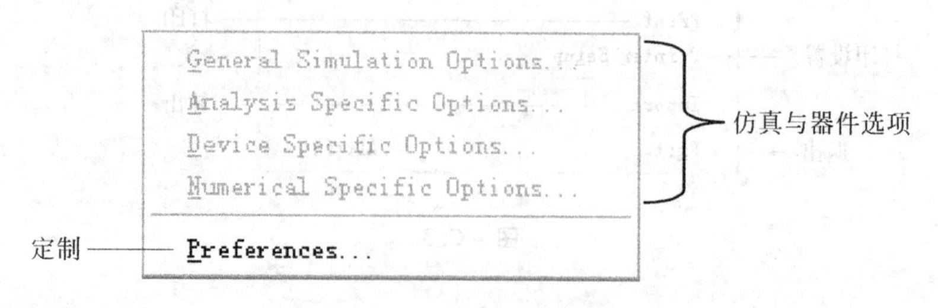

图　C.8

(7) Analysis(分析)菜单

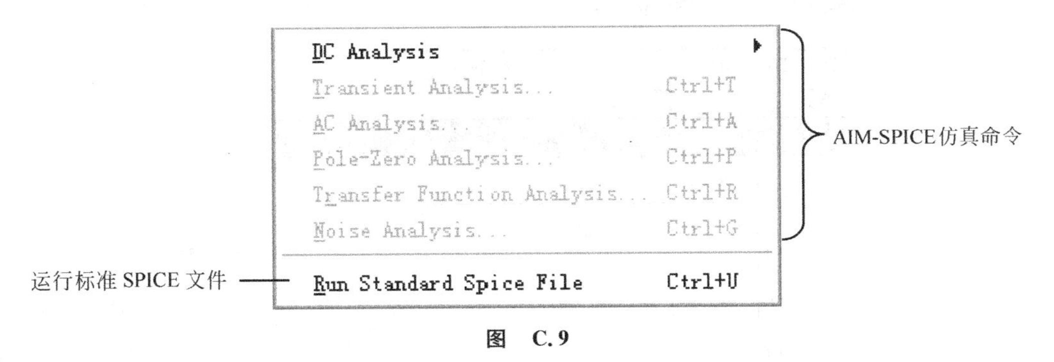

图　C.9

(8) Postprocessor(后处理器)菜单

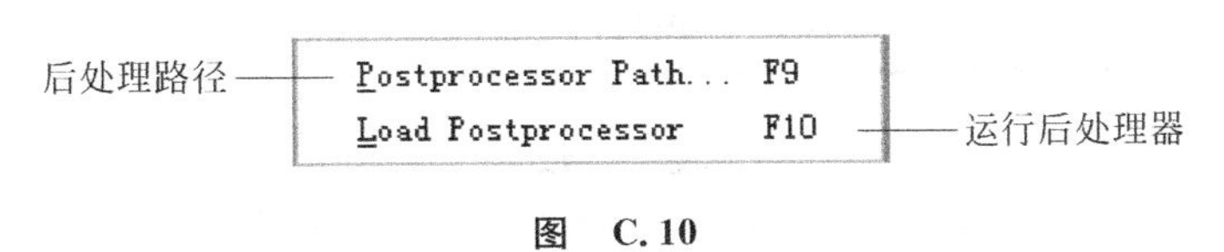

图　C.10

2. 工具栏

工具栏如图 C. 11 所示。AIM-SPICE 可以运行两种文件：AIM-SPICE 文件和标准 SPICE 文件。AIM-SPICE 文件中只需要编写电路参数与结构，不用写控制命令与输出命令，欲对电路作分析只需运行相应的菜单命令或工具条命令即可。而 SPICE 标准文件中要按照 SPICE 句法编写，欲进行分析时运行菜单命令 Analysis|Run Standard Spice File。因此，工具栏中的分析功能工具条只对运行 AIM-SPICE 文件分析有效。

工具栏上各按钮的功能说明如图 C. 11 所示。

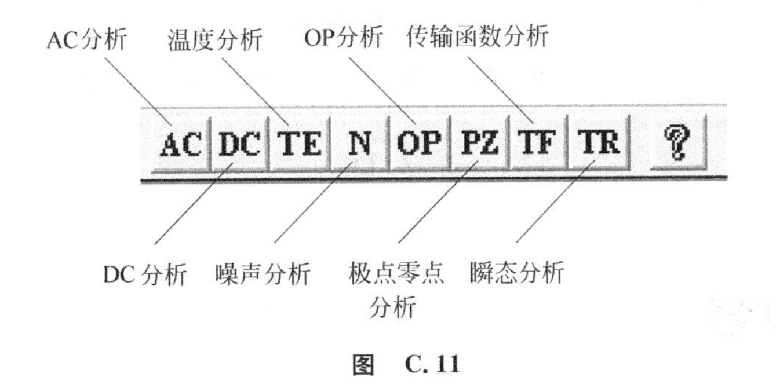

图　C.11

C.3　输出窗口

输出窗口如图 C. 12 所示。当运行标准 SPICE 文件模拟结束后，会出现模拟统计窗口，显示仿真时间、点数等数据，单击“确定”后出现消息文件窗口(Message File)报告模拟中出现的问题。如果仿真没有问题，会出现表格输出或图形输出窗口。在输出窗口中可以

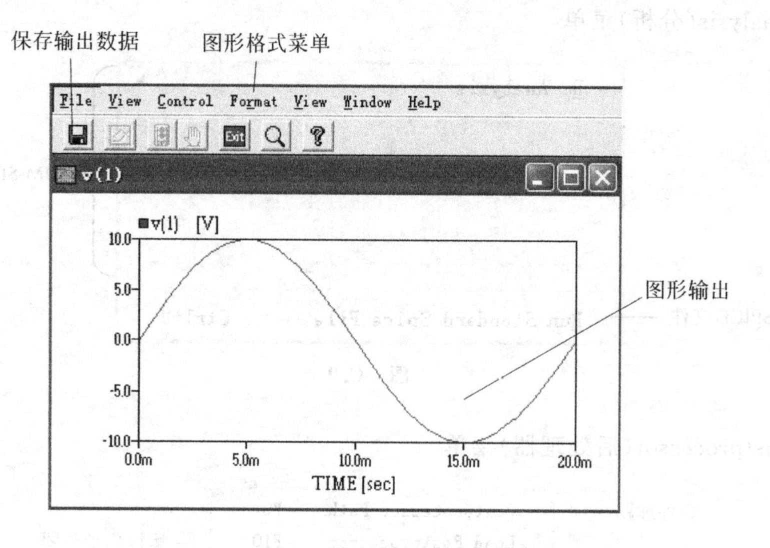

图 C.12

横轴单位[sec]表示秒(s),纵轴单位[v]表示伏(V)

对图形进行操作,如进行图形格式设定、保存结果数据等。为了得到合适的图形曲线,要对初始图形进行重新设置,一般在模拟结束后首先选择输出窗口的菜单命令 Format | Autoscale 自动设置格式,显示整个曲线后可以进行进一步设置。单击工具条 Exit 可以退出输出窗口。

如图 C.13 为图形格式设定菜单。

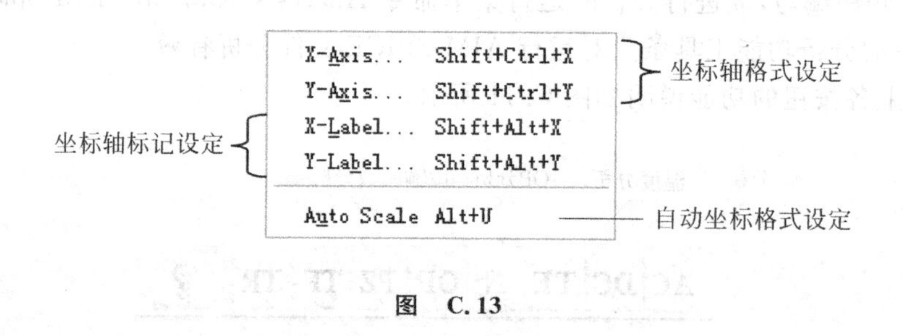

图 C.13

C.4 后处理器

AIM-SPICE 有功能强大的后处理功能,能够对输出数据进行运算、绘图等操作。仿真结束后对输出数据进行保存,然后选择主窗口中的 Postprocessor | Load Postprocessor 就可以运行后处理器。后处理器窗口类似输出窗口,选择 File | Open Datafile 菜单命令就可以打开已保存的数据文件(.out 文件)。

选择菜单命令 Plot | Add plot 菜单命令,或单击 工具条,则出现增加曲线窗口如图 C.14 所示。

在此窗口中可以选择要加入的数据曲线，对曲线数据进行运算，然后加入曲线。Const>后边可以输入要使用的常数。例如，要对 v(1)乘 10 后加入到图形中，操作步骤为：选择 v(1)，单击“*”，在 const>后面输入 10，然后单击 const>，最后单击 Add Expression。加入所有需要加入的曲线后单击 New Plot 绘出图形。

绘出曲线后，单击图形上端的曲线名称弹出 Format Legend 窗口如图 C.15 所示，在此窗口中可以设置曲线的颜色、线宽、形状等。

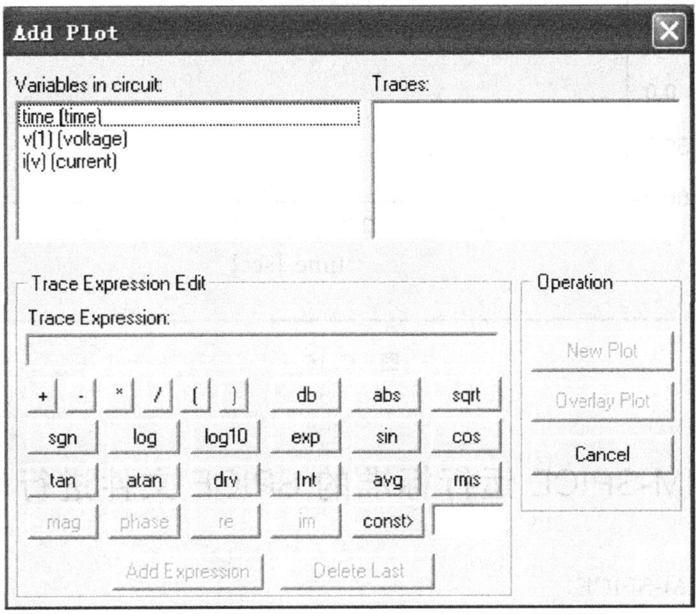

图　C.14

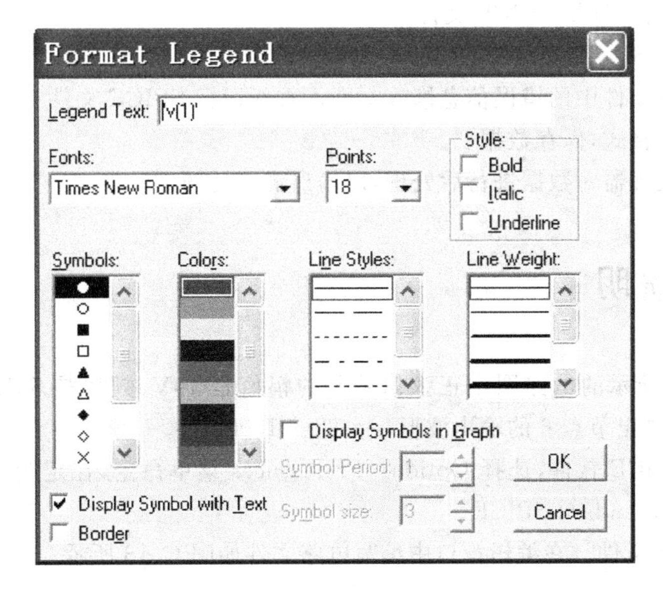

图　C.15

右击图形窗口将会出现一弹出式菜单，如图 C.16 所示。利用此弹出式菜单中的命令可以增加曲线（Add Plot）、设置格式（Format）和复制曲线（Copy Graph）到剪切板。

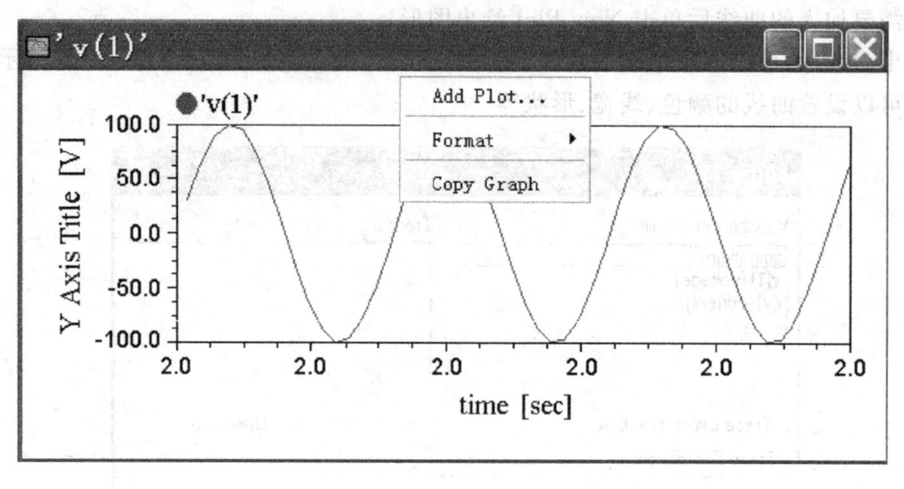

图　C.16

C.5　用 AIM-SPICE 运行标准的 SPICE 文件进行电路分析

（1）运行 AIM-SPICE。

（2）如果第一次使用，要将文件格式改为 Standard File；选择 Options|Preferences 菜单命令，出现定制窗口，在 Default File Format 选项中选择 Standard SPICE。

（3）建立新文件，编辑 SPICE 文件。

（4）运行标准 SPICE 文件。

（5）根据消息文件中的错误信息修改文件。重新运行 SPICE 文件。

（6）设置图形格式，保存数据。

（7）运行后处理器对数据进行后处理，以输出需要的图形。

C.6　举例说明

已知图 C.17 所示的电路图中正弦信号源的幅值是 10V、频率是 50Hz、初相位是 0°。用 SPICE 计算并画出节点 6 的输出波形（$t=960\sim1000$ms）。

打开 AIM-SPICE 软件，选择 Options|Preferences 菜单命令，在定制窗口中将 Default File Format 改为 Standard SPICE。

打开建立的新文件。在编辑窗口中编写电路文件如图 C.18 所示。

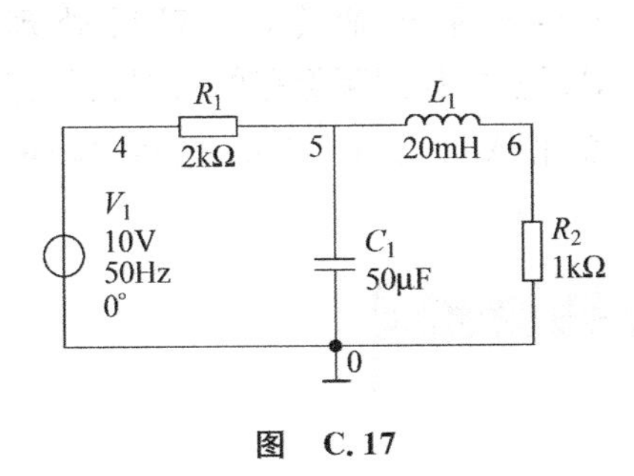

图 C.17

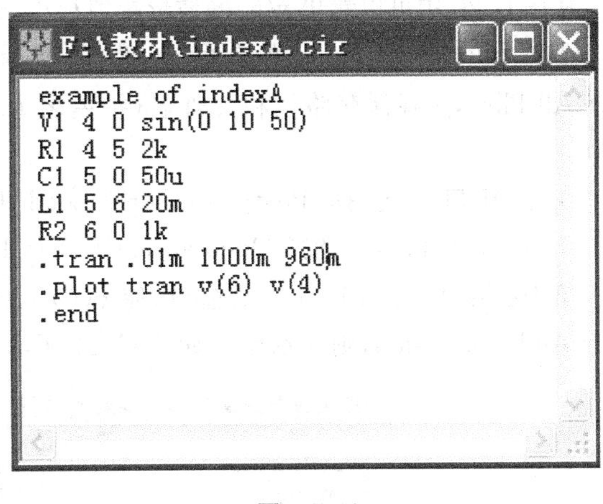

图 C.18

经检查确认电路无误后，单击 Analysis|Run Standard Spice File 菜单命令运行所编辑的电路文件。模拟结束后出现模拟统计窗口和输出图形如图 C.19 所示，单击统计窗口中的 OK 关闭此窗口。

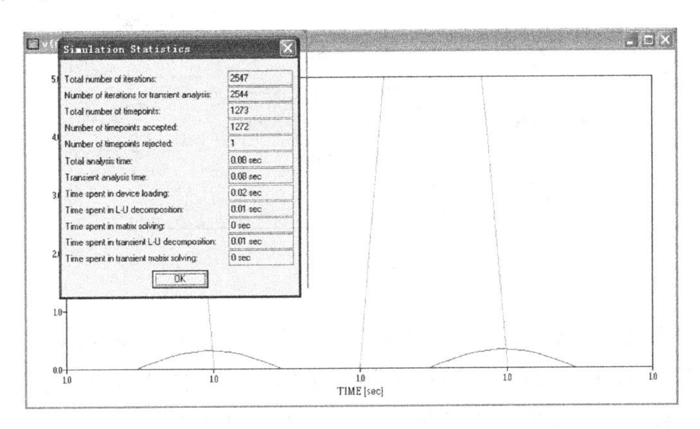

图 C.19

然后选择 Format|Auto Scale 菜单命令，显示完整的波形图形如图 C.20 所示。

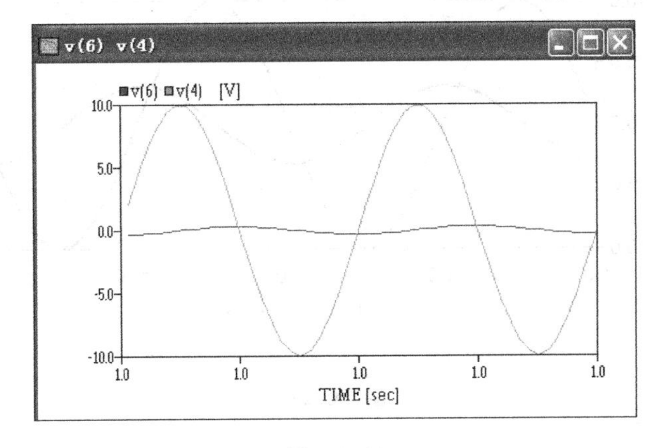

图 C.20

从图 C.20 中可以看出 v(6)的波形幅值很小，难以看清全貌。因此，需要对数据进行后处理。选择 File | Save Plots 菜单命令，保存结果数据。在 Save Plots 对话窗口中选择 Save All Plots，选择保存路径和文件名(扩展名为.out)。文件保存完毕后单击 Exit 退出输出窗口。

在主窗口中选择 Postprocessor | Load Postprocessor 菜单命令，出现后处理(Postprocessor)窗口。选择 Open an exist Data File，在对话框中找到刚保存的数据文件打开。单击图标弹出 Add Plot 对话窗口，使 v(6) * 10，然后单击 Add expression；选择 v(4)再单击 Add expression，则显示窗口如图 C.21 所示。

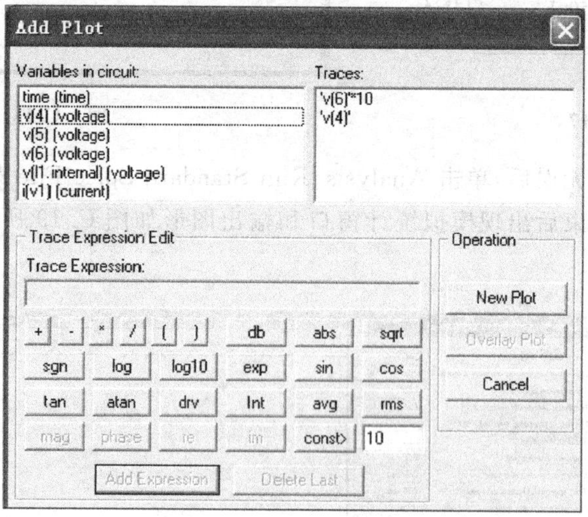

图 C.21

在图 C.21 中单击 New Plot 后产生输出图形。分别单击曲线标题“v(6) * 10”和“v(4)”可以对相应的曲线进行各种设置，如标题字体、字号，曲线颜色、线形等。在该窗口中右击，在弹出式菜单上可以对坐标轴及标题进行设置。结果如图 C.22 所示。

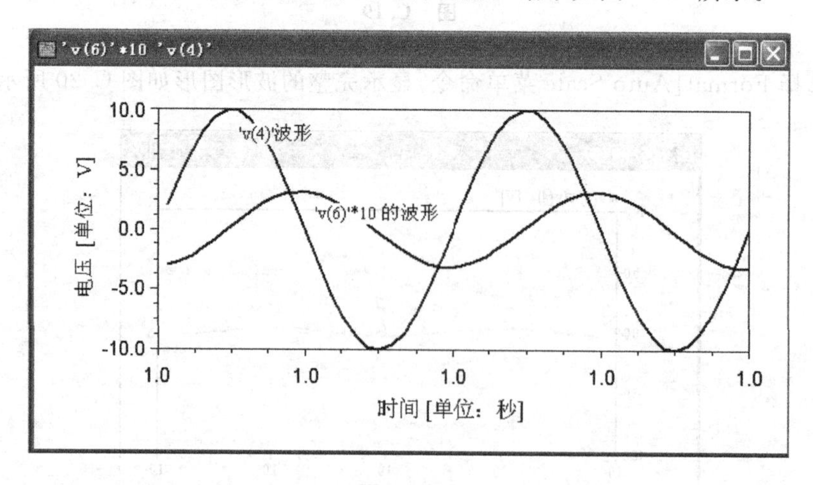

图 C.22

附录D Appendix D

混合电路仿真软件 SPICE OPUS 使用说明

SPICE OPUS 软件是基于 SPICE3f5/XSPICE 的电路仿真软件，XSPICE 是 Berkley Spice 的扩展版本，是电路板级的电路仿真软件。其主要扩充部分包括增加了事件驱动的仿真能力和所谓的编码模型(Code Model)系统，XSPICE 的 Code Model 元件库中预定义了很多新的器件模型，包括模拟器件模型、混合器件模型和数字电路器件模型，所以，XSPICE 是真正的数模混合仿真软件。并且，利用 XSPICE 提供的工具可以自行编写新型的 Code Model 器件模型，大大增强了 XSPICE 的仿真能力。

SPICE OPUS 的电路仿真功能很强大，但是，应该提请注意的是，SPICE OPUS 保留了命令行的操作方式，没有自带的文本编辑器。虽然如此，使用起来还是很方便的。编写电路时可以使用任何纯文本编辑器，比如，可以使用 Windows 的“记事本”编写电路，电路编写完毕并保存后要将扩展名改为 .cir；也可以用 AIM-SPICE 编写电路，比用“记事本”方便，因为 AIM-SPICE 保存的文件就是 .cir 格式。

D.1 软件安装

SPICE OPUS 可以运行于 Windows 95/98/XP/NT 和 Linux 操作系统，运行光盘中 SPICE OPUS 文件夹中的 setup. exe 文件即可自行安装，安装过程中可以选择安装路径。安装完毕后可以在“开始|程序”中找到相应的 SPICE OPUS 运行命令和帮助文件。

D.2 使用说明

运行 SPICE OPUS 会出现如图 D.1 所示的主窗口。

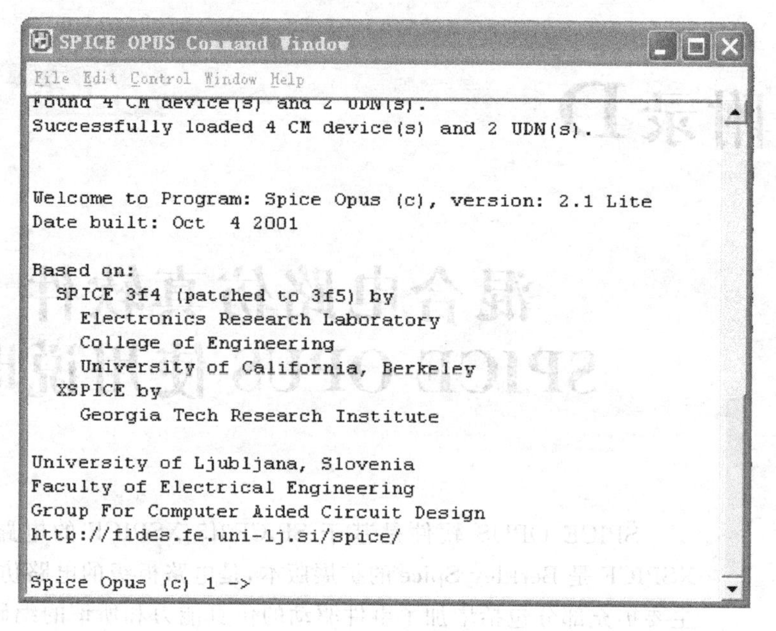

图 D.1

Edit Control Window Help	
Copy	Ctrl+C
Paste	Ctrl+V
Select All	Ctrl+A
Logging	Ctrl+L
Limit lines	Ctrl+I
Clear Terminal History	Ctrl+T

图 D.2

主窗口里是关于本软件的说明，最下面一行是命令行，在此输入 SPICE 命令。主菜单很少，File 菜单中有 Print 和 Exit 两个子菜单；Control 菜单中只有 Stop Execution（停止运行）一个子菜单。Edit 菜单中的子菜单如图 D.2 所示。

利用 Copy，Paste 和 Select All 菜单命令可以对命令行进行操作，简化了输入命令的过程。运行 Clear Terminal History（清除中端历史）菜单命令可以清除命令窗口中的历史记录。

如果要用 SPICE OPUS 分析电路，编写电路时只需编写电路参数部分即可，不用写分析和输出命令，这些命令要在 SPICE OPUS 命令行中输入。

D.3 用 SPICE OPUS 分析电路的步骤

(1) 编写电路文件。不包括分析命令和输出指令，电路文件保存为 .cir 格式。

(2) 打开 SPICE OPUS，用 source 命令载入电路文件。

(3) 如果电路文件有错误，SPICE OPUS 会提示错误的位置。这时，需要修改电路文件并重新载入。

(4) 输入 SPICE 分析指令。分析指令就是在编写标准的 SPICE 文件时的分析指令，但是要注意指令前不要带点“·”。

(5) 输入 SPICE 输出指令则出现输出图形或表格。单击图形输出窗口，利用弹出式菜单指令可以对输出图形进行操作。注意，输出指令同样不能带点“·”；并且在输出指令 print 和 plot 后不要输入分析类型。

D.4　举例说明

已知电路图如图 D.3 所示，此电路中包含一个 1V，100Hz 的交流信号源，一个增益模块和一个 1000kΩ 的负载。在 XSPICE 中有增益模块的模型，因此此电路可以用 SPICE OPUS 进行仿真。

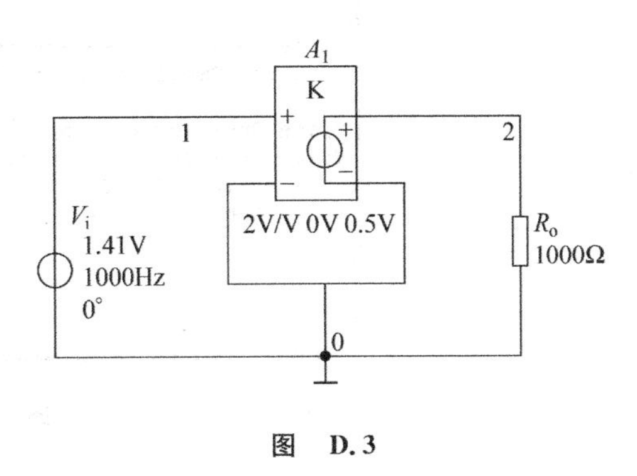

图　D.3

首先利用 AIM-SPICE 或“记事本”编写电路文件如下：

```
Small signal amplifier
*
* there is an xspice model in this circuit
* out=gain * (in+in_offset)+out_offset
*
Vin 1 0 DC 0 AC 0 SIN(0 2 50)
A1 1 2 foo
.model foo gain(in_offset=0 out_offset=0.5 gain=2)
Rout 2 0 1k
.end
```

此电路文件中的增益模型名称为 gain，用.model 语句定义名称为 gain 的增益器件参数。调用 Code Model 器件的标示符是 A，A1 1 2 foo 则为调用 foo 增益器件的语句。假设此文件名为 ssa.cir，存在 D：盘上的 SPICE 目录中。

打开 SPICE OPUS 在命令行中输入 source d：\spice\ssa.cir 载入文件。

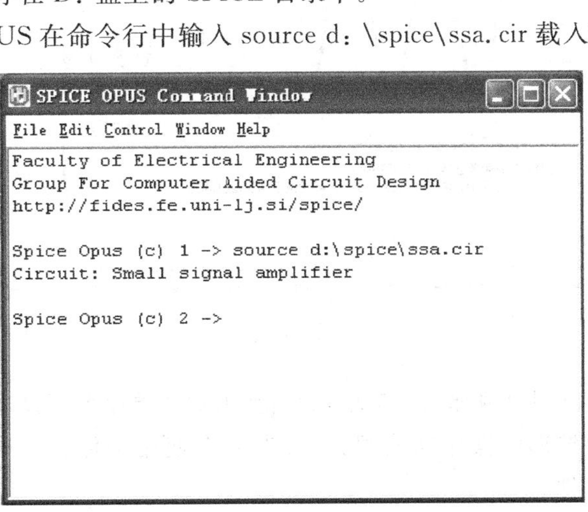

图　D.4

输入分析指令，比如用op分析计算机电路的静态工作点，输入op指令。用print输出节点2的直流电压，从输出结果可知v(2)=0.5V。

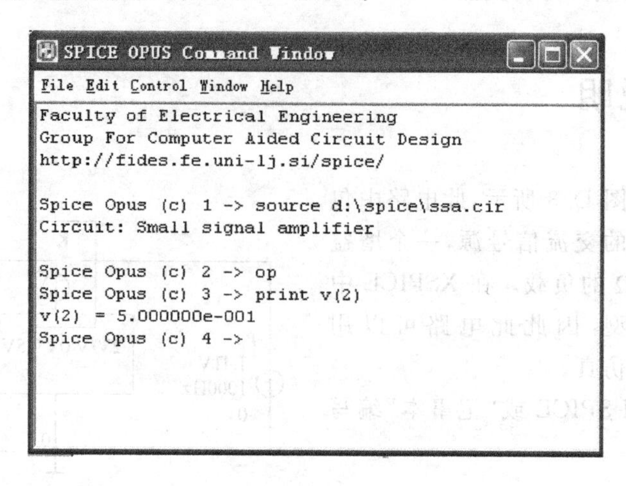

图 D.5

输入tran 0.1m 100m进行瞬态分析，输入plot v(2) xlabel time[s] ylabel Voltage[V]输出节点2的电压波形。分析结果见输出波形，如图D.6所示。

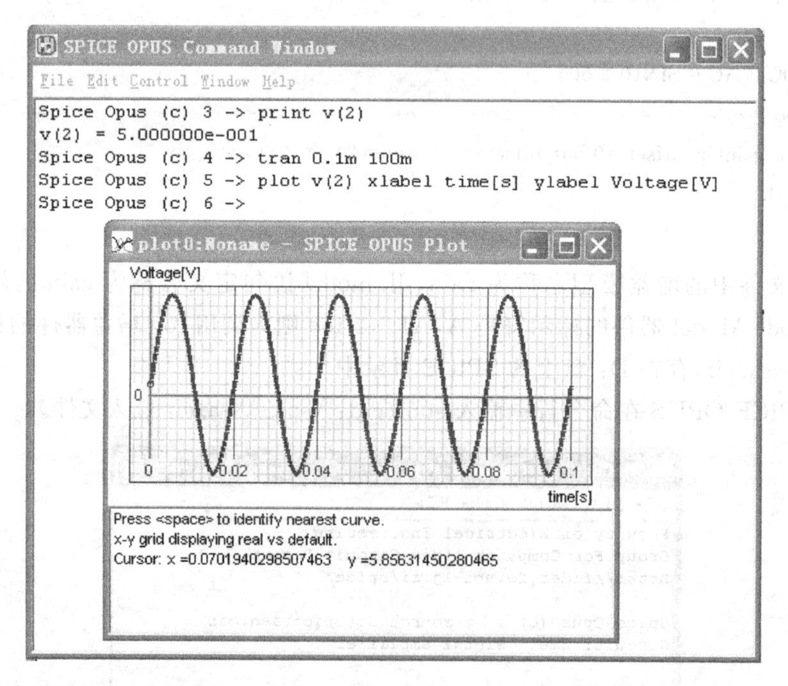

图 D.6

右击图形输出窗口则出现弹出式菜单，利用弹出式菜单命令可以对波形进行各种操作，SPICE OPUS对输出波形的操作功能很强，读者可在使用中体会。进一步的讲解请参考SPICE OPUS帮助文件。

附录E Appendix E

本书用到的SPICE3F5语句

E.1 元件语句(Element Statement)

E.1.1 电阻、电容和电感

1. 电阻(R)

R〈name〉 N1 N2 Value

语句的首字母R是电阻的标识符，N1和N2是电阻两端的节点名。“〈 〉”中的内容是可选的。

2. 电容(C)和电感(L)

C〈name〉 N1 N2 Value 〈IC=〉

L〈name〉 N1 N2 Value 〈IC=〉

电容和电感元件的标识符分别是C和L，N1，N2是元件两端的节点。IC是元件电压或电流的初始值。

3. 互感与理想变压器

Lname1 N1 N2 Lname1 Value

Lname2 M1 M2 Lname2 Value

K〈name〉 Lname1 Lname2 k

N1，N2和M1，M2是电感Lname1，Lname2两端的节点，N1，M1是同名端。耦合系数：$k=M/\sqrt{L_1L_2}$。SPICE没有用于理想变压器的模型，一般用耦合系数等于1的互感来模拟。但是SPICE不支持耦合系数$k=1$的互感，所以理想变压器的耦合系数k的取值尽量接近于1但不能等于1(如取$k=0.99999$)。

E.1.2 电源

1. 独立电源

(1) 独立恒压源和恒流源 (Independent Voltage Sources and Current Sources)

恒压源：V⟨name⟩ N1 N2 Type Value

恒流源：I⟨name⟩ N1 N2 Type Value

电压源和电流源的标识符分别是 V 和 I，对于电压源，N1 是电源的正端节点，N2 是电源的负端节点；对于电流源，电流从 N1 流入，从 N2 流出。

Type 指电源的形式，电源的形式可以是 DC，AC 或 TRAN，与分析的种类有关。

(2) 正弦交流电源(Sinus)

正弦电压源：V⟨name⟩ N1 N2 SIN (U_0　U_m　f　t_d　α　φ)

正弦电流源：I⟨name⟩ N1 N2 SIN (I_0　I_m　f　t_d　α　φ)

对电压源，电动势的参考方向由 N2 指向 N1；对电流源，电流的参考方向由 N1 指向 N2。语句中的各个参数的含义请参考下面所示的正弦电源的表达式和表 E.1。

$$u=U_0+U_m e^{-\alpha(t-t_d)}\sin\left[2\pi f(t-t_d)+\frac{2\pi\varphi}{360}\right](V)$$

$$i=I_0+I_m e^{-\alpha(t-t_d)}\sin\left[2\pi f(t-t_d)+\frac{2\pi\varphi}{360}\right](A)$$

表 E.1

参　数	含　义	默认值	单　位
U_0	直流偏置电压	0	V
U_m	交流电压的幅值	1	V
I_0	直流偏置电流	0	A
I_m	交流电流的幅值	1	A
f	频率		Hz
φ	初相位	0	度
t_d	延迟时间	0	s
α	阻尼系数	0	0

如果阻尼系数和初相取默认值 0，可以省略。

如果只进行频率扫描分析，交流信号源可写成如下形式：

V⟨name⟩ N1 N2 AC Value Phase

其中，Value 是幅值，默认值为 1。Phase 是初相，默认值为 0。默认值可以省略。

(3) 脉冲电源(Pulse Source)

电压源：V⟨name⟩ N1 N2 Pulse(V1 V2 Td Tr Tf Pw Per)

电流源：I⟨name⟩ N1 N2 Pulse(V1 V2 Td Tr Tf Pw Per)

结合图 E.1，各项参数、默认值和单位见表 E.2。请注意，脉冲是从 $t=0$ 时刻开始的，即 $t<0$ 时的电压为 0。

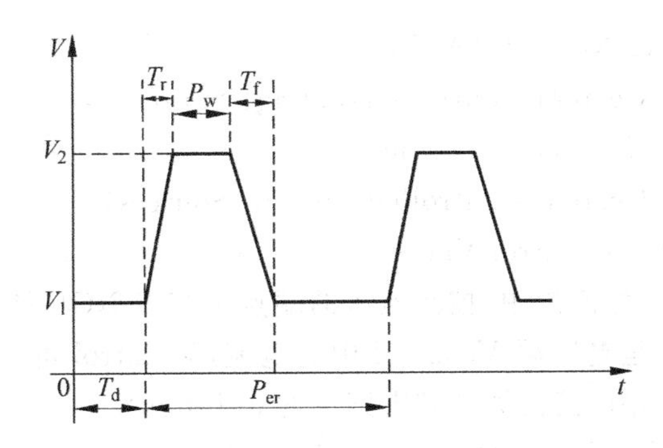

图 E.1 脉冲波形

表 E.2

参数	含义	默认值	单位
V1	低电压(或电流)		V(或 A)
V2	高电压(或电流)		V(或 A)
Td	延迟时间	0.0	s
Tr	上升时间	TSTEP	s
Tf	下降时间	TSTEP	s
Pw	脉冲宽度	TSTOP	s
Per	周期	TSTOP	s

(4) 分段线性化电源(Piece-Wise Linear Source)

电压源：V<name> N1 N2 PWL(T1 V1 T2 V2 T3 V3 …)

电流源：I<name> N1 N2 PWL(T1 I1 T2 I2 T3 I3 …)

其中，PWL 是分段线性化电源的标识，T1 V1，T2 V2，T3 V3…分别是各拐点的时间和电压值。

例如图 E.2 中的 SPICE 语句为：

Vg 1 2 PWL(0 0 10U 5 100U 5 110U 0)

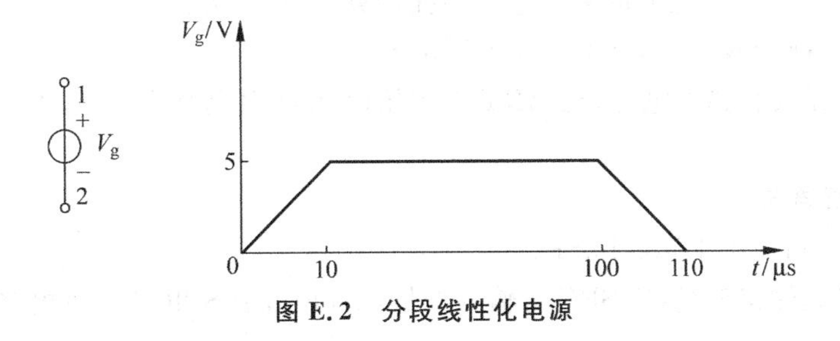

图 E.2 分段线性化电源

2. 受控源

(1) 线性受控源(Linear Dependent Sources)

压控电压源(Linear Voltage-Controlled Voltage Sources)：

E<name> N1 N2 NC1 NC2 Value

压控电流源(Linear Voltage-Controlled Current Sources)：

G〈name〉 N1 N2 NC1 NC2 Value

流控电压源(Linear Current-Controlled Voltage Sources):

H〈name〉 N1 N2 Vcontrol Value

流控电流源(Linear Current-Controlled Current Sources):

F〈name〉 N1 N2 Vcontrol Value

在压控电压源和压控电流源中,控制电压的端点是节点 NC1 和 NC2,在流控电压源和流控电压源中,控制电流是电压源 Vcontrol 中的电流,Vcontrol 可能是电路中已有的电压源,也可能是为了测量支路电流而添加到电路中的 0 伏电压源。

(2) 非线性受控源(Nonlinear Dependent Source)

一般形式:B〈name〉 N1 N2 V=表达式

其中,B 是非线性受控源的关键字,N1,N2 是受控源两端的节点,表达式可以用如下运算符和函数组成。

运算符　　+　—　*　/　^(乘方)unary-

函数　　Abs, asin, atanh, exp, sin, tan, acos, asinh, cos, ln, sinh, u, acosh, atan, cosh, atan, cosh, log, sqrt, uramp

E.2 分析语句

1. .OP 分析语句

.OP 命令指示 SPICE 计算如下结果:

- 各节点的电压
- 流过独立恒压源中的电流
- 每个元件的静态工作点

.OP 是分析直流电路最常用的命令。

2. .DC 分析语句

.DC 命令对独立直流电源的参数进行扫描计算,其形式为:

一般形式:.DC SRCname START STOP STEP

其中,SRCname 是要扫描的电源,START 是起始值,STOP 是终止值,STEP 是扫描步长。

3. .TF 分析语句

一般形式:.TF OUTSRC INSRC

其中,OUTSRC 是输出变量,INSRC 是输入变量,.TF 指示 SPICE 计算电路的如下直流小信号特性:

- 输出变量与输入变量的比值(称为增益或传输函数)
- 输入端的输入电阻
- 输出端的输出电阻(即从输出端看进去戴维宁等效的内阻)

4. .AC 分析语句

一般形式：.AC Lin N_P f_{start} f_{stop}

.AC Dec N_d f_{start} f_{stop}

.AC Oct N_o f_{start} f_{stop}

其中，f_{start} 为起始频率，单位为 Hz；

f_{stop} 为结束频率，单位为 Hz；

Lin 表示横轴频率刻度为线性；

Dec 表示横轴频率刻度为十倍频制；

Oct 表示横轴频率刻度为八倍频制；

N_P 指从起始频率到终止频率间采样的点数；

N_d 指每十倍频的采样点数；

N_o 指每八倍频的采样点数。

.AC 语句用于分析电路中任意电量的幅频特性和相频特性，分析的结果可以以幅频特性曲线和相频特性曲线的方式输出。

5. .TRAN 分析语句

一般形式：.TRAN T_{step} T_{stop}〈T_{start}〈T_{max}〉〉〈UIC〉

其中，T_{step} 为打印结果的时间步长；

T_{stop} 为终止时间；

T_{start} 为起始时间，若不设定则缺省值为 0；

T_{max} 为最大步长；

UIC：若语句中有〈UIC〉，则表明应考虑元件中指定的初始值，否则不予考虑。

.TRAN 分析是在指定的时间段内对电路作暂态分析。

6. .FOURIER 分析语句

一般形式：.FOUR(或 FOURIER) Freq OV1〈OV2 OV3 ...〉

其中，Freq 是基波频率，OV1，OV2，OV3 等是要分析输出的节点电压，“〈 〉”中的内容是可选的。因此，用 .Four 可以同时对多个节点电压进行傅里叶分析。

例如：.Four 100k V(5)是以 100k 为基频对节点 5 的电压进行傅里叶分析。

傅里叶分析给出直流分量的值和基波到 9 次谐波的幅值和相位。由于傅里叶分析是在进行了瞬态分析的基础上进行的，因此在进行傅里叶分析之前必须进行瞬态分析(.tran)。傅里叶分析在时间段“TSTOP-periode, TSTOP”进行，TSTOP 是分析的结束时刻，periode 是周期。由于脉冲波形是从 $t=0$ 时刻开始的，必定产生一定的过渡过程才能达到稳态，这就要求瞬态分析的时间足够长，使过渡过程消失。为了保证精度，.TRAN 指令中的 Tmax 必须小于 periode/100。

E.3　子电路与模型语句

1. 子电路语句

子电路的定义：

.SUBCKT SUBNAME N1 N2 N3 …

Element statements

…

.ENDS SUBNAME

子电路调用语句的标识符是 X，一般格式是：

.X〈name〉 N1 N2 N3 … SUBNAME

除节点“0”外，子电路中的其他节点都是局部节点，名称可以与电路中的其他节点同名。但是，子电路中的节点“0”是全局节点，永远与电路的参考点相连。子电路允许嵌套，但是不允许循环，也就是说，子电路 A 可以调用子电路 B，但是，子电路 B 不能再调用子电路 A。

2. .Model 语句

模型定义：.model MODName Type (parameter values)

其中，MODName 是元件名称，Type 是 SPICE 预定义的元件模型名称，圆括号中是对应的元件模型的参数定义。SPICE3F5 中预定义的元件模型见表 E.3 所示。

表 E.3　元件模型名称

R	半导体电阻	PNP	PNP 三极管
C	半导体电容	NJF	N 沟道结型场效应管
SW	压控开关	PJF	P 沟道结型场效应管
CSW	流控开关	NMOS	N 沟道 MOSFET
URC	均匀分布的 RC 参数	PMOS	P 沟道 MOSFET
LTRA	损耗传输线	NMF	N 沟道 GaAs MESFET
D	二极管	PMF	P 沟道 GaAs MESFET
NPN	NPN 三极管		

(1) 开关模型(switch models)

SPICE 中定义了压控开关和流控开关的模型，它们可以不是理想开关，开关的电阻随控制电压或电流的连续变化而跳变。当开关闭合时，电阻为 RON，当开关断开时，电阻是 ROFF。对于理想开关，可以使 RON=0，ROFF 给定一个足够大的数值(如 1E20)。

① 压控开关(voltage controlled switch)

模型参数定义：.model SMOD SW(RON= VT= VH= ROFF=)

开关调用：S〈name〉 N1 N2 NC1 NC2 SMOD

压控开关调用的标识符是 S，NC1 和 NC2 是控制端，N1，N2 是开关的两端的节点，VT 是开关动作的阈值电压，VH 是迟滞电压，默认值均为 0。

② 流控开关(current controlled switch)

模型参数定义：.MODEL SMOD CSW(RON=，VON=，ROFF=)

开关调用：W〈name〉 N1 N2 Vname SMOD

调用流控开关的标识符是 W，电压源 Vname 中的电流是控制电流，N1，N2 是开关的两端节点。

(2) 二极管模型(diode model)

模型参数定义：.model diodename D (IS=N=Rs=CJO=Tt=BV=IBV=…)

二极管调用语句：D〈name〉 N+ N−diodename

其中，N+是二极管的阳极，N−是二极管的阴极。二极管的参数和含义见表 2.3 所示。从表中可以看到，每个参数都有默认值，如果在定义参数时没有重新定义，就会自动使用默认值。

3. XSPICE 中 code model 元件的调用

此语句是 XSPICE 语句，只有在支持 SPICE/XSPICE 的仿真器(如 SPICE OPUS)中才可以使用。

一般形式：.A〈name〉 N1 N2 … Modelname (parameters)

Code Model 是 XSPICE 中的一类元件模型，XSPICE 仿真器中已经预定义了 47 个(包括模拟元件模型、数字元件模型和数模混合元件模型)，并且，用户也可以用 C 语言编写此类元件模型并加入仿真器。

有关 XSPICE 和 Code Model 的内容请参考 SPICE OPUS 的帮助文件。

E.4 输出语句(Output Statements)

打印输出：.PRINT TYPE OV1 OV2 OV3 …

绘图输出：.PLOT TYPE OV1 OV2 OV3 …

.PRINT 列表输出变量 OV1 OV2 OV3 …。.PLOT 绘图输出变量 OV1 OV2 OV3 …，绘图输出的横坐标是分析中的扫描变量或进行弛豫分析的时间变量。TYPE 是所进行的分析的形式，可以是以下 3 种形式：

- DC
- TRAN
- AC

附录F Appendix F

用电安全技术知识

现代社会中，人们几乎每时每刻都离不开电器设备。正确使用电能可以为人类造福，但是使用不当，则人们可能受到它的伤害，以至于危及生命和财产安全。因此，掌握用电安全技术是每个用电者必须注意的首要问题。

F.1 电流对人体的伤害

电对人体的伤害有两类——电击和电伤。电击是电流通过人体时，影响人体的呼吸、心跳、心脏、神经系统，造成局部组织的破坏，甚至死亡。电伤是指电弧烧伤，是电对人体的外部伤害。一般触电事故基本上都是电击所致。电击对人体的伤害程度与人体的电流的大小、频率、持续时间、电流通过人体的路径及人体的健康状况等因素有关。电流对人体的作用特征如表F.1所示。

表 F.1 电流对人体的作用特征

流过人体电流 /mA	作用特征	
	56～60Hz 交流	直流
0.6～1.5	开始有感觉	无感觉
2～3	手指颤动	无感觉
5～7	手部痉挛	感觉痒和热
8～10	手指尖剧痛，已经难以摆脱	热感增强
20～25	手麻木，剧痛，不能摆脱，呼吸困难	热感大大加强，手部肌肉不强烈收缩
50～80	呼吸麻痹，心房开始颤动	强烈的热感觉，手部肌肉收缩、痉挛、呼吸困难
90～100	呼吸麻痹，延续3s以上导致心脏麻痹、心房震颤	呼吸麻痹
300以上	作用0.1s以上时，呼吸和心脏麻痹。肌体组织遭到电流的热破坏	

通过人体的电流取决于外加电压和人体电阻，人体电阻又与皮肤角质层的厚度、环境的潮湿程度、接触面积和接触压力等因素有关，一般在几十到几千欧姆之间。女性的人体电阻一般小于男性人体电阻。限制或减少通过人体的事故电流，是用电安全技术中必须解决的基本问题。

F.2　保护接零和保护接地

1. 定义和适用场合

保护接零是把电器设备的金属外壳与电网的零线相连接，保护接零适用于380V/220V的三相四线制系统和变压器中性点直接接地的系统中。保护接地是把电器设备的金属外壳与保护地线相连接，适合于变压器中性点不直接接地的三相系统。

2. 保护接地的保护原理

(1) 当供电系统中性点不接地，用电设备又无保护接地时，若某相带电部分接触到设备外壳，事故电流 I 将通过人体和电网与大地间的绝缘电阻及电容形成回路。绝缘电阻越小或对地的电容越大，通过人体的电流越大。如图F.1(a)所示。

(2) 当电力系统的中性点不接地，而用电设备采取了保护接地措施，如图F.1(b)所示，设A相接触设备外壳，则在线电压 V_{BA}，V_{CA} 的作用下形成电流 I。设备接地电阻的标准是小于4Ω，人体的电阻 $R \gg r$，事故电流大部分流过接地电阻，经过人体的电流很小，从而保证了人体安全。

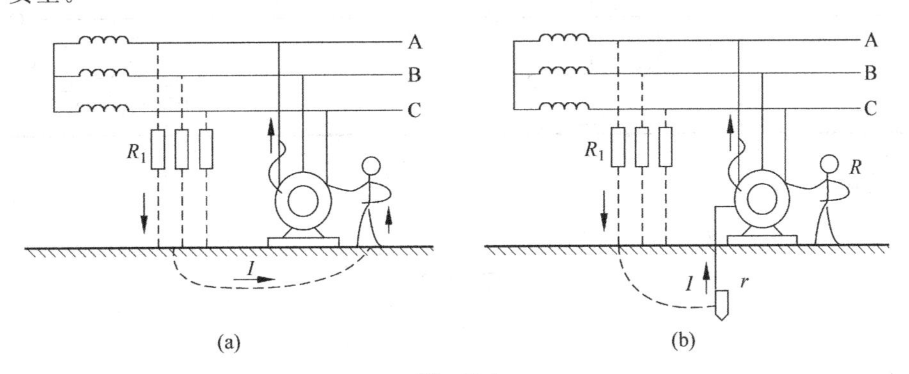

图　F.1

3. 保护接零原理

(1) 当电力系统的中性点接地，用电设备无接地、接零保护时，如图F.2(a)所示。若这个三相四线制供电系统中，A相与设备外壳接触，当人体触及设备外壳时，通过人体所构成的回路中的电流为 $I=V_A/(r_0+R)$。将 $V_A=220\text{V}$，$r=4\Omega$，$R=1000\Omega$ 代入得 $I\approx0.22\text{A}$，这样大的电流对人体是很危险的。

(2) 当系统中性点接地，用电设备采用保护接地时，如图F.2(b)所示，发生短路事故时的电流为 $I=V_A/(r_0+r/\!/R)\approx220/(4+4)=27.5(\text{A})$，这样大的电流如果不能由线路的

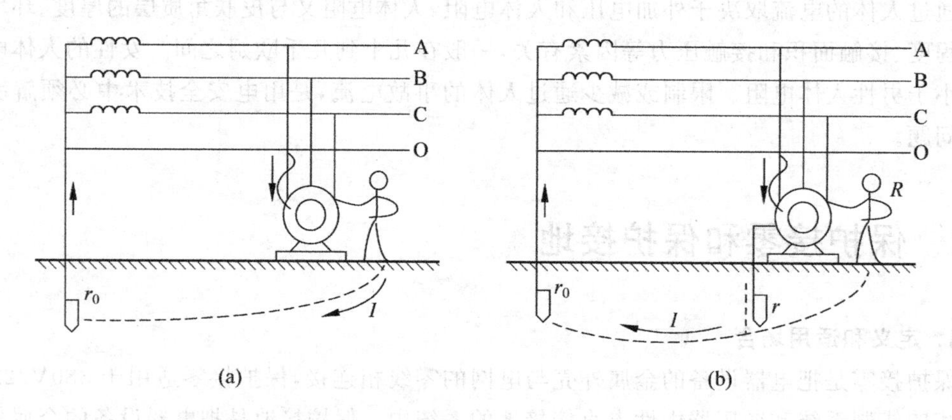

图 F.2

短路保护起作用，则设备外壳上的电压很大(≈110V)，对人体是很危险的。因此对于中性点接地的系统，采用保护接地不能达到保护的目的。

(3) 对中性点接地的系统，用电设备采用保护接零时，如图F.3(a)所示，当发生A相与外壳接触时，可通过外壳的保护接零线，使A相短路，使系统的短路保护起作用，切断电源，从而可保证人体安全。但是，如果零线较长，电阻就比较大，会使设备外壳上的电位高于地电位。因此，为了保证安全，在设备外壳的保护接零处再重复接地保护，如图F.3(b)所示。

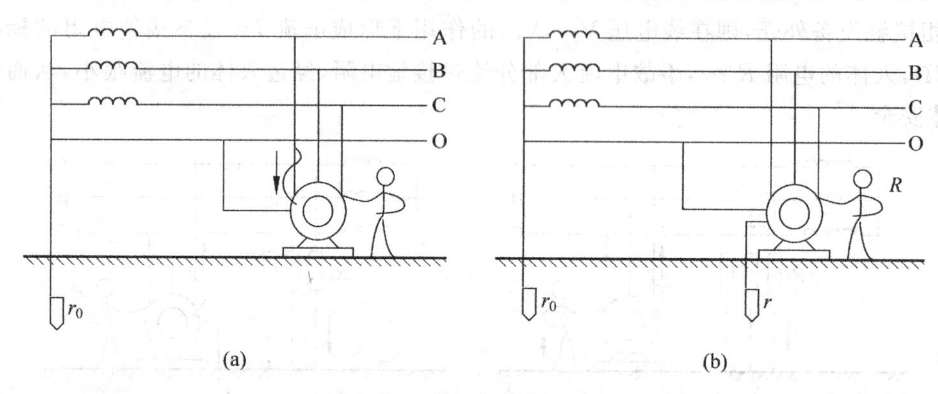

图 F.3

4. 结论

(1) 对中性点不接地的供电系统，其用电设备必须采用接地保护；

(2) 对中性点接地的三相四线制供电系统，不允许采用设备外壳单纯接地的保护措施，而必须采用保护接零。

F.3 民用配电与安全保护

民用用电系统的三相负载一般是不对称的，为了保证安全而在线路进入建筑物时增加了保护地线，这就成为了三相五线制系统。如图F.4所示，入口处保护地线和零线是相连的,但是进入建筑物后不允许再有相连的情形。

室内的单相三眼插座与配电系统的连接关系如图 F.4(a)所示,电器设备通过插座与供电线相连,外壳与保护地线相连,保证电器外壳的电位为零。单相两眼插座与供电线路的连接关系如图 F.4(b)所示,它适合于为不需要外壳接地的电器供电。对于室内没有保护地线的情况,图 F.4(c)的处理方法是错误的,因为一旦入线的火线和零线位置互换,电器设备就会与火线相连。也不能将插座的地线与暖气、水管相连,因为暖气和供水管道不能保证足够小的接地电阻(<4Ω),一旦发生电器外壳接触火线的情形,将使整个建筑物内的管道带电。因此,如果室内没有提供保护地线,宁可使插座的地线空置。现在多数民用供电系统中都在每户的线路入口处安装了漏电保护装置,一旦发生触电或漏电事故,漏电保护器就会在足够短的时间内切断电源。

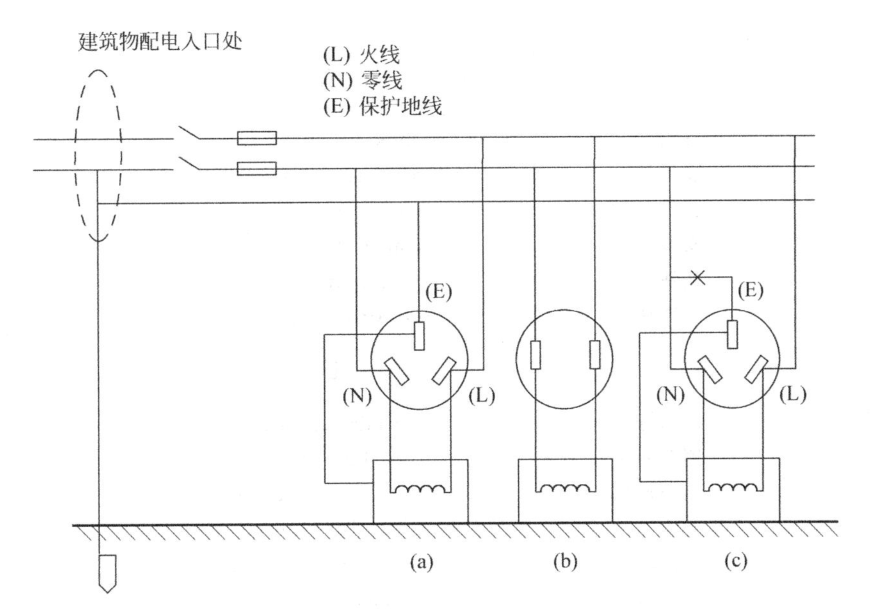

图　F.4

附录G Appendix G

常用电工电子术语中英文对照

A

安培	ampere
安培计	ammeter
安培小时	ampere-hour
安匝	ampere-turn
按钮	push button
奥斯特	Oersted

B

白炽灯	incandescent lamp
闭合回路	closed circuit
闭环控制	closed loop control
变比	ratio of transformation
变抗器	varactor
变频器	frequency converter
变压器	transformer
变阻器	rheostat，varistor
标称	nominal
并励电动机	shunt d-c motor
并励发电机	shunt d-c generator
并励绕组	shunt field winding
并联	parallel connection
并联谐振	parallel resonance
波特率	baud rate
波特图	bode diagram
波形	waveform
波形产生器	waveform generator
薄膜电容器	thin film capacitor
薄膜电阻器	thin film resistor
薄膜开关	membrane switch
布局	layout

步进电动机 step motor
步进控制 step control
步矩角 step-angle

C

参考电位 reference potential
参数 parameter
槽 slot
测速发电机 tachometer generator
层次结构的 hierarchical
插座 socket, receptacle
常闭触点 normally closed contact
常开触点 normally open contact
超前 lead
弛豫分析 transient analysis
充电 charging
初相位 initial phase
传递函数 transfer function
传感器 transducer
串励绕组 series field winding
串联 series connection
串联谐振 series resonance
磁饱和 magnetic saturation
磁场 magnetic field
磁场强度 magnetizing force
磁导率 permeability
磁电式仪表 magnetoelectric instrument
磁感应强度 flux density
磁化 magnetization
磁化曲线 magnetization curve
磁极 pole
磁路 magnetic circuit
磁通 flux
磁通势 magnetomotive force(mmf)
磁滞 hysteresis
磁滞回线 hysteresis loop
磁滞损耗 hysteresis loss
磁阻 reluctance

D

戴维宁定理 Thevenin's theorem
单相异步电动机 single-phase induction motor
导纳 admittance
导体 conductor
等幅振荡 unattenuated oscillation

等效电路	equivalent circuit
等效电阻	equivalent resistor
电场	electric field
电场强度	electric field intensity
电磁式仪表	electromagnetic instrument
电磁转矩	electromagnetic torque
电导	conductance
电导率	conductivity
电动式仪表	electrodynamic instrument
电动势	electricmotive force (emf)
电度表	watthour meter
电感	inductance
电感器	inductor
电感性电路	inductive circuit
电工测量	electrical measurement
电荷	electric charge
电动机	electric machine
电极	electrode
电角度	electrical degree
电流	current
电流计	amperemeter
电流互感器	current transformer
电流密度	current density
电流源	current source
电路	circuit
电路仿真	circuit simulation
电路分析	circuit analysis
电路模型	circuit model
电路元件	circuit element
电能	electric energy
电桥	bridge
电容	capacitance
电容器	capacitor
电容性电路	capacitive circuit
电枢	armature
电枢反应	armature reaction
电位；电势	electric potential
电位	electrical potential
电位差	electric potential difference
电位计	potentiometer
电位降	potential drop
电位升	potential rise
电压	voltage
电压表	voltmeter
电压调节器	voltage regulator

电压三角形	voltage triangle
电压源	voltage source
电源	source
电子设计自动化	electronic design automation (EDA)
电阻	resistance
电阻率	resistivity
电阻器	resistor
电阻性电路	resistive circuit
叠加原理	superposition theorem
定子	stator
动态电阻	dynamic resistance
独立电源	independent source
短路	short circuit
对称三相电路	symmetrical three-phase circuit

E

额定电流	rated current
额定电压	rated voltage
额定功率	rated power
额定值	rating
额定转矩	rated torque

F

发送机	transmitter
法拉	Farad
反电动势	counter electromotive-force
反馈控制	feedback control
反相	opposite in phase
方框图	block diagram
放大	amplification
放大器	amplifier
放电	discharge
非线性电阻	nonlinear resistance
非正弦周期电流	nonsinusoidal periodic current
分贝	decibel
分离	discrete
伏安特性曲线	volt-ampere characteristic
伏特	volt
幅值	amplitude
幅频特性	gain
负反馈	negative feedback
负极	negative pole
负载	load
负载线	load line
复励发电机	compound d-c generator

复数	complex number
副绕组	secondary winding
傅里叶级数	Fourier series

G

感抗	inductive reactance
感纳	inductive susceptance
感应电动势	induced emf
高斯	Gauss
高斯定律	Gauss' law
功	work
功率	power
功率表	power meter
功率角	power angle
功率三角形	power triangle
功率因数	power factor
国际电工委员会	International Electrotechnical Commission(IEC)
过电流	overcurrent
过电压	overvoltage
过励	overexcitation
过载	overload
过阻尼	overdamped

H

函数发生器	function generator
赫兹	Hertz
亨利	Henry
互感	mutual induction
滑环	slip ring
换向器	commutator
回路	loop
惠斯登电桥	Wheatstone bridge
霍尔电压	Hall voltage
霍尔效应	Hall effect

J

机械特性	torque-speed characteristic
积分电路	integrating circuit
基波	fundamental harmonic
基尔霍夫电流定律	Kirchhoff's current law (KCL)
基尔霍夫电压定律	Kirchhoff's voltage law (KVL)
激励	excitation
继电接触器控制	relay-contactor control
继电器	relay
减幅振荡	attenuated oscillation

交流电动机	alternating-current machine
交流电路	alternating current circuit(a-c circuit)
焦耳	Joule
角频率	angular frequency
阶跃电压	step voltage
接触器	contactor
接收机	receiver
节点	node
节点电压法	nodal voltage
截止角频率	cutoff angular frequency
介电常数	permitivity of the dielectric
静态电阻	static resistance
矩形波	rectangular wave
锯齿波	sawtooth wave
绝缘	insulation
绝缘体	insulator

K

开关	switch
开路	open circuit
可编程控制器	programmable controller(PLC)
空气隙	air gap
空载	no-load
空载特性	open-circuit characteristic
控制电动机	control motor
控制电路	control circuit
库仑	Coulomb

L

楞次定律	Lenz's law
理想电流源	ideal current source
理想电压源	ideal voltage source
励磁变阻器	field rheostat
励磁电流	exciting current
励磁机	exciter
励磁绕组	field winding
联锁	interlocking
两功率表法	two-powermeter method
零输入响应	zero-input response
零状态响应	zero-state response
漏磁电动势	leakage emf
漏磁电感	leakage inductance
漏磁通	leakage flux
滤波器	filter

M

麦克斯韦	Maxwell
满载	full load
模拟	simulation
模拟量输入/输出	analog input/output
模型	model
模型参数	model parameter

N

诺顿定理	Norton's theorem

O

欧姆	Ohm
欧姆定律	Ohm's law

P

频率	frequency
频率特性	frequency response
频谱	spectrum
频域分析	frequency domain analysis
品质因数	quality factor
平均功率	average power
平均值	average value

Q

启动	starting
启动按钮	start button
启动电流	starting current
启动转矩	starting torque
汽轮发电机	turbo alternator
全电流定律	law of total current
全响应	complete response

R

绕线式转子	wound rotor
绕组	winding
热继电器	thermal overload relay(OLR)
容抗	capacitive reactance
容纳	capacitive susceptance
熔断器	fuse

S

三角波	triangular wave
三角形连接	triangular connector

三相变压器	three-phase transformer
三相电路	three phase circuit
三相功率	three-phase power
三相三线制	Three-phase three-wire system
三相四线制	three-phase four-wire system
三相异步电动机	three-phase induction motor
时间常数	time constant
时间继电器	time-delay relay
时域分析	time domain analysis
视在功率	apparent power
受控电源	dependent source
输出	output
输入	input
鼠笼式转子	squirrel-cage rotor
数字量输入/输出	digital input/output
水轮发动机	water-wheel generator
瞬时值	instantaneous value
伺服电动机	servomotor

T

他励发电机	separately excited generator
碳刷	carbon brush
特征方程	characteristic equation
调节特征	regulating characteristic
调速	speed regulation
铁损	core loss
铁心	core
停止	stopping
停止按钮	stop button
通频带	bandwidth
同步电动机	synchronous motor
同步发电机	synchronous generator
同步转速	synchronous speed
同相	in phase
铜损	copper loss

W

瓦特	Watt
外特性	external characteristic
网络	network
网孔	mesh
微法	microfarad
微分电路	differentiating circuit
韦伯	Weber
稳态	steady state

稳态分量	steady state component
涡流	eddy current
涡流损耗	eddy-current loss
无功功率	reactive power

X

显极转子	salient poles rotor
线电流	line current
线电压	line voltage
线圈	coil
线性电阻	lincar rcsistance
相	phase
相电流	phase current
相电压	phase voltage
相量	phasor
相量图	phasor diagram
相频特性	frequency shift
相位差	phase difference
相位角	phase angle
相序	phase sequence
响应	response
效率	efficiency
谐波分析仪	harmonic analyzer
谐振频率	resonant frequency
星形连接	star connection
虚拟仪表	virtual instrument
旋转磁场	rotating magnetic field

Y

一阶电路	First order circuit
隐极转子	non-salient poles rotor
有功功率	active power
有效值	effective value
原动机	prime mover
原绕组	primary winding

Z

暂态	transient state
暂态分量	transient component
罩极式电动机	shaded-pole motor
振荡放电	oscillatory discharge
正方向	positive direction
正极	positive pole
正弦电流	sinusoidal current
正弦量	sinusoid

支路	branch
支路电流法	branch current method
执行元件	servo-unit
直流电动机	direct-current machine
直流电路	direct current circuit(d-c circuit)
制动	braking
滞后	lag
中性点	neutral point
中性线	neutral line
中央处理器	CPU
周期	period
主磁通	main flux
转差率	slip
转矩	torque
转速	speed
转子	rotor
转子电流	rotor current
自动调节	automatic regulation
自动控制	automatic control
自感	self-inductance
自感电动势	self-induced emf
自励发动机	self-excited generator
自耦变压器	autotransformer
自锁	self-locking
自整角机	selsyn
阻抗	impedance
阻抗三角形	impedance triangle
阻转矩	counter torque
组合开关	switch-group
最大值	maximum value
最大转矩	maximum(breakdown) torque